高等院校海洋科学专业规划教材

海洋仪器分析

Marine Instrumental Analysis

邹世春　杨颖　郭晓娟◎编著

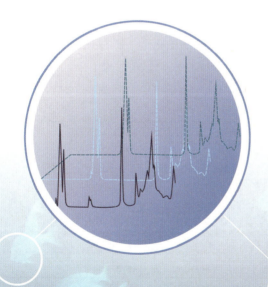

·广州·

内容提要

本书是针对海洋科学和环境科学等专业编写的基础课或专业基础课教材。全书包括光学分析法（原子发射、原子吸收和原子荧光、紫外光谱、分子发光、红外光谱和核磁共振波谱）、色谱分析法（气相色谱、液相色谱及色谱联用技术）、电化学分析法（电位、电解和库伦、极谱）、质谱和流动注射分析，以及一些海洋观测技术和方法（海流、波浪、潮汐、悬浮泥沙、温盐深和水下通讯）。全书主要介绍了这些方法的工作原理、仪器构成、特点及其应用。本书可供相关专业的师生、从事仪器分析和海洋科学研究的人员参考。

图书在版编目（CIP）数据

海洋仪器分析/邹世春，杨颖，郭晓娟编著. —广州：中山大学出版社，2019.4
（高等院校海洋科学专业规划教材）
ISBN 978 – 7 – 306 – 06300 – 7

Ⅰ. ①海… Ⅱ. ①邹… ②杨… ③郭… Ⅲ. ①海洋仪器—仪器分析—高等学校—教材 Ⅳ. ①TH766

中国版本图书馆 CIP 数据核字（2018）第 031029 号

Haiyang Yiqi Fenxi

出 版 人：王天琪
策划编辑：鲁佳慧
责任编辑：鲁佳慧
封面设计：林绵华
责任校对：梁嘉璐
责任技编：何雅涛
出版发行：中山大学出版社
电　　话：编辑部 020 - 84111996，84113349，84111997，84110779
　　　　　发行部 020 - 84111998，84111981，84111160
地　　址：广州市新港西路 135 号
邮　　编：510275　　　　传　真：020 - 84036565
网　　址：http://www.zsup.com.cn　　E-mail：zdcbs@mail.sysu.edu.cn
印 刷 者：佛山市浩文彩色印刷有限公司
规　　格：787mm×1092mm　1/16　34.75 印张　825 千字
版次印次：2019 年 4 月第 1 版　2019 年 4 月第 1 次印刷
定　　价：120.00 元

版权所有　翻印必究　　如发现本书因印装质量影响阅读，请与出版社发行部联系调换

《高等院校海洋科学专业规划教材》编审委员会

主　任　陈省平　王东晓

委　员　（以姓氏笔画排序）

王东晓　王江海　吕宝凤　刘　岚
孙晓明　苏　明　李　雁　杨清书
来志刚　吴玉萍　吴加学　何建国
邹世春　陈省平　易梅生　罗一鸣
赵　俊　袁建平　贾良文　夏　斌
殷克东　栾天罡　郭长军　龚　骏
龚文平　翟　伟

总　序

海洋与国家安全和权益维护、人类生存和可持续发展、全球气候变化、油气和某些金属矿产等战略性资源保障等息息相关。贯彻落实"海洋强国"建设和"一带一路"倡议，不仅需要高端人才的持续汇集，实现关键技术的突破和超越，而且需要培养一大批了解海洋知识、掌握海洋科技、精通海洋事务的卓越拔尖人才。

海洋科学涉及领域极为宽广，几乎涵盖了传统所熟知的"陆地学科"。当前海洋科学更加强调整体观、系统观的研究思路，从单一学科向多学科交叉融合的趋势发展十分明显。在海洋科学的本科人才培养中，如何解决"广博"与"专深"的关系，十分关键。基于此，我们本着"博学专长"的理念，按照"243"思路，构建"学科大类→专业方向→综合提升"专业课程体系。其中，学科大类板块设置基础和核心2类课程，以培养宽广知识面，让学生掌握海洋科学理论基础和核心知识；专业方向板块从第四学期开始，按海洋生物、海洋地质、物理海洋和海洋化学4个方向，进行"四选一"分流，让学生掌握扎实的专业知识；综合提升板块设置选修课、实践课和毕业论文3个模块，以推动学生更自主、个性化、综合性地学习，提高其专业素养。

相对于数学、物理学、化学、生物学、地质学等专业，海洋科学专业开办时间较短，教材积累相对欠缺，部分课程尚无正式教材，部分课程虽有教材但专业适用性不理想或知识内容较为陈旧。我们基于"243"课程体系，固化课程内容，建设海洋科学专业系列教材：一是引进、翻译和出版 Descriptive Physical Oceanography: An Introduction (6 ed)（《物理海洋学·第6版》）、Chemical Oceanography (4 ed)（《化学海洋学·第4版》）、Biological Oceanography (2 ed)（《生物海洋学·第2版》）、Introduction to Satellite Oceanography（《卫星海洋学》）等原版教材；二是编著、出版《海洋植物学》《海洋仪器分析》《海岸动力地貌学》《海洋地图与测量学》《海洋污染与毒理》《海洋气象学》《海洋观测技术》《海洋油气地质学》

等理论课教材；三是编著、出版《海洋沉积动力学实验》《海洋化学实验》《海洋动物学实验》《海洋生态学实验》《海洋微生物学实验》《海洋科学专业实习》《海洋科学综合实习》等实验教材或实习指导书，预计最终将出版40余部系列教材。

教材建设是高校的基础建设，对实现人才培养目标起着重要作用。在教育部、广东省和中山大学等教学质量工程项目的支持下，我们以教师为主体，及时地把本学科发展的新成果引入教材，并突出以学生为中心，使教学内容更具针对性和适用性。谨此对所有参与系列教材建设的教师和学生表示感谢。

系列教材建设是一项长期持续的过程，我们致力于突出前沿性、科学性和适用性，并强调内容的衔接，以形成完整知识体系。

因时间仓促，教材中难免有所不足和疏漏，敬请不吝指正。

《高等院校海洋科学专业规划教材》编审委员会

前　言

仪器分析是分析化学的重要组成部分和发展方向，也是包括海洋学科在内其他许多学科的基础，其在海洋科学研究等方面的应用极为广泛。我国是海洋大国，研究海洋、开发海洋已成为我国的基本国策。实现海洋强国，强化海洋人才培养是根本。目前，我国很多科研院所设立了海洋科学专业，但一些涉及该专业的基础课和专业基础课"海"味不足，与海洋学科人才培养的要求存在一定差距。因此，编写《海洋仪器分析》教材是一件很有意义的事。

本教材是在国内外现有《仪器分析》教材的基础上，充分考虑海洋科学的学科特点，并结合编写者多年的教学实践和体会，编写的一本适用于海洋科学及相关专业的仪器分析教材。

涉及海洋仪器分析的方法众多且发展较快，因此，在编纂过程中需基于有所为有所不为的理念。本教材主要介绍在海洋科学研究和实践中经常会遇到的基本仪器分析方法和技术，包括光学、电学、色谱和质谱等基本仪器分析方法，以及海水的温盐深、海洋波浪、海流和水下通讯等。本书在阐述每种仪器分析方法时，注重问题导向，强调仪器分析过程中可能出现的问题及其解决方案，同时，也简单介绍了在海洋研究中应用越来越广泛的流动分析技术和仪器联用等技术。

本书第 1~18 章由邹世春和杨颖编写，第 19~24 章由郭晓娟编写。由于时间仓促，作者水平有限，本书错漏在所难免，敬请专家、学者和读者批评指正。

编著者
2018 年 4 月

目　录

第1章　仪器分析绪论 ... 1
　1.1　仪器分析的分类及特点 ... 1
　1.2　仪器分析的发展历史 ... 2
　1.3　仪器分析应用领域及发展方向 ... 3
　1.4　仪器性能及其表征 ... 4
　1.5　仪器分析校正方法 ... 8
　1.6　选择仪器或分析方法的基本考虑 ... 10

第2章　光学分析法导论 ... 12
　2.1　电磁辐射及其特征简介 ... 13
　2.2　光学分析仪器 ... 19

第3章　原子发射光谱分析 ... 37
　3.1　基本原理 ... 38
　3.2　仪器组成 ... 47
　3.3　分析方法 ... 57
　3.4　试样处理及光谱干扰 ... 61

第4章　原子吸收（荧光）光谱法 ... 67
　4.1　原子吸收分析基本原理 ... 67
　4.2　仪器及其组成 ... 74
　4.3　干扰及其消除 ... 83
　4.4　仪器测定条件的选择 ... 88
　4.5　原子荧光光谱法 ... 91
　4.6　原子吸收（荧光）光度法在海洋分析中的应用 ... 95

第5章　紫外-可见吸收光谱 ... 99
　5.1　紫外-可见吸收光谱基本原理 ... 101
　5.2　影响紫外-可见吸收光谱的主要因素 ... 106

5.3 定量测定及分析条件选择 …………………………………………………… 108
5.4 紫外 - 可见分光光度计 …………………………………………………… 110
5.5 紫外 - 可见吸收光谱的应用 ……………………………………………… 112

第 6 章 分子发光分析 …………………………………………………………… 123
6.1 分子荧光和磷光光谱分析 ………………………………………………… 124
6.2 化学发光 …………………………………………………………………… 140

第 7 章 红外吸收光谱法 ………………………………………………………… 147
7.1 红外吸收光谱基本原理 …………………………………………………… 147
7.2 影响红外吸收峰强度及其位置的因素 …………………………………… 155
7.3 红外吸收光谱的基本区域 ………………………………………………… 161
7.4 红外光谱仪器及实验技术 ………………………………………………… 165
7.5 红外吸收光谱的几个应用实例 …………………………………………… 172

第 8 章 核磁共振波谱法 ………………………………………………………… 178
8.1 核磁共振基本原理 ………………………………………………………… 178
8.2 化学位移及其影响因素 …………………………………………………… 183
8.3 偶合和分裂 ………………………………………………………………… 190
8.4 核磁共振波谱仪及实验技术 ……………………………………………… 195
8.5 核磁共振波谱的应用 ……………………………………………………… 202

第 9 章 电分析化学导论 ………………………………………………………… 211
9.1 化学电池 …………………………………………………………………… 211
9.2 电极电位及测量 …………………………………………………………… 213
9.3 电极及其分类 ……………………………………………………………… 217
9.4 电极极化与去极化 ………………………………………………………… 219

第 10 章 电位分析法 …………………………………………………………… 224
10.1 参比电极与指示电极 …………………………………………………… 224
10.2 离子选择电极 …………………………………………………………… 227
10.3 直接电位法 ……………………………………………………………… 240
10.4 电位滴定法 ……………………………………………………………… 245

第 11 章 电重量分析和库仑分析法 …………………………………………… 252
11.1 电解过程及方式 ………………………………………………………… 252

11.2　电重量分析法 ·· 256
　　11.3　库仑分析法 ·· 260

第 12 章　伏安法和极谱法 ·· 271
　　12.1　直流极谱法 ·· 271
　　12.2　单扫描极谱法 ·· 283
　　12.3　循环伏安法 ·· 286
　　12.4　交流极谱法 ·· 288
　　12.5　方波极谱法 ·· 290
　　12.6　脉冲极谱法 ·· 292
　　12.7　溶出伏安法 ·· 294

第 13 章　色谱分析导论 ·· 301
　　13.1　色谱法分类及色谱流出曲线 ·· 302
　　13.2　色谱法基本理论 ··· 306
　　13.3　色谱分离条件的选择 ·· 314

第 14 章　气相色谱法 ··· 321
　　14.1　气相色谱仪器 ·· 321
　　14.2　气相色谱固定相及操作条件的选择 ·································· 327
　　14.3　气相色谱检测器 ··· 336
　　14.4　毛细管气相色谱 ··· 344
　　14.5　色谱定性和定量分析 ·· 349

第 15 章　高效液相色谱法 ·· 359
　　15.1　高效液相色谱的分类及特点 ·· 359
　　15.2　高效液相色谱仪器 ·· 361
　　15.3　高效液相色谱的流动相和固定相 ····································· 370
　　15.4　高效液相色谱法主要类型 ··· 373

第 16 章　分子质谱法 ··· 388
　　16.1　基本原理 ··· 388
　　16.2　质谱仪的主要部件 ·· 392
　　16.3　质谱图及其质谱峰类型 ··· 405
　　16.4　质谱法的应用 ·· 412

第 17 章　色谱联用技术简介 …………………………………………………… 421
　17.1　气相色谱-质谱联用 ……………………………………………………… 422
　17.2　液相色谱-质谱联用 ……………………………………………………… 427
　17.3　色谱-色谱联用技术 ……………………………………………………… 432

第 18 章　流动注射分析 ………………………………………………………… 441
　18.1　流动注射分析基本概念 ………………………………………………… 441
　18.2　基本理论 ………………………………………………………………… 444
　18.3　FIA 仪器的组成 ………………………………………………………… 449
　18.4　流动注射分析的应用 …………………………………………………… 451

第 19 章　海流观测技术与仪器 ………………………………………………… 457
　19.1　漂浮式海流计 …………………………………………………………… 457
　19.2　机械式海流计 …………………………………………………………… 460
　19.3　电磁式海流计 …………………………………………………………… 462
　19.4　声学式海流计 …………………………………………………………… 465
　19.5　其他类型海流计或海流观测方法 ……………………………………… 473
　19.6　海流观测仪器的发展趋势 ……………………………………………… 474

第 20 章　波浪的观测技术与仪器 ……………………………………………… 476
　20.1　光学测波仪器 …………………………………………………………… 477
　20.2　压力式测波仪器 ………………………………………………………… 479
　20.3　测波杆 …………………………………………………………………… 480
　20.4　重力式测波仪器 ………………………………………………………… 482
　20.5　声学式测波仪器 ………………………………………………………… 483
　20.6　遥感反演波浪 …………………………………………………………… 485
　20.7　人工观测法 ……………………………………………………………… 492
　20.8　海浪观测技术的发展趋势 ……………………………………………… 492

第 21 章　潮汐的观测技术与仪器 ……………………………………………… 494
　21.1　水尺验潮 ………………………………………………………………… 495
　21.2　井式验潮仪 ……………………………………………………………… 496
　21.3　压力式验潮仪 …………………………………………………………… 497
　21.4　声学式验潮仪 …………………………………………………………… 498
　21.5　遥感反演潮位 …………………………………………………………… 500
　21.6　全球导航卫星系统验潮 ………………………………………………… 501

第 22 章	悬浮泥沙的观测技术与仪器	504
22.1	光学式悬沙测量仪	504
22.2	声学式悬沙测量仪	508
22.3	其他悬浮泥沙观测方法	509

第 23 章	海水温度、盐度和深度的观测技术与仪器	511
23.1	温度测量	511
23.2	盐度测量	514
23.3	深度测量	515
23.4	温盐深剖面仪	515
23.5	Argo 计划与 Argo 浮标	517

第 24 章	海洋水下通信技术	520
24.1	海底光缆通信	520
24.2	海底无线通信	525
24.3	海洋水下通信的发展趋势	529
24.4	海洋水下通信的安全性	530

附录 …………………………………………………………… 534

参考文献 ……………………………………………………… 540

第1章 仪器分析绪论

分析化学是研究物质的组成、含量、结构和形态等信息的分析方法及相关理论的一门学科,它包括化学分析(也称经典分析或湿法分析)和仪器分析。前者是利用化学反应和它的计量关系来确定被测物质的组成和含量的分析方法,测定时需使用化学试剂、天平和一些玻璃仪器等。而仪器分析是基于物质的物理或物理化学性质而建立起来的分析方法,它一般要使用比较复杂或特殊的仪器设备,通过测量物质粒子(分子、原子、离子、电子、原子核等)的光、电、磁、声、热等物理量而获得分析结果,仪器分析除了可用于定性和定量分析外,还可用于结构、价态、状态分析,微区和薄层分析,微量及超痕量分析等。

1.1 仪器分析的分类及特点

几乎所有物质的物理性质或物理化学性质,均可应用于分析化学上(表1-1)。仪器分析是分析化学实践和理论发展的方向。

表1-1 可用于分析目的的物理性质及部分仪器分析方法分类

物理性质		仪器分析方法	说明
光分析	光发射	发射光谱(荧光X射线、紫外可见、电子、Auger等)	物质粒子受激后产生的发射光谱
	光吸收	吸收光谱(紫外可见分光光度法、红外光谱法)、声光光谱、核磁共振、电子自旋共振光谱等	电磁辐射与物质粒子相互作用引起的变化
	光散射	浊度分析、拉曼光谱分析	
	光折射	折光分析、干涉法	
	光衍射	X射线衍射、电子衍射光谱	
	光偏转	偏振法,旋光色散法、圆二向色性法	
电分析	电阻	电导分析	电学特性
	电压	电位分析、电位滴定法、计时电位法	
	电量	库仑分析	
	电流-电压	极谱分析、伏安分析	

续表 1-1

物理性质		仪器分析方法	说明
分离、分析法	物质在两相间分配	气相色谱、液相色谱、电泳色谱	多组分同时分离和分析
其他方法	热分析	差热分析、热导分析、热重分析	混合特性
	质荷比	重量分析、质谱分析	
	放射分析	中子活化析、同位素稀释法	
	反应速率	动力学方法	

相较于化学分析，仪器分析的特点有：①灵敏度高，检出限量低。比如，样品用量由化学分析的毫升级和毫克级降低到仪器分析的微升级和微克级，甚至更低。更适合于微量、痕量和超痕量成分的测定。②选择性好。很多仪器分析方法可以通过选择或调整测定条件，降低或消除共存组分的干扰。③操作简便，分析速度快，容易实现自动化。当然，由于仪器分析主要用于低含量物质的测定，因此测量误差较大，不适于化学分析方法中的常量或高含量成分分析。

但必须强调的是，许多仪器分析方法中的试样处理涉及化学分析方法（试样的处理、分离及干扰的掩蔽等）。另外，仪器分析方法大多都是相对的分析方法，需要使用化学分析方法标定的标准溶液来进行校正。随着科学技术的发展，化学分析方法也逐步实现仪器化和自动化以及使用复杂的仪器设备（如流动注射分析方法等）。因此，化学分析与仪器分析之间并不是互相对立的，它们往往相辅相成。在选择使用它们时，应根据具体情况，取长补短，互相配合。

1.2　仪器分析的发展历史

自 20 世纪初以来，随着学科之间相互渗透和相互促进的过程加速，对分析化学，尤其是对代表分析化学发展方向的仪器分析产生了重要影响。通常认为分析化学经历了以下三次较大的变革。

第一次是 20 世纪初，物理化学的发展，分析化学中引入了物理化学的溶液理论等基本概念，使它由一门操作技术变为一门学科。但是，越来越多的问题，包括微量、痕量以及复杂混合物的定性定量分析、物质结构的解析等，化学分析方法并不能解决。

第二次是 20 世纪 40 年代，分析化学中采用了电子技术和物理学概念，一系列重大科学发现为仪器分析的建立和发展奠定了基础。例如，F. Bloch 和 E. M. Purcell 建立了核磁共振测定方法（1952 年诺贝尔物理学奖）。A. J. P. Martin 和 R. L. M. Synge 建立了分配色谱法（1952 年诺贝尔化学奖），J. Heyrovsky 建立并发展了极谱分析法（1959 年诺贝尔化学奖）等。这些发现促进了各类仪器分析方法的发展，使以经典的化学分析为主的分析化学发展为仪器分析的新时代。然而，这时的仪器分析自动化程度相对比较低,还处于化学分析与仪器分析并重的阶段。

第三次是20世纪80年代以来,由于计算机的应用和数理统计向分析化学渗透,生命科学、环境科学、海洋科学以及材料科学等新型学科的发展对分析化学提出了新的课题和挑战。例如,这些学科在发展过程中,对分析方法和仪器提出了更高的要求:①应具有高灵敏度、高选择性、自动化和智能化。②各类分析方法可以联合应用。③应发展原位、实时、在线的动态分析检测方法,无损探测方法以及多元多参数的检测监视方法,并研制出相应的分析仪器。可见,计算机的应用以及当代科学技术的发展,极大地促进了分析化学的发展。

[思考] 仪器分析方法所利用的许多物理现象的发现有一个多世纪了,可为什么其应用却远远滞后?

1.3 仪器分析应用领域及发展方向

仪器分析方法和技术几乎可应用于所有领域。例如,在社会领域涉及的体育中的兴奋剂检测、日常生活产品质量(鱼新鲜度、食品添加剂、农药残留量)、环境质量(空气和水土环境污染监测)、法庭化学(DNA技术,物证);在化学学科中,新化合物的结构表征、化学反应过程的控制;生命科学中的DNA测序、活体检测;材料科学中的新材料结构与性能分析;天然药物的有效成分与结构,构效关系研究;等等。图1-1总结了仪器分析的主要应用领域和发展趋势。

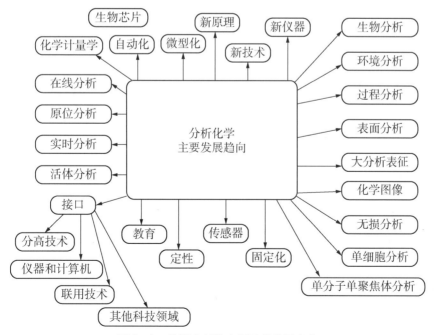

图1-1 仪器分析的应用及其发展方向

1.4 仪器性能及其表征

在实际工作中，当遇到某个分析测定问题需要采用仪器分析方法加以解决时，选择哪种仪器分析方法最合适呢？另外，当你在选择不同厂商生产的同一类型的分析仪器时，如何衡量和比较其性能的"优"或"劣"呢？这就必须了解仪器的性能及其评价指标。评价仪器的性能指标有很多，而且不同类型仪器性能指标也可能不完全相同。但一些主要指标，包括测定误差、精密度（重现性）、灵敏度、检出限、信噪比、线性范围和选择性等仍是衡量多数仪器的主要性能指标。此外，仪器的分析速度、操作的难易程度、对操作者的技能要求、维护的方便性，甚至性价比等都是考查仪器性能优劣的重要指标和参考。以下简略介绍几种衡量仪器性能的指标。

1.4.1 误差

测量值的总体平均值 $\bar{x}$ 与真值 μ 接近的程度，即绝对误差（error）：

$$E_a = \bar{x} - \mu \tag{1-1}$$

式中，绝对误差 E_a 可通过多次测量浓度或含量已知的物质（称为标准物质），得到总体平均值 $\bar{x}$，并与标准物质含量（真实值 μ）比较而获得。实际工作中常采用相对误差 E_r 表示，

$$E_r = \frac{\bar{x}}{\mu} \times 100\% \tag{1-2}$$

在建立新的分析方法时，对标准物质的测量可找出误差的来源并通过空白分析和仪器校正来减少或消除误差。

1.4.2 精密度

精密度（precision, repeatability）指使用同一方法或仪器在相同条件下进行多次重复测量所得分析数据之间符合的程度。包括：

标准偏差（absolute standard deviation, s）

$$s = \sqrt{\frac{\sum_{i=1}^{n}(x_i - \bar{x})^2}{n-1}} \tag{1-3}$$

平均标准偏差（standard deviation of mean, s_m）

$$s_m = s/\sqrt{n} \tag{1-4}$$

相对标准偏差（relative standard deviation, RSD）

$$RSD = \frac{s}{\bar{x}} \times 100\% \tag{1-5}$$

式（1-3）至式（1-5）中，x_i 为单次测量值；n 为平行测量次数；$\bar{x}$ 为 n 次平行测量

的平均值。

在实际工作中,通常采用 RSD 来衡量测定的精密度和重现性。

1.4.3 灵敏度

灵敏度(sensitivity)是反映仪器或方法识别微小浓度或含量变化的能力。如果当浓度或含量有微小变化时,仪器或方法均可以觉察出来并有较大的响应信号,则表示该仪器或方法的灵敏度高。

图 1-2 中,k_1,k_2 分别为 2 条校正曲线的斜率($k_2 > k_1$),即代表两种不同仪器或方法的校正灵敏度。可见,在相同浓度时,曲线 2 的响应值 S_2 大于曲线 1 的响应值 S_1,而且当浓度 c 从 0.1 增加至 0.2 时,曲线 2 中 S_2 增加的幅度也比曲线 1 中 S_1 的增加幅度大。说明仪器或方法 2 有更高的灵敏度。

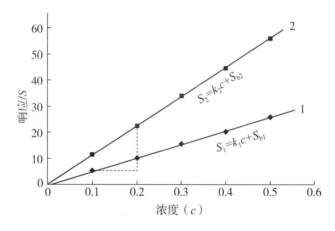

图 1-2 仪器和方法的灵敏度的描述

但校正灵敏度未考虑测定重现性 s 因素的影响。因此,有人建议以分析灵敏度(analytical sensitivity,γ)表示,即

$$\gamma = \frac{k}{s} \tag{1-6}$$

式中,s 为空白标准偏差。

分析灵敏度 γ 的优点在于,当仪器信号放大时,k 值增加(灵敏度提高),此时 s 也相应增加,从而一定程度地保证了灵敏度的恒定。然而,由于重现性 s 与浓度 c(测量值)有关,即分析灵敏度还跟浓度有关,或者说分析灵敏度随浓度变化而变化。

目前,IUPAC 推荐使用校正曲线斜率或校正灵敏度作为衡量灵敏度高低的标准。

1.4.4 检出限

检出限(detection limit,DL)是在已知置信水平可以检测到的待测物的最小质量或浓度,它与分析信号和空白信号的波动(或噪音,noise)有关,或者说与信噪比 S/N 有关。图 1-3 是使用仪器对空白样品进行 n 次测定的示意图。

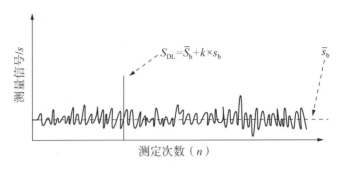

图1-3 仪器噪声（背景）及检出限示意

图中，s_b为空白测量值的标准偏差，$\bar{S}_b$为对空白样品进行n次测定的平均值，S_{DL}为可以测定的（不被噪声淹没）最低响应信号值。从图1-3可见，只有当S_{DL}大于噪音信号$\bar{S}_b$时，仪器才有可能识别或检测出有用信号。因此，检出限的计算公式为

$$S_{DL} = \bar{S}_b + ks_b \qquad (1-7)$$

那么，检出限如何计算呢？

将式（1-7）的检出限计算公式以及图1-2中的校正曲线（以曲线1为例）公式分别进行简单变换后得到

$$S_{DL} - \bar{S}_b = ks_b \qquad (1-8)$$

$$c_{DL} = \frac{S_{DL} - \bar{S}_b}{k_1} \qquad (1-9)$$

式（1-9）中，k_1为校正曲线的斜率。根据式（1-8）和式（1-9）即可得到检出限的计算公式：

$$c_{DL} = \frac{ks_b}{k_1} \qquad (1-10)$$

统计学的t检验和z检验结果表明，当仪器可以检出的物质最低浓度c_{DL}的可能性为95%时，k的取值为2或3。

在实际工作中，首先测定空白样品（待测物浓度为0或接近空白值）20~30次，求出空白信号的标准偏差s_b（精密度）和校正曲线的斜率k_1（灵敏度），再代入式（1-7）即可求得检出限c_{DL}。

从以上分析以及检出限计算公式发现，检出限同时考虑了仪器或方法的灵敏度和精密度，相比单一的灵敏度或精密度指标，检出限能够更加全面地反映仪器的检测性能。

1.4.5 信噪比

任何测量值均由信号S及噪音N两部分组成，二者的比值（S/N）称为信噪比（signal-to-noise ratio, S/N）。其中，信号S反映了待测物的信息，而噪音N是不可避免的，它降低了分析的准确度和精密度、增加了检出限。仪器噪声大致有以下几种来源：

（1）散粒噪声（shot noise）。它是由电子或其他荷电粒子通过界面（如pn结，光电池或真空管的阴阳极之间）时所产生的噪音，亦属白噪音。

（2）闪变噪声（flicker noise）。闪变噪声存在十分普遍，其大小与频率成反比，尤

其在低频时（<100 Hz），其对测定的影响更大。有时也称之为 $1/f$ 噪声。产生该噪声的机制还不很清楚。采用绕线电阻或金属膜式电阻代替含碳型电阻可显著降低该类噪声。

（3）环境噪声（environmental noise）。环境噪声来自于周围环境的各个方面。由于仪器的每个部分都可以看作是一个天线，一种可接收各种辐射的接收器。而环境中存在大量的电磁辐射：交流电线、收音机、TV台、马达电刷、引擎点火系统等。

尽管噪声干扰很难避免，但仍有一些降低噪声干扰的方法，包括接地、屏蔽、差分放大、模拟滤波、频率调制、断续放大或切光器和闭锁装置放大等硬件方法，也包括总体平均、方脉冲平均、数字滤波、噪声数据平滑、谱库比较和谱峰识别技术等数据处理技术。

多数情况下，仪器正常工作时的噪声 N 是保持恒定的，与信号值 S 大小无关。当测量信号较小时，测量的相对误差将增加，因此，信噪比 S/N 也是一种衡量仪器性能或分析方法非常有效的指标。其计算公式如下：

$$\frac{S}{N} = \frac{平均值}{标准偏差} = \frac{\bar{x}}{s} = \frac{1}{RSD} \tag{1-11}$$

可见，S/N 的大小其实就是 RSD 的倒数。当 $S/N < 2 \sim 3$ 时，分析信号将很难准确测定。

1.4.6 线性范围

分析的线性范围（linear range）或动态范围（dynamic range）是指从定量测定的最低浓度增加到开始偏离校正曲线时的浓度范围，如图 1-4 所示。图中，CDL 为浓度检出限，LOD 为浓度定量下限，LOL 为浓度定量上限，浓度从 LOQ 到 LOL 的范围即是动态线性范围。

动态线性范围越大，说明该仪器或者方法可以测定浓度变化范围很大的待测物。一般定量下限 LOQ 等于重复测定空白所得到的标准偏差的 10 倍所对应的待测物浓度，即 $LOQ = 10s_b/k$（k 为校正曲线斜率）。在 LOQ

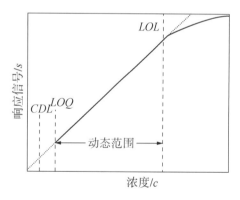

图 1-4 动态线性范围

处，相对标准偏差大约为 30%，并随着浓度的变大迅速地下降；在检出限 CDL 处，相对标准偏差是 100%。

在实际应用中，分析方法的线性范围至少应有 2 个数量级，某些方法的应用浓度可达 5~6 个数量级。

1.4.7 选择性

选择性（selectivity）是采用仪器或方法分析样品中某待测物组分时，样品基体或其他组分对待测物测定的干扰程度。如果干扰程度小，则表明该仪器或方法对该样品中待测物分析的选择性好。在分析过程中，没有哪种物质的测定能够不受到诸多因素的干扰。从某种程度上来说，分析化学研究和实践过程中最重要的内容之一就是减少或消除干扰对测定的影响，也就是提高分析仪器或方法的选择性。

由于测量的样品种类（样品基体）和分析对象千差万别，很难定量地给出某种仪器或方法的选择性大小。目前，只有在电位分析法中采用选择性系数定量表示离子选择性电极的选择性大小。因此，在多数情况下，要根据分析对象来选择适合的测量仪器、测量条件或方法，从而提高分析的选择性。例如，选择气相色谱－电子捕获检测（GC-ECD）测定含有电负性较大的有机化合物（如氯代农药）可获得较高的灵敏度和选择性。又如，样品基体可能干扰待测物的测定，降低分析选择性。这时，可考虑在含有一定浓度待测物的标准试样中，加入不同量的、样品中可能存在的其他组分，确定这些组分是否干扰或多大浓度才会产生干扰。最后，通过掩蔽和分离等方法减少和消除干扰，进而提高分析的选择性。

通常用选择性系数用来反映仪器或方法的选择性，但该应用并不多。

1.5 仪器分析校正方法

仪器分析校正（calibration）是将待测物浓度 c 与测量该待测物的仪器各种响应信号 S 联系起来的过程。除化学分析中的各种滴定分析和重量法（包括电重量或库仑法）之外，所有仪器分析方法都要进行校正。仪器分析校正方法主要包括标准曲线法、标准加入法和内标法。

1.5.1 标准曲线法

标准曲线（calibration curve, working curve, analytical curve）制作的具体步骤如下：

（1）准确配制已知待测物浓度的系列：0（空白），$c_1, c_2, c_3, c_4, \cdots$。

（2）通过仪器分别测量以上各待测物的响应值 $S_0, S_1, S_2, S_3, S_4, \cdots$ 及待测物的响应值 S_x。

（3）以标准系列各溶液的响应信号 S 对浓度 c 作图得到标准曲线（图1-5），然后将样品待测物响应值 S_x 标于校正曲线上，通过此点作垂直于浓度轴的直线，与浓度轴的交点所对应的浓度值即为样品待测物浓度 c_x。也可以通过最小二乘法获得校正曲线的线性方程后直接计算获得。

标准曲线法定量的准确性与标准物浓度配制的准确性，以及标准溶液基体与样品基体的一致性，使得标准曲线法适于样品基体相对简单、数量较大的样品分析。

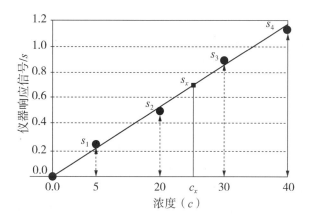

图 1-5 标准曲线法

1.5.2 标准加入法

标准加入法（standard addition method）曲线制作的具体步骤如下。

（1）将一系列已知量的待测物分别加入到几等份的样品溶液中，配制成浓度由低到高的样品系列：(c_x+0)，(c_x+c_1)，(c_x+c_2)，(c_x+c_3)，…。该系列各溶液基体与样品基体基本一致。

（2）通过仪器分别测量以上系列溶液的响应值 S_0，S_1，S_2，S_3，S_4，…，并分别对浓度 0，c_1，c_2，c_3，c_4，…作图。然后将直线外推并与浓度轴相交于一点，该点对应的值即为待测物浓度 c_x（图 1-6）。

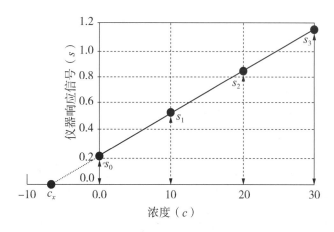

图 1-6 标准加入法

标准加入法由于加入待测物的量很少且单一，因此，样品基体（待测物加入量为 0）与标准系列溶液的基体基本一致，从而克服了标准曲线法的不足。但该法要平行称取多份样品，且每测一个样品都需制作相应的标准曲线，非常麻烦，仅适用于基体复杂、数量不多的样品分析。

如果样品量很少时，可在一份样品中加标，加一次作一次测量，可得到上述方法相同的结果；如果觉得上述过程比较麻烦，也可只加标一次，分别测量样品和加标样品的仪器响应，再直接通过公式进行计算。

1.5.3 内标法

内标法（internal standard method）是上述两种校正方法的改进，可用于克服或减少因仪器或方法的不足等引起的随机误差或系统误差。具体作法如下：

（1）寻找一种内标物，该内标物必须是样品中大量存在的（响应信号恒定）或完全不存在的组分。在所有样品、标准及空白中加入相同量的上述内标物。

（2）分别测量样品及标准系列中待测物及内标物的响应值 S_x 和 S_i，然后以 S_x/S_i 比值对浓度 c 作图获得内标曲线。

（3）按前述标准曲线法求得 c_x。

在内标法中，当待测物与内标物的响应值的波动方向一致时，其比值可抵消因仪器信号的波动和操作上的不一致所引起的测定误差。例如，Li 可作为血清中 K、Na 测定的内标物（Li 与 K、Na 性质相似，但在血清中不存在）。但寻找合适的内标物（与待测物性质相似而且仪器可以识别各自的信号），或重复引入内标物往往有一定的困难，因此，寻找合适内标物是十分费时的。

1.6 选择仪器或分析方法的基本考虑

仪器分析方法众多，对一个所要进行分析的对象，到底选择何种分析方法呢？可从以下几个方面考虑：

（1）分析的物质是元素、化合物、有机物还是无机物？其理化性质如何？

（2）是否要进行结构剖析？

（3）分析结果的准确度要求如何？

（4）有多少样品，要测定多少目标物？样品量是多少？样品中待测物浓度的大致范围是多少？

（5）可能对待测物产生干扰的组份是什么？样品基体的物理或化学性质如何？

只有在充分了解了以上基本信息之后，才能做到有的放矢，更好地利用所学得的仪器分析技术和方法开展工作。

习题

1. 仪器分析灵敏度和检出限如何计算？试说明二者的区别与联系。
2. 试比较标准曲线法、标准加入法和内标法的特点。
3. 用一种仪器分析方法，检测物质 X，获得如下表数据：

X 的质量浓度 ρ_X/(μg·mL^{-1})	重复次数 n	分析信号平均值 S	标准偏差 s/(μg·mL^{-1})
0.00	25	0.031	0.007 9
2.00	5	0.173	0.009 4
6.00	5	0.422	0.008 4
10.00	5	0.702	0.008 4
14.00	5	0.956	0.008 5
18.00	5	1.248	0.011 0

(1) 试计算校正灵敏度。
(2) 该方法的检测限是多少？

4. 在 25.0 mL 含 Cu^{2+} 试样中，获得校正空白后的信号为 23.6 个单元，当将 0.500 mL 浓度为 0.028 7 mol·L^{-1} 的 $Cu(NO_3)_2$ 溶液加到上述溶液中时，信号增加 37.9 个单元。试计算 Cu^{2+} 的浓度，设信号正比于分析物的浓度。

5. 在 5 个 50.00 mL 的容量瓶中，分别分入 5.00 mL 苯巴比妥样品溶液，再取浓度为 2.000 μg·mL^{-1} 的标准苯巴比妥溶液 0.000、0.500、1.00、1.50 和 2.00 mL 分别放入上述溶液中，用 KOH 溶液稀释至刻度。用荧光计测得它们的信号分别为 3.26、4.80、6.41、8.02 和 9.56。

(1) 根据数据绘制工作曲线。
(2) 根据工作曲线，计算未知物的浓度。
(3) 用上述数据，推导最小二乘方程。
(4) 从最小二乘式中计算苯巴比妥的浓度。

第 2 章　光学分析法导论

光学分析法主要根据物质发射、吸收电磁辐射以及物质与电磁辐射的相互作用来进行分析。电磁辐射（电磁波）按其波长 λ 从短波到长波可分为不同区域（图 2-1）。

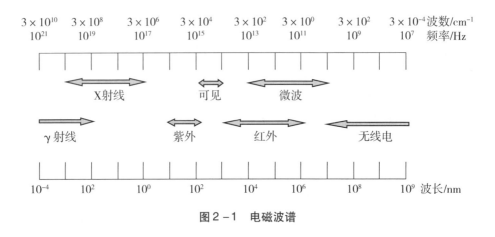

图 2-1　电磁波谱

所有这些波长区域，在光学分析中都有涉及，因而光学分析的方法是很多的，但通常可分为光谱方法和非光谱方法两大类。

光谱方法：基于电磁辐射波长及强度的测量。在这类方法中，通常需要测定试样的光谱，而这些光谱是由物质的原子或分子的特定能级之间的跃迁所产生的，因此可通过光电转换或其他电子器件测定能量（光能、电能和热能等）与物质相互作用之后产生的特征辐射及其强度进行物质分析的方法，根据其特征辐射的光谱波长进行定性分析，根据该特征辐射的光谱强度与物质的含量关系进行定量分析。熟知的分光光度分析就是在可见光区测定物质对光的吸收强度（吸光度）来进行定量分析的方法。

根据电磁辐射的本质和分析对象，光谱方法可分为分子光谱和原子光谱；根据辐射能量传递和作用方式，光谱方法又可分为发射光谱、吸收光谱、荧光光谱、拉曼光谱等。

非光谱方法：有一些光学分析法并不涉及光谱的测定，即不涉及能级的跃迁，而主要是利用电磁辐射与物质的相互作用后引起电磁辐射方向的改变或物理性质的变化进行分析，称为非光谱法。非光谱法主要利用的是光的折射、反射、散射、干涉、衍射及偏振等，如比浊法、X 射线衍射等。

历史上，光学分析主要是基于包括电磁辐射在内的各种能量与物质的作用，这也是目前应用最为普遍的方法。现在，光谱方法已扩展到其他各种形式的能量与物质的相互作用，如声波、粒子束（离子和电子）等与物质的作用。

2.1 电磁辐射及其特征简介

大量实验表明，光是一种电磁辐射或电磁波。光具有波动性，可以用描述经典正弦波的波长、频率、速度和振幅等相关参数加以描述。但与辐射能有关的吸收和发射现象则需要光的微粒性加以解释：电磁辐射可视为不连续的能量粒子流或光子流，其能量正比于辐射的频率，即光具有微粒性。电磁辐射的波动性和微粒性（波粒二象性）并不排斥，而是相互补充。事实上，已发现电子流和其他基本粒子流也具有波粒二象性。

2.1.1 电磁辐射的波动性

根据经典物理理论，电磁波是在空间传播着的、振动方向互相垂直的交变电场和磁场（图2-2），它具有一定的频率、强度和速度，在真空中以光速（$c = 3 \times 10^{10}$ cm·s^{-1}）传播。当电磁波穿过物质时，它可以和带有电荷和磁矩的质点作用，并在电磁波和物质之间产生能量交换，光谱分析法正是基于这种能量的交换。

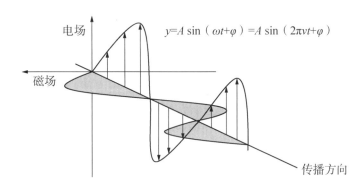

图2-2 电磁波（单色平面偏振光）的传播

不同的电磁波具有不同的波长 λ 或频率 ν。在真空中，波长和频率的关系为

$$\lambda = c/\nu \tag{2-1}$$

当一定频率的电磁波通过不同的介质时，其频率不变，而波长和速度 c 会发生改变，故频率是电磁波更基本的性质。实验证明，电磁波在空气和在真空中的传播速度相差不大，人们也常用式（2-1）来表示空气中波长和频率的关系。在光谱分析中，波长的单位常用 nm 或 μm 表示，频率常用 Hz 表示。

电磁波是波，它应具有散射、折射、反射、干涉、衍射和偏振等波的性质。

2.1.1.1 散射

当入射光的光子与试样粒子碰撞时，会改变其传播方向，这种现象被称为光的散射。通常包括丁达尔散射和分子散射。

当入射光的波长等于或小于被照射试样粒子的直径（如胶体粒子和聚合物分子）

时，发生丁达尔散射，其散射波长与入射光的波长相同，散射光强与波长的平方 λ^2 成正比。在定量分析中几乎不用丁达尔散射。

当入射光的波长大于被照射试样粒子的直径时，发生分子散射：当光子与分子相互作用时不发生能量交换（弹性碰撞），产生瑞利散射，其散射强度与 $1/\lambda^4$、散射粒子的大小和粒子极化率的平方成正比；当光子与分子相互作用时，导致了光能的增加或损失（非弹性碰撞），产生与入射光波长不同的散射光，这种散射被称为拉曼散射，其散射光强度与散射光波长的 4 次方成反比。所以，较短波长的入射光照射所产生的拉曼散射光更强。

2.1.1.2 反射和折射

光照射到两种媒质的分界面上时，有一部分光在原介质中（介质1）改变传播方向，称为反射；另一部分光进入介质2中并改变传播方向，称为折射。折射现象是由于光在两种不同介质（介质1和介质2）中传播速度不同引起的，如图2-3所示。

反射光和折射光的能量分配由介质的性质和入射角的大小决定。例如，光从空气照射水面，当入射角分别为30°、60°和90°时，反射光能分别约为入射光

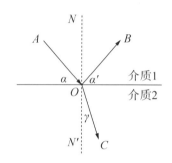

图2-3 光的反射和折射

AO、OB 和 OC 分别为入射线、反射线和折射线；
α、α' 和 γ 分别为入射角、反射角和折射角；NN' 为法线

能的 2.2%、6% 和 100%，即反射光能随入射角的增加而增加。由此可见，在各种光学仪器中，应当考虑由反射作用造成光能量和检测灵敏度的损失情况。

折射率可以反映光从一种介质进入到另一种介质的折射能力，其定义包括绝对折射率 n 和相对折射率 $n_{2,1}$。

$$n = \frac{c}{v} \qquad (2-2)$$

$$n_{2,1} = \frac{\sin\alpha}{\sin\gamma} = \frac{v_1}{v_2} = \frac{n_2}{n_1} \qquad (2-3)$$

绝对折射率是电磁辐射在真空或空气（光在空气中的传播速度接近在真空中的传播速度）中的速度 c 与其在介质中传播速度 v 的比值；相对折射率则是当光从介质1进入介质2时，其入射角 α 与折射角 γ 的正弦值之比。不同物质对同一波长的光的折射率不同，不同波长的光对同一物质的折射率也不相同，棱镜的分光作用就是基于不同波长光的折射率不同这种性质。

2.1.1.3 干涉

当频率相同、振动相同、周相相等或周相差保持恒定的波源所发射的相干波互相叠加时，可以得到明暗相间的条纹，即光的干涉现象。

若两束光波的光程差 $\Delta\lambda$ 等于波长 λ 的整数倍时，两波将相互加强到最大程度。此时，两光波在焦点上将相互加强形成明条纹。

若两束光波的光程差 $\Delta\lambda$ 等于半波长 $\lambda/2$ 的奇数倍时，两波将相互减弱到最大程

度，此时，两光波在焦点上将相互减弱形成暗条纹。

2.1.1.4 衍射

光在传播过程中，遇到障碍物或小孔时，光将偏离直线传播的途径而绕到障碍物后面传播的现象，被称为光的衍射现象，如图 2-4 所示。衍射现象可用于光谱分析仪器的分光、X 射线衍射结构分析、衍射成像和全息术等。

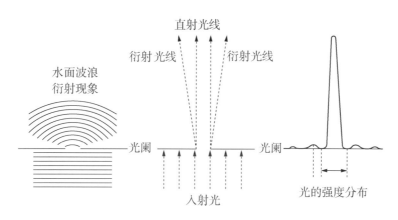

图 2-4 光的衍射现象

2.1.2 电磁辐射粒子性及量子力学性质

当发射或吸收电磁辐射时，在发射体和吸收介质间可发生能量交换。为了讨论这些现象，不仅要了解电磁辐射的波动性，更应熟悉它的微粒性，即所谓的光子或光量子。

2.1.2.1 电磁波的微粒性

光的干涉、衍射等现象可以用光的波动性解释。但像黑体辐射、光电效应和康普顿效应等现象则不能用光的波动性进行描述，而是需要用光的粒子性进行解释。1887 年，赫兹发现，紫外光照射在两个窄的间隙之间更易发生火花放电的现象。1900 年，普朗克提出，黑体是由以不同频率作简谐振动的振子组成的，其中，电磁波的吸收和发射不是连续的，而是以一种最小的能量单位（$E = h\nu$，ν 是电磁辐射频率，h 为普朗克常数）为最基本单元而变化的，该份能量 $h\nu$ 被称为能量子。也就是说，振子的每一个可能的状态以及各个可能状态之间的能量差必定是 $h\nu$ 的整数倍。受普朗克理论的启发，爱因斯坦于 1905 年提出的光子说认为，在空间传播的光也不是连续的，而是一份一份的，每一份称为一个光量子或光子，光子能量 E 跟光的频率 ν 成正比，即 $E = h\nu$。每个光子的能量只由光子频率 ν 决定。例如，蓝光的频率比红光高，所以蓝光的光子能量比红光的能量大；同样颜色（或频率）的光的强弱的不同，则反映了单位时间内照射到单位面积的光子的个数。1916 年，密立根通过实验证明了光子说及光电效应现象。

综上所述，光的粒子性表现为光的能量不是均匀、连续分布于它传播的空间中，而是集中于光子的微粒上。

光子的能量 E 与光波的频率 ν 之间的关系式为

$$E = h\nu \tag{2-4}$$

式中，普朗克常量（Planck constant）$h = 6.626 \times 10^{-34}$ J·s；E 的常用单位是 J（焦尔），但 eV（电子伏特）也是可与国际单位制并用的能量单位，1 J = 6.241×10^{18} eV。

2.1.2.2 物质的能态

根据量子理论，原子、离子或分子都有各自确定的能量，它们只能存在于一定的不连续能量状态（能态）下。当物质改变其能态时，它吸收或发射的能量应完全等于两能级之间的能量差。若原子、离子和分子吸收或发射辐射后，从一种能态跃迁到另一种能态时，辐射的波长或频率 ν 与两能级之间的能量差 $\Delta E = E_1 - E_0$ 有关，即

$$\Delta E = h\nu = hc/\lambda \tag{2-5}$$

式中，E_1 和 E_0 分别代表较高和较低能态的能量。

对于原子和离子，电子围绕带正电荷核运动的电子能态；对于分子，除电子能态外，还存在原子间相对位移引起的振动和转动能态。所有这些能态的能量都是特定的和不连续的，即是量子化的。

原子或分子的最低能态称为基态，较高能态称为激发态。在室温下，物质一般都处在它们的基态。

2.1.3 辐射的发射

当分子、原子或离子等受激粒子经过驰豫回到较低能级或基态时，常常以光子形式释放多余的能量并产生电磁辐射。使粒子被激发至高能态的方式包括：①用电子或其他高能粒子轰击，一般可以发射 X 射线；②使粒子暴露于火焰、电弧、电花和电感耦合等离子体（ICP）等光源之中，它们一般可以产生紫外、可见或红外辐射；③用 X 射线、紫外可光等照射，可以产生二次光（或称为荧光）；④放热的化学反应可以产生化学发光，等等。

习惯上，采用发射光谱来表征由激发源发出的辐射，即以发射的辐射相对强度作为波长或频率的函数而获得发射光谱图。图 2-5 是将海水喷入氢氧火焰中后，仪器记录的海水中不同粒子受激后的典型发射光谱图。从图中可见，共有 3 种类型的光谱，即线光谱、带光谱和连续光谱。

2.1.3.1 线光谱

由单个气态原子受激所产生的、有确定峰位的、宽度约 10^{-5} μm 的锐线组成，发射光的波长位于紫外、可见光区。图 2-5 的线光谱是由钠、钾、铯和钙的气态原子产生的，且每种气态原子受激后，原子外层电子可处于多个不同的较高能态（激发态），在它们驰豫或跃迁至低能态或基态时，可产生几十到数千个不同能量或波长的光子或谱线。

如果原子获得足够的能量的激发，其内层电子的跃迁可以产生 X 射线光谱。与紫外、可见光区的发射不同，元素的 X 射线与它们的环境或形态无关，即产生辐射的物质不一定是单个独立的气态原子，可以是金属、固体粉体或者阳离子络合物等，所得到的 X 射线光谱都是相同的。

图 2-6（a）的能级图给出了最外层只有 1 个电子的钠原子的 2 条光谱线产生的过程。图中，E_0 表示电子最低能级（基态），E_1 和 E_2 表示两个高电子能级（激发态）。当钠原子吸收热能、电能或辐射能后，可以从基态 E_0 对应的 3s 轨道跃迁到高能态 E_1 和 E_2

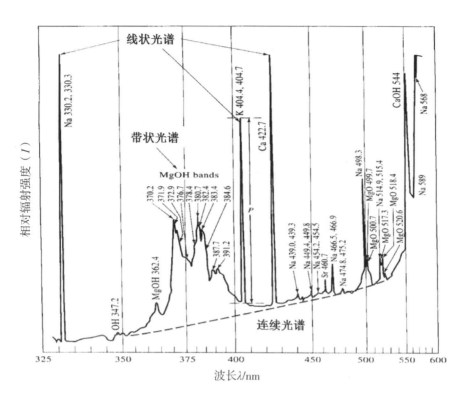

图 2-5 氢氧火焰中海水的发射光谱

对应的 3p 和 4p 轨道并停留 10^{-8} s，然后迅速返回基态并发射波长分别为 590 nm 和 330 nm 的光子。

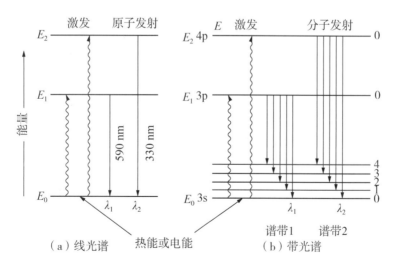

图 2-6 原子和分子的跃迁和能级

2.1.3.2 带光谱

带光谱由气态基团或小分子受激后,分子中原子之间的许多量子化的转动能级叠加于振动能级,再叠加于分子的基态电子能级上而形成。相对于电子能级,振动和转动的能态数量多且能级差都很小,产生数量众多且波长接近的线光谱,但因仪器不能完全将其分辨而呈现出带状光谱,如图2-5中的OH、MgOH和MgO产生的光谱。

图2-6(b)是分子的部分电子和振动能级示意图。由于分子处在激发态的振动能级的寿命(为10^{-15} s)要比处在激发态电子能级的寿命(为10^{-8} s)短得多,当电子跃迁回到基态以前,在该电子能态上的较高振动能态的弛豫就已经发生。因此,由电子或热激发多原子分子产生的辐射,几乎总是来源于被激发电子能级的最低振动能级向任何一个基态的振动能级跃迁。从一个电子能级返回到另一个电子能级时,可以通过系统内碰撞转移能量,但是这一过程的速率比通过发射光子弛豫要慢得多。此外,在振动能级上叠加了许多转动能级[图2-6(b)],由于转动能级之间的能量差,要比振动能级之间的能量差还小1个数量级,因此,分子的发射光谱将是由许多紧密排列的谱线组成的带状光谱。

2.1.3.3 连续光谱

固体加热至炽热会发射连续光谱,这类热辐射被称为黑体辐射。通过热能激发凝聚体中无数原子和分子振荡产生黑体辐射。温度越高,辐射越强,而且短波长的辐射强度增加得最快。从图2-5中可以看出,在火焰发射的光谱中,因火焰中存在的凝聚微粒也可能发射连续背景辐射。值得注意的是,当向紫外光区移动时,背景将迅速降低。

另一方面,被加热固体发射的连续光谱,可以作为红外、可见及长波侧紫外光区分析仪器的重要光源。

2.1.4 辐射的吸收

频率为ν的电磁辐射通过固体、液体或气体物质时,当该辐射的能量$h\nu$正好等于物质的基态E_0和某一激发态E_a之间的能量差时(即$h\nu = E_a - E_0$),物质就会吸收该频率的辐射(或称为选择性吸收),物质原子或分子将从较低能态激发到较高能态或激发态,频率为ν的电磁辐射的强度降低。由于不同物质的跃迁的能级差不同,只能吸收某些特定频率或波长的辐射,因此,研究物质对辐射的吸收可提供表征物质性质或结构的方法。在实践过程中,将辐射被物质吸收后强度降低的程度(或吸光度)对波长或频率作图,所获得的吸收曲线或吸收光谱可进行物质的定性分析和结构分析。辐射的吸收现象常用于分析的方法包括原子吸收光谱、紫外可见吸收光谱、红外光谱、拉曼光谱以及核磁共振光谱等。

2.2 光学分析仪器

光学光谱法是以发射、吸收、荧光、磷光、散射和化学发光六种现象为基础建立的。虽然，各种光学分析方法使用的仪器可能在各部件的构造、排列顺序等方面有些差异，但其基本部件或部件的功能却大致相同。典型的光谱仪均由五部分组成，即稳定的辐射源、固定试样的透明容器、色散分光元件、辐射检测器或换能器以及信号处理或读出装置。图2-7显示了6种类型的光谱仪器的组成。

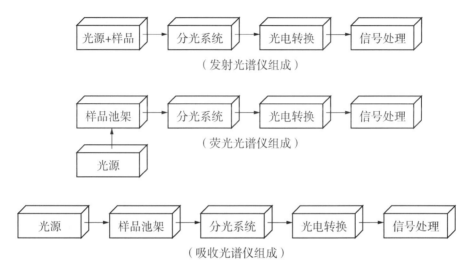

图2-7 各种光学分析仪器组成

从图2-7中可以看出，对于发射光谱仪，是将试样或固定试样的容器置于火焰、电弧、火花、电感耦合等离子体（ICP）或微波诱导等离子体（MIP）中进行蒸发、原子化和激发，使试样发射特征的辐射，整体可看作是一个光源；对于荧光光谱仪和吸收光谱仪，均是光源发出的辐射光直接作用于样品容器，主要用于荧光、磷光、散射和吸收光谱的测定。与吸收光谱仪不同的是，荧光光谱仪中的光电转换器必须与光源位于不同的光轴上，以防止光源发出的入射光对荧光、磷光和散射光测量的干扰。

此外，一些吸收光谱仪，如紫外可见分光光度计、火焰原子吸收光谱仪以及红外光谱仪，它们的样品容器与分光系统的前后位置不同。紫外可见分光光度计的样品容器往往置于分光系统之后，以防止光源辐射光对样品的分解和破坏；原子吸收光谱仪的样品容器（原子化器）则置于分光系统之前，以防止样品容器的火焰背景光直接进入光电转换检测器，从而干扰测量；红外光谱仪样品池和分光系统的排列与火焰原子吸收相同，可以减少杂散光进入光电转换器引起的干扰。

2.2.1 光源

在所有光谱分析中,产生辐射的光源有两个最基本的要求:①必须有足够的输出功率或光强度,以提高测定的灵敏度;②输出的光强度应该足够稳定,以提高测定的精密度和重现性。一般通过增加功率和稳压电源来保证光源输出的强度和稳定性。此外,在仪器设计中,常采用切光器或光束分裂器,将光源发出的光在空间或时间尺度上分成两束光,分别通过试样和空白,几乎可以同时测量两束光的信号,以二者的信号差或比值作为分析的变量,用以克服由光源可能的波动和稳定性所带来的问题。

表2-1列出了光谱分析中应用广泛的光源,可以将它们分为连续光源和线光源两大类。

表2-1 常用光源

连续光源	紫外光源	H_2 灯	160~375 nm
		D_2 灯	
	可见光源	氙灯	320~2 500 nm
		Nernst 灯	250~700 nm
	红外光源	硅碳棒	6 000~5 000 cm^{-1} 之间有最大强度
线光源	金属蒸气灯	Hg 灯	254~734 nm
		Na 灯	589.0 nm, 589.6 nm
	空心阴极灯	空心阴极灯	也称元素灯
		高强度空心阴极灯	
	激光	红宝石激光器	693.4 nm
		He-Ne 激光器	632.8 nm
		Ar 离子激光器	515.4 nm, 488.0 nm
	发射光谱光源	直流电弧	电能
		交流电弧	
		火花	
		电感耦合等离子体(ICP)	

2.2.1.1 连续光源

此类光源发射的辐射强度随波长的变化十分缓慢,它们被广泛应用于吸收光谱和荧光光谱分析。例如,在紫外光区,最普通的光源是氢灯和氘灯,当需要强度更大的光源时,可用充有氩气、氙气或汞蒸汽的高压弧灯;在可见光区,常采用钨丝灯;在红外光区,通常将某些惰性固体(如由SiC材料制成的硅碳棒,由Zr-Th-Y的氧化物制成的能斯特灯等)加热到1 200~2 000 K,可输出的最大辐射波长达 μm 级。

2.2.1.2 线光源

此类光源可发射谱线数目和波长范围有限的辐射线或窄的辐射带。发射几条不连续谱线的线光源被广泛应用于原子吸收光谱、原子和分子荧光光谱以及拉曼光谱分析中。例如，汞蒸气灯和钠蒸气灯可产生几条位于紫外和可见光区的高强度谱线；空心阴极灯和无极放电灯（它们也被称为元素灯）可发射某个特定元素的锐线，是原子吸收和原子荧光光谱中最重要的光源；激光是原子或分子受激后产生的辐射，比普通光源有更好的单色性、方向性和相干性，以及更大的辐射强度，在拉曼光谱、分子吸收光谱、发射光谱、傅里叶变换红外光谱等光学分析中得到广泛应用。

作为分析仪器重要的组成部分，所有光源的作用均是提供高强度、稳定的辐射源。但在多数情况下，因测量对象和方式各不相同，光学分析仪器所使用的光源在结构、辐射轮廓以及波长范围等方面也都存在一些差异。因此，我们将在介绍每种光学分析方法的章节中对这些光源作进一步的讨论。

2.2.2 分光系统

分光系统（monochromator, wavelength selector）也被称为单色器或波长选择器，它是将由不同波长组成的复合光分开为一系列单一波长的单色光的器件。理想的100%的单色光是不可能达到的，实际上只能获得具有一定纯度的单色光，即该单色光具有一定的宽度（有效带宽）。有效带宽越小，分析的灵敏度和选择性越好，分析物浓度与光学响应信号的线性关系也越好。单色器是用来产生高纯度的光谱辐射装置，且辐射线波长可以在一个较大范围内任意改变，即单色器可以用于光谱扫描。紫外、可见、红外光区用的单色器在机械结构上都是类似的，它们主要由入射狭缝、准直镜、分光元件（棱镜或光栅）、会聚透镜（物镜）和出射狭缝等部件构成，如图2-8所示。

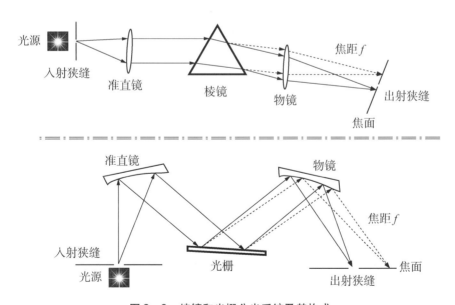

图2-8 棱镜和光栅分光系统及其构成

分光系统各部件的作用和工作过程可以概述为：光源辐射出的光均匀照亮整个入射狭缝（通常为圆形光斑），非平行的复合光透过狭缝被准直镜变成平行光并投射至棱镜或光栅等分光元件，经分光后的光由物镜将相同波长的光会聚至物镜的焦面上并从出射狭缝射出，最后由置于出射狭缝的感光板或光电转换检测器将某一波长的光成像或转换成电信号。需要指出的是，投射到入射狭缝上的光斑是光源的像，或称虚光源。谱线之所谓称为"线"，其实它是狭缝的"像"。分光系统的各个部件分别介绍如下。

2.2.2.1 狭缝（slit）

狭缝是由两片经过精密加工、具有锐利边缘的金属组成。两片金属处于相同平面上且相互平行，如图2-9所示。

图2-9 狭缝

光源发出的光辐射经过聚焦等方式形成一个均匀的圆形光斑后投射于入射狭缝上，此时可将光入射狭缝看作是一个光源（虚光源）。光辐射经光谱仪色散分光后的每条谱线，都是入射狭缝的像。进入单色器或从单色器出射的辐射能量，均由狭缝宽度调节。现代光谱仪中狭缝与光栅的转动耦合在一起，可在μm到mm级之间自动调节。摄谱仪仅有入射狭缝，单色仪有入射、出射两个狭缝，多色仪有数个出射狭缝。狭缝宽度是影响光谱分辨率和测量灵敏度的重要因素，选择原则可以概括如下：对于定性分析，应选择较窄的狭缝宽度以增加分辨率，减少其他谱线的干扰，从而提高选择性；对于定量分析，在保证谱线干扰较小的前提下，尽量选择较宽的狭缝宽度以增加照亮狭缝的亮度，提高分析的灵敏度；当背景干扰比较大时，可适当减小缝宽，以降低分析的检出限。

实际工作中，应根据样品性质和分析要求，通过条件优化确定最佳狭缝宽度。

2.2.2.2 色散元件

色散元件是分光系统的主要组成部分，包括棱镜和光栅。光源辐射经入射狭缝进入单色仪后，以一定的角度投射于棱镜或光栅等色散元件的表面。棱镜分光基于不同波长光的折射率不同而产生角色散，而光栅分光则是基于衍射产生角色散。这两种色散方式产生的辐射都被聚焦于出射狭缝所在的焦面上，并以出射狭缝的像的形式显示出来。

（1）棱镜（prism）。棱镜的色散作用是基于构成棱镜的光学材料对不同波长的光的折射率不同，波长大的折射率小，波长小的折射率大。制造棱镜的材料因使用的波长区域而异。

1）棱镜构成。图2-10为两种常见的考纽棱镜（Cornu）和立特鲁棱镜（Littrow）。其中，Cornu棱镜的顶角$A=60°$，多采用一块材料制成（图2-10左）；若采用晶体石英材料时，Cornu棱镜可由两个顶角为30°的具有左旋和右旋特性的棱镜粘合而成，可消除双像。图Littrow棱镜的顶角$A=30°$，光可在镀膜的反射背面发生反射，并在同一界面上发生了两次折射（图2-10右），其性能特征类似顶角为60°的Cornu棱镜。图2-10中的θ为偏向角，它是入射光线经过棱镜的两次折射后，出射线偏离入射线的角度。

2）棱镜性能。棱镜性能的分光能力多用色散率和分辨率表示。色散率是将不同波长的光分散开的能力，包括角色散率和线色散率。

a. 角色散率（$d\theta/d\lambda$）。角色散率表示两条波长相差$d\lambda$的谱线被分开的角度$d\theta$，它反映了偏向角θ对波长λ的变化，其大小用$d\lambda$和$d\theta$的比值表示。在最小偏向角时

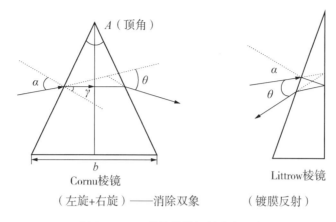

图 2-10 两种棱镜的折射分光示意

（折射线平行于棱镜底边），可以导出角色散率的计算公式

$$\frac{d\theta}{d\lambda} = \frac{2\sin(\alpha/2)}{\sqrt{1 - n^2 \sin^2(\alpha/2)}} \cdot \frac{dn}{d\lambda} \tag{2-6}$$

从式（2-6）可知，角色散率与折射率 n 及棱镜顶角 α 有关。因此，增加角色散率 $d\theta/d\lambda$ 的方式包括：①采用折射率较大的棱镜材料，玻璃比石英有更大的折射率，但玻璃只适于可见光区。②增加棱镜顶角，多选60°。③增加棱镜数目，但由于设计及结构上的困难以及光的损失，最多用2个。

[附] 棱镜角色散率公式的推导过程：

根据角色散率的定义得

$$\frac{d\theta}{d\lambda} = \frac{d\theta}{dn} \cdot \frac{dn}{d\lambda} \tag{2-7}$$

式中，$dn/d\lambda$ 表示折射率对波长的变化，也表示棱镜的折射率；$d\theta/dn$ 表示偏向角对折射率的变化，它与棱镜的几何形状和入射角 i 的大小有关。在最小偏向角（光线与棱镜底边平行）时，折射率 n 为

$$n = \frac{\sin i}{\sin r} = \frac{\sin\dfrac{\alpha + \theta}{2}}{\sin\dfrac{\alpha}{2}} \tag{2-8}$$

对式（2-8）微分并整理后得到

$$\frac{d\theta}{dn} = \frac{2\sin\dfrac{\alpha}{2}}{\cos\dfrac{\alpha+\theta}{2}} = \frac{2\sin\dfrac{\alpha}{2}}{\sqrt{1-n^2\sin^2\dfrac{\alpha}{2}}} \tag{2-9}$$

将式（2-9）代入式（2-7）即得色散率的计算公式（2-6）。

b. 线色散率（$dl/d\lambda$）。表示两条相近的谱线在到达会聚透镜焦面上后被分开的距离对波长的变化率。

$$\frac{dl}{d\lambda} = \frac{d\theta}{d\lambda} \cdot \frac{f}{\sin\beta} \tag{2-10}$$

从式（2-10）可见，线色散率除与角色散率成正比外，还与会聚透镜的焦距 f 成正比，与焦面和光轴间的夹角 β 的正弦值成反比。因此，增加透镜焦距、减小焦面与光轴夹角可提高棱镜色散能力。

在很多光谱分析仪器中也以线色散率的倒数，即倒线色散率 $d\lambda/dl$ 表示仪器的色散能力。

c. 分辨率 R。是指将两条靠得很近的谱线分开的能力。根据瑞利（Rayleigh）准则，邻近的两条谱线，其中一条谱线强度分布轮廓的最大值与另一条的最小值相重叠，是这两条谱线刚好可以分辨开的判据。因此，谱线分辨率 R 可表示为

$$R = \frac{\bar{\lambda}}{\Delta\lambda} = mb\frac{dn}{d\lambda} \qquad (2-11)$$

式中，m 为棱镜个数；b 为棱镜底边有效宽度（cm）。

可见，棱镜分辨率随波长变化而变化，在短波部分分辨率较大，长波部分分辨率小，即棱镜分光所获得的谱线排列不均匀，或称为非匀排光谱。这是棱镜分光最大的不足。

（2）光栅（grating）。光栅分光是由多缝干涉和单缝衍射共同作用的结果。多缝干涉决定谱线的空间位置，单缝衍射决定各级光谱线的相对强度。

光栅可分为透射光栅和反射光栅（近代光谱仪主要采用反射光栅作为色散元件）。光栅的制作方式多种多样。例如，将真空中蒸发金属铝镀在玻璃平面上，然后用金刚石等特殊工具在镀层上压出许多等间隔、等宽度的平行刻纹，制成平面反射光栅；也可用钻石等特殊工具，在硬质、磨光的光学平面上刻出大量紧密而平行的刻槽。以此为母板，用液态树脂（如聚苯乙烯或聚氯乙烯）在其上复制出光栅。如果刻制质量不高，光栅易产生散射线及鬼线（ghost lines），产生光谱干扰。

光栅通常的刻线数为 300～2 000 刻槽/mm。最常用的是 1 200～1 400 刻槽/mm（紫外可见）及 100～200 刻槽/mm（红外）。通常将相邻两刻槽之间的距离（即狭缝宽度 + 两狭缝之间的距离）称为光栅常数 d（mm）。以下介绍几种典型的光栅。

1）平面透射光栅。透射光栅是通过在一块很平的玻璃上刻出一系列等宽度和等间距的刻痕制成的。刻痕处相当于毛玻璃，大部分光将不会透过，而两条刻痕之间则相当于一条狭缝，可以透光。图 2-11 分别给出了单色光和多色光经过平面透射光栅分光的基本过程。

如图 2-11 左所示，假设入射光仅为波长 λ_1 的单色光，该谱线通过相邻狭缝的两条谱线发生干扰和衍射。当入射线不垂直于光栅，即入射角 $\alpha \neq 0$ 时，两条谱线到达出射狭缝或焦面时所通过的路线长度不同，其中一条多行走了 $d\sin\alpha + d\sin\theta$。当该长度为波长的整数倍，即 $d(\sin\alpha + \sin\theta) = n\lambda$ 时，则出现明条纹，否则出现暗条纹；当入射线垂直于光栅，即入射角 $\alpha = 0$ 时，可得出 $d\sin\theta = n\lambda$。同样出现明、暗交替的条纹，只是明、暗条纹的位置离零级光谱所在中心点 P_0 位置的远近不同。

当光线入射角一定而改变该单色光谱线的波长时，谱线呈现在出射狭缝的位置也改变，波长越长，衍射角越大。但在零级光谱的位置，单色光的强度最大（图 2-12）。

如图 2-11 右所示。假如入射光是由 λ_1 和 λ_2 组成的复合光，一级光谱（$n=1$）的光因波长不同，产生的一级光谱位置不同。波长较短（λ_1）的衍射角 θ 小，谱线靠近零

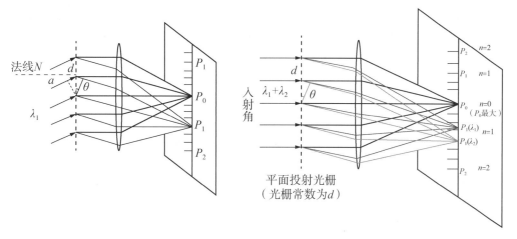

图 2-11 平面透射光栅分光示意

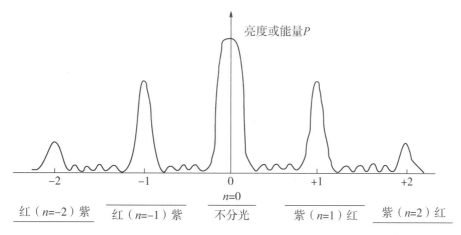

图 2-12 多缝干涉和单缝衍射能量分布、光谱级次与光谱重叠

级,波长较长(λ_2)的衍射角θ大,谱线距零级也较远,即光栅在一级光谱实现了光的色散。但在$n=0$的零级光谱P_0处,λ_1和λ_2不能分开,且未分开的谱线强度占比最大(80%以上)。如果入射光是更多波长的复合光,则零级将出现最亮的白光。

同样,对于二级光谱($n=2$)也有类似结果。但光栅分光也存在波长较短的二级光谱与波长较长的一级光谱,甚至波长更短的三级光谱的重叠干扰。例如,600 nm 的一级光谱与 300 nm 的二级光谱和 200 nm 的三级光谱,均可能落在一级光谱的同一位置并互相干扰。

通过以上分析,我们可得出反映光栅色散作用的光栅方程

$$n\lambda = d(\sin\alpha \pm \sin\theta) \tag{2-12}$$

式中,λ是入射光波长;d是相邻两刻线间的距离,被称为光栅常数;n是光谱级次,其值可取 $0, \pm 1, \pm 2, \pm 3, \cdots$。

入射角α和衍射角θ分别是入射光和衍射光与光栅平面法线N之间的夹角。当α和θ在法线的同侧时,光栅方程为$n\lambda = d(\sin\alpha + \sin\theta)$;当在法线异侧时,光栅方程为

$n\lambda = d(\sin\alpha - \sin\theta)$。由光栅方程可以看出，当一束平行的复合光以一定的入射角照射光栅平面时，对于给定的光谱级次 n，衍射角随波长的增长而增大，即产生光的色散。

但当级次 $n=0$ 时，则 $\alpha = -\theta$，即零级光谱不起色散作用，而且这两条未分开谱线的大部分光能均集中于零级光谱位置，从而造成大量光能的损失（80% 以上），进而降低了测量灵敏度。另外，当两个谱线波长 λ_1 和 λ_2 满足 $n_1\lambda_1 = n_2\lambda_2$ 时，则波长为 λ_1 和 λ_2 的谱线会发生重叠。如 600 nm 的一级光谱会与 300 nm 的二级光谱和 200 nm 的三级光谱出现在同一个方向上（$n\lambda = 1 \times 600$ nm $= 2 \times 300$ nm $= 3 \times 200$ nm）。一般来说，具有色散作用的一级谱线强度最强。高级次谱线常用加滤光片除去，如玻璃可以消除大部分可见光的干扰。由于透射光栅不能解决光能集中于零级光谱造成的光能损失问题，现代光谱分析仪器中已很少使用。

2) 平面反射光栅（echellette grating）。前面介绍了平面透射光栅的分光过程，给出了光栅方程，并指出这种光栅还有一个无法解决的问题，就是在不起色散作用的零级光谱的光能损失问题。

平面反射光栅也被称为闪耀光栅、定向光栅或小阶梯光栅。它可以很好地解决以上问题。该光栅是将平行的狭缝刻制成具有相同形状的刻槽（多为三角形），如图 2-13（a）所示。此时，入射线的每个刻槽的小反射面与光栅平面之间的夹角 β 一定（β 也被称为闪耀角），此时反射线集中于一个方向，从而使光能量集中于所需要的一级光谱，而不是未分开的零级光谱 [图 2-13（b）]。该光栅有两条法线，一条为垂直于光栅平面的法线，另一条为垂直于刻槽的小反射面的法线。通常，当入射角 α、衍射角 θ 都等于闪耀角 β，即 $\alpha = \theta = \beta$ 时，在衍射角 θ 方向可获得最大的光强。

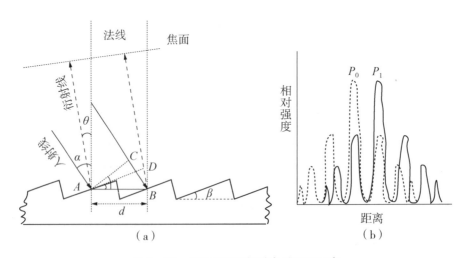

图 2-13　平面闪耀光栅的色散原理示意

在图 2-13 中，d 为光栅常数。过入射线与光栅小反射面的交点 A 对相邻狭缝的入射线和衍射线分别作垂线并交于 C、D 两点。

由于 $\angle CAB = \alpha$，$\angle DAB = \theta$，因此 $CB = d\sin\alpha$，$BD = d\sin\theta$。

显然，相邻狭缝衍射光束的运行距离比从 A 点出发的衍射光束运行的距离要长

$CB + BD$。

当 $CB + BD$ 是入射波长的整数倍，即 $CB + BD = n\lambda$ 时，两衍射光束发生叠加，并产生明线，于是得到光栅方程

$$n\lambda = d(\sin\alpha + \sin\theta) \tag{2-13}$$

当入射线与衍射线位于光栅法线异侧时，光栅方程为

$$n\lambda = d(\sin\alpha - \sin\theta) \tag{2-14}$$

综合式（2-13）和式（2-14），可以得到和式（2-12）完全相同的光栅方程。

3）中阶梯光栅（echelle grating）。也称反射式阶梯光栅（reflection stepped grating）。由 G. R. Harrison 于 1949 年提出的一种特殊光栅。利用中阶梯光栅制作的光谱仪器具有体积小、高色散、高分辨率等特点，代表了先进光谱技术的发展趋势。它与平面闪耀光栅不同，不是以增加光栅刻线（8～80 条/mm），而是以增大闪耀角（60°～70°）、提高光谱级次（$n = 40 \sim 200$ 级）、增加光栅刻划面积来获得高分辨本领和高色散率。分辨本领比普通闪耀光栅高 1 个数量级，达 10^6 以上（表 2-2）。

表 2-2 常用中阶梯光栅与平面闪耀光栅特征与性能比较

光栅参数	焦距 /m	刻槽密度 /(条·mm^{-1})	衍射角 /度	级次	倒线色散率 /(Å·mm^{-1})	分辨率 /300 nm	聚光本领
平面闪耀光栅	0.5	1 200	10°22′	1	16	62 400	$f/9.8$
中阶梯光栅	0.5	79	63°26′	75	1.5	763 000	$f/8.8$

从图 2-14 可见，其三角形刻槽深度大（阶梯宽度 t 大于高度 s，即 $t/s > 1$），入射线照射在三角形短边而不是长边上（和平面闪耀光栅刚好相反），因此入射角和闪耀角更大。

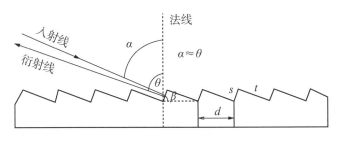

图 2-14 中阶梯光栅

但因为工作级次 n 多达 40～120 级，中阶梯光栅每一级光谱区很窄，只有 1～10 nm。因此，谱线重叠十分严重。实践中可利用交叉色散法原理，通过增加一个光面垂直于中阶梯光栅的辅助色散元件（大多是棱镜）将这些上百级次的光谱分开。

4）凹面光栅（concave grating）。凹面光栅是在半径为 r 的半球内侧刻划一系列平行刻槽而制成的光栅，多用于光电直读光谱仪（详见本书第 3 章"原子发射光谱分析"相关内容）。由于此类光栅除具有分光作用外，也具有聚焦作用，因此分光系统中不需要会聚透镜等光学部件，其光能损失小，节省费用。

此外，还有大阶梯光栅、全息光栅等，在此不一一介绍。

光栅特性：和棱镜分光一样，光栅的色散能力也是用角色散率、线色散率和分辨率来表征的。计算公式分别为

角色散率 $d\theta/d\lambda$：对光栅方程的微分可得

$$\frac{d\theta}{d\lambda} = \frac{n}{d\cos\theta} \tag{2-15}$$

线色散率 $dl/d\lambda$：角色散率与焦距 f 的乘积即为线色散率

$$\frac{dl}{d\lambda} = \frac{d\theta}{d\lambda} \cdot f = \frac{nf}{d\cos\theta} \approx \frac{nf}{d}(\theta < 20°) \tag{2-16}$$

从式（2-16）可见，可通过增加会聚透镜焦距 f 和减小光栅常数 d（增加刻槽密度）来提高色散率。另外，当衍射角小于20°时，$\cos\theta \approx 1$。此时，线色散率近似与衍射角无关，或者说，在同一级光谱上，各谱线是均匀排列的，这可大大简化光栅的设计。凹面光栅线色散率公式与平面光栅的相似，将平面光栅线色散率公式中的焦距 f 换成凹面光栅的球面半径 r 即可。

实际工作中常使用倒线色散率（D）来表示光栅的分光能力，其值为线色散率的倒数，即

$$D = \frac{d\lambda}{dl} = \frac{d\cos\theta}{nf} \approx \frac{d}{nf}(\theta < 20°) \tag{2-17}$$

倒线色散的意义是指在焦面上每毫米距离内所容纳的波长数，单位常用 $nm \cdot mm^{-1}$ 和 $Å \cdot mm^{-1}$。

分辨率 R：据 Rayleigh 准则和光栅方程得到

$$R = \frac{\bar{\lambda}}{\Delta\lambda} = \frac{W(\sin\alpha + \sin\theta)}{\lambda} = n \cdot \frac{W}{d} = nN \tag{2-18}$$

式中，N 为光栅总刻线数（条）；W 为光栅被照亮的宽度（mm）；d 为光栅常数（mm）。

有效带宽：整个单色器的分辨能力除与分光元件的色散率有关外，还与狭缝宽度有关，即单色器的分辨能力（有效带宽 S）应由下式决定：

$$S = D \times W \tag{2-19}$$

式中，D 为倒线色散率；W 为狭缝宽度。

可见，当单色仪的色散率固定时，波长间隔将随狭缝宽度变化而变化。狭缝宽度越大，进入光谱仪器的光通量越大，分析灵敏度越高，但分辨率降低。因此，准确控制狭缝宽度对光谱分析十分重要。

集光本领（light-gathering power of monochromator）：为提高光谱仪的信噪比，必须使到达检测器的光能量足够强，常以集光本领表示。

$$集光本领 \propto \left(\frac{1}{F}\right)^2 \propto \frac{1}{(f/d)^2} \tag{2-20}$$

其中，f 为会聚透镜的焦距，d 为其直径。

可见，集光本领与 F 数的平方成反比，但与狭缝宽度无关。较短焦距、较长直径的物镜使色散率降低，但可获得更大的集光本领。

2.2.3 试样容器

除发射光谱外,其他所有光谱分析都需要样品容器。盛放试样的吸收池须由不吸收所研究光谱区域的透光材料制成,如石英或熔融石英材料可用于紫外和可见光区,玻璃和透明塑料用于可见光区,NaCl 和 NaBr 制作的晶体盐窗主要用于红外光区。另外,试样池窗口平面应该垂直于入射光,以减少光反射损失。

2.2.4 光电转换或检测器

光电转换器是将光辐射转化为可以测量的电信号的器件。

$$S = kP + k_d \tag{2-21}$$

式中,k 为校正灵敏度;P 为光辐射功率或强度;k_d 为暗电流(可通过线路补偿,使其为 0)。

理想的光电转换器要求光电检测器具有灵敏度高、信噪比大、暗电流小、响应快且在较宽的波段范围内响应恒定。表 2-3 列出了一些常用光谱检测器。

表 2-3 常用光电转换器

检测器种类	检测器	应用波段
早期检测器	人眼(Vis),相板及照像胶片(UV-Vis)	UV-Vis
光电转换器 (photo transducer)	硒光电池(photovoltaic cell,光伏管)	350～(500)$_{max}$～750 nm
	真空光电管(yacuum phototube)	据光敏材料而定
	光电倍增管(photomuitiplier tube)	据光敏材料而定
	硅二极管(silicon diode)	190～1 100 nm
多通道转换器 (multichannel transducer)	光二极管阵列(photodiode array,PDA)	UV-Vis
	电荷转移器件(charge-transfer device,CTD)	
	电荷注入器件(charge-injection device,CID)	
	电荷耦合器件(charge-coupled device,CCD)	
电导检测器	电导检测器(photoconductivity)	
热检测器(tnermaltrans-ducer)	热电偶(thermocouple)	IR
	辐射热计(bolometer)	
	热释电(pyroelectric transducer)	

2.2.4.1 硒光电池

将半导体硒沉积于 Fe 或 Cu 的基板(正极)上,再覆盖一层透明 Au 或 Ag 镀膜(负极)构成,镀膜受光面用玻璃,其他部分以塑料固定和保护,如图 2-15 所示。当受到光照时,半导体硒内部产生自由电子和空穴,在外加直流电场作用下,分别流向镀膜层和金属基板,再通过外电路复合产生 10～100 μA 电流。因外电阻较小,该电流可直接测量,其大小与光照强度成正比。

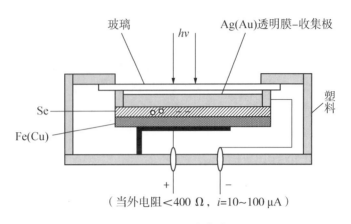

图 2-15 硒光电池

硒光电池使用方便、耐用且成本低。但因外电路电阻小，电流不易放大，而且响应较慢，只在高强度辐射区较灵敏。长时间使用或高光照后，易产生"疲劳"（fatigue）现象。

2.2.4.2 光电管及光电倍增管

光电管（phototube）和光电倍增管（photomultiplier tube）都是基于外光电效应原理而制作的光电转换器件，可使光信号转换成电信号。

（1）光电管。光电管的典型结构是将球形玻璃壳抽成真空或充入低压惰性气体，在内半球面上涂一层光电材料作为阴极，球心放置小球形或小环形金属（如 Ni）作为阳极。在外加直流电压的作用下，产生微小的光电流（约为硒光电池的 1/10），通过直流放大器放大光电流，如图 2-16 所示。用作光电阴极的金属有碱金属、汞、金、银等，可适合不同波段的需要。光电管分为真空光电管和充气光电管两种。

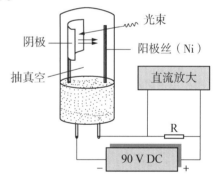

图 2-16 光电管

1）真空光电管。也称电子光电管。由封装于真空管内的光电阴极和阳极构成。当入射光线穿过光窗照射到光阴极上时，光电子就受激发射至真空。在外加电场的作用下，光电子在两极间作加速运动，最后被高电位的阳极接收，在电路内就可测出光电流，其大小取决于光照强度和光阴极的灵敏度等因素。按照光阴极和阳极的形状和设置的不同，光电管一般可分为中心阴极型、中心阳极型、半圆柱面阴极型、平行平板极型和带圆筒平板阴极型等。

2）充气光电管。又称离子光电管，由封装于充气管内的光阴极和阳极构成。在外加直流电压的作用下，受光照激发的光电子飞向阳极并与气体分子碰撞而使气体电离，可大大增加光电管的灵敏度。但充气光电管中正离子轰击阴极可使发射层的结构受到影响，长期工作可导致灵敏度的衰减。常用的电极结构有中心阴极型、半圆柱阴极型和平板阴极型等。

影响光电管的光谱响应因素除了与光电管的结构和类型有关外，光阴极上的涂层材料是决定因素。不同涂层材料有不同的光谱响应范围，如高光敏的 K、Cs 和 Sb，红外光敏材料 Na/K/Cs/Sb 和 Ag/O/Cs、紫外光敏材料 Ga/As 等。与硒光电池相比，光电管的光谱响应快，而且阻抗大，因而电流容易放大，应用更加广泛。

（2）光电倍增管。光电倍增管是将微弱光信号转换成电信号的真空电子器件。它主要基于外光电效应、二次电子发射和电子光学原理，具有高增益、低噪声、高频率响应和大信号接收区等特征，是一种具有极高灵敏度和超快时间响应的光敏电真空器件（图 2-17）。

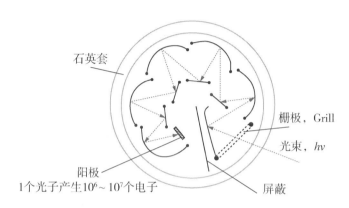

图 2-17 光电倍增管示意

光电倍增管包括阴极室和由若干打拿极（dynatron）组成的二次发射倍增系统两部分。当光照射到光阴极时，光阴极向真空激发出光电子。这些光电子按聚焦极电场进入倍增系统，并通过进一步的二次发射得到倍增放大，然后将放大后的电子用阳极收集作为信号输出（图 2-18）。当有 9 个打拿极，所加总直流电压共为 10×90 V 时，1 个光子可以产生 $10^8 \sim 10^{10}$ 个光电子。因此，光电倍增管在探测紫外、可见和近红外区的辐射能量的光电探测器中，具有极高的灵敏度和极低的噪声。另外，光电倍增管还具有响应快速、成本低、阴极面积大等优点。

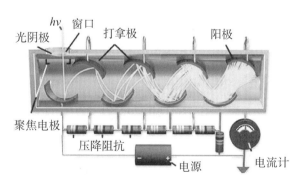

图 2-18 光电倍增管电路示意

光电倍增管在全暗条件下，加工作电压时也会输出微弱电流，称为暗流。它主要来源于阴极热电子发射。光电倍增管在强光照射或照射时间过长时，可使灵敏度降低，停止照射后又部分地恢复，即产生所谓的"疲劳"现象。

2.2.4.3 硅二极管及硅二极管阵列检测器

（1）光电硅二极管检测。硅二极管为一个由 p 型半导体和 n 型半导体形成的 pn 结，在其界面处两侧形成电子和空穴空间电荷层。当不存在外加电压时，pn 结两边载流子处于电平衡状态（图 2-19a）；当外界加载一定反向偏置电压时，电子和空穴分别移向阳极和阴极，形成耗尽层，此时 pn 结电导趋于 0（电流 $i=0$）。当有光照时，耗尽层中产生空穴和电子，空穴移向 p 区并湮灭，外加电压对 pn "电容器"充电，从而产生充电电流信号（$i \neq 0$），该电流信号与光辐射强度有关（图 2-19b）。光电硅二极管的响应灵敏度介于真空管和真空倍增管之间。现代仪器多使用硅二极管阵列检测器。

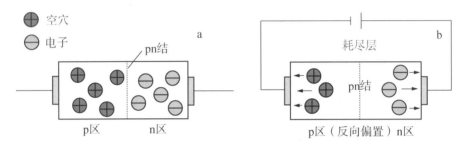

图 2-19 光电硅二极工作原理示意

（2）二极管阵列检测器。也称光电二极管列阵检测器（photo-diode array，PDA），是 20 世纪 80 年代出现的一种光学多通道检测器。在晶体硅上紧密排列一系列光电二极管，每一个二极管相当于一个单色器的出口狭缝。从图 2-20 可见，在一个硅片上，许多 pn 结以一维线性排列，构成阵列；每个 pn 结或元（element，64～4 096 个）相当于一个硅二极管检测器；硅片上布有集成线路，使每个 pn 结相当于一个独立的光电转换器；硅片置于分光器焦面上，经色散的不同波长的光分别被转换形成电信号；实现多波长或多目标同时检测。

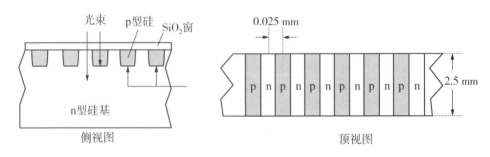

图 2-20 光电硅二极管阵列检测器

二极管越多分辨率越高。一般是每个二极管对应接受光谱上 1 nm 谱带宽的单色光，使每个纳米波长的光强度转变为相应的电信号强度。光电二极管阵列检测器目前已在高效液相色谱分析中大量使用，一般认为是液相色谱最有发展、最好的检测器。

（3）电荷转移器件。硅二极管阵列检测器属于多道检测器，类似的多道检测器还有将电荷从收集区转移到检测区后完成测定的电荷转移器件（charge transfer device，CTD）。它包括电荷耦合检测器（charge coupled device，CCD）和电荷注入检测器（charge Injection device，CID）。

光敏元件通常是二维面阵形式。面阵电荷转移器件像元若干行和列而排列成一平面。例如在一块 6.5 mm×8.7 mm 的硅片上，总共由数万个像元组成，使它们可能在中阶梯光谱仪中同时记录一张完整的二维光谱图。

图 2-21 是一个电荷转移单元或像元的 CTD 侧视图。光照时产生空穴并聚集或存贮于金属电极 -SiO₂电容器中。如果直接测量两电极间电压变化，则是 CID；如果使电荷移至电荷放大器并测量，则是 CCD。图 2-22 给出了 CID 和 CCD 两种电荷转移器光电信号的产生及测量过程，仅供参考。

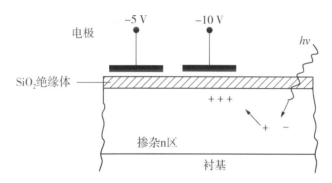

图 2-21 电荷转移器工作侧视图

电荷转移器件最突出的特点是以电荷作为信号，通过集中检测器表面不同面上的光生电荷，并在短暂的周期内测定累计电荷量。其作用十分像感光片，即产生的是辐射照射在其上面的累积信号。光生电荷的产生与入射光的波长及强度有关。

（4）热检测器。由于红外光区的能量不足以产生光电发射，因此，前述的几种光电转换检测器不适于红外光区的检测，在这个光区需使用以辐射热效应为基础的热检测器。

热检测器通过小黑体吸收辐射，并根据引起的热效应测量入射辐射的功率。为减少环境热效应的影响，吸收元件应置于真空并与其他热辐射源隔离。根据检测温度升高的方法，可将热检测器分为热电偶、辐射热测量计和热电检测器三类。

1）热电偶。当有两种不同的导体或半导体 A 和 B 组成一个回路，其两端相互连接时，只要两结点处的温度不同，回路中将产生一个电动势，该电动势的方向和大小与导体的材料及两接点的温度有关。这种现象被称为热电效应，两种导体组成的回路称为热电偶。

将两片相同的金属（如铜）与另一片不同金属（如康铜）的两端熔合，形成热电偶的一对接点。在热电偶的两接点间有一个随两接点温度差变化而变化的电位。当热电偶用于红外光区时，常采用非常细的 Bi 丝和 Sb 丝组成检测器的两个接点。为了改善热吸收容量，通常是将一个接点涂黑并密封于可透过红外辐射的、有较大热容量的真空容

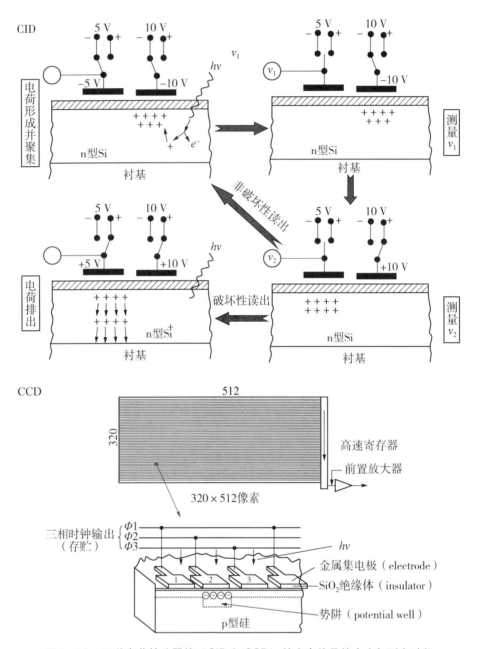

图2-22 两种电荷转移器件（CID和CCD）的光电信号的产生与测定过程

器内，以接收红外辐射加热；另一参照接点亦置于与测量接点相同的容器内。为了增加灵敏度，常常将几个热电偶串联起来构成热堆。

一个设计得很好的热电偶检测器，可响应 10^{-6} K 的温度差，相当于 $6\sim 8$ μV/μW。红外检测器的热电偶是一种低阻抗器件，常需连接高阻抗前置放大器放大信号。常用的热电材料有 Ag-Pd，Sb-Bi 和 Bi-Te 等。

2）测热辐射计。测热辐射计是基于铂、镍等导体或半导体吸收辐射后，温度的改

变 使其电阻改变，从而产生输出信号。值得注意的是，由半导体做成的热敏电阻与金属电阻的性质相反，温度升高，电阻反而下降。

测热辐射计通常是将约 10 μm 厚的热敏电阻安装在散热基片上制成。为便于吸收辐射，响应元件应很小并需涂黑。将检测电阻变化的一个半导体薄片作为惠斯通桥路的一个臂，另一个完全相同的薄片作为参比接到另一个臂上，以补偿环境温度的变化对测量的影响。

测热辐射计不像其他红外检测器广泛用于中红外光区，但以 Ge 为热敏电阻的测热计却是波数 5～400 cm^{-1} 范围内理想的换能器。

3）热释电检测器。该类检测器是利用一种有特殊热电性质的介电材料的单晶片制作而成。如硫酸三甘酞单晶（TGS）热电材料制作而成的热释电检测器。

电场在通过任何一个介电材料时，都会产生电极化作用，其大小是该材料介电常数的函数。对大多数介电材料来说，当外电场移除时，诱导的极化作用迅速降至零，但仍能保留较强的随温度变化的极化作用。因此，将热电晶片夹在两电极（其中一个可透过红外光）之间，可以制成一个随温度变化的电容器。当受红外辐射照射时，随着温度的变化，晶片的电荷分布即发生改变，则连接电容器两极的外电路形成可供测定的电流。电流的大小与晶体的表面积和随温度而变化的极化速率。

热释电检测器的响应极快，因此可以跟踪来自干涉仪、具有很快时间域信号的变化，作为大多数傅里叶变换红外光谱仪的检测器。

此外，还有基于光电导和光伏效应原理，利用碲、镉和汞的混合物 $Hg_{1-x}Cd_xTe$ 对热辐射的响应制作而成的灵敏度高、响应快的碲镉汞红外检测器（MCT）。

习题

1. 换算下列单位。
   （1）1.5 Å X 射线的波数（单位：cm^{-1}）。
   （2）670.7 nm 锂线的频率（单位：Hz）。
   （3）3 300 cm^{-1} 波数的波长（单位：nm）。
   （4）Na 6 889.95 Å 相应的能量（单位：eV）。
2. 写出下列各种跃迁所需的能量范围（单位：eV）。
   （1）原子内层电子跃迁。
   （2）原子外层电子跃迁。
   （3）分子的电子跃迁。
   （4）分子振动能级的跃迁。
   （5）分子转动能级的跃迁。
3. 比较光栅和棱镜分光的优缺点。
4. 为什么在进行定量和定性分析时常常需要用不同的狭缝宽度？
5. 在 400～800 nm 范围内棱镜单色器，为什么用玻璃材料比用石英为好？
6. 若光谱的工作范围为 200～400 nm，棱镜和透镜应选用什么材料，为什么？
7. 某种玻璃的折射率为 1.700 0，求光在此玻璃介质中的传播速度。

8. 在使用光栅进行分光时，当入射光角度为 60° 时，为了能在 10° 的反射角观测到 λ = 500 nm 的一级衍射谱线，每厘米应用多少条刻线？

9. 若用 60° 的石英棱镜、60° 的玻璃棱镜和 2 000 条/mm 的光栅分辨 460.20 nm 和 460.30 nm 处的两条锂发射线，试计算它们的大小。已知石英和玻璃在该光区的色散（dn/dλ）分别为 1.3×10^{-4} mm 和 3.6×10^{-4} mm。

10. 有一块 72.0 条/mm 和 5.00 mm 长的红外光栅，试计算此光栅的一级分辨本领。如果要将两条中心在 1 000 cm^{-1} 的谱线分开，它们应该相距多远？

11. 若光栅刻痕为 1 200 条/mm，当入射线垂直照射时，求 3 000 Å 波长光的一级衍射角。

12. 有某红外光栅（72 条/mm），当入射角为 50°，反射角为 20° 时，其一级和二级光谱的波长为多少？

13. 一光栅宽度为 50 mm，刻痕数 1 200 条/mm，此光栅的理论分辨率应为多少？

14. 上述光栅能否将铌 3 094.18 Å 和铝 3 092.71 Å 分开？为什么？

15. 试计算刻痕数为 1 250 条/mm，焦距为 1.6 m 光栅的一级和二级光谱的倒线色散率。

第 3 章 原子发射光谱分析

原子发射光谱分析（atomic emission spectroscopy，AES）是物质在包括光、电或热等外部能量的作用下，分解形成激发态的原子或离子并发射特征辐射，通过测量这些特征辐射的波长及其强度来对各种元素进行定性和定量分析的方法。

1762 年，德国学者 A. S. Marggraf 首次观察到钠盐或钾盐使酒精灯火焰呈黄色或紫色的现象，并提出可据此区分并鉴定 Na 和 K 元素；1859 年，G. R. Kirchhoff 和 R. W. Bunsen 合作研制造了以本生灯为光源的首台发射光谱仪器；20 世纪 20 年代内标法的提出，一定程度上克服了因光源不稳定和实验条件难于控制等因素对光谱测量的影响；20 世纪 60 年代发展的电感耦合等离子体（ICP）光源，将原子发射光谱分析提高到一个新的高度；近年来，ICP - 质谱联用技术和各种多通道的光谱检测器应用，使高灵敏的、多元素同时分析成为可能。

原子发射光谱分析主要特点包括：①可进行多元素同时分析。试样中的各种元素原子在受激后均可发射各自的特征谱线，因此，可以同时识别多个元素并定量。②选择性好。例如，可测定 Nb 与 Ta、Zr 与 Hf 以及稀土元素等电子结构和性质极为相似的元素。③检出限低。常规 AES 仪器检出限为 $10 \sim 0.1 \mu g \cdot g^{-1}$（$\mu g \cdot mL^{-1}$），使用电感耦合等离子体光源（ICP）的发射光谱分析和质谱联用分析，其检出限可达 ng/mL 级，甚至更低。④准确度高。相对误差多在 5% ~ 10%，以 ICP 为光源的可达 1%。⑤所需试样量少。比如 0.5 g 或更少的土壤样品，微升级的液体样品均可进行有效测定。⑥线性范围宽（linear range），可达 4 ~ 6 个数量级。⑦分析速度快。现代仪器可在数秒至几分钟内完成一次多达数十种元素的同时测定。但一些非金属元素（如 O、S、N、P 和卤素元素等）因发射光谱位于远紫外区，还有一些元素（Se 和 Te 等）因难于激发，在使用原子发射光谱分析时存在一定的难度。

图 3 -1 给出了电感耦合等离子体发射光谱分析（ICP-AES）对元素周期表中各元素的检测限及可用的特征谱线数目（分析线）。可见，ICP-AES 对可检测元素的检出限在 $\mu g \cdot mL^{-1}$ 至 $ng \cdot mL^{-1}$，可用于分析的谱线数从 2 条到 20 多条。图中未有标记的元素较少采用原子发射光谱分析方法。

基于以上描述，我们可得出原子发射光谱分析的几点重要认识：①原子发射光谱的分析对象是元素。②测定是基于待测物质原子或离子的外层电子受激而发射的特征谱线。③通过谱线波长或强度进行元素的定性定量。④高灵敏度和多元素同时测定是该方法的主要优势。

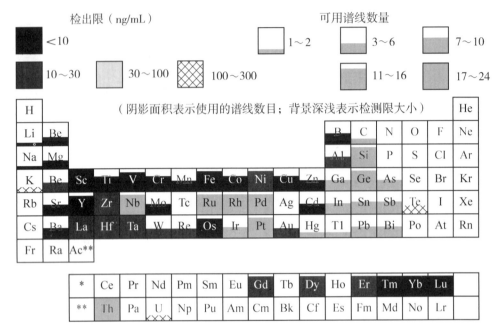

图3-1 电感耦合等离子体原子发射光谱分析的检出能力

3.1 基 本 原 理

3.1.1 原子发射光谱的产生过程

物质由不同元素的原子所组成,而原子都由原子核及围绕原子核不断运动的核外电子所组成。每个原子或离子的外层电子都处于一定的能量状态并有一定的能量。在正常的情况下,原子处于能量最低的稳定状态或基态。但当原子受到外界能量(如热能、电能和光能等)的作用时,原子与高速运动的气态粒子和电子相互碰撞而获得能量,使原子外层电子从基态跃迁到能级更高的激发态。

处于激发态的原子很不稳定,在极短的时间内(约10^{-8}s)便通过跃迁并返回(驰豫)到较低能态或基态,并通过发射一定波长的电磁辐射的形式释放能量,即产生所谓的发射光谱。例如,铁元素受激可产生数千条谱线,图3-2为铁元素部分谱线。

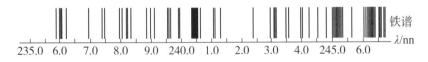

图3-2 铁元素的部分发射光谱谱线

量子力学理论表明，物质的原子或离子处于不连续的能量状态，当其能量状态发生变化时（ΔE），它吸收或释放的能量（$h\nu$）也是不连续的或者说是量子化的，即 $\Delta E = h\nu$。由于不同元素的原子或离子电子结构不同，能量状态各异，因此，跃迁产生的电磁辐射的波长或频率也不同，或者说不同元素原子可产生各自的特征辐射或谱线。

基于以上叙述，原子发射光谱分析的基本原理可概括为：在热能、电能或光能等外界能量的作用下，物质的原子或离子会吸收这些能量，使其外层电子从稳定的基态跃迁到不同能级的激发态或者从能量较低的激发态跃迁到能量更高的激发态。这些处于激发态的原子或离子很不稳定，在极短的时间内（约 10^{-8} s）内即返回到能量较低的激发态或基态，并释放能量，发射具有特征波长的电磁辐射。通过识别这些特征辐射的波长，可进行元素的定性分析；根据特征辐射的强度与待测原子或离子浓度的函数关系，进行元素的定量分析。此外，在原子光谱分析中还应明确以下几个概念。

共振线：原子外层电子从任何一个较高能级跃迁到基态所产生的谱线都被称为共振线。从第一激发态跃迁到基态被称为第一共振线，从第二激发态跃迁至基态则被称为第二共振线，依次类推。通常，第一共振线因从基态跃迁至第一激发态所需的激发能最小，跃迁概率最高，因此返回至基态时产生的谱线强度也最大。

激发电位和电离电位：原子中的某个外层电子从基态跃迁至激发态所需的能量被称为原子的激发电位，通常以电子伏特（eV）来度量；当外加的能量足够大时，原子中的外层电子可从基态跃迁至无限远处，该过程称为电离，所需能量称为电离电位。在电离失去一个电子所需的能量称为一级电离电位，失去两个和三个电子所需能量分别称为二级电离电位和三级电离电位等等；失去部分电子后的离子，其外层电子也可受激而跃迁到激发态，所需的能量即为离子的激发电位。在光谱分析中，规定使用罗马数字 Ⅰ 表示原子线，Ⅱ，Ⅲ，Ⅳ 等表示离子线。如 Mg(Ⅰ) 表示 Mg 的原子线，Mg(Ⅱ) 表示 Mg^+ 发射的离子谱线，Mg(Ⅲ) 表示 Mg^{2+} 发射的离子谱线。

3.1.2 能级与能级图

3.1.2.1 单个价电子能级描述

我们知道，原子中核外电子所处的运动状态或能量状态可以用 4 个量子数，即主量子数 n，角量子数 l，磁量子数 m 和自旋量子数 m_s 来规定和描述。

主量子数 n：表示电子离原子核的远近，决定电子的能量。$n = 1, 2, 3, \cdots$，为正整数；半长轴相同的各种轨道上的电子具有相同的 n 值。

角量子数 l：表示轨道形状或空间伸展方向，决定电子角动量。$l = 0, 1, 2, 3, \cdots, n-1$，相应的轨道符号为 s, p, d, f, …。

磁量子数 m：表示在磁场中电子轨道不同空间伸展方向的角动量分量，$m = 0, \pm 1, \pm 2, \pm 3 \cdots, \pm l$。

自旋量子数 m_s：表示电子自旋的两个方向，$m_s = \pm 1/2$。

3.1.2.2 多价电子能级及光谱项

上述 4 个量子数可以一定程度描述单个价电子的原子或离子的运动状态和能量状态，但不能很好地解释多价电子原子或离子的电子运动状态之间（包括电子轨道之间、电子自旋运动之间以及轨道与自旋之间）产生相互作用所引起的运动情况或能量状态的变化。因此，原子的能量状态需要 n、L、S 和 J 4 个量子数为参数的光谱项来修正或表征，即

$$n^{2S+1}L_J$$

在该光谱项中，n 仍为主量子数。

L 为总角量子数：表示两个或多个外层电子角量子数 l_1，l_2，l_3，…的矢量和（$\sum l$）。例如，两个电子（角量子数分别为 l_1，l_2）之间发生偶合所得到的总角量子数 L 为

$$L = l_1 + l_2, \; l_1 + l_2 - 1, \; l_1 + l_2 - 2, \; \cdots, \; |l_1 - l_2|$$

L 可能取值为 0，1，2，3，…，则光谱项中的 L 分别用 S，P，D，F，…来代替。如果有 3 个价电子，可先求出其中 2 个电子偶合的 L 值，再求该 L 与第 3 个电子的角量子数 l_3 偶合的矢量和。

S 为总自旋量子数：自旋与自旋之间也有较强的作用。多个价电子的总自旋量子数 S 表示所有各个价电子自旋量子数 m_s 的矢量和（Σm_s），其值可取 0，$\pm 1/2$，± 1，$\pm 3/2$，…。

J 为内量子数：表示轨道运动与自旋运动之间的作用，它是由轨道磁矩与自旋量子数之间的相互作用而得出的。以总角量子数 L 与总自旋量子数 S 的矢量和，即内量子数 $J = L + S$ 表示。J 的取值为

$$J = L+S, \; L+S-1, \; L+S-2, \; \cdots, \; |L-S|$$

注意：①当 $L \geqslant S$，$J = L + S$ 到 $L - S$，有 $2S + 1$ 个取值。②当 $L < S$，$J = S + L$ 到 $S - L$，有 $2L + 1$ 个取值。

光谱项符号 L 左上角的 $2S + 1$ 被称为光谱的多重性。

3.1.2.3 光谱项的求算与能级图

下面以价电子数分别为 1 [如 Na 原子和 Mg（Ⅰ）] 和 2（如 Mg 原子）为例，分别求出它们不同能能级的光谱项，说明光谱多重性及能级图的含义。

（1）价电子数为 1 的 Na 原子或 Mg（Ⅰ）离子：当原子或离子处于基态时，价电子在核外的电子排布为 $3s^1$，其总自旋量子数 $S = 1/2$；在激发态时，它可跃迁到 4s，5s，…，3p，4p，…，3d，4d，…等轨道，其总自旋量子数仍为 $S = 1/2$。

1）当原子处于基态时：$S = m_s = 1/2$；因位于 3s 轨道，因此 $l = 0$，其总角量子数 $L = l = 0$（对应的符号为 S）；内量子数 $J = (L+S, L-S)$，因 L（$= 0$）$< S$（$= 1/2$），J 可取 $2L + 1 = 2 \times 0 + 1 = 1$ 个值。将求得的 S 值（更换成 $2S+1$），L 值（以相应的符号代替）和 J 值代入 $n^{2S+1}L_J$ 可得基态的光谱项为 $^2S_{1/2}$。

2）当电子被激发到 3p 能量轨道或能态时（p 轨道角量子数为 $l = 1$）：总自旋量子数仍为 $S = 1/2$。总角量子数为 $L = l = 1$。内量子数 $J = (L+S, L-S)$，因 L（$= 1$）$> S$（$= 1/2$），因此，J 可取 $2S + 1$ 个值，即 $3/2$ 和 $1/2$。将求得的 S 值（更换成 $2S+1$）、L 值（以相应的符号代替）和 J 值代入 $n^{2S+1}L_J$，可得激态处于 p 轨道激发态的光谱项为 $3^2P_{3/2}$ 和 $3^2P_{1/2}$。激发至 4p，5p，6p，…轨道上的光谱项除 n 不同外，其他都一样。

3）当电子被激发到 d 能量轨道时（p 轨道角量子数为 $l = 2$），同上可求得，$S = 1/2$，$L = l = 2$；$J = (L+S, L-S) = (5/2, 3/2)$。相应激发态的光谱项为 $3^2D_{5/2}$ 和 $3^2D_{3/2}$。激发至 4d，5d，6d，…轨道上的光谱项除 n 不同外，其他都一样。

Na 原子的 1 个价电子在激发态与基态之间,激发态与激发态之间的跃迁可用两个光谱项之间能级跃迁来表示。将上述所得的各光谱项的跃迁用图 3-3 表示。

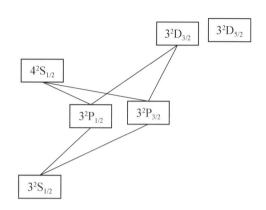

图 3-3 单价电子原子或离子的光谱项及其跃迁示意

图 3-3 表明,两个因能量稍有不同的 p 轨道(J 不同)可跃迁至基态($3^2S_{1/2}$),产生两条波长和强度均很接近的谱线,即 589.0 nm 和 589.6 nm,这两条谱线也被称为 Na 的双黄线;同样,从能量较高的激发态 $3^2D_{3/2}$ 也可跃迁至能量较低的激发态($3^2P_{3/2}$ 和 $3^2P_{1/2}$),也产生强度和波长均很接近的谱线(818.3 nm 和 819.5 nm),从激发态 $4^2S_{1/2}$ 到激发态($3^2P_{3/2}$ 和 $3^2P_{1/2}$)的跃迁也有类似规律。

可见,对总自旋量子数 S 为 1/2 的单电子原子或离子而言,其光谱项中的 $2S+1$ 值均为 2,产生双重线,因此我们称 $2S+1$ 为光谱的多重性。如果将 Na 原子和 Mg(Ⅰ)离子的所有能级的光谱项一一求出,通过激发电位和辐射波长,可制成如图 3-4 所示的能级图。

图 3-4 能级图表明:①当能量高于约 5.2 eV 和 10.2 eV 时,Na 和 Mg(Ⅰ)的 3s 电子将电离。②图中各条水平短线表示不同原子轨道(s,p,d,f,…)的能级和能量分布;竖线表示不同电子层(n 值不同)下,相同原子轨道的能级分布。③p 轨道分裂成能量差别不大的两个 p 轨道($P_{1/2}$ 和 $P_{3/2}$),而 d 轨道分裂成能差更小的两个 D 轨道($D_{3/2}$ 和 $D_{5/2}$)。这是因为在电子绕自身轴转动时,其自旋方向与其轨道运动方向或者一致,或者相反,因此分裂成两个能量大小不同的能级(显然前者电子的能量稍大于后者)。图中 p 轨道分裂成两个能量稍有不同的能级,在 d 和 f 轨道也有类似的现象,但它们的能量差值更小,难以分辨(比如 d 轨道的分裂的两个光谱项在图中直接写作 $D_{3/2,5/2}$)。④较高能态的单电子原子轨道 p、d、f 均分裂为两种状态,即都产生双线,与原子是否荷电无关;但不同轨道间的能量差相差较大。⑤价电子数为 1 的 Mg(Ⅰ)离子能级图与 Na 原子非常相似,但因 Mg(Ⅰ)的核电荷较大,故其 3p 和 3s 状态间的能量差大约为钠原子相应能量差的 2 倍。

(2)价电子数为 2 的原子(以 Mg 原子为例)。外层电子的轨道排列分布可表示为 $3s^2$(单重基态)和 $3s^13p^1$(三重激发态),因此,$S=1/2-1/2=0$(异向),光谱多重性为 $2S+1=1$ 或 $S=1/2+1/2=1$(同向),光谱多重性为 $2S+1=3$。即产生单线和三重线。

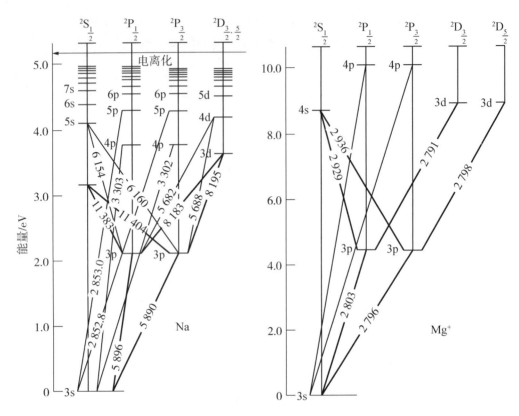

图 3-4 Na 原子和 Mg（Ⅰ）的能级

1）当自旋方向不同时，$S = 1/2 - 1/2 = 0$，$2S + 1 = 1$（单重线）。

当 $L = 0$ 时，$J = (L+S, L-S) = (0, 0)$，J 取 $2S + 1 = 1$ 个值，即 $J = 0$，光谱项为 $^1S_0$；

当 $L = 1$ 时，$J = (L+S, L-S) = (1, 1)$，J 取 $2S + 1 = 1$ 个值，即 $J = 1$，光谱项为 $^1P_1$；

当 $L = 2$ 时，$J = (L+S, L-S) = (2, 2)$，J 取 $2S + 1 = 1$ 个值，即 $J = 2$，光谱项为 $^1D_2$。

2）当自旋方向相同时，$S = 1/2 + 1/2 = 1$，$2S + 1 = 3$（三重线）。

当 $L = 0$ 时，$J = (L+S, L-S) = (1, 1)$，J 取 $2L + 1 = 1$ 个值，即 $J = 1$，光谱项为 $^3S_1$；

当 $L = 1$ 时，$J = (L+S, L-S) = (2, 0)$，J 取 $2L + 1 = 3$ 个值，即 $J = 2, 1, 0$，光谱项分别为 $^3P_2$，$^3P_1$，$^3P_0$；

当 $L = 2$ 时，$J = (L+S, L-S) = (3, 1)$，J 取 $2S + 1 = 3$ 个值，即 $J = 3, 2, 1$，光谱项分别为 $^3D_3$，$^3D_2$，$^3D_1$。

将上述求得的 Mg 原子光谱线的结果及其跃迁情况用图 3-5 表示。

从图 3-5 可见，原子能级分为单重基态和三重激发态。单重态的跃迁包括从 p 轨道（$^1P_1$）到 s 轨道（$^1S_0$），从 d 轨道（$^1D_2$）到 p 轨道（$^1P_1$），它们都产生单线；三重

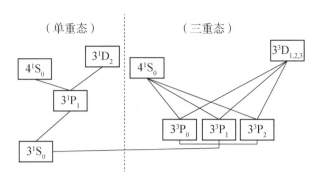

图3－5　Mg原子的光谱项及其能级跃迁示意

激发态的跃迁包括从 s 轨道（$^1S_0$）和 d 轨道（$^3D_{1,2,3}$）到三个能量或波长稍有不同的 p 轨道（J 不同），都产生三重线。因此，价电子数为2的原子或离子的光谱多重性为单线和三重线。

那么，对于价电子为3，4，5，…的原子，其光谱多重性如何计算呢？如果原子电子数为3，则自旋排列方式只有↑↑↑和↑↑↓两种（其他排列，↓↓↓与↑↑↑相同，↑↓↓与↑↑↓相同），其总自旋量子数分别为 $S = 1/2 + 1/2 + 1/2 = 3/2$ 和 $S = 1/2 + 1/2 - 1/2 = 1/2$。因此，价电子数为3的光谱多重性 $2S+1$ 分别为4和2，即产生四重线和双线……依此类推，可求得价电子数为4和5的光谱多重性。

如果将 Mg 原子所有能级的光谱项一一求出，通过激发电位和辐射波长，可制成如图3－6所示的能级图。

对图3－6中 Mg 原子能级图的理解可参照前述对 Na 原子能级图描述。稍有不同的是，多价电子的原子通常会有至少两组或以上的多重线，如双电子有单线和三重线，3电子有双线和四重线，4电子有单线、三重线和五重线，5电子原子有双线、四重线和六重线等等。另外，两个不同多重态（或者说 $2S+1$ 不同）之间的跃迁一般是禁阻的，不能产生跃迁，也称禁戒跃迁（见跃迁定则）。但在图3－6中发现，从 3^3P 跃迁到 3^1S，产生了一条波长为457.1 nm 但强度非常微弱的谱线。也就是说，不多同多重态之间不能发生跃迁，即使偶有发生，发射谱线的强度也是非常弱的。

虽然，原子或离子价电子的能级可以用4个量子数或光谱项来描述，但随着原子外层电子数和价电子数的增加，其能级将会变得十分复杂，原子光谱与能级图的关联性也会愈来愈差。也就是说，一些较重的原子，尤其是过渡元素，不能简单地用能级图描述，因这些元素原子能级众多，可发射大量谱线。如碱金属（30～645 条）、Mg（173 条）、Ca（662 条）、Ba（472 条）、Cr（2 277 条）、Fe（4 757 条）、Ce（5 755 条）。

3.1.2.4　跃迁定则及谱线的超精细结构

必须强调的是，不是任何两个光谱项或两个能级之间都可以发生跃迁并产生相应的光谱的，跃迁必须遵循一定的规则。只有满足以下条件，才能产生跃迁。

（1）$\Delta n = 0$ 或任意正整数，即是否跃迁跟主量子数无关。

（2）$L = \pm 1$，即跃迁只能在 S 与 P，P 与 D，D 与 F……之间发生。

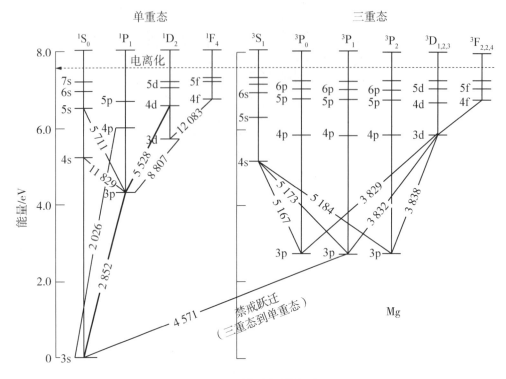

图 3-6 Mg 原子能级图

(3) $\Delta S = 0$,即跃迁只能在光谱多重性相同的情况下发生。例如在单重态与双重态之间,单重态与三重态之间等等则不允许跃迁。

(4) $\Delta J = 0$, ± 1(当 $J = 0$ 时,$\Delta J = 0$ 的跃迁为禁戒跃迁),如 $^{2S+1}P_1$ 与 $^{2S+1}D_1$ 之间($\Delta J = 0$)可以跃迁;$^{2S+1}P_0$ 与 $^{2S+1}D_0$ 之间($\Delta J = 0$),则不能跃迁(因为 $J = 0$)。

需要说明的是:

(1) 跃迁定则不是绝对的。有些禁戒跃迁亦可发生,如 Mg 457.1 nm 谱线是 $3^3P_{0,1,2}$ 到 3^1S_0 之间的跃迁产生的(图 3-6),以及 Zn 307.6 nm 谱线是由 4^3P_1 到 4^1S_0 之间的跃迁产生的。因为它们的 $\Delta S \neq 0$,是禁戒跃迁。一般这种谱线产生的机会很少,如果产生,其谱线强度通常都很弱。

(2) 有些情况下,光谱项 $n^{2S+1}L_J$ 并不是唯一的能态或能级,每个光谱支项 J 还有 $2J + 1$ 个能级。当无外磁场时,这 $2J + 1$ 个能级是相同的或称是简并的,只有一个 J 值;当原子处于磁场中时,原子磁矩与外加磁场之间的相互作用,导致光谱项能级的进一步分裂,简并解除,一个 J 能级(谱线)分裂成 $2J + 1$ 个能级(谱线),此现象称为塞曼效应(Zeeman effect)或谱线的超精细结构(ultra-fine structure)。例如,原来的 $3^3P_{3/2}$ 我们认为是一个能级,代表 1 个能量状态,但在磁场中 $J = 3/2$ 能级可进一步分裂为 $2J + 1 = 2 \times 3/2 = 4$ 个能级,即 $3^3P_{3/2}$、$3^3P_{1/2}$、$3^3P_{-1/2}$ 和 $3^3P_{-3/2}$。图 3-7 为 Na 原子在是否考虑轨道伸展方向与电子自旋之间的相互作用(L-S 相互作用)以及外加磁场条件下,能级的分裂情况。

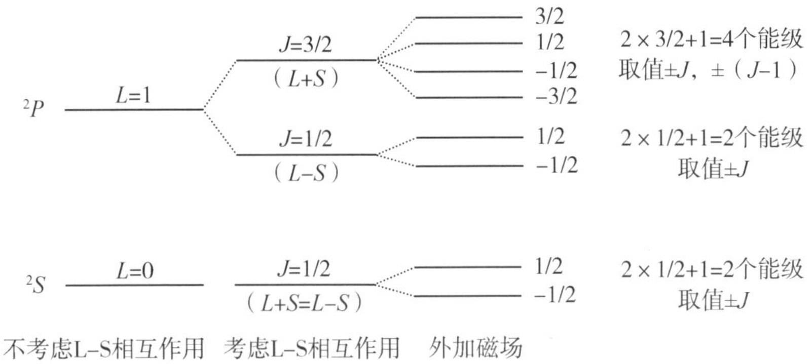

图 3-7　Na 原子能级分裂示意

3.1.3　谱线强度与待测物浓度的关系

元素定量分析需要测定其特征辐射或谱线的强度。那么，谱线强度受哪些因素影响？它与待测元素浓度的关系如何？

3.1.3.1　玻尔兹曼分布及影响谱线强度因素

由于原子电磁辐射是在外界能量的作用下，原子外层电子受激跃迁而产生，因此，原子光谱的发射强度主要受外界能量的影响。如果受激能量来源于热能或电能，原子则处于热能或电能所形成的高温等离子体内。原子吸收能量被激发后，再由某一激发态 i 跃迁到较低能级或基态，所发射的谱线的强度 I 与处于激发态的原子个数有关，即处于激发态的原子个数越多，发射的谱线强度越大。

当温度一定的高温等离子体处于热力学平衡时，单位体积的基态原子数 N_0 与位于激发态原子数 N_i 之间满足玻尔兹曼（Boltzmann）分布定律，即

$$N_i = N_0 \frac{g_i}{g_0} e^{-E_i/kT} \tag{3-1}$$

式中，g_i 和 g_0 分别为激发态和基态的统计权重（$g=2J+1$），k 为 Boltzmann 常数（1.38×10^{-23} J·℃$^{-1}$）；E_i 为激发能（eV），T 为激发温度（K）。

原子外层电子在 i 和 j 两个能级之间的跃迁，所发射谱线强度

$$I_{ij} = A_{ij} h \nu_{ij} N_i \tag{3-2}$$

式中，A_{ij} 为两能级间的跃迁概率，h 为普朗克常数，ν_{ij} 为发射谱线的频率（Hz）。

将式（3-1）代入式（3-2），得

$$I_{ij} = A_{ij} h \nu_{ij} N_0 \frac{g_i}{g_0} e^{-E_i/kT} \tag{3-3}$$

由式（3-3）可见，影响谱线强度的因素包括：

（1）激发电位。由于谱线强度与激发电位成负指数关系，所以激发电位越高，谱线强度越小。这是因为随着激发电位的增高，处于激发状态的原子数迅速减少的缘故。

(2) 跃迁概率。跃迁概率是指电子在某两个能级之间每秒跃迁的可能性大小，它与激发态寿命成反比，即原子处于激发状态的时间越长，跃迁概率越小，产生的谱线强度越弱。

(3) 统计权重。统计权重亦称简并度，是指能级在外加磁场的作用下，可分裂成 $2J+1$ 个能级，谱线强度与统计权重成正比。当由两个不同 J 值的高能级跃迁到同一低能级时，产生的谱线强度也是不同的。

(4) 激发温度。光源的激发温度越高，谱线强度越大。但实际上，温度升高，一方面使原子易于激发，另一方面增加了电离，致使元素的离子数不断增多而使原子数不断减少，导致原子线强度减弱，所以实验室应该选择适当的激发温度。

(5) 基态原子数。谱线强度与进入光源的基态原子数成正比，一般而言，试样中被测元素的含量越高，发出的谱线强度越强。

3.1.3.2 谱线强度与待测物浓度的关系

在以上影响谱线强度的因素中，激发电位、跃迁概率和统计权重主要跟原子或离子的性质有关。对于某一选定的谱线而言，它们基本对其强度的影响可以认为是常数。因此，影响谱线强度最重要的因素是激发温度和气态原子浓度。如果控制激发温度 T 保持相对稳定，则从式 (3-3) 可以得到

$$I_{ij} = aN_0，或直接记为 I = ac \tag{3-4}$$

式中，a 为常数，c 为待测原子的浓度。

待测原子的总数包括基态原子数和激发态原子数两部分，但相对于基态原子数，处于激发态的原子数很少，不到基态原子数的 1%。因此，基态原子数 N_0 可认为就是待测原子的总原子数或浓度 c。可见，$I \propto c$，即谱线强度与待测原子的浓度成正比，这也是发射光谱分析的定量依据。

然而，在光谱分析中，光源通常为高温等离子体，是由各种分子、原子、离子和电子等粒子组成的电中性集合体。等离子体有一定空间体积，其内部温度和原子的分布并不均匀：中间部分温度较高，激发态原子数多，边缘部分温度较低，基态或能级较低的原子数较多。当原子在光源中间区域发射某一波长的辐射时，必须通过边缘部分到达检测器。在通过这段路程时，可能被处于边缘部分的同一元素的基态原子或低能态原子所吸收，从而使谱线强度，尤其是谱线中心强度减弱，这种现象被称为谱线自吸。原子浓度越高、谱线越强、等离子体光源空间半径越大，则自吸越严重。当发生严重自吸时，谱线中心强度减弱到接近0，就像原来的一条谱线变为两条，这种严重的自吸现象被称为谱线自蚀，如图 3-8。

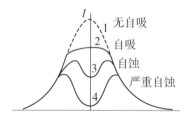

图 3-8 谱线自吸与自蚀

如果同时考虑到谱线的自吸效应，设自吸效应系数为 b，则谱线强度与原子浓度的关系可用赛伯 - 罗马金公式（Schiebe - Lomarkin）表示，

$$I = ac^b \tag{3-5}$$

式中，a 为与试样性质及实验条件有关的常数。取常用对数，式 (3-5) 变为

$$\lg I = b\lg c + \lg a \tag{3-6}$$

此式为 AES 定量分析基本关系式。

以 $\lg I$ 对 $\lg c$ 作图,得校正曲线。当试样待测原子浓度较高时,自吸系数 $b<1$,工作曲线发生弯曲。

3.2 仪器组成

原子发射光谱仪器由光源和样品、单色系统、检测系统等部分组成,图 3-9 为分别以相板为检测器的摄谱仪和以光电转换器件为检测器的光电直读光谱仪结构示意图。

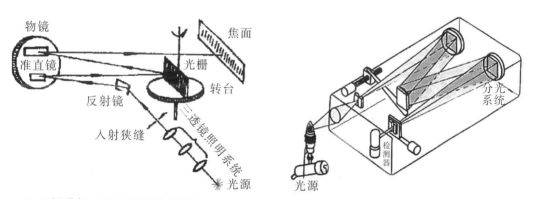

（a）摄谱仪（以相板为检测器）　　（b）光电直读光谱仪（以光电转换器件为检测器）

图 3-9　发射光谱仪器组成与结构示意

图 3-9（a）是一种非常经典的光谱仪器。因为采用相板记录和测量谱线,因此,此类仪器也被称为摄谱仪。其工作过程如下:

样品在光源中被激发产生的光经过三透镜照明系统聚集于入射狭缝,通过狭缝的光经准直镜后成为平行光后照射于光栅,经光栅色散的不同波长的光,由物镜分别聚集于物镜焦面（感光相板）上的不同位置。此时,相板检测器类似于照相胶卷,感光后的相板通过显影和定影,呈现出类似条形码的谱线。经放大后（通常放大 20 倍）与标准波长图谱对照,即可获得元素的定性信息。谱线强度越大,相板上谱线的黑度也越大,采用专用的黑度计（黑度计的测定原理与分光光度计类似）测量目标元素谱线的黑度即可进行元素定量分析。

图 3-9（b）为采用各种光电转换器件为检测器的光谱仪器,通称光电直读光谱仪。这类仪器通常在其会聚透镜的焦面上设置单个出射狭缝和单个光电检测器,或者设置多个出射狭缝和多个光电转换检测器。前者通过改变光栅转角使不同波长的光依次通过狭缝并检测（波长扫描）或通过二极管阵列（PDA）或电荷转移器件（CID 和 CCD）进行检测;后者则是让元素各自的光通过其固定波长的狭缝并使用多个光

电检测同时检测。

现代光电直读光谱仪多采用中阶梯光栅和半球面的凹面光栅为分光元件。图3-10为凹面光栅分光示意图。可见，与平面光栅相比，凹面光栅的球形焦面（又称罗兰圆）位置上可以设置更多的狭缝和检测器，大大扩展了测量波长的范围。与其他分光元件相比，凹面光栅除可容纳更多检测波长之外，它还具有分光和聚光的双重作用，取消了很多光学成像元件，减少了色差和光能损失，大大提高了分析的精准度。

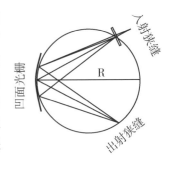

图3-10 凹面光栅

图3-11是采用凹面光栅为色散系统制作的多道固定狭缝光谱仪或称光量计，图3-12是采用中阶梯光栅为分光元件的全谱直读光谱仪。这些仪器的共同特点是可同时检测多个元素，分析速度快，可在1 min内完成70多个元素的定性定量分析，且具有非常高的分析准确度和精密度，是现代仪器发展的方向。

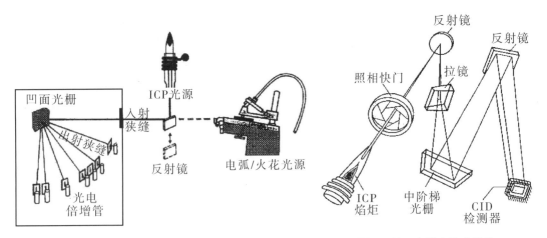

图3-11 多道固定狭缝光谱仪　　　　　图3-12 全谱直读光谱仪

3.2.1 光源

在原子发射光谱分析中，需在外加各种能量的作用下，使待测物蒸发、分解和外层电子激发才能产生可观测的、位于紫外-可见光区的电磁辐射。这些外加能量即是原子发射光谱的光源，主要包括火焰、电弧和火花等经典光源以及激光、电感耦合等离子体（ICP）和微波诱导等离子体等现代光源。早期的原子发射光谱多采用采用火焰、电弧和电火花使试样原子化并激发，它们目前在金属元素的分析中仍有重要的应用。然而，随着等离子体光源，特别是电感耦合等离子体光源的出现，这类光源得到更加广泛的应用，成为现代光谱仪器最重要的光源。

若采用外部能量将不导电的中性气态分子电离转变成有一定量的离子和电子，则气体可以导电，此时将电流通过气体，这种现象被称为气体放电。发射光谱所用激发光源，如电弧、火花和等离子体炬等都属于常压气体放电。

用火焰、紫外线、X射线等作用于气体可使其电离,但在停止作用后,气体又转为绝缘体,这种放电被称为被激放电。若在外电场的作用下,气体中原有的少量离子和电子向两极作加速运动并获得能量,在趋向电极时与气体分子和原子产生碰撞,并使之电离。由此生成的电子和离子也被电场加速,使新的原子和分子被碰撞电离,从而使气体具有导电性。这种因碰撞电离产生的放电被称为自激放电。

在气体放电过程中,部分分子和原子因与电子或离子碰撞虽不能电离,但可以从中获得能量而激发,并发射光谱,因此气体放电可以作激发光源。

原子发射光谱各光源多为气体放电,其温度通常在2 000～10 000 K之间:①当使用光源温度不太高时,元素间的干扰较少。②一次激发即可同时获得多元素的发射光谱,适于样品量小的多种元素分析。③使用现代高温等离子体光源的光谱仪的线性测量范围可达5～6个数量级,还可用于难熔氧化物的元素(如硼、磷、钨、铀、锆和镍的氧化物等)以及一些非金属元素(如氯、溴、碘和硫)的分析。④光源产生的发射光谱线多达几百甚至上千条,虽可提供大量定性分析信息,但也增加了定量分析光谱干扰的可能性。

下面介绍几种常见的光源。

3.2.1.1 火焰(flame)

火焰光源通常是由燃气(如天然气、乙烷、乙炔或氢气等)与助燃气(如空气、氧气和氧化亚氮等)按一定比例混合燃烧而成。火焰结构、温度和氧化还原等特性与气体种类、气体流量和燃助比等有关,详见本书第4章"原子吸收(荧光)光谱法"相关内容。在原子发射光谱分析的光源中,该类光源的温度不高,在2 000～3 000 K之间。

在利用火焰作为激发光源时,常常采用溶液雾化进样,滤光片分光和光电池检测,如图3-13所示。制作火焰光度计具有装置简单、稳定性高和价格低廉等优点。常用于碱金属、钙等谱线简单的几种元素的测定,分析精度高。在自来水、硅酸盐和血浆等样品的分析中应用较多。

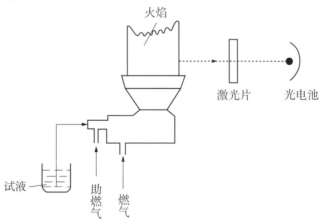

图3-13 火焰光度计组成示意

3.2.1.2 直流电弧

直流电弧电路图如图3-14所示。直流电弧的产生可归纳为:接触或高频引燃,二次电子发射放电。

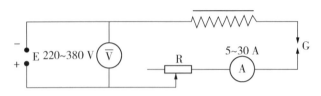

图 3-14 直流电弧电路示意

在图 3-14 中，R 为可变电阻，用于调节电路电流，电感线圈用来抑制交流电，G 为加有 220～380 V 直流电压的放电间隙，其上部电极为阴极，下部电极为阳极或盛装样品的电极。

直流电弧的具体工作过程如下：

（1）将 G 的上下电极接触短路致使空气电离引燃（也可采用高频引燃），产生电子和离子。

（2）电子和离子在冲向阳极和阴极的过程中与气体分子碰撞，产生的新的离子再次冲向阴极，引起二次电子发射。如此循环往复，电弧不灭，电流持续，回路中直流电流达 5～30 A。由于阴极发射的热电子不断撞击阳极（样品常盛于下电极或阳极），产生高温阳极斑（4 000 K），样品在此高温下蒸发和原子化并进入电弧内与分子、原子、电子和离子碰撞激发而发射光谱；离子也有类似行为，其撞击阴极也产生阴极斑（3 000 K）。通常，直流电弧的温度可在 4 000～7 000 K 之间。

直流电弧光源具有以下特点：

（1）样品蒸发能力强。由于大量电子持续不断地撞击阳极或样品电极，产生高温阳极斑，使蒸发进入电弧的待测物多，因此，分析的绝对灵敏度高，尤其适用于的元素定性分析，也可用于部分矿物、岩石等难熔样品及稀土难熔元素定量分析。

（2）电弧稳定性较差。由于直流电弧不稳定，易发生漂移，因此，定量分析的重现性较差。

（3）弧层厚度大，易产生较严重的自吸。

3.2.1.3 低压交流电弧

低压交流电弧不能像直流电弧那样在点燃后可持续放电，它需要增加一个高频振荡引燃电路，才能保持电弧不灭，如图 3-15 所示。低压交流电弧的产生可简单描述为：

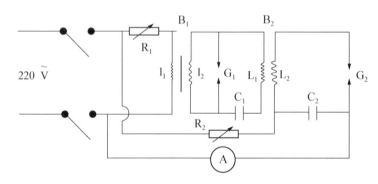

图 3-15 交流电弧电路

高频高压引燃，低压放电。

低压交流电弧的具体工作过程如下：

（1）低压交流电（110～220 V）被变压器 B_1 升到 2～3 kV 并对 C_1 充电（R_1 控制充电速度）。

（2）当 C_1 达到一定能量时，G_1 被击穿，形成 $C_1 - L_1 - G_1$ 高频高压振荡回路（G_1 间距可调节振荡速度，并使每半周只振荡一次）。

（3）上述振荡电压被 B_2 变压器进一步升至 10 kV，C_2 被击穿，产生的高频高压振荡引燃分析间隙 G_2。

（4）G_2 被击穿瞬间，产生离子和电子，线路导通，加在 G_2 两端的 220 V 低压交流电即可以使 G_2 放电（通过 R_1 和电流表）形成电弧。

（5）交流电压降低至电弧熄灭，在下半周，高频振荡电压再次引燃，电弧重新放电。如此往复，使 G_2 不断被引燃，从而保持电弧不灭。

低压交流电弧有以下特点：

（1）电弧温度较高。由于交流电弧电流具有脉冲性，电流密度较大，因此电弧温度高，激发能力较强，适于大多数元素的定量分析。

（2）电弧较稳定。产生的谱线强度稳定，分析的重现性和精密度好，适于定量分析。

（3）蒸发温度较低。由于交流电弧不断改变电流方向，电子或离子对样品电极的持续冲击不如直流电弧，因此电极温度相对较低，样品蒸发能力比直流电弧差，因而其定性能力和对难熔盐元素分析的灵敏度不如直流电弧。

3.2.1.4 高压火花

在通常情况下，当电极两端施加的高压达到间隙的击穿电压时，电极间会发生尖端快速放电，产生电火花。放电沿着狭窄通道进行，并伴有爆裂声，如雷电，即属火花放电。图 3-16 为高压火花的电路图。火花发生过程可简单描述为：高频高压引燃，高压放电。

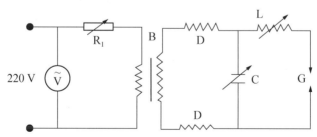

图 3-16　火花光源电路

高压火花的具体工作过程如下：

（1）220 V 交流电压被变压器 B 直接升至 10～25 kV 的高压，通过扼流线圈向电容 C 充电，直到电容 C 的充电电压达到电极间隙 G 的击穿电压时，G 被击穿并产生火花放电。

（2）G 被击穿，L - C - G 回路形成高频振荡电流。

（3）在高频振荡电流下半周放电中断时，电容 C 又重新充电、放电，如此往复，保持火花不灭。为保持火花光源的稳定性，常在放电电路串联一个由同步电机驱动的断续器。

火花光源有以下特点：

（1）激发温度高。放电瞬间能量很大，因此放电间隙电流密度很高，火花温度瞬间可达 10 000 K。适于难激发元素分析，同时，许多原子可以被电离并产生离子线（或称火花线）。

（2）放电稳定性好。分析重现性好，适于定量分析。

（3）电极温度低。由于放电间隙长，电极温度或蒸发温度低，因此不适于定性分析。特别适合于易熔金属、合金样品或高含量元素（因为蒸发温度低）的定量分析，且金属本身可以直接做成电极。

3.2.1.5 电感耦合等离子体（inductively coupled plasma，ICP）

等离子体是指虽然产生了电离或部分电离，但宏观上仍呈电中性的物质。等离子体的力学性质（可压缩性，气体分压正比于绝对温度等）与普通气体相同，但由于等离子体存在带电粒子，其电磁学性质则与普通中性气体完全不同。电感耦合等离子体（ICP）是 20 世纪 60 年代发展起来的新型光源，70 年代得到迅速发展和广泛应用。

（1）ICP 光源的构成。ICP 光源通常由高频发生器、ICP 炬管和样品引入系统（雾化器）三部分构成。其中，高频发生器与 ICP 炬管中 2~3 匝的中空铜管线圈相连，产生高频电场或磁场为等离子体提供能量。通常其频率为 27~50 MHz，功率为 2~4 kW。图 3-17 给出了 ICP 光源的结构及样品引入系统示意。

如图 3-17 所示，等离子体炬管由三层同心石英玻璃管组成。从外管和中间管间的环隙之间切向导入氩气（10~16 L·min^{-1}），它既是作为维持 ICP 的工作气，同时也可将等离子体与管壁和周围空气隔离，防止石英管烧融以及空气进入高温等离子体形成背景干扰；在中间管，则通入约 1 L·min^{-1} 氩气，以辅助等离子体的形成。一旦点燃，并有样品进入时，可停供中间管辅助气。但在进行某些分析工作时（如有机试样分析等），保留辅助气可起到抬高等离子体焰，减少炭粒沉积，保护进样管的作用；氩气和样品的气溶胶则通过内管进入环形的等离子体的中心通道，进行蒸发、原子化和激发。

高频感应线圈通常为 2~3 匝的中空金属铜管，工作时需保持通水冷却。

（2）ICP 的形成过程。ICP 形成原理与高频加热原理类似。图 3-18 是高频感应加热示意图。可见，当金属导体位于高频交变电场中，根据法拉第电磁感应定律，将在金属导体内产生感应电动势。由于导体的电阻很小，从而产生强大的感应电流。由焦耳-楞次定律可知，垂直于交变电场的感应交变磁场将使导体中电流趋向导体表面，引起趋肤效应。瞬间电流密度与交变电磁场的频率成正比，频率越高，趋肤效应越明显。此时，金属有效导电面积减少，电阻增大，从而使导体迅速升温。

如果将图 3-18 中的金属管用通有气体（通常为氩气）的石英玻璃炬管代替并施加高频电流，这时并不会有感应电流产生和感应加热现象发生。这是因为工作气体在常温时不能像金属一样可以导电。但是，如果用高压火花引燃炬管中的氩气，使部分 Ar 电离，所产生的少量带电粒子（Ar 正离子和电子）即可在高频交变电场作用下高速运动，并与大量 Ar 原子碰撞，使之迅速、大量电离，就会产生所谓的"雪崩"式放电，形成

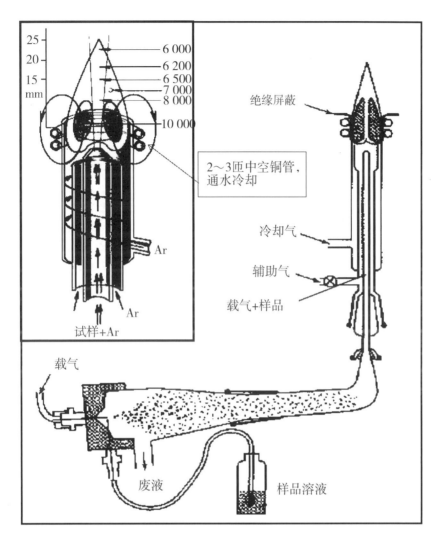

图 3-17 ICP 光源的结构及样品引入系统示意

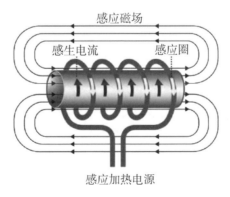

图 3-18 高频感应加热原理示意

带电的等离子体（此时，等离子体相当于图3-18中的金属导体）。在垂直于感应磁场方向的截面上，等离子体因趋肤效应而形成中间薄、周边厚的闭合环状涡流。环状涡流在感应线圈内形成相当于变压器的次级线圈，并与相当于初级线圈的感应线圈耦合，这股高频感应电流产生的高温又将气体加热和电离，并在管口形成一个火炬状的稳定的等离体焰炬，其最高温度可达10 000 K（图3-17）。

（3）ICP光源特点。以ICP作为光源的发射光谱分析（ICP-AES）有一系列独特的优势和特点。主要包括：

1）ICP光源工作温度比其他光源高。在等离子体核心温度可达10 000 K，在中央通道的温度也有6 000～8 000 K（图3-15），且又为惰性气氛，原子化条件极为良好，有利于难熔化合物的分解和元素的激发，因此，对大多数元素都有很高的分析灵敏度。

2）由ICP的形成过程可知，ICP是涡流态的，且在高频发生器频率较高时，等离子体因趋肤效应而形成环状结构。此时，环状等离子体外层电流密度最大，中心轴线上最小或者说环状等离子体外层温度最高，中心轴线处温度最低，此特性非常有利于从中央通道进样而不影响等离子体的稳定性。同时，由于从温度高的外围向中央通道气溶胶样品加热，不会出现光谱发射中常见的因外部冷原子蒸汽造成的自吸现象，极大地扩展了测定的线性范围（通常4～6个数量级）。

3）ICP中电子密度很高，所以碱金属的电离不会对分析造成很大的干扰。

4）ICP是无极放电，没有电极污染。

5）ICP的载气流速较低（通常为0.5～2 L·min^{-1}），有利于试样在中央通道充分激发，而且耗样量也较少。

6）ICP一般以氩气作为工作气体，由此产生的光谱背景干扰较少。

以上这些分析特性，使得ICP-AES具有灵敏度高，检出限低（10^{-11}～10^{-9} g·L^{-1}），精密度好（相对标准偏差一般为0.5%～2%），工作曲线线性范围宽等优点。因此，同一份试液可用于从常量至痕量元素的分析，试样中基体和共存元素的干扰小，甚至可以用一条工作曲线测定不同基体的试样中的同一元素。

此外，现代ICP光谱分析仪器还通过采用垂直或水平方式观测ICP光源的发射光谱，从而提高分析的灵敏度，如图3-19所示。

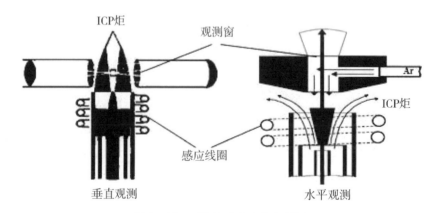

图3-19 ICP的垂直和水平观测

对向垂直观测（图3-19左）：即在常规垂向观测的基础上，增加一个垂直观测光路，可将灵敏度提高1倍。

水平观测（图3-19右）：即从ICP炬顶部轴向方向采集光源发射，该种方式可以收集ICP中心通道更多的光源发射，从而提高灵敏度。但由于ICP顶部为ICP与空气的再结合区，光谱背景干扰严重。这时可在ICP顶部右侧导入氩气，吹扫气流改变方向沿ICP轴向方向将ICP顶部尾焰吹向四周，从而可克服再结合区的光谱干扰，实现较高灵敏度的水平观测目的。

此外，也有些仪器基于以上两种观测方式，将水平和垂向观测方式相结合，实现所谓的水平/垂向双向观测，可大大提高分析的灵敏度。

3.2.2 检测系统

3.2.2.1 光电检测器

光学分析仪器多采用光电转换器件作为检测器，检测器的电流或电压响应信号 S 与谱线强度 I 具有线性关系式，而谱线强度 I 与浓度 c 成正比或二者的对数有线性关系。因此，检测器的响应信号或其对数值与浓度或其对数值之间也必然具有一定线性关系。这是我们利用光电转换原理，通过测量谱线强度进行定量分析的根据。

光谱检测器多为光电转换器，已在本书第2章介绍，这里不再赘述。

3.2.2.2 相板检测器

相板也称干板，由感光层和平直的玻璃片基组成。感光层又被称为乳剂，由感光物质（卤化银）、明胶和增感剂组成。相板可通过感光作用记录光谱仪色散后的谱线，因此也是一种光谱检测器。以相板为检测器的光谱仪通常被称为摄谱仪。

为了用照相法同时检测和记录被色散后的辐射强度，将一块平直的、长方形的照相干板（相当于照相机的胶卷）置于单色仪的出射狭缝或色散系统中会聚透镜的焦面放置。经过分光的谱线使干板上乳剂曝光，密封取出后送入暗室进行显影和定影处理。光源的各条光谱线就以一系列入射狭缝的黑色像的形式沿干板的长度方向分布。用映谱仪放大并标准图谱对照确定谱线的波长位置，以提供试样的定性信息；用测微光度计（或黑度计）测定谱线的黑度以提供试样的定量数据。

（1）乳剂的特性。乳剂的曝光部分经过显影定影，即产生黑色的影像。曝光量 H 越大，影像就越黑。它与照度 E、光强 I 和曝光时间 t 关系如下：

$$H = E \times t \propto I \times t \text{ 或 } H = E \times t = k \times I \times t \tag{3-7}$$

式中，k 为比例常数。影像变黑的程度用黑度 S 来表示，跟谱线影像的透过率 T 有关，即

$$S = \lg \frac{1}{T} \tag{3-8}$$

相板上的谱线透过率类似于分光光度法中使用的光线透过溶液时的透过率，即光强为 I_0 的光透过黑色谱线的影像后，当强度减弱到 I 时，透过光的光强占入射光强的比率。

黑度 S 与曝光量 H 之间的关系非常复杂，难以用一个简单的函数关系式将它们之间的定量关系联系起来。但我们可以通过实验，控制不同曝光量 H，并测定不同曝光量时

谱线的黑度 S。以 S 为纵坐标，$\lg H$ 为横坐标，制作 $S-\lg H$ 曲线。该曲线也称乳剂特性曲线，如图 3-20 所示。

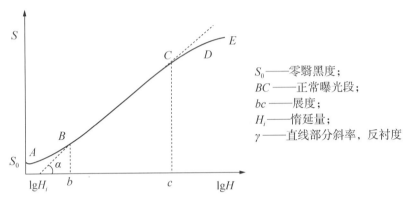

图 3-20 乳剂特性曲线

从图 3-20 可见，曲线可分为三部分：AB 部分为曝光不足部分，是显影时所形成的雾翳黑度部分，CD 为曝光过度部分。这两部分的黑度与曝光量的关系比较复杂。只有曲线的中间部分 BC 为正常曝光部分。在这部分中，黑度与曝光量的对数呈线性关系，斜率用 γ 表示，称为乳剂的反衬度。直线 BC 的延长线与横轴的截距为 $\lg H_i$，称为惰延量，与相板感光灵敏度有关；BC 在横轴上的投影 bc 称为展度，反映浓度的线性范围。

$$\gamma = \tan\alpha = S/bc = S/(\lg H - \lg H_i) \tag{3-9}$$

设 $\gamma \lg H_i = i$，则

$$S = \gamma(\lg H - \lg H_i) = \gamma \lg H - i \tag{3-10}$$

式（3-10）表明，在一定曝光范围，黑度与曝光量的对数或浓度的对数成正比，故可以通过测定谱线黑度确定目标物的含量。

（2）乳剂特性曲线的绘制。因光强 I 与照度 E 或曝光量 H 及曝光时间 t 成正比，因此，可用 S 对 $\lg I$ 作图得到乳剂特性曲线。乳剂特性曲线的绘制方法包括改变照度法和改变曝光时间两类方法。

改变照度法：或称固定曝光时间法，包括 Fe 谱线组法和阶梯减光板法。Fe 谱线组法是采用测微光度计测量相板上 Fe 的一系列波长相近的谱线的黑度 S（各谱线强度 I 已准确测定），以 $S-\lg I$ 作图的方法；阶梯减光板法是将某一波长的光照射到镀有一系列 Pt 层厚度不同的石英片上，由于 Pt 层厚度不同，因而对光的透过率不同（例如，设定 Pt 层的厚度为 0，0.1，0.2，0.3，…，其相应的透过率为 100%，90%，45%，30%，…），相板感光后的黑度 S 也不同。通过测量透过不同厚度 Pt 层的光在相板上的黑度 S 并对 $\lg T$ 作图。

改变曝光时间法：也称阶梯扇板法。图 3-21 为阶

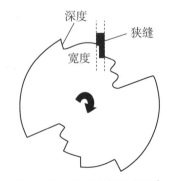

图 3-21 阶梯扇板工作示意

梯扇板示意图，它是在一圆盘边缘切割一系列深度和宽度不等的不规则锯齿状空隙，以同步马达匀速转动。不同深度决定谱线在相板上的位置，宽度决定曝光时间（宽度越大，光线被遮挡的时间越短，曝光量越大，黑度越大）。通过在相板上不同位置测定其黑度 S 并对时间的对数 $\lg t$ 作图，即可获得乳剂特性曲线。

3.3 分析方法

在光谱分析中，对某元素进行定性和定量分析，必须先确定待测物的谱线。有关这些谱线有一些习惯的说法和定义，简介如下。

（1）灵敏线。是指一些激发电位低，跃迁概率大的谱线，通常，灵敏线多是共振线。

（2）最后线。或称持久线，它是指试样中被检元素浓度逐渐减小而最后消失的谱线。大体上来说，最后线就是最灵敏的谱线，通常也是第一共振线。

（3）分析线。在进行元素的定性或定量分析时，根据测定的含量范围的实验条件，对每一元素可选一条或几条最后线作为测量的分析线。它们应该是灵敏度高、受到的干扰少、可用于准确定性定量分析的谱线。通常选择高灵敏的共振线，特别是第一共振线作为分析线。但当共振线有其他谱线干扰时，可选择次灵敏线，甚至次次灵敏线。

（4）自吸线。当辐射能通过发光层周围的原子蒸汽时，将为其自身原子所吸收，而使谱线强度中心强度减弱的现象。

（5）自蚀线。自吸最强的谱线被称为自蚀线。

3.3.1 定性分析方法

在试样的光谱中，确定有无该元素的特征谱线是光谱定性分析的关键。因此，用原子发射光谱鉴定某元素是否存在，只要看试样光谱中某元素的一根或几根不受干扰的灵敏线是否存在即可。采用摄谱仪进行光谱定性分析，常用以下几种方法进行定性分析。

3.3.1.1 标准光谱图比较法或铁谱法

在一张放大 20 倍的不同波段的铁光谱图上标出其他元素的主要光谱线及其波长，称为标准光谱图。之所以使用铁谱是因为 Fe 光谱谱线丰富（波长多而范围宽，有 4 575 条）、每条谱线的波长已准确测得，而且波长分布相对均匀，因此，Fe 谱就像一根定位标尺，可以通过该标尺，更快更准确地找到待测元素的谱线，如图 3-22 所示。

在实际工作中，采用纯 Fe 棒电极激发获取铁的谱线，然后更换电极，在同样条件下激发样品获得样品的发射谱线。然后，在看谱仪上放大 20 倍，并与标准光谱图中的铁谱（标尺）对齐，确定样品中待测物的谱线是否存在，如图 3-23 所示。

为了防止待测光谱与铁谱间的错位影响，摄谱时应采用哈特曼（Hartman）光阑（图 3-24）。将光阑置于狭缝前，摄谱时移动光阑，使不同试样或同一试样不同曝光阶

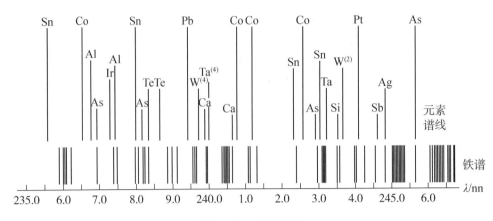

图 3-22 标准光谱

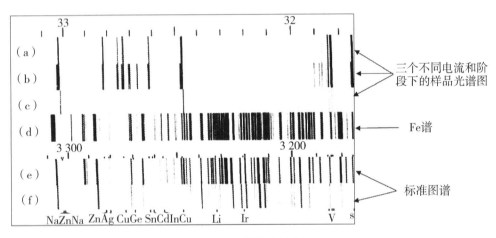

图 3-23 样品定性分析

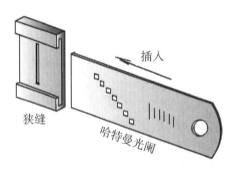

图 3-24 哈特曼光阑

段的光通过光阑不同孔径摄在感光板的不同位置上，而不用移动感光板，这样可保证光谱线位置不会改变。

3.3.1.2 标样光谱比较法

判断样品中某元素是否存在，可将该元素的纯物质或其化合物与样品并列摄谱于同一谱板（此时不用铁谱），于映谱仪上检查该元素是否存在。

对定性分析而言，采取以下措施可获得更多更准确的元素定性信息。

（1）采用直流电弧光源。因为直流电弧的阳极斑温度高，有利于试样蒸发，得到较高的灵敏度。

（2）控制电流摄谱。先用小电流，使易挥发的元素先蒸发、原子化和激发并摄谱［曝光时间为 $t_1(s)$］；再用中电流获得中等挥发的元素的光谱［曝光时间为 $t_2(s)$］，最后用大电流使试样蒸发完全［曝光时间为 $t_3(s)$］，如图 3-25 所示。这样相当于将原来一个样品分为 3 个样品，获得 3 组样品的光谱，避免具有不同激发电位的元素谱线集中于同一组光谱上，从而提高了对谱线的分辨能力，保证样品中不同性质的元素可以被更加准确地检出。该方法也被称为定性全分析。必须注意的是，一旦起弧，则不要停弧。在一定电流值曝光一段时间后，迅速将电流快速调至下一电流值并移动哈特曼光阑。

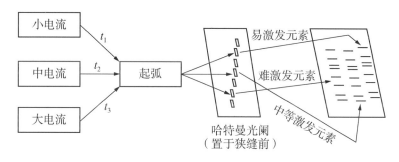

图 3-25 控制电流分段摄谱的定性分析过程

（3）采用较小的狭缝。在保证灵敏度前提下，尽量减小狭缝宽度，避免谱线互相重叠。

（4）选择高纯度的铁电极和石墨电极材料，以及更加灵敏的感光相板。

可见，光谱定性分析具有简便快速、准确、多元素同时测定、试样耗损少等优点。

3.3.2 半定量与定量分析

3.3.2.1 半定量分析

有些试样，例如地质普查中数以万计的岩石试样，要求知道其中各种元素大致含量并迅速得出结果，这就要用到半定量分析法。目前，应用最多而最有效的是光谱半定量分析。

进行光谱半定量分析时，一般采用谱线强度（黑度）比较法。将目标待测元素配制成标准系列，将试样与标样在同一条件下摄在同一块谱板上，然后在映谱仪（黑度计）上对被测元素灵敏线的黑度与标准试样中该谱线的黑度进行比较，即可得出该元素在试样中的大致含量。例如，分析矿石中的 Pb，即找出试样中铅的灵敏线 283.3 nm 线并与同一波长下标准系列中 Pb 的黑度进行比较，估计 Pb 的含量。

3.3.2.2 定量分析

由式（3-5）赛伯-罗马金（Schiebe-Lomakin）公式可知，谱线强度 I 为元素含量 c 的函数。然而，试样组成、形态以及实验条件（如蒸发、激发、试样组成、感光板特性、显影条件等）可直接影响谱线强度，而这些影响很难完全避免。在实际工作中，赛伯－罗马金公式中的 a 值很难保持为常数，因此，用谱线绝对强度来定量往往会带来很大误差。实际工作中常以分析线和内标线的强度比，即内标法来进行定量分析，以补偿这些难以控制的变化因素的影响。

内标法原理：根据待测元素的分析线，选择基体元素（样品中的主要元素）或于样品中加入与待测元素性质类似、但在样品中不存在的元素的谱线作内标线，并与分析线组成分析线对，以分析线和内标线绝对强度的比值与浓度的关系来进行定量分析。内标元素和内标线的选择原则如下。

（1）内标元素选择原则：①外加内标元素在分析试样品中应不存在或含量极微；如样品基体元素的含量较稳定时，亦可用该基体元素作内标。②内标元素与待测元素应有相近的特性（蒸发特性）。③元素应为同族元素，二者具相近的电离能；

（2）内标线的选择：①激发能应为尽量相近的匀称线对，不可选一离子线和一原子线作为分析线对（温度 T 对两种线的强度影响相反）。②分析线的波长及强度接近。③无自吸现象且不受其他元素干扰。④背景应尽量小。

（3）内标法定量基础：根据式（3-5）和式（3-6），设分析线和内标线强度分别为 I 和 I_i，浓度分别为 c 和 c_i，自吸系数分别为 b 和 b_i，与样品性质和实验条件有关的常数分别为 a 和 a_i，则

$$I = ac^b \tag{3-11}$$

$$I_i = a_i c_i^{b_i} \tag{3-12}$$

令分析线与内标线的强度比为 R，则由式（3-11）和式（3-12）得，

$$R = \frac{I}{I_i} = \frac{ac^b}{a_i c_i^{b_i}} \tag{3-13}$$

由于待测元素分析线和内标元素的内标线波长接近，元素性质相似，在相同实验条件下，a/a_s 基本恒定。当内标元素浓度已知，且无自吸（$b_s = 1$）时，将式（3-13）取对数可得内标法定量的公式，即

$$\lg R = \lg I - \lg I_i = \Delta \lg I = b \lg c + A \tag{3-14}$$

式中，A 为常数。

若检测器为光电检测器，由于电信号（电流或电压）U 与谱线强度成 I 正比（消除检测器暗电流后），或者说 $\Delta \lg U$ 与 $\Delta \lg I$ 成正比。如果以 $\Delta \lg U$ 对 $\lg c$ 作图，即可进行待测元素的定量分析。

若以相板为检测器，在摄谱法中，测得的是相板上谱线的黑度而不是强度。当分析线对的谱线所产生的黑度均位于乳剂特性曲线的直线部分时，由式（3-7）和式（3-10）可得分析线和内标线黑度 S 和 S_i 分别为

$$S = \gamma \lg H - i = \gamma \lg kIt - i$$

$$S_i = \gamma_i \lg H_i - i_i = \gamma_i \lg kI_i t_i - i_i$$

由于在同一块感光板的同一条谱带上，曝光时间相等，即 $t = t_i$；两条谱线的波长一般要求很接近，且其黑度都落在乳剂特性曲线的直线部分，即 $\gamma = \gamma_i$，$i = i_i$，二式相减并由式（3-13）得

$$\Delta S = S - S_i = \gamma \lg It - \gamma_i \lg I_i t_i = \gamma \lg(I/I_i) = \lg R \qquad (3-15)$$

可见分析线对的黑度差值 ΔS 与谱线相对强度的对数呈正比，并与浓度的对数值呈线性关系。以 ΔS 对 $\lg c$ 作图，即可进行待测物浓度的定量分析。除了应遵循内标元素和内标线的选择原则之外，还应注意：①内标元素和待测元素的蒸发行为，以及内标线和分析线的激发电位应尽量相近，否则会引入较大的误差。②分析线对的黑度值必须落在乳剂特性曲线的直线部分。③在分析线对的波长范围内，乳剂的反衬度 γ 值保持不变。④分析线对无自吸现象。

3.3.2.3 定量分析工作条件的选择

（1）光源。在光谱定量分析中，应特别注意光源的稳定性以及试样在光源中的燃烧过程。通常根据试样中被测元素的含量、元素的特性和要求等来选择合适的光源。

（2）狭缝。在定量分析工作中，使用的狭缝宽度要比定性分析的要宽，一般可达 20 μm，这是由于狭缝较宽，乳剂的不均匀性所引入的误差就会减小。

（3）内标元素及内标线。金属光谱分析中的内标元素，一般采用基体元素。如在钢铁分析中，内标元素选用铁。但在矿石光谱分析中，由于组分变化很大，基体元素的蒸发行为与待测元素也不尽相同，故一般都不用基体元素作内标，而是加入定量的其他元素。

3.4 试样处理及光谱干扰

3.4.1 试样处理及进样

视样品性质不同，分析之前需作不同处理。若试样是无机物，则按下述方法进行。

（1）金属或合金最好用试样本身作为电极。如试样量少，不能直接加工成电极，则可将试样粉碎后置于电极小孔中激发。

（2）矿石磨碎成均匀粉末，然后放在电极小孔中激发。

（3）溶液先蒸发浓缩至结晶析出，然后滴入电极孔中加热蒸干后再进行激发。或将原液全部蒸干，研磨成均匀的粉末再放入电极孔中。也可使用平头电极，将溶液滴在电极头上烘干后进行激发。

（4）若分析微量成分，原试样中不能直接检出，则须预先进行适当的处理，使大量主要组分分离，富集微量组分。

对于有机物，一般先低温干燥，在坩埚中灰化（应避免在灰化中使易挥发元素损失），然后将灰化后的残渣置于电极上进行激发。将少量粉状试样装入电极小孔中，用电弧等光源使试样蒸发至弧焰进行原子化和激发，是一种应用得较多的方法。石墨因具有高溶点、易提纯、易导电和光谱简单等独特优点，而被广泛用于制作电极的材料。根据试样性质的不同，将碳（或石墨）棒用刀具加工成多种不同形状的电极（图 3-26）。

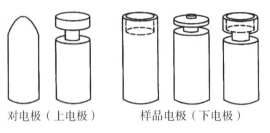

对电极（上电极） 样品电极（下电极）

图 3-26 样品电极

这类电极一般长 3～4 cm，直径约 6 mm。其中，上电极多为尖头，下电极顶端小孔直径 3～4 mm，深 3～6 mm，用于放置 10～20 mg 样品。使用碳或石墨电极时，在起弧过程中，碳与空气中的氮结合而产生氰（CN）的带状分子光谱（氰带），这个光谱带的范围在 358.39～421.60 nm 之间，对光谱分析不利。为了利用氰带区的其他元素的灵敏线（如 Ga 417.2 nm，Tl 377.5 nm，Pb 405.7 nm，Mo 386.4 nm，379.8 nm 等），可改用铜电极等，但由于铜的电离电位比碳低，用它燃起的电弧温度较低，因而灵敏度较低。

3.4.2 光谱干扰来源及其消除方法

当试样被光源激发时，常常同时发出一些波长范围较宽的连续辐射，形成背景叠加在线光谱上，从而产生所谓的背景干扰。

3.4.2.1 背景干扰来源

（1）分子辐射。光源中未解离的分子受到激发产生分子的振动和转动能级跃迁，这些跃迁的能级很小，彼此也很接近，因而发射带状光谱并形成背景。比如在电弧光源中，因空气中的 N_2 和石墨电极挥发的 C 能生成稳定的化合物 CN 分子，它在 350～420 nm 范围内有吸收，可与元素的灵敏线重合，进而产生干扰。为避免 CN 谱带的影响，可不用碳电极。

（2）谱线的扩散。有些金属元素（如锌、铝、镁、锑、铋、锡、铅等）的一些谱线是很强烈的扩散线，可在其周围的一定宽度内对其他谱线形成强烈的背景。

（3）热辐射。炽热的电极头和试样熔珠产生的在可见和红外光区形成很宽的连续背景。利用中间光阑（遮光板）挡住连续背景，可一定程度地消除热辐射背景干扰。

（4）离子复合。在放电间隙中，离子和电子复合成中性原子并释放能量，也会产生连续辐射，其范围很宽，可在整个光谱区域内形成背景。火花光源因形成离子较多，由离子复合产生的背景较强，尤其在紫外光区。

（5）韧致辐射。是电子通过荷电粒子库仑场时被加速或减速引起的连续辐射。

（6）杂散光。仪器光学系统对一些辐射的散射，并通过非预定途径直接进入检测器的辐射。

光谱背景会影响分析的准确度和检测限，应予以扣除。在摄谱法中，因在扣除背景的过程中，要引入附加的误差，故一般不采用扣除背景的方法，而是针对产生背景的原因，尽量减弱、抑制背景，或选用不受干扰的谱线进行测定。

3.4.2.2 光谱改进剂

也称光谱添加剂。为了改进光谱分析而加入到标准试样和分析试样中的物质被称为光谱添加剂。根据加入的目的不同可分为缓冲剂、挥发剂和载体等。

（1）缓冲剂。试样中所有共存元素干扰效应的总和，称为基体效应。同时加入到试样和标样中，使它们有近似相同的基体，以减小基体效应，改进光谱分析准确度的物质被称为缓冲剂。由于电极头温度和电弧温度受试样组成的影响，当没有缓冲剂存在时，电极和电弧的温度主要由试样基体控制。相反，则由缓冲剂控制，使试样和标样能在相同的条件下蒸发。缓冲剂除了控制蒸发、激发条件和消除基体效应之外，还可把弧温控制在待测元素的最佳温度，使其有最大的谱线强度。

由于所用缓冲剂一般具有比基体元素低而比待测元素高的沸点，这样可使待测元素蒸发而基体不蒸发，使分馏效应更为明显，以改进待测元素的检测限。

在测定易挥发和中等挥发元素时，选用碱金属元素的盐作缓冲剂，如 NaCl、NaF 和 LiF 等；测定难挥发元素或易生成难挥发物的元素，宜选用兼有挥发剂性能的缓冲剂，如卤化物等；碳粉也是缓冲剂的常见组分。

（2）挥发剂。为了提高待测元素的挥发性而加入的物质被称为挥发剂。它可以抑制基体的挥发，降低背景，改进检测限。典型的挥发剂是卤化物和硫化物，而碳是典型的去挥发剂。

（3）载体。载体本身是一种较易挥发的物质，可携带微量组分进入激发区，并和基体分离。此外，当大量载体元素进入弧焰后，能延长待测元素在弧焰中的停留时间，控制电弧参数，以利于待测元素的测量。常用载体有 Ga_2O_3、AgCl 和 HgO 等。

习题

1. 下述哪种跃迁不能产生，为什么？
   （1）3^1S_0—3^1P_1。（2）3^1S_0—3^1D_2。（3）3^1P_2—3^3D_3。（4）4^3S_1—4^3P_1。
2. 解释下列名词：
   （1）激发电位和电离电位。　　　　　　　　（2）原子线和离子线。
   （3）共振线和共振电位。　　　　　　　　　（4）谱线的自吸。
3. 摄谱仪由哪几部分组成？各组成部分的主要作用是什么？
4. 何谓元素的共振线、灵敏线、最后线、分析线？它们之间有何联系？
5. 光谱定性分析的基本原理是什么？进行光谱定性分析时可以有哪几种方法？说明各个方法的基本原理及适用场合。
6. 结合实验说明进行光谱定性分析的具体过程。
7. 光谱定性分析摄谱时，为什么要使用哈特曼光阑？为什么要同时摄取铁光谱？
8. 光谱定量分析的依据是什么？为什么要采用内标？简述内标法的原理。内标元素和分析线对应具备哪些条件？为什么？
9. 试述光谱半定量分析的基本原理，如何进行？
10. 何谓三标准试样法？
11. 简述背景产生的原因及消除的方法。

12. 说明缓冲剂和挥发剂在矿石定量分析中的作用。
13. 简述 ICP 的形成原理及其特点。
14. 为什么用以火焰、电弧和 ICP 作为激发光源的发射光谱法比火焰原子吸收法更适宜同时测定多种元素?
15. 试从电极头温度、弧焰温度、稳定性及主要用途这四个方面比较三种常用光源(直流电弧、交流电弧、高压火花)的性能。
16. 为什么在空气中使用电弧或火花光源测定卤素和气体是困难的? 如果要求使用发射光谱法测定卤素、永久性气体和稀有气体, 试提出一种或两种可采用的方法。
17. 当用热火焰发射产生 589.0 nm 和 589.6 nm 的钠线时, 在溶液中含有 KCl, 两线的强度比不存在时要大, 为什么?
18. 在 1 800 ℃ 天然气火焰中, 获得的 Cs 原子线的强度要比在 2 700 ℃ 氢氧火焰获得的强度低, 为什么?
19. 采用 4 047.20 Å 作分析线时, 受 Fe 4 045.82 Å 和弱氰带的干扰, 可用何种物质消除此干扰?
20. 选择分析线应根据什么原则? 下表中列出铅的某些分析线。若测定水中痕量铅应选用哪条谱线? 当试样中铅的质量分数为 0.1% 时是否仍选用此线, 为什么?

铅线波长/Å	激发电位/eV	铅线波长/Å	激发电位/eV	铅线波长/Å	激发电位/eV
2 833.071	4.37	2 802.001	4.43	2 873.321	5.63
2 663.171	5.97	2 392.791	6.60		

21. 对一个试样量很少的未知的试样, 当必须进行多元素测定时, 应选用下列哪种方法?
    (1) 顺序扫描式光电直读。　　(2) 原子吸收光谱法。
    (3) 摄谱法原子发射光谱法。　(4) 多道光电直读光谱法。
22. 分析下列试样应选用什么光源。
    (1) 矿石中定性、半定量。
    (2) 合金中的铜 (质量分数: $\sim x\%$)。
    (3) 钢中的锰 (质量分数: $0.0x\% \sim 0.x\%$)。
    (4) 污水中的 Cr、Mn、Cu、Fe、V、Ti 等 (质量分数: $10^{-6} \sim x\%$)。
23. 分析下列试样时应选用什么类型的光谱仪。
    (1) 矿石的定性、定量分析。
    (2) 高纯 Y_2O_3 中的稀土杂质元素。
    (3) 卤水中的微量铷和铯。
24. 欲测定下述物质, 应选用哪一种原子光谱法? 并说明理由。
    (1) 血清中锌和镉 (Zn 2 $\mu g \cdot mL^{-1}$, Cd 0.003 $\mu g \cdot mL^{-1}$)。
    (2) 鱼肉中汞的测定 (x $\mu g \cdot mL^{-1}$)。
    (3) 水中砷的测定 ($0.x$ $\mu g \cdot mL^{-1}$)。

(4) 矿石中 La、Ce、Pr 和 Sm 的测定（$10^{-6} \sim 10^{-3}$ μg·mL^{-1}）。

25. 在高温光源中，钠原子发射一平均波长为 1 139 nm 的双线，它是由 4s→3p 跃迁产生的，试计算 4s 激发态原子数与 3s 基态原子数的比。

    (1) 乙炔-氧焰，温度 3 000 ℃。

    (2) 电感耦合等离子体光源，温度 9 000 ℃。

26. 计算 Cu 3 273.96 Å 和 Na 5 895.92 Å 的激发电位（eV）。

27. 某合金中 Pb 的光谱定量测定，以 Mg 作为内标，实验测得数据如下表：

溶液	黑度计读数 S		Pb 的质量浓度
	Mg	Pb	/(mg·mL^{-1})
1	7.3	17.5	0.151
2	8.7	18.5	0.201
3	7.3	11.0	0.301
4	10.3	12.0	0.402
5	11.6	10.4	0.502
A	8.8	15.5	
B	9.2	12.5	
C	10.7	12.2	

    (1) 根据上述数据，绘制工作曲线。(2) 求溶液 A，B，C 的质量浓度。

28. 用内标法测定试液中镁的含量。用蒸馏水溶解 MgCl$_2$ 以配制标准镁溶液系列。在每一标准溶液和待测溶液中均含有 25.0 ng·mL^{-1} 的钼。钼溶液用溶解钼酸铵而得。测定时吸取 50 μL 的溶液于铜电极上，溶液蒸发至干后摄谱，测量 279.8 nm 处的镁谱线强度和 281.6 nm 处的钼谱线强度，得下表数据，试据此确定试液中镁的浓度。

ρ_{Mg}/	相对强度 I		ρ_{Mg}/	相对强度 I	
(ng·mL^{-1})	279.8 nm	281.6 nm	(ng·mL^{-1})	279.8 nm	281.6 nm
1.05	0.67	1.8	1 050	115	1.7
10.5	3.4	1.6	10 500	739	1.9
100.5	18	1.5	分析试样	2.5	1.8

29. 用直流电弧为激发光源，加入稀释剂定量分析白云石试样中的 Si 和 Na 的含量。所用标准含约 50 种元素，每一种都有一给定浓度范围，将其与高纯光谱碳混合。选择硅 288.16 nm 和 330.23 nm 线，在黑度计上测得如下表数据：

试样	Si 线（$T/\%$）	Na 线（$T/\%$）
0.000 1% 标样	>99	>99
0.001% 标样	96	92
0.01% 标样	66	71
0.1% 标样	<1	23
纯白云石	<1	<1
1 份白云石 +9 份石墨	58	16
1 份白云石 +99 份石墨	95	65

试画出校正曲线（以吸收常用对数对浓度常用对数），并算出白云石试样中的 Si 和 Na 的含量。

第 4 章 原子吸收（荧光）光谱法

原子吸收光谱分析（atomic absorption spectroscopy，AAS），又称原子吸收分光光度法，是基于待测元素的基态原子蒸汽对其特征谱线的吸收，由谱线的特征性和谱线被吸收后强度减弱的程度对待测元素进行定性定量分析的一种仪器分析的方法。按照原子化方法的不同，可将 AAS 分为火焰原子吸收光谱（FAAS）、电热（石墨炉）原子吸收光谱（GFAAS）、低温（或化学）原子吸收光谱（如汞蒸汽原子化和氢化物原子化）；按其结构可分为单光束单通道 AAS、单光束双通道 AAS 和双光束双通道 AAS 等等。

1802 年，W. H. Wollaston 首次发现了太阳连续光谱中出现的暗线；1859 年，G. Kirchhoff 和 R. Bunsen 解释了暗线产生的原因。但直到 1955 年，澳大利亚物理学家 A. Walsh 提出以峰值吸收代替积分吸收并解决了原子吸收光谱的光源问题，才使得原子吸收现象真正用于分析。1959 年，苏联科学家里沃夫提出的电热（石墨炉）原子化技术，大大提高了元素分析的范围及分析灵敏度。目前，原子吸收光谱分析技术已相当成熟，并得到广泛应用。其仪器和装置已成为多数分析实验室的标配。

与原子发射光谱分析（AES）相比，原子吸收光谱法（AAS）的分析对象也多为元素，并且都是利用原子外层电子的能级跃迁进行定性定量分析，但 AAS 分析主要是由基态原子数决定，光源发射线简单，原子吸收带宽很窄，受基体和温度变化的影响较小，而 AES 测量主要由激发态原子数决定，光源温度比较高，谱线复杂，共存元素光谱或分子辐射干扰较大。因此，在分析的选择性和抗干扰能力方面，AAS 有较明显的优势。但在定性能力和多元素同时测定方面则不如 AES，这也是 AAS 最大的不足。

4.1 原子吸收分析基本原理

我们知道，原子外层电子具有固定的能级，其能量大小可以用光谱项来描述，两个能级之间的能量差是不连续的或是量子化的。当基态原子获得的外界能量（光、电和热能等）刚好等于原子某两个能级之间的能量差时，原子将吸收该能量，其电子从较低能级跃迁到较高能级，随即迅速返回到较低能级，并产生特征发射光谱。因此，原子发射光谱分析主要与处于激发态的原子数有关；当基态原子吸收的外来能量为光辐射时，原子亦将受激而产生发射光谱（称为荧光），但外界的光辐射被基态原子吸收后，其辐射强度会降低，其降低的程度与吸收辐射的基态原子数有关，即原子吸收光谱分析主要考虑的是处于基态的原子数。

电子从基态跃迁到能量最低的激发态（称为第一激发态）时要吸收一定频率的光，当它再跃迁回基态时，会发射出同样频率的光（谱线），这种谱线称为共振发射线。使电子从基态跃迁至能量最低的第一激发态所产生的吸收谱线称为共振吸收线。

各种元素的原子结构和外层电子排布不同，不同元素的原子从基态激发至第一激发态（或由第一激发态跃迁返回到基态）时，吸收（或发射）的能量不同，因而各种元素的共振线各有其特征性，或称之为元素的特征谱线。这种从基态到第一激发态之间的直接跃迁又最易发生，因此对大多数元素来说，共振线吸收线是元素的灵敏线。

在实验中，常常能观察到钠原子的 589.0 nm 和 589.6 nm，以及 330.2 nm 和 303.3 nm 的窄吸收线。这两对波长接近的双重线分别是 3s 到 3p 和 3s 到 4p 能级的跃迁（均从 3s 基态开始的跃迁，详见本书第 3 章）。因为在火焰中处于 3p 状态的钠原子数较少，导致 3p 至 5s 的跃迁很弱，以至于无法检出。因此，典型的火焰原子吸收光谱都是由共振线组成，即都是由基态向高激发态跃迁所产生的。

4.1.1 基态原子数与总原子数的关系

原子总数包括基态原子数和激发态原子数两部分。待测元素的物质在原子化过程中，其中必有一部分原子吸收了更多的能量而处于激发态。据热力学原理，当在一定温度下处于热力学平衡时，激发态原子数与基态原子数之比 N_i/N_0 服从 Boltzmann 分配定律，

$$\frac{N_i}{N_0} = \frac{g_i}{g_0} e^{-E_i/kT} = \frac{g_i}{g_0} e^{-h\nu_i/kT}$$

可见，N_i/N_0 比值的大小主要与波长 λ（$E = h\nu = hc/\lambda$）和温度 T 有关。

例如，某原子处于温度 3 000 K 的等离子体中，有一波长为 300 nm 的辐射是从能级 $^{2S+1}L_{3/2}$ 跃迁至 $^{2S+1}L_{1/2}$ 所产生的，则处于激发态和基态的原子数之比为多少？

从题可知，$g_i = 2J_i + 1 = 2 \times 3/2 + 1 = 4$，$g_0 = 2J_0 + 1 = 2 \times 1/2 + 1 = 2$。因此，$g_i/g_0 = 2$。根据 Boltzmann 分布定律，处于激发态和基态的原子数之比为

$$N_i/N_0 = 2\exp\left(\frac{-hc}{\lambda}\Big/kT\right)$$
$$= 2\exp\left[\frac{-6.626 \times 10^{-34} \text{ J} \cdot \text{s} \times 3.0 \times 10^8 \text{ m} \cdot \text{s}^{-1}}{300 \text{ nm} \times 10^{-9} \text{ m/nm}}\Big/(1.38 \times 10^{-23} \text{ J} \cdot \text{K}^{-1} \times 3 000 \text{ K})\right]$$
$$= 2.24 \times 10^{-7}$$

同样可求得不同波长或温度条件下 N_i/N_0 的比值，如表 4-1。

表 4-1 不同温度和辐射波长下 N_i/N_0 的比值

温度/K	波长/nm	N_i/N_0
3 000	300	2.24×10^{-7}
3 000	400	2.38×10^{-5}
3 000	600	1.04×10^{-3}
4 000	600	6.89×10^{-3}
4 050	600	7.39×10^{-3}

续表 4-1

温度/K	波长/nm	N_i/N_0
4 100	600	7.92×10^{-3}
5 000	600	2.14×10^{-2}

从列于表 4-1 中的计算结果可见，

（1）相同温度：激发能越低，共振线波长越长，N_i/N_0 越大。如表 4-1 中，当温度保持 3 000 K 时，波长从 300 nm 到 600 nm，N_i/N_0 增加了近 3 个数量级，但其比值仍远低于 1%。即处于激发态的原子数也远小于处于基态的原子数。

（2）相同波长：原子化温度越高，N_i/N_0 越大。如表 4-1 中，波长为 600 nm 的共振线，当温度从 3 000 K 增加到 5 000 K 时，N_i/N_0 增加了 5 个数量级，但在 5 000 K 时的比值也只有 2%，即处于激发态的原子数也远小于处于基态的原子数。

原子吸收光谱分析主要由原子处于基态的数量决定，因此，原子的激发能（或辐射波长）和温度对于基态的原子数或原子吸收分析结果的影响不大。在实际工作中，原子化温度通常小于 3 000 K、波长小于 600 nm，故对大多数元素来说，N_i/N_0 均小于 1%，N_i 与 N_0 相比，N_i 可勿略不计，因此，基态原子数 N_0 可认为就是原子总数。但也应注意，虽然原子吸收光谱分析对原子化温度的变化不太敏感，但也不能完全忽视温度的影响。当温度足够高引起待测原子电离时，也会严重影响测定结果。

原子发射光谱分析主要由处于激发态的原子数量所决定，而原子的激发能或温度的变化直接影响激发态的原子数量。例如，表 4-1 显示，当温度由 4 000 K 增加 50 K 和 100 K 时，激发态原子数增加了 7% 和 13%，因此，原子的激发能（或辐射波长）和温度对原子发射光谱分析结果的影响较大。在实际工作中，必须控制激发光源温度或采用内标法消除温度波动对原子发射光谱测定的影响。

4.1.2 吸收定律

若以频率为 ν，强度为 $I_{0\nu}$，通过光程为 l 的均匀原子蒸汽，其中一部分光被吸收，使该入射光的光强降低为 I_ν，如图 4-1 所示。

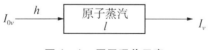

图 4-1 原子吸收示意

根据朗伯-比尔吸收定律

$$I_\nu = I_{0\nu} e^{-K_\nu cl} \tag{4-1}$$

式中，K_ν 为一定频率的光吸收系数。令 $\lg I_{0\nu}/I_\nu = A$，A 为吸光度，则

$$A = \lg \frac{I_\nu}{I_{0\nu}} = 0.434 K_\nu cl \tag{4-2}$$

当 l 一定，入射光为单色光时，式（4-2）可简化为

$$A = Kc \tag{4-3}$$

必须注意，只有当入射光为单色光时式（4-3）才能成立。单色光越纯，吸收定律越准确。因此，原子吸收分析要求其光源必须产生单色性很好的辐射。

4.1.3 谱线变宽及其影响因素

式（4-2）中的 K_ν 不是常数，而是与谱线频率或波长有关。由于任何谱线并非都是无宽度的几何线，而是有一定频率或波长宽度范围的，即谱线是有轮廓的，因此，将 K_ν 作为常数而使用此式将带来偏差。

根据式（4-2），当浓度 c 和光程 l 一定时，分别以 I_ν 和 K_ν 对 ν 作图，得到吸收强度与频率的关系图以及谱线轮廓。

由于物质的原子对光的吸收具有选择性，因此，吸收系数 K_ν 将随着光源的辐射频率 ν 而改变。对不同频率的光，原子对光的吸收也不同，故透过光的强度 I_ν 随着光的频率而有所变化。从图4-2左可见，在频率 ν_0 处透过的光最少，亦即吸收最大，或者说原子蒸汽在特征频率 ν_0 处有最大吸收（峰值吸收）。由此可见，原子从基态跃迁至激发态所吸收的谱线（吸收线）并不是绝对单色的几何线，而是具有一定的宽度，通常称之为谱线轮廓。图4-2右更清楚地表明了吸收线轮廓的意义。此时可用吸收线的半宽度来表征吸收线的轮廓。在频率 ν_0 处，吸收系数有一极大值（K_0），吸收线在中心频率 ν_0 的两侧具有一定的宽度。通常以吸收系数等于极大值的一半（$K_0/2$）处吸收线轮廓上两点间的距离（即两点间的频率差）来表征吸收线的宽度，称为吸收线的半宽度（$\Delta \nu$），其数量级为 $10^{-3} \sim 10^{-2}$ nm。

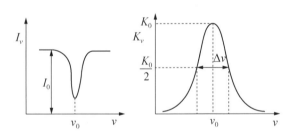

图4-2 吸收线及吸收线轮廓

可见，表征吸收线轮廓特征的值是中心频率 ν_0 和半宽度 $\Delta \nu$。前者由原子的能级分布特征决定，后者除谱线本身具有的自然宽度外，还受多种因素的影响。

4.1.3.1 自然变宽

在无外界影响下，谱线仍有一定宽度，这种宽度称为自然宽度，以 $\Delta \nu_n$ 表示。

$$\Delta \nu_n = \frac{1}{2\pi \tau_k} \tag{4-4}$$

式中，τ_k 为激发态平均寿命或电子在高能级上平均停留的时间，为 $10^{-7} \sim 10^{-8}$ s。

原子在基态和激发态的寿命是有限的。电子在基态停留的时间长，在激发态则很短。由海森堡测不准原理（Heisenberg Uncertainty principle）可知，这种情况将导致激发态能量具有不确定的量,该不确定量使谱线具有一定的宽度 $\Delta\nu_n$(10^{-5} nm 数量级),即自然宽度。由于自然宽度比光谱仪本身产生的宽度要小得多,只有极高分辨率的仪器才能测出,故可忽略不计。

4.1.3.2 多普勒变宽

多普勒(Doppler)变宽又称热变宽。它是原子无规则热运动的结果。多普勒效应是指对一个固定的观测器(如检测器)而言,作不规则运动的粒子可以朝向观测器移动,所观测到的表观频率要增大,也可以背向观测器移动,则观测到的表观频率要减小,如图 4-3 所示。此时,观察器接收的频率分别是 $\nu - \Delta\nu$ 和 $\nu + \Delta\nu$ 之间的频率,或者说,频率(或波长)发生了变化。这种现象就跟一列鸣笛的火车在经过你身边时(观测者)所发生的现象一样:当朝向你驶过来时,你会感觉笛声很大很刺耳,而当火车驶离时,又会觉得笛声变小,且不那么刺耳。

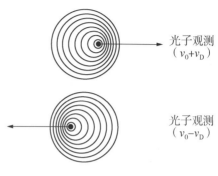

图 4-3 热变宽示意

多普勒变宽的表达式为

$$\Delta\nu = \frac{2\nu_0}{c}\sqrt{\frac{2(\ln 2)RT}{A_r}} \\ = 7.16 \times 10^{-7}\nu_0\sqrt{\frac{T}{A_r}} \quad (4-5)$$

式中,c 为光速。

可见,多普勒变宽 $\Delta\nu$ 与谱线中心频率 ν_0 或中心波长、相对原子质量 A_r 和温度 T 有关。$\Delta\lambda$ 多在 10^{-3} nm 数量级。

一些元素谱线的多普勒变宽可参见表 4-2。

表 4-2 多普勒变宽($\Delta\lambda_D$)和劳伦兹变宽($\Delta\lambda_L$)　　　　($\times 10^{-4}$ nm)

元素	相对原子质量	波长/nm	T = 2 000 K		T = 3 000 K	
			$\Delta\lambda_D$	$\Delta\lambda_L$	$\Delta\lambda_D$	$\Delta\lambda_L$
Na	22.99	589.00	39	32	48	27
Ba	137.24	553.56	15	32	18	26
Sr	87.62	460.73	16	26	19	21
V	50.94	437.92	20		24	
Ca	40.08	422.67	21	15	26	12
Fe	55.85	371.99	16	13	19	10
Co	58.93	352.69	13	16	16	13

续表 4-2

元素	相对原子质量	波长/nm	T = 2 000 K		T = 3 000 K	
			$\Delta\lambda_D$	$\Delta\lambda_L$	$\Delta\lambda_D$	$\Delta\lambda_L$
Ag	107.37	338.29	10	15	13	12
		328.07	10	15	12	13
Cu	63.54	324.76	13	9	16	7
Mg	24.31	285.21	18		23	
Pb	207.19	283.31	6.3		8	
Au	196.97	267.59	6.1		7.5	
Zn	65.37	213.86	8.5		10	

4.1.3.3 碰撞变宽

碰撞变宽又称压变宽。主要是发光原子或吸光原子与其他粒子发生非弹性碰撞，使原子辐射中断，激发态的寿命缩短，与自然变宽类似，也会导致谱线变宽。显然，随着温度升高，压力增加，碰撞加剧，变宽严重。碰撞变宽包括两种。

（1）Lorentz 变宽。待测原子与其他原子之间的碰撞变宽，变宽约为 10^{-3} nm。

（2）Holtzmark 变宽。待测原子之间的碰撞变宽，又称为共振变宽。但由于 AAS 分析时，待测物浓度很低，该变宽可勿略。

外界压力增加，谱线中心频率 ν_0 发生位移，形状和宽度发生变化，使得发射线与吸收线产生错位，从而影响测定灵敏度。

火焰原子化器以压变宽为主，而石墨炉原子化器则以热变宽为主。一些元素谱线的压变宽可参见表 4-2。温度在 1 500～3 000 ℃之间，常压下的热变宽和压变宽有相同数量级的变宽程度。

4.1.3.4 场致变宽

场致变宽包括 Stark 变宽（电场变宽）和 Zeeman 变宽（磁场变宽）。在场致（外加场、带电粒子形成）的场作用下，电子能级进一步发生分裂（谱线的超精细结构）而导致的变宽效应。在原子吸收分析中，场致变宽不是主要变宽。

4.1.3.5 自吸与自蚀变宽

光源（如空心阴极灯）中同种气态原子吸收了由阴极发射的共振线产生自吸，自吸严重时即为自蚀。此时，一条谱线轮廓因自吸变成两个未分开的轮廓或因自蚀变成两条谱线，即变宽了。自吸与自蚀变宽主要与灯电流和待测物浓度有关。

4.1.4 积分吸收与峰值吸收

从以上讨论可知，在原子吸收光谱中，无论是光源辐射的发射线还是原子化器中基态原子的吸收线，都是有一定宽度的。因此，采用吸收定律来描述吸光度 A 与浓度 c 之间的关系显然不太严格。

4.1.4.1 积分吸收

由于吸收线有一定宽度，所以当入射光通过原子蒸汽时，只有一部分原子吸收了中

心频率为 ν_0 的光，而其他原子则吸收了 ν_0 两侧频率的光，即总吸光度是所有基态原子对不同频率的光的共同贡献，或者说，总吸光度 A 应是以频率 ν_0 为中心的谱线轮廓范围内吸收系数的积分面积，如图 4-4 所示。该面积包括原子蒸汽所吸收的全部能量，称为积分吸收，记作 $\int K_\nu \mathrm{d}\nu$。

经过推导得积分吸收为

$$\int K_\nu \mathrm{d}\nu = \frac{\pi e^2}{mc} N_0 f \quad (4-6)$$

简化得

$$\int K_\nu \mathrm{d}\nu = K N_0 \quad (4-7)$$

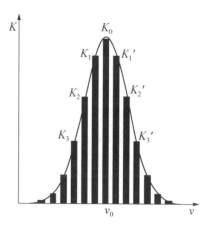

图 4-4　积分吸收定义说明

在式 (4-6) 和式 (4-7) 中，e 为电子电荷，m 为电子质量，c 为光速，N_0 为单位体积内原子蒸汽吸收辐射的基态原子数或基态原子密度，f 为振子强度，表示每个原子中能吸收或发射特征频率光的平均电子数，与吸收概率成正比。一定条件下的某一元素，f 为常数。

式 (4-7) 表明，在一定条件下，积分吸收只与单位体积内原子蒸汽中基态原子数成正比，而与频率或谱线轮廓无关。那么只要测得积分吸收值 $\int K_\nu \mathrm{d}\nu$，即可依据式 (4-7) 准确计算出基态原子密度 N_0。由前述可知，火焰中基态原子数可以看作总原子数，因此，可根据积分吸收值直接计算待测元素的原子密度或浓度。也就是说，原子吸收光谱分析可以成为不需标准比较的绝对定量分析方法。

但是，积分吸收的测量非常困难。因为原子吸收线的半宽度很小，只有 0.001～0.010 nm，若要测量半宽度 0.001 nm 的积分吸收值，对于波长 500 nm 的谱线，则要求光谱仪器的分辨率达到 $R = \lambda/\Delta\lambda = 500\ \mathrm{nm}/0.001\ \mathrm{nm} = 5\times10^5$ 以上，显然现在的光谱仪难以做到。也正是因为积分吸收难以测量，虽然 19 世纪初就发现的原子吸收现象，但一直未用于分析，直到 1955 年，澳大利亚物理学家 Walsh 提出，在温度不太高的火焰中，峰值吸收也与火焰中基态原子数存在线性关系，并用半宽度很小的锐线辐射来准确测量峰值吸收，即以峰值吸收代替积分吸收，原子吸收现象才真正用于分析目的。

Walsh 提出的峰值吸收测量的前提是必须满足两个条件：①光源发射线的中心频率与吸收线的中心频率相等，即 $\nu_{0e} = \nu_{0a}$。②光源发射线的半宽度远小于吸收线的半宽度，即 $\Delta\nu_e \ll \Delta\nu_a$。

当使用锐线光源进行测量时，其情况如图 4-5 所示。

根据吸收定律在发射线半宽度范围内分别将发射线 $I_{0\nu}$ 和透射线 I_ν 积分并代入吸收定律及吸光度

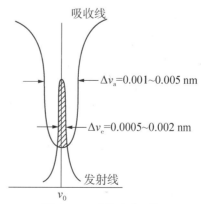

图 4-5　峰值吸收测量

A 的定义，得到

$$A = \lg \frac{I_\nu}{I_{0\nu}} = \lg \frac{\int_0^{\Delta\nu_e} I_{0\nu} d\nu}{\int_0^{\Delta\nu_e} I_{0\nu} e^{-K_\nu l} d\nu} \qquad (4-8)$$

当发射线半宽远小于吸收线半宽，即 $\Delta\nu_e \ll \Delta\nu_a$ 时，跟吸收线相比，发射线可以当作是一个很窄的矩形，在发射线轮廓范围内，各波长的吸收系数近似相等，即可以峰值吸收系数 K_0 代替 K_ν，式（4-8）变换为

$$A = \lg e^{K_0 l} = 0.434 K_0 l \qquad (4-9)$$

式中，K_0 与谱线宽度有关。在通常原子吸收分析条件下，若吸收线轮廓只取决于热变宽 $\Delta\nu_D$，则有

$$K_0 = \frac{2\sqrt{\pi \ln 2}}{\Delta\nu_D} \cdot \frac{e^2}{mc} N_0 f \qquad (4-10)$$

将式（4-10）代入式（4-9），得

$$A = 0.434 \frac{2\sqrt{\pi \ln 2}}{\Delta\nu_D} \cdot \frac{e^2}{mc} N_0 f l = K N_0 l \qquad (4-11)$$

式（4-11）说明，当使用谱线很窄的锐线作原子吸收的发射线时，测定的吸收度 A 与原子蒸汽中待测元素的基态原子数成正比，即吸收定律可作为原子吸收光谱分析的定量依据。

为了实现峰值吸收的测量，还需要保证通过原子蒸汽的发射线中心频率与吸收线的中心频率一致，因此通常必须使用一个与待测元素相同的元素制作锐线光源。

从以上分析可知道，Walsh 的研究结果为原子吸收的定量分析提供了依据，并为光源的制作指明了方向。

4.2 仪器及其组成

图 4-6 分别为单光束和双光束原子吸收分光光度计的组成示意图。

单光束型（图 4-6a）仪器具有结构简单、体积小等优点；缺点是不能避免光源波动的影响，易产生基线漂移，光源需要事先预热至稳定后才能进行测定。

双光束型（图 4-6b）由光源发出的光经切光器分为两束光，一束为测量光束，一束为参比光束。两束光到达半银镜（half-silvered mirror）后交替通过单色器和检测器检出、放大和比较。由于参比光束补偿了光源强度的变化，克服了光源不稳和基线漂移的影响，降低了检出限。另外，光源不需预热。但该型仪器并不能克服火焰波动和背景吸收对测定的影响。

此外，还有双光束双通道、多光束多通道等不同类型仪器。无论哪种类型，其基本结构都是相似的。都是由光源、原子化系统（类似样品容器）、分光系统及检测系统构成。

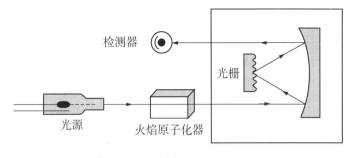

a.单光束型

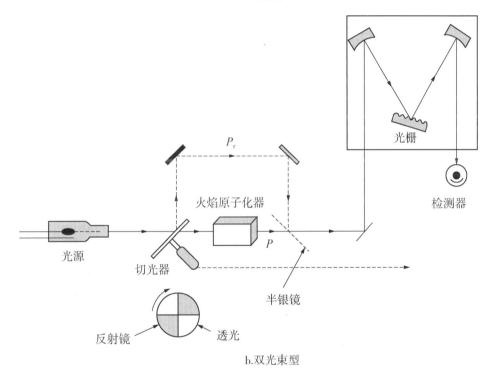

b.双光束型

图4-6 原子吸收光度计组成示意

4.2.1 光源

所有光学分析方法对光源都有两个基本要求：①光源可以发射足够强的辐射，以保证测量的灵敏度。②光源必须足够稳定，以保证测量的重现性和精密度。

在原子吸收光谱分析中，对其光源还要满足前述 Walsh 提出的原子吸收测量的两个条件：①发射线中心频率与吸收线中心频率一致。②发射线轮廓半宽度应远小于吸收线轮廓半宽度。或者说，应使用与待测元素相同的元素制作光源，而且要发射半宽很小、干净（没有或很少连续背景）的锐线。

4.2.1.1 空心阴极灯

空心阴极灯（hollow cathode lamp，HCL），或称元素灯，是原子吸收光谱分析中应用最广泛的一种光源。

(1) 空心阴极灯的构成。空心阴极灯主要由一个阳极和阴极构成。阳极通常使用由 W、Ni 和 Ta 等吸气金属制成棒状，阴极则是用待测元素或其合金材料制成的空心圆筒状电极。将这两个电极密封于充有少量（低压）惰性气体并带有石英或玻璃窗的腔体内（元素共振线波长大于 350 nm 用玻璃窗，小于 350 nm 用石英窗），如图 4-7 所示。

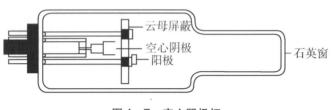

图 4-7 空心阴极灯

(2) 工作过程。在空心阴极灯两电极间施加 300～500 V 直流电压，从阴极发出的电子在电场作用下向阳极移动。电子在移动过程中与惰性气体分子发生碰撞使其电离，带正电荷的离子则在电场作用下冲向阴极，使阴极表面金属原子发生溅射并与电子、惰性气体及其离子等粒子发生碰撞而被激发，在返回基态时发出金属元素的特征谱线。同时也会产生一些充入气体的原子线和离子线。由于该灯低压密封，外来分子或原子碰撞发光的机会很少，因而压变宽小，而且腔内带电粒子数有限，供电电流很小（mA 级），热致变宽也很小，因此，空心阴极灯可以发出谱线宽度很窄的锐线。另外，由于阴极是圆筒状，故可使待测元素的辐射更为集中，保证发射的强度。

影响空心阴极灯强度和谱线半宽度的因素包括充入气体的压力和工作电流等。一般来说，随着气体压力降低，元素的特征辐射强度增加。对于易挥发元素，如 Sn、Sb 和 Pb，随压力降低，辐射强度连续上升至放电终止；而对于一些难挥发元素，如 Al、Fe、Ni 和 Cr，随压力降低，其辐射强度先增加到一个最大值，然后再逐渐降低。此外，工作电流越大，发射强度也越大，但电流过大，谱线自吸和热变宽增加，使发射线变宽。同时，电流过大，也可导致阴极熔化，放电异常，并降低光源寿命。如果电流过低，则发射线强度下降，因此根据不同元素的空气阴极灯的特性，选择最适宜的灯电流。

4.2.1.2 无极放电灯

无极放电灯的结构如图 4-8 所示。

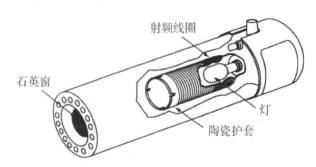

图 4-8 无极放电灯

由于没有电极提供能量，该灯依靠射频（RF）或微波作用于低压惰性气体，并使之电离形成等离子体，等离子体与灯内金属原子作用使其激发并产生锐线。无极放电灯的发光强度高（是 HCL 的 1～2 个数量级）。但可靠性及寿命比 HCL 低，只有约 15 种元素可制得该灯。

4.2.1.3 光源调制

来自火焰的辐射背景（即连续光谱，可产生直流信号）可与待测元素的吸收线一同进入检测器并干扰测定。尽管单色器可滤除一部分背景，但仍不能完全消除这些背景对测定的影响。如果将光源发射的入射光所产生的直流信号转换为交流信号，再通过电学方法，使该交流信号与火焰产生的直流信号分开，可以避免火焰背景的干扰。这种消除火焰背景的方法被称为光源调制。

实际工作中有两光源调制方法：①切光器调制（Chopper），即在光源和火焰之间加一金属圆盘（分成四个扇形，其中对角的两个扇形可让入射光通过，见图 4-6b），并以一定的速度（频率）旋转，入射光被切成交变的光，它在光电倍增管的响应为交流信号，可与火焰背景发射光的直流信号分开。②光源脉冲调制。通过脉冲方式给光源供电，直接产生脉冲光或脉冲电流，从而与背景光的直流信号分开。

4.2.2 原子化系统

原子化器是将样品中的待测组份转化为基态原子的装置，按试样原子化的方法分为火焰原子化和非火焰原子化两类。前者具有简便、快速，对大多数元素有较高的灵敏度和较低的检出限；后者包括电热或石墨炉原子化以及低温或化学原子化，具有较高的原子化效率和灵敏度，极低的检出限，应用日益广泛。

4.2.2.1 火焰原子化器

火焰原子化器包括雾化器、燃烧器和火焰三部分，如图 4-9 所示。燃烧器又可分为预混合型和全消耗型燃烧器。预混合型燃烧器是将试样、燃气和助燃气在一个混合室预先混合后再进入燃烧器；而全消耗型则是没有预先混合的步骤，直接将它们导入燃烧器。全消耗型燃烧器具火焰光程短、易堵塞及噪音大等缺点，目前已很少被使用，使用较广的是预混合型燃烧器。

（1）雾化器。包括喷雾器和混合室。雾化器种类很多，现多采用气动雾化器（图 4-9）。根据伯努利原理，在毛细管外壁与喷嘴口构成的环形间隙中，由于高压燃气和助燃气（空气、氢气或氧化亚氮等）以高速通过，造成负压区，从而将试液沿毛细管吸入，并被高速气流分散成气溶胶（雾滴）。为了进一步减小雾滴的粒度，在雾化器前几毫米处放置撞击球，喷出的雾滴经节流管碰在撞击球上，进一步分散成细雾。要求喷雾器可获得稳定、细而均匀的雾粒，雾化效率高（进入火焰的溶液量与排出的废液量的比值称为雾化效率）、适应性好（可用于不同比重、不同黏度以及不同表面张力的溶液）。

来自喷雾器的气溶胶到达混合室，在扰流器（由一系列旋转挡板组成，可去除大雾滴并使气溶胶均匀）的作用下，与各种气体充分混合而形成更细的气溶胶并进入燃烧器（图 4-9）。目前，很多原子吸收光谱仪还采用超声波雾化器，可以进一步提高雾化效率。

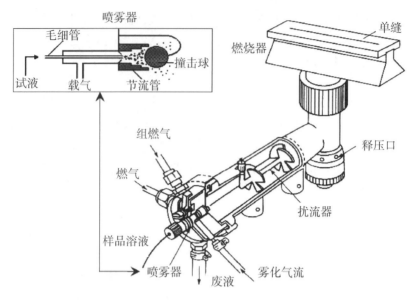

图 4-9　火焰原子化器装置

（2）燃烧器。产生火焰并使试样蒸发和原子化的装置（图4-9）。有单缝和三缝两种形式，其高度和角度可调，使光通过火焰适宜的部位并有最大吸收。燃烧器质量主要由燃烧狭缝的性质和质量（光程、回火、堵塞和耗气量等）决定。狭缝长度决定原子吸收的吸光长度，一般为 100 mm，宽度决定火焰厚度（约 0.5 mm），也是决定回火、堵塞和耗气量的重要因素。

（3）火焰。火焰是试样原子化的能源，通常由燃气（还原剂）与助燃气（氧化剂）按一定比例混合后燃烧形成，火焰本身背景吸收和发射水平越低越好。试样中的化合物在火焰温度的作用下经历蒸发、干燥、溶化、离解、激发和复合等复杂过程。在此过程中，除产生大量游离的基态原子外，还会产生很少量激发态原子、离子和分子等不吸收辐射的粒子，产生谱线干扰和背景干扰，需要尽量避免。

图 4-10 是天然气-空气火焰及温度分布示意图。火焰分焰心（发射强的分子带和自由基，很少用于分析）、内焰（基态原子最多，为分析区）和外焰（火焰内部生成的氧化物扩散至该区并进入环境），可见不同部分其温度和燃烧氛围不同。实际工作中可调节燃烧器高度选择合适的分析区。

原子吸收所使用的火焰，只要其温度能使待测元素离解成游离基态原子就可以了。如超过所需温度，则激发态原子增加，电离度增大，基态原子减少，这对原子吸收测定是很不利的。因此，在确保待测元素充分离解为基态原子的前提下，低温火焰比高温火焰具有更高的灵敏度。但对某些元素来说，若温度过低，则盐类不能离解，反而使灵敏度降低，并且还会发生分子吸收，干扰也可能会增大。一般易挥发或电离电位较低的元素（如 Pb、Cd、Zn、Sn，碱金属及碱土金属等），应使用低温且燃烧速度较慢的火焰；与氧易生成耐高温氧化物而难离解的元素（如 Al、V、Mo、Ti 和 W 等），可使用高温火焰。表 4-3 给出的是不同火焰的特性及其大致应用范围。

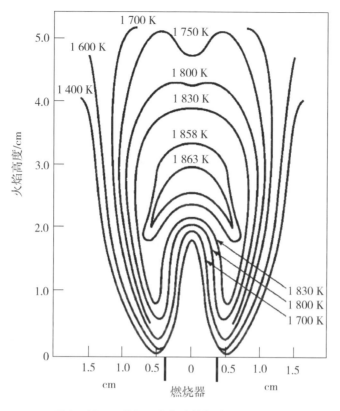

图 4-10 天然气-空气火焰温度（K）分布

表 4-3 火焰种类及其特点

燃气	助燃气	燃烧速度/(cm·s^{-1})	温度/K	特点
C_2H_2	Air	158~266	2 100~2 500	温度较高，最常用（稳定、噪声小、重现性好，可测定30多种元素）
C_2H_2	O_2	1 100~2 480	3 050~3 160	高温火焰，可作上述火焰的补充，用于其他更难原子化的元素
C_2H_2	N_2O	160~285	2 600~2 990	高温火焰，具强还原性（可使难分解的氧化物原子化），可用于多达70多种元素的测定
H_2	Air	300~440	2 000~2 318	较低温氧化性性火焰，适于共振线位于短波区的元素（As-Se-Sn-Zn）
H_2	O_2	900~1 400	2 550~2 933	高燃烧速度，高温，但不易控制
H_2	N_2O	~390	~2 880	高温，适于难分解氧化物的原子化
C_3H_8	Air	~82	~2 198	低温，适于易解离的元素，如碱金属和碱土金属

火焰温度决定火焰蒸发和分解不同化合物的能力。火焰温度主要由燃气体和助燃气体的种类决定，还与燃气、助燃气的流量及其比例（燃助比）有关。当火焰的燃气与助燃气的比例与它们之间化学反应计算量相近时，形成中性火焰，其温度最高，适于大多数元素的原子化；当助燃气比例大于化学计算量时，形成所谓的贫燃性火焰（氧化性火焰），温度次之，通常适用于不易氧化的元素（如 Ag、Cu、Ni、Co 和 Pd 等）和碱土金属的测定；若燃气量大于化学计算量，则形成的火焰被称为富燃性火焰（还原性火焰），其温度最低。但由于燃烧不完全，形成强还原性气氛，有利于易形成难离解氧化物的元素的测定。

燃烧速度指火焰的传播速度，它影响火焰的安全性和稳定性。不同类型火焰的燃烧速度不同，因此应注意供气速度。要使火焰稳定，可燃混合气体供气速度应大于燃烧速度，但供气速度过大，会使火焰不稳定，甚至吹灭火焰，过小则会引起回火。

4.2.2.2 非火焰原子化器

前述火焰原子化器因具有重现性好、易干燥等特点而得到广泛应用。但它的主要缺点是原子化效率比较低，只有 10%～30% 的试样原子化，其余的当作废液排出。1959 年出现了无火焰原子化或称电热原子化或石墨炉原子化技术和装置，可极大地提高原子化效率，原子蒸汽停留时间延长，且密度提高数百倍，分析灵敏度可增加 10～200 倍，液体或固体试样均可直接原子化。

无火焰原子化装置有很多种，包括电热高温石墨管、石墨坩埚、石墨棒、钽舟、镍杯、高频感应加热炉、空心阴极溅射、等离子喷焰以及激光等等。这里仅对常用的电热高温石墨炉原子化器（graphite furnace）作简要介绍。

如图 4-11 所示（图中左上角为石墨管放大图），这种原子化器将一个石墨管（30～50 mm 长，内径 2.5～5.0 mm，外径 6 mm）固定在两个电极之间，管的两端开口，安装时使其长轴与原子吸收分析光束的通路重合。石墨管的中心有一小孔，用注射器将试样注入管内壁下部。为防止试样及石墨管氧化，需要在不断通入惰性气体（氮气

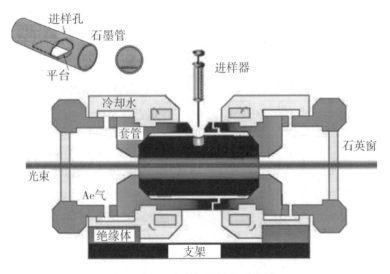

图 4-11 电热石墨炉原子化器

或氩气）保护的情况下用大电流（300 A）通过石墨管。此时，石墨管可在 2～4 s 内被加热至高温（3 000 ℃）而使试样原子化。

石墨炉加热分干燥、灰化、原子化和净化四个阶段（图 4-12）。干燥阶段是在低温（通常为 105 ℃）下蒸发去除试样的溶剂，以免溶剂存在导致灰化和原子化过程中试样的飞溅；灰化的作用是在较高温度（350～1 200 ℃）下进一步去除有机物或低沸点无机物，以减少基体组分对待测元素的干扰；原子化温度随被测元素而异（2 400～3 000 ℃）；净化的作用是将温度升至最大允许值，以去除残余物，消除由此产生的石墨管记忆效应，影响下一个样品的测定。石墨管原子化器的升温程序由微机控制自动进行，升温方式分为阶梯式和斜坡式。斜坡式升温能使试样更有效地灰化，减少背景干扰，还能以逐渐升温来控制化学反应速度，对测定难挥发性元素更为有利。

无火焰原子化方法的最大优点是注入的试样几乎可以完全原子化，检出限非常低（绝对灵敏度可达 10^{-12} 数量级）。此外，还特别适于易形成耐熔氧化物的元素的原子化（少氧惰性气氛，并由石墨管提供了大量碳，能够得到较好的原子化效率）。当试样含量很低，或只能提供很少量的试样时，采用石墨炉原子也是非常有效的。另外，采用石墨炉平台技术（图 4-11 左上角），即在石墨管内放置一小平台，试样置于该平台上并被间接加热，可以进一步提高原子化效率，延长原子停留时间，提高灵敏度。

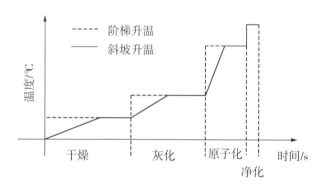

图 4-12　电热石墨炉原子化升温程序

无火焰原子化方法也存在不足。首先，共存化合物的干扰要比火焰法大（C 与 N_2 或金属元素形成分子或高稳定的碳化物等）。当共存分子产生的背景吸收较大时，需要调节灰化的温度及时间，使背景分子吸收不与原子吸收重叠，并使用背景校正方法来校正（详见后文）。其次，由于取样量很少（液体试样为 5～100 μL，固体试样为 20～40 μg），进样量及注入管内位置的变动都会引致偏差，因而重现性要比火焰法差。若采用微型泵和由微机程序控制的自动进样装置，可减免手工操作过程中取样体积和注入位置的误差，提高测量精度。

4.2.3　其他原子化装置

针对一些元素的特殊性质，如易生成氢化物或具有挥发性等，可采用低温或常温即可实现其原子化。常用的原子化装置包括氢化物原子化和冷原子化装置等。这类方法最大的优点为是可将待测元素变为气态物质并从大量样品基体中被分离出来，因而避免了样品基体对测定的干扰影响，灵敏度和检出限都大为改善。

4.2.3.1 氢化物原子化器

氢化物原子化器装置如图 4-13 所示。氢化物原子化器工作原理是，在一定酸度条件下，于试样溶液中加入硼氢化钠（$NaBH_4$）强还原剂，各待测元素如 As、Pb、Hg、Sb 和 Se 离子被还原为相应气态氢化物。例如，对于砷，其反应为：

$$AsCl_3 + 4NaBH_4 + HCl + 12H_2O = AsH_3\uparrow + 4NaCl + 4H_3BO_3 + 13H_2\uparrow$$

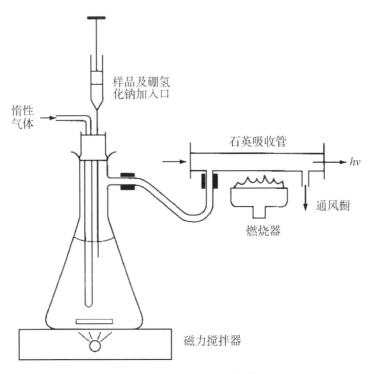

图 4-13 氢化物原子化器

经由 Ar 或 N_2 等惰性载气将这些元素的氢化物带入热的石英管或火焰中并分解为金属基态原子，从而完成原子吸收测定。

氢化物原子化法由于还原转化为氢化物的效率高，生成的氢化物可在较低的温度下原子化（一般为 700～900 ℃），且氢化物生成的过程本身是个与试样基体分离的过程，基体干扰和化学干扰少，因而此法具有很高的灵敏度（分析 As 和 Se 的绝对灵敏度可达 10^{-9} g）。

4.2.3.2 汞蒸汽原子化

将试样中汞的化合物以还原剂（如 $SnCl_2$）还原为汞原子蒸汽，并通过 Ar 或 N_2 将其带入吸收池，用 Hg 253.72 nm 分析线，直接进行原子吸收测定。

例如，自来水中无机汞、有机汞和总汞的测定步骤如下：取 25 mL 水样，加入一定量 $SnCl_2$，水样中的无机汞被还原为 Hg 蒸汽，吹入 N_2 载气将其带入具石英玻璃窗的吸收池中进行原子吸收测定，获得无机汞的含量。再取同样体积的水样，加入过量 $KMnO_4$ 强氧化剂，加热溶液，使有机汞转化为无机汞，加入盐酸羟胺除去过量 $KMnO_4$，然后再加入 $SnCl_2$，同上述步骤获得总汞含量（也可直接加入 $BaBH_4$ 将试样中无机汞和有机汞一起还原为汞原子），最后，通过总汞与无机汞的差值求得有机汞的含量。

原子吸收分光光度计还包括分光系统和检测系统，但需注意，在原子吸收光度计中，单色器通常位于光源之后，这样可分离（或过滤）掉火焰的杂散光并防止光电管疲劳。另外，与原子发射光谱分析相比，原子吸收光谱分析因使用锐线光源，其谱线相对简单，故对单色器的色散率要求不高（线色散率为 10～30 Å/mm）。

4.3 干扰及其消除

正如前述，原子吸收分光光度计使用的是锐线光源，采用比发射线数目少得多的共振吸收线作为分析线，因此，谱线相互重叠的概率小，光谱干扰小。另一方面，除了易电离元素之外，多数元素的基态原子数近似等于总原子数。原子吸收跃迁的起始态是基态，基态的原子数目受温度波动影响很小，因此，原子吸收光谱测定的干扰也比较小。尽管如此，在实际工作中仍不可忽视干扰问题，在某些情况下，干扰甚至还很严重，因此，应当了解可能产生干扰的原因及其抑制方法。原子吸收分析中的干扰主要有物理干扰、光谱干扰和化学干扰。

4.3.1 物理干扰及其消除方法

物理干扰是指试样在转移、蒸发和原子化过程中，由于试样黏度、表面张力和溶剂蒸汽压等各种物理特性变化，对试样喷入火焰的速度、雾化效率、雾滴大小及其分布、溶剂与固体微粒的蒸发等产生影响，从而导致吸光度的变化的效应。这类干扰是非选择性的，亦即对试样中各元素的影响基本相似。

物理干扰的主要因素包括影响试样喷入火焰的速度的试液黏度，影响雾滴的大小及分布的表面张力，影响蒸发速度和凝聚损失的溶剂蒸汽压，以及影响喷入量的雾化气体压力等等。上述这些因素，最终都会影响进入火焰中待测元素的原子数量，进而影响吸光度的测定。此外，大量基体元素和含盐量，在火焰中的蒸发和离解亦需消耗大量的热量，也会影响原子化效率。

配制与待测试样具有相似组成的标准溶液，是消除基体干扰的常用而有效的方法。还可采用试液稀释（待测元素含量不太低）、引入有机溶剂以及使用标准加入法等来消除这种干扰。

4.3.2 化学干扰及其消除

化学干扰是指待测元素与其他组分之间发生化学作用，从而影响待测元素的原子化效率的一类干扰。这类干扰对试样中各种元素的影响各不相同，并随火焰温度、火焰状态和部位、其他组分的存在、雾滴大小等条件变化而变化。化学干扰是原子吸收分光光度法中的主要干扰来源。

4.3.2.1 典型化学干扰

典型化学干扰主要是指待测元素与共存物质作用生成难挥发的化合物,致使参与吸收的基态原子数减少的现象。在火焰中易生成难挥发氧化物并影响其测定的元素包括 Ca、Al、As、B、Ti 和 Be 等,如硫酸盐、磷酸盐和氧化铝对钙的干扰。这种形成稳定化合物对测干扰的程度,主要取决于火焰温度和火焰气体组成。

由于化学干扰是一个复杂过程,因此,消除干扰应根据具体情况而采取相应的措施。在标准溶液和试样溶液中均加入某些试剂,常可控制化学干扰。

(1) 释放剂。加入一种过量的金属元素,使之与干扰物质形成更稳定或更难挥发的化合物,从而使待测元素释放出来。例如,磷酸盐与钙形成稳定的难溶盐,可加入 U 或 Sr,使其与磷酸根形成更稳定的化合物,Ca 被置换出来,从而消除磷酸盐对钙的干扰。

(2) 保护剂。这些试剂的加入,可使待测元素不与干扰元素生成难挥发化合物。例如,为了消除磷酸盐对 Ca 的干扰,可加入 EDTA 络合剂,生成易于原子化的 Ca-EDTA 络合物来消除磷酸盐的干扰。同样,在 Pb 盐溶液中加入 EDTA 可以消除磷酸盐、碳酸盐、硫酸盐、氟离子、碘离子对铅测定的干扰;加入 8-羟基喹啉,可消除 Al 对 Mg 和 Be 的干扰;加入氟化物,生成 Ti、Zr、Hf 和 Ta 的氟化物,防止这些元素形成更加稳定的氧化物,从而提高这些元素的测定灵敏度。可见,使用有机络合剂生成络合物在火焰中更易分解,有利于待测元素的原子化。

(3) 缓冲剂。于试样与标准溶液中同时加入超过缓冲量(即干扰不再变化的最低限量)的干扰元素。如使用 $C_2H_2-N_2O$ 火焰原子化测定 Ti 时,可在试样和标准溶液中同时加入大量的 Al(质量分数 $>2\times10^{-4}$),使 Al 对 Ti 的干扰趋于稳定。

(4) 其他方法。除加入上述试剂以控制化学干扰外,还可用标准加入法来控制化学干扰,这是一种简便而有效的方法。如果用这些方法都不能控制化学干扰,可考虑采用沉淀、离子交换和溶剂萃取等分离方法,将干扰组分与待测元素分离。

4.3.2.2 电离干扰

电离干扰是化学干扰的另一形式。它是指原子在电离失去一个或多个电子后,基态原子数目减少,吸收强度下降的现象。电离干扰主要影响电离电位较低的元素(<6 eV),如碱金属和碱土金属。火焰温度越高,电离干扰越严重。因此,可通过控制原子化温度或加入消电离剂的方法加以克服。消电离剂是在试液中加入较大量的易电离元素的化合物,如 Na、K 和 Rb 等元素的氯化物,这些易电离元素在火焰中强烈电离而消耗大量能量并产生大量电子,从而抑制和减少待测元素基态原子的电离。

4.3.2.3 有机溶剂的影响

在原子吸收分光光度法中,干扰物质常采用溶剂萃取进行分离,因此,必须了解有机溶剂的影响。通常有机溶剂的影响可分为两方面,即对试样雾化过程的影响和火焰燃烧过程的影响。前一种影响已在物理干扰中作过简要介绍。有机溶剂对燃烧过程的影响主要是改变火焰组成和温度,从而影响原子化效率。此外,溶剂的燃烧产物会产生发射及吸收辐射，有的溶剂燃烧不完全还会产生微粒碳而引起散射，造成背景干扰。含氯有机溶剂（如氯仿、四氯化碳等）、烃类溶剂（如苯、环己烷和正庚烷）以及醚类溶剂（如石油醚和异丙醚）等，在燃烧不完全时均产生碳微粒而引起散射，而且这些溶剂本身也呈现强吸收，故不宜采用。酯类和酮类燃烧完全，火焰稳定，在常用波长区溶剂本身也无强吸收，因此是最合适的溶剂。在萃取分离金属有机络合剂时，应用最广的是甲基异丁基酮。

有机溶剂既是干扰因素之一，但有些也可用来有效地提高测定灵敏度。例如一些醇、酮和酯类溶剂的加入可提高 Cu 的测定灵敏度。一般认为有机溶剂可提高雾化效率、加速溶剂蒸发或降低火焰温度的衰减，从而提供更为有利的原子化环境。

4.3.3　光谱干扰及其消除方法

光谱干扰包括元素谱线干扰、分子背景干扰和散射干扰等等。这些干扰可以来自于待测原子自身、其他元素或者仪器的各个部分等等，其产生的原因和机制也各不相同。因此，应根据情况寻找最适宜的消除方法。

4.3.3.1　与光源有关的光谱干扰

（1）同种元素的相邻谱线干扰。空心阴极灯发射待测元素的谱线不止一条。与分析线相邻的待测元素谱线可能产生光谱干扰。例如，Ni 的分析线波长为 232 nm，其相邻干扰线波长为 231.6 nm。该干扰线不被基态 Ni 原子吸收，而是直接透过形成对分析线的干扰，使测定灵敏度下降，工作曲线发生弯曲。通常采用减小狭缝或另选分析线来加以克服。

（2）不同元素相邻谱线的干扰。空心阴极灯阴极含有其他元素，这些杂质元素的某条谱线波长与分析线相邻时也会产生干扰。如果该谱线是不被吸收（非吸收线），同样会使待测元素的灵敏度下降，工作曲线弯曲；如果该谱线是该元素的吸收线，而当试样中又含有此元素时，将产生假吸收，产生正误差。这种现象多发于光源阴极材料不纯或多元素灯，通过选用具有合适惰性气体，纯度较高的单元素灯，或另选分析线来避免干扰。

（3）光源的连续发射。光源连续背景发射主要是由于光源制作质量或长期不用而引起的。连续背景的发射，不仅使灵敏度降低，工作曲线弯曲，而且当试样中共存元素的吸收线处于连续背景的发射区时，有可能产生假吸收。这时可将灯反接，并用大电流空点，以纯化灯内气体。如果未见改善，则必须更换新光源。

4.3.3.2　与原子化器有关的光谱干扰

这类干扰主要来自原子化器的背景发射和背景吸收。

（1）原子化器的背景发射。原子化器的背景发射可以来自于火焰本身，也可来源于原子蒸汽中的待测元素。这种干扰可能用前述光源调制方法可在一定程度上加以消除，或通过适当增加灯电流提高光源发射强度来改善信噪比。

（2）原子化器背景吸收。或称分子吸收，主要来自于原子化器火焰或石墨炉中气态分子对光的吸收，以及由高浓度盐的固体微粒对光的散射所导致，属于宽频带吸收。有以下三种情况。

1) 分子或基团背景吸收。主要源于 OH、CH、CC 等分子或基团对光源辐射的吸收；通常，分析线波长越短，火焰成分的分子吸收越严重。这种干扰对分析结果影响不大，一般可通过零点调节来消除，但影响信号的稳定性。在测定 As（193.7 nm）、Se（196.0 nm）、Fe（196.0 nm）、Zn（213.8 nm）和 Cd（228.8 nm）等元素谱线波长处于远紫外区时，火焰吸收对测量的影响较严重，这时可改用空气 – H_2 或其他火焰。

2) 金属化合物分子的背景吸收。主要源于金属卤化物、氧化物、氢氧化物以及部分硫酸盐和磷酸盐分子对光辐射的吸收。在低温火焰中，它们的影响较明显。例如，碱金属卤化物在紫外区的大部分波段均有吸收。但在高温火焰中，由于分子分解而变得不明显。碱土金属的氧化物和氢氧化物分子在它们发射谱线的同一光谱区中呈现明显吸收。这种吸收在低温火焰或温度较高的空气－乙炔焰中较为明显，在高温火焰中则吸收减弱。

3) 固体微粒对光的散射。在微量或痕量分析时，大量基体成分进入原子化器，这些基体成分在原子化过程中形成烟雾或固体微粒，使分析线光束发生散射，出现假吸收。

可见，背景吸收（分子吸收）主要来源于火焰（或无火焰）原子化装置中形成的分子或较大的质点，因此，除了待测元素吸收共振线外，火焰中的这些物质（分子和盐类）也可吸收或散射光线，引起了部分共振发射线的损失而产生误差。这种影响一般是随波长的减小而增加，随基体元素浓度的增加而增大，并与火焰条件有关。无火焰原子化器较之火焰原子化器具有更严重的分子吸收，测量时必须进行校正。

4.3.3.3 背景校正方法

（1）邻近非共振线背景校正。或称双谱线校正法（the two-line correction method）。该法是在共振线（或分析线）邻近的位置，选择一条参比谱线。要求参比线与测量线波长比较接近（保证它们经过的背景吸收一致），而且待测物基态原子不吸收参比线。参比线通常选择待测原子的非共振线或光源内惰性气体元素的谱线（图 4 – 14）。

图 4 – 14　邻近非共振线背景校正示意

从图 4 – 14 可见，共振线 λ_1（分析线）的吸光度 A_T 包括基态原子的吸收值 A 和背景吸收度 A_B；邻近线 λ_2 的吸收（邻近线无共振吸收，只有背景吸收）为 A_B。

分别测量共振线 λ_1 和邻近线 λ_2 的吸收，二者的差值为 $A_T - A_B = A$，即为扣除背景后的吸光值。

（2）连续光源背景校正（the continuum source correction method）。也称氘灯扣背景。采用连续光源（氘灯）测量时，待测蒸汽原子对于连续光源某一谱线的共振吸收非常小，相对于总入射光强度来说可以忽略不计。因此，可以合理地认为用氘灯作光源，通过蒸汽原子测得的吸收值只是背景吸收值，而不必考虑待测蒸汽原子的共振线对它的吸收。图 4 – 15 为氘灯背景校正示意。

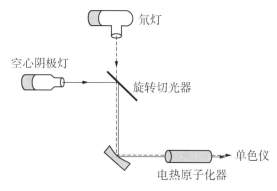

图 4-15　氘灯背景校正原理

从图 4-15 可见，旋转切光器使锐线光源和氘灯光源发出的光交替进入原子化器，然后分别测定原子化器中待测原子和背景对共振线的总吸收 A_T（包括共振吸收 A 和背景吸收 A_b）以及背景对氘灯在同一波长处的吸收 A_b，因此，从总吸收 A_T 中扣除背景吸收 A_b 即为原子共振吸收值：$A = A_T - A_b = (A + A_b) - A_b$。

尽管很多仪器均带有这种背景校正装置，但其性能并不理想。主要原因包括：①连续光源和切光器可降低 S/N。②原子化焰中气相介质和粒子分布并不均匀，因此对两个光源的排列要求很高。③氘灯校正的波长范围有限（190～360 nm），不适于可见光区的背景校正。

（3）塞曼效应（Zeeman effect）背景校正。塞曼效应是指在磁场作用下，简并的谱线发生分裂的现象。塞曼效应背景校正法具有较强的校正能力（可校正吸光度高达 1.5～2.0 的背景），且校正背景的波长范围宽（190～900 nm）。塞曼效应背景校正法是磁场将吸收线分裂为具有不同偏振方向的成分，利用这些分裂的偏振成分来区别待测元素吸收和背景吸收。

1）恒定磁场。如图 4-16 所示，于光焰或石墨炉原子化器上施加一恒定磁场，磁场垂直于光束方向。在磁场作用下，对于具有单重态结构的 Mg 原子（$2S + 1 = 1$，$2S + 1 = 3$）由于塞曼效应，原子吸收线分裂为与偏振方向与磁场平行、波长不变的 π 成分，以及偏振方向与磁场垂直、波长分别向长波与短波方向移动的 σ 成分。

由空心阴极灯发出的发射线经旋转式偏振器分解为两条传播方向一致、波长一样但偏振方向相互垂直的偏振光。①当通过偏振器光的振动方向（图 4-16 中的 A）垂直于磁场或 π 线振动方向时，π 线振动方向与发射线偏振方向垂直或正交，因而不吸收发射线，此时只有背景吸收该偏振光，测得的吸光度为 A_b。②当通过偏振器光的振动方向（图 4-16 中的 C）平行于磁场或 π 线振动方向时，π 线振动方向与发射线偏振方向平行一致，原子 π 线和背景均吸收该偏振光，得 $A + A_b$。③旋转偏振器，产生的信号交替进入检测器，经电子线路自动进行差减，得到净吸光度 A。

2）交变磁场。塞曼效应背景校正也可用交变磁场（如交变频率为 10 Hz）调制方式进行。它与恒定磁场调制方式的主要区别有两点：一是给原子化器施加的是交变磁场，二是偏振器不需要旋转，而只让与磁场方向垂直的偏振光通过原子化器。当磁场为零时，原子吸收线不发生塞曼分裂，与普通原子吸收法一样测得的是待测元素的原子吸

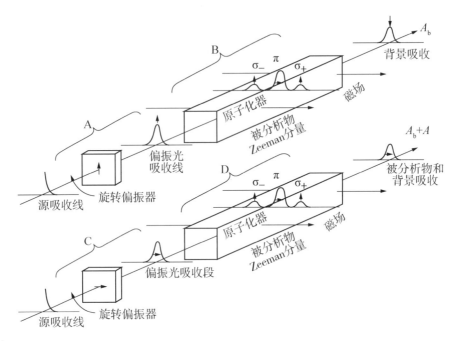

图 4-16 塞曼效应背景校正示意

收与背景吸收的总吸光度值（$A_T = A + A_b$）。当磁场强度最大时，原子吸收线产生塞曼分裂。当光源辐射通过原子蒸汽时，因为偏振方向与吸收线的 π 成分成正交，且偏振力向不同，因而没有原子吸收产生，而背景吸收对偏振方向没有选择性，此时测得的是背景吸收值（A_b）。两次测定吸光度之差即为校正了背景吸收后，待测元素的净吸光值（A）。交流调制的特点是在零磁场测定原子吸收与背景吸收与普通原子吸收方法一样，对多数元素的灵敏度无影响，而当磁场强度最大时，测量背景吸收灵敏度的下降取决于吸收线的塞曼分裂特性。由于磁场强度可从 0～1 T 连续可调，测量时可选择最佳磁场强度。

4.4 仪器测定条件的选择

任何仪器分析方法，均涉及实验条件的选择和优化，原子吸收分光光度分析也不例外。原子吸收分光度计的测定条件主要包括分析线的选择、空心阴极灯电流、火焰及燃助比、燃烧器高度和狭缝宽度等。

4.4.1 分析线

通常选择元素的共振线作为分析线，因为这样可使测定具有更高的灵敏度，尤其是测定含量较低的待测元素。但并不是在任何情况下都选择共振线为分析线，例如 As、

Se、Hg 等元素的共振线位于远紫外区,此时火焰的背景吸收很强烈,因此,不宜选择这些元素的共振线进行测量。另外,如果所选择的共振线有邻近谱线的干扰或者待测元素浓度较高,这时选择灵敏度较低的谱线更为合适。可见,分析线的选择应根据具体情况,通过实验确定。每个元素均可产生数量众多的谱线,但用于原子吸收定量分析的并不多。表 4-4 是一些元素常用的原子吸收分析线。

表 4-4 元素常用原子吸收分析线

元素	分析线(λ)/nm	元素	分析线(λ)/nm	元素	分析线(λ)/nm
Ag	328.07, 338.29	Hg	253.65	Ru	349.89, 372.80
Al	309.27, 308.22	Ho	410.38, 405.39	Sb	217.58, 206.83
As	193.64, 197.20	In	303.94, 325.61	Sc	391.18, 402.04
Au	242.80, 267.60	Ir	209.26, 208.88	Se	196.09, 703.99
B	249.68, 249.77	K	766.49, 769.90	Si	251.61, 250.69
Ba	553.55, 455.40	La	418.73	Sm	429.67, 520.06
Be	234.86	Li	670.78, 323.26	Sn	224.61, 520.69
Bi	223.06, 222.83	Lu	335.96, 328.17	Sr	460.73, 407.77
Ca	422.67, 239.86	Mg	285.21, 279.55	Ta	271.47, 277.59
Cd	228.80, 326.11	Mn	279.48, 403.68	Tb	432.65, 431.89
Ce	520.00, 369.70	Mo	313.26, 317.04	Te	214.28, 225.90
Co	240.71, 242.49	Na	589.00, 330.30	Th	371.90, 380.30
Cr	357.87, 359.35	Nb	334.37, 358.03	Ti	364.27, 337.15
Cs	852.11, 455.54	Nd	463.42, 471.90	Tl	276.79, 377.58
Cu	324.75, 327.40	Ni	232.00, 341.48	Tm	409.40
Dy	421.17, 404.60	Os	290.91, 305.87	U	351.46, 358.49
Er	400.80, 415.11	Pb	216.70, 283.31	V	318.40, 385.58
Eu	459.40, 462.72	Pd	247.64, 244.79	W	255.14, 294.74
Fe	248.33, 352.29	Pr	495.14, 513.34	Y	410.24, 412.83
Ga	287.42, 294.42	Pt	265.95, 306.47	Yb	398.80, 346.44
Gd	386.41, 407.87	Rb	780.02, 794.76	Zn	213.86, 307.59
Ge	265.16, 275.46	Re	346.05, 346.47	Zr	360.12, 301.18
Hf	307.29, 286.64	Rh	343.49, 339.69		

4.4.2 空心阴极灯电流

空心阴极灯的发射特性取决于工作电流,一般商品空心阴极灯均标有允许使用的最大工作电流值及其可使用的电流范围。在实际工作中,由于存在仪器型号不同、试样不同、原子化方法不同、火焰组成不同等等差异,因此,仍需要通过实验确定最佳光源工作电流,即通过测定吸收值随灯电流的变化情况,选定最适宜的工作电流。在保持光源稳定和合适光强输出的情况下,尽量选用最低的工作电流。

4.4.3 火焰及其燃助比

火焰的选择和调节是保证高原子化效率的关键之一。选择什么样的火焰,取决于分析对象和要求。不同火焰对不同波长辐射的透射性能是各不相同的。例如,乙炔火焰在 220 nm 以下的短波区有明显的吸收,因此,对于分析线处于这一波段区的元素,是否选用乙炔火焰就应考虑这一因素。不同火焰所能产生的最高温度不同。对于易生成难离解化合物的元素,应选择温度高的乙炔-空气或乙炔-氧化亚氮火焰;反之,对于易电离元素,高温火焰常引起严重的电离干扰,是不宜选用的。

此外,由于燃助比不同,火焰温度及其氧化环境不同,因此,在选定火焰类型后,应通过实验进一步确定燃气与助燃气流量的合适比例。

4.4.4 燃烧器高度

随着火焰高度增加,火焰氧化特性会增强。因此,对于不同元素,因其氧化特性不同,其原子浓度随火焰高度的分布也不同。稳定性差的 Ag 氧化物,其原子浓度主要由银化合物的离解速度所决定,故 Ag 的吸收值随火焰高度增加而增大。稳定性高的 Cr 氧化物随火焰高度增加,火焰氧化性增加,形成氧化物的趋势增大,其 Cr 原子浓度下降,即吸收值相应地随之下降。对于氧化物稳定性中等的 Mg,刚开始,随火焰的高度的增加,Mg 原子产生的速度增大,Mg 原子吸收值增加;达到极大值后,随火焰高度的增加,火焰氧化特性的增强,生成 MgO 的趋势增加,Mg 原子浓度下降,吸收值下降。

可见,原子浓度在火焰中随火焰高度不同而各不相同,在测定时必须通过调节燃烧器高度,使测量光束从原子浓度最大的火焰区通过,以得到最佳的灵敏度。

4.4.5 狭缝宽度

在原子吸收分光光度法中,谱线重叠的概率较小。因此,在测定时可以使用较宽的狭缝。这样可以增加光强,使用小的增益以降低检测器的噪声,从而提高信噪比,改善检测极限。

狭缝宽度的选择与一系列因素有关。首先与单色器的分辨能力有关。当单色器的分辨能力大时,可以使用较宽的狭缝。在光源辐射较弱或共振线吸收较弱时,必须使用较宽的狭缝。但当火焰的背景发射很强,在吸收线附近有干扰谱线与非吸收光存在时,则应使用较窄的狭缝。合适的狭缝宽度同样应通过实验确定。

此外,对测定时的基体干扰情况、回收率、测定的准确度及精密度等,都需通过实验才能确定及评价。

以上讨论的主要是火焰原子化法仪器工作条件的选择。对于石墨炉原子化法,还应根据方法特点予以考虑,例如还需合理选择干燥、灰化、原子化及净化阶段的温度及时间等。

有关仪器分析方法灵敏度和检出限等性能评价指标的计算已在本书第 1 章中作了详

细介绍。但在原子吸收分光光度法中，除了和其他仪器方法有同样的灵敏度 S 的表示方法外，还使用特征浓度和特征质量来表示。

在火焰原子吸收光谱法中采用特征浓度表示灵敏度 S，是指能产生 1% 吸收或 0.004 4 吸光度值时，溶液中待测元素的质量浓度，以 $\mu g \cdot mL^{-1}/1\%$ 或 $\mu g \cdot g^{-1}/1\%$ 表示：

$$S = 0.004\,4\,\frac{c}{A} \qquad (4-12)$$

式中，c 为吸光度为 A 时对应的浓度。

在石墨炉原子吸收光谱法中则采用绝对灵敏度 S 来表示，它是指元素在一定实验条件下产生 1% 吸收时的质量，以 $g/1\%$ 表示：

$$S = 0.004\,4\,\frac{cV}{A} \qquad (4-13)$$

式中，c 为吸光度为 A 时对应的质量浓度（$g \cdot mL^{-1}$），V 为试液体积。

4.5 原子荧光光谱法

在光学分析法中，无论是 X 射线荧光光谱分析、分子荧光光谱分析还是原子荧光光谱分析，它们都和原子发射光谱分析一样，属于发射光谱分析的范畴。与原子发射光谱不同的是，原子发射光谱是原子受到热能和电能等外界能量的作用产生的辐射，而荧光发射光谱则是受外界光辐射能的作用而产生的辐射，即光致发光，或称为荧光或二次光。

原子荧光光谱法（atomic fluorescence spectrometry，AFS）是通过测量待测元素的原子蒸汽在光能激发下产生特征荧光辐射强度，来测定待测元素含量的一种发射光谱分析方法。由于所用仪器与原子吸收光谱分析相近，故归于本章讨论。

原子荧光光谱分析主要优势在于：①灵敏度较高，检出限较低。采用高强度光源可改善灵敏度和检出限。②荧光谱线少，因而光谱干扰小，仪器可以不需复杂的色散系统。③产生的荧光可向各个方面辐射，因此，容易制成多道仪器，实现多元素同时测定。④在低浓度范围内，其动态线性范围宽可达 3~5 个数量级。但该法也有很多局限性。例如：①虽然理论上原子吸收过程中都会伴随荧光发射，但由于火焰的猝灭效应、元素自吸自蚀效应以及复杂基体效应等均可导致荧光猝灭或强度减弱，测定灵敏度下降。②对光源强度的要求非常高。③各种来源的散射光可干扰测定。④可测量的元素不多（仅可测定 15~20 种元素），应用不广泛，与 AES 和 AAS 相比，也没有明显优势。

4.5.1 基本原理

4.5.1.1 荧光的产生

气态原子吸收光源的特征辐射后，原子外层电子从基态跃迁到激发态，然后迅速返回到基态或较低能态，发射出与激发波长相同或不同的辐射即为原子荧光。

4.5.1.2 荧光类型

根据能级跃迁类型,原子荧光可分为共振荧光和非共振荧光。二者主要的区别在于共振荧光波长与激发波长相同,而非共振荧光的波长与激发波长不同,荧光波长大于激发波长的荧光被称为斯托克斯荧光(Stokes),小于激发波长的荧光被称为反斯托克斯荧光(anti-Stokes)。

(1)共振荧光。包括共振荧光和热助共振荧光,如图4-17所示。共振荧光指原子受光辐射跃迁到激发态再返回至受激的起点能态;热助共振荧光是首先接受热辐射能(图中虚线表示)至某一较低激发态,再受光辐射激发跃迁至更高激发态,然后返回至光辐射激发的起点能态。例如,锌原子吸收213.86 nm的光,它发射的荧光波长也为213.86 nm。这是原子荧光分析中最常用的一种荧光。就大多数元素来说,虽然观察到的最强荧光是共振荧光,但在基态和激发态之间还有其他稳定的电子能级,所以还能观察到其他类型的荧光。

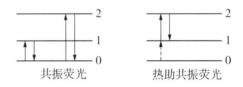

图4-17 共振荧光发射

(2)非共振荧光。非共振荧光包括直跃荧光、阶跃荧光、多光子荧光和敏化荧光。

1)直跃荧光。原子的受激跃迁方式和产生荧光辐射的方式均与共振荧光相似,都是在光或光、热作用下被激发至高能态后,直接返回到低能态。但直跃荧光是从激发态返回到不同的低能态。其荧光发射波长大于Stokes荧光或者小于反Stokes荧光激发波长(图4-18)。如铊原子吸收337.6 nm光后,除发射337.6 nm的共振荧光线外,还发射535.0 nm直跃荧光。

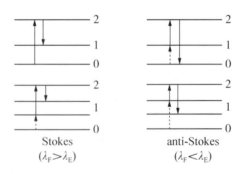

图4-18 直跃荧光

2)阶跃荧光。原子在光能,或在光和热两种能量的作用下被激发至高能态,然后再返回至不同能级的低能态,而且激发的终点态与跃迁返回的起点态之间总伴随着热辐射过程(热助激发或释热驰豫),产生的荧光波长大于或小于激发波长,如图4-19所示。例如钠原子吸收 330.30 nm 光，发射出 588.99 nm 的荧光。被辐照激发的原子可在原子化器中进一步热激发到较高能级，然后返回至低能级发射出高于激发线波长的荧光，称为热助阶跃荧光。如铬原子被 359.35 nm 光激发后，会产生很强的 387.87 nm 的荧光。

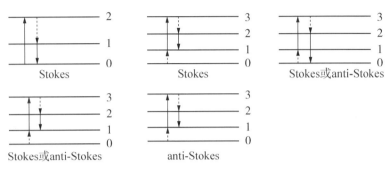

图 4-19　阶跃荧光

3）多光子荧光。是指原子受两种或以上能量的光辐射逐次激发，由低能级跃迁至高能态，然后再返回至低能级所发射的荧光，如图 4-20 所示。

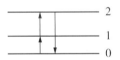

图 4-20　多光子荧光

4）敏化荧光。是指给予体物质（D）吸收辐射成为激发态，该激发态物质因碰撞将能量传给受体原子（A），然后受体原子去激发并发射荧光。其荧光产生过程如下：

$$D + h\nu \rightarrow D^*$$
$$D^* + A \rightarrow A^*$$
$$A^* \rightarrow A + h\nu_1$$

4.5.1.3　荧光定量原理

原子发射荧光的强度 I_F 与基态原子对激发光的吸收强度 I_a 成正比，即

$$I_F = \varphi I_a \tag{4-14}$$

式中，φ 为荧光量子效率或荧光量子产率。

荧光量子效率是指荧光物质吸光后所发射的荧光的光子数（或原子荧光强度 I_F）与所吸收的激发光的光子数（或原子吸收光强度 I_a）的比值。荧光量子效率 φ 通常小于 1。这是因为受光激发的原子，可能发射共振荧光，也可能发射非共振荧光，还可能无辐射跃迁至低能级。而且，受激原子还会与其他粒子碰撞，将部分或全部能量转变成热和其他形式的能量，或者说发生了无辐射的去激发过程，产生所谓的荧光猝灭现象，从而降低荧光强度或荧光量子效率。

在荧光无自吸效应时，根据朗伯－比尔定律，基态原子吸收的辐射强度 I_a 为

$$I_a = I_0 - I_t = I_0(1 - e^{-\varepsilon lc}) \tag{4-15}$$

式中，I_0 为入射光强，I_t 为透射光强，l 为原子吸收光程，ε 为吸光系数。

由于吸收线强度并不全部转化为发射线的荧光强度，即存在所谓的量子效率 φ，即

$$I_F = \varphi I_a = \varphi I_0 (1 - e^{-\varepsilon lc}) \tag{4-16}$$

原子在一定条件下，I_0，φ 和 ε 为常数。通过数学变换，可得近似式：

$$I_F = \varphi I_0 \varepsilon lc = Kc \tag{4-17}$$

式（4-17）即为原子荧光定量基础。

4.5.2 原子荧光仪器

原子荧光光谱分析的仪器与原子吸收光谱分析的仪器构成基本相似。但为了避免激发光源发射的辐射对原子荧光检测信号的影响，原子荧光光度计的检测器和分光系统与光源和原子化器不在同一个光轴上，而是互为直角排列。原子荧光光度计有色散型及非色散型两类，如图 4-21 所示。

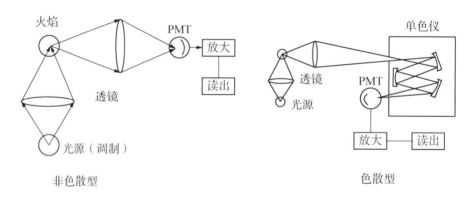

图 4-21 原子荧光分析仪器类型和构成

4.5.2.1 光源

连续光源因可以通过单色器产生不同波长的光，并进行连续波长扫描，因此，连续光源应是最理想的光源。但实际上，许多连续光源在原子谱线宽度很窄的范围内输出强度很低，从而限制了原子荧光分析的灵敏度。为提高测定的灵敏度，应采用发射高强度辐射线的光源（激发光源），如高强度空心阴极灯、无电极放电灯以及激光等作荧光激发光源。其中，无极放电灯因辐射强度较大（比空心阴极灯大 1～2 个数量级）而有一些应用，但只有少数元素可以制成无极放电灯，从而限制了该类型光源的广泛应用。另外，采用可调谐、窄脉冲技术的激光光源代替无电极放电灯，能够实现近紫外光区到可见光区范围连续调频，且具有很高的光强和很窄的谱线宽度。因此，激光是高灵敏度和高选择性原子荧光分析的理想光源。

4.5.2.2 样品系统

与原子吸收分析一样，原子荧光分析同样使用火焰及无火焰（石墨炉）原子化器作为样品中待测原子激发和荧光发射的场所。但应注意火焰成分对荧光猝灭作用的影

响。实验证明，烃类火焰具有较强的猝灭作用，而惰性气体氛围，如 Ar 和 He 引起的荧光猝灭比 N_2、CO、CO_2 等原子化器中常见气体要小得多。因此，采用以 Ar 作雾化气体的氢氧火焰原子化器（Ar 稀释的火焰）、采用以 He 为保护气体（代替 N_2）的石墨炉原子化器，以及采用 Ar 为载气的氢化物发生法，可以获得更高的荧光量子效率或荧光发射强度。

4.5.2.3 分光系统

原子荧光光谱简单，谱线少。在采用无极放电灯或空心阴极灯作为激发光源时，常常无需高分辨能力的单色器或者只是在原子化器和检测器之间增加一个滤波片，即非色散原子荧光测量仪。这种仪器的构成简单，适宜多元素分析，光学元件少、能量损失少、灵敏度高。

目前，大多数原子荧光测量是使用改装的原子吸收或火焰发射分光计。由于原子吸收、原子发射和原子荧光分光计的相似性，只要将商品仪器加以改装，就可供原子荧光测量用。

4.6 原子吸收（荧光）光度法在海洋分析中的应用

原子吸收（荧光）光度法在海水及海洋沉积物中无机元素分析已得到广泛应用。表 4-5 给出了应用原子吸收（荧光）分光光度法测定海水中一些元素及其检测限。

表 4-5 原子吸收（荧光）光度法海水中无机元素及其检出限　　　$(\mu g \cdot L^{-1})$

方法	待测元素（检出限）
火焰原子吸收光度法	Cu (1.1), Pb (1.8), Zn (3.1), Cd (0.3)
无火焰原子吸收光度法	Cu (0.2), Pb (0.03), 总 Cr (0.4), Cd (0.01)
氢化物发生原子吸收光度法	As (0.06), Hg (0.001)
金捕集冷原子吸收光度法	Hg (0.0027)
原子荧光光度法	As (0.5), Hg (0.007)

通常，海水中 Cu、Pb、Zn、Cr、Cd 和 Ni 等重金属需先经过分离富集，再使用各自的元素灯和分析线，采用原子吸收分光度计测量吸光度。大致步骤如下：

根据海水中元素种类和含量的不同，取一定量（10～400 mL）过滤海水样品酸化（pH 3.5～6），元素离子与吡咯烷基二硫代甲酸铵（APDC）和二乙氨基二硫代甲酸钠（DDTC）形成螯合物，经甲基异丁酮（MIBK）和环己烷混合溶液萃取分离，用硝酸溶液反萃取，于元素吸收波长处，采用火焰或石墨炉原子吸收分光度计测定原子的吸光值 A，根据制作的标准曲线求得各元素浓度。

汞和砷采用化学原子化 - 原子荧光光度测定。

汞的原子荧光分析：海水样品经硫酸 - 过硫酸钾消化后，在还原剂硼氢化钾的作用下，汞离子被还原成单质汞。以氩气为载气将汞蒸汽带入原子荧光光度计的原子化器中，以特种汞空心阴极灯为激发光源，测定汞原子荧光强度。

砷的原子荧光分析：在酸性介质中，五价砷被硫脲-抗坏血酸还原成三价砷，用硼氢化钾将三价砷转化为砷化氢气体，由氩气作载气将其导入原子荧光光度计的原子化器进行原子化，以砷特种空心阴极灯作激发光源，测定砷的荧光强度。

习题

1. 解释下列名词：
   （1）多普勒变宽。（2）自然变宽。（3）压力变宽。（4）自吸变宽。
2. 解释下列术语：
   （1）光谱干扰。（2）物理干扰。（3）释放剂。（4）保护剂。
3. 简述常用原子化器的类型和特点。
4. 简述氢化物发生法的原理。它能分析哪些元素？
5. 简述原子吸收分光光度分析的基本原理，并从原理上比较发射光谱法和原子吸收光谱法的异同点及优缺点。
6. 何谓锐线光源？在原子吸收光谱分析中为什么要用锐线光源？
7. 原子吸收分析中，若采用火焰原子化方法，是否火焰温度越高，测定灵敏度就越高？为什么？
8. 石墨炉原子化法的工作原理是什么？与火焰原子化法相比较，有什么优缺点？为什么？
9. 说明在原子吸收分析中产生背景吸收的原因及影响，并简述如何减免这一类影响。
10. 背景吸收和基体效应都与试样的基体有关，试分析它们的不同之处。
11. 应用原子吸收光谱法进行定量分析的依据是什么？进行定量分析有哪些方法？试比较它们的优缺点。
12. 要保证或提高原子吸收分析的灵敏度和准确度，应注意哪些问题？怎样选择原子吸收光谱分析的最佳条件？
13. 从工作原理、仪器设备上对原子吸收法及原子荧光法作比较。
14. 简述以塞曼效应为基础扣除背景的原理。
15. 何谓双线法校正背景？
16. 什么是原子吸收光谱法中的化学干扰？如何消除？
17. 试比较用下述原子化器时，Na^+ 和 Mg^+ 在 3p 激发态粒子的数目与基态粒子数目的比例。
    （1）天然气-空气焰，温度 2 100 K。
    （2）氢-氧焰，温度 2 900 K。
    （3）电感耦合等离子体光源，温度 6 000 K。
18. U 的质量浓度范围为 500～2 000 μg·mL^{-1}，发现在 351.5 nm 处吸光度与浓度呈线性关系。在低浓度时，除非在试样中加入约 2 000 μg·mL^{-1} 碱金属盐，否则浓度与吸光度呈非线性，为什么？

19. 为什么原子发射光谱法对火焰温度的变化比原子吸收和原子荧光光谱法更为敏感？
20. 在原子吸收光度计中为什么不采用连续光源（如钨丝灯或氘灯），而在分光光度计中则需要采用连续光源？
21. 原子吸收分析中，若产生由下述情况引致的误差，应采取什么措施来减免？
    (1) 光源强度变化引起基线漂移。
    (2) 火焰发射的辐射进入检测器。
    (3) 待测元素吸收线和试样中共存元素的吸收线重叠。
22. 原子吸收分光光度计的单色器倒线色散率为 $16\ \text{Å}\cdot\text{mm}^{-1}$，欲测定 Si 2 516.1 Å 的吸收值，为了消除多重线 Si 2 514.3 Å 和 Si 2 519.2 Å 的干扰，应采取什么措施？
23. 硒的共振线在 196.0 nm，现欲测定人头发中的硒，应选用何种火焰？说明理由。
24. 分析矿石中的锆，应选用何种火焰？说明理由。
25. 怎样能使空心阴极灯处于最佳工作状态？如果不处于最佳状态，对分析工作有什么影响？
26. 火焰的高度和气体的比例对被测元素有什么影响？试举例说明。
27. 如何用氘灯法校正背景？此法尚存在什么问题？
28. 在测定血清中的钾时，先用水将试样稀释 40 倍，再加入钠盐至 800 $\mu\text{g}\cdot\text{mL}^{-1}$，试解释此操作的理由，并说明标准溶液应如何配制。
29. 为什么电热原子化比火焰原子化更灵敏？
30. 为什么在原子吸收光谱中需要调制光源？
31. 为什么有机溶剂可以增强原子吸收的信号？
32. 用波长为 213.8 nm，质量浓度为 0.010 $\mu\text{g}\cdot\text{mL}^{-1}$ 的 Zn 标准溶液和空白溶液交替连续测定 10 次，用记录仪记录的格数如下表。计算该原子吸收分光光度计测定 Zn 元素的检出限。

测定序号	1	2	3	4	5
记录仪格数	13.5	13.0	14.8	14.8	14.5
测定序号	6	7	8	9	10
记录仪格数	14.0	14.0	14.8	14.0	14.2

33. 测定血浆试样中锂的含量，将 3 份 0.500 mL 血浆样分别加至 5.00 mL 水中，然后在这 3 份溶液中加入 0 μL、10.0 μL、20.0 μL 0.0500 $\text{mol}\cdot\text{L}^{-1}$ 标准溶液，在原子吸收分光光度计上测得读数（任意单位）依次为 23.0、45.3、68.0。计算此血浆中锂的质量浓度。
34. 以原子吸收光谱法分析尿试样中铜的含量，分析线 324.8 nm。测得数据如下表所示，计算试样中铜的质量浓度（$\mu\text{g}\cdot\text{mL}^{-1}$）。

加入 Cu 的质量浓度 /($\mu g \cdot mL^{-1}$)	吸光度 A	加入 Cu 的质量浓度 /($\mu g \cdot mL^{-1}$)	吸光度 A
0（试样）	0.28	6.0	0.757
2.0	0.44	8.0	0.912
4.0	0.60		

35. 用原子吸收法测锑，用铅作内标，取 5.00 mL 未知锑溶液，加入 2.00 mL 4.1 $\mu g \cdot mL^{-1}$ 的铅溶液并稀释至 10.0 mL，测得 $A_{Sb}/A_{Pb} = 0.808$。另取相同浓度的锑和铅溶液，所得 $A_{Sb}/A_{Pb} = 1.31$。计算未知溶液中锑的质量浓度。

36. 用如下操作测定某试样水溶液中的钴：取 5 份 10.0 mL 的未知溶液分别放入 5 个 50 mL 容量瓶中，再加入不同量的 6.23 $\mu g \cdot mL^{-1}$ 钴标准溶液于各容量瓶中，最后稀释至刻度。请由下表数据，计算试样中钴的质量浓度（单位：$\mu g \cdot mL^{-1}$）。

试样	未知试液 V/mL	标准溶液 V/mL	吸光度 A
空白	0.0	0.0	0.042
A	10.0	0.0	0.201
B	10.0	10.0	0.292
C	10.0	20.0	0.378
D	10.0	30.0	0.467
E	10.0	40.0	0.554

第5章　紫外-可见吸收光谱

前述原子发射光谱及原子吸收光谱都是基于原子外层电子的能级跃迁，发射或吸收特征辐射的分析方法，其分析对象均为元素或原子，属于原子光谱的范畴。本章以及接下来将要讨论的分子发光分析和红外光谱的分析对象都是分子，属于分子光谱的范畴。紫外可见吸收光谱（UV-Vis）与红外吸收光谱（IR）、质谱（MS）和核磁共振波谱（NMR）并称四大波谱，是进行物质结构剖析和表征的重要工具。

与原子一样，分子也有其特征分子能级。但分子是由两个或两个以上的原子组成，其内部运动相对比较复杂。分子除了电子运动之外，还有分子内原子在平衡位置附近的振动以及分子绕其重心的转动。因此，分子除具有电子能级之外，还有振动能级和转动能级，如图5-1所示。

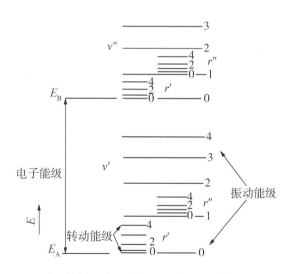

图5-1　分子能级（电子能级、振动能级和转动能级）示意

图5-1中，E_A和E_B是电子能级，可见，分子能级因振动能量的不同，在两个电子能级E_A和E_B之间还包含若干能量变化较小的能级，称为振动能级v，如图中的$v'=0，1，2，\cdots$。此外，分子能级还因分子转动能量的不同，在振动能级v之间还有若干能量变化更小的转动能级r，如图中的$r'=0，1，2，\cdots$。也就是说，分子吸收能量发生电子能级跃迁的同时，还伴随着分子的能量相差很小的振动和转动能级跃迁。据量子力学理论，分子的振动-转动跃迁也是量子化的或者说将产生非连续光谱。因此，分子的能量变化ΔE为各种形式能量变化的总和：

$$\Delta E = \Delta E_e + \Delta E_v + \Delta E_r \tag{5-1}$$

式中，ΔE_e、ΔE_v 和 ΔE_r 分别代表电子能、振动能和转动能。其中，ΔE_e 最大（$1\sim20$ eV），ΔE_v 次之（$0.05\sim1$ eV），ΔE_r 最小（<0.05 eV）。

可见，如果以不同波长的光辐射照射分子，分子除了外层电子能级之间的跃迁吸收外，还有能级间隔很小的振动和转动能级跃迁吸收。由于一般分光光度计的分辨率难以分辨和观测到如此小波长间隔的谱线，因此，一般分光光度计只能呈现并记录较宽波长范围或半宽度的谱带，即紫外－可见光谱为带状光谱，参见图 5-2。

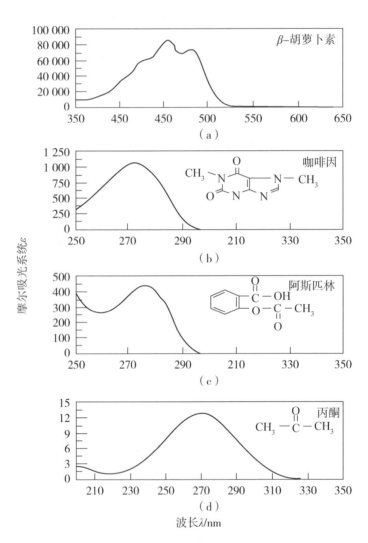

图 5-2 几种化合的的分子吸收光谱

5.1 紫外-可见吸收光谱基本原理

5.1.1 紫外-可见吸收光谱的产生

用不同波长的紫外和可见光照射化合物分子,当其中某些波长的辐射能刚好等于该化合物分子的某些能级间的能量差时,该化合物将吸收这些波长的光。若将这些不同波长的光被化合物吸收的程度(吸光度A)记录下来,并以波长λ为横轴,吸光度A或摩尔吸光系数ε为纵轴作图,即可获得该化合物的紫外可见吸收光谱,如图5-2。

紫外或可见吸收光谱反映了物质分子对不同波长紫外可见光的吸收能力。在紫外或可见吸收光谱中,常以吸收带最大吸收处波长λ_{max}和该波长下的摩尔吸光系数ε_{max}来表征化合物的吸收特征。在相同条件下,各种化合物的λ_{max}和ε_{max}都有定值,同类化合物的ε_{max}比较接近,处于一定的范围。吸收带的形状、λ_{max}和ε_{max}与吸光分子的结构有密切的关系,是紫外-可见吸收光谱定性和定量分析的重要依据。

此外,进行紫外-可见分子吸收光谱分析时,通常采用液体或溶液试样。溶液中存在较强的分子间作用力以及溶剂化作用,可导致振动、转动精细结构的消失。但在一定条件下,比如非极性的稀溶液或气体状态,仍可观察到紫外-可见吸收光谱的振动及转动吸收光谱的精细结构。

5.1.2 有机分子轨道与电子跃迁的类型

5.1.2.1 分子轨道类型

根据分子轨道理论,当两个原子形成化学键时,其原子轨道通过线性组合方式形成分子轨道。分子轨道将两个原子作为整体联系在一起,形成的分子轨道数等于所结合的原子轨道数。例如,当两个外层只有一个s电子的原子结合成分子时,两个原子轨道可以线性组合形成两个分子轨道,其中一个分子轨道的能量比相应的原子轨道能量低,称为成键分子轨道;另一个分子轨道的能量比相应的原子轨道能量高,称为反键分子轨道(反键分子轨道常用 * 标出)。分子轨道中最常见的是σ轨道和π轨道。

σ轨道:是原子外层的s轨道与s轨道,或p_x轨道与p_x轨道线性组合形成的分子轨道。成键σ分子轨道的电子云分布呈圆柱形对称,电子云密集于两原子核之间;而反键σ分子轨道的电子云在原子核之间的分布比较稀疏,处于成键σ轨道上的电子称为成键σ电子,处于反键σ轨道上的电子称为反键σ电子。(图5-3a和图5-3c)

π轨道:是原子外层的P_y轨道与P_y轨道或P_z轨道与P_z轨道线性组合形成的分子轨道。成键π分子轨道的电子云分布不呈圆柱形对称,但有一对称面,在此平面上电子云密度等于零,而对称面的上、下部空间则是电子云分布的主要区域。反键π分子轨道的电子云分布也有一对称面,但两个原子的电子云互相分离。处于成键π轨道上的电子称为成键π电子,处于反键π轨道上的电子称为反键π电子。(图5-3b和图5-3d)

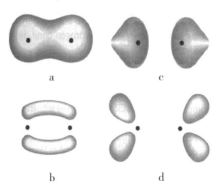

图 5-3 分子轨道示意（仅给出 s-s 组合和 P_y-P_y 组合）
a. σ 轨道；b. π 轨道；c. σ* 轨道；d. π* 轨道

非键轨道（n 轨道）：在含有氧、氮、硫等原子的有机化合物分子中，还存在未参与成键的孤对电子。孤对电子是非键电子，也简称为 n 电子。例如，甲醇分子中的氧原子，其外层有 6 个电子，其中 2 个电子分别与碳原子和氢原子形成 2 个 σ 键，其余 4 个电子并未参与成键，仍处于原子轨道上，称为 n 电子。含有 n 电子的原子轨道称为 n 轨道或非键轨道。

根据分子轨道理论的计算结果，分子轨道能级的能量以反键 σ 轨道最高，成键 σ 轨道最低，而 n 轨道的能量介于成键轨道与反键轨道之间。分子轨道能级的高低次序如下：

$$\sigma^* > \pi^* > n > \pi > \sigma$$

5.1.2.2 跃迁类型

分子中能产生跃迁的电子一般处于能量较低的成键 σ、π 轨道以及非键轨道 n 上。当电子受到紫外-可见光作用而吸收光辐射能量后，电子将从成键轨道 σ、π 或非键轨道 n 跃迁至反键轨道。因此，分子轨道的电子能级跃迁方式主要有六种，如图 5-4 所示。

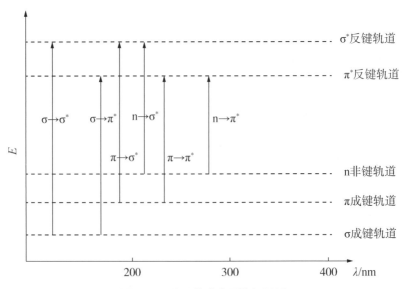

图 5-4 分子轨道电子能级跃迁

由于分子轨道之间能量差不同，电子在不同轨道间跃迁所吸收的光辐射波长也不相同。$\sigma-\sigma^*$跃迁所需的能量最高，吸收波长最短；而$n-\pi^*$跃迁所需的能量最低，吸收波长较长。

（1）$\sigma-\sigma^*$跃迁。有机化合物分子中饱和C—C键、C—H键以及其他单键都是由氢原子的s电子或碳原子的sp^1、sp^2和sp^3杂化电子所构成的σ键。由于σ键结合比较牢固，电子从σ轨道跃迁到σ^*轨道需要很高的能量（约780 kJ·mol^{-1}），所以$\sigma-\sigma^*$跃迁是一种高能跃迁，所对应的吸收波长都在真空紫外区。例如，乙烷的$\sigma-\sigma^*$跃迁吸收波长为135 nm，环丙烷的$\sigma-\sigma^*$跃迁吸收波长为190 nm。由于饱和烃类的吸收波长都在真空紫外区，在近紫外区是透明的，所以常用作测定紫外吸收光谱的溶剂。

（2）$\sigma-\pi^*$和$\pi-\sigma^*$跃迁。尽管所需能量比上述$\sigma-\sigma^*$跃迁能量小，但波长仍处于真空紫外区。

（3）$n-\sigma^*$跃迁。如果分子中含有O、N、S和卤素等原子，则可产生$n-\sigma^*$跃迁。$n-\sigma^*$跃迁的能量比$\sigma-\sigma^*$跃迁的能量低得多，但这类跃迁所吸收的波长仍低于200 nm，如H_2O（167 nm）、CH_3OH（184 nm）、CH_3Cl（173 nm）、$(CH_3)_2O$（184 nm）。可见，大多数波长仍小于200 nm，处于近紫外区。只有当分子中含有硫、碘等电离能较低的原子时，$n-\sigma^*$跃迁的吸收波长才高于200 nm。例如，CH_3I（258 nm）、CH_3NH_2（215 nm）、$(CH_3)_3N$（227 nm）和$(CH_3)_2S$（229 nm）等，但其跃迁所产生吸收强度比较弱。

以上四种跃迁都与σ和σ^*轨道有关（$\sigma-\sigma^*$，$\sigma-\pi^*$，$\pi-\sigma^*$和$n-\sigma^*$），跃迁能量均较高，这些跃迁所产生的吸收谱多位于真空紫外区和近紫外区。

（4）$\pi-\pi^*$跃迁。不饱和化合物及芳香化合物除含σ电子外，还含有π电子。π电子比较容易受激发，电子从成键π轨道跃迁到反键π^*轨道所需的能量比较低。一般只含孤立双键的乙烯、丙烯等化合物，其$\pi-\pi^*$跃迁的吸收波长在170～200 nm范围内，但吸收强度很强，摩尔吸光系数可达10^4以上。如果烯烃上存在取代基或烯键与其他双键共轭，$\pi-\pi^*$跃迁的吸收波长将移到近紫外区。芳香族化合物存在环状共轭体系，$\pi-\pi^*$跃迁会出现3个吸收带，即E、K和B吸收带。例如，苯的3个吸收带波长分别为184 nm，203 nm和256 nm。

（5）$n-\pi^*$跃迁。若化合物分子中同时含有π电子和n电子，则可产生$n-\pi^*$跃迁。$n-\pi^*$跃迁所需能量最低，所以它所产生的吸收波长最长，但吸收强度很弱，摩尔吸光系数一般不超过100。例如丙酮中羰基能产生$n-\pi^*$跃迁，其吸收波长为280 nm，摩尔吸光系数仅为15。

电子跃迁类型与分子结构及其存在的基团有密切的联系。因此，可以根据分子结构来预测可能产生的电子跃迁。例如，饱和烃只有$\sigma-\sigma^*$跃迁，烯烃有$\sigma-\sigma^*$和$\pi\rightarrow\pi^*$跃迁，脂肪醚则有$\sigma-\sigma^*$和$n-\sigma^*$跃迁，而醛、酮同时存在$\sigma-\sigma^*$、$n-\sigma^*$、$\pi-\pi^*$和$n-\pi^*$四种跃迁。反之，也可以根据紫外吸收带的波长及电子跃迁类型来判断化合物分子中可能存在的吸收基团。

5.1.3 无机分子的能级跃迁

除有机分子吸收光辐射发生能级跃迁并产生吸收光谱之外，一些无机物也产生紫外－

可见吸收光谱,其跃迁类型包括电荷转移跃迁(charge transfer transition)或称 p-d 跃迁以及配场跃迁(或称 d-d、f-f 跃迁)。

5.1.3.1 电荷转移跃迁

一些同时具有电子给予体(配位体 L)和受体(金属离子 M)的无机分子,在吸收外来辐射 $h\nu$ 时,电子从给予体跃迁至受体所产生的吸收光谱。

$$M^{n+} - L^{b-} \xrightarrow{h\nu} M^{(n-1)+} - L^{(b-1)-}$$

$$Fe^{3+} - SCN^- \xrightarrow{h\nu} Fe^{2+} - SCN$$

因为配体 L 通常具有孤对电子(p 电子),而金属离子 M 通常具有空的 d 轨道。当受到外来光辐射时,位于配体上的 p 电子会跃迁至金属离子的 d 轨道,从而产生吸收。如硫氰化铁显示很深的红色(ε 可达 10^4),就是典型的 p-d 电子转移跃迁所致。

5.1.3.2 配场跃迁

过渡元素的 d 或 f 轨道为简并轨道(degeneration orbit)。当与配位体络合时,轨道简并解除,d 或 f 轨道发生能级分裂。如果轨道未充满,则低能量轨道上的电子吸收外来能量时,将会跃迁到高能量的 d 或 f 轨道,从而产生吸收光谱。图 5-5 给出了 5 个能量相同的 d 轨道(简并轨道),即 d_{xy}、d_{yx}、d_{xz}、d_{z^2}、$d_{(x^2-y^2)}$。在八面体、四面体和平面四面形配合物形成的配场中,依次分裂为 2 个、2 个和 4 个能级。

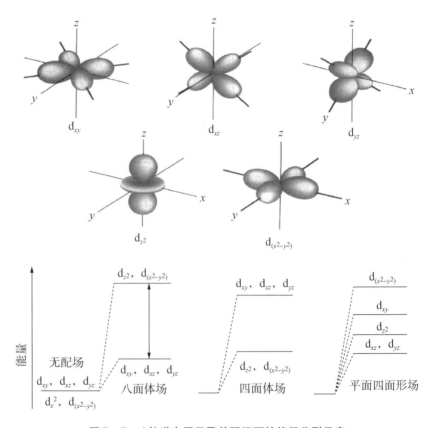

图 5-5 d 轨道电子云及其配场下的能级分裂示意

配场跃迁吸收系数 ε_{max} 通常较小（10^2），很少用于定量分析。多用于研究配合物结构及其键合理论。

5.1.4 生色团、助色团和吸收带

5.1.4.1 生色团和助色团

（1）生色团。使化合物在紫外-可见光区可以产生吸收的基团，被称为生色团。例如，分子中含有 π 键的 C=C、C≡C、苯环以及 C=O、—N=N—和 S=O 等不饱和基团均为生色团。

如果化合物中有多个生色团，但并不发生共轭作用，那么该化合物吸收光谱将包含这些个别生色团原有的吸收带，各吸收带的位置和强度彼此影响不大；如果化合物中有几个生色团互相共轭，则各个生色团所产生的吸收带将消失，取而代之出现新的共轭吸收带，其波长将比单个生色团的吸收波长要长，吸收强度也将显著增强，这一现象被称为生色团的共轭效应。

（2）助色团。指那些本身不会使化合物分子产生颜色或者在紫外及可见光区不产生吸收的一些基团，但这些基团与生色团相连时却能使生色团的吸收带波长移向长波，同时使吸收强度增加。通常，助色团是由含有孤对电子的原子或基团所组成，如—NH_2、—NR_2、—OH、—OR、—Cl 等。这些基团借助 p-π 共轭增加生色团的共轭程度，从而使电子跃迁的能量下降。

各种助色团的助色效应，以含 O 基团最大，含 F 基团最小。一些助色团的助色效应强弱大致为：—F < —CH_3 < —Cl < —Br < —OH < —SH < —OCH_3 < —NH_2 < —NHR < —NR_2 < O^-。

5.1.4.2 红移和蓝移

由于有机化合物分子中引入了助色团或其他生色团而产生结构的改变，或者由于溶剂的影响使其吸收带的最大吸收波长向长波方向移动的现象称为红移。与此相反，如果吸收带的最大吸收波长向短波方向移动，则称为蓝移。红移和蓝移通常伴随着吸收带强度即摩尔吸光系数的增大或减小。

5.1.4.3 吸收带

在电子跃迁类型中，$\sigma-\sigma^*$，$\sigma-\pi^*$，$\pi-\sigma^*$ 和 $n-\sigma^*$ 跃迁所产生的吸收带波长处于真空紫外区，不是常用的研究区域；$n-\pi^*$ 和 $n-\pi^*$ 跃迁所产生的吸收带除某些孤立双键化合物外，一般都处于近紫外区，它们是分子吸收光谱所研究的主要吸收带，可分为下述四种类型。

（1）R 吸收带。R 吸收带是由含有 O、N、S 等杂原子的生色团如羰基、硝基中未成键电子向反键 π^* 轨道跃迁时所产生的，其吸收波长较长，但吸收强度很弱。例如，乙醛分子中羰基 $n-\pi^*$ 跃迁所产生的 R 吸收带波长为 290 nm，摩尔吸光系数为 17。由于 R 吸收带的强度很弱，有时会被其他较强的吸收带所掩盖。

（2）K 吸收带。K 吸收带由含共轭双键分子如丁二烯、丙烯醛发生 $\pi-\pi^*$ 跃迁所产生的吸收带，其波长大于 200 nm，且吸收强度很强，摩尔吸光系数大于 10^4。芳环上若有生色取代基团如苯乙烯、苯甲酸等也会出现 K 吸收带。

(3) B 吸收带。B 吸收带由闭合环状共轭双键 $\pi-\pi^*$ 跃迁所产生，它是有些芳环化合物的主要特征吸收带。其波长较长，但吸收强度比较弱。例如，苯的 B 吸收带波长为 256 nm，摩尔吸光系数为 215。B 吸收带在非极性溶剂中或呈气体状态时会呈现出谱线精细结构，在极性溶剂则精细结构消失。

如果芳香族化合物的吸收光谱中同时出现 K、B 和 R 带，则 R 带波长最长，B 带次之，K 带最短，但吸收强度的顺序则正好相反。

(4) E 吸收带。E 吸收带也是芳环化合物的特征吸收带，它起源于苯环中 3 个双键的 $\pi-\pi^*$ 跃迁。E 吸收带又可分为 E_1 带和 E_2 带，E_1 带波长低于 200 nm，E_2 带波长略高于 200 nm，但吸收强度则是 E_1 带比 E_2 带更强，它们的摩尔吸光系数分别在 10^4 和 10^3 量级。当苯环与助色团相连时，E 吸收带发生红移，但一般不超过 210 nm。

5.2 影响紫外 – 可见吸收光谱的主要因素

有机化合物紫外吸收光谱的吸收带波长和吸收强度，往往会受各种因素的影响而发生变化。影响吸收带的主要因素可以归纳为内因和外因两类，即因分子结构的变化而引起的吸收波长位移，以及因分子与分子之间或分子与溶剂分子之间的相互作用而引起的吸收波长位移或吸收强度的变化。

5.2.1 共轭体系的存在

(1) —C＝C—C＝C— 体系。只含一个双键的化合物如乙烯，其 $\pi-\pi^*$ 跃迁的吸收波长处于真空紫外区。如果有两个或多个双键共轭，则 $\pi-\pi^*$ 跃迁的吸收波长随共轭程度增加而增加，这种现象称为共轭红移。如 CH_2＝CH_2 的 $\pi-\pi^*$ 跃迁，$\lambda_{max}=165\sim200$ nm；而 1,3 - 丁二烯，$\lambda_{max}=217$ nm。

(2) —C＝C—C＝O 体系。不同的生色团共轭也会引起 $\pi-\pi^*$ 跃迁吸收波长红移。如果共轭基团中还含有 n 电子，则 $n-\pi^*$ 跃迁吸收波长也会引起红移。例如，乙醛的 $\pi-\pi^*$ 跃迁和 $n-\pi^*$ 跃迁的吸收带波长分别为 170 nm 和 290 nm，而丙烯醛分子中由于存在双键与羰基共轭，不但使 $\pi-\pi^*$ 跃迁能量降低，也使 $n-\pi^*$ 跃迁的能量降低，其吸收带波长分别移至 210 nm 和 315 nm。

非共轭双键不会影响吸收带波长，但可增加吸收带的强度。

5.2.2 分子结构的改变

化合物分子结构（异构现象）的改变将导致紫外吸收光谱发生显著的变化，例如，分子中双键位置或者基团排列位置不同，它们的吸收波长及强度就有一定的差异。包括溶剂异构、顺反异构和空间异构等。

羰基化合物在含有羟基的强极性溶剂中能形成氢键，n 电子在实现 $n-\pi^*$ 跃迁时需要一定的附加能量破坏氢键，因此在极性溶剂中 $n-\pi^*$ 跃迁的吸收波长比在非极性溶剂中短一些。

如 CH_3CHO 含水化合物有两种可能的结构，即 $CH_3CHO \cdot H_2O$ 和 $CH_3CH(OH)_2$。在己烷中，λ_{max} =290 nm，表明有醛基存在，结构为前者；而在水中，此峰消失，结构为后者。

在取代烯化合物中，取代基排列位置不同而构成的顺反异构体也具有类似的特征。一般，在反式异构体中基团间有较好的共平面性，电子跃迁所需能量较低；而顺式异构体中基团间位阻较大，影响体系的共平面作用，电子跃迁需要较高的能量。例如，α紫罗兰酮和β紫罗兰酮的分子的末端环中双键位置不同，它们的 $\pi - \pi^*$ 跃迁吸收波长分别为 227 nm 和 299 nm。

α紫罗兰酮（λ_{max} =227 nm）　　β紫罗兰酮（λ_{max} =299 nm）

此外，空间异构产生的位阻不同也可以引起吸收带的红移，如 CH_3I（258 nm），CH_2I_2（289 nm），CHI_3（349 nm）。

5.2.3 取代基的影响

当在某些生色团的一端存在含孤对电子的助色团时，由于 n-π 共轭作用，使 $\pi - \pi^*$ 跃迁的吸收带产生红移，并能使吸收强度增加。例如，取代烯烃—C≡C—X，当 X 分别是 SR_2、NR_2、OR、Cl 等助色团时，其 $\pi - \pi^*$ 跃迁吸收波长将分别增加 45 nm、40 nm、30 nm 和 5 nm。苯环上氢原子为助色团取代时，其 E 和 B 吸收带发生红移，例如，氯代苯和苯甲醚的 E 吸收带波长分别红移 6 nm 和 13 nm；B 吸收带波长分别红移 9 nm 和 13 nm。烷基是弱的给电子基团，与 π 键的超共轭效应也会使吸收带产生 5 nm 的红移。

当在某些生色团（如羰基）的 C 原子上引入—R、—OCOR 等基团时，则使分子蓝移。例如，乙醛的 $n - \pi^*$ 跃迁吸收波长为 290 nm，而乙酰胺、乙酸乙酯分别蓝移到 220 nm 和 208 nm。这是由于未成键电子与生色团形成的 n-π 共轭效应提高了反键 π^* 轨道的能级，而 n 电子轨道的能级并没有变化，因此增加了电子从 n 轨道跃迁到 π^* 轨道时需要的能量，从而导致 $n - \pi^*$ 吸收带蓝移。

5.2.4 溶剂的影响

溶剂对紫外吸收光谱的影响较为复杂。一般认为，极性溶剂对 n、π 和 π^* 轨道的溶剂化作用不同。由于 n、π 和 π^* 轨道三者本身的极性不同，n 轨道最大、π^* 轨道次之，而 π 轨道极性最小，因此，它们受溶剂的溶剂化作用也不相同（图 5-6）。由 $n - \pi^*$ 跃迁产生的吸收峰，随溶

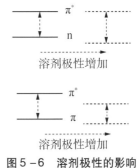

图 5-6　溶剂极性的影响

剂极性增加，基态 n 电子与溶剂形成 H 键的能力增加，发生蓝移；由 $\pi-\pi^*$ 跃迁产生的吸收峰，随溶剂极性增加，激发态比基态能量有更多的下降，发生红移。改变溶剂的极性还会使吸收带的形状发生变化。某些化合物呈气态或在非极性溶剂的稀溶液中，可以出现吸收带精细结构，但是在极性溶剂中会使精细结构消失、吸收峰减少并使吸收曲线趋于平滑。

5.2.5 分子离子化的影响

若化合物在不同的 pH 介质中能形成阳离子或阴离子，则吸收带将随分子的离子化而改变。苯酚在碱性介质中能形成苯酚阴离子，其吸收带将从 210 nm 和 270 nm 红移到 235 nm 和 287 nm。苯酚分子中 OH 基团含有 2 对孤对电子，与苯环上 π 电子形成 n-π 共轭，当形成酚盐阴离子时，氧原子上孤对电子增加到 3 对，使 n-π 共轭作用进一步增强，从而导致吸收带红移，同时吸收强度也有所增加。

5.3 定量测定及分析条件选择

紫外吸收光谱分析主要是针对有机或无机物，利用其紫外吸收光谱进行的物质的定性和结构分析。由于多数紫外区的吸收系数不大，较少进行定量分析。但许多有机物可以与其他物质发生化学反应（如有机物与无机离子的络合或反应生成有较大吸收系数的物质），并在可见光区有较强的吸收，因此，可以进行有机物和无机离子的定性定量分析。选择合适的反应条件和仪器测量参数，可获得最大的吸光系数，提高分析的灵敏度。

5.3.1 朗伯-比尔吸收定律

当强度为 I_0 的入射光束（incident beam）通过装有均匀待测物的介质时，该光束将被部分吸收，未被吸收的光一部分透过待测物溶液（I）以及通过散射（I_s）和反射（I_r，包括在液面和容器表面的反射）而损失，这种损失有时可达 10%，即

$$I_0 = I + I_s + I_r \tag{5-2}$$

因此，在样品测量时必须同时采用参比溶液扣除这些影响。

当入射光波长一定时，待测溶液的吸光度 A 与其浓度 c 和液层厚度 l 成正比，即

$$A = klc \tag{5-3}$$

式中，k 为比例系数。它与溶液性质、温度和入射波长有关。

当浓度以 $g \cdot L^{-1}$ 表示时，以 a 代替 k，称为吸光系数；当浓度以 $mol \cdot L^{-1}$ 表示时，以 ε 代替 k，称为摩尔吸光系数。ε 比 a 更常用。ε 越大，表示方法的灵敏度越高。ε 与波长有关，因此，ε 常以 ε_λ 表示。

5.3.2 偏离吸收定律的因素

样品吸光度 A 与光程 l 总是成正比，但与 c 并不总是成正比，即有时会偏离吸收定

律。这种偏离由样品性质和仪器决定。

5.3.2.1 样品性质影响

样品性质导致偏离吸收定律的因素大致有以下几种情况：

（1）当待测物浓度较高时，吸光物质质点间隔变小，质点间相互作用增加，从而对特定辐射的吸收能力产生影响，导致 ε 发生变化。

（2）试液中各组分的相互作用，如缔合、离解、光化反应、异构化以及配体数目改变等，会引起待测组分吸收曲线的变化。

（3）溶剂对待测物生色团吸收峰强度及位置产生影响，以及胶体、乳状液或悬浮液对光的散射损失。

5.3.2.2 仪器因素的影响

仪器因素包括光源稳定性以及入射光的单色性等因素。

（1）入射光的非单色性：不同波长的光，其吸光系数不同，或者说产生的吸收不同，因此可导致测定的偏差。假设入射光不纯，由测量波长 λ_x 和干扰波长 λ_i 组成，根据吸光度的定义以及吸收定律，溶液对波长为 λ_x 和 λ_i 的吸光度分别为

$$A_x = \lg \frac{I_{0(x)}}{I_i} = \varepsilon_x bc \text{ 或 } \frac{I_{0(x)}}{I_i} = 10^{\varepsilon_x bc} \tag{5-4}$$

$$A_i = \lg \frac{I_{0(i)}}{I_i} = \varepsilon_i bc \text{ 或 } \frac{I_{0(i)}}{I_i} = 10^{\varepsilon_i bc} \tag{5-5}$$

令 $\varepsilon_x/\varepsilon_i = r$，由式（5-3）和式（5-4）得

$$A = \varepsilon_x bc + \lg(1+r) - \lg[1 + r \times 10^{(\varepsilon_x - \varepsilon_i)bc}] \tag{5-6}$$

式中，①当 $\lambda_x = \lambda_i$ 时，或者说当 $\varepsilon_x = \varepsilon_i$ 时，$r=1$，有 $A = \varepsilon_x bc$，符合吸收定律。②当 $\lambda_x \neq \lambda_i$ 时，或者说当 $\varepsilon_x \neq \varepsilon_i$ 时，则吸光度与浓度是非线性的，二者差别越大，则偏离吸收定律越大。③当 $\varepsilon_x > \varepsilon_i$，测得的吸光度 A 比在单色光 λ_x 处测得的低，产生负偏离；反之，当 $\varepsilon_x < \varepsilon_i$，则产生正偏离。

（2）谱带宽度与狭缝宽度：单色光仅是理想情况，经分光元件色散所得的单色光实际上是有一定波长范围的光谱带（即谱带宽度）。单色光的纯度与狭缝宽度有关，狭缝越窄，它所包含的波长范围越小，单色性越好。

5.3.3 分析条件的选择

5.3.3.1 仪器读数误差

根据吸光度定义及吸收定律，

$$A = -\lg T = \varepsilon lc \tag{5-7}$$

将式（5-7）微分后得

$$d\lg T = 0.434 \frac{dT}{T} = -\varepsilon ldc \tag{5-8}$$

将式（5-8）与式（5-7）相比，并将 dT 和 dc 分别换为 ΔT 和 Δc，得

$$\frac{\Delta c}{c} = \frac{0.434 \Delta T}{T \lg T} \tag{5-9}$$

当相对误差 $\Delta c/c$ 最小时，求得 $T = 0.368$ 或 $A = 0.434$。或者说，当吸光度 $A =$

0.434时，A的读数误差最小。通常可通过调节溶液浓度或改变光程 l 来控制 A 的读数在0.15～1.00范围内，以减少读数误差。

5.3.3.2 反应条件选择

显色剂的选择原则：使配合物吸收系数 ε 最大、选择性好、组成恒定、配合物稳定、显色剂吸收波长与配合物吸收波长相差大等。

显色剂用量：配位数和反应的完全程度与显色剂用量有关。在形成逐级配合物时，其用量更要严格控制。

溶液酸度：形成配合物的配位数和水解现象等均与 pH 有关，因此应控制显色反应体系的 pH。

此外，显色（反应）时间、反应温度和放置时间等因素也可影响吸光系数大小。

5.3.3.3 参比溶液选择

当试样组成简单，共存组分少（基体干扰少）且显色剂不吸收时，可直接采用溶剂（多为蒸馏水）为参比；当显色剂或其他试剂在测定波长处有吸收时，采用不加待测组分的试剂作参比；当试样基体在测定波长处有吸收，但不与显色剂反应时，可以采用不加显色剂的试样作参比。

5.3.3.4 紫外吸收光谱分析中溶剂的选择

紫外吸收光谱分析一般采用稀溶液进行测定，所以需要选用合适的溶剂将试样溶解成溶液。选择溶剂应注意以下原则：①对试样有良好的溶解能力。②在所测定的波长区域无明显的吸收。③试样在溶剂中有良好的吸收峰形。④挥发性小、安全、无毒等。

选择溶剂时还应考虑试样与溶剂是否会发生相互作用。一般极性溶剂容易与试样发生溶剂化作用，并可能导致试样的吸收峰位置和强度发生变化，所以应尽可能选择非极性溶剂。

5.4 紫外－可见分光光度计

5.4.1 仪器组成和类型

紫外分光光度计主要由光源、单色器、吸收池、检测器及放大器和记录显示系统所组成。其工作过程可以概述为：由光源发出的连续紫外光，经入射狭缝进入单色器，被色散元件（棱镜或光栅）色散成一系列由单色光带组成的光谱，并逐个通过单色器的出射狭缝，分别通过试样吸收池和参比池，由光电检测器测定吸光度。

紫外－可见分光光度计可分为单波长和双波长两种类型。仪器的结构组成分别如图5－7和图5－8所示。

5.4.4.1 单波长分光光度计

单波长分光光度计又可分为单光束（图5－7a）和双光束（图5－7b、c）两种类型。目前，应用最广的是双光束分光光度计，它与单光束仪器的主要区别在于将光源发

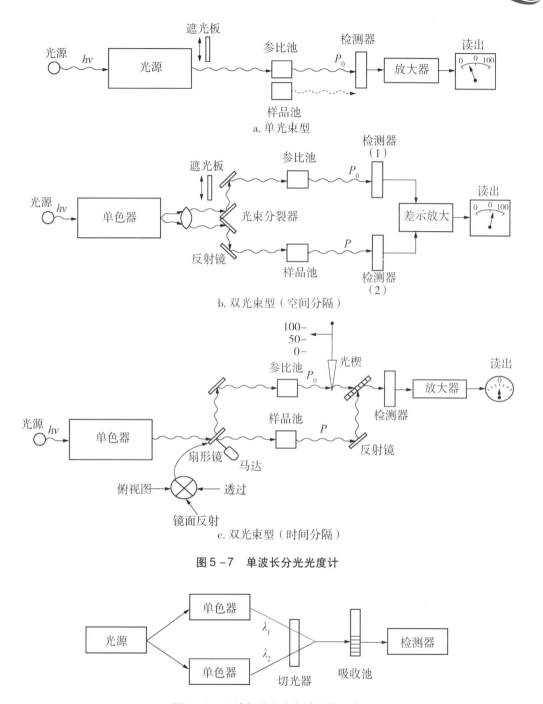

图 5-7 单波长分光光度计

图 5-8 双波长分光光度计结构示意

出的光束经单色器色散后,同一时间(空间分隔,图 5-7b)和先后(时间分隔,图 5-7c)分成相同的两束,经单色器色散后分别通过试样吸收池和参比池。检测器及记录仪根据透过试样吸收池和参比池的两束光强度之比值,自动绘出试样的吸收曲线。双光束分光光度计由于两光束通过相同的光学元件,因而受光学特性差异及光源强度波动的影响比较小。双光束仪器具有波长扫描机构和狭缝调整机构，用以分别自动控制不同波长的单色光依次通过出射狭缝以及随波长而改变狭缝的大小，以补偿光源辐射能量的变化，使通过出射狭缝的光辐射能量在整个波长区域保持稳定。

5.4.4.2 双波长分光光度计

双波长分光光度计具有两个可以单独调节的光栅。由光源发出的光束经两个光栅色散成两束不同波长的单色光 λ_1 和 λ_2，依次通过试样吸收池，从而可以直接测量试样在两个波长下的吸光度之差 ΔA（图 5–8）。

通过切光器使两束不同波长的光 λ_1 和 λ_2 交替通过吸收池，分别测得吸光度为 A_{λ_1} 和 A_{λ_2}。

$$A_{\lambda_1} = \lg \frac{I_0}{I_{\lambda_1}} = \varepsilon_{\lambda_1} bc + A_{b_1}$$
$$A_{\lambda_2} = \lg \frac{I_0}{I_{\lambda_2}} = \varepsilon_{\lambda_2} bc + A_{b_2}$$
(5–10)

式中，A_{b_1} 和 A_{b_2} 分别为在 λ_1 和 λ_2 处的背景吸收。

当 λ_1 和 λ_2 相近时，背景吸收近似相等，即 $A_{b_1} = A_{b_2}$。由式（5–10），得

$$\Delta A = A_{\lambda_1} - A_{\lambda_2} = (\varepsilon_{\lambda_1} - \varepsilon_{\lambda_2}) bc \tag{5–11}$$

式（5–11）表明，试样溶液浓度与两个波长处的吸光度差成正比。

双波长分光光度计对于多组分混合物的测定以及有干扰杂质存在时组分含量的测定十分方便。可测多组份试样和混浊试样，可做成导数光谱，不需参比液（消除了由于参比池的不同和制备空白溶液等产生的误差），克服了因电源波动而产生的误差。

5.4.2 光源和吸收池

要求光源具有强度足够大且稳定，连续辐射且强度随波长变化小的特点。

紫外–可见分光光度计通常用氢灯、氘灯、钨灯和碘钨灯等作光源。氢灯或氘灯主要在紫外区有较强的发射（160～375 nm），而钨灯或碘钨灯则在可见光区有较强的发射（340～2 500 nm）。在仪器工作过程中，随着扫描波长的变化，紫外和可见光光源之间可自动切换，从而保证在整个紫外–可见光区都有较强的发射。

吸收池多为可透过可见光的玻璃、可透过紫外和可见光的石英以及有机玻璃等材料制成。其透光的长度多为 1 cm，也有 3 cm 和 5 cm 或更长的。

另外，吸收池的大小和形状应该一致，以保证各吸收池对光的吸收和散射的一致；透光窗口应与入射光垂直，使光反射损失最小。

5.5 紫外–可见吸收光谱的应用

紫外–可见分子吸收光谱法不仅可以用来对物质进行定性分析及结构分析，而且可以进行定量分析及测定某些化合物的物理化学数据等，如相对分子质量、络合物的络合

比及稳定常数和解离常数等。

5.5.1 定性分析

在有机化合物的定性鉴定和结构分析中，由于紫外、可见光区的吸收光谱比较简单，特征性不强，并且大多数简单官能团在近紫外光区只有微弱吸收或者无吸收，因此，该法的应用有一定的局限性。但它可用于鉴定共轭生色团，以此推断未知物的结构骨架，再配合红外光谱、质谱和核磁共振谱等进行定性鉴定及结构分析，它无疑是一个十分有用的辅助方法。

5.5.1.1 吸收光谱曲线比较法

吸收光谱曲线的形状、吸收峰的数目以及最大吸收波长位置及其摩尔吸收系数 ε_{max}，都是进行定性鉴定的依据。其中，最大吸收波长及相应的 ε_{max} 是定性鉴定的主要参数。比较法是指在相同的测定条件下，比较未知物与已知标准物的吸收光谱曲线。如果它们的吸收光谱曲线完全等同，则可以认为待测试样与已知化合物有相同的生色团。在进行这种对比法时，也可以借助前人汇编的以实验结果为基础的各种有机化合物的紫外－可见光谱标准谱图。

但应注意，尽管吸收光谱相同，但两种化合物有时不一定相同。因为紫外吸收光谱常只有 2～3 个较宽的吸收峰，缺乏精细结构，它只能反映分子中生色团、助色团及其附近的结构特性，而不能反映整个分子的结构特性。一些具有相同生色团的不同分子，其吸收光谱可能差别并不大，但它们的吸光系数是有差别的，所以在比较 λ_{max} 的同时，还要比较它们的 ε_{max}。如果待测物和标准物的吸收波长相同，吸光系数也相同，则可认为两者是同一物质。

5.5.1.2 最大吸收波长估算法

当采用物理和化学方法判断某化合物的几种可能结构时，可用经验规则计算最大吸收波长并与实测值进行比较，然后确认物质的结构。常用的经验规则包括伍德沃德（Woodward）提出的计算含有共轭双键的化合物，如共轭二烯、多烯烃以及共轭烯酮类化合物 $\pi - \pi^*$ 跃迁产生的最大吸收波长。Woodward 经验规则如表 5-1、表 5-2 所示。

表 5-1　含有共轭双键的化合物最大吸收波长的计算

共轭双键母体及波长增减规则	波长 λ/nm
（母体）	基数：217
增加一个共轭双键（共轭双键的延长）	+30
一个环内有 2 个共轭双键（同环二烯）	+36
环外双键（双键直接连接在环上且与其他双键共轭）	+5
每个烷基取代（发生在共轭体系上的取代）	+5
—O—乙酰基	0
—OR	+6

续表 5-1

共轭双键母体及波长增减规则	波长 λ/nm
—SR	+30
—Cl, —Br	+5
—NR$_2$	+60

表 5-2　含有不饱和羰基的化合物的最大吸收波长估算

$\overset{\delta}{C}=\overset{\gamma}{C}-\overset{\beta}{C}=\overset{\alpha}{C}-\underset{\underset{X}{\mid}}{C}=O$		波长 λ/nm	
母体（无环、六员环或以上）		215	
在母体基础上发生结构及取代基变化导致其吸收波长的增或减			
α、β键在五员环内	-13	—NR$_2$	+95
醛	-6		+35（α）
X 为 OH 或 OR	-22	—OH	+30（β）
共轭双键延长 1 个	+30		+50（γ或更高）
同环二烯	+39	—Cl	+15（α）
环外双键	+5		+12（β）
每个烷基取代	+10（α）	—Br	+25（α）
	+12（β）		+30（β）
	+18（γ或更高）		
每个极性基团取代		溶剂校正	
—OR	+35（α）	甲醇、乙醇	0
	+30（β）	水	-8
	+17（γ）	氯仿	+1
	+31（δ或更高）	二氧六环	+5
—OAc	+6（α，β，γ…）	乙醚	+7
—SR	+85（β）	己烷、环己烷	+11

图 5-9 是 Woodward 规则计算几个化合物最大吸收波长的例子。可见，经验规则的计算结果与实测结果非常接近。从该规则也可以看出，哪些取代基可导致红移。

此外，针对芳香族羰基衍生物最大吸收波长的估算，可使用 Scott 规则，此处不作介绍。

5.5.1.3　有机化合物分析

紫外吸收光谱虽然不能反映整个分子的结构特性，但是在确定基团的种类、数量和位置（λ_{max}），区分饱和与不饱和化合物以及共轭程度等方面仍有很多优势。因此，紫

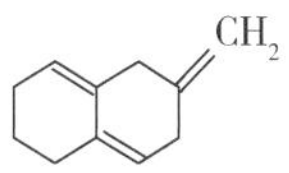

	基值		217
	4个烷基取代	4×5	20
	2个环外双键	2×5	10
	共轭双键延长	0	0
	计算值(λ_{max})		247 nm

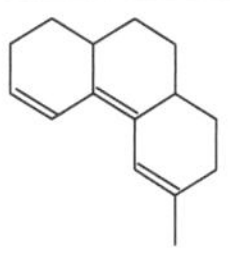

	基值		217
	5个烷基取代	5×5	25
	2个环外双键	2×5	10
	共轭双键延长	1×30	30
	计算值(λ_{max})		282 nm

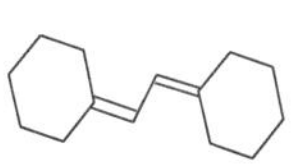

	基值		217
	4个烷基取代	4×5	20
	2个环外双键	2×5	10
	计算值(λ_{max})		247 nm
	实测值(λ_{max})		247 nm

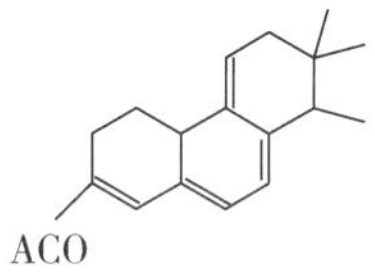

	基值		217
	同环二烯	1×36	36
	3个环外双键	3×5	15
	共轭双键延长	2×30	60
	5个烷基取代	5×5	25
	酰氧基取代	1×0	0
	计算值(λ_{max})		353 nm
	实测值(λ_{max})		355 nm

图 5-9　几种化合物最大吸收波长的计算

外吸收光谱可用于共轭分子和芳香族化合物的分子骨架、分子异构、溶剂稳定化作用和氢键的测定和研究。还可利用一些有机物的吸收强度大（如 K 吸收带）的特点，进行定量分析。

如果化合物吸收光谱在 220～400 nm 范围内无吸收带，则该化合物可能是饱和直链烃、脂肪烃或只有 1 个双键的烯烃。

若在 270～350 nm 范围内有弱的吸收带，则该化合物必含有 n 电子的简单非共轭的生色团，如羰基和硝基等。

若在 210～250 nm 范围内有强吸收，且 $\varepsilon > 10^4$，这是 K 吸收带的特征，则该合物含有共轭双键。

若在 260～300 nm 范围内有强吸收带，则该化合物有 3 个或 3 个以上的共轭双键；在 25～300 nm 范围内有中等强度的吸收带（$\varepsilon = 10^3 \sim 10^4$），这是苯环的 B 吸收带特征。

按以上规律，可大致确定化合物的归宿范围。此外，还可利用紫外光谱法确定一些化合物的构型和构象。例如，乙酰乙酸乙酯存在酮-烯醇互变异构体，它们在溶剂中处于平衡状态：

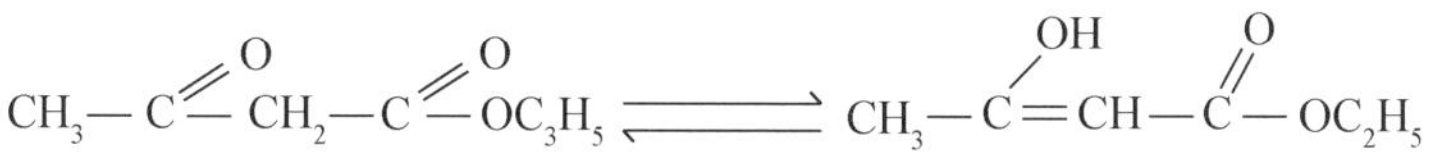

$$CH_3-C\overset{O}{=}CH_2-C\overset{O}{=}OC_2H_5 \rightleftharpoons CH_3-C\overset{OH}{=}CH-C\overset{O}{=}OC_2H_5$$

酮式异构体只有孤立的双键，其 π-π* 跃迁和 n-π* 跃迁的吸收波长分别为 204 nm 和 272 nm；而烯醇式异构体则存在双键与羰基的共轭，π-π* 跃迁的吸收波长红移至 243 nm，且有更强吸收。又例如，叔丁基环己酮的 α 位 H 原子被卤素取代可产生两种不同的构象，即 a 型和 e 型：

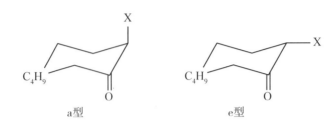

a型 X原子以竖键与环上的 C 相连,羰基的 π 电子云与 C – X 键的 σ 电子云重叠,使 n – π* 跃迁能量下降,发生红移;而 e 型的羰基的 π 电子云与 C – X 键 σ 电子云垂直(不重叠),存在偶极场效应,因此发生蓝移。

5.5.2 定量分析

紫外 – 可见分子吸收光谱法是进行定量分析的最有用的工具之一。它不仅对那些本身在紫外 – 可见光区有吸收的无机和有机化合物进行定量分析,而且可利用许多试剂与非吸收物质反应,生成具有强烈吸收的产物,即显色反应,从而对非吸收物质进行定量测定,其灵敏度可达 $10^{-5} \sim 10^{-4}$ mol·L^{-1},甚至 $10^{-7} \sim 10^{-6}$ mol·L^{-1},相对误差在 1% ~ 3% 范围以内。

5.5.2.1 单组分测定

紫外 – 可见分子吸收光谱法中单组分测定非常简单,应用非常广泛。例如,海水中亚硝酸盐、硝酸盐、氨、磷酸盐和硅酸盐等营养盐的分析,就是采用这些营养盐在一定条件下与其他试剂发生显色反应。这些无机阴离子本身的吸收很弱或没有吸收,但它们可与其他试剂发生反应并显色,因此可在其最大吸收波长处测定吸光度,采用标准曲线法或标准加入法进行定量分析。

亚硝酸盐:在酸性介质中亚硝酸盐与磺胺进行重氮化反应,其产物再与盐酸萘乙二胺偶合生成红色偶氮染料,于 543 nm 波长处测定吸光值。

硝酸根:水样通过镉还原柱,将硝酸盐定量地还原为亚硝酸盐,然后按重氮 – 偶氮光度法测定亚硝酸盐氮的总量,扣除原有亚硝酸盐氮,得硝酸盐氮的含量。

氨:在弱碱性介质中,以亚硝酰铁氰化钠为催化剂,氨与苯酚和次氯酸盐反应生成靛酚蓝,在 640 nm 处测定吸光值;或者在碱性介质中用次溴酸盐将氨氧化为亚硝酸盐,然后以重氮 – 偶氮分光光度法测亚硝酸盐氮的总量,扣除原有亚硝酸盐氮的浓度,得氨氮的浓度。

磷酸盐:在酸性介质中,活性磷酸盐与钼酸铵反应生成磷钼黄,用抗坏血酸还原为磷钼蓝后,于 882 nm 波长测定吸光值;或者继续将磷钼蓝用醇类有机溶剂萃取,于 700 nm 波长处测定吸光值。

硅酸盐:对于硅酸盐含量较低的样品,将水样中的活性硅酸盐与钼酸铵 – 硫酸混合试剂反应,生成黄色化合物(硅钼黄),于 380 nm 波长测定吸光值;对于浓度较低的海水,在酸性介质中活性硅酸盐与钼酸铵反应,生成黄色的硅钼黄,当加入含有草酸(消除磷和砷的干扰)的对甲替氨基苯酚 – 亚硫酸钠还原剂时,硅钼黄被还原为硅钼蓝,于

812 nm 波长测定其吸光值。

此外，海水中油类、阴离子表面活性剂、挥发性酚、氰根和硫化物的定量分析也可采用紫外-可见分光度法。

5.5.2.2 混合组分的测定

两个或以上吸光组分的混合物，根据其吸收峰的互相干扰情况，分为三种，如图 5-10 所示。

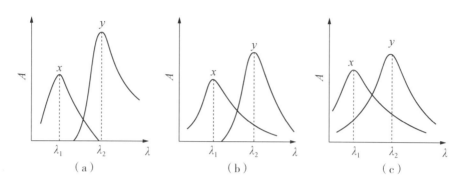

图 5-10 多组分混合物的吸收曲线

对于图 5-10a 和图 5-10b 两种情况，可通过选择适当的入射光波长，按单一组分的方法测定。对于图 5-10c，由于两组分 x 和 y 相互重叠严重，不能采用单组分测定方式。此时，可利用吸光度的加合原则，通过适当的数学处理来进行测定，即在 x 和 y 的最大吸收波长 λ_1 和 λ_2 处，分别测定混合物的吸光度 A_{λ_1} 和 A_{λ_2}，然后通过解下列方程组，求得各组分浓度 c_x 和 c_y：

$$\begin{cases} A_{\lambda_1} = \varepsilon_{\lambda_1}^x l c_x + \varepsilon_{\lambda_1}^y l c_y \\ A_{\lambda_2} = \varepsilon_{\lambda_2}^x l c_x + \varepsilon_{\lambda_2}^y l c_y \end{cases}$$

同样，如果有 n 个组分相互重叠，可在 n 个波长处测定其吸光度的加和值，然后解 n 元一次方程组，即可分别求得各组分含量。

5.5.2.3 双波长法

双波长法包括等吸收点法和系数倍率法。

（1）等吸收点法。当混合物的吸收曲线重叠时（图 5-11），可利用双波长法来测定。

具体做法（将 a 视为干扰组份，b 为待测组份）：

1) 分别绘制各自的吸收曲线 a 和 b。
2) 画一条平行于横轴的直线分别交于 a 组份曲线上 2 点，并与 b 组分相交于 1 点。
3) 以交于曲线 a 上一点所对应的波长 λ_1 为参比波长，另一点对应的为测量波长 λ_2，并对混合液进行测量，得到波长 λ_1 和 λ_1 处的吸光度分别为

$$A_1 = A_{1a} + A_{1b} + A_{1s}$$

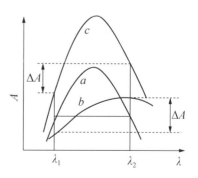

图 5-11 等吸收点法示意

$$A_2 = A_{2a} + A_{2b} + A_{2s}$$

4）若两波长处的背景吸收相同，即 $A_{1s} = A_{2s}$，二式相减得

$$\Delta A = (A_{2a} - A_{1a}) + (A_{2b} - A_{1b})$$

由于 a 组份在两波长处的吸光度相等，即 $A_{2a} - A_{1a} = 0$，因此，

$$\Delta A = (A_{2b} - A_{1b}) = (\varepsilon_{2b} - \varepsilon_{1b})lc_b$$

从中可求出 c_b。同理，可求出 c_a。

（2）系数倍率法。此种情况与等吸收点法类似。但若其中一个组份 b 在测量波长范围内无吸收峰，或者说没有等吸收点时，可采用该法。

具体做法：与等吸收点法一样，可得到下式：

$$A_1 = A_{1a} + A_{1b}$$
$$A_2 = A_{2a} + A_{2b}$$

两式分别乘以常数 k_1、k_2 并相减，得到

$$S = k_2(A_{2a} + A_{2b}) - k_1(A_{1a} + A_{1b}) = (k_2 A_{2b} - k_1 A_{1b}) + (k_2 A_{2a} - k_1 A_{1a})$$

调节信号放大器，使之满足 $k_2/k_1 = A_{1b}/A_{2b}$，则

$$S = (k_2 A_{2a} - k_1 A_{1a}) = (k_2 \varepsilon_2 - k_1 \varepsilon_1)lc_a$$

因此，差示信号 S 只与 c_a 有关，从而求出 c_a。同理，可求出 c_b。

5.5.2.4 导数光谱法

导数光谱法是将吸光度信号转化为对波长的导数信号的方法。导数光谱是解决干扰物质与被测物光谱重叠，消除胶体等散射影响和背景吸收，提高光谱分辨率的一种数据处理技术。

根据吸收定律知道，$I = I_0 e^{-\varepsilon lc}$，对波长求一阶导数，得

$$\frac{dI}{d\lambda} = \frac{dI_0}{d\lambda} e^{-\varepsilon lc} - \frac{d\varepsilon}{d\lambda} I_0 lc e^{-\varepsilon lc} \tag{5-12}$$

控制仪器使 I_0 在整个波长范围内保持恒定，即 $dI_0/d\lambda = 0$，则

$$\frac{dI}{d\lambda} = -\frac{d\varepsilon}{d\lambda} Ilc \tag{5-13}$$

可见，一阶导数信号与浓度成正比。

同样可得到二阶、三阶……n 阶导数信号，它们也与浓度成正比。

图 5-12 为吸收曲线（0 阶导数）以及一至四阶导数光谱示意。可见，随着导数阶数的增加，曲线峰形越来越尖锐，因而导数光谱法分辨率高。此外，导数光谱峰数目也随着阶数增加而增加，峰的个数为导数阶数加 1。例如，苯在 200～270 nm 范围内，其吸收曲线形状跟乙醇溶剂没有什么区别，且不显示特征吸收峰，也难以进行定量分析。但其一阶和四阶导数光谱，逐渐显示出明显的峰形特征，而且导数峰高增加非常明显，易于分辨，可以进行定量测定，如图 5-13。

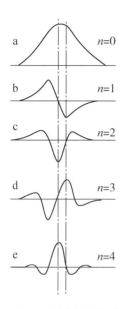

图 5-12 不同阶导数光谱示意

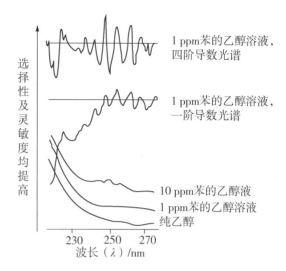

图 5-13 苯的乙醇溶液的导数光谱

习题

1. 试简述产生吸收光谱的原因。
2. 电子跃迁有哪几种类型？这些类型的跃迁各处于什么波长范围？
3. 何谓助色团及生色团？试举例说明。
4. 有机化合物的紫外吸收光谱有哪几种类型的吸收带？它们产生的原因是什么？有什么特点？
5. 在有机化合物的鉴定及结构推测上，紫外吸收光谱所提供的信息具有什么特点？
6. 紫外及可见光分光光度计与可见光分光光度计比较，有什么不同之处？为什么？
7. 举例说明紫外吸收光谱在分析上有哪些应用。
8. 异丙叉丙酮有两种异构体：$CH_3-C(CH_3)=CH-CO-CH_3$ 及 $CH_2=C(CH_3)-CH_2-CO-CH_3$。它们的紫外吸收光谱为：(1) 最大吸收波长在 235 nm 处，ε_{max} = 12 000 $L \cdot mol^{-1} \cdot cm^{-1}$；(2) 220 nm 以后没有强吸收。如何根据这两个光谱来判别上述异构体？试说明理由。
9. 下列两对异构体，能否用紫外光谱加以区别？

10. 下列化合物中，哪一种化合物的 λ_{max} 最大，哪一种化合物的 λ_{max} 最小？为什么？

（1）　　　　　（2）　　　　　（3）

11. 采用什么方法，可以区别 n→π* 和 π→π* 跃迁类型？

12. $(CH_3)_3\ddot{N}_3$ 能发生 n→σ* 跃迁，其 λ_{max} 为 227 nm（ε = 900 L·cm^{-1}·mol^{-1}）。试问，若在酸中测定时，该峰会怎样变化？为什么？

13. 试指出紫外吸收光谱曲线中定性的参数。

14. 试指出 n（n≥1）阶导数光谱曲线与零阶导数光谱曲线的关系。

15. 下列化合物中，哪一种吸收的光波最长，哪一种吸收的光波最短？为什么？

（1）　　　　　（2）　　　　　（3）

16. 某化合物的 λ_{max}（己烷）= 305 nm，其中 λ_{max}（乙醇）= 307 nm。试问，该吸收是由 n→π* 还是 π→π* 跃迁引起？

17. 某化合物在乙醇中 λ_{max} = 287 nm，其在二氧六环中 λ_{max} = 295 nm。试问，引起该吸收的跃迁为何种类型？

18. 已知某化合物分子内含 4 个碳原子、1 个溴原子和 1 个双键，无 210 nm 以上的特征紫外光谱数据，试写出其结构。

19. 莱基化氧有两种异构体形式存在：
(1) $CH_3-C(CH_3)=CH-CO-CH_3$；(2) $CH_2=C(CH_3)-CH_2-CO-CH_3$。
一个在 235 nm 处有最大吸收，ε_{max} 为 12 000 L·cm^{-1}·mol^{-1}；另一个在 220 nm 以上无强吸收。鉴别各属于哪一个异构体？

20. 在下列信息的基础上，说明下列化合物各属于哪种异构体。α 异构体的吸收峰在 228 nm（ε = 14 000 L·cm^{-1}·mol^{-1}），而 β 异构体在 296 nm 处有一吸收带（ε = 11 000 L·cm^{-1}·mol^{-1}）。这两种结构是：

（1）　　　　　　　　　　（2）

21. 如何用紫外光谱判断下列异构体？

（1）　　　（2）　　　（3）　　　（4）

22. 下面两个化合物能否用紫外光谱区别？

（1）　　　（2）

23. 计算下述化合物的 λ_{max}。

24. 根据红外光谱及核磁共振谱推定某一化合物的结构可能为（1）或者（2），其在甲醇中紫外光谱的 $\lambda_{max}=284$ nm（$\varepsilon=9\,700$ L·cm^{-1}·mol^{-1}）。其结构为哪个？

（1）　　　（2）

25. 计算下列化合物的 λ_{max}^{EtOH}。

（1）　　　（2）

26. 已知 1.0×10^{-3} mol·L^{-1} 的 $K_2Cr_2O_7$ 溶液在波长 450 nm 和 530 nm 外的吸光度 A 分别为 0.200 和 0.050；而 1.0×10^{-4} mol·L^{-1} 的 $KMnO_4$ 溶液在 450 nm 处无吸收，在 530 nm 处的吸光度为 0.420。今测得某 $K_2Cr_2O_7$ 和 $KMnO_4$ 的混合液在 450 nm 和 530 nm 处的吸光度分别为 0.380 和 0.710。试计算该混合溶液中 $K_2Cr_2O_7$ 和 $KMnO_4$ 的浓度。假设吸收池长为 10 mm。

27. 已知亚异丙酮 $(CH_3)_2C=CHCOCH_3$ 在各种溶剂中实现 n→π* 跃迁的紫外光谱特征如下表：

溶剂	环己烷	乙醇	甲醇	水
λ_{max}/nm	335	320	312	330
ε_{max}/(L·cm^{-1}·mol^{-1})	25	63	63	112

假定这些光谱的移动全部由与溶剂分子生成氢键所产生，试计算在各种极性溶剂中氢键的强度（kJ·mol^{-1}）。

28. 某化合物的分子式为 $C_7H_{10}O$，经 IR 光谱测定有 C=O，—CH_3，—CH_2— 及 C=C，紫外测定 $\lambda_{max}^{EtOH} = 257$ nm，试推断其结构。

第6章 分子发光分析

　　早在1575年，西班牙内科医生、植物学家莫纳德斯（N. Monardes）发现愈创木植物切片的黄色水溶液在日光下呈现"可爱的天蓝色"并首次记录了荧光现象。1603年，有人发现重晶石矿物（含$BaSO_4$）经日光照射后再移到暗处会断续发光的现象（后称"磷光"）。1852年，英国数学家斯托克斯（G. G. Stokes）用分光计观察奎宁和叶绿素溶液时，发现它们发出的光的波长比入射光的波长稍长，由此判断这种现象是由于这些物质吸收了光能并重新发出不同波长的光线，而不是由于光的漫射作用引起的。他根据发荧光的矿物萤石（fluorite）称之为荧光（fluorescence）。此外，他还研究了荧光强度与浓度之间的关系，描述了在高浓度及有外来物质存在条件下的荧光猝灭现象。1867年，瑞士人高贝尔斯莱德（F. Goppelsröder）采用铝-桑色素配合物的荧光测定铝，首次将荧光应用于分析。20世纪初至60年代，荧光和磷光分析仪器及其应用得到了快速发展。

　　物质分子受到外来光能、化学能和生物能的作用，分子的外层电子受激至高能态后，很快返回至低能态或基态并发出光辐射的现象，称为分子发光。分子发光包括分子荧光、分子磷光、化学发光和生物发光等。发光分析本质上是发射光谱，其主要分析对象是物质的分子。

　　分子荧光和磷光均为受到光能的激发所产生，也称二次光或光致发光。不同的是，对于荧光来说，电子能量的转移不涉及电子自旋的改变，属于单重激发态的跃迁，其结果是荧光的寿命较短（一般$< 10^{-5}$ s）。相反，发射磷光时伴随电子自旋改变，多属于三重激发态的跃迁，并且在辐射停止几秒或更长一段时间后，仍能检测到磷光。在大多数情况下，光致发光多发生斯托克斯效应（Stokes effect），即所发射的波长较激发它们所用的辐射波长要长。

　　化学发光（chemiluminescence）是基于化学反应过程中化学能的作用而产生的、可发射光辐射的激发态物质。在某些情况下，这些能发射光谱的物质是分析物与适宜的试剂（通常是强氧化剂如臭氧或过氧化氢）之间反应产生的。其结果是分析物（或试剂）氧化产物的光谱特征，不是分析物本身。而在另一些情况下，分析物并不直接参与化学发光反应，而是分析物的抑制作用或催化作用作为化学发光反应的分析参数。生物发光（bioluminescence）是指生物体发光或生物体的提取物发光的现象。通常由细胞合成的化学物质，在一种特殊酶的作用下，化学能转化为光能。生物发光不依赖于有机体对光的吸收，而是一种特殊类型的化学发光，化学能转变为光能的效率接近100%，也是化学发光的一种。

　　测定光致发光或化学发光的强度可以定量测定许多痕量的无机物和有机物。相对于磷光和化学发光而言，目前荧光法的应用较多。

与紫外－可见吸收光谱分析相比，分子发光分析最重要的特征是它的高灵敏度，检测限通常比吸收光谱法低 1～3 个数量级，可达 ng·mL^{-1} 级。这是由于荧光或磷光分析是在入射光的直角方向测定荧光发射强度，即在黑背景下进行检测，因此，可以通过增加入射光强度或者荧光和磷光信号的放大倍数来提高灵敏度。相比而言，紫外－可见吸收光谱分析中测定的吸光度与入射光和透射光强度的比值有关。如果增加入射强度，透射光强度也随之增大，增加检测器的放大倍数也同时影响入射光和透射光的检测，即增加吸光度值非常有限，从而限制了紫外－可见吸收光谱分析灵敏度的提高。

另外，光致发光的线性范围也常大于吸收光谱。但由于它们的高灵敏度，使得定量发光法常引入严重的基体干扰，因此，发光法常与分离技术如色谱、电泳等联用，成为液相色谱和毛细管电泳特别有效的检测器。但由于可发荧光的物质不具普遍性、增强荧光的方法有限、外界环境对荧光量子效率影响大、干扰测量的因素较多，因此，荧光定量分析不如紫外－可见光吸收光谱的应用那样广泛。

6.1　分子荧光和磷光光谱分析

在以前的章节中，我们介绍了原子能级及其光谱项、能级跃迁定则以及原子的光致发光（原子荧光光谱分析），还介绍了分子的电子能级、振动和转动能级及紫外－可见吸收光谱等内容。同样，这些内容也适用于分子及分子荧光。

6.1.1　荧光和磷光基本原理

6.1.1.1　荧光和磷光的产生

每个分子都具有一系列分立的电子能级，而每个电子能级又包含多个振动和转动能级。当处于分子基态单重态 S_0 的一个电子被激发时，通常跃迁至第一激发单重态 S_1 的能级轨道上，也可能跃迁至能级更高的单重态（如 S_2）上。这种跃迁是符合跃迁定则的。如果跃迁至第一激发三重态 T_1 轨道上，则属于禁限跃迁，如图 6-1 所示。在单重激发态中，电子的自旋方向仍然和处于基态轨道的电子配对，而在三重激发态中，两个电子平行自旋（洪特规则）。单重态分子具有抗磁性，其激发态的平均寿命为 $10^{-5} \sim 10^{-8}$ s，而三重态分子具有顺磁性，其激发态的平均寿命为 $10^{-4} \sim 1$ s 以上。通常用 S 和 T 分别表示单重态和三重态（多重性用 $M = 2S + 1$ 表示）。

处于激发态的分子不稳定，它可通过辐射和非辐射跃迁等过程去活化后返回到基态。其中，以速度最快、激发态寿命最短的去活化途径较占优势。分子去活化的过程包括振动弛豫、内转换、系间跨跃、外转换、荧光发射和磷光发射等，如图 6-2 所示。

（1）振动弛豫（vibrational relaxation，VR）。在液相或压力较大的气相中，分子间相互碰撞的概率很大，激发态分子可能将过剩的振动能量传递给周围的分子，自身从较高振动能层失活至低振动能层的过程（10^{-12} s），称为振动弛豫。

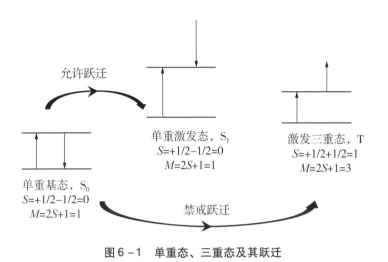

图6-1 单重态、三重态及其跃迁

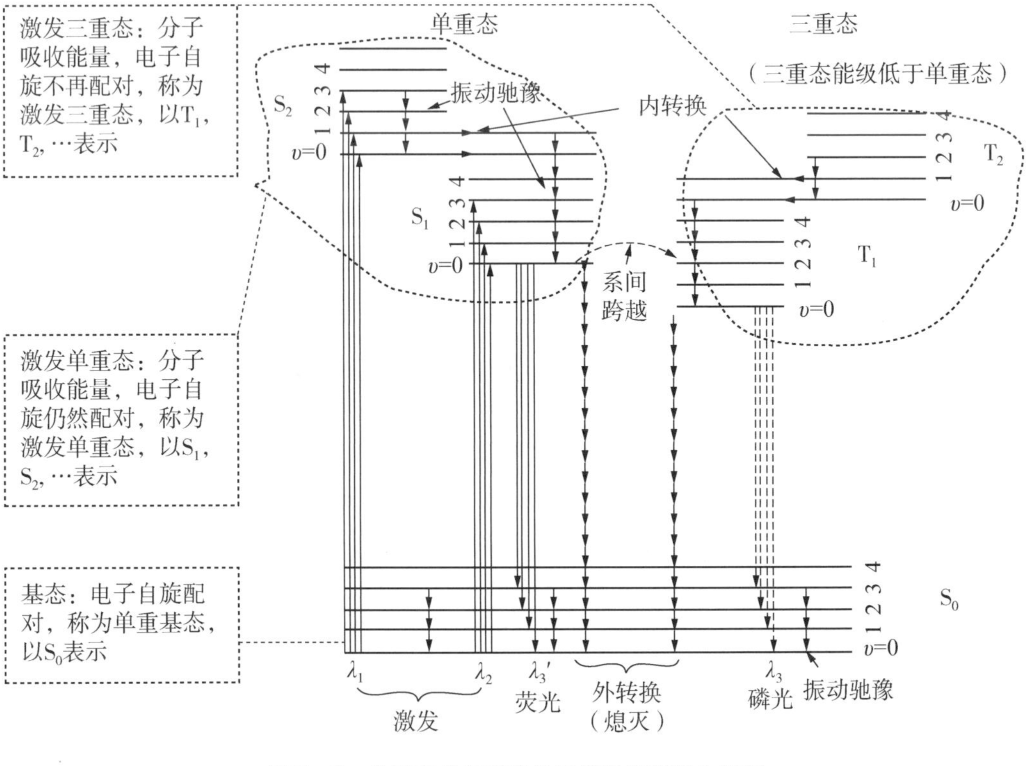

图6-2 分子荧光和磷光体系能级及其产生机制

(2) 内转换 (internal conversion, IC)。对于具有相同多重度的分子,若较高电子能级的低振动能层与较低电子能级的高振动能层相互重叠,则电子可在重叠的能层之间通过振动耦合产生无辐射跃迁($10^{-15} \sim 10^{-11}$ s),如 $S_2 - S_1$、$T_2 - T_1$。

(3) 系间跨跃 (intersystem conversion, ISC)。系间跨跃是发生在两个不同多重态之间的无辐射跃迁(如从 S_1 到 T_1),该跃迁是禁阻的。然而,当不同多重态的两个电子能层有较大重叠时,处于这两个能层上的受激电子的自旋方向发生变化,即可通过自旋-

轨道耦合而产生无辐射跃迁，该过程称为系间跨跃。

（4）外转换（external conversion，EC）。受激分子与溶剂或其他分子相互作用发生能量转换而使荧光或磷光强度减弱甚至消失的过程，也称"熄灭"或"猝灭"。

（5）荧光发射（fluorescence，F）。分子电子从单重激发态（Kasha 规则）的最低振动能级在很短时间（$10^{-9} \sim 10^{-7}$ s）跃迁到基态各振动能层时所产生的光子辐射称为荧光。由于各种去活化过程的存在，荧光辐射能通常要比激发能量低，或者说，荧光波长大于激发波长（Stokes 效应）。

（6）磷光发射（phosphorescence，P）。通过系间跨跃，分子从单重态无辐射跃迁到三重态，再经振动弛豫回到三重态最低振动能层。最后，再跃迁至单重基态的各振动能层所产生的辐射，称为磷光。因为属于禁戒跃迁，所以磷光在光照后产生的速率较慢（$10^{-4} \sim 10$ s）。

在室温下，大多数分子均处在基态 S_0 的最低振动能级（$\nu=0$），当其吸收了和它所具有的特征频率相一致的电磁辐射 λ_1、λ_2 后，电子可以跃迁至第一或第二激发单重态（S_1，S_2）中各个不同振动能级（$\nu=0, 1, 2, \cdots$）和各个不同的转动能级。通过振动弛豫，电子很快从 S_1、S_2 的高振动能层返回到各自的低振动能层。同时，由于 S_2 的低振动能层与 S_1 的高振动能层相互重叠和耦合，因此，S_2 通过内部转换方式将能量传递给 S_1 后，电子再从 S_1 的各个高振动能层通过振动弛豫方式回到 S_1 的最低振动能层（$\nu=0$）。上述一系列的振动弛豫和内部转换等热辐射跃迁的最终结果是，所有处于单重激发态（S_2，S_1）各个能层的电子全部返回至单重激发态 S_1 的最低振动能层（$\nu=0$）。最后，电子再从 S_1 的最低振动能层（$\nu=0$）以光辐射弛豫的形式跃迁到基态的各个振动能级，所发出的光即为荧光（λ_2'），如图 6-2 所示。显然，荧光的产生是从第一电子激发单重态的最低振动能级开始，与荧光分子被激发至哪一个能级无关，因此，荧光光谱的形状和激发光的波长无关。

根据洪特（Hund）规则，在不同轨道上含有两个自旋相同电子的分子能量低于在同一轨道上有着两个自旋相反电子的分子能量。因此，在同样的分子轨道上，处于三重态分子的能量低于相应单重态分子。但是，通常第一激发三重态 T_1 的一些振动能层几乎与第一激发单重态 S_1 的最低激发振动能级的能量相同。因此，第一激发单重态 S_1 最低振动能层（$\nu=0$）有可能通过系间跨跃（intersystem conversion）跃迁至第一激发三重态 T_1，再经过振动弛豫，转至其最低振动能级（T_2 各个能层的电子也是通过振动弛豫和内部转换方式回到 T_1 的最低振动能层），再由 T_1 的最低振动能层跃迁至基态的各个振动能层，即发射磷光，如图 6-2 所示。这个跃迁过程（$T_1 \rightarrow S_0$）也是自旋禁阻的，其发光速率较慢，为 $10^{-4} \sim 1$ s。因此，在光照停止后，磷光仍可持续一段时间。

应该注意的是，荧光是分子通过吸收光辐射方式跃迁到激发态 S_1 或 S_2 之后产生的，而磷光则是由 S_1 或 S_2 通过系间跨跃（能量交换）方式使电子跃迁到 T_1 和 T_2 后产生的。表 6-1 总结了光致发光过程中各种能量的交换方式。从该表中也可以清楚地了解分子荧光和磷光的形成过程和机制。

表 6-1　光致发光过程中的能量转换方式

能量变化过程	表示式		跃迁速率常数
吸收光能（一次光）	$S_0 + h\nu_1 \rightsquigarrow S_1$ $S_0 + h\nu_2 \rightsquigarrow S_2$		k_A
振动弛豫	S_1（v高）$\rightsquigarrow S_1$（v低） S_2（v高）$\rightsquigarrow S_2$（v低） T_1（v高）$\rightsquigarrow T_1$（v低） T_2（v高）$\rightsquigarrow T_2$（v低）	$\left.\begin{array}{l}S_2\\S_1\end{array}\right\} \rightsquigarrow S_1\ (v=0)$	k_{VR}
内转换	S_2（v低）$\rightsquigarrow S_1$（v高） T_2（v低）$\rightsquigarrow T_1$（v高）	$\left.\begin{array}{l}T_2\\T_1\end{array}\right\} \rightsquigarrow T_1\ (v=0)$	k_{IC}
荧光（二次光）	$S_1\ (v=0) \rightarrow S_0 + h\nu_F$		k_F
系间跨跃	$S_1 \rightsquigarrow T_1$		k_{ISC}
磷光（二次光）	$T_1 \rightarrow S_0 + h\nu_P$		k_P
外部转换	$S_1 + Q \rightarrow S_0 + Q + $热能		k_{EC}

注：→表示光辐射跃迁；$\rightsquigarrow$表示热辐射跃迁；Q 为猝灭剂分子。

某些分子在跃迁至三重态后，通过热激活有可能再回到第一电子激发态的各个振动能级，然后再由第一电子激发态的最低振动能级降落至基态而发生荧光，这种荧光称为延迟荧光。

6.1.1.2 激发光谱、发射光谱及其特点

任何荧（磷）光都具有两种特征光谱，即激发光谱与发射光谱。它们是获得荧光或磷光基本分析参数，进行定性定量分析的基础。

（1）激发光谱。荧光和磷光均为光致发光，因此需要制作激发曲线（吸收）曲线来选择和确定合适的激发波长。首先选择并确定荧（磷）光最大发射波长作为测量波长，然后改变激发波长，测量荧（磷）光强度的变化。以激发波长为横坐标，荧光强度为纵坐标作图，即可得到激发光谱。

激发光谱形状与吸收光谱形状非常相似，经校正后，二者的形状和波长位置完全相同。这是因为分子吸收光能的过程就是分子的激发过程。激发光谱可用于定性鉴别荧光物质。在定量时，用于选择最适宜的激发波长。

（2）发射光谱。也称荧（磷）光光谱。以最大激发波长辐射荧光物质，扫描不同荧（磷）光发射波长并测量其强度，以荧（磷）光发射波长为横坐标，不同波长处的荧（磷）光发射强度为纵坐标作图，即得发射光谱。由于不同物质具有不同的特征发射峰，因而使用荧光发射光谱可用于鉴别各类荧光物质。

（3）荧光光谱的特点。图 6-3 为萘的激发光谱、荧光和磷光光谱。从图中可以总结并获得荧光磷光发射光谱的一些共同特征。

1) Stokes 位移。在溶液中，与激发（或吸收）波长相比，荧光发射波长更长，即产生所谓 Stokes 位移。这主要是由受激分子通过振动弛豫、不同单重激发态之间的耦合（内转换）以及与其他分子的碰撞（外转换）等过程而损失能量，使激发态能量下降所致；磷光的 Stokes 位移更大，除了类似于产生荧光 Stokes 位移的原因之外，还因为产生磷光的三重激发态能量比产生荧光的单重激发态能量更低（Hund 规则）。

2) 发射光谱形状与激发波长无关。如图 6-3 所示，使萘分子激发的波长有 2 个，但其荧光发射波长只有 1 个。这是因为分子吸收不同能量的光子，分子电子可以从基态跃迁至不同的激发态（第一、第二等单重激

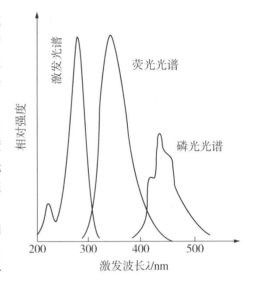

图 6-3 萘的激发光谱、荧光和磷光光谱

发态），因而分子的激发光谱可以具有几个不同的吸收带。但是，处于不同能级的受激分子，其电子跃迁不是从各自的单重激发态（S_1，S_2，S_3，…）回到基态（S_0），而是较高能级的激发态首先通过振动弛豫和内转换等去活化过程，无辐射跃迁到第一单重激发态的最低振动能层（$S_3 \rightarrow S_2 \rightarrow S_1$），再返回到基态的各振动能层（$S_1 \rightarrow S_0$，$\nu_0$），即荧光发射只有处于第一单重激发态最低振动能层到基态各个振动能层的跃迁，无论用什么波长的光辐射激发，其发射的波长带总是只有 1 个（可参见图 6-1）。理论上，也有可能从能级更高的单重激发态（如 S_2，S_3）直接跃迁到基态（$S_2 \rightarrow S_0$，$S_3 \rightarrow S_0$）并产生另外的吸收带。但因为振动弛豫和内转换去活化的速度非常快，使得处于高能级激发态的分子数急剧减少，从而导致发生直接跃迁到基态的概率很小，不能观测到第二个荧光波长的发射带。

3) 镜像对称规则。通常荧光光谱与其吸收光谱呈镜像对称关系。如图 6-4 所示，蒽的荧光光谱与吸收光谱互为镜像对称（图中未延至 250 nm）。这可以用能层结构的相似性和位能曲线加以解释。

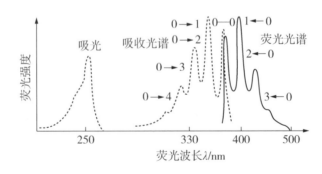

图 6-4 蒽的乙醇溶液的吸收光谱和荧光光谱

4）能层结构的相似性。正如前述，吸收光谱是由基态最低振动能层跃迁到第一电子激发单重态的各个振动能层而形成，即其形状与第一电子激发单重态的振动能级分布有关。而荧光光谱是由第一电子激发单重态的最低振动能层跃迁到基态的各个振动能层而形成，即其形状与基态振动能级分布有关。如图6-5所示。由于基态的振动能层与第一单重激发态的振动能层非常相似，因此荧光光谱与吸收光谱的形状相似。另一方面，由于基态分子吸收能量跃迁至单重激发

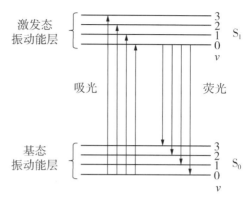

图6-5 基态和激发态振动能层相似性

态所需能量比荧光辐射的能量大，因此，吸收光谱的波长（或激发波长）要小于荧光波长（只有1个波长相等，即基态最低振动能层和激发态的最低振动能层之间的吸收和发射），吸收光谱位于左侧，荧光光谱位于右侧，即呈镜像对称关系。

5）位能曲线。由于电子吸收跃迁速率极快（10^{-15} s），此时，电子与原子核之间的相对位置可视为不变（原子核相对电子比较重）。当两个能层间吸收跃迁的概率越大[如 $v=0$ (S_0) $\to v=2$ (S_1)]，其相反跃迁的概率也越大[$v=0$ (S_1) $\to v=2$ (S_0)]，即产生的光谱呈镜像对称，如图6-6。

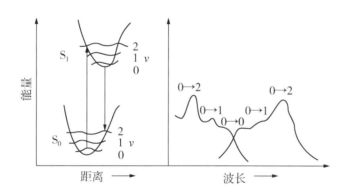

图6-6 位能曲线与镜像

6.1.2 影响荧光和磷光的因素

6.1.2.1 分子化学结构因素的影响

（1）荧光产生的条件及荧光量子效率。分子产生荧光须满足两个条件，即分子必须具有与激发辐射频率相适应的结构，才能吸收激发光；在吸收了与分子特征频率（能级）相同的能量之后，必须有一定的荧光量子效率。

荧光量子效率，又称量子产率（φ）或荧光效率，通常用式（6-1）表示定义：

$$\varphi = \frac{发射荧光的分子数}{激发分子总数} \quad 或 \quad \varphi = \frac{发射光量子数}{吸收光量子数} \quad (6-1)$$

在产生荧光的过程中，涉及许多辐射和无辐射跃迁过程。很明显，荧光的量子产率，将与每一个过程的速率常数有关式（6-2）：

$$\varphi = \frac{k_F}{k_F + k_{VR} + k_{IC} + k_{ISC} + k_{EC} + k_P} = \frac{k_F}{k_F + \sum k_T} \quad (6-2)$$

式中，k_F为荧光发射过程的速率常数，$\sum k_T$为其他有关过程的速率常数的总和。

显然，凡是能使k_F值升高使其他k值降低的因素，都可增强荧光。实际上，对于高荧光分子，例如荧光素，其量子产率在某些情况下接近于1，说明Σk_T很小，可以忽略不计。一般说来，k_F主要取决于分子的化学结构，而Σk_T则主要取决于化学环境，同时也与化学结构有关。

磷光的量子效率与荧光相似，那么何种结构的物质会产生荧光？物质化学结构的改变如何影响荧光强度和荧光光谱？

（2）荧光与有机化合物结构的关系。

1）跃迁类型。研究表明，大多数荧光物质受到激发后，首先经历$\pi-\pi^*$或$n-\pi^*$跃迁，经过振动弛豫或其他无辐射跃迁，再发生$\pi-\pi^*$或$n-\pi^*$跃迁并产生荧光。根据分子轨道理论，尽管$n-\pi^*$跃迁的能量最低，但分子在基态时，多处于成键轨道而不是处于非键轨道（n）上。因此，$\pi-\pi^*$跃迁的摩尔吸收系数一般比$n-\pi^*$跃迁大$10^2\sim10^3$倍，而$\pi-\pi^*$跃迁的寿命（$10^{-7}\sim10^{-9}$ s）比$n-\pi^*$跃迁的寿命（$10^{-5}\sim10^{-7}$ s）要短，因此，由$\pi-\pi^*$跃迁常能产生较强的荧光。

虽然由$n-\pi^*$跃迁产生的荧光弱于$\pi-\pi^*$跃迁，但在发生$n-\pi^*$时，紧接着更容易产生系间跨跃（S→T），最后从π^*三重态回到π基态，产生更强的磷光。

2）共轭效应。含有$\pi-\pi^*$的芳香族化合物荧光最强。这种分子结构体系中的π电子共轭程度大，非定域性强，容易被激发，更易产生荧光。共轭效应使荧光增强的原因，主要是由于增大荧光物质的摩尔吸收系数，有利于产生更多的激发态分子，从而有利于荧光的发生。例如，在多烯结构中，$Ph(CH=CH)_3Ph$和$Ph(CH=CH)_2Ph$在苯中的荧光效率分别为0.68和0.28。因此，凡是有利于提高π电子共轭度的结构改变，都将提高荧光效率，或使荧光波长向长波方向移动。表6-2给出了苯基化和乙烯基化之后，共轭程度增加，荧光增强，并发生红移。

表6-2 苯基化和乙烯基化后的荧光波长和量子效率的变化

化合物 （苯基化）	荧光量子 效率/φ	波长λ/ nm	化合物 （乙烯化）	荧光量子 效率/φ	波长λ/ nm
⬡	0.07	283	—	—	—
⬡-⬡	0.18	316	⬡-⬡	0.18	316
⬡-⬡-⬡	0.93	342	⬡-⬡-CH=CH$_2$	0.61	333
⬡-⬡-⬡-⬡	0.89	388	⬡⬡⬡	0.36	402

续表 6-2

化合物 （苯基化）	荧光量子 效率/φ	波长 λ/ nm	化合物 （乙烯化）	荧光量子 效率/φ	波长 λ/ nm
(三苯基苯结构)	0.27	355	(蒽-CH=CH₂结构)	0.76	432

3）刚性平面结构。在具有刚性结构和平面结构的 π 电子共轭体系的分子中，随着 π 电子共轭度和分子平面度的增大，其荧光效率增大，荧光光谱向长波方向移动。一般说来，荧光物质的刚性和共平面性增加，可使分子与溶剂或其他溶质分子的相互作用减小，或者说，使外转换能量损失减小，从而有利于荧光的发射。例如，芴与联苯的荧光效率分别约为 1.0 和 0.2。这主要是由于加入了亚甲基，使芴的刚性和共平面性增大的缘故。同样，酚酞和荧光素的结构非常相似，但酚酞的荧光效率只有 0.18，而荧光素则接近于 1。这也是因为荧光素分子中的氧桥使其具有刚性平面结构的缘故。

联苯

酚酞

芴

荧光素

取代基效应：当芳香化合物的苯环上具有不同取代基时，会引起该化合物最大吸收峰波长和荧光峰的改变。此外，取代基也会影响其荧光强度。表 6-3 列举了苯被不同取代基取代后荧光波长及相对强度的变化情况。

表 6-3 一些单取代基的苯系物的荧光波长及相对强度

化合物	取代基	荧光波长 λ/nm	相对强度	化合物	取代基	荧光波长 λ/nm	相对强度
苯	—	270~310	10	苯酚	—OH	285~365	18
甲苯	—CH₃	270~320	17	酚离子	—O⁻	310~400	10
丙苯	—C₃H₇	270~320	17	苯甲醚	—OCH₃	285~345	20
氟苯	—F	270~320	10	苯胺	—NH₂	310~405	20

续表 6-3

化合物	取代基	荧光波长 λ/nm	相对强度	化合物	取代基	荧光波长 λ/nm	相对强度
氯苯	—Cl	275～345	7	苯胺离子	—NH_3^+	—	0
溴苯	—Br	290～380	5	苯甲酸	—COOH	310～390	3
碘苯	—I	—	0	氰苯	—CN	280～360	20
				硝基苯	—NO_2	—	0

从表 6-3 可见，一些给电子基团，如—OH、—OR、—NH_2、—CN 和—NR_2 等可发生 p-π 共轭，增加了 π 电子的共轭程度，使最低激发单重态与基态之间的跃迁概率增加；而吸电子基团，如—COOH、—C＝O、—NO_2、—NO 和卤素原子等会降低荧光强度，甚至会使荧光猝灭，如带有—NO_2 和—NH_3^+ 取代基的物质都是非荧光物质。另外，随卤素取代基原子序数增加，荧光下降。当用碘取代时，荧光完全消失。这可用重原子效应来解释。即在重原子中，能级之间的交叉现象比较严重，因此，容易发生自旋轨道的相互作用，使系间跨跃速率增加，进而导致由单重态至三重态的转化速率增加。此时，荧光强度下降，磷光强度增加。

双取代和多取代物对非定域 π 电子激发的影响较难预测。但若能增加分子的平面刚性（如取代基之间形成氢键），则荧光增强；反之，则荧光减弱。

（3）无机化合物的荧光。除一些过渡元素的顺磁性原子可发生线状荧光光谱之外，大多数无机盐类金属离子，在溶液中只能发生无辐射跃迁，因而不能产生荧光。正如前述，有很多有机化合物虽然具有共轭双键，但由于不是刚性结构，分子不处于同一平面，也不会产生荧光。若这些化合物和金属离子形成螯合物，分子具有了平面结构，其刚性大大增强，常会发出荧光，并可用于痕量金属离子的测定。

例如，2,2-二羟基偶氮苯不是荧光物质，8-羟基喹啉的荧光也很弱，但它们与无荧光的 Al^{3+} 形成反磁性的螯合物后，其刚性和共平面性增加，即可发出很强的荧光。

一般来说，能产生上述这类荧光的金属离子具有硬酸型结构，如 Be、Mg、Al、Zr 和 Th 等。

螯合物中金属离子的发光过程，通常是螯合物首先通过配位体的 π-π* 跃迁而被激发，然后配位体将能量转移给金属离子，产生 d-d* 跃迁或 f-f* 跃迁，最终发射的是 d*-d 跃迁或 f*-f 跃迁光谱。例如，Cr^{3+} 具有 d^3 结构，它与乙二胺等形成螯合物后，将最终产生 d*-d 跃迁发光。Mn^{2+} 具有 d^5 结构，它与 8-羟基喹啉-5-磺酸形成螯合物后，也会产生 d*-d 跃迁发光。

6.1.2.2 实验条件的影响因素

荧光和磷光均属光致发光。当激发单重态和三重态之间的能级差相对较大时,有利于荧光的产生;反之,则有利于磷光的产生。

(1) 溶液浓度与荧光强度的关系。因为荧光强度 I_F 与吸光强度 I_a 成正比,而 I_a 为入射光强与透射光强 I 的差值,结合朗伯 – 比尔定律($I = I_0 e^{\varepsilon lc}$)得

$$I_F = \varphi I_a = \varphi(I_0 - I) = \varphi I_0 (1 - e^{\varepsilon lc}) \tag{6-3}$$

式中,φ 为荧光量子效率,ε 为荧光分子的摩尔吸光系数,l 为吸收池厚度,c 为荧光物质浓度。展开上式得

$$I_F = \varphi I_0 \left\{ 1 - \left[1 - 2.3\varepsilon lc - \frac{(2.3\varepsilon lc)^2}{2!} - \frac{(2.3\varepsilon lc)^3}{3!} - \cdots \right] \right\} \tag{6-4}$$

当 $\varepsilon lc < 0.05$,即荧光物质浓度很低时,

$$I_F = 2.3\varphi I_0 \varepsilon lc \tag{6-5}$$

当入射光强 I_0 一定时,

$$I_F = Kc \tag{6-6}$$

由此可见,在低浓度时,荧光强度与物质的浓度呈线性关系,式(6-6)为荧光定量的依据。但当浓度较高时,由于自猝灭和自吸收等原因,上式不成立。

(2) 溶剂的影响。溶剂影响可分为溶剂效应和特殊溶剂效应两种。前者指的是折射率和介电常数的影响,比较普遍;后者则是指荧光物质与溶剂分子间因化学结构因素而引起的特殊化学作用,如形成氢键和化合作用。显然,后者对荧光光谱和强度有更大的影响。

同一种荧光物质在不同溶剂中所受到的影响不同。通常,增加溶剂极性,可使 $n-\pi^*$ 跃迁能量增加,但使 $\pi-\pi^*$ 跃迁能量降低,从而使荧光强度增加,荧光峰红移。例如,随着溶剂极性的增加,8-巯基喹啉荧光峰发生红移且荧光量子效率增加(表6-4)。但也有相反的情况,如苯氨萘磺酸在从戊醇到甲醇溶剂中,随极性增加,其荧光峰发生蓝移,且强度下降。可见,溶剂极性的影响需视具体情况而定。

表6-4 8-巯基喹啉在不同溶剂中的荧光峰波长和荧光效率

溶 剂	相对介电常数	荧光峰波长(λ)/nm	荧光效率
四氯化碳	2.24	390	0.002
氯仿	5.2	398	0.041
丙酮	21.5	405	0.055
乙腈	38.8	410	0.064

在含有重原子的溶剂如碘乙烷和四溴化碳中,由于重原子效应,系间跨跃速度增加,使荧光减弱,磷光相应增强。

(3) 温度的影响。大多数荧光物质都随其所在溶液的温度升高,其荧光效率下降,荧光强度减小。温度每增加10 ℃,荧光效率约减小3%。这是因为溶液温度升高,分子间碰撞概率增加,促进分子内能的转化,使激发能转换为基态的振动能,从而导致荧

光强度下降。另一个原因是，温度增加，介质黏度或刚性减小，荧光量子效率下降。如当荧光素钠的乙醇溶液控制在 $-80\ ℃$ 时，其荧光效率可达 100%。因此，许多荧光计的样品池都配有低温装置，以提高荧光量子效率。

(4) pH 的影响。当荧光物质为弱酸或弱碱时，溶液 pH 的改变可导致荧光离子的电子构型发生变化，从而影响荧光强度。

例如，苯酚在碱性条件下离子化后其荧光消失。而苯胺在碱性范围（pH 为 7～12）内，苯胺以分子形式存在，可产生蓝色荧光；但当在强酸（pH<2）或强碱性（pH>12）溶液中，苯胺以离子形式存在，不产生荧光。类似的例子还有 α-萘酚等。

可产生荧光的金属离子的螯合物也易受到 pH 的影响，这是因为 pH 可影响螯合物的生成、稳定性和组成。例如，在 pH 为 3～4 时，Ga^{2+} 与 2,2'-二羟基偶氮苯形成 1:1 螯合物，可发射荧光；但在 pH 为 6～7 时，则形成无荧光的 1:2 螯合物。

(5) 内滤光与自吸效应。当体系内存在可以吸收荧光或激发光的物质，或荧光物质的荧光短波长端与激发光长波长端有重叠时，荧光强度均会下降，称为内滤光；当荧光物质浓度较大时，可吸收自身的荧光发射，称为荧光自吸。例如，当色氨酸溶液中存在 $K_2Cr_2O_7$ 时，色氨酸的激发和发射峰附近正好是 $K_2Cr_2O_7$ 的两个吸收峰，$K_2Cr_2O_7$ 会吸收色氨酸的激发能和发射的荧光能，从而导致色氨酸荧光强度大大降低。

(6) 荧光猝灭。荧光分子与溶剂分子或其他溶质分子的相互作用引起荧光强度降低的现象称为荧光猝灭。这些引起荧光强度降低的物质称为猝灭剂。引起溶液中荧光猝灭的原因很多，机理也很复杂。下面讨论几种导致荧光猝灭作用的主要类型。

1) 碰撞猝灭。碰撞是荧光猝灭的主要原因。它是指处于单重激发态（S_1）的荧光分子 M 与猝灭剂 Q 发生碰撞后，使激发态分子以无辐射跃迁方式回到基态，从而产生猝灭作用（或称外转换）。其荧光猝灭程度取决于荧光发射速率常数 k_F 和外转换速率 k_{EC} 的相对大小及猝灭剂的浓度。此外，碰撞猝灭还与溶液的黏度和温度有关。

2) 静态猝灭。荧光物质 M 与猝灭剂 Q 生成非荧光的配合物而产生的猝灭作用。该猝灭作用还可能引起溶液吸收光谱的改变。

3) 转入三重态的猝灭。分子通过系间跨跃，从单重激发态转移至三重激发态，常温下，三重激发态的分子不会发光，而是与其他分子碰撞消耗能量而使荧光猝灭。例如，溶液中处于三重基态的溶解氧（氧分子具有顺磁性），与单重激发态的荧光物质碰撞，产生单重激发态的 O_2 和三重态的荧光物质。该类猝灭是因猝灭剂与处于激发单重态的荧光作用后，发生了能量转移并使猝灭剂得到激发，从而导致荧光强度的降低。

4) 电子转移猝灭。即荧光物质与猝灭剂相互作用时发生电子转移反应所引起的荧光猝灭。例如，Fe^{2+} 对甲基蓝溶液荧光的猝灭，I^-、Br^- 和 SCN^- 等给电子离子，可奎宁、罗丹明和荧光素钠的猝灭均属于电子转移反应猝灭。

5) 荧光物质自猝灭。当荧光物质浓度较大时，常会发生自猝灭现象，使荧光强度降低。这是由于单重激发态的分子在发射荧光之前就与未激发的荧光物质碰撞而引起的荧光的能量损失，如高浓度的苯和蒽。也有些荧光分子在高浓度时形成多聚体而使荧光猝灭。

6.1.2.3 磷光测量条件

正如本章 6.1.1 部分所述，磷光与荧光的主要差别在于，磷光是由第一单重激发态 S_1

的最低振动能层，经系间跨跃（ISC）跃迁至第一激发三重态 T_1 的各个振动能层，再经振动弛豫至激发三重态的最低振动能层，然后再返回至基态的各振动能层时所产生的，即

$$S_1 \xrightarrow{\text{系间跨跃}} T_1(\text{高振动能层}) \xrightarrow{\text{振动弛豫}} T_1(\text{低振动能层}) \xrightarrow{\text{磷光发射}} S_0$$

与荧光相比，磷光有其自身的特点，主要包括：①磷光波长比荧光的更长。因为分子的三重激发态能量低于单重激发态能量，即 $T_1 < S_1$。②磷光的寿命比荧光的更长。因为荧光是自旋许可的 $S_1 - S_0$ 跃迁，其 S_1 激发态的寿命为 $10^{-9} \sim 10^{-7}$ s，跃迁速率常数 k_F 较大；而磷光是自旋禁阻的 $T_1 - S_0$ 跃迁，其 T_1 激发三重态的寿命 $10^{-4} \sim 10$ s，跃迁速率常数 k_P 很小。③磷光寿命和辐射强度受重原子和顺磁性物质影响极大。因为重原子的高核电荷可增强磷光物质分子的自旋-轨道耦合，从而增加 $S_0 - S_1$ 之间的吸收跃迁和 $S_1 - T_1$ 之间的系间跨越跃迁的概率，有利于磷光产生的量子效率的提高。这种作用也称为外部重原子效应。

（1）低温磷光。由于激发三重态 T_1 寿命较长，T_1 和 S_0 之间发生无辐射跃迁的概率增加，影响荧光发射的因素，如溶剂分子的碰撞、能量转移和发生化学反应等等去活化过程均可降低磷光发射强度，甚至完全消失。为减少这些因素的影响，提高磷光量子效率，可基于磷光的特点采取以下措施。

1）低温环境。采用液氮（77 K）作待测物溶液的冷却剂，使测量体系有足够的黏度和刚性，减少荧光猝灭的概率。

2）溶剂要求。对待测物有足够的溶解性，在研究光谱区无明显吸收或发射，容易纯化除去可增加荧光发射但却降低磷光发射的芳香族和杂环化合物。如 EPA，即乙醇、异戊烷和二乙醚按 2∶2∶5 比例的混合。

3）磷光增强剂。于试样中加入含有重原子的物质。如 IEPA，即 CH_3I 和 EPA 按 1∶10 的比例混合。如果在待测物分子中引入重原子，如芳烃中引入杂原子或重原子取代基，可提高磷光的发射强度。

（2）室温磷光。由于低温磷光需要低温装置以及溶剂选择受到限制等原因，20 世纪 70 年代开始发展了一系列室温条件下观测磷光的方法，主要包括固体基质法、胶束增稳法和溶液敏化法等。

1）固体基质法。该方法基于测量吸附于固态基质表面的待测物所产生的磷光。所用的固体基质或载体很多，如纤维素基质（滤纸、玻璃纤维）、无机基质（硅胶、氧化铝）和无机载体（NaAc、聚合物）等。理想的基质要求：可使分析物固定于基质表面或中心，以增加分子的刚性，减小三重态的碰撞猝灭等非辐射跃迁失活概率，而且基质本身无磷光背景发射。固体基质法已作为稠环芳烃和杂环化合物的快速灵敏分析手段。

2）胶束增稳法。该法是在待测溶液中加入表面活性剂至其临界浓度，使其聚集并形成定向胶束。由于该胶束的亲水、疏水多相性，改变了磷光体的微环境及其定向约束力，极大地减少了内转换（IC）和碰撞失活等非辐射概率，增加了三重态的稳定性，因此可在室温条件下进行磷光测量。利用胶束增稳、结合重原子效应和溶剂除氧可获得非常高的磷光测量灵敏度。例如，利用十二烷基硫酸盐表面活性剂水溶液胶束增稳，外加 Tl（Ⅰ）或 Pb（Ⅱ）重原子提高系间跃迁概率，并消除水溶液中顺磁性溶解氧对磷光的影响，在室温条件下可测定水中微量的萘、芘和联苯，检出限达 $10^{-6} \sim 10^{-7}$ mol·L^{-1}。

3）溶液敏化法。该法是一种间接测量方法。待测物被激发后跃迁至单重激发态，但并不产生荧光，而是通过系间跨越过程弛豫至能量较低的三重激发态。当有某种合适能量受体物质存在时，待测物能量转移给受体物质，通过受体物质发射磷光进行间接测量。可见，待测物并不发射磷光，而是引发受体发光，其能量转移过程如图6-7所示。

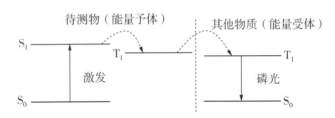

图6-7 溶液敏化磷光的产生

6.1.3 荧光和磷光分析仪器

荧光和磷光分析仪器与大多数光谱分析仪器一样，主要由光源、单色器（滤光片或光栅）、吸收池及检测器组成。不同的是荧光和磷光仪器需要两个独立的单色系统，一个用于获得激发辐射，另一个用于荧光发射。

现代荧光光度计具有不少新的功能。例如，采用双光束荧光分析装置，提高方法的精度；采用凹面全息光栅的大孔径异面光学系统，减少杂散光的影响，降低检测限（5 pg·mL^{-1}）；采用区分器装置，可以识别暗电流并扣除基影响，以减少荧光信号的噪音；采用光学纤维将激发光辐射传输到待测试液中，然后由同样的光学纤维将发射的荧光传输返回到检测器进行测定。

6.1.3.1 荧光仪器

由光源发出的光，经第一单色器（激发光单色器）后，得到所需要的强度为I_0，波长为λ_e的激发光。该激发光通过试样池，其中一部分光不被吸收而透过试样池（I_t），另一部分光被荧光物质吸收后，使荧光物质被激发并向四周发射荧光，经第二单色器（荧光单色器）消除溶液中可能共存的其他谱线的干扰后，再进入光电检测器进行检测。为了消除入射光及散射光的影响，荧光的测量应在与激发光呈直角的方向上进行，如图6-8。

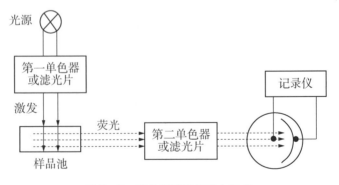

图6-8 荧光光谱仪的基本组成

(1) 光源。光源应具有强度大且稳定，适用波长范围宽等特点。常用光源有高压汞灯和氙弧灯。高压汞灯的平均寿命为 1 500～3 000 h，荧光分析中常用的是 365 nm，405 nm 和 436 nm 三种波长的谱线；氙弧灯（氙灯）是连续光源，发射光束强度大，可用于 200～700 nm 波长范围。在 200～400 nm 波段内，光谱强度几乎可保持恒定。

此外，高功率连续可调的染料激光光源是一种新型荧光激发光源。激光光源的单色性好，强度大。脉冲激光的光照时间短，并可避免物质的分解。

(2) 滤光片和单色器。荧光光度计多采用两个可调狭缝的光栅单色器，以提供合适的光谱通带。在一些简易仪器中，也采用干涉滤光片和吸收滤光片作为激发光束和荧光辐射的单色器。

(3) 试样池。试样池应采用低荧光的石英材料制作，形状多为正方形和长方形。

6.1.3.2 磷光仪器

磷光分析仪器与荧光仪组成基本相同。主要差异在于，试样需在低温液氮（77 K）保护下进行分析，以减小猝灭效应的影响；激发必须定时开或关，以在无荧光的情况下观察磷光发射。因此，在荧光计上配上如图 6-9 所示的磷光测量附件后，即可用于磷光测定。

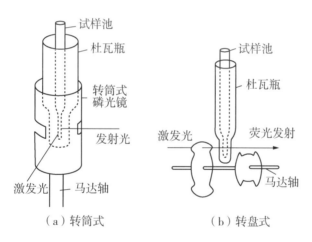

图 6-9 磷光测量附件

为了能在低温下测定磷光，盛试样溶液的石英试样池需放置于盛液氮的石英杜瓦瓶内。

由于发生磷光的物质常伴有荧光产生，为了区别磷光和荧光，在激发光单色器和试样池之间以及在液槽和发射光单色器之间各装一个斩波片，并由一个同步电动机带动。这种装置称为磷光镜，有转筒式 [图 6-9 (a)] 和转盘式 [图 6-9 (b)] 两种类型。它们的工作原理一样。现以转盘式为例说明其工作过程 [图 6-9 (b)]：两个斩波片可调节为同相或异相。同相时，磷光和荧光一起进入发射光单色器，测到的是磷光和荧光的总光强。当斩波片调节为异相时，激发光被遮断。由于荧光的寿命短，立即消失，而磷光寿命长，所以测到的仅为磷光。利用斩波片，不仅可分别测出荧光和磷光，而且可以通过调节两个斩波片的转速，测出不同寿命的磷光。这种具有时间分辨功能的装置，是磷光光度计的一个特点。

6.1.4 荧光和磷光分析及其应用

可产生荧光和磷光的化合物相对较少，且许多化合物发射的波长差别不大，因此荧光和磷光法很少用于定性分析。但与紫外－可见分光光度法相比，发光分析具有更高的灵敏度，因此光致发光分析主要用于物质的定量分析。可以通过荧光或磷光分析方法测量的物质包括：①本身可以发光的物质；②物质本身不发光，但与其他荧光或磷光体反应而转化为可以发光的物质；③物质本身不发光也不能转化发光，但可以与其他荧光或磷光体反应生成发光的物质。

6.1.4.1 荧光分析法的应用

荧光分析法具有灵敏度高、取样量少等优点，已被广泛应用于无机化学、有机化学、生化、医药和临床检验等各个领域。

（1）无机化合物。无机化合物直接产生荧光并用于测定的并不多，但与有机试剂形成络合物后进行荧光分析的元素已达到60余种。例如，可采用荧光猝灭法间接测定氟、硫、铁、银、钴和镍；采用催化荧光法测定铜、铍、铁、钴、锇及过氧化氢；采用液氮（77 K）低温荧光法测定铬、铌、铀和碲等；采用固体荧光法测定锑、钒、铀以及铈、钐、铕、铽等稀土元素。表6－5列举了一些无机物质的荧光测定法。

表6－5 一些无机物的荧光分析

离子	试剂	波长 λ/nm 吸收	波长 λ/nm 发射	检出限/μg·mL^{-1}	干扰离子
Al(Ⅲ)	石榴茜素R	470	500	0.007	Be, Co, Cr, Cu, Ni, Th, Zr, F$^-$, NO$_3^-$, PO$_4^{3-}$
F$^-$	Al(Ⅲ)－石榴茜素R（猝灭）	470	500	0.001	Be, Co, Cr, Cu, Ni, Fe, Th, Zr, PO$_4^{3-}$
B$_4$O$_7^{2-}$	二苯乙醇酮	370	450	0.040	Be, Sb
Cd(Ⅱ)	2－(邻羟基苯)－间氮杂氧	365	蓝色	2	NH$_3$
Li(Ⅰ)	8－羟基喹啉	370	580	0.2	Mg
Sn(Ⅳ)	黄酮醇	400	470	0.8	Zr, F$^-$, PO$_4^{3-}$
Zn(Ⅱ)	二苯乙醇酮	—	绿色	10	Be, B, Sb, 有色离子

例如，海水中硒的分析可采用间接方法测定。水样用高氯酸－硫酸－钼酸钠消化，再用盐酸将硒（Ⅵ）还原为硒（Ⅳ）。在酸性条件下，硒（Ⅳ）与2，3－二氨基萘反应生成有绿色荧光的4，5－苯并萘硒脑，用环己烷萃取，在激发波长376 nm，发射波长520 nm下，进行荧光分光光度测定，检出限达0.2 ng·mL^{-1}。如果样品不经酸处理，可直接测定四价硒的含量。

（2）有机化合物。一些有机物的荧光分析方法列于表6－6。可见，脂肪族有机化合物分子结构较为简单，本身会产生荧光的很少，只有与其他有机试剂作用后才可产生荧光；芳香族化合物具有不饱和的共轭体系，多能发生荧光。此外，如胺类、甾族化合物、蛋白质、酶与辅酶、维生素等，均可用荧光法进行分析。

表6-6　一些有机物的荧光分析

待测物	试剂	波长 λ/nm		测定范围/$\mu g \cdot mL^{-1}$
		吸收	发射	
丙三醇	三磷酸腺苷	365	460	—
甲醛	乙酰丙酮	412	510	0.005～0.97
草酸	间苯二酚	365	460	0.08～0.44
甘油三酸酯	乙酰丙酮	405	505	400～4 000
糠醛和戊糖	蒽酮	465	505	1.5～15
葡萄糖	5-羟基-1-萘满酮	365	532	0～20
邻苯二酸	间苯二酚	紫外	黄绿	50～5 000
四氧嘧啶	1,2-苯二胺	365	485	—
维生素A	无水乙醇	345	490	0～2
蛋白质	曙红Y	紫外	540	6×10^{-5}～6×10^{-3}
肾上腺素	乙二胺	420	525	0.001～0.02
胍基丁胺	邻苯二醛	365	470	0.05～5

海水中油类的芳烃组分测定，可用石油醚萃取海水后以 310 nm 为激发波长，测定 360 nm 发射波长的荧光强度，其相对荧光强度与石油醚中芳烃的浓度成正比。

6.1.4.2　磷光分析法的应用

由于能产生磷光的物质数量也很少，而且测定时需在液氮低温下进行，因此磷光分析的应用远不及荧光分析广泛。但是，由于一些具有弱荧光的物质通常可发射较强的磷光，例如含有重原子（氯或硫）的稠环芳烃常常能发射较强的磷光，而不存在重原子的这些化合物发射的荧光强于磷光，故在分析对象上，磷光与荧光法可以互相补充。磷光分析已用于测定有机和生物物质，如核酸、氨基酸、石油产物和农药等。表6-7和表6-8分别列举了一些有机化合物低温和室温磷光分析应用的例子。

表6-7　有机化合物低温磷光分析示例

化合物	溶剂	波长 λ/nm		化合物	溶剂	波长 λ/nm	
		激发	磷光			激发	磷光
腺嘌呤	水	278	406	吡啶	乙醇	310	440
蒽	乙醇	300	462	吡哆素盐酸	乙醇	291	425
	EPA	240	380				
阿斯匹林	乙醇	310	430	水杨酸	乙醇	315	430
苯甲酸	EPA	240	400	磺胺	乙醇	297	411

续表 6-7

化合物	溶剂	波长 λ/nm		化合物	溶剂	波长 λ/nm	
		激发	磷光			激发	磷光
咖啡因	乙醇	285	440	磺胺嘧啶	乙醇	310	440
可卡因盐酸	乙醇	240	400	磺胺二甲嘧啶	乙醇	280	405
可待因	乙醇	270	505	色氨酸	乙醇	295	440
DDT	乙醇	270	420	香草醛	乙醇	332	519

注：EPA 即乙醇、异戊烷和二乙醚三种有机溶剂按 2:2:5 比例的混合。

表 6-8 稠环芳烃有机化合物室温磷光分析示例

待测物	波长 λ/nm		重原子试剂	检出限/ng
	激发	磷光		
吖啶	360	640	Pb（Ac）$_2$	0.4
苯并（a）芘	395	698	Pb（Ac）$_2$	0.5
苯并（e）芘	335	545	CsI	0.01
2,3-苯并芴	343	505	NaI	0.028
咔唑	296	415	CsI	0.005
1,2,3,4-二苯并蒽	295	567	CsI	0.08
1,2,5,6-二苯并蒽	305	555	NaI	0.005
13H-二苯并（a,j）咔唑	295	475	NaI	0.002
萤蒽	365	545	Pb（Ac）$_2$	0.05
芴	270	428	CsI	0.2
1-萘酚	310	530	NaI	0.03
芘	343	595	Pb（Ac）$_2$	0.1

6.2 化 学 发 光

化学发光（chemiluminescence）不是由光、热或电能而是由化学反应产生的化学能激发物质所产生的光辐射。这类发光也多存在于生命过程中，因此，也特称此类化学发光为生物发光。发光分析具有极高的灵敏度、无须光源和单色器、没有散射光及杂散光等引起的背景值、线性范围宽、分析速度快等优点。但其主要的不足在于，可供发光用的试剂有限，发光机理需要进一步研究。

6.2.1 化学发光效率及定量原理

化学发光是基于物质吸收化学反应中产生的化学能而受激所发射的光辐射，包含化学激发和发光两个重要步骤。因此，产生化学发光必须满足三个条件：①化学激发能应足够大。激发能主要来源于反应焓。能够在可见光区发光的，通常为有机物的发色基团，它提供的能量与氧化-还原反应所提供的能量相似，因此，发光大多源于有机化合物的氧化-还原反应。②化学反应过程合适。反应过程应有利于化学能至少为一种物质所吸收并被激发。芳香族和羰基化合物的液相有机反应较容易产生化学发光。③发光可观测。激发态分子应产生光辐射或转移能量给其他分子发光，而不是产生热辐射。

当满足以上条件时，才可以有足够的发光效率进行物质的分析。化学发光效率可用 φ_{cl} 表示，即

$$\varphi_{cl} = \frac{发射光子分子数}{参加反应的分子数} = \varphi_x \times \varphi_f \qquad (6-7)$$

φ_{cl} 取决于生成激发态产物分子的化学效率 φ_x 和激发态分子的发光效率 φ_f 这两个因素，式中

$$\varphi_x = \frac{激发态分子数}{参加反应的分子数}, \quad \varphi_f = \frac{发射光子分子数}{激发态分子数}$$

化学发光反应的发光强度 I_{cl} 以单位时间内发射的光子数表示。其值为单位间内发生反应的待测物 A 浓度（c_A）的变化（以微分表示）与化学发光效率的 φ_{cl} 乘积，即

$$I_{cl}(t) = \varphi_{cl} \frac{dc_A}{dt} \qquad (6-8)$$

在发光分析中，通常待测物浓度比发光试剂浓度小得多，此时，可认为发光试剂浓度为一常数，因此，反应速度为

$$\frac{dc_A}{dt} = kc_A \qquad (6-9)$$

式中，k 为反应速率常数。

可见，发光反应可视为一级反应。当待测物与发光试剂反应后，不久就会得到较强的发光（峰值）。但随着 A 的消耗，c_A 逐渐减小，最后趋近于零，符合一级反应规律。峰值发光强度与浓度成线性关系，从而可以进行定量分析。但在发光分析过程中，影响反应的动力学因素很多，如溶液混合后的传递以及发光反应本身的动力学过程等。因此，一般达到强度峰值的时间也会有所不同。

也可以根据一定时间内总发光强度与待测物浓度的关系进行定量分析，即

$$\int_{t_1}^{t_2} I_{cl} dt = \varphi_{cl} \int_{t_1}^{t_2} \frac{dc_A}{dt} dt \qquad (6-10)$$

6.2.2 化学发光类型及其应用

化学发光按产生光辐射的激发态物质，可分为直接发光和间接发光。如果是由待测物自身发光，则称为直接化学发光；如果受激待测物不直接发光，而是将能量转移给其

他物质并使其发光,称为间接化学发光。二者的关系分别为

$$A + B \rightarrow C^* + D \qquad A + B \rightarrow C^* + D$$
$$C^* \rightarrow C + h\nu \qquad C^* + F \rightarrow F^*$$
$$\qquad\qquad\qquad F^* \rightarrow F + h\nu$$

直接化学发光　　　　间接化学发光

也可以按反应体系所处的相态分为气相化学发光和液相化学发光。

6.2.2.1 气相化学发光

主要包括 O_3、NO 和 S 的化学发光反应,可用于监测空气中的和 O_3、NO、NO_2、H_2S、SO_2 和 CO 等。

(1) 臭氧分析。臭氧可与40余种有机化合物产生化学发光反应,其中以与罗丹明 B 的反应最灵敏,可用于测定大气中的微量臭氧。臭氧本身并不发光,属间接分析。臭氧与罗丹明 B 没食子酸的乙醇溶液产生化学发光反应的过程如下:

$$没食子酸 + O_3 \rightarrow A^* + O_2$$
$$罗丹明 B + A^* \rightarrow 罗丹明 B^* + B$$
$$罗丹明 B^* \rightarrow 罗丹明 B + h\nu$$

此处 A^* 为没食子酸与臭氧反应所产生的受激中间体,B 是最终的氧化产物,发光的最大波长为 584 nm。

此外,还可以利用 O_3 与乙烯的发光反应测量乙烯:

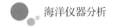

上述反应的 λ_{max} 为 435 nm,线性响应范围在 $1\ ng\cdot mL^{-1} \sim 1\ \mu g\cdot mL^{-1}$ 之间。

(2) 氮氧化合物分析。NO 与 O_3 或 O 原子的气相化学发光反应有较大的化学发光效率,NO 检出限为 $1\ ng\cdot mL^{-1}$,测定范围为 $0.01 \sim 10\ 000\ \mu g\cdot mL^{-1}$。NO 通过反应而激发发光,属直接发光分析。其反应机理如下:

$$NO + O_3 \rightarrow NO_2^* + O_2 \qquad NO + O \rightarrow NO_2^*$$
$$NO_2^* \rightarrow NO_2 + h\nu \qquad\qquad NO_2^* \rightarrow NO_2 + h\nu$$

如需测定空气中 NO_2,可先将其还原为 NO,按上述反应测得 NO 的总量后,从总量中减去原试样中 NO 的含量,即为 NO_2 的含量。

(3) SO_2 和 CO 分析。气相中的 SO_2 和 CO 能分别与氧原子产生化学发光反应:

$$SO_2 + 2O \rightarrow SO_2^* + O_2 \qquad\qquad CO + O \rightarrow CO_2^*$$
$$SO_2^* \rightarrow SO_2 + h\nu\ (\lambda_{max} = 200\ nm) \qquad CO_2^* \rightarrow CO_2 + h\nu\ (300 \sim 500\ nm)$$

其中，SO_2 和 CO 检出限均为 0.001 $\mu g \cdot mL^{-1}$。

上述发光反应中所需要的氧原子，可由 O_3 在 1 000 ℃ 的石英管中分解为 O 和 O_2 而获得。

（4）火焰化学发光。物质在火焰中的氧化或还原过程亦可发光。例如，氮氧化物 NO_x（NO 和 NO_2）以及 SO_2 在富氢火焰中燃烧时，均可产生强烈的火焰化学发光。其反应过程分别如下：

$$NO_2 + H \rightarrow NO + OH$$
$$NO + H \rightarrow HNO^*$$
$$HNO^* \rightarrow HNO + h\nu \quad (660 \sim 770 \text{ nm}, \lambda_{max} = 690 \text{ nm})$$

该法可用于大气中 NO_x 的分析。利用该发光原理还可制作用于气相色谱法分析含 N 和 P 化合物的检测器（氮磷检测器，详见气相色谱分析）。

$$SO_2 + 2H_2 \rightarrow S + 2H_2O$$
$$S + S \rightarrow S_2^*$$
$$S_2^* \rightarrow S_2 + h\nu \quad (350 \sim 460 \text{ nm}, \lambda_{max} = 394 \text{ nm})$$

该反应产生很强的蓝色光，SO_2 的绝对检出限为 0.2 ng。因为反应是由两个 S 原子结合成一个 S_2 分子，所以发射光的强度与硫化物的浓度的平方成正比。

6.2.2.2 液相化学发光

液相化学发光反应在痕量分析中十分重要。常用于化学发光分析的发光试剂有鲁米诺（a）、洛粉碱（b）、没食子酸（c）、焦性没食子酸（d）和光泽精（e）等。

其中，鲁米诺是最常用的发光试剂，它可以测定 Cl_2、HOCl、OCl^-、H_2O_2、O_2 和 NO_2，产生化学发光反应时量子效率在 0.01～0.05 之间。

鲁米诺为 3 - 氨基苯二甲酸肼，在碱性溶液中形成叠氮醌，再与 H_2O_2 反应生成不稳定的桥式六员环过氧化物中间体，然后再转化成激发态的氨基邻苯二甲酸根离子并跃迁回基态产生 425 nm 的光辐射：

$$\underset{\substack{\text{(luminol)}}}{\underset{}{\text{ }}} \xrightarrow{OH^-} \underset{}{\text{ }} \xrightarrow[H_2O_2]{OH^-} \underset{}{\text{ }}$$

$$\longrightarrow \left[\underset{}{\text{ }}\right]^* \xrightarrow{+N_2} \underset{}{\text{ }} + h\nu$$

该法可检测低至 10^{-9} mol·L^{-1} 的 H_2O_2。

鲁米诺与 H_2O_2 的化学反应速率很慢，但可被一些痕量的过渡族金属离子所催化，使发出的光大大增强。利用这一现象可以测定 Co(II)、Xu(II)、Ni(II)、Cr(III)、Fe(II、III)、Ag(I)、Au(III)、Mn(II)、Hg(II)、Os(III、IV、V)、Ru(IV)、V(IV) 和 Ir(IV) 等金属离子，检测限由 0.01 μg·mL^{-1} 至 40 μg·mL^{-1} 不等。此外，利用某些金属离子对化学发光反应的抑制效应，也可以间接测定这些金属离子，如 Ce(IV) 和 Hf(IV) 等。

鲁米诺化学发光体系还可以用于许多生化反应研究。在这些反应中，通常都涉及 H_2O_2 的产生或 H_2O_2 参加反应。例如，葡萄糖或氨基酸的测定，首先它们作为酶促反应的底物，在葡萄糖转化酶或氨基酸氧化酶的作用下，均产生 H_2O_2，然后 H_2O_2 与鲁米诺产生化学发光反应：

葡萄糖 + O_2 + H_2O $\xrightarrow{\text{葡萄糖氧化酶}}$ 葡萄糖酸 + H_2O_2

氨基酸 + O_2 + H_2O $\xrightarrow{\text{氨基酸氧化酶}}$ 酮酸 + NH_3 + H_2O_2

鲁米诺 + H_2O_2 → 产物 + $h\nu$

通过测定发光强度，可求得葡萄糖或氨基酸的含量。

6.2.3 化学发光的测量仪器

气相化学发光反应主要用于大气环境污染气体，如 NO_x、硫化物、CO_2、CO 和 O_3 的监测，目前已有各种专用的监测仪，本书不予讨论。下面主要讨论液相化学发光反应的分析装置。

在液相化学发光分析中，当试样与有关试剂混合后，化学发光反应立即发生，且发光信号瞬间消失。因此，如果不在混合过程中立即进行测定，就会造成光信号的损失。在发光分析中，要根据不同的反应速度，选择试样准确进入检测器的时间，以使发光峰值的出现时间与混合组分进入检测器的时间恰好吻合。目前，按照加样反应方式，可将发光分析仪分为手动间歇进样和流动注射进样两种类型。

6.2.3.1 手动间歇进样

手动间歇进样是一种在静态下测定化学发光信号的装置。它利用移液管或注射器将试剂与试样加入反应室中，靠搅动或注射时的冲击作用使其混合均匀，然后根据发光峰面积的积分值或峰高进行定量测定。

手动间歇进样装置具有设备简单、造价低、体积小等优点，还可记录化学发光反应的全过程，故特别适用于反应动力学研究。但这类仪器存在两个严重缺点：一是手工加样速度较慢，不利于分析过程的自动化，且每次测试完毕后，要排除池中废液并仔细清洗反应池，否则产生记忆效应；另一点是加样的重复性不好控制，从而影响测试结果的精密度。

6.2.3.2 流动注射进样

流动注射进样是流动注射分析在化学发光分析中的一个应用。光度法、化学发光法、原子吸收光度法和电化学法的许多间歇操作式的方法，都可以在流动注射分析中快速、准确而自动地进行。流动注射分析是基于把一定体积的液体试样注射到一个运动着的、无空气间隔的、由适当液体组成的连续载流中，被注入的试样形成一个带，然后被载流带到检测器中，再连续地记录其光强、吸光度、电极电位等物理参数。在化学发光分析中，被检测光信号只是整个发光动力学曲线的一部分，以峰高来进行定量分析。有关流动注射分析的内容可参见本书第18章。

目前，用流动注射式进行化学发光分析，得到了比分立式发光分析法更高的灵敏度与更好的精密度。

习题

1. 解释下列名词。
   (1) 单重态。(2) 三重态。(3) 量子产率。(4) 荧光。(5) 磷光。
   (6) 荧光猝灭。(7) 系间跨越。(8) 振动弛豫。(9) 重原子效应。
2. 阐明原子荧光、X 荧光和分子荧光的产生原理。
3. 阐明无机离子形成荧光化合物的条件。
4. 为什么荧光光度法的灵敏度比分光光度法高？
5. 为什么分子荧光光度分析法的灵敏度通常比分子吸光光度法的要高？
6. 区别下图中的 3 个峰：吸收峰、荧光峰；磷光峰，并说明判断原则。

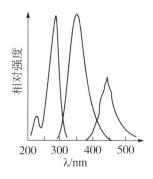

7. 下图是 10 μg·mL^{-1} 的核黄素的吸收曲线（实线）与荧光曲线（虚线），试拟出测定荧光的实验条件（激发光波长和发射光波长）

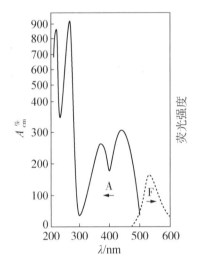

8. 在酚酞和荧光素中，哪一个有较大的荧光量子效率？为什么？

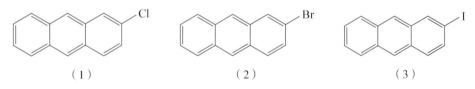

酚酞　　　　　　　　　　　荧光素

9. 有 1-氯丙烷、1-溴丙烷和 1-碘丙烷三种溶剂。试指出萘在哪一种溶剂中有最大的荧光。

10. 苯胺是在 pH=3 还是在 pH=10 时的荧光更强？请解释。

11. 下列化合物中，哪个的磷光最强？

（1）　　　　　　　　（2）　　　　　　　　（3）

12. 将等量的蒽分别溶解于苯或氯仿中，试问在哪一种溶剂中能产生更强的磷光？

第7章 红外吸收光谱法

红外吸收光谱（infrared spectroscopy，IR）的研究始于 20 世纪初，红外光谱仪问世于 40 年代初。五六十年代早期，K. Norris 等人开展了大量的研究并利用近红外漫反射技术测定了农产品中的水分、蛋白和脂肪等成分，使该技术成为关注热点。但因经典近红外光谱技术存在灵敏度低、抗干扰性差等弱点，加上其他仪器分析技术的迅速发展，使得红外光谱分析一度受到冷遇。直到 70 年代化学计量学（chemometrics）的应用以及 20 世纪 80 年代后期迅速发展的计算机技术，很好地解决了红外光谱在信息提取、背景干扰消除以及仪器自动化等方面的问题，才使得近红外光谱技术和仪器的应用得到快速发展。

在有机物分子中，组成化学键或官能团的原子处于不断振动的状态，其振动频率与红外光的振动频率相当。所以，当用红外光照射有机物分子时，分子中的化学键或官能团可发生振动吸收。由于不同的化学键或官能团吸收频率不同，在红外光谱上将处于不同位置，因此，可获得分子中化学键或官能团的信息。

红外吸收光谱常用的近红外光区是一种波长介于 780～2 526 nm 之间的电磁辐射。近红外光谱的优点主要包括：①简单方便，可直接测定液体、固体、半固体和胶状体等样品，检测成本低。②分析速度快，一般样品可在 1 min 内完成。③适用于近红外分析的光导纤维可轻易实现在线分析及监测，特别适合于生产过程和恶劣环境下的样品分析。④不损伤样品。⑤红外吸收峰数量多，可提供更多的、关于物质结构的"指纹"信息。⑥与其他仪器（如色谱）联用，可完成复杂混合物中多个组分定性和定量分析等。

红外吸收光谱是包括紫外-可见吸收光谱、核磁共振吸收光谱和质谱在内的四大波谱之一，广泛用于物质结构的定性或表征。

7.1 红外吸收光谱基本原理

任何物质的分子都是由原子通过化学键联结起来而组成，且分子中的原子与化学键都处于不断的运动中。在这些运动中，除了原子外层价电子跃迁以外，还伴随着原子的振动和分子本身的转动。其中，振动和转动所对应的能跃迁能量范围分别为 $0.05\sim 1$ eV 和 <0.05 eV，它们与红外光的能量相对应。因此，若以连续波长的红外光线为光源照射样品分子，则分子吸收其中一些频率的辐射，使振-转能级从基态跃迁到激发

态，相应于这些区域的透射光强减弱。通过记录百分透过率 $T\%$ 对波数或波长的曲线，即得红外光谱。图 7-1 为苯甲酮的红外光谱图，其纵坐标为吸收强度，横坐标为波长 λ（μm）和波数 $\bar{\nu}$（cm^{-1}）。

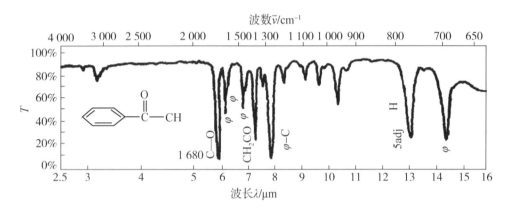

图 7-1 苯甲酮的红外光谱

在红外光谱中，横坐标常用波长 λ 和频率 ν 来表示谱带的位置。但更常用波数 $\bar{\nu}$ 来表示。若波长以 μm 表示，波数则以 cm^{-1} 表示，二者关系为

$$\bar{\nu}(\text{cm}^{-1}) = 10^4/\lambda(\mu m)$$

所有的标准红外光谱图横坐标均标有波长和波数两种刻度。由于实验技术和应用的不同，通常将红外区（0.76~1 000 μm）划分为三个区：

近红外区（0.76~2.5 μm）：主要用来研究 O—H，N—H 和 C—H 的倍频吸收。

中红外区（2.5~25 μm）：该区的吸收主要是由分子的振动和转动能级跃迁引起的，是研究和应用最多的区域。因此，红外吸收光谱又称振动 - 转动光谱。

远红外区（25~1 000 μm）：分子的纯转动能级跃迁以及晶体的晶格振动多出现在该区域。

红外吸收光谱属于分子吸收光谱的范畴，主要是用于研究分子结构与红外吸收曲线的关系。

7.1.1 分子的振动能级

每一个振动能级常包含有很多转动分能级，因此，在分子发生振动能级跃迁时，不可避免地伴随着转动能级的跃迁。由于无法测得纯振动光谱，故通常所测得的光谱实际上是振动 - 转动光谱，简称振转光谱。为了讨论方便，先讨论双原子分子的纯振动光谱。

7.1.1.1 双原子分子的振动

为了合理地解释光与物质相互作用产生光谱的物理机制，物理学家建立了多种理论模型，如刚性转子、简谐振子（线性谐振子）、非刚性转子、非谐振子、转动模型及多原子分子振动及转动模型等。其中，双原子分子线性简谐振动模型所给出的分子振动频率位于中红外波段区，刚性转子模型和转动模型一般是用来研究气态分子与光相互作用机理。

分子的振动可近似地看成一些用弹簧连接着的小球的运动。以双原子分子为例,若把两原子间的化学键看成质量可以忽略不计的弹簧,长度为 r(键长),两个原子的质量分别为 m_1 和 m_2。如果将两个原子看作两个小球,则它们之间的伸缩振动可以近似地看成沿轴线方向的简谐振动,如图 7-2。

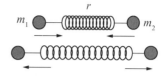

图 7-2 简谐振动示意

因此,可以把双原子分子称为谐振子。由经典力学理论(虎克定律)可导出这个体系的振动频率 ν 和波数 $\bar{\nu}$,

$$\nu = \frac{1}{2\pi}\sqrt{\frac{k}{\mu}}$$
$$\bar{\nu} = \frac{1}{2\pi c}\sqrt{\frac{k}{\mu}} \tag{7-1}$$

式中,c 为光速(3×10^{10} cm·s^{-1});k 为化学键的力常数,其含义为将两个原子由平衡位置伸长 1 Å 后的恢复力(达因·厘米$^{-1}$,dyn·cm^{-1});μ 为折合质量(kg),其值为 $m_1 \cdot m_2 / (m_1 + m_2)$。

如果力常数 k 以 mdyn·Å^{-1} 为单位,折合质量 μ 以原子质量(原子量)为单位,则式(7-1)可简化为

$$\bar{\nu} = 1307\sqrt{\frac{k}{\mu}} \tag{7-2}$$

式中,$1307 = \frac{1}{2\pi c}\sqrt{N \times 10^5}$,$N$ 是阿伏伽德罗常数(6.023×10^{23} mol^{-1}),μ 为两个原子的折合原子量。

由(7-2)式可知,双原子分子的振动频率或波数取决于化学键的力常数 k 和原子的折合质量 μ。化学键越强(k 值越大),相对原子折合质量越小,则振动频率或波数越高。

例如,HCl 分子 $k = 4.8$ mdyn·Å^{-1},根据式(7-2)可算出 HCl 的波数为

$$\bar{\nu} = 1307\sqrt{4.8/(35.5 \times 1)/(35.5+1)} = 2903.5 \text{ (cm}^{-1}\text{)}$$

实测值为 2 885.9 cm^{-1}。

同样可求得 C—H,C=C 和 C—C 的波数如下:
C—H:$k = 5$ mdyn·Å^{-1},$\mu = 1$,$\bar{\nu} = 2 920$ cm^{-1}
C=C:$k = 10$ mdyn·Å^{-1},$\mu = 6$,$\bar{\nu} = 1 683$ cm^{-1}
C—C:$k = 5$ mdyn·Å^{-1},$\mu = 6$,$\bar{\nu} = 1 190$ cm^{-1}

上述计算值与实测值均比较接近。计算结果表明,同类原子(折合质量相同)组成的化学键力常数越大,其基本振动频率越大。由于 H 原子质量较小,因此,含 H 原子的单键的基本振动频率都出现在中红外的高频区。常见的键伸缩力常数列于表 7-1。

表7-1 常见化学键的力常数　　　　　　　　　　　　　　　　　　　(mdyn·Å^{-1})

化学键	分子	力常数 k	化学键	分子	力常数 k
H—F	HF	9.7	H—C	$H_2C=CH_2$	5.1
H—Cl	HCl	4.8	H—C	$HC\equiv CH$	5.9
H—Br	HBr	4.1	C—Cl	CH_3Cl	3.4
H—I	HI	3.2	C—C		4.5～5.6
H—O	H_2O	7.8	C=C		9.5～9.9
H—O	游离	7.12	C≡C		15～17
H—S	H_2S	4.3	C—O		5.0～5.8
H—N	NH_3	6.5	C=O		12～13
H—C	CH_3X	4.7～5.0	C≡N		16～18

式（7-1）只适用于双原子分子或多原子分子中影响因素小的谐振子。

如果将双原子分子看成谐振子,那么该体系的势能为

$$U = \frac{1}{2}k(r-r_e)^2 \tag{7-3}$$

式中,r 为谐振子处于平衡状态时原子之间的距离,r_e 为振动过程中某一瞬间原子之间的距离。

当 $r=r_e$ 时,$U=0$;当 $r>r_e$ 或 $r<r_e$ 时,$U>0$。在振动过程中,当分子处于某一能级时,r_e 在一定范围内变化,分子的势能按势能曲线（抛物线）变化,如图7-3（a）所示。

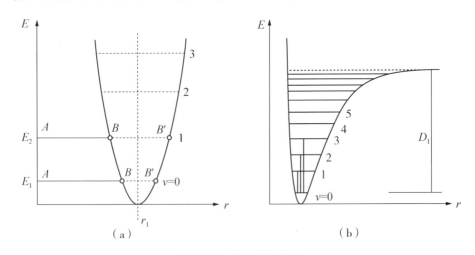

图7-3 分子势能曲线

但实际上双原子分子并非理想的谐振子,因此,化学键的势能曲线不像谐振子曲线那样对称,而是扭曲的［图7-3（b）］。由该曲线知,振动势能曲线是原子核之间距离的函数。振动时当振幅加大（核间距增大）,则振动势能也相应增加。当振幅加到一定值时,势能为一常数,此时,原子间的引力不再存在,分子便离解成原子,这一势能就

是该分子的离解能。

在常温下，分子处于较低的振动能级位置，简谐振动的模型非常近似化学键的振动。振动能级的能量 E_V 为

$$E_V = (V + \frac{1}{2})h\nu \tag{7-4}$$

式中，V 为振动量子数（0，1，2，3，…），h 为普朗克常数（6.63×10^{-34} J·s），ν 为振动频率。因此，分子的振动能级能量的变化是量子化的，激发态（E_i）和基态（E_0）两个振动能级之间的能量差为

$$\Delta E = E_i - E_0 = \Delta V h\nu \tag{7-5}$$

当分子吸收光能 E_a 恰好等于两个振动能级之间的能量差 ΔE 时，将引起振动能级之间的跃迁，具有这种能量的光一般位于电磁波的红外光区，所产生的吸收光谱称之为红外吸收光谱。利用红外光谱进行定性、定量的分析方法，称为红外分光光度法。

7.1.1.2 多原子分子的振动

多原子分子基本振动可分为伸缩振动和弯曲（变形）振动两种类型，其特点是在振动过程中分子质心保持不变，整体不转动，所有原子都是同相运动，即在同一瞬间通过各自的平衡位置，并在同一时间达到最大（或最小）值。每个基本振动代表一种振动方式，都有它自己特征振动频率，并且产生相应的红外吸收峰。图 7-4 是亚甲基（CH_2）的各种振动形式。

（1）伸缩振动。伸缩振动是指原子沿着键轴方向伸缩，使键长发生周期性变化的振动，如图 7-4（a）。伸缩振动的力常数比弯曲振动的力常数要大，因而，同一基团的伸缩振动常在高频端出现吸收，周围环境的改变对频率的变化影响较小。由于振动偶合作用，原子数 $n \geq 3$ 的基团还可分为对称伸缩振动（ν_s）和不对称伸缩振动（ν_{as}），一般 ν_{as} 比 ν_s 的频率高。

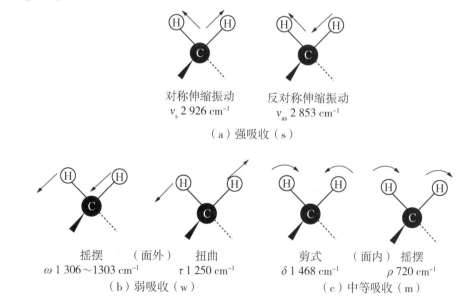

图 7-4　亚甲基（CH_2）的各种振动形式

（2）弯曲振动。弯曲振动又叫变形或变角振动，一般是指基团键角发生周期变化的振动或分子中原子团对其余部分作相对运动。弯曲振动的力常数比伸缩振动的小，因此，同一基团的弯曲振动在其伸缩振动的低频端出现。另外，弯曲振动对环境结构的改变可以在较广的波段范围内出现，所以一般不将它作为基团频率处理。弯曲振动分为面内弯曲振动和面外弯曲振动两类共四种情况，如图7-4（b）、图7-4（c）所示。

1）剪式弯曲振动。两个原子在同一平面相向弯曲或键角发生周期性变化的振动。键角的变化类似剪刀的关或闭，以 δ 表示。

2）面内摇摆振动。振动时基团键角不发生变化，基团作为一个整体在分子平面内左右摇摆，以 ρ 表示。

3）扭曲变形振动。振动时基团离开纸面，且方向相反地来回扭动，也称蜷曲振动，以 τ 表示。

4）面外摇摆振动。基团作为整体在垂直于分子所在平面的前后摇摆，基因键角并不发生变化，以 ω 表示。

7.1.2 振动自由度与红外吸收产生的条件

7.1.2.1 振动自由度

双原子分子只有一种振动方式（伸缩振动），所以可以产生一个基本振动。多原子分子随着原子数目的增加，振动方式也越复杂。在研究多原子分子时，常把多原子的复杂振动分解为许多简单的基本振动（又称简正振动），这些基本振动数目即分子的振动自由度，或简称为振动自由度。分子自由度数目与该分子中各原子在空间坐标中运动状态的总和紧密相关。

要确定一个原子的空间位置，需要 x、y 和 z 三个坐标，因此，由 n 个原子组成的分子需要 $3n$ 个坐标（或自由度）才能确定 n 个原子的位置。分子中的原子由化学键联结为一个整体，而分子作为一个整体，其运动状态包括平动、振动和转动，即分子的总自由度为 $3n$ = 平动自由度 + 振动自由度 + 转动自由度。

分子在 x、y 和 z 轴方向共有3个平动自由度；非线性分子围绕 x、y 和 z 轴共有3个转动自由度，而线性分子绕轴只有2个转动自由度。因此，线性分子和非线性分子的振动自由度分别为：

线性分子振动自由度：$3n - ($平动自由度 + 转动自由度$) = 3n - (3 + 2) = 3n - 5$

非线性分子振动自由度：$3n - ($平动自由度 + 转动自由度$) = 3n - (3 + 3) = 3n - 6$

每个振动自由度可以看作是分子的一种振动形式，并有其特征的振动频率。

7.1.2.2 振动自由度与红外吸收峰数目的关系

正如前述，每个振动自由度都是分子的一种振动形式，并有其特征的振动频率。因此，振动自由度理论上应该与吸收峰数目相等。

[例7-1] H_2O 分子是是由3个原子组成的非线性分子，其振动自由度为 $3n - 6 = 9 - 6 = 3$。因此，水分子有反对称伸缩振动（ν_{as} 3 756 cm^{-1}）、对称伸缩振动（ν_s 3 652 cm^{-1}）和弯曲剪式振动（δ 1 595 cm^{-1}）三种振动形式。因此，H_2O 有3个红外吸收峰，如图7-5（a）所示。

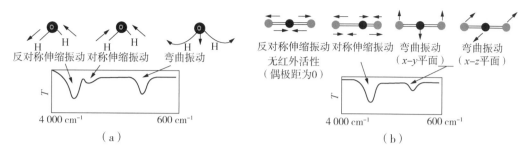

图 7-5 水分子和二氧化碳分子振动形式及吸收谱

[**例 7-2**] CO_2 分子是由 3 个原子组成的线性分子，其振动自由度为 $3n-5=9-6=4$。因此，CO_2 有反对称伸缩振动（ν_{as} 2 439 cm^{-1}）、对称伸缩振动（ν_s 1 388 cm^{-1}）、面内弯曲剪式振动（δ 667 cm^{-1}）和面弯曲剪式振动（δ 667 cm^{-1}）共 4 种振动形式，如图 7-5（b）所示。

以上两个例子表明，可以通过计算分子的振动自由度获得分子的振动数，而且每种振动形式均具有特定的振动频率，也就应该有相应的红外吸收峰。但实际上，绝大多数化合物的红外光谱谱图上的吸收峰数目往往并不与其基本振动数一致。例如，上述例 2 中 CO_2 有 4 种基本振动形式，但在其光谱图上只出现 2 个吸收峰，即位于 2 349 cm^{-1} 处的反对称伸缩振动峰和位于 667 cm^{-1} 处的弯曲振动峰。这是因为在 CO_2 分子的 4 种振动形式中，对称伸缩振动不引起分子偶极矩的变化，因此不产生吸收峰。另外，面内弯曲振动与面外弯曲两振动形式因振动频率完全相同，峰带发生简并，合并成为 1 个吸收峰。

在观测红外吸收谱带时，经常遇到光谱图上吸收峰数目少于分子振动自由度数目的情况，其原因可以总结如下：

（1）在振动过程中，当分子不发生瞬间偶极矩变化时，不引起红外吸收。这种振动称为红外非活性振动。如 CO_2 分子的 ν_s 就属于非活性振动。

（2）如果分子结构对称，则某些振动频率相同，它们彼此发生简并。

（3）强而宽的峰可能会覆盖与它频率相近的弱而窄的峰。

（4）吸收峰有时落在红外区域（4 000～650 cm^{-1}）以外。

（5）仪器分辨率不够，有些吸收峰特别弱或波数非常接近，则仪器检测不出或分辨不开。

当然也有使峰数增多的因素，如一些泛频率峰的存在。但这些峰比较少地落在中红外区，而且都是非常弱的峰。

通常将分子的振动吸收峰分为基频峰和泛频峰两类。

基频峰是指振动能级由基态跃迁到第一激发态时所产生的吸收峰，即 $\Delta V=\pm 1$ 的跃迁吸收峰。它们的能量差最小，因此最容易产生跃迁，产生的红外吸收峰也最强，是红外光谱分析中最常用。

泛频峰包括倍频峰、合频峰和差频峰。其中，倍频峰是指振动能级由基态向第二、三……振动激发态的跃迁（$\Delta V=\pm 2, \pm 3, \cdots$）。例如，HCl 分子基频峰是 2 885.9 cm^{-1}，强度很大，但它的二倍频峰 5 668 cm^{-1} 则是个较弱的峰（注意：由于分子的非谐振性质,倍频峰并非是基频峰的整数倍,而是略小一些)。合频峰是指分子吸收光子后,同时发生频率为 ν_1、ν_2 的跃迁,此时产生的跃迁吸收峰频率为 $\nu_1 + \nu_2$,$2\nu_1 + \nu_2$,…。差频峰是指当吸收峰 ν_2 与发射峰 ν_1 相重叠时产生的,此时产生的跃迁吸收峰频率为 $\nu_1 - \nu_2$,$2\nu_1 - \nu_2$,…。这些因跃迁概率小,因此产生的泛频峰强度很弱。但有时也可以观察到这些泛频峰,并可作为分子的"指纹",如苯的泛频峰,其特征性很强,可用于识别苯环上的取代位置(图 7-6)。

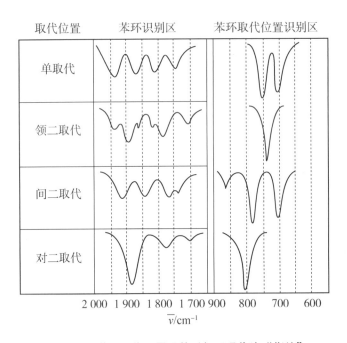

图 7-6 苯环取代位置及其泛频区吸收峰"指纹"

7.1.2.3 红外吸收光谱产生的条件

如前所述,红外光谱是由于样品分子吸收外来电磁辐射导致振-转能级的跃迁而形成的。但样品分子不是任意吸收一种频率的电磁辐射就可以引起振-转能级跃迁的,因为,分子吸收红外辐射必须满足以下两个条件:

(1) 只有当电磁辐射的能量与分子的振动和转动能量之间发生跃迁的能量相当时,分子才会吸收这部分辐射。

(2) 被红外辐射作用的分子必须有偶极距的变化,即只有发生偶极距变化的振动,才能产生红外吸收,该振动才是红外活性的。

可见,当一定频率的红外辐射(交变电场和磁场)照射分子时,如果分子中某些基团的固有振动频率和它一致时,二者就会产生共振。此时,红外辐射能量通过分子偶极距的变化($\Delta\mu \neq 0$)而传递给分子(如 HCl 分子的 H-Cl 偶极子,以及 H_2O 分子的 3 个偶极子),这个基团就吸收一定频率的红外光产生振动跃迁。如果分子偶极距的电荷分布不发生周期性的净变化,即正负电荷重合,则不会产生瞬间偶极矩。此时,分子的偶极距就不会与红外辐射(交变电场和交变磁场)发生偶合作用,红外辐射就不能经由偶极子传递能量，分子就不能吸收红外电磁辐射并产生跃迁吸收。如图 7-7 所示。

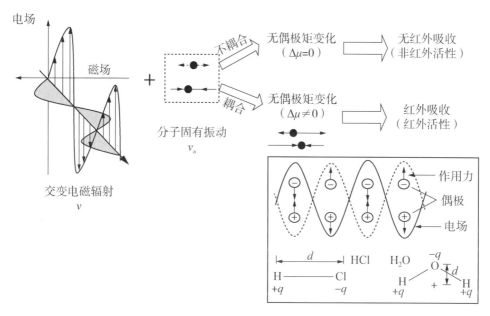

图 7-7　电磁辐射与偶极子的耦合作用示意

例如，CO_2 分子的 ν_{as}，虽然它的永久偶极矩为零，但在振动过程中，在一个氧原子移向碳原子的同时，另一个氧原子却背离碳原子运动。因此，电荷分布将发生周期性的净变化，使正负电荷不重合，产生的瞬间偶极矩可与红外电磁辐射（交变电磁场）偶合，产生共振吸收（2 349 cm^{-1}）。而 CO_2 分子的 ν_s，两个氧原子同时离开或移向中心碳原子，两个键产生的瞬间偶极矩大小相等但方向相反，分子的正负电荷重合。对于分子整体而言，偶极矩没有变化，始终为零，不能与红外辐射偶合，所以没有共振吸收。

7.2　影响红外吸收峰强度及其位置的因素

7.2.1　红外吸收强度的影响因素

与紫外-可见吸收光谱类似，红外光谱中吸收峰的强度可以用吸光度（A）或透过率（T）表示，且峰的强度亦遵从朗伯-比耳定律。当采用 T 表示红外吸收强度时，红外光谱中谷越深（T 越小），表示吸光度越大或吸收强度越大。

分子振动时偶极矩的变化不仅决定了该分子能否吸收红外光产生红外光谱，而且还关系到吸收峰的强度。根据量子理论，红外吸收峰的强度与分子振动时偶极矩变化的平方成正比。因此，振动时偶极矩变化愈大，吸收强度愈强，而偶极矩变化的大小主要取于下列四种因素。

7.2.1.1 原子电负性的影响

化学键两端所连接的原子,若电负性相差越大(极性越大),则瞬间偶极矩的变化也越大,此时的伸缩振动红外吸收峰也越强。

例如,C═O 和 C═C 是两个含有不饱和键的基团,但是 C═O 吸收峰强度远大于 C═C 的吸收强度。C═O 伸缩振动常常是红外光谱图中最强的吸收峰;而 C═C 伸缩振动所产生的吸收则有时出现,有时不出现,即使出现,其相对强度也很弱。这主要是因为 C═O 中氧原子电负性大,振动偶极矩变化也很大,因此 C═O 的跃迁概率大,而 C═C 的振动偶极矩变化很小,其跃迁概率也很小。

但是也应注意,偶极矩变化大,并不能代表跃迁概率大。例如,倍频峰从基态跃迁到第二、三……激发态,其振幅增加,这时偶极矩变化也大,但由于这种跃迁概率很低,结果吸收峰的强度反而很弱。另外,样品浓度增加,吸收峰强度随之加大也主要是跃迁概率增加的缘故。

又例如,在 O—H、C—H 和 C—C 的伸缩振动吸收中,以 O—H 最强,C—H 次之,而 C—C 最弱,也是因为两个原子的电负性差别不同引起的。

7.2.1.2 振动方式的影响

振动方式不同,则分子的电荷分布也不同,故吸收峰强度也不同。通常不对称伸缩振动比对称伸缩振动的影响大,而伸缩振动又比弯曲振动影响大。

7.2.1.3 分子结构的对称性

对同一类型的化学键,偶极距的变化与分子的对称性有关。如 C═C 在不同结构的化合物中,其吸收强度(ε)相差很大。例如,R—CH═CH_2(ε = 40)、R—CH═CH—R′(顺式,ε = 10)和 R—CH═CH—R′(反式,ε = 2),其原因就在于前者的对称性最差,因而吸收最强;后者对称性最最高,因而吸收最弱。在振动过程中,如果整个分子的偶极矩始终为零,则不会有吸收峰出现(产生红外吸收的条件之一)。

7.2.1.4 溶剂的影响

某分子在不同溶剂或在相同溶剂但浓度不同时,分子氢键的影响以及氢键强弱的不同,使原子间偶极距增加,分子红外吸收强度增加。如醇类的—OH 基在 CCl_4 溶剂中的伸缩振动比在 H_3C—O—CH_3 溶剂中弱得多;或不同—OH 浓度的 CCl_4 溶液,由于缔合状态不同,其吸收强度差别也很大。

需要明确的是,红外振动吸收谱带的强度要比紫外-可见光吸收强度小 2～3 个数量级,而且红外光源辐射的能量很低,须采用较宽的狭缝,即红外吸收的峰高和峰宽受狭缝宽度的强烈影响。此外,同一物质的摩尔吸光系数 ε 随着所采用仪器的不同而不同。因此,红外光谱分析中使用摩尔吸光系数 ε 定性的意义不大。在红外光谱分析中,吸收强度通常定性地用 vs(很强)、s(强)、m(中等)、w(弱)和 vw(极弱)等表示。

7.2.2 影响吸收峰位移的因素

分子内各基团的振动不是孤立的,而是受邻近基团及其分子其他部分受分子内部结构因素的影响(内因);有时也会受到溶剂、测定条件以及样品的物理状态等外部因素的影响。因此，在红外光谱分析中，不仅要知道红外特征谱带的位置和强度，而且还要了解影响它们的因素（外因）。这样就可以根据基团频率的位置和强度的改变，推断产生这种影响的结构因素，从而进行分子结构的剖析。

例如，$\bar{\nu}_{C=O}$ 随不同羰基化合而不同。酰氯的 $\bar{\nu}_{C=O}$ 在 1 700 cm^{-1}，酰胺的 $\bar{\nu}_{C=O}$ 在 1 680 cm^{-1} 等。因此，可根据 $\bar{\nu}_{C=O}$ 的差别和谱带形状来确定羰基化物的类型和结构。下面讨论影响红外吸收峰的位移的因素。

7.2.2.1 内部因素

内部因素即分子本身内部结构因素，包括取代基诱导效应、共轭效应、空间效应、氢键效应和偶合效应等。

(1) 取代基诱导效应。C═O 是强极性基团。当有另外一个强的吸电子基团与该羰基的 C 相连时，它就会与 C═O 上的 O 原子争夺电子，从而使 C═O 键的力常数增加，故 C═O 基团的吸收将移向高波数。

	R—C(═O)—R	R—C(═O)—H	R—C(═O)—Cl	R—C(═O)—F	F—C(═O)—F
$\bar{\nu}_{C=O}$（单：cm^{-1}）	1 715	1 730	1 800	1 920	1 928

当有另外一个推电子基团（通常为—R）与该羰基的 C 相连时，诱导效应减小，使力常数减少，特征频率降低。如丙酮 CH_3COCH_3 中的 —CH_3 是弱推电子基，与醛（1 730 cm^{-1}）相比，$\bar{\nu}_{C=O}$ 略有减少（1 715 cm^{-1}）。

(2) 共轭效应。共轭作用的结果，使共轭体系电子云密度平均化，使双键伸长，力常数减少，因而 C═O 振动吸收移向低波数。

	R—C(═O)—R	Ph—C(═O)—R	Ph—C(═O)—Ph
$\bar{\nu}$（cm^{-1}）	1 710～1 725	1 695～1 680	1 667

	R—C(═O)—R	R—C(═O)—NH_2
$\bar{\nu}$（cm^{-1}）	1 710～1 725	1 650～1 690

因为 C═O 的 π 键与苯环、N 原子上的电子对共轭（p-π 共轭），使 C═O 电子云密度下降，力常数减小，所以 $\bar{\nu}_{C=O}$ 移向低波数。

又例如，1,3-丁二烯的 4 个 C 原子都在一个平面上，4 个 C 原子共有全部 π 电子，结果使得分子最中间的单键具有一定的双键性质，而两个双键的性质却相对削弱，即共轭作用使原来的双键略有伸长，力常数减小，故振动吸收峰移向低波数。

当诱导与共轭两种效应同时存在时，振动频率的位移和程度取决于它们的净效应。哪种效应占优势，谱带的位置就向哪边移动。例如，饱和酯类的 $\bar{\nu}_{C=O}$ 吸收峰波数是 1 735 cm^{-1}，比酮（1 715 cm^{-1}）高，这是因为—OR 基的诱导效应比共轭效应大，所以 $\bar{\nu}_{C=O}$ 的波数升高；不饱和酯的 $\bar{\nu}_{C=O}$ 吸收的影响取决于不饱和基在分子中的位置；芳核或烯烃基与酯中 C＝O 共轭将使 $\bar{\nu}_{C=O}$ 吸收移向低波数（共轭占主导），但若与酯中的 O—C 共轭，则 $\bar{\nu}_{C=O}$ 吸收移向高波数。

元素 N 和 Cl 的电负性均是 3.0，但它们对 C＝O 的影响不同。酰卤中的 C＝O 吸收峰移向高波数（1 800 cm^{-1}），而酰胺中的 C＝O 吸收峰却移向低波数区（1 650 cm^{-1}）。其原因是 Cl 和 C 不在同一周期上，p-π 共轭较弱，主要以诱导效应为主，因此波数升高；而 N 与 C 为同一周期，p-π 共轭强，共轭效应的影响超过诱导效应，使 C＝O 双键性质降低，力常数减小，吸收峰移向低波数。

$$\begin{array}{cc} R-C\overset{O}{\underset{R}{\diagdown}} & R-C\overset{O}{\underset{OR}{\diagdown}} \\ \bar{\nu}\,(cm^{-1})\quad 1\,715 & 1\,735 \end{array}$$

$$R-C\overset{O}{\underset{R}{\diagdown}} \begin{array}{l} \nearrow C=CH_2-C\overset{O}{\underset{OR}{\diagdown}} \\ \quad\bar{\nu}\,(1\,680\,cm^{-1})\ <1\,715\,cm^{-1} \\ \searrow R-C\overset{O}{\underset{OC=CH_2}{\diagdown}} \\ \quad\bar{\nu}>1\,715\,cm^{-1} \end{array}$$

（3）空间效应。由于空间阻隔，使得 C＝O 所在的分子平面与双键不在同一平面，此时共轭效应下降，红外峰移向高波数。

$$\bar{\nu}_{C=O}\,(单位：cm^{-1})\qquad 1\,663 \qquad\qquad 1\,686$$

空间效应的另一种情况是对环状化合物的张力效应，即四元环的张力＞五元环的张力＞六元环的张力。随环张力增加，红外峰移向高波数。

$$\bar{\nu}\,(cm^{-1})\qquad 1\,716 \qquad\qquad 1\,745 \qquad\qquad 1\,784$$

对于环内双键，随环张力的增加，$\bar{\nu}_{C=C}$ 吸收移向低波数，$\bar{\nu}_{C-H}$ 吸收峰移向高波数；如果双键碳原子上的氢原子被烷基 R 取代，则 $\bar{\nu}_{C=C}$ 将向高波数移动。

（4）氢键效应。氢键的形成，可非常明显地影响吸收峰位置和强度，通常可使伸缩振动频率向低波数方向移动。这是因为在形成氢键时，质子给予基团 X—H 与质子接受基团 Y 形成了氢键 XH⋯Y（X、Y 通常是 N、O、F 等电负性较大的原子）。这种作用使电子云密度平均化，从而使键的力常数减小，频率下降。氢键分为分子内氢键和分子间氢键。

分子内氢键：分子中同时存在 O—H 和 C＝O 基团，可能形成分子内氢键，其 $\bar{\nu}_{C=O}$ 及 $\bar{\nu}_{O-H}$ 吸收均移向低波数。例如，β-二酮或β-羰基酸酯，因为分子内发生互变异构，分子内形成氢键，吸收峰也将发生位移，在红外光谱上能够出现各种异构体的峰带。

$$R-\overset{O}{\underset{\|}{C}}-\underset{H_2}{C}-\overset{O}{\underset{\|}{C}}-R \rightleftharpoons R-\overset{O\cdots\cdots OH}{\underset{\|}{C}}-\underset{H}{C}=\overset{}{\underset{}{C}}-R$$

分子间氢键：醇和酚的—OH 基，在极稀的溶液中呈游离状态。分子在 3 650～3 500 cm^{-1} 出现吸收峰。随着浓度的增加，分子间形成氢键，因此，醇和酚的 $\bar{\nu}_{O-H}$ 吸收峰移向低波数。例如，对于不同浓度乙醇的 CCl$_4$ 溶液，当乙醇溶液的浓度为 1 mol·L^{-1} 时，乙醇分子以多聚体的形式存在（分子间缔合），$\bar{\nu}_{O-H}$（缔合）移到 3 350 cm^{-1} 处；若在稀溶液中（0.01 mol·L^{-1}），分子间氢键消失，只在 3 640 cm^{-1} 处出现游离吸收峰。因此，也可以通过改变浓度，区别游离 OH 的峰和分子间氢键 OH 的峰。又例如游离的羧酸，其 $\bar{\nu}_{O-H}$ = 1 760 cm^{-1}，而在液态或固态时，因氢键形成二聚体，其 $\bar{\nu}_{O-H}$ = 1 700 cm^{-1}。

$$R-C\underset{OH}{\overset{O}{\diagup\!\!\!\diagdown}} \qquad R-C\underset{O\cdots\cdots H-O}{\overset{O-H\cdots\cdots O}{\diagup\!\!\!\diagdown}}\!\!=\!\!C-R$$

$\bar{\nu}$（cm^{-1}）　1 760　　　　　　　　　　　1 700

分子内氢键不随溶液浓度的改变而改变，因此，其特征频率也基本保持不变。如邻硝基苯酚在浓溶液或在稀溶液中测定时，$\bar{\nu}_{O-H}$ 吸收峰在 3 200 cm^{-1} 处，谱带强度并不因溶液稀释而减弱，而分子间氢键谱带强度随溶液浓度增加而增加。

(5) 偶合效应。当两个频率相同或相近的基团连接在一起时，它们之间可能产生相互作用，可使谱峰分裂成两个，一个高于正常频率，一个低于正常频率。这种相互作用被称为偶合效应。

分子中振动频率接近的单键，如 C—C、C—N 和 C—O，它们连接到同一个原子或距离很近的情况是广泛存在的，所以它们多发生偶合。因此，在 1 500 cm^{-1} 以下的 C—C、C—N 和 C—O 单键的伸缩振动区，对它周围结构的变化特别敏感。在饱和碳链中，往往在 1 200～800 cm^{-1} 出现多重峰。

相距较近的 C＝C 也可以发生偶合。例如，1，3-丁二烯的两个双键发生偶合，结果在 IR 光谱中 1 640 cm^{-1} 附近观察到它的不对称伸缩振动。还有一些羰基化合物，如酸酐、二烷基酰基过氧化物、二芳酰基过氧化物以及丙二酸及其酯类，由于两个羰基的振动偶合，使 $\bar{\nu}_{C=O}$ 的吸收分裂成两个峰。

二元酸分子中，丙二酸 $\bar{\nu}_{C=O}$ 分裂为 1 740 cm^{-1} 和 1 710 cm^{-1}；丁二酸 $\bar{\nu}_{C=O}$ 分裂为 1 780 cm^{-1} 和 1 700 cm^{-1}；戊二酸因双键相距太远，只有一个 $\bar{\nu}_{C=O}$ 吸收峰。

（6）偶极场效应。前述诱导效应和共轭效应都是通过化学键起作用，使电子云密度发生变化，而偶极场效应虽然也是使电子云密度发生变化，但它要经过分子内的空间才能起作用。因此，只有在立体结构上互相靠近的那些基团之间才能产生这种效应。

如氯代丙酮有三种旋转异构体，Cl 和 O 都是键偶极的负极，可表示为 C—Cl 和 C—O，在第一和第二种异构体中，Cl 与 C＝O 比较靠近，发生负负相斥作用，使 C＝O 上的电子云移向双键中间，增加了双键的电子云密度，力常数增加，因此频率升高。而第三种异构体接近正常频率。在甾族立体化学中，经常遇到的 α-卤素酮的规律就是偶极场效应的结果。

此外，一些环状化合物，如环己酮和 4,4-二甲基环己酮的 $\bar{\nu}_{C=O}$ 吸收峰均在 1 712 cm^{-1}。但前者的 2-溴化合物的波数为 1 715 cm^{-1}，后者的 2-溴化合物的波数为 1 728 cm^{-1}，$\bar{\nu}_{C=O}$ 吸收峰均移向高波数。

（7）费米共振效应。当某个振动的倍频（或组频）与另一振动的基频吸收峰接近时，可发生相互作用而产生很强的吸收峰或发生裂分。这种倍频（或组频）与基频峰之间的振动偶合作用被称为费米共振。例如，苯的 3 个基频峰的波数分别为 1 485 cm^{-1}、1 585 cm^{-1} 和 3 070 cm^{-1}。前 2 个频率的组频峰为 1 485 + 1 585 = 3 070 cm^{-1}，刚好与最后一个基频相同，此时，基频与组频相互作用发生费米共振，在 3 099 cm^{-1} 和 3 045 cm^{-1} 观察到 2 个强度相同的峰。同样，苯甲酰氯也可观测到费米共振现象。

7.2.2.2 外部因素

（1）物质分子的状态。同一种化合物在固态、液态或气态时的 IR 光谱不相同。因此，在查阅标准图谱时，应注意试样状态及制样方法。在气态时，分子间的相互作用很小，在低压下能得到游离分子的吸收峰；在液态时，由于分子间出现缔合或分子内氢键的存在，IR 光谱与气态和固态情况不同，峰的位置与强度都会发生变化。在固态时，因晶格力场的作用,发生了分子振动与晶格振动的偶合,将出现某些新的吸收峰,其吸收峰比液态和气态时尖锐且数目增加。如丙酮在气态时,$\bar{\nu}_{C=O}$ 为 1 738 cm^{-1},而液态时为 1 715 cm^{-1}。

(2) 溶剂的影响。极性基团的伸缩振动频率常常随溶剂的极性增大而降低。例如,不同溶剂条件下,羧酸中羰基的 $\bar{\nu}_{C=O}$ 分别为:$\bar{\nu}$(气态)= 1 780 cm^{-1},非极性溶剂为 1 760 cm^{-1},乙醚为 1 735 cm^{-1},乙醇为 1 720 cm^{-1}。

由此例可以看出,同一种化合物在不同的溶剂中,因为溶剂的各种影响,会使化合物的特征频率发生变化。因此,在 IR 光谱的测量中尽量采用非极性溶剂。常用的溶剂有 CCl_4、CS_2、$CHCl_3$、CH_2Cl_2、CH_3CN 和 CH_3COCH_3 等,所配制溶液的透过率 T 控制在 20%~60%。

从以上讨论可知,凡是影响化学键力常数的因素,或者说,凡是使化学键电子云密度发生改变的因素,均可引起红外吸收峰的移动。如果使化学键电子云密度增加(力常数增加),则红外吸收峰移向高波数;反之,如果使化学键电子云密度减小(力常数减小),则红外吸收峰移向低波数。

7.3 红外吸收光谱的基本区域

7.3.1 基本概念

7.3.1.1 特征峰与相关峰

红外光谱的最大特点是具有特征性。复杂分子中存在许多原子基团,各个原子基团(化学键)在分子被激发后,都会产生特征的振动,分子的振动实质上可归结为化学键的振动,因此红外光谱的特征性与化学键振动的特征性是分不开的。通过研究大量的红外光谱,可发现,同一类型的化学键(原子基团)的振动频率非常相近,总是出现在某一范围内。例如 CH_3—NH_2 中—NH_2 具有一定的吸收频率,而很多含有—NH_2 基的化合物,在这个频率附近(3 500~3 100 cm^{-1})也出现吸收峰。因此,凡是能用于鉴定原子基团存在并有较高强度的吸收峰,被称为特征峰,其对应的频率为特征频率。

一个基团除了有特征峰以外,还有很多其他振动形式的吸收峰。习惯上将这些相互依存而又相互可以佐证的吸收峰称为相关峰。如—CH_3 相关峰有 $\nu_{C-H(as)}$(2 960 cm^{-1})、$\nu_{C-H(s)}$(2 870 cm^{-1})、$\delta_{C-H(as)}$(1 470 cm^{-1})、$\delta_{C-H(s)}$(1 380 cm^{-1})和 γ_{C-H}(720 cm^{-1})。用一组相关峰可更准确地鉴别分子的特征基团。在某些情况下,因为相关峰与其他峰重叠或峰强太弱,并不一定能够观测到所有峰,但仍可通过主要的相关峰来协助确定基团的存在。

例如,苯的相关峰包括 $\nu_{\varphi-H}$、$\nu_{C=C}$、$\delta_{\varphi-H}$ 和 $\gamma_{\varphi-H}$,以及 φ—H 的泛频峰。由于泛频峰($\delta_{\varphi-H}$)强度太弱,且常与其他峰重叠,因此可以采择苯的主要相关峰($\nu_{\varphi-H}$、$\nu_{C=C}$ 和 $\gamma_{\varphi-H}$)。应该指出的是,同一基团在不同的结构中有同样的相关峰,但不同基团不会

有同样的相关峰。

红外图谱解析是一件非常复杂的工作，必须首先熟悉各基团的特征吸收峰出现的区域，然后找出对应的相关峰。正如前述，基团特征吸收峰受到的影响因素非常多，因此，峰位的判断还需要大量实践和经验积累。

7.3.1.2 官能团区与指纹区

红外光谱虽然复杂，但按照光谱与分子结构的特征，可大体上将整个红外光谱分为两个区域，即官能团区和指纹区。

（1）官能团区。振动波数位于 $4\,000 \sim 1\,300\,\text{cm}^{-1}$ 范围内（对应的波长为 $2.5 \sim 7.5\,\mu\text{m}$），其红外光谱主要反映特征基团的振动，也称特征频率区或特征区。它们受分子其余部分影响小，吸收频率和强度均较大，吸收峰比较稀疏，易于辨认，是官能团定性的主要区域。这些官能团包括醇（$\nu_{\text{O—H}}$）、胺（$\nu_{\text{N—H}}$）、醛（$\nu_{\text{C=C—H}}$）、酮（$\nu_{\text{C=O}}$）、炔（$\nu_{\text{C≡C}}$）、氰（$\nu_{\text{C≡N}}$）、烯（$\nu_{\text{C=C}}$）以及 $\nu_{\text{X—H}}$ 等一些基团的伸缩振动，还包括部分含单键基团的面内弯曲振动的基频峰。

按波数范围，还可再将官能团区大致分为 X—H 伸缩振动区（$4\,000 \sim 2\,500\,\text{cm}^{-1}$）、三键及累积键区（$2\,500 \sim 1\,900\,\text{cm}^{-1}$）以及双键伸缩振动区（$1\,900 \sim 1\,200\,\text{cm}^{-1}$），如表 7-2 所示。

表 7-2 一些特征官能团的振动频率及特征

基团	峰范围	分子	说明
(1) X—H 伸缩振动区（$4\,000 \sim 2\,500\,\text{cm}^{-1}$）			
O—H	$3\,650 \sim 3\,200$	醇、酚、酸	
低浓度	$3\,650 \sim 3\,580$		峰形尖锐
高浓度	$3\,400 \sim 3\,200$		强的宽峰
N—H	$3\,500 \sim 3\,100$		可干扰—OH 峰
—NH	<$3\,000$	胺、酰胺	
=NH	>$3\,000$		
C—H	~$3\,000$		
—CH	$3\,000 \sim 2\,800$	烷基	—CH$_3$（2 960，2 870） —CH$_2$（2 930，2 850）
=CH	$3\,040 \sim 3\,010$	烯烃及烯基	末端 =CH$_2$（3 085）
≡CH	$3\,300 \sim 2\,890$	炔烃	较弱（2 890），较强（3 300）
Ar—CH	$3\,030$	烷基苯	比饱和 C—H 弱，但峰形更尖锐
(2) 三键及累积键区（$2\,500 \sim 1\,900\,\text{cm}^{-1}$）			
基团	峰范围	分子	说明
RC≡CH	$2\,140 \sim 2\,100$		中等强度锐峰
RC≡CR'	$2\,260 \sim 2\,196$		当 R=R'，无红外峰
C≡N	$2\,260 \sim 2\,240$	非共轭	含 N、C、H，峰强且锐
	$2\,230 \sim 2\,220$	共轭	含 O，离基团越近峰越弱

续表 7-2

(3) 双键伸缩振动区（1 900～650 cm^{-1}）			
基团	峰范围	分子	说明
C＝O	1 900～1 650		强峰。判断酮、醛、酸、酯及酸酐的特征峰
C＝C	1 680～1 620		峰较弱（对称性好）。在 1 600 cm^{-1} 和 1 500 cm^{-1} 附近有 2～4 个苯环骨架振动峰，用于苯环识别
苯及衍生物泛频峰	2 000～1 650		苯环取代类型判断

在许多红外光谱专著中都有详细地叙述各种官能团的 IR 光谱特征频率的表。但是利用这些特征频率表来解析 IR 光谱，判断官能团存在与否，在很大程度上还要依靠经验。

指纹区：波数在 1 330～667 cm^{-1}（对应波长为 7.5～15 μm）的区域被称为指纹区。在此区域中各种官能团的特征频率不具有鲜明的特征性。出现的峰主要是 C—X 单键（X 为 C、N 或 O）的伸缩振动及各种弯曲振动（表 7-3）。由于这些单键强度（力常数）差别不大，原子质量又相近，因此峰带非常密集，好像人的指纹，故称指纹区。分子结构上的微小变化，都会引起指纹区光谱的明显改变，因此在确定有机化合物结构时也非常有用。

表 7-3 指纹区波数范围

振动类型	波数	应用
单、双键伸缩振动（不含 H）	1 800～900	C—O（1 300～1 000）
		C—（N, F, P），P—O，Si—O
面内弯曲振动	900～650	顺、反式结构和取代类型的确定

7.3.2 红外光谱定性定量方法

7.3.2.1 定性分析

(1) 已知物的鉴定。将试样谱图与标准谱图对照或与相关文献上的谱图对照。

(2) 未知物结构分析。如果化合物不是新物质，可将其红外谱图与标准谱图对照（查对）；如果化合物为新物质，则须进行光谱解析。其大致步骤如下。

1) 该化合物的信息收集。试样来源、熔点、沸点、折光率、旋光率等。

2) 计算不饱和度。通过元素分析得到该化合物的分子式，求出其不饱和度过 Ω。

$$\Omega = 1 + n_4 + \frac{n_3 - n_1}{2}$$

式中，n_4 为 4 价的原子个数，通常为 C 原子；n_3 为 3 价的原子个数，通常为 N 原子；n_1 为 1 价的原子个数，通常为 H 原子。一些杂原子如 S 和 O 不参加计算。

当 $\Omega=0$ 时，分子是饱和的，分子为链状烷烃或其不含双键的衍生物。

当 $\Omega=1$ 时，分子可能有 1 个双键或脂环。

当 $\Omega=3$ 时，分子可能有 2 个双键或脂环。

当 $\Omega=4$ 时，分子可能有 1 个苯环。

例如，通过元素分析得到某化合物分子式为 C_6H_6，其不饱和度为

$$\Omega = 1 + n_4 + \frac{n_3 - n_1}{2} = 1 + 6 + \frac{0 - 6}{2} = 4$$

说明分子有 3 个双键和 1 个环，可能是苯。

3）查找基团频率，推测分子可能的类型。查看 $3\,300 \sim 2\,800\ cm^{-1}$ 区域 C—H 伸缩振动吸收。以 $3\,000\ cm^{-1}$ 为界，若高于 $3\,000\ cm^{-1}$ 则为不饱和碳 C—H 伸缩振动吸收，有可能为烯，炔和芳香化合物；若低于 $3\,000\ cm^{-1}$ 则一般为饱和 C—H 伸缩振动吸收。若在稍高于 $3\,000\ cm^{-1}$ 有吸收，则应在 $2\,250 \sim 1\,450\ cm^{-1}$ 频区分析不饱和碳碳键的伸缩振动吸收特征峰，包括：$2\,200 \sim 2\,100\ cm^{-1}$（炔）；$1\,680 \sim 1\,640\ cm^{-1}$（烯）；$1\,600\ cm^{-1}$、$1\,580\ cm^{-1}$、$1\,500\ cm^{-1}$ 和 $1\,450\ cm^{-1}$（芳环）。

4）若已确定为烯或芳香化合物，则应进一步解析指纹区（$1\,000 \sim 650\ cm^{-1}$），以确定取代基个数和位置（顺反、邻位、间位和对位）。

5）碳骨架类型确定后，再依据其他官能团，如 C=O、O—H 和 C—N 等特征吸收来确定化合物的官能团。

6）解析时应注意将描述各官能团的相关峰联系起来，以准确判定官能团的存在。如 $2\,820\ cm^{-1}$，$2\,720\ cm^{-1}$ 和 $1\,750 \sim 1\,700\ cm^{-1}$ 的 3 个峰，说明醛基的存在。最后再结合常用相关峰，如：

烷烃：C—H 伸缩振动（$3\,000 \sim 2\,850\ cm^{-1}$），C—H 弯曲振动（$1\,465 \sim 1\,340\ cm^{-1}$）；一般饱和烃 C—H 伸缩均在 $3\,000\ cm^{-1}$ 以下，接近 $3\,000\ cm^{-1}$ 的频率吸收。

烯烃：烯烃 C—H 伸缩（$3\,100 \sim 3\,010\ cm^{-1}$），C=C 伸缩（$1\,675 \sim 1\,640\ cm^{-1}$），烯烃 C—H 面外弯曲振动（$1\,000 \sim 675\ cm^{-1}$）。

炔烃：伸缩振动（$2\,250 \sim 2\,100\ cm^{-1}$）；炔烃 C—H 伸缩振动（$3\,300\ cm^{-1}$ 附近）。

芳烃：芳环上 C—H 伸缩振动（$3\,100 \sim 3\,000\ cm^{-1}$）；C=C 骨架振动（$1\,600 \sim 1\,450\ cm^{-1}$）。

7）如果要完全确定未知化合物结构，还需结合其他定性方法，如 UV-Vis、MS 和 NMR 等技术进行验证。

在许多光谱专著中都有详细地叙述各种官能团的 IR 光谱特征频率的表。但是，利用这些特征频率表解析 IR 光谱，判断官能团存在与否，在很大程度上还是要依靠长期的经验积累。分析工作者必须熟知基团的特征频率表，并熟悉一些典型化合物的标准红外谱图，这样可提高 IR 光谱图的解析能力，加快分析速度。

在实际工作中，遇到被剖析的物质不一定是单一组分，经常遇到的是二组分或多组分的样品。为了快速准确的推测出样品的组成及其结构，还要借助于因子分析法以及计算机技术等手段来解决实际问题。

7.4 红外光谱仪器及实验技术

7.4.1 仪器类型及工作原理

红外光谱仪通常分为色散型和非色散型两类。

7.4.1.1 色散型红外光谱仪

色散型红外光谱仪原理见图 7-8。

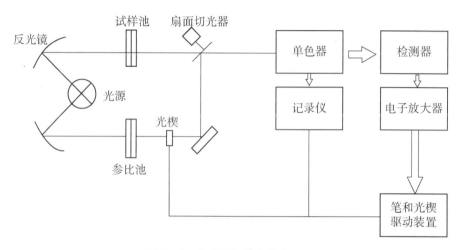

图 7-8 色散型红外光谱仪原理

来自光源的辐射被两个凹面镜反射形成两束收敛的光,分别形成测试光路和参比光路。两束光通过试样池和参比池,然后到达切光器,使测试光路的光和参比光路的光交替通过入射狭缝成像并进入单色器。连续的辐射被光栅色散后,按照频率高低依次通过出射狭缝,由滤光器滤掉不属于该波长范围的辐射后,被反射镜聚焦到检测器上。

当测试光路的光被样品吸收而减弱时,由于与通过参比池的光能量不等,故到达检测器的光强以切光器的频率为周期交替地变化,使检测器的输出在恒定电压的基础上伴随有切光器频率的交变电压。这个交流信号经电学放大系统放大后,用以驱动伺服马达,记录样品的吸收。

光束色散后进入检测器,若交替照射在检测器上的两束光强度相等,检测器无交变信号输出;当参比光束强度大于测量光束时,检测器将产生与两束光的强度差成正比的交变信号。此信号经放大后将推动参比光束中的光楔使之向减弱参比光束的方向移动,直至两光束相等为止。记录笔与光楔同步移动,光楔所削弱的参比光束的能量就是试样池中所吸收的能量,因而记录笔可以记录下试样的吸收情况。

色散型红外光谱仪采用棱镜或光栅为单色器进行扫描,属单通道测量,目前已较少使用。

7.4.1.2 非色散型红外光谱仪

非色散型与色散型红外吸收光谱仪的主要区别在于用迈克尔逊（Michelson）干涉仪取代了光栅单色器（图7-9）。

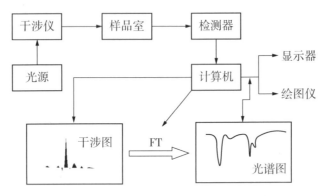

图7-9 非色散型红外光仪组成及干涉仪

红外光源发出的含有各种频率的红外光，经过迈克尔逊干涉仪得到干涉光后进入样品池，该干涉光与样品分子作用，所得到的含有样品信息的干涉光到达检测器，记录获得干涉图。该干涉图信号再由数学变换（傅里叶变换）进行处理，最后将干涉图还原成光谱图。

非色散型傅里叶变换红外光谱仪具有扫描速率快，分辨率高，稳定且重复性好等特点，目前被广泛使用。

7.4.2 红外光谱仪的组成

红外光谱仪是利用物质对不同波长的红外辐射的吸收特性，进行分子结构和化学组成分析的仪器。无论是色散型或非色散型红外光谱仪，均由红外辐射光源、放置样品的样品室、红外辐射的单色器、接收辐射的检测器，以及电子放大及数据处理系统组成。

7.4.2.1 红外光源

红外分光光度计常用的光源有能斯特灯和硅碳棒两种。

（1）能斯特灯。主要由混合稀土氧化物（氧化锆、氧化钇和氧化钍等）高温烧结而成，其工作温度为1 750 ℃，使用波数范围在5 000～400 cm^{-1}。其主要优点是发光强度大（尤其在高波数区），使用寿命为6～12个月；但缺点是机械强度较差。

（2）硅碳棒。由SiC高温烧结而成的实心棒状体，中间为发光部分，工作温度为1 200～1 500 ℃，波数范围也在5 000～400 cm^{-1}。该种光源发光面积大（尤其在低波数区），坚固且寿命长。

7.4.2.2 样品室及样品制备

（1）气体样品。当处于气态时，分子间距较远，相互作用极弱，分子密度稀疏，因此气池光路要很长。在测量时，通常要使用真空系统除去气体池中的空气，并量入一定压力的样品。图7-10为气体池和长光程气体池。

气体池用于气体和气体混合物的分析，也可用于已知气体的波长校准。气体池多做

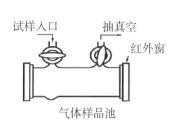
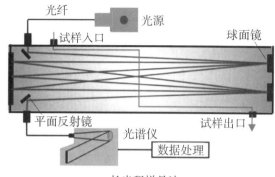

图 7-10　气体池和长程气体池

成可拆卸的，以便更换窗片。最常用的样品池为 5 cm 和 10 cm 光程，容积在 50～150 mL。

长光程气体池，在池内装有反射系统，以增加光程。通常用于低浓度气体、弱吸收气体和痕量气体的红外分析，也可用于记录低蒸汽压物质的蒸汽光谱。

(2) 液体样品。对于易挥发性液体可用固定式液体池。为了防止液体泄漏，装配应十分严密。样品由带有聚四氟乙烯塞子的小孔内注入，注入后应立即盖上塞子。对于不易挥发的液体样品或分散在白油中的固体样品，多使用可拆式液体池（图 7-11）。用注射器将样品注入两窗片之间。对于黏度大、不易流失的样品也可不用间隔片，而是依靠两窗片间的毛细作用保持住窗片间的液体层。当使用完毕或更换样品时，可将池体拆开清洗。

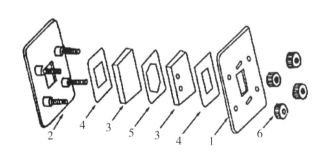

图 7-11　可拆式液体池

1，2-夹具；3-红外透光窗片；4-氯丁橡胶垫；5-间隔片；6-螺帽

还有一种可以改变液层厚度的液体池。此种液体池的一个窗固定在池体上，另一窗可以借转动测微螺旋使样品层厚从 0 连续变到 5 mm 和 10 mm。

(3) 固体样品。通常是根据样品的性质选用适当的方法，将样品做成合适厚度 (0.01～0.10 mm) 的薄膜。制作薄膜的方法包括压片法、薄膜法和分散法等。

1) 压片法。将样品粉末分散在固体中，研细并加压使其成为透光薄片，再对其进行测定的方法，被称为压片法。压片装置包括振动磨、压模、油压机和机械真空泵。

样品通常是将 1%～2% 的样品分散在 KBr、CsI、AgCl、聚四氟乙烯或聚乙烯（远红外区用）中，可压出很透明的薄片。KBr 在使用前要充分磨细，颗粒约 2 μm 比较合适。研细的 KBr 极易吸潮，须在烘箱中于 110～150 ℃ 充分烘干（约 48 h），也可置于高温炉中于 200 ℃ 烘干数小时，并于含 P_2O_5 或分子筛的干燥器内保存。例如，将约 2 mg 样品在玛瑙研钵或振动球磨的玛瑙囊中充分磨细，加入约 200 mg 干燥的 KBr 粉末，继续研磨 2～5 min 即可装入模具中压片。

2）薄膜法。塑性样品可以在平滑的金属（附有聚四氟乙烯以免粘模）或塑料表面滚压成薄膜；热塑性样品可用热滚压方法制成膜；低熔点的物质可在熔融后倾于平滑的表面上制膜；结晶物质可在熔化后直接放在红外透光窗上。

生物材料、塑料和蜡也可使用显微切片技术制成膜片（可辅以冷冻措施）。如果样品能溶于挥发性溶剂中，可将其溶液倾于平滑的玻璃板或金属或塑料板上，待溶剂挥发后再将膜揭下；如果样品不溶于水，可将溶液倾入水中，使其在水面上成膜。水溶液可借真空蒸发除去。在干燥过程中，由于浓度不均匀，通常观察到膜的中间薄而边缘较厚。由于膜厚度不均匀，所记录的强吸收带会变宽，须尽可能使用浓溶液来减少这种情况。

溶液制膜的缺点是难于完全除去残存的溶剂。如果膜不易从金属板或其他平面上取下，可预先在支持平面上涂以水溶性表面活性剂或粘结剂（不溶于所用溶剂），样品成膜后，再浸入水中将样品膜取下。

3）浆糊法。将样品粉末分散（或悬浮）在液体介质中的方法，称作浆糊法或者糊膏法。最常用的分散介质是白油、六氯丁二烯或氟化煤油。但白油本身在 2 960～2 850 cm^{-1}、1 460 cm^{-1}、1 380 cm^{-1} 和 720 cm^{-1} 有吸收峰。如果观察烃的—CH_3 和—CH_2 吸收，就要使用六氯丁二烯或氟化煤油。六氯丁二烯在 4 000～1 700 cm^{-1} 及 1 500～1 200 cm^{-1} 波数范围内是透明的，氟化煤油在 4 000～1 200 cm^{-1} 是透明的。但氟化煤油不易从盐片上擦去，可用三氟三氯乙烷（F113）清洗，也可先用氯仿再用变性酒精清洗。

浆糊法的具体制样方法是，将 2～3 mg 样品用玛瑙研钵（或玛瑙球振动磨）充分研细，以尽量不引起吸收峰明显移动。滴一滴白油或氟化煤油，再继续研磨，用不锈钢刮刀刮至盐片上，压上另一片盐片。然后置于可拆液体池架上或专门的浆糊池架上，即可进行测定。

7.4.2.3 单色器

色散型红外光谱仪基于棱镜和光栅等色散元件分光，其原理在以前的章节中有详细介绍，此处不再赘述。但是以色散元件分光的红外光谱仪器在许多方面已不能完全满足需要。这种类型的仪器在能量很弱的远红外区得不到比较理想的光谱；它的扫描速度太慢，使得一些动态的研究以及和其他仪器（如色谱）的联用遇到困难；在一些吸收红外辐射信号很强或很弱，或者含量很低的样品分析等方面也都受到一定的限制。目前，基于干涉调频分光的傅里叶变换的红外分光光度计可以很好地解决这些问题，并得到迅速发展。以下简单介绍非色散型红外光谱仪采用的迈克尔逊（Michelson）干涉仪的分光原理。

傅里叶变换红外分光光度计主要由光学探测部分和计算机部分组成，其光学部分目前大多数采用迈克尔逊干涉仪 [图 7-12（a）]。

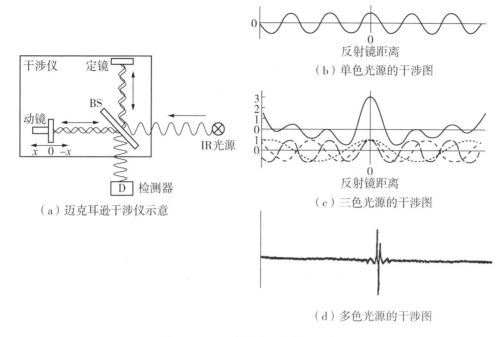

图 7-12 迈克尔逊干涉仪和干涉图

光源发出的光被分束片 BS（半透过半反射镜）分为能量相等的两束光。经 BS 反射的光束到达固定不动的反射镜（定镜），经 BS 透射的另一光束到达可按一定速度移动的反射镜（动镜）。两束光分别经定镜和动镜反射再回到 BS。由于定镜保持不动，而动镜则以一恒定速度作直线运动，因而经光束 BS 分束后的两束光形成光程差。当两束光到达检测器 D 时，其光程差将随着动镜的往复运动而周期性地变化。由于光的相干原理，在检测器处得到的是一个强度变化为余弦形式的信号。随着动镜每移动 1/4λ 的距离，信号强度从明到暗（或相反）周期性地改变一次［图 7-12（b）］，其变化方程为

$$I(x) = B(\nu)\cos(2\pi\nu x) \tag{7-6}$$

式中，$I(x)$ 为干涉图的强度，它是光程 x 的函数；ν 为波数；$B(\nu)$ 为光源强度，它是光源波长或频率的函数，对单色光来说，$B(\nu)$ 是一个恒定值。

可见，干涉图的强度 $I(x)$ 是一个余弦函数，其强度变化频率 f_ν 取决于进入干涉仪的电磁辐射频率 $\nu(\mathrm{cm}^{-1})$ 以及动镜移动的速度 $v(\mathrm{cm\cdot min}^{-1})$。

如果是 3 种频率的光同时通过干涉仪，其干涉图 $I(x)$ 是包括 3 种频率的光在干涉后强度迭加的结果［图 7-12（c）］。中央最大强度是对应迈克尔逊干涉仪中光束 a 与光束 b 的光程长度相等的位置，亦即光程差为 0 时所得到的最强干涉条纹；如果是更复杂的多色光，其干涉图 $I(x)$ 是光谱中每一个频率信号强度的组合或迭加式（7-7），其结果是一个迅速衰减的干涉图［图 7-12（d）］。

$$I(x) = \int_{-\infty}^{+\infty} B(\nu)\cos(2\pi\nu x)\mathrm{d}\nu \tag{7-7}$$

由于傅里叶变换具有可逆性，因此，可得到光谱分布 $B(\nu)$ 为

$$B(\nu) = \int_{-\infty}^{+\infty} I(x)\cos(2\pi\nu x)\mathrm{d}x \qquad (7-8)$$

干涉图包含着光源的全部频率和与该频率相对应的强度信息。若将一个有红外吸收的样品置于干涉仪的光路中，那么样品将吸收某些频率的能量，结果所得到的干涉图强度曲线就会相应地产生一些变化。这个包含每个频率强度信息的干涉图可凭借数学的傅里叶变换技术，对每个频率的光强进行计算，从而得到人们熟悉的红外光谱。傅里叶变换是一种数学处理过程。对于符合这一数学条件的复杂函数（或图形），通过这种变换可以还原分解为构成该图形的各个基本频率成分，同时得到这些频率的组分与强度的关系。用这种变换技术处理干涉图，就能得到构成干涉图的各电磁辐射频率组成与强度的关系。也就是说，能够从复杂的干涉图得到人们所希望得到的光谱图（$T-\bar{\nu}$红外吸收光谱图）。图7-13是多色光光经样品吸收后的干涉图及其傅里叶变换后的红外光谱图。

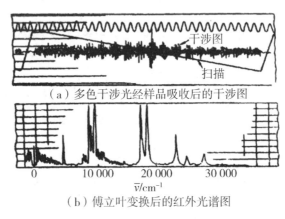

(a) 多色干涉光经样品吸收后的干涉图

(b) 傅立叶变换后的红外光谱图

图7-13　红外吸收干涉图及其红外光谱图

傅里叶变换红外光谱法的优点如下：

（1）信号的多路传输。在色散型红外分光光度计，由于带有狭缝装置，在扫描过程的每个瞬间只能测量光源的一小部分波长的辐射。而干涉仪在整个扫描过程的每一瞬间可测量所有频率的全部信息。尤其是在高分辨、宽波长范围的情况下，干涉仪的多路传输优点更加突出。

（2）能量输出大。在色散型的红外分光光度计中，单色器包含有入射和出射狭缝，因此，有相当大的一部分被狭缝挡住不能到达检测器（虽然光源像也可以较宽），但干涉仪没有狭缝装置，解决了狭缝对光谱能量的限制问题，可得到比普通光谱仪器大得多的输出能量。

（3）极高的波数精确度。因动镜的位置可用激光器准确地测定，所以光程差可以测量得非常精确，从而使计算的光谱波数精确度可达$0.01\ \mathrm{cm}^{-1}$。

（4）高的分辨能力。一般光栅型的红分光光度计的分辨能力仅能达到$0.5\ \mathrm{cm}^{-1}$，比较精密的大型光栅型仪器也只是在个别的光谱范围内（$1\ 000\ \mathrm{cm}^{-1}$附近）能达到$0.2\ \mathrm{cm}^{-1}$。但如果增加动镜移动距离且提高移动质量，傅里叶变换红外分光光度计在整个光谱范围内分辨能力可达到$0.1\ \mathrm{cm}^{-1}$。

（5）宽的光谱范围。一般性能较好的色散型红外分光光度计的光谱测量范围在 4 000～200 cm^{-1}，而傅里叶变换红外分光光度计仅仅改变分束器和光源，就可以测量 10 000～10 cm^{-1} 范围内的光谱。

（6）其他特性。傅里叶变换红外分光光度计分析速度非常快，可在不到 1 s 内扫描获得一张质量很好的红外谱图且光谱重复性良好，因此，可以用于研究快速反应过程，更重要的是可以与其他分离用仪器，如气相色谱、液体色谱和凝胶渗透色谱等直接联用。

7.4.3 与色谱分析仪器的联用

色谱法具有选择性好、分离能力强、灵敏度高、简单快速等特点，但在缺乏标准样品的情况下定性比较困难；而红外光谱法（IR）能提供丰富的分子结构信息，不足之处就是缺乏分离能力。如能将二者的优点结合起来，无疑会对复杂样品的分析带来极大的方便。随着傅里叶变换红外光谱仪（FTIR）的普及，这种愿望已成为现实。以下简单介绍气相色谱仪（GC）与傅里叶红外光谱（FTIR）的联用技术。

图 7-14 为气相色谱与傅里叶红外光谱仪联用装置（GC-FTIR）示意图。复杂混合物经过色谱柱分离后的组分依次流经分流器，一部分到达 GC 的 FID（氢火焰离子化检测器）检测器，进行 GC 分析；另一部分流经一惰性的加热传输线，到达一个被称为光管的 IR 接口附件中。此光管为一内壁镀金、两端以 KBr 窗片封口的玻璃管。来自红外光谱仪器的红外光束从 KBr 盐窗透过光管，透射过来的光束用一液氮冷却的 MCT（窄带汞镉碲）红外检测器进行检测。所得数据以干涉图的形式存储起来，以便进一步处理。对于痕量组分的分析，气体阀可以在计算机的控制下进行开闭，以便捕获色谱馏分进行多次扫描平均来提高信噪比。如果使用非破坏性的 TCD（热导池）检测器，色谱馏分可直接流经 TCD 后到达加热传输线。对于 GC-FTIR 联用装置，在进样口以后的整个色谱流路中不应存在任何冷区，否则馏分有可能在该处冷凝沉淀。

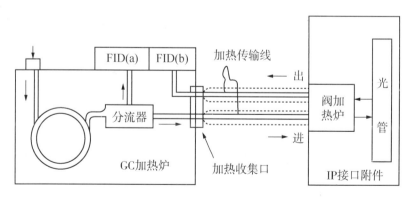

图 7-14　GC/FTIR 联用装置示意

光管是 GC-FTIR 仪器的关键性部件，对光管的设计一般有以下四方面的要求：

（1）光管体积、光管长度与直径之比 L/d。光管最佳体积应根据色谱峰的半峰宽确定。在光管的体积确定后，选择适当的 L/d 值。L/d 过小，光程短，根据比尔定律，吸收值相应减小；L/d 过大，红外辐射在光管中的反射次数增加，能量损失大，反而降低了检测灵敏度。另外，d 值太小时，红外光束产生渐晕，也会导致能量损失而降低检测灵敏度。

（2）光管应很好地透过红外辐射。

（3）光管必须是惰性的。因为很多化合物不稳定，在活性表面上可能被分解。

（4）光管应能经受较大范围的温度变化。对于长时间的使用，其上限一般为 350 ℃。

目前，色谱仪和 FTIR 的联用是通过接口的中间过渡设备来实现的。所用接口是否合适，不仅关系到检测的灵敏度，而且影响光谱所能提供的结构信息以及色谱的分离能力。因此，在色谱-红外光谱的联用技术方面，接口的研发至关重要。例如，对于高沸点或热稳定性差的复杂样品，用高效液相色谱-傅里叶变换红外光谱联用技术（HPLC-FTIR）来分析其组分更为有效。但目前所能提供的商品化接口还只是局限于测定溶液光吸收的流通池，其他形式的接口仍有待研发。

7.5　红外吸收光谱的几个应用实例

红外光谱除了大量用于未知物结构剖析之外，还可用于具体用于生产实践中。

7.5.1　通过官能团确定杂质

有几批盐酸，由于长时间贮存放置，颜色发黄。为了寻找发黄盐酸和合格盐酸的质量差异，可采用 IR 光谱分析进行比较。实验发现，任何盐酸都会含有一些氯代烃等杂质。如 $CHCl_3$（1210 cm^{-1} 和 759 cm^{-1}），1,2-二氯乙烷（713 cm^{-1}）和二氯甲烷（741 cm^{-1}）等。但是，发黄盐酸通常比合格盐酸多出一个杂质，其红外吸收峰为 1 755 cm^{-1}，高于醛、酮的 $\bar{\nu}_{C=O}$。因此，可推测该杂质可能是两个以上氯取代的醛或酮类。从原料来源处了解到盐酸可能有三氯乙醛杂质。用 IR 光谱测试三氯乙醛已知样品，证实了 1755 cm^{-1} 吸收峰为三氯乙醛吸收，因此可判断发黄盐酸的有害杂质为三氯乙醛。

7.5.2　异构体的判断

IR 光谱是测定有机化合物结构的强有力的手段，尤其是分子异构体的结构判断。例如，四氯代甲酚的溴化物经过许多化学研究，其结构还剩下三个可能性，即结构（a）、（b）和（c），无法决定取舍。

通过测定物质的 IR 光谱发现，在 1 900～1 600 cm^{-1} 无吸收峰，但在 3 534 cm^{-1} 处有一强 $\bar{\nu}_{O-H}$ 吸收峰。因此，该化合物结构是（a），而不是（b）或（c）。

7.5.3 跟踪化学反应

利用 IR 光谱可以跟踪一些化学反应，研究其反应机理。例如，酰基自由基是许多有机物在光、热分解时的中间体，对该自由基的快速分析有助于理解反应的机理。在安息香类化合物和 O - 酰基 - α - 酮肟的光分解反应中，加入适量的 CCl_4。当产生酰基自由基时，在 IR 光谱上可观察到酰氯的信号，从而可证明酰基自由基是该光解反应的中间体。

7.5.4 化学动力学研究

在化学动力学的研究方面，IR 光谱法有其独到之处。例如，关于聚氨酯生成的动力学研究的主要对象是二苯甲烷二异氰酸酯（MDI）、甲苯二异氰酸酯（TDI）、和 1，6 - 乙撑二异氰酸酯（HDI）等，但对苯二甲基二异氰酸酯（XDI）体系的研究则比较少。利用 IR 光谱，通过加入内标（KSCN）的方法研究 XDI 体系的聚醚型聚氨酯的动力学，可获得该体系的反应速率常数 k、表观活化能 E 及催化活化能 E_c 等，并可确定该体系为二级反应。

7.5.5 制备衍生物

在对未知物进行 IR 光谱分析时，有时难以获得肯定的结论。这时可将试样分子通过简单的化学反应，生成其衍生物。然后，将该衍生物红外光谱与试样光谱图进行比较，就可以进一步断定官能团的存在。例如，判断是否存在羧基（—COOH），可将化合物试样制成盐类之后再进一步考查。先将试样溶于氯仿溶液，绘制该溶液的 IR 光谱，然后在溶液中加入数滴三乙胺。如果存在羧基，此时羧基中 $\bar{\nu}_{C=O}$ 特征吸收峰消失，取而代之则是羧酸盐—COO 基团的伸缩振动，在 1 610～1 500 cm^{-1} 和 1 420～1 300 cm^{-1} 区域有两个非常强的特征吸收峰。

7.5.6 裂解分析

如果被剖析样品是分子量较大且比较复杂的有机化合物，则难以在 IR 光谱上获得鉴定结果。这时，可将样品裂解成 1～2 个分子量较小的化合物，从分析鉴定裂解产物的化学结构，来推测原来化合物的复杂结构。裂解试验大致有热裂解和水解两种方式。

许多橡胶和含有大量填料的塑料以及已固化的树脂，常常不能使用通用的 IR 光谱制样法来分析鉴定，但可采用直接加热裂解方法获得热解产物，然后再进行 IR 光谱鉴定。在热解前，需将样品中增塑剂和油类等添加成分分离除去，以减少热解产物的复杂程度。例如，称取 0.1～1.0 g 样品于小试管中，煤气灯上间断地进行加热（370～750 ℃，具体热解温度取决于高聚物类型），直到有足够的热解产物凝结于管壁（注意防止炭化）。将热解产物转移至红外窗片上，进行红外光谱测定。有些样品需要加入羟乙胺、盐酸或氢氧化钠等化学试剂后再进行热裂解。例如，采用 IR 光谱分析很容易识别聚酰胺类高聚物，但是不能区别具体是何种聚酰胺。除可采用裂解气相色谱可分析聚酰胺类别之外，还可用 IR 光谱和薄层色谱同时分析聚酰胺的各种水解产物。这些水解产物与原始的聚酰胺结构有关，通过鉴定这些水解产物，即可以推断原始聚酰胺的结构和组成。

习题

1. 产生红外吸收的条件是什么？是否所有的分子振动都会产生红外吸收光谱？为什么？
2. 以亚甲基为例说明分子的基本振动形式。
3. 何谓基团频率？它有什么重要性及用途？
4. 红外光谱定性分析的基本依据是什么？简要叙述红外定性分析的过程。
5. 影响基团频率的因素有哪些？
6. 何谓"指纹区"？它有什么特点和用途？
7. 将 800 nm 换算为以波数和以 $\nu x\ \mu m$ 为单位的值。
8. 乙醇在 CCl_4 中，随着乙醇浓度的增加，OH 伸缩振动在红外吸收光谱图上有何变化？为什么？
9. 试说明影响红外吸收峰强度的主要因素。
10. 今欲测定某一微细粉末的红外光谱，应选用何种制样方法？为什么？
11. 根据下述力常数 k 数据，计算各化学键的振动频率（波数）。

    （1）乙烷的 C—H 键，$k = 5.1\ N \cdot cm^{-1}$。
    （2）乙炔的 C—H 键，$k = 5.9\ N \cdot cm^{-1}$。
    （3）乙烷的 C—C 键，$k = 4.5\ N \cdot cm^{-1}$。
    （4）苯的 C—C 键，$k = 7.6\ N \cdot cm^{-1}$。
    （5）CH_3CN 的 C≡N 键，$k = 17.5\ N \cdot cm^{-1}$。
    （6）甲醛的 C—O 键，$k = 12.3\ N \cdot cm^{-1}$。

    所得计算值可以说明一些什么问题？

12. 分别在 950 $g \cdot L^{-1}$ 乙醇和正己烷中测定 2 - 戊酮的红外吸收光谱，试预计 $\nu_{C=O}$ 吸收带在哪一溶剂中出现的频率较高，为什么？
13. 分子在振动过程中，有偶极矩的改变才有红外吸收。有红外吸收的称为红外活性；相反，称为非红外活性。指出下列振动是否有红外活性。

(1) (2) (3)

(4) (5) (6)

14. CS₂ 是线性分子，试画出它的基本振动类型，并指出哪些振动是红外活性的。

15. 氯仿（CHCl₃）的红外光谱表明其 C—H 伸缩振动频率为 3 100 cm⁻¹，对于氘代氯仿（C²HCl₃），其 C—²H 伸缩振动频率是否会改变？如果变动的话，是向高波数还是向低波数方向位移？为什么？

16. 在羰基化合物 R—CO—R'、R—CO—Cl、R—CO—H、R—CO—F、F—CO—F 中，C＝O 伸缩振动频率出现最高者是什么化合物？

17. 不考虑其他因素的影响，在酸、醛、酯、酰卤和酰胺类化合物中，出现 C＝O 伸缩振动频率的大小顺序应是怎样？

18. HF 中键的力常数约为 9 N·cm⁻¹。
    (1) 计算 HF 的振动吸收峰频率；
    (2) 计算 DF 的振动吸收峰频率。

19. 已知 HCl 在红外光谱中吸收频率为 2 993 cm⁻¹，试求处 H—Cl 键的力常数。

20. 计算乙酰氯中 C＝O 和 C—Cl 键伸缩振动的基本振动频率（波数）各是多少。已知化学键力常数分别为 12.1 N·cm⁻¹ 和 3.4 N·cm⁻¹。

21. 在 CH₃CN 中，C≡N 键的力常数 $k = 1.75 \times 10^3$ N·m⁻¹，当发生红外吸收时，其吸收带的波数是多少？[光速 $c = 2.998 \times 10^{10}$ cm·s⁻¹，阿伏加德罗常数为 6.022×10^{23} mol⁻¹，$A_r(C) = 12.0$，$A_r(N) = 14.0$]

22. 下列结构的 ν_{C-H} 出现在什么位置？

    (1) —CH₃；(2) —CH₂＝CH₂；(3) —C≡CH；(4) —C(=O)—H

23. 下面两个化合物，哪一个化合物 $\nu_{C=O}$ 出现在较高频率？为什么？

    (1)   (2)

24. （OH）和（=O）是同分异构体，如何应用红外吸收光谱来鉴定它们？

25. 试预测 CH$_3$CH$_2$COOH 在红外光谱官能团区有哪些特征吸收。

26. 试比较下列各组红外吸收峰的强度，并说明原因。
    (1) C=O 与 C=C 的伸缩振动。
    (2) 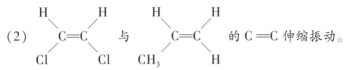 的 C=C 伸缩振动。

27. 下列化合物的红外吸收光谱有何不同？

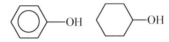

28. 简单说明下列化合物的红外吸收光谱有何不同。
    (1) CH$_3$—COO—CO—CH$_3$。
    (2) CH$_3$—COO—CH$_3$。
    (3) CH$_3$—CO—N(CH$_3$)$_2$。

29. 试比较下列各组内红外吸收峰的强度，并说明原因。
    (1) 同一化学键的伸缩振动与变形振动。
    (2) 同一化学键的对称伸缩振动与反对称伸缩振动。
    (3) 基频峰与倍频峰。

30. 下列化合物在红外光谱官能团区有何不同？指纹区呢？

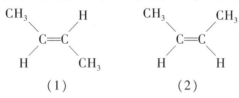

　　　　　(1)　　　　　　(2)

31. N$_2$O 气体的红外光谱有 3 个强吸收峰，分别位于 2 224 cm^{-1} (4.50 μm)，1 285 cm^{-1} (7.78 μm) 和 579 cm^{-1} (17.27 μm) 处。此外尚有一系列弱峰，其中的 2 个弱峰位于 2 563 cm^{-1} (3.90 μm) 和 2 798 cm^{-1} (3.57 μm) 处。已知 N$_2$O 分子具有线性结构。
    (1) 试写出 N$_2$O 分子的结构式，简要说明理由。
    (2) 试问上述 5 个红外吸收峰各由何种振动引起？

32. 某化合物在 3 640～1 740 cm^{-1} 区间的红外光谱如图所示。该化合物应是六氯苯 (1)、苯 (2) 和 4-叔丁基甲苯 (3) 中的哪一个？说明理由。

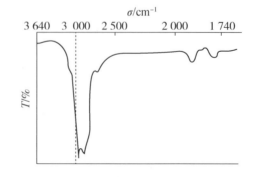

(1)   (2)   (3)

33. 某化合物分子式为 C_5H_8O，有下面的红外吸收带：3 020 cm^{-1}，2 900 cm^{-1}，1 690 cm^{-1} 和 1 620 cm^{-1}；在紫外区，它的吸收在 227 nm（$\varepsilon = 10^4$ L·cm^{-1}·mol^{-1}），试提出一个结构，并且说明它是否是唯一可能的结构。

34. 有一种晶体物质，可能是羟乙基代氨腈（N≡C—NH$_2^+$—CH—CH$_2$OH）或亚胺恶唑烷 [HN=CH—NH—C(O)CH$_2$]。若在 3 330 cm^{-1}（3.0 μm）和 1 600 cm^{-1}（6.25 μm）处有锐陡带，但在 2 300 cm^{-1}（4.35 μm）或 3 600 cm^{-1}（2.78 μm）处没有吸收带，则哪一种和红外数据吻合？

35. 从以下红外数据鉴定特定的二甲苯。
    (1) 吸收带在 767 cm^{-1} 和 629 cm^{-1} 处。
    (2) 吸收带在 792 cm^{-1} 处。
    (3) 吸收带在 724 cm^{-1} 处。

36. 一种溴甲苯 C_7H_7Br，在 801 cm^{-1} 处有一个单吸收带，它的正确结构是什么？

37. 一种氯苯在 900 cm^{-1} 和 690 cm^{-1} 间无吸收带，它的可能结构是什么？

38. 下面两个化合物的红外光谱有何不同？

　　　　　—CH$_2$—NH$_2$ CH$_3$—C(O)—N(CH$_3$)$_2$

39. 顺式环戊二醇-1,2 的 CCl$_4$ 稀溶液在 3 620 cm^{-1} 及 3 455 cm^{-1} 处出现 2 个吸收峰，为什么？

40. 某化合物的分子式为 C_4H_5N，红外光谱如下图所示，试推断其结构。

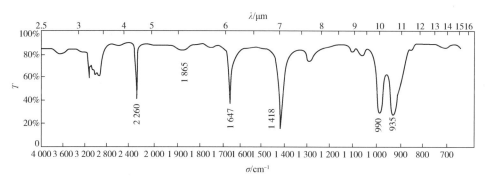

41. 在 CH$_3$CCH$_2$COC$_2$H$_5$（‖ ‖ O O）的红外光谱图上，除了发现 1 738 cm^{-1}、1 717 cm^{-1} 有吸收峰外，在 1 650 cm^{-1} 和 3 000 cm^{-1} 处也出现了吸收峰，试解释出现后 2 个吸收峰的主要原因。

第8章 核磁共振波谱法

与紫外-可见吸收光谱（UV-Vis）和红外吸收光谱（IR）类似，核磁共振（nuclear magnetic resonance，NMR）波谱也是一种吸收光谱。UV-Vis 和 IR 是分子分别吸收紫外-可见光和红外光辐射后，分子电子能级和振-转能级发生跃迁而形成，而 NMR 则是处于强磁场下的原子吸收能量更低的长波长电磁波（MHz）后，原子的核能级发生跃迁而形成。

早在1924年，泡利（W. E. Pauli）就预言有些原子核同时具有自旋和磁量子数，这些核在磁场中会发生分裂。20 世纪 30 年代，物理学家伊西多·拉比（I. I. Rabi）发现在磁场中的原子核会沿磁场方向呈正向或反向有序平行排列，而施加无线电波之后，原子核的自旋方向发生翻转。这是人类关于原子核与磁场以及外加射频场相互作用的最早认识。1946 年，布洛赫（F. Bloch）和珀塞尔（E. M. Purcel）各自独立发现，将具有奇数个核子（包括质子和中子）的原子核置于磁场中，再施加以特定频率的射频场，原子核将吸收射频场能量，即产生核磁共振现象。1953 年，瓦里安（Varian）开始商用仪器开发，并于同年制作了第一台高分辨 NMR 仪；1956 年，莱特（W. D. Knight）发现元素所处的化学环境对 NMR 信号有影响，而这一影响与物质分子结构有关。

随着连续波核磁共振（CW-NMR）仪、脉冲傅里叶变换核磁共振（PFT-NMR）仪以及强磁场的超导 NMR 仪相继问世，以及计算机解析能力的极大提升，使 NMR 仪器灵敏度大幅提高，NMR 测试对象也从氢谱扩展到了 ^{13}C 谱和 ^{15}N 谱，从而极大地促进了物理学、化学、生物学和医学等诸多学科的发展。在化学研究中，NMR 与其他仪器分析方法相配合，已成为物质结构分析最为有效的手段之一。

氢核共振（氢谱）可以提供有机化合物中氢原子所处的位置、化学环境、在各功能团或骨架上氢原子的相对数目，以及分子构型等有关信息。它是目前发展得最成熟、应用最广泛的 NMR 技术之一，也是本章介绍的重点。

8.1 核磁共振基本原理

在强磁场中，原子核发生能级分裂（能级极小：在 1.41 T 磁场中，磁能级差约为 0.025 J），当吸收外来电磁辐射（$10^9 \sim 10^{10}$ nm，$4 \sim 900$ MHz）时，将发生核能级的跃迁，产生核磁共振吸收谱。

8.1.1 原子核能级的分裂及其描述

8.1.1.1 核的自旋运动与核磁矩

大多数原子核都有围绕某个轴作自身旋转运动的现象，称为核的自旋运动。如常见的 ^1H 和 ^{13}C 核都具有这种运动。核的自旋运动或者说核处于一定的能量状态，该能量状态可用自旋角动量 P 来描述。P 是一个矢量，其方向与旋转轴相重合，其大小为

$$P = m\frac{h}{2\pi} \quad (8-1)$$

式中，$h = 6.624 \times 10^{-27} \text{erg} \cdot \text{s}$ 为普朗克（Planck）常数；m 为磁量子数，其大小由自旋量子数 I 决定，m 共有 $2I+1$ 个取值（$I, I-1, \cdots, -I$），即角动量 P 的大小有 $2I+1$ 个取值或者说原子核可有 $2I+1$ 个能量状态。

可见，自旋角动量的大小，取决于核的自旋量子数 I。而 I 值的变化是不连续的，是量子化的，只能取 0、半整数和整数而不能取其他值。

实践证明，原子的质量数、原子序数之间与自旋量子数 I 有下列关系：

（1）当原子核的质子数和中子数均为偶数时，如 $^{12}C_6$、$^{16}O_8$、$^{32}S_{16}$，其自旋量子数 $I=0$，因此 $P=0$，即原子核没有自旋现象。

（2）当原子核的质子数和中子数均为奇数时，如 $^2H_1$、$^{14}N_7$，其自旋量子数 I 为整数（1，2，3，$\cdots$），原子核有自旋现象，因此 $P \neq 0$，有 $2I+1$ 个取值。

（3）当原子核的质子数和中子数互为奇、偶数时，如 $^1H_1$、$^{13}C_6$、$^{15}N_7$ 和 $^{19}F_9$ 等，其自旋量子数 I 为半整数（1/2，3/2，5/2，$\cdots$），原子核有自旋现象，因此 $P \neq 0$，有 $2I+1$ 个取值。

可见，由原子的质量数、原子序数或中子数，可以知道该原子核的自旋量子数 I，并可推测该原子核有无自旋角动量。对 I 为整数的自旋原子核，情况比较复杂，本书不予讨论；而 $^1H_1$、$^{13}C_6$、$^{15}N_7$、$^{19}F_9$ 等是构成有机化合物的基本元素，其核磁共振谱对确定有机分子结构有很大的作用，所以，这几种核是 NMR 中研究的主要对象。

由于原子核是带正电粒子，因而在围绕自旋轴作自旋运动时，会产生一个磁场，犹如小磁铁一样，具有磁性质，故自旋核的能量大小可用核磁矩 μ 来描述。它与角动量 P 的大小成正比，即

$$\mu = \gamma P \quad (8-2)$$

式中，γ 为磁旋比，对于某个特定的核而言是个常数，如氢核的 $\gamma_H = 2.68 \times 10^8 \text{ T}^{-1} \cdot \text{s}^{-1}$。由式（8-1）和式（8-2）得

$$\mu = m\frac{\gamma h}{2\pi} \quad (8-3)$$

因此，核磁矩 μ 有 $2I+1$ 个核磁矩或有 $2I+1$ 个能级。在无外加磁场时，所有 $2I+1$ 个核能级是简并的，各状态的能量相同。

8.1.1.2 磁场中自旋核的行为及其描述

有些核在磁场中会发生对射频辐射的吸收现象，表明该核具有一定的能级。描述这种吸收现象有两种方法，即量子力学模型和经典力学模型。

（1）量子力学模型。前面提到，在没有外加磁场时，自旋核的 $2I+1$ 个能级是简并

的，其磁矩只有 1 个（μ），因此不会发生能级跃迁从而产生共振吸收。但是，当具有磁矩的自旋核处于磁场中时，偶极在磁场中亦具有能量（位能），

$$E = -\mu B_0 \tag{8-4}$$

式中，μ 为自旋磁矩，B_0 为外磁场强度。

比如 ^1H 核，其 $I = 1/2$，它在外磁场中可有 2 种取向（$2 \times 1/2 + 1 = 2$）。一种与外磁场 B_0 方向相同，能量较低（$m = +1/2$）；另一种与外磁场 B_0 方向相反，能量较高（$m = -1/2$），如图 8-1a。

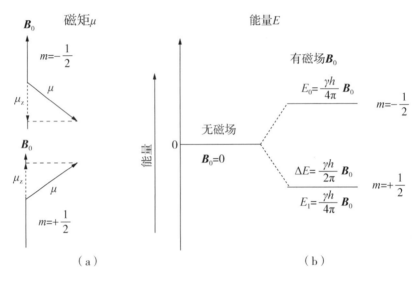

图 8-1 氢核在磁场中的分裂行为

根据式（8-3）和式（8-4），于磁场中（B_0）分裂的两个能级的能量及其能量差分别为

$$E_1 = -m\frac{\gamma h}{2\pi_0}B_0 = -\frac{\gamma h}{2\pi}B_0$$

$$E_2 = -m\frac{\gamma h}{2\pi_0}B_0 = +\frac{\gamma h}{4\pi}B_0$$

$$\Delta E = E_2 - E_1 = \frac{\gamma h}{2\pi}B_0$$

可见，在外加磁场存在时，发生发能级分裂（图 8-1b），其能级间的能量差为 ΔE。

因为 $\Delta E = h\nu$，所以

$$h\nu = \frac{\gamma h}{2\pi}B_0$$

$$\nu = \frac{\gamma}{2\pi}B_0 \tag{8-5}$$

从式（8-5）可见，在外磁场中，原子核要从低能级 E_1 跃迁至高能级 E_2，就必须吸收频率为 $\nu = \frac{\gamma}{2\pi}B_0$ 的电磁辐射。当外磁场强度变化时，质子的能级也随之发生变化。

（2）经典力学模型。带电的自旋核具有磁矩，它在磁场中自旋产生的磁场可与外磁场发生相互作用。但由于这种作用不在同一方向，而是成一定的角度，因此，自旋核将受到一个力矩。即自旋核在磁场中，一方面自旋，一方面自旋轴以一定角度围绕外磁场进行回旋，这种现象称为拉摩尔（Lamor）进动，如图 8-2 所示。在磁场中的进动核有两个方向相反的取向，当磁矩矢量与外磁场方向相同时，核处于低能态，反之核处于高能态，两个能级之间可以通过吸收和释放能量而发生翻转。

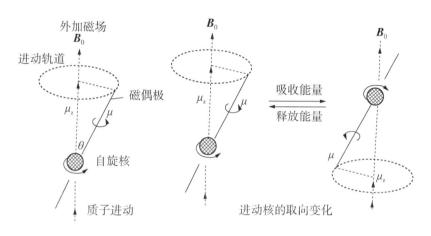

图 8-2　质子的进动和取向变化

进动有一定的频率 ν，它与自旋核的角速度 ω 和外加磁场强度 B_0 有关，可用拉摩尔方程表示，即

$$\omega = 2\pi\nu = \gamma B_0 \quad (8-6)$$

$$\nu = \frac{\gamma}{2\pi} B_0 \quad (8-7)$$

可见，进动频率 ν 的大小将取决于外磁场强度 B_0 和核磁的性质（γ）。当质子在外磁场中受到不同频率的电磁波照射时，若电磁波频率与质子进动频率相同，质子就由低能态跃迁至高能态，从而发生 NMR。

从以上讨论可知，无论是量子力学模型还是经典力学模型，都说明了某些原子核的能级在磁场中发生能级分裂，当辐射频率满足式（8-5）或式（8-7）时，自旋核将吸收该频率的辐射而产生 NMR。

例如，在 $B_0 = 1.4092$ T 的磁场中，质子发生 NMR 需要吸收的电磁波频率为

$$\nu = \frac{\gamma B_0}{2\pi} = \frac{2.67 \times 10^8 \times 1.4092}{2 \times 3.14} = 60 \text{（MHz）}$$

8.1.1.3　饱和与弛豫

（1）饱和。在没有外加磁场的情况下，处于两种自旋状态（$m = +1/2$，$-1/2$）的氢核数目应该是相等的；当置于磁场后，处于低能态和高能态的氢核的分布可由玻尔兹曼分布公式计算。

例如，氢核在室温（$T = 298$ K）条件下，处于强度 2.3488 T 的磁场中时，当发生

核磁共振时，需要吸收的辐射频率为

$$\nu = \frac{\gamma}{2\pi} B_0 = \frac{2.68 \times 10^8 \text{ T}^{-1} \cdot \text{s}^{-1}}{2 \times 3.14} \times 2.3488 \text{ T} = 100 \text{ MHz}$$

根据玻尔兹曼定律，位于高、低能级的氢核数目之比为

$$\frac{N_{(-1/2)}}{N_{(+1/2)}} = \exp\left(-\frac{h\nu}{kT}\right) = \exp\left(-\frac{6.63 \times 10^{-34} \times 100 \times 10^6}{1.38 \times 10^{-23} \times 298}\right) = 0.999984$$

与紫外-可见和红外吸收相同，NMR 也是靠低能态吸收一定辐射能量而跃迁至高能态产并生吸收光谱；不同的是，前两种吸收光谱方法中的低能态为基态，处于基态的原子或分子数目远高于处于激发态的数目，而在 NMR 中，室温条件下，处于高低能态之间的核数目相差仅百万分之十六。由于高低能态的跃迁概率一致，因此，这些极少量过剩的低能态氢核即可以产生 NMR 信号。如果低能态的核吸收电磁波能量向高能态跃迁的过程连续下去，那么这极微量过剩的低能态氢核就会逐渐减少，吸收信号的强度也随之减弱，最后低能态与高能态的核数趋于相等，使吸收信号完全消失，这就是饱和现象。在核磁共振实验中，如果照射的电磁波能量过大，或扫描时间过长，就容易出现饱和现象。

（2）弛豫和弛豫时间。正如前述，如果处于高低能态的核数目趋于一致，核磁共振信号将消失。但是，如果要维持低能态核始终占有微量的优势，则处于高能态的核必须释放能量及时返回至低能态，从而产生 NMR 信号。这种返回的过程称为弛豫。可见，弛豫过程是核磁共振现象发生后得以保持的必要条件。由于原子核被核外电子云包围，所以它不可能通过核间的碰撞释放能量，而只能以非辐射的形式将自身多余的能量向周围环境传递。

处于磁场中的所有核都按一定的量子化规则排列和进动，每个核的核磁距的矢量和即为体系的总磁矩 M，而单位体积内的核的总磁矩则被定义为磁化强度矢量。

在简并状态下，能级各态的粒子数是等概率分布的，所以 $M = 0$。在一定磁场中，按玻尔兹曼分布，低能级的核较多，$M \neq 0$，因而产生磁化。反之，如果没有外加磁场，体系仍回到原来的简并状态 $M = 0$。这种使体系从一种平衡态过渡到另一种平衡态的机制称之为弛豫，这个过程称为弛豫过程。或者说，处于高能态的核，必须要放出能量再返回低能态，只有这样才能维持低能态核始终占优势，从而产生 NMR 信号。但是，高能态的核并不是通过辐射形式回到低能态的，这种返回过程，就是弛豫过程。

在 NMR 中，弛豫通常包括自旋-晶格弛豫和自旋-自旋弛豫两种方式。

1) 自旋-晶格弛豫。处于高能态的核将其能量转移到周围分子而转变成热运动，从而返回到低能态的过程，称为自旋-晶格弛豫。在固体样品中，是将能量转移给晶格；在液体样品中，则是将能量传给周围分子或溶剂分子。通过这种弛豫过程，使处于高能态的核数目减少，体系又恢复到平衡状态。通过自旋-晶格弛豫，达到体系的平衡需要一定的时间，这个时间即自旋-晶格弛豫时间。也就是说，一些核由高能态回到低能态时，其能量转移给周围的分子变成热运动能，就核系统而言，总能量下降了。因此，自旋-晶格弛豫又称纵向弛豫。其弛豫时间以半衰期 τ_1 表示。τ_1 越小，说明弛豫效率越高。

在绝缘性较好的固体中，由于分子热运动受到限制，此弛豫几乎不发生，τ_1 可达 1 000 s。在晶体和高黏度液体中，因分子的热运动速率也不高，相应的 τ_1 也较长。但随温度增加，热运动加快，局部磁场涨落容易，使 τ_1 变短。如果温度过高，局部磁场涨落范围过大，可减小能量转移概率，阻碍自旋-晶格弛豫过程。气体和液体样品的 τ_1 很小，一般为 $10^{-2} \sim 100$ s。此外，当有自旋量子数 $I > 1/2$ 的自旋核或未成对电子存在时，非常容易发生局部磁场涨落，从而大幅减小 τ_1。因此，在 NMR 测量时必须消除顺磁性杂质。

2）自旋-自旋弛豫（横向弛豫）。处于高能态的核与其相邻的同种核之间发生能量交换，从而返回至低能态的过程，称为自旋-自旋弛豫。当该弛豫发生时，处于各能态核的数目没有改变，核自旋体系的总能量也没有发生变化，因而又称为横向弛豫，其弛豫时间以 τ_2 表示。对于固体样品，由于核之间结合得较紧密，有利于高、低能态间的能量交换，黏度大的液体情况也类似，因而 τ_2 很小，为 $10^{-5} \sim 10^{-4}$ s。而气体和一般液体样品，τ_2 为 1 s 左右。

在相同状态样品中，两种弛豫发生的作用刚好相反，只是在液态样品中，二者的弛豫时间 τ_1 和 τ_2 大致相当，为 $0.5 \sim 50$ s。

弛豫时间虽然有 τ_1 和 τ_2 之分，但对每一个磁核来说，它在较高能态时所停留的平均时间，只取决于 τ_1 和 τ_2 中较小的一个。如固体样品 τ_1 虽很长，但 τ_2 却很短，因而总的弛豫时间取决于 τ_2。

在脉冲傅里叶变换核磁共振（PFT-NMR）中，可以分别测定每种核的 τ_1 和 τ_2 值，它们是解析化学结构的一种重要参数。

弛豫过程决定了自旋核处于高能态的寿命，而 NMR 信号峰的自然宽度 $\Delta \nu$ 与其处于高能态的寿命 $\Delta \tau$ 有关，根据 Heisengberg 测不准原理

$$\Delta \nu \geqslant \frac{1}{\Delta \tau} \tag{8-8}$$

由于自旋高能态寿命引起 NMR 谱的展宽是谱线的自然宽度，故不能通过改善仪器性能来减小谱宽。对于固体样品，τ_1 大而 τ_2 小，此时弛豫由时间短的控制，因此谱线很宽。因为液体和气体样品的 τ_1 和 τ_2 均为 1 s 左右，能给出尖锐的谱峰，因此，在 NMR 分析中，多将样品配制成液体。

其他一些谱线展宽的因素，如磁场飘移或不均匀，可能过场频连锁和样品高速旋转加以克服或改善。

8.2 化学位移及其影响因素

8.2.1 化学位移

大多数有机物都含有氢原子（^{1}H 核），从前述公式

$$\nu_0 = \frac{\gamma}{2\pi} B_0$$

可见，在 B_0 一定的磁场中，若分子中的所有 ^1H 都是一样的性质，则共振频率 ν_0 一致，这时将只出现一个吸收峰，这对 NMR 来说将毫无意义。事实上，质子的共振频率不仅与 B_0 有关，而且与核的磁矩有关，而磁矩与质子在化合物中所处的化学环境有关。换句话说，处于不同化合物中的质子或同一化合物中不同位置的质子，在一定磁场中其共振吸收频率会稍有不同，或者说，在一定频率的辐射条件下，其共振吸收的磁场强度也会稍有差别。我们称这种现象为化学位移。通过测量或比较质子的化学位移大小，即可获得分子结构信息，这使 NMR 方法的存在有了意义。

例如，图 8-3 是乙醇分子（CH_3CH_2OH）在 0.23 T 磁场中的 NMR 图谱。从图中可见，CH_3CH_2OH 分子中的 —CH_3、—CH_2 和 —OH 3 组质子，它在不同磁场强度下产生的了各自 NMR 信号。这是因为它们各自所处的化学环境不同，因此它们的磁矩也存在差别，或者说，它们有着不同的化学位移。

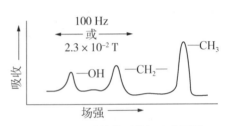

图 8-3 乙醇的核磁共振吸收图谱

在实际工作中，化学位移的绝对值是无法测定的，因而无法相互比较。但可以用相对值来表示，即以被测质子共振时的磁场强度 $B_{0(x)}$ 与某一标准物的质子共振时的磁场强度 $B_{0(s)}$ 进行比较，从而得到一个化学位移的相对值，以 δ 表示：

$$\delta = \frac{B_{0(x)} - B_{0(s)}}{B_{0(s)}} \tag{8-9}$$

因为磁场强度的测量比较困难，所以往往以测量被测质子与某一标准物的质子的共振频率来代替磁场强度。由 NMR 条件可知

$$\delta = \frac{\nu_x - \nu_s}{\nu_s} \tag{8-10}$$

因为 ν_x 和 ν_s 的数值都很大，δ 值一般是 ppm 级。为方便起见，将 δ 乘以 10^6，即可得到

$$\delta = \frac{\nu_x - \nu_s}{\nu_s} \times 10^6 \text{(ppm)} \tag{8-11}$$

在 NMR 中，通常以四甲基硅烷（TMS）作标准物，如图 8-4 所示。

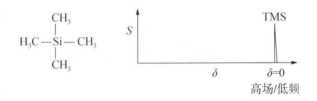

图 8-4 四甲基硅烷及其在 NMR 谱中的位置

在 TMS 中，4 个 —CH_3 中的 12 个质子所处的化学环境完全相同，它们在 NMR 谱图只出现 1 个尖锐的吸收峰，其位置在较高的磁场（或较低的频率），之所以选择 TMS 作标准物，是因为 4 个甲基中 12 个 H 核所处的化学环境完全相同，它们在核磁共振图上

只出现一个尖锐的吸收峰;同时,TMS 结构中,质子屏蔽常数 σ 较大,因而其吸收峰远离待研究的峰的高磁场(或低频)区。通常 TMS 吸收峰位于 NMR 图谱的最右侧,可将其化学位移 δ 值定为 0,其他绝大多数化合物的吸收峰,都出现在它的左侧;另外,TMS 还具有化学惰性、溶于有机物且易被挥发除去(沸点为 27 ℃)。

当然,也可根据 NMR 测量对象选择其他标准物。例如,对于含水化物的 NMR 测定,可选择三甲基丙烷磺酸钠;在高温环境下的 NMR 测定,可选择六甲基二硅醚;强极性有机物的测定可选择 4,4 - 二甲基 - 4 - 硅戊烷 - 1 - 磺酸钠(DDS),它只产生 1 个尖锐的甲基峰(亚甲基峰几乎不出现)。

δ 值是无量纲的,表示相对位移,对于给定的峰,不管采用 60 MHz、100 MHz、300 MHz 还是 600 MHz 频率的 NMR 仪器,其化学位移 δ 都是相同的。大多数质子峰的 δ 在 1~12 之间。

8.2.2 影响化学位移的因素

如上所述,对于一个裸露的、孤立的氢核,其共振频率 ν 取决于外加磁场的强度,即当外加磁场强度一定时,其共振频率也一定。但实际上,化合物分子中的质子的化学环境不同,其共振频率也各不相同,亦即产生化学位移。图 8-5 是一些分子的质子的化学位移。

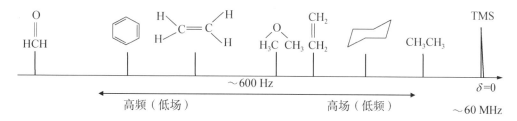

图 8-5 不同分子的化学位移

分子中的电子除沿轨道绕核运动外,同时还进行自旋。当分子没有被施加磁场时,由于成对电子自旋方向相反,故所产生的磁矩相互抵消,即没有净磁矩;当它们处于外磁场中时,则核外电子云在与外磁场垂直的平面上作循环运动,形成环电流。该环电流产生的感应磁场,其方向与外加磁场方向相反,从而使质子实际受到的磁场强度减小,即产生了所谓的屏蔽效应,如图 8-6。

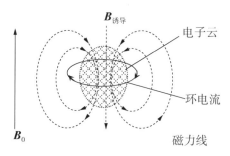

图 8-6 核外电子云对质子的屏蔽效应

屏蔽效应的大小可表示为

$$屏蔽效应 = \sigma B_0 \tag{8-12}$$

式中，σ 为屏蔽常数。因此，质子实际受到的磁场强度 B 为

$$B = B_0 - \sigma B_0 = B_0(1-\sigma) \tag{8-13}$$

因此，屏蔽质子发生共振的条件为

$$v = \frac{\gamma_H}{2\pi}B = \frac{\gamma_H}{2\pi}B_0(1-\sigma) \tag{8-14}$$

可见，质子共振时的外加磁场强度是 σ 的函数，当 σ 增加时，发生共振时所需外加磁场强度也增加。也就是说，为了使核在固定的照射频率下产生共振，外磁场强度必须增加，用以克服屏蔽；或者，固定外加磁场强度，降低频率可达到共振条件。因此，屏蔽效应使共振信号移向高场；反屏蔽效应的产生，将使 NMR 信号移向低场。

从以上所述可知，凡是影响屏蔽常数 σ（电子云密度）的因素均可影响化学位移，即影响 NMR 吸收峰的位置 δ。

8.2.2.1 诱导效应

与质子相连结的原子或基团等电负性强的取代基可使邻近氢核的电子云密度减小，屏蔽效应减小，此时，质子的共振吸收峰在较低场出现，化学位移增加，即质子的化学位移随临近取代基的电负性增大而增大。

例如：H_3C—Br（$\delta = 2.7$），H_3C—Cl（$\delta = 3.1$），H_3C—OH（$\delta = 3.4$），H_3C—F（$\delta = 7.3$）。

同样，多取代比单取代有更强的诱导效应，质子的共振吸收峰移向更低场。

例如：CH_3Cl（$\delta = 3.05$），CH_2Cl_2（$\delta = 5.30$），$CHCl_3$（$\delta = 7.27$）。

另外，取代基的影响随距离的增大而迅速降低，电负性取代基对相距 3 个以上碳原子的质子，几乎已没有影响。

8.2.2.2 共轭效应

使电子云密度平均化，可使有的吸收峰向高场移动，有的吸收峰向低场移动。（图 8-7）

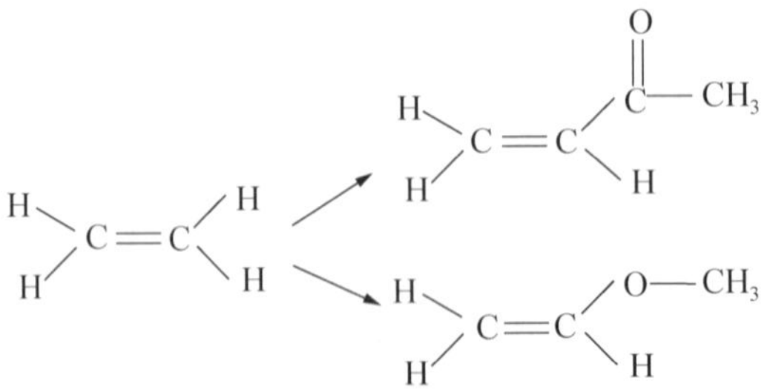

图 8-7 π-π 和 p-π 共轭效应

例如，氧孤对电子与 C_2H_4 双键形成 p-π 共轭，—CH_2 上质子电子云密度增加，其吸收峰移向高场，而羰基双键与 C_2H_4 形成 π-π 共轭，—CH_2 上质子电子云密度降低，其吸收峰移向低场。

8.2.2.3 各向异性效应

置于外加磁场中的分子产生的感应磁场(次级磁场),使分子所在空间出现屏蔽区和去屏蔽区,导致不同区域内的质子移向高场和低场,称为各向异性效应。与通过化学键起作用的诱导效应不同,该效应通过空间感应磁场起作用,涉及范围大,所以又称远程屏蔽。

在含有 π 键的分子中,如芳香族的含羰基化合物分子,各向异性效应尤为重要。分子在外磁场中的排列有方向性,而分子的电子环流是各向异性的,它可以引起质子区域的外磁场增加或减弱。减弱外磁场的各向异性,将引起质子在较高场产生共振峰(屏蔽效应);而增加外磁场的各向异性,将引起质子在较低场产生共振吸收峰(即去屏蔽效应)。图 8-8 分别为烯烃、炔烃和苯的各向异性效应示意图。

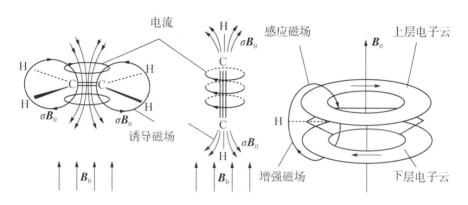

图 8-8 烯烃、炔烃和苯的各向异性效应示意

可见,在双键平面上的质子周围感应磁场的方向与外加磁场的方向相同,即增加外磁场的各向异性效应,故质子在较低场产生共振峰;而双键上下方向的质子,与外磁场方向相反,减弱了外磁场的各向异性效应,使质子在较高场出现共振信号。C_2H_4 中 π 电子云分布于 σ 键所在平面上下方,感应磁场将空间分成屏蔽区和去屏蔽区,由于质子位于去屏蔽区,与 C_2H_6($\delta = 0.85$)相比,移向低场($\delta = 5.28$)。同样,醛基(—CHO)质子的信号出现在低场,也是因为 π 电子环流在醛基质子附近产生磁场,使质子受其屏蔽作用。

乙炔分子在外磁场中,其三键 π 电子云分布围绕 C—C 键呈对称圆筒状分布,环电子流产生的感应磁场,使处于键轴方向上的质子附近形成反磁性磁场,即质子受到很大的屏蔽效应(质子处于屏蔽区),其共振信号位于高场($\delta = 1.8$)。

苯环的 π 电子环流与苯环平行,在外磁场作用下,苯环 π 电子环流产生的感应磁场,使环上和环下的氢核均处于去屏蔽区。因此,苯的质子移向低场($\delta = 7.27$)。对于其他苯系物,若质子处于苯环的屏蔽区,则移向高场;醛基质子处于去屏蔽区,且受 O 电负性影响,故移向更低场($\delta = 9.7$)。

8.2.2.4 氢键效应

键合在杂原子(S、O 和 N 等)上的质子易形成氢键。氢键质子比没有形成氢键的质子有较小的屏蔽效应,形成氢键的倾向越强烈,质子受到的屏蔽作用就越小。因此,形成氢键可使杂原子上的质子吸收峰移向低场。此外,形成氢键的倾向受溶液的浓度和温度的影响。例如，在极稀的甲醇 CH_3OH 溶液中，平衡向非氢键方向移动，共振信号移向高场，—OH 质子共振范围在 0.5～1.0 ppm，而在浓溶液中，则为 4.0～5.0 ppm。

因为氢键的形成是一个放热过程，因此，温度升高，羟基质子的吸收峰移向高场；反之，则移向低场。

8.2.2.5 质子交换

与电负性原子（O、S、N 等）连接的质子通常比较活泼，它们常常在分子之间或与溶剂之间产生质子交换反应，其交换的速度顺序是—OH＞—NH_2＞—SH。例如：—OH 上的质子，由于受溶液中痕量酸、碱杂质的催化，交换速度很快，因此，一般不与邻近的质子发生偶合，以致在 NMR 谱图上只显示出 1 个单峰。但实际上—OH 质子与邻近质子有偶合作用，只是由于温度、样品浓度和溶剂诸因素的影响，使—OH 质子在溶液中的交换速度超过了 NMR 仪的响应速度，因而 NMR 仪不能对这个快速交换作用作出迅速的反应。也就是说，由于质子的快速交换，消除了—OH 质子与邻近质子的偶合作用。当化合物的纯度很高时，—OH 质子与邻近质子就会发生自旋裂分。

在 NMR 测定中，经常用到质子交换反应，如在测定含—OH、—COOH、—NH_2 和—SH 等基团的化合物时，采用重水（D_2O）作溶剂时，这类活泼氢均被 D 所交换，不再显示出吸收峰。当采用有机溶剂时，该类活泼氢出现的位置，将随样品的浓度、实验温度的变化而变化，因此其化学位移不固定，往往与其他峰重叠而不易辨认。这时滴加几滴 D_2O 进行交换，由—OH 和—COOH 等基团在 δ = 4.7 ppm 处出现 HDO 单峰，且共振吸收峰强度降低。这样就可以辨认出该类质子出现的位置。用重氢交换的方法，也是判断原样品中是否含有或含有几个活泼氢的一种有效手段。

8.2.2.6 溶剂效应

溶液中的各种质子，受到各种溶剂的影响而引起的化学位移的变化，叫溶剂效应。比如，在浓度为 0.05～0.50 mol·L^{-1} 的溶液中，当以氘代 $CDCl_3$ 或 CCl_4 为溶剂时，与碳相连的质子的化学位移差别不大（在 60 MHz 的 NMR 仪中，差值只有 ±6 Hz）；当以苯或吡啶为溶剂时，二者的化学位移差值可达 0.5 ppm。对—OH、—SH 和—NH_2 等基团中的活泼氢，其溶剂效应影响则更大。

以上讨论了质子的化学位移以及各种因素对质子化学位移的影响。很明显，这些影响与质子相连结的各种基团有关。因此，化学位移是确定分子结构的重要信息和依据。位于同一基团内的质子化学位移相同，其共振吸收峰在一定范围内出现。所以由 NMR 吸收峰的位置，就可以推断分子中有无某一基团存在。例如，脂肪链中—CH_2—质子，除 C 原子外邻近若无其他原子，则化学位移在 0.5～2.3 ppm；若有 O、N、卤素等原子上的质子，化学位移范围分别为 1.2～2.0、1.3～2.0 和 1.5～3.4 ppm；等等。图 8-9 给出了一些基团上质子的化学位移值的大致范围。

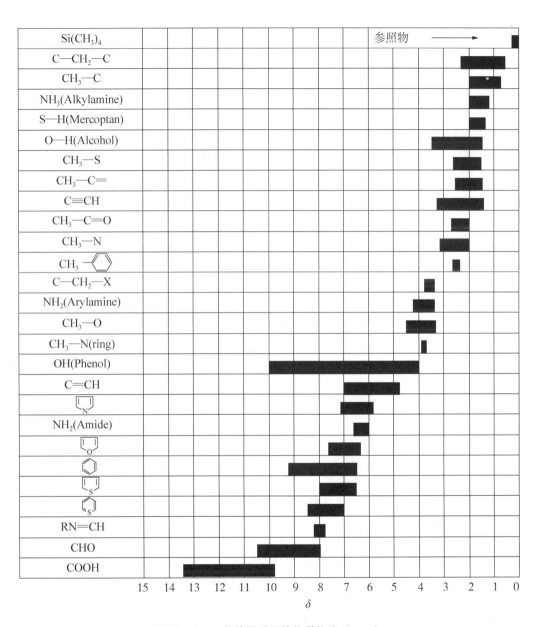

图 8-9 一些基团质子的化学位移（ppm）

8.3 偶合和分裂

8.3.1 质子的偶合和分裂

图 8-10 是乙醇（CH_3CH_2OH）分子分别在低分辨和高分辨 NMR 仪获得的 NMR 谱图。低分辨谱图 [图 8-10（a）] 中有 3 个单一吸收峰，分别为—CH_3，—CH_2 和—OH 基团中的质子峰，其峰面积之比为 3:2:1；高分辨谱图 [图 8-10（b）] 中—CH_3 分裂为对称的三重峰，峰面积比为 1:2:1；—CH_2 分裂为对称的四重峰，峰面积比为 1:3:3:1。

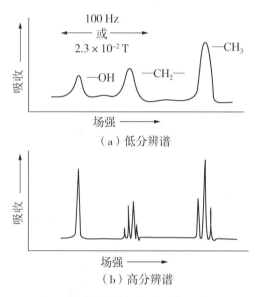

图 8-10 乙醇分子的低分辨和高分辨 NMR 谱

在图 8-10（b）中，两个相邻 C 原子上的质子自旋产生的局部磁场，可通过成键的价电子传递给相邻碳原子上的氢，即氢核与氢核之间相互影响，使各氢核受到的磁场强度发生变化。或者说，在外磁场中，由于质子有两种自旋不同的取向，因此，与外磁场方向相同的取向加强磁场的作用，反之，则减弱磁场的作用，即谱线发生了分裂。这种相邻的质子之间相互干扰的现象被称为自旋-自旋偶合。该种偶合使原有的谱线发生分裂的现象被称为自旋-自旋分裂。

在讨论自旋偶合与自旋分裂的机制之前，必须首先了解在几个相互偶合的 H 核所构成的自旋系统中各个核的性质有何不同。

8.3.2 质子的等价性

通常，分子的同一碳原子或不同碳原子上往往有一个或多个 H 核（质子），它们在磁场中受到的影响可能相同，也可能不同。按其性质差异可将它们归纳为化学等价核和磁等价核两类。

8.3.2.1 化学等价核

分子中若有一组核，如果其化学位移完全相同，则这一组核就是化学等价的，或称为化学等价核（或化学全同核）。如 CH_3CH_2I 中的—CH_3，它的 3 个质子的化学位移完全相同，—CH_2—中的 2 个质子化学位移也相同。因此—CH_3 中 3 个 H 是化学等价的，—CH_2—中 2 个 H 也是化学等价的。但—CH_3 中 H 与—CH_2—中的 H，它们的化学位移不同，因此它们是化学不等价核。

8.3.2.2 磁等价核

分子中的一组化学等价核，若它们与组外任何一个核的偶合作用大小相同（偶合作用大小常以偶合常数 J 表示），则这一组化学等价核称为磁等价核（或磁全同核）；若一组化学等价核，它们与组外任何一个核的偶合作用不同，则这一组化学等价核就称为磁不等价核。例如，氯乙烷分子中—CH_3 中的 3 个氢核 H_1、H_2 和 H_3 的化学位移完全相同，是化学等价核；这 3 个化学等价核与—CH_2 中的任何 1 个核 H_4 和 H_5 的偶合作用相同，所以 H_1、H_2 和 H_3 也是磁等价核。这种既是化学等价又是磁等价的核称为磁全同核。

对-硝基氟苯中，H_a 和 H_b 为化学等价，但不是磁等价（$^3J_{ac} \neq {}^5J_{bc}$）。

显然，化学等价的核不一定是磁等价的核；而磁等价的核，则一定是化学等价核。例如，在二氟乙烯分子中，2 个 H 和 2 个 F 都是化学等价的，但由于 4 个核位于同一平面，其偶合常数不同，即 $J_{H_1F_1} \neq J_{H_2F_1}$，$J_{H_2F_2} \neq J_{H_1F_2}$，故 2 个 H 和 2 个 F 都是磁不等价的核。

氯乙烷　　　　对-硝基氟苯　　　　二氟乙烯

通常，以下几种情况可产生不等价的核。

（1）单键相连但有双键特性的会产生不等价的核。如 R—$CONH_2$ 分子中的 C—N 键带有双键特性：

因 C—N 键不能自由旋转，所以—NH_2 中的 2 个 H 是不等价的。

（2）单键不能自由旋转时，也会产生不等价质子。如四烷基乙烷有 3 种不同的构象，其偶合常数 J 也不相等。

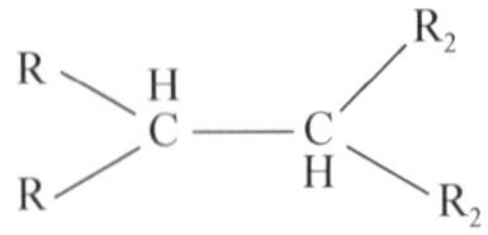

$$R-\underset{R}{\underset{|}{C}}H-\underset{R_2}{\underset{|}{C}}H-R_2$$ (with CH on left, CH on right — structure as shown)

（3）当一个—CH_2—连在一个三取代都不相同的 C 原子上时，—CH_2—上的质子是不等价的。

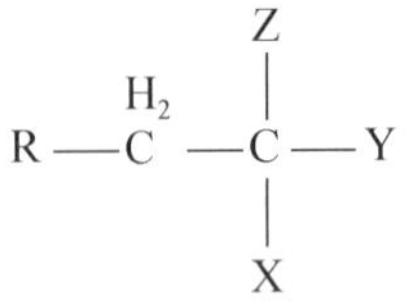

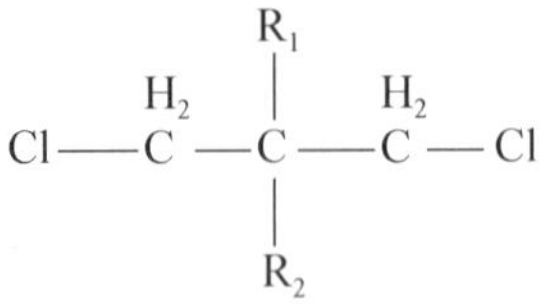

$$R-\underset{H_2}{C}-\underset{X}{\overset{Z}{\underset{|}{C}}}-Y \qquad Cl-\underset{H_2}{C}-\underset{R_2}{\overset{R_1}{\underset{|}{C}}}-\underset{H_2}{C}-Cl$$

8.3.3 自旋偶合机制

自旋质子产生的局部磁场，通过成键的价电子传递而对相邻 C 原子上的质子产生影响，使各个 H 核受到的磁场强度发生变化。即在外磁场中，由于质子自旋有两种取向，因此，与外磁场方向相同的自旋，将起到加强外磁场的作用；反之，则起到减弱外磁场的作用。现仍以 1, 1, 2 - 三氯乙烷为例加以说明（图 8 - 11）。

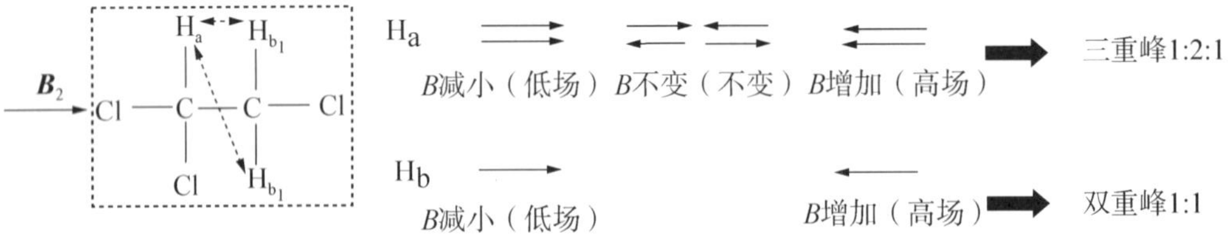

图 8 - 11 三氯乙烷质子的自旋偶合作用示意

对于 H_a 质子，它受到 2 个 H_b 质子的偶合作用，2 个 H_b 的自旋取向有 3 种组合，即 ⇒⇒、⇒⇐ 和 ⇐⇐。第一种组合所产生的核磁与外磁场方向一致，使外磁场的作用加强，共振信号出现在低场；第二种组合，因自旋相互抵消，对外磁场不起加强或减弱作用，故对共振信号不产生影响，共振峰仍在原位置；第三种组合所产生的磁场就与外磁场方向相反，将减弱外磁场的作用，使共振信号出现在高场。可见，—CH 上的质子 H_a 受邻近 C 原子上两个质子 H_{b_1} 和 H_{b_2} 的自旋影响产生三重峰，这三重峰呈对称分布，其强度比为 1：2：1。

同样，分子中 H_b 也受到 H_a 的偶合。因 H_a 是一个质子，只有两种取向，即 ⟶ 和 ⟵。其中一个加强外磁场，在低场出现共振峰；另一个减弱外磁场，共振峰在较高场。其结果是 H_b 质子呈现双峰强，其度比为 1：1。如果相邻的质子数为 3，则有 4 种组合，裂分为四重峰，各峰强度比值为 1：3：3：1（图 8 - 12）。

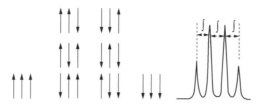

图 8-12 相邻质子数为 3 的谱线自旋偶合裂分示意

一般来说，自旋裂分数可以应用 $n+1$ 规律，即一组相同的磁性核所具有的裂分峰数目，由邻近的磁核数目 n 决定，裂分数为 $2nI+1$。对质子而言，$I=1/2$，因此，裂分数目为 $n+1$。也就是说，双重峰表示相邻 C 原子上有 1 个质子，三重峰表示相邻 C 原子上有 2 个质子等。可见，从每种类型的质子吸收峰的多重峰数就可以知道相邻 C 原子上的氢原子数，亦即自旋裂分可提供一种分子的结构信息。此外，裂分后的多重峰的强度比符合 $(a+b)^n$ 展开式各项的系数。如双峰，$n=1$，所以 $(a+b)^1=a+b$，即峰的强度比为 1:1；三重峰，$n=2$，$(a+b)^2=a^2+2ab+b^2$，故峰的强度比为 1:2:1；四重峰的强度比为 1:3:3:1；等等。

自旋偶合与自旋裂分通常只是发生在相邻 C 原子上的质子之间（质子间相隔 3 个键），而非相邻 C 原子上的质子偶合作用很小，不足以产生裂分。但在共轭体系中，偶合作用沿共轭链传递，往往在 3 个键以上也可观察到偶合分裂现象。

质子相互间偶合作用的大小，称为偶合常数。其大小以自旋偶合作用产生的多重峰之间的距离 J 来表示（单位为 Hz）。偶合常数 J 是表征分子结构和构型的一个重要参数，它只随分子中质子所处的环境不同而变化。一般情况下，偶合常数不超过 20 Hz。

根据偶合质子之间的键的间隔，偶合常数可以分为三类。

8.3.3.1 同碳偶合（又称偕碳偶合）

同碳偶合是指质子均与同一个原子相连、相隔 2 个单键的质子间的偶合，以 ^2J 表示。如—CH_3 或—CH_2— 上的 H 核之间可发生同碳偶合，其 $^2J=10\sim16$ Hz。但因为这些质子都为磁等价核，其在 NMR 谱图上只呈现为单峰。

8.3.3.2 邻碳偶合

邻碳偶合是指质子分别与相邻两个原子相连、相隔 3 个单键的质子间的偶合，以 ^3J 表示。如在—CH—CH—中，$^3J=5\sim9$ Hz。邻碳偶合分裂是观察立体分子结构分析最为重要的依据。图 8-13 是邻碳质子的 Karplus 曲线。可见，位于不同平面的核，相互之间的偶合常数不同，其大小与它们各自所在的平面的夹角 φ 有关。当夹角 $\varphi=90°$ 时，$^3J=0$。

8.3.3.3 远程偶合

远程偶合是指质子相隔 3 个键以上的质子之间发生的自旋偶合现象，这种偶合只是对 π 体系较为重要，如取代苯的远程偶合。

$^2J=6\sim10$ Hz；$^3J=1\sim3$ Hz；$^4J=0\sim1$ Hz

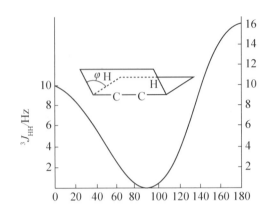

图 8-13 位于不同平面上质子的 ^3J 大小与平面夹角 φ 的关系

由偶合常数的大小，可确定相互偶合的 2 个质子的位置。如 CH_3CH_2OH，$J=8$ Hz，说明为邻碳偶合，即—CH_3 和—CH_2 一定处于相邻位置。这对于结构测定表征很有意义。

8.3.4 一级谱

如果分子中核与核之间在发生相互偶合作用时，仅产生简单的裂分行为，且两组偶合核之间的化学位移之差 $\Delta \nu$ 远大于它们之间的偶合常数 J，即 $\Delta \nu/J \geqslant 6$，则称这种偶合为一级偶合。由一级偶合所获得的 NMR 谱被称为一级谱。如 CH_3CH_2OH 的 NMR 谱，其 $J=7$ Hz，$\Delta \nu/J=20>6$，因此，CH_3CH_2OH 的 NMR 谱就属一级谱。

一级谱具有以下几个特征：

（1）一个（组）磁等价质子与相邻碳上的 n 个磁等价质子偶合，将产生 $n+1$ 重峰，如 CH_3CH_2OH（2+1；3+1；1）。

（2）一个（组）磁等价质子与相邻碳上的两组质子（分别为 m 个和 n 个质子）偶合，如果该两组碳上的质子性质类似，则将产生 $m+n+1$ 重峰，如 $CH_3CH_2CH_3$；如果性质不类似，则产生 $(m+1)(n+1)$ 重峰，如 $CH_3CH_2CH_2NO_2$，$(3+1)(2+1)=12$。

（3）裂分峰的强度比符合 $(a+b)^n$ 展开式各项系数之比。

注意：$n+1$ 规律是一种近似的规律，实际分裂的峰强度比并不完全按上述规律分配，而是有一定的偏差。通常形成的两组峰都是内侧峰高、外侧峰低。

（4）一组多重峰的中点，就是该质子的化学位移值。

（5）磁等价质子之间观察不到自旋偶合分裂，如 $ClCH_2CH_2Cl$，只有单重峰。

（6）一组磁等价质子与另一组非磁等价质子之间不发生偶合分裂。例如，对于硝基苯乙醚，硝基苯上的质子为非磁等价，不产生一级图谱（$\Delta \nu_{AB}/J_{AB}$ 大于 20，且自旋偶合的核必须是磁等价的才产生所谓的一级图谱），因而产生的分裂较复杂，而苯乙基醚上的质子为磁等价，产生较简单的一级图谱。

[例 8-1] 在 $\overset{c}{C}H_3$—$\overset{b}{C}H_2$—$\overset{a}{C}H_2$—Br 分子中，—CH_3 质子因受 b 位 2 个质子的偶合，故为三重峰，相对强度比为 1:2:1；—$\overset{b}{C}H_2$—的质子，因受 a 位 2 个质子和 c 位 3 个质子共 5 个质子的偶合，因此，裂分为 $n+1=5+1=6$ 重峰，强度比为 1:5:10:10:5:1；

而—$\overset{a}{C}H_2$—上的质子，受 b 位两个质子的偶合而裂分为三重峰，其强度比为 1:2:1。

[例 8-2] 在 Cl—$\overset{a}{C}H_2$—$\overset{b}{C}H_2$—Cl 分子中，a 和 b 质子所处的化学环境相同，是磁等价的，没有裂分现象，故为单峰。

[例 8-3] 在 Cl—$\overset{a}{C}H_2$—O—$\overset{b}{C}H_3$ 分子中，因 a 和 b 位质子的键的间隔大于 3，为远程偶合，故不产生自旋偶合，无裂分，—CH_2—和—CH_3 各为单峰，其强度比为 2:3。

此外，$ClCH_2CH_2CH_2Cl$ 分子中的质子，分别产生三重峰（1:2:1）、五重峰（1:4:6:4:1）和三重峰（1:2:1）；$ClCH_2CH_2Br$ 分子，产生两个三重峰（1:2:1）；$CH_3CHBrCH_3$，分别产生双重峰（1:1）、七重峰（1:6:15:20:15:6:1）和双重峰（1:1）；$CH_3CH_2OCH_3$ 分别产生三重峰、四重峰和单重峰。

8.3.5 高级谱

两个互相偶合的核，如果 $\Delta\nu/J < 6$，由于偶合核之间的相互作用加强，而化学位移又相差不大，这时偶合作用会造成跃迁能级的混合，引起谱线的位置和强度的变化，NMR 谱线裂分峰数不再符合 $n+1$ 规律，各裂分峰的强度也不再是 $(a+b)^n$ 展开式各项系数的简单比值，裂分峰之间的间隔也不相等，化学位移和偶合常数必须通过计算才能得到。这样的 NMR 谱称为高级偶合 NMR 谱，简称高级谱，本章不做讨论。

8.4 核磁共振波谱仪及实验技术

NMR 仪按产生磁场的来源可分为永久磁铁、电磁铁和超导磁铁三种；按磁场强度的大小不同，所用的照射频率又分为 60 MHz（1.409 2 T）和 90 MHz（2.11 T）等；按仪器的扫描方式又可分为连续波（CW）方式和脉冲傅里叶变换（PFT）方式两种。电磁铁 NMR 仪最高可达 100 MHz，超导 NMR 仪目前已达到并超过 600 MHz。辐射频率越大的仪器，其分辨率和灵敏度越高。图 8-14 为连续波扫描 NMR 仪器的基本组成。

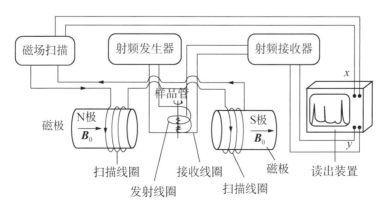

图 8-14　连续波扫描 NMR 仪器组成

由磁体提供样品的外加磁场 B_0，在磁体 N 极和 S 极上附加两个通以直流电的扫描线圈，用于调节磁场强度（磁场扫描）；入射电磁波由射频发生器通过发射线圈提供；样品置于均匀的玻璃样品管中，管外绕以接收线圈并连接接收记录器。为避免电磁场相互偶合产生电磁感应干扰，发射线圈和接收线圈应相互垂直。

NMR 仪工作时，一般是固定电磁波频率（常用 60 MHz、90 MHz 或 200 MHz 以上），改变外加磁场；也可以固定磁场，改变照射频率。当发生 NMR 吸收时，磁场发生改变，共振频率接收器记录下感应线圈的变化。经放大后，即可获得 NMR 谱图。

图 8-15 是化合物 $C_5H_{10}O_2$ 在 CCl_4 溶液中的 NMR 谱。

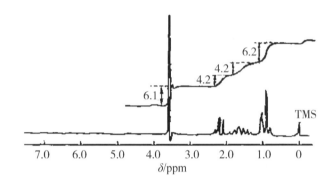

图 8-15　核磁共振谱及其含义

图 8-15 中的横坐标是化学位移，用 δ 表示；图谱的左边为低磁场，右边为高磁场（标准试样 TMS 峰位于最右边，磁场强度 B_0 最大，$\delta=0$）。谱图中有两条曲线，上面的阶梯式曲线是积分线，代表吸收峰的面积，与引起该吸收峰的氢核数目呈正比。积分曲线是从低磁场移向高磁场，积分曲线的起点到终点的总高度（用小方格数或厘米表示）与分子中所有质子数目呈正比；同时，每一个阶梯的高度则与相应峰的质子数目呈正比。因此，可根据分子总质子数和各组质子数的比值，获得每一组吸收峰质子的绝对个数。

从积分线可知，从左到右，峰的相对面积之比为 6.1∶4.2∶4.2∶6.2，表明 10 个质子的分布为 3、2、2 和 3。$\delta=3.6$，表明其为孤立的—CH_3 峰，查相关位移表，其可能是 CH_3O—CO—基团。根据其余质子 2、2、3 的分布，可推测可能有正丙基（—$CH_2CH_2CH_3$）。由计算得知分子的不饱和度为 1，表明有 1 个双健。因此，此分子可能的结构是 CH_3O—CO—$CH_2CH_2CH_3$（丁酸甲酯）。其余 3 组峰的位置（δ）和裂分情况完全可以指认上述判断。$\delta=0.9$ 处的三重峰是与—CH_2—相邻的—CH_3 峰；$\delta=2.2$ 处的三重峰是与羰基（C=O）相连的—CH_2；$\delta=1.7$ 处的多重峰（应为 12 重峰，因仪器分辨所限，图中只观察到 6 重峰）应为位于—CH_2 和—CH_3 之间—CH_2—基团。

可见，从质子共振谱图可得到如下信息。

（1）吸收峰的组数，说明分子中化学环境不同的质子有几组。例如，图 8-15 中有四组峰，说明分子中有 4 组化学环境不同的质子。当然，对于复杂的高级图谱来说，不能简单地用上述方法说明。

（2）质子吸收峰出现的频率，即化学位移，可说明分子中的基团情况。

（3）峰的分裂个数及偶合常数，说明基团间的连接关系。

（4）阶梯式积分曲线高度，说明各基团上的质子数比。

8.4.1 核磁共振波谱仪

核磁共振波谱仪有多种分类方法，但最常用的是按工作方式将其分为连续波核磁共振（CW-NMR）和脉冲傅里叶变换核磁共振（PFT-NMR）两种。

8.4.1.1 CW-NMR 波谱仪

连续波方式就是将照射频率连续不断地作用于样品，以用于观察 NMR 现象。由 NMR 条件可知

$$\nu = \frac{\gamma B_0}{2\pi}$$

因此，可以采取固定照射频率而连续改变磁场强度（扫场法）或者固定磁场强度而连续改变照射频率（扫频法）两种方式得到吸收分量与频率（或磁场强度）的关系曲线，亦即 NMR 波谱。两种方式得到的谱图完全相同，这种波谱仪称为连续波 NMR 仪。CW – NMR 仪的特点为：

（1）要求对磁场的扫描速度不能过快，一般全谱扫描要 200～300 s。因为扫描过快，共振核来不及弛豫，信号将严重失真，谱线会发生畸变。

（2）灵敏度低，需要样品量大。

8.4.1.2 PFT-NMR 波谱仪

PFT-NMR 波谱仪是在 CW-NMR 仪的基础上，充分应用脉冲技术和计算机的功能而发展起来的。它是以等距脉冲调制的射频信号作为多道发射机，以快速傅里叶变换作为多道接收机，在一个脉冲中给出所有的激发频率，如果某个频率的辐射脉冲满足 NMR 条件，则接收线圈就会感应出含该样品的共振频率信号的干涉图，即自由感应衰减（FID）信号。该信号包含分子中核的所有 NMR 信息，是关于时间的函数。经计算机作傅里叶变换处理，可将 FID 信号转换成常用的扫场波谱。PFT-NMR 仪的特点为：

（1）仪器灵敏度高。经计算得出，用 PFT 和 CW 两种方法得到的信噪比可达 100，即 PFT-NMR 的灵敏度是 CW-NMR 的 100 倍左右。因此，即使自然丰度很小的 ^{13}C 核的 NMR 谱也可得以测量。

（2）测量速度快。由于 PFT-NMR 仪每发射一次脉冲，相当于 CW-NMR 仪的一次全扫描测量，因此，PFT-NMR 仪记录一张全谱所需要的时间很短，便于多次累加，从而可以较快地自动测量高分辨谱线以及对应于各谱线的弛豫时间。此外，PFT-NMR 还可用于核的动态过程、瞬变过程和反应动力学等方面的研究。

（3）扩大了 NMR 的应用范围。除常规的 ^{1}H 谱和 ^{13}C 谱外，还可以用于扩散系数、化学交换、固体高分辨谱和弛豫时间的测量等等。

8.4.2 核磁共振波谱仪及其组成

不论何种类型的 NMR 仪器，均由磁铁、探头和谱仪三大部分组成。

8.4.2.1 磁铁

磁铁是用来产生一个恒定而均匀的磁场,是决定 NMR 仪测量灵敏度和准确度的关键部分。因为 NMR 仪的灵敏度与磁场强度的 2/3 次方成正比,因此,增大磁场强度可提高仪器的灵敏度。常用的磁铁有以下三种。

(1) 永久磁铁。由硬磁性材料制成,充磁后可提供 0.704 6 T(30 MHz)或 1.409 2 T(60 MHz)的场强。永久磁铁产生的磁场具有稳定性好、耗电少且不需冷却,但对室温的变化较敏感。因为温度的变化可使永磁体的体积发生变化,从而导致 N 和 S 极间距离改变,进而使作用于样品的磁场强度发生变化。此外,外界的磁干扰及铁磁物质的移动,也会影响磁极间隙中磁场的稳定性。为此,必须将永久磁铁置于精密的恒温槽,再以金属箱进行磁屏蔽。恒温槽需连续运行,否则调节至仪器所需的恒定温度,需要花费 2~3 天时间。

(2) 电磁铁。由绕有激磁线圈的软磁性材料制成,通电后可提供 2.3 T 的磁场。电磁铁的特点是对外界温度变化不敏感,达到稳定状态快,但耗电量大,且需冷却水循环系统,日常维护费用高。

(3) 超导磁铁。利用超低温条件下,金属的超导性可形成强磁场的原理制成。在极低的温度下,导线电阻近似为 0,通电闭合后,电流即可循环不止,产生强磁场。通常用装有铌钛合金的丝绕成螺旋管状,放在液氦的杜瓦瓶中制成,可提供 5.8 T,最高可达 12 T 的磁场。超导磁铁具有磁场强度大和稳定性好的特点。但价格昂贵,需使用液氦,日常维护难、成本高。

8.4.2.2 射频源

射频发生器即射频源,类似于激发源。为提高分辨率,射频发生器输出功率(功率小于 1 W)波动应小于 1%,频率波动应小于 10^{-8}。样品管在磁场中需以几十赫兹的速率旋转,使磁场的不均匀平均化。在连续波 – NMR 中,扫描线圈提供 10^{-5} T 的磁场变化来进行磁场扫描。

8.4.2.3 探头

探头也称检测器,主要由发射线圈、接收线圈和扫描线圈等组成,置于两磁极 N、S 之间,是 NMR 仪的核心部分,用来测定 NMR 信号,结构如图 8 – 16 所示。样品管放在绕有发射线圈和接收线圈的插件内,底部有加热丝和热敏电阻检测器。发射线圈用来将射频场的能量作用于样品(图中 x 轴方向),缠绕于样品管的接收线圈用来接收 NMR 信号(图中 y 轴方向),而磁场沿 z 轴方向(图中 $\boldsymbol{B}_0$ 方向)。发射线圈、接收两线圈和磁场方向三者相互垂直,以防相互干扰。

8.4.2.4 NMR 仪的其他装置

为提高仪器的性能,NMR 仪通常还配有锁场控制、匀场线圈和样品旋转等装置。

(1) 锁场控制。主要用于补偿或克服外界环境对磁铁的干扰,提高磁场的稳定性。锁场控制包括磁通稳定器和场频联锁回路两种方式。

1) 磁通稳定器。对高分辨 NMR 来说,不仅须保持磁铁内的电流稳定,而且必须对由于某些外部原因(如环境温度)引起的两磁极间的磁场变化或磁场漂移加以控制。此时,可采用磁通稳定器补偿这些变化。

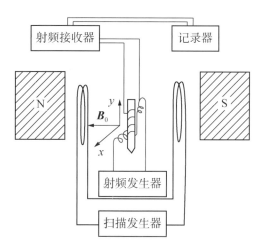

图 8–16 NMR 仪器探头

2)场频联锁回路。如果只是单独对磁场或者频率进行稳定，仍然不能满足高分辨 NMR 的精度要求。我们知道，当 $\nu = \dfrac{\gamma B_0}{2\pi}$，即射频频率和磁场强度二者之比（$\nu/B_0$）为一常数时，可产生 NMR 吸收。场频联锁是利用一个 NMR 色散信号，将磁场强度和射频频率联锁起来，使二者保持相对的稳定。如果二者之中有一个发生了变化，就会偏离共振点，这时 NMR 的色散信号输出的电压也会使磁场发生变化，以便满足 NMR 条件。

场频联锁在工作时，是监视一个 NMR 信号。当磁场发生漂移时，信号也会随之漂移，通过场频联锁回路就可以补偿磁场的漂移。因此，在场频联锁中，有一个待测原子核，同时还需要一个控制用的原子核。作为控制用的原子核（通常为氘代试剂），可以是待测样品本身的信号，称为内锁，也可以是控制用的核的信号，称为外锁。内锁系统控制能力好，灵敏度高，但操作较复杂。因为更换样品时，控制也被破坏，需重新调整和设定仪器操作条件。外锁控制能力虽然较弱，但该法不必因试样的更换而重新上锁，而且可以采用廉价的有机溶剂代替氘代试剂。

（2）匀场线圈。磁场分布的空间均匀性和时间稳定性是影响 NMR 仪器分辨率的重要因素。这些因素可引起谱线变宽以及相邻谱线的重叠。匀场线圈是用来提高磁场均匀性，改善分辨能力的一个重要装置。该装置是将通有电流的线圈置于磁极中，利用它产生的磁场来补偿磁场本身的微小非均匀性。匀场线圈一般都由 7～12 组线圈组成，它们对称地装在磁体两极的面上。每组线圈通电后都能产生一特定形状的磁场。通过调节各组线圈的电流即可改变磁极间磁力线的分布，从而使信号加强，谱线变窄。

（3）样品的旋转。于装有试样的样品管套上旋转透平（turbine），然后插入探头，用气流使其以 20～30 r/s 的速度旋转，可抵消一部分磁场的不均匀性。样品管旋转时应在管内试液上加一个塞子以防止快速旋转时产生漩涡。另外，样品管旋转时会产生旋转边带，即在信号峰两侧出现对称的小峰，从而引起干扰。通常可通过改变转速来观察边带信号的移动，并以此识别边带干扰。

8.4.3 样品处理及图谱简化方法

8.4.3.1 对样品的要求

NMR 测定要求样品应比较纯，样品量则与仪器的灵敏度大小有关。仪器灵敏度较高，一般需要 1~2 mg 样品，较低灵敏度的仪器则需 10~30 mg。试样中若含有灰尘或顺磁性杂质，可导致局部磁场的不均匀，使谱线变宽或使信号谱线消失。因此，对含氧的样品，应进行脱气处理。对于固体样品，由于弛豫的影响，须溶于有机溶剂后再进行测定。

测定时要加入内标物，常用四甲基硅烷（TMS）作内标。内标物 TMS 只能在测定时加入，不要加入过早。

8.4.3.2 溶剂要求

NMR 测定中使用的理想溶剂须具有不含质子、沸点低、与样品不发生缔合、溶解度好、价格便宜等特点。

常用溶剂主要有 CCl_4、CS_2 和 $CHCl_3$ 等。为避免溶剂中 H 核的干扰，多采用氘代试剂，如 $CHCl_3-d_1$、$(CH_3)_2CO-d_6$ 和 H_2O-d_2 等。水溶性物质可以用 D_2O 作溶剂，但应注意活泼氢要被重氢交换，使这些质子的信号不能出现。另外，氘代试剂通常只有 99.5% 的氘化度，因此总会有残余溶剂峰存在，要注意识别这些溶剂峰。

对于一些极性物质，可采用三氟乙酸（CF_3COOH）作溶剂。但因其易引起脱水反应或其他副反应，因此，不适于含多羟基的化合物的溶解。

8.4.3.3 谱图简化方法

（1）增加磁场法。正如前述，由于偶合常数 J 值不受磁场强度变化的影响，而化学位移的大小 $\Delta\nu$ 却与磁场强度有关，因此，可以通过增加场强，提高 $\Delta\nu/J$ 的比值，将复杂的高级谱转化为易于解析的一级谱。

（2）同位素取代。在 ^1HNMR 中，用氘（^2H）取代分子中的部分 ^1H 质子，可以除去部分波谱；同时，^2H 与 ^1H 质子的偶合作用小，也可使谱图进一步简化。

（3）加入位移试剂。在样品溶液中，当加入一种试剂后，可观察到各种质子的共振峰发生不同程度的顺磁性或反磁性位移，从而可将各种质子的信号分开，有助于复杂光谱的解析。这种能使样品的质子共振峰发生化学位移的试剂，称为位移试剂。

现有的位移试剂多为镧系稀土元素的络合物，其位移的方向取决于中心原子。如果中心原子为铕、铒、铥和镱的络合物，一般使共振峰向低场移动；而铈、镨、钕、钐和铽的络合物，可使共振峰移向高场。最常用的位移试剂为铕和镨与二酮类的络合物 $Eu(DPM)_3$ 和 $Eu(FOD)_3$。

$$\left[\begin{array}{c} R \\ HC \underset{\underset{R'}{C=O}}{\overset{C-O}{\diagup}} Me \end{array} \right]_n$$

在 Eu(DPM)$_3$ 中，R = R' = C(CH$_3$)$_3$；Eu(FOD)$_3$ 中，R = C(CH$_3$)$_3$，R' = C$_3$F$_7$。位移试剂具有磁各向异性，对样品分子内的各种质子具有不同的磁场作用，使各种质子的化学位移发生变化，从而将原来相互重叠的谱线分开。

对于含孤对电子的化合物，位移试剂可产生明显的位移作用。位移试剂对一些基团的影响大小顺序如下：—NH$_2$ > —OH > C≡O > —O— > —COOR > —CN。

图 8-17 是未加（a）和已加（b）位移试剂两种情况下，正己醇的 NMR 谱。在未加位移试剂的谱图中只观测右端甲基的三重峰，以及与羟基连结的亚甲基的三重峰，而其他质子的峰重叠在一起，形成一个未分开的宽峰；在加入位移试剂的谱图中，可见所有的质子峰都清晰地分开，可用一级谱加以解析。

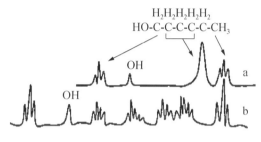

图 8-17　正己醇的 NMR 谱

图 8-18 是加入位移试剂后苄醇的 NMR 谱图，可见，原来苄醇苯环上的 5 个氢的单峰被分成三组峰，其积分比为 2∶2∶1 (2H$_a$∶2H$_b$∶H$_c$)，类似一级谱的偶合裂分。

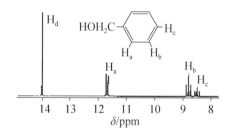

图 8-18　苄醇的 NMR 谱

质子位移的大小也与其浓度有关。当位移试剂加入过多，会使位移过大而使峰的归属难以辨认，故加入的量应以谱线能分辨开为宜。

（4）去偶技术。去偶即消除质子之间发生因偶合作用而产生的谱线裂分，是一种用来使 NMR 谱图简化的技术。可用于判别多重峰是由哪些质子发生自旋偶合而产生的，也可用于寻找被掩藏在其他质子共振峰内的吸收信号。

去偶通常是将样品，如乙苯（CH$_2$CH$_3$Ar）置于静磁场 B_0 中，并在其垂直方向再施加一个交变磁场 B_1。当 B_1 的频率满足 $\nu_1 = \gamma B_0/2\pi$ 时，即发生 NMR 现象。如果化合物很复杂，得到的谱图中谱线将很杂乱，常有谱线重叠现象，给图谱解析带来困难。此时可采取去偶的方法加以简化。

用扫场法或扫频法可以得到乙苯的 NMR 谱（图 8-19 左）。图中有两组质子：—CH_3 和—CH_2，在进行 NMR 测定时，可以使第一个交变场 B_1 满足样品中—CH_3 质子在 B_0 时的共振条件；同时加上第二个交变场 B_2（干扰场），使其频率满足样品中—CH_2 质子在 B_0 时的共振条件。如果干扰场的强度 B_2 足够大，就能使—CH_2 中的质子饱和，不再吸收频率匹配的电磁波，即—CH_2 不再产生质子共振吸收峰。由于该组质子高、低自旋态的快速交换，其自旋态被平均化，迫使—CH_2 质子不再与—CH_3 质子产生自旋偶合裂分，亦即使—CH_2 质子去偶，使—CH_3 质子的共振峰简化成为单峰。

同理，用第一交变场 B_1 观察—CH_2，而用干扰场 B_2 干扰—CH_3，那么—CH_2 质子的吸收峰也将变成单峰。如图 8-19 右 a 为未加干扰场的正常谱；图 8-19 右 b 为 B_2 干扰—CH_2 而观察—CH_3；图 8-19 右 c 为 B_2 干扰—CH_3 而观察—CH_2。

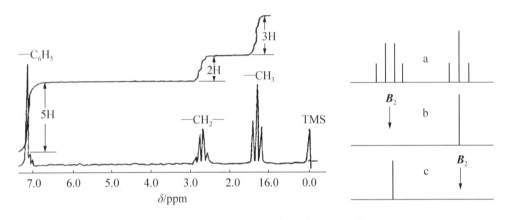

图 8-19　乙苯的 NMR 谱及去偶作用示意

可见，NMR 去偶就是用一个交变场干扰谱图中某条谱线，而用另一个交变场观察其他谱线的强度、精细结构和形状的变化，从而确定各吸收峰之间的关系。

8.5　核磁共振波谱的应用

8.5.1　化合物的结构鉴定

与红外光谱一样，单独 NMR 方法也不足以鉴定一种有机化合物。但如果与其他测试手段，如元素分析、紫外、质谱和红外等相互配合，NMR 谱则是鉴定化合物的一种重要工具。由前述可知，一张 NMR 谱可获得分子质子的化学位移、峰的裂分和偶合常数、各峰的相对面积等方面的信息，通过这些信息可进行分子结构的剖析。实际工作中，^1H-NMR 解析图谱的步骤可归纳如下。

（1）先观察图谱是否符合要求。①四甲基硅烷的信号是否正常。②杂谱大不大。③基线是否平。④积分曲线中没有吸收信号的地方是否平整。如果有问题，解析时要引起注意,最好重新测试图谱。

(2) 区分杂质峰、溶剂峰和旋转边峰等。

杂质峰:杂质含量相对样品比例很小,因此杂质峰的峰面积很小,且杂质峰与样品峰之间没有简单整数比的关系,容易区别。

溶剂峰:氘代试剂不可能达到100%的同位素纯度(大部分试剂的氘代率为99.0%～99.8%),因此谱图中往往呈现相应的溶剂峰,如 $CDCl_3$ 中的溶剂峰的 δ 值约为7.27 ppm。

旋转边峰:在测试样品时,样品管在 ^1HNMR 仪中快速旋转,当仪器调节未达到良好工作状态时,会出现旋转边带,即以强谱线为中心,呈现出一对对称的弱峰,称为旋转边峰。

(3) 根据积分曲线,观察各信号的相对高度,计算样品化合物分子式中的氢原子数目。可利用可靠的甲基信号或孤立的次甲基信号为标准计算各信号峰的质子数目。

(4) 先解析图中 CH_3O、CH_3N、$CH_3C=O$、$CH_3C=C$、$CH_3—C$ 等孤立的甲基质子信号,然后再解析偶合的甲基质子信号。

(5) 解析羧基、醛基、分子内氢键等低磁场的质子信号。

(6) 解析芳香核上的质子信号。

(7) 比较滴加重水前后测定的图谱,观察有无信号峰消失的现象,了解分子结构中所连活泼氢官能团。

(8) 根据图谱提供信号峰数目、化学位移和偶合常数,解析一级类型图谱。

(9) 组合可能的结构式,根据图谱的解析,组合几种可能的结构式。

(10) 对推出的结构进行指认,即每个官能团上的氢在图谱中都应有相应的归属信号。

[例1] 图8-20是一种无色的、只含 C、H 的同分异构体的 NMR 谱,试鉴定之。

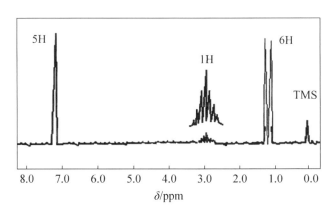

图8-20 某同分异构体 NMR 谱

解:图中 δ = 7.2 ppm 处的单峰说明有一个芳香结构存在,其相对面积与5个质子相对应,因此,可判断它可能是一种苯的单取代衍生物。δ = 2.9 ppm 处出现的单一质子的七重峰和在 δ = 1.2 ppm 处的六质子的双峰,因此,取代基只能为异丙基

$$\begin{array}{c} CH_3 \\ | \\ -C-CH_3 \\ | \\ H \end{array}$$

故可推测这一化合物为异丙基苯。

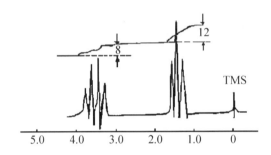

[例2] 化合物 $C_4H_{10}O$ 的质子 NMR 谱如图 8-21，试推测其结构。

图 8-21 $C_4H_{10}O$ 的质子 NMR 谱

解：该化合物的不饱和度 $\Omega = 1 + 4 + (0-10)/2 = 0$，可知该化合物为一饱和化合物。

在 NMR 图中，从左至右两组峰的积分高度比为 8:12，即 2:3。由于分子中有 10 个氢核，所以，$\delta=3.3$ 处有 4 个氢核，$\delta=1.1$ 处有 6 个氢核。从两组峰的裂分情况及偶合常数可知，分别有—CH_2 及—CH_3 存在，这是典型的—CH_2—CH_3 基团偶合裂分峰，可判断有 2 个化学位移相同的乙基。从—CH_2 的 δ 增至 3.3 可以确定—CH_2 连在氧上。因此，该化合物的结构式为 $CH_3—CH_2—O—CH_2—CH_3$。

[例3] 某化合物结构式及其 NMR 图如图 8-22。请给出各峰的归宿。

解：各峰的归宿如表 8-1。

表 8-1 某化合物各峰的归宿

δ/ppm	~1.3	~2	~4	~7	~8
裂分峰数	三重峰	单重峰	四重峰	双二重峰	单重峰
结构归宿	—CH_2CH_3	$H_3C—C\!\!\lessgtr\!\!{}^O$	—CH_2CH_3	⌬	—NH

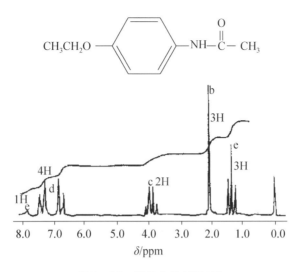

图 8-22 某化合物 NMR 谱

8.5.2 定量分析

NMR 波谱中积分曲线高度与引起该峰的氢核数成正比，这不仅可用于结构分析中，同样亦可用于定量分析。NMR 定量分析的最大优点是不需引进任何校正因子，且不需化合的纯样品就可以直接测出其浓度。

为了确定仪器的积分高度与质子浓度关系，必须采用一种标准化合物来进行鉴定。对标准化合物的基本要求是不会与任何试样的峰互相重叠。为进行校准，最好使用有机硅化合物，因为它们的质子峰都在高磁场区。通常采用内标法定量，外标法只是在未知化合物成分复杂，难以选择合适内标时使用，使用外标法时要求严格控制操作条件，以保证结果准确性。

NMR 可以用于多组分混合物分析及元素分析等，但 NMR 定量分析的广泛应用受到仪器价格的限制。另外共振峰重叠的可能性随样品复杂性增加而增加，而且饱和效应也必须克服。因此，往往是 NMR 可以分析的试样，用别的方法也可以方便地完成。

例如，乙酸中水含量的测定。乙酸的 NMR 谱有两个吸收峰，位于高场的是—CH_3 的峰，位于低场的是—COOH 的吸收峰；而水只有一个吸收峰，化学位移在 CH_3COOH 的两个吸收峰之间。—CH_3 的共振峰化学位移不变，而—COOH 峰位置发生了变化，而且强度也变化。进一步实验发现，羧基峰的化学位移随—OH 含量成正比变化。同时直接测定谱线的位置来确定浓度，比计算面积来确定浓度更为精确。

习题

1. $\nu_0 = \dfrac{\gamma B_0}{2\pi}$ 可以说明一些什么问题？
2. 在 $_3^3Li, _2^4He, _6^{12}C, _9^{19}F, _{15}^{31}P, _8^{16}O, _1^1H, _7^{14}N$ 中，指出哪些原子核没有自旋角动量。
3. 某核的自旋量子数为 5/2，试指出该核在磁场中有多少种磁能级，并指出每种磁能级的磁量子数。

4. 当振荡器的射频为 56.4 MHz 时，欲使 ^{19}F 及 ^{1}H 产生共振信号，外加磁场强度各需多少？

5. 何谓化学位移？它有什么重要性？在 $^{1}H-NMR$ 中影响化学位移的因素有哪些？

6. 何谓自旋偶合、自旋裂分？它们有什么重要性？

7. 在核磁共振波谱法中，常用 TMS（四甲基硅烷）作内标来确定化学位移，这样做有什么好处？

8. 已知氢核（^{1}H）磁矩的大小为 2.79，磷核（^{31}P）磁矩的大小为 1.13，在相同强度的外加磁场条件下，当发生核跃迁时，何者需要较低的能量？

9. 电磁波频率不变，要使共振发生，氟和氢核哪一个将需要更大的外磁场？为什么？

10. 下列化合物中—OH 的氢核，何者处于较低场？为什么？

（1）　　　　　（2）

11. 在下述化合物中，H_a 及 H_b 的 δ 值为多少？

12. 在 $CH_3—CH_2—COOH$ 的氢核磁共振谱图中可观察到四重峰及三重峰各 1 组。
    （1）说明这些峰的产生原因。
    （2）哪一组峰处于较低场？为什么？

13. 预计氨（NH_3）中质子峰的裂分数及强度比。

14. 简要讨论 $^{13}C-NMR$ 在有机化合物结构分析上的作用。

15. 为什么在通常的有机化合物中不能观察到 $^{13}C—^{13}C$ 之间的自旋分裂？

16. 在强度为 2.4 T 磁场中，核 ^{1}H、^{13}C、^{19}F 和 ^{31}P 的吸收频率为多少？

17. 若将 ^{13}C 核放入温度为 25 ℃、磁场强度为 2.4 T 的磁场中，试计算处于高能态核与低能态核数目的比值。

18. 1，2，2-三氯乙烷的核磁共振谱有 2 个峰。当用 60 MHz 仪器测量时，═CH_2 质子的吸收峰与 TMS 吸收峰相隔 134 Hz，═CH 质子的吸收峰与 TMS 吸收峰相隔 240 Hz。试计算这两种质子的化学位移值，若改用 100 MHz 仪器测试，则这 2 个峰与 TMS 分别相隔多少？

19. 在 60 MHz（1.409 T）的核磁共振谱仪中，采用扫频工作方式，A 质子和 B 质子的共振频率分别比 TMS 高 360 Hz 和低 120 Hz。

(1) 由于电子的屏蔽，A 质子所受的实际场强（有效场强）比 B 质子高还是低？相差多少？

(2) 若人为规定 TMS 的屏蔽常数为零，则 A 和 B 的屏蔽常数各为多少？

20. 用核磁共振波谱仪测定氢谱，仪器为 2.4 T 与 100 MHz，请计算扫频时的频率变化范围及扫场时的磁场强度变化范围。

21. 使用 60.00 MHz 核磁共振仪时，TMS 的吸收与化合物中某质子间的频率差为 180 Hz。当使用 40.0 MHz 仪器时，它们之间的频率差应是多少？

22. 在一氯乙烷 CH_3CH_2Cl 中，每个质子的屏蔽常数值 σ 是否一样？

23. 3 个不同质子 A、B 和 C，其屏蔽常数的次序为 $\sigma_B > \sigma_A > \sigma_C$，问：当这 3 个质子共振时，其所需外磁场排列次序如何？

24. 指出下列化合物的自旋体系。

(1) $ClCH_2CHCl_2$； (2) Cl_2CHCHO； (3) CH_3CH_2Cl； (4) $Cl_2CHCHClCHO$；

(5) Cl_2CHCH_2CHO

25. 在下面化合物中，哪个质子具有较大的 τ 值？为什么？

$$Cl-\underset{H_a}{\overset{H}{C}}-\underset{H_b}{\overset{H}{C}}-Br$$

26. 指出下面化合物各亚甲基值的大小顺序。

27. 根据 NMR 波谱中的什么特征，可以鉴定下面两种异构体？

(1) $CH_3-CH=C\begin{matrix}CH_2CN\\CN\end{matrix}$； (2) $CN-CH_2=C\begin{matrix}CH_2CN\\CH_3\end{matrix}$

28. 在菲爱斯特酸（Ficst's acid）钠盐的 D_2O 溶液的 NMR 波谱中发现有 2 个相等强度的峰，以此为基础，在下列结构中，判断哪一个是正确的。

(1) $HOOC-\underset{\underset{CH_2}{\overset{\|}{C}}}{C}-CH-COOH$； (2) $HOOC-CH-CH-COOH$ $\underset{CH_2}{\overset{\|}{C}}$

29. 某化合物的 NMR 波谱内有 3 个单峰，分别在 $\delta 7.27$，$\delta 3.07$ 和 $\delta 1.57$ 处。它的经验式是 $C_{10}H_{13}Cl$。推断该化合物的结构。

30. 在下列化合物中，计算 H_a 和 H_b 的 τ 值。

31. 下图是乙酸乙酯的 NMR 谱图，试解释各峰的归属。

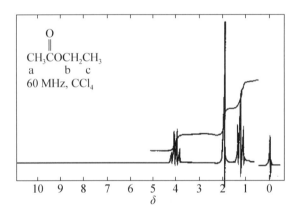

32. 下图是分子式为 $C_4H_{10}O$ 化合物的 NMR 波谱图，试推断其结构。

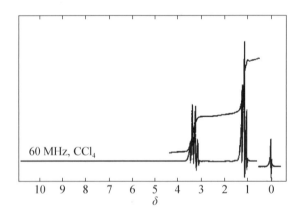

33. 某化合物的分子式为 $C_9H_{13}N$，下图是其 NMR 谱图，试推断其结构。

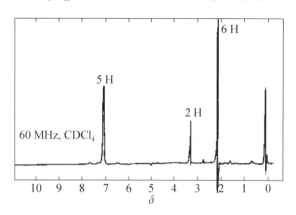

34. 某化合物的分子式为 $C_8H_{10}O$，下图是其 NMR 谱，试推断其结构。

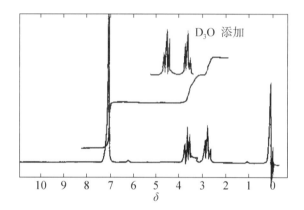

35. 下图中的 a、b 和 c 分别是甲基吡啶的三种异构体在化学位移 6～10 范围内的 NMR 谱，试指出相应异构体。

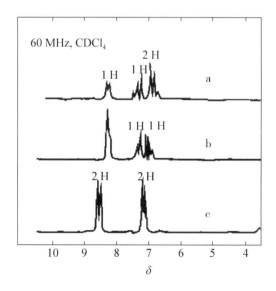

36. 液态乙酰丙酮在43 ℃的NMR波谱中，有1个在δ 5.62处（积分器上为37单位）的峰，1个在δ 3.66处（19.5单位）的峰以及其他与其无关的峰。计算其烯醇成分的百分数。

37. 一个含烃试样显示出在δ为1.0～5.5的NMR谱带。用二苯甲酮作为内标，显示δ为6～7的NMR谱带。0.802 3 g二苯甲酮和0.305 g试样的相对积分值为228单元和184单元。计算试样中氢的质量分数。

第 9 章 电分析化学导论

电分析化学（electroanalytical chemistry）是仪器分析的重要组成部分之一。它是基于电位、电流、电量和电导等电化学参数与被测物质的某些量之间的关系，通过测量由待测物溶液和电极等组成的化学电池所产生的一些电化学特性而进行的分析。在溶液中可分有电流和无电流两种情况来分别研究、确定参与反应的化学物质的量。

电化学分析按电学测量参数的不同可分为四类：电位分析、电重量分析、库仑分析、伏安分析和电导分析。按国际纯粹与应用化学联合会（IUPAC）推荐，电化学分析又可分为三类：①不涉及双电层也不涉及电极反应，如电导分析及高频滴定；②涉及双电层不涉及电极反应，如表面张力及非法拉第阻抗测定；③涉及电极反应，如电位分析、电解分析、库仑分析、极谱和伏安分析等。

电分析方法可跟踪研究界面电荷转移和传质速率、吸附或化学吸附特性，以及化学反应的速率常数和平衡常数等；一些电化学传感器可用于活体分析，以及如 Ce(Ⅲ) 及 Ce(Ⅳ) 混合物的元素形态分析；可获得比浓度更重要的活度信息，这在生理学研究中更为重要；另外，电化学分析法产生的电信号可直接测定，仪器简单、便宜。

9.1 化 学 电 池

9.1.1 电化学池组成及分类

如图 9-1 所示，将 Zn 棒和 Cu 棒插入 $ZnSO_4$ 和 $CuSO_4$ 的混合溶液（图 9-1a），或者将 Zn 棒和 Cu 棒分别插入用盐桥相连的 $ZnSO_4$ 和 $CuSO_4$ 溶液（图 9-1b）构成一个化学能与电能互相转换的装置，即化学电池（electrochemistry cell）。

可见，组成化学电池应通常需要具备三个要件：①电极之间以导线相联，电子在导线中定向移动；②电解质溶液间以直接或间接方式保持接触，使离子从一方迁移到另一方；③发生电极反应或电极上发生电子转移。

在 Zn 棒和 Cu 棒表面，即电极表面发生氧化和还原反应，即

$$Zn \rightleftharpoons Zn^{2+} + 2e \qquad Cu^{2+} + 2e \rightleftharpoons Cu$$

上述两个反应称为半反应，即在铜棒和锌棒表面上分别由氧化和还原反应完成从电子导电到离子导电的转换。除电导方法外，几乎所有其他的电分析化学方法都是研究在电极界面上以及界面附近发生的反应及其规律性。

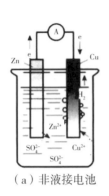 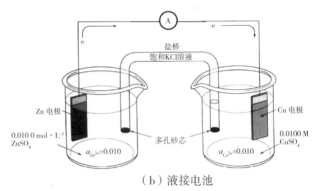

（a）非液接电池　　　　　　　　　　　（b）液接电池

图 9-1　化学电池的构成

通常，按电池溶液有否液接界面，将电池分为非液接电池和液接电池。如果两电极共享同一种溶液，电池不存在溶液接触界面，此类电池称为非液接电池［图9-1（a）］。这类电池由于 Cu^{2+} 可与 Zn 反应并在 Zn 电极上直接沉淀，因此其电池效率较低。将两电极分别与不同溶液接触，两溶液界面之间通过盐桥相连或以隔膜分开的电池，称为液接电池（图9-1（b））。由于液接电池避免了两个电极上的组分间的直接反应，因此其电池效率较高，应用也更为广泛。

此外，化学电池还可按能量转换方式分为原电池（galvanic or voltaic cell）和电解池（electrolytic cell）。前者是自发地将化学能转变为电能的装置；后者则是通过外加电源（直流电源）使电池内部发生化学转变，即将电能转变为化学能的装置。这两类电池在改变实验条件时，可相互转化。

9.1.2　化学电池表达式及电池电动势

图 9-1b 所示的铜锌电池的表达式为

$$Zn \mid ZnSO_4(0.01\ mol \cdot L^{-1}) \parallel CuSO_4(0.01\ mol \cdot L^{-1}) \mid Cu$$

丹聂尔（Daniell）的电池（半透膜分隔的液接电池）的表达式为

$$Zn \mid ZnSO_4(x\ mol \cdot L^{-1}) \parallel CuSO_4(y\ mol \cdot L^{-1}) \mid Cu$$

Zn 与标准氢电极（NHE）构成的化学电池的表达式为：

$$Zn \mid Zn^{2+}(1.0\ mol \cdot L^{-1}) \parallel H^+(1.0\ mol \cdot L^{-1}) \mid H_2(100\ kPa), Pt$$

可见，关于电池的两个半电池部分，其表达式写法有如下规定：

(1) 发生氧化反应的电极和溶液写在左边（阳极）；发生还原反应的写在右边（阴极）。

(2) 不相混的固-液和液-液界面之间用单竖线"｜"分隔；不相混的固-固和固-气界面之间，以及混合溶液中各组分之间用逗号","分隔；当两种溶液通过盐桥连接，已消除液接电位时，则用双虚线"∥"表示。

(3) 电解质溶液位于两电极之间。

(4) 气体或均相的电极反应，反应物质本身不能直接作为电极，要用惰性材料（如铂、金或碳等）作电极，以传导电流。

(5) 电池中的溶液应注明浓（活）度，如有气体，则应注明压力、温度。若不注明，系指 25 ℃ 及 100 kPa（标准压力）。

（6）根据电极反应的性质来区分阳极和阴极：凡是发生氧化反应的电极为阳极，发生还原反应的电极为阴极。根据电极电位的正负程度来区分正极和负极：比较两个电极的实际电位，凡是电位较正的电极为正极，电位较负的电极为负极。

将一个电极与另一电极接在一起组成一个电池，用电位计测量该电池的电动势 $E_{电池}$，并有如下规定：

$$E_{电池} = \varphi_{正极} - \varphi_{负极} + \varphi_{液接}$$
$$= \varphi_{右} - \varphi_{左} + \varphi_{液接}$$

式中，$\varphi_{正极}$ 和 $\varphi_{负极}$ 分别为正极和负极的电极电位，其值不能直接测量；$\varphi_{液接}$ 为液接电位，可通过使用带盐桥和不带盐桥的两种电池之间电动势之差进行粗略测定。

9.2　电极电位及测量

从前述可知，电池电动势是两个"半电池"电极电位以及液接电位的代数和。图 9-2 表示了化学电池的有关界面（未画出气相与固相或液相界面）。图中各相间已知两点之间的电位差是单位电荷从一点转移至另一点所必需做的功：当两点位于同相内（固/固或液/液）时，电荷转移功仅为电功，两点间电位可以测定；当两点位于不同相内（固或液）时，由于带电质点在不同相内的化学位不同，因此，电荷转移功除电功之外，还包括化学功。

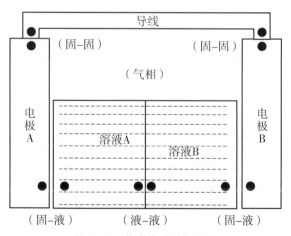

图 9-2　化学电池的相组成

以下分别介绍液-液相间电位（液接电位）和固-液相间电位（电极电位）的产生及测量方法。

9.2.1 液接电位

液接电位存在于两种不同离子之间或同种离子但不同浓度的溶液界面上，由离子运动速度不同所致，其大小与离子浓度、电荷数、迁移速度和溶剂性质有关，如图9-3所示。

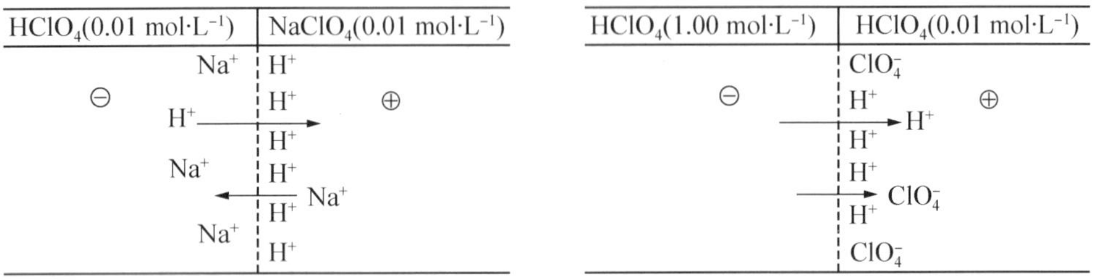

$HClO_4$(0.01 mol·L^{-1})	$NaClO_4$(0.01 mol·L^{-1})	$HClO_4$(1.00 mol·L^{-1})	$HClO_4$(0.01 mol·L^{-1})

（a）离子不同浓度相同　　　　　　　（b）离子相同浓度不同

图9-3　液接界双电层的形成

在具有相同浓度的 $HClO_4$ 和 $NaClO_4$ 溶液界面上，因 H^+ 的扩散速度比 Na^+ 要大，引起界面上正负电荷分布不等从而产生电位差。电位差的产生使 H^+ 的扩散速度减慢，而 Na^+ 的扩散速度加快，最后达到平衡，使两相界面产生一个稳定的电位差，即液接电位 [图9-3（a）]；对于离子相同但浓度不同的溶液界面而言，浓度较大的阳离子 H^+ 和阴离子 ClO_4^- 均向浓度较低的方向扩散，但因 H^+ 的扩散速度更快，使得界面右侧总体上的正电荷更多，达到平衡后，两相界面也形成稳定的电位差，即液接电位 [图9-3（b）]。

液接电位不能被直接和准确测定，是电位分析误差产生的主要来源。为消除或稳定液接电位，常使用盐桥代替两种溶液的直接接触。盐桥的制作方法是，将3%琼脂加到 4.2 mol·L^{-1} 饱和 KCl 溶液中，加热混合均匀后再注入到"U"形管中冷却成凝胶，两端以多孔砂芯（porous plug）密封防止电解质溶液间的虹吸而发生反应，但仍可形成电池回路。当盐桥插入到浓度不大的两电解质溶液之间的界面时，形成两个接界面，盐桥中高浓度的 K^+ 和 Cl^- 向外扩散是这两个接界面上离子扩散的主流。由于 K^+ 和 Cl^- 的扩散速率相近，使盐桥与两个溶液接触产生的液接电势都很小，且方向相反，故两个液接电位相互抵消。选择盐桥中的电解质的原则是高浓度、正负离子迁移速率接近相等，且不与电池中溶液发生化学反应。常采用 KCl、NH_4NO_3 和 KNO_3 的饱和溶液。因此，当使用盐桥时，可忽略液接电位（1~2 mV），即

$$E_{电池} = \varphi_{右(还原)} - \varphi_{左(氧化)} \tag{9-1}$$

若 $E_{电池} > 0$，则表示体系对环境做功，电池能自发进行（原电池），此时，电池阳极为负极，阴极为正极；若 $E_{电池} < 0$，则表示环境对体系做功，电池不能自发进行（电解池），此时电池阳极为正极，阴极为负极。

不管是原电池还是电解池，发生氧化反应的电极均被称为阳极，发生还原反应的电极均被称为阴极。

9.2.2 电极电位及测量

根据物理化学理论,无论是电子导体还是离子导体,凡是固相与液相接触,在其界面上必定产生一个封闭而均匀的双电层,如图9-4所示。将金属放入溶液中,一方面金属晶体中处于热运动的金属离子在溶液分子的作用下,离开金属表面进入溶液,金属性质愈活泼,这种趋势就愈大。另一方面,溶液中的金属离子由于受到金属表面电子的吸引而在金属表面沉积。溶液中金属离子的浓度愈大,这种趋势也愈大。当上述两个过程达到平衡后,就会在金属-溶液两相界面上形成一个带相反电荷的双电层(electrical double layers)。双电层的厚度虽然很小(约 10^{-8} cm 量级),但却在金属和溶液之间产生了电势差。通常人们将产生于金属表面和盐溶液相界的双电层之间的电势差称为金属的电极电位(electrode potential),并以此衡量电极得失电子能力的相对强弱。

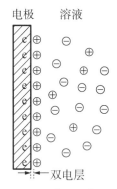

图9-4 固-液界双电层的形成

当采用电化学方法测量电位差时,需要从测量仪表上引出两根导线,一根接电极,另一根插入双电层。但插入溶液双电层的电极又形成一个新的电极(产生另一个双电层),因此,单个电极与电解质溶液界面间的相间电位(电极电位)不能直接测量。为解决这一问题,电极电位通常采用相对标准比较的方法,也就是将待测电极与另一电极电位恒定的电极(参比电极)构成一个电池,并用电位计测量电池的电动势,从而求得单个电极的电极电位。常用的参比电极包括标准氢电极、甘汞电极和 Ag/AgCl 电极等。

图9-5为标准氢电极的构成。它是以镀有铂黑的铂(Pt)电极浸入 H^+ 活度为1的HCl溶液中,通入液相分压为101 325 Pa(1个标准大气压)的 H_2,使 Pt 电极表面不断有气泡产生,以保证电极与溶液保持接触。此时,H_2 与 H^+ 建立的电极反应平衡

$$2H^+ + 2e \rightleftharpoons H_2 \uparrow$$

其电极电位为

$$\varphi = \varphi_{2H^+/H_2}^{\ominus} + \frac{0.059}{2}\lg\frac{a_{H^+}^2}{p_{H_2}/101\ 325\ \text{Pa}}$$

IUPAC 规定,25 ℃时,当 $a_{H^+} = 1$ mol·L^{-1},$p_{H_2} = 101\ 325$ Pa 时,$\varphi = \varphi_{2H^+/H_2}^{\ominus} = 0$,称之为标准氢电极电位(0 V)。习惯上将标准氢电极作为负极与待测电极组成电池,即

标准氢电极 ‖ 待测电极 M

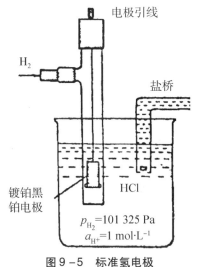

图9-5 标准氢电极

或写作

$$\text{Pt, H}_2(103\ 125\ \text{Pa})\,|\,\text{H}^+(a_{\text{H}^+}=1)\,\|\,\text{M}^{n+1}(x\ \text{mol}\cdot\text{L}^{-1})\,|\,\text{M}$$

由于规定标准氢电极电位为 0，因此，该电池电动势 E 即为待测电极的电极电位。电极电位是表示某种离子或原子获得或失去电子而被还原或被氧化的趋势。如果将某一金属放入其相应的金属离子溶液中（规定溶液中该金属离子的有效浓度或活度为 $1\ \text{mol}\cdot\text{L}^{-1}$），当温度为 298.15 K(25 ℃) 时，金属电极与标准氢电极（电极电位规定为 0）之间的电位差被称为该金属的标准电极电位，常以 $\varphi^{\ominus}_{\text{M}^{n+}/\text{M}}$ 表示。

标准电极电位可从相关手册中查得，如铜的标准电极电位 $\varphi^{\ominus}_{\text{Cu}^{2+}/\text{Cu}} = 0.342\ \text{V}$，锌的标准电极电位 $\varphi^{\ominus}_{\text{Zn}^{2+}/\text{Zn}} = -0.762\ \text{V}$。标准电极电位值是电化学的重要数据，使用时需注意：

（1）由于相关数据是在水溶液中测得，因此，它们仅适用于标准态下的水溶液，不适用于非水溶液、高温和固相反应。

（2）根据标准电极电位，可判断在标准态下 M^{n+}/M 电对的氧化或还原能力的相对强弱。当电位为正值，通常易发生还原反应；电位为负值，通常易发生氧化反应。电位绝对值越大，则氧化或还原能力越强。

（3）标准电极电位的数值反映了氧化-还原电对得失电子的趋向，与物质的量无关。

（4）标准电极电位是在温度为 298.15 K 的条件下的测量值，但由于电极电位随温度的变化不大，因此，当温度变化不太大时，仍可使用标准电极电位值。

各种电极的标准电极电位，都可以用上述方法测定。但还有许多电极的标准电极电位不便用此法测定，此时可以根据化学热力学的原理，从有关反应自由能的变化中进行计算求得。

非标态下的标准电极电位则由能斯特方程导出。

9.2.3 电极电位的定量表达：能斯特（Nernst）方程

电极电位的大小主要取决于电极本身的特性，并受温度、介质和离子浓度等因素的影响。对于一个电极而言，其电极反应可以写成

$$\text{Ox}^{n+} + ne \rightleftharpoons \text{Red}$$

能斯特从理论上推导出电极电位 $\varphi_{\text{Ox}^{n+}/\text{Red}}$ 的表达式为

$$\varphi_{\text{Ox}^{n+}/\text{Red}} = \varphi^{\ominus}_{\text{Ox}^{n+}/\text{Red}} + \frac{RT}{nF}\ln\frac{a_{\text{Ox}}}{a_{\text{Red}}} \tag{9-2}$$

或者

$$\varphi_{\text{Ox}^{n+}/\text{Red}} = \varphi^{\ominus}_{\text{Ox}^{n+}/\text{Red}} + \frac{0.059}{n}\lg\frac{a_{\text{Ox}}}{a_{\text{Red}}} \tag{9-3}$$

式中，$\varphi^{\ominus}_{\text{Ox}^{n+}/\text{Red}}$ 为氧化态和还原态活度均为 1 时的标准电极电位（V）；a_{Ox} 和 a_{Red} 分别为氧化态和还原态的活度；n 为反应电子得失数；F 为法拉第常数（96 485 $\text{C}\cdot\text{mol}^{-1}$）；$R$ 为标准气体常数（8.314 $\text{J}\cdot\text{mol}^{-1}\cdot\text{K}^{-1}$）；$T$ 为绝对温度（298.15 K）。

因为 $a_{\text{Ox}} = \gamma_{\text{Ox}}[\text{Ox}]$，$a_{\text{Red}} = \gamma_{\text{Red}}[\text{Red}]$，所以若以浓度代替活度，则式（9-2）可变为

$$\varphi_{Ox^{n+}/Red} = \varphi^{\Theta'}_{Ox^{n+}/Red} + \frac{0.059}{n}\lg\frac{[Ox]}{[Red]} \qquad (9-4)$$

式中，$\varphi^{\Theta'}_{Ox^{n+}/Red} = \varphi^{\Theta}_{Ox^{n+}/Red} + \frac{0.059}{n}\lg\frac{\gamma_{Ox}}{\gamma_{Red}}$。此时，$\varphi^{\Theta'}_{Ox^{n+}/Red}$ 是当氧化态和还原态浓度均为 1 时的值，被称为条件电极电位。

显然，条件电极电位 $\varphi^{\Theta'}_{Ox^{n+}/Red}$ 随反应物质的活度系数不同而不同，它受离子强度、络合效应、水解效应和 pH 等因素的影响。因此，条件电极电位是与溶液中各电解质成分有关并以浓度表示的实际电位值。在分析化学中，溶液中除了待测离子以外，一般还有其他物质存在，它们虽不直接参加电极反应，但常常显著地影响电极电位。因此，使用条件电极电位常比标准电极电位更有实用价值。

需要注意的是，若电对中某一物质是固体或水，则其浓度为 1；若某一物质是气体，则其浓度可用气体分压表示。以下是一些典型电对的电极电位的能斯特方程。

$Zn^{2+} + 2e \rightleftharpoons Zn$ $\qquad \varphi_{Zn^{2+}/Zn} = \varphi^{\Theta}_{Zn^{2+}/Zn} + \frac{0.059}{n}\lg[Zn^{2+}]$，$[Zn] = 1$

$Fe^{2+} + e \rightleftharpoons Fe^{2+}$ $\qquad \varphi_{Fe^{3+}/Fe^{2+}} \doteq \varphi^{\Theta}_{Fe^{3+}/Fe^{2+}} + \frac{0.059}{n}\lg\frac{[Fe^{3+}]}{[Fe^{2+}]}$

$2H^+ + 2e \rightleftharpoons H_2$ $\qquad \varphi_{2H^+/H_2} = \varphi^{\Theta}_{2H^{2+}/H_2} + \frac{0.059}{2}\lg\frac{[H^+]^2}{p_{H_2}/101\ 335\ Pa}$，$p_{H_2}$ 为电极表面 H_2 的分压（Pa）

$AgCl + e \rightleftharpoons Ag + Cl^-$ $\qquad \varphi_{AgCl/Ag} = \varphi^{\Theta}_{AgCl/Ag} + 0.059\frac{1}{[Cl^-]}$（$[Ag] = [AgCl] = 1$）

$Cr_2O_7^{2-} + 14H^+ + 6e \rightleftharpoons 2Cr^{3+} + 7H_2O$ $\qquad \varphi_{Cr_2O_7^{2-}/Cr^{3+}} = \varphi^{\Theta}_{Cr_2O_7^{2-}/Cr^{3+}} + \frac{0.059}{6}\lg\frac{[Cr_2O_7^{2-}][H^+]^{14}}{[Cr^{3+}]^2}$

（$[H_2O] = 1$）

9.3 电极及其分类

在电化学分析中，电极是将溶液浓度转化为电信号（电压或电流）的一种传感器。电极的类型有很多，如按电极材料、构成和原理，可分为金属电极、膜电极、微电极和化学修饰电极等；如按其测量功能，可分为指示电极或工作电极、参比电极、辅助电极、极化或去极化电极等。

9.3.1 金属电极、膜电极、微电极和化学修饰电极

电极种类很多，其表述也多种多样。通常按电极材料和组成等，可分为金属电极、膜电极、微电极和化学修饰电极。

9.3.1.1 金属电极

金属电极上通常发生电子交换（或氧化还原）反应，可分为以下四类。

第一类电极：它由金属与该金属的离子溶液组成，即 M|M^{n+}。如 Ag 丝插入 AgNO$_3$ 溶液中，电极反应为

$$Ag^+ + e \rightleftharpoons Ag$$

Ag|Ag$^+$ 电极电位为

$$\varphi = \varphi^{\ominus}_{Ag^+/Ag} + 0.059\lg[Ag^+]$$

第二类电极：它由金属与该金属的难溶盐和该难溶盐的阴极子组成，即 M|MX$_n$，X$^-$。如 Ag/AgCl 电极和 Hg/Hg$_2$Cl$_2$（甘汞）电极。该类电极通常可作为参比电极，其电极构成和反应可参见第 10 章。

第三类电极：它由金属与两种具有相同阴离子的难溶盐（或稳定配离子），以及含有第二种难溶盐（或稳定配离子）的阳离子达到平衡状态时所构成的体系。例如，Hg|HgY^{2-}，CaY^{2-}，Ca^{2+} 电极，其电极反应为

$$HgY^{2-} + Ca^{2+} + 2e \rightleftharpoons Hg + CaY^{2-}$$

电极电位为

$$\varphi = \varphi^{\ominus}_{Hg^{2+}/Hg} + \frac{0.059}{2}\lg\frac{K_{CaY^{2-}}}{K_{HgY^{2-}}} + \frac{0.059}{2}\lg\frac{[HgY^{2-}]}{[CaY^{2-}]} + \frac{0.059}{2}\lg[Ca^{2+}]$$

该类电极可作为 EDTA（Y^{4-}）滴定金属离子的指示电极。

零类电极：它由一种惰性金属（如 Pt）与含有可溶性氧化态或还原态物质的溶液组成，如 Pt|Fe^{3+}，Fe^{2+} 电极，其电极反应为

$$Fe^{3+} + e \rightleftharpoons Fe^{2+}$$

电极电位为

$$\varphi = \varphi^{\ominus}_{Fe^{3+}/Fe^{2+}} + 0.059\lg\frac{[Fe^{3+}]}{[Fe^{2+}]}$$

此类电极本身并不参与电化学反应，只起传导电子或提供电化学反应场所的作用。

9.3.1.2 膜电极

这类电极具有敏感膜并能产生膜电位，因此被称为膜电极或离子选择性电极，如 pH 玻璃电极。这类电极将在电位分析法中介绍。

用于构成电极的材料还有很多。除上述提及的铂电极材料外，还有由碳、石墨、玻璃碳、汞和金等材料制成的电极，也被称为固体电极。其中，以汞材料制成的滴汞电极将在极谱法和伏安法中介绍。

9.3.1.3 微电极

微电极通常用 Pt 丝或碳纤维制成。此类电极具有电极面积小、扩散传质快、电流密度大信噪比高和 iR 降小等特点，可用于有机介质或高阻抗溶液中的测定。因电极面积小，还可用于微体系中的分析。

9.3.1.4 化学修饰电极

在一些如 Pt 或玻璃碳等电极材料表面，采用共价键合、吸附、化学聚合或高聚物涂渍等方式，将具有某种功能的化学基团"修饰"在电极上，使电极具有某种特别功能或性质。这类电极被称为化学修饰电极（CME），包括单分子层、无机薄膜和多分子层聚合物薄膜等修饰电极。例如，通过化学聚合方法，将苯胺修饰于 Pt 或玻璃碳电极

表面，可制成聚苯胺化学修饰电极。化学修饰电极在光电转换、催化反应、不对称有机合成以及电化学传感器等方面具有突出的优势。

9.3.2 指示电极、工作电极、参比电极和辅助电极

按照电极的性质、用途或功能的不同，可分为指示电极或工作电极、辅助或参比电极等。

9.3.2.1 指示电极和工作电极

指示电极和工作电极是在电化学池中用以反映离子或分子浓度、发生所需电化学反应或响应激励信号的电极。习惯上，对于平衡体系或在测量期间本体浓度不发生可觉察变化的体系，相应的电极被称为指示电极，如电位分析中的离子选择性电极和极谱分析中的滴汞电极；如果有较大的电流通过，本体浓度发生显著改变，则相应的电极被称为工作电极，如电解分析和库仑分析中的 Pt 电极。

9.3.2.2 参比电极、辅助电极和对电极

在构成测量电池中，指示电极和工作电极是主要电极，其他电极是辅助性质的电极，被称为辅助电极。在测量过程中电极电位基本保持恒定的电极被称为参比电极。

参比电极提供电子传导的场所，与工作电极组成电池，形成通路，但电极上进行的电化学反应并非实验中所需研究或测试的。当通过的电流很小时，一般直接由工作电极和参比电极组成电池（即双电极系统）。但是，当通过的电流较大时，参比电极将不能负荷，其电位不再稳定不变，或体系（如溶液）的 iR 降太大，难以克服。此时，需再采用辅助电极来构成三电极体系以测量或控制工作电极的电位。在不用参比电极的两电极系统中，与工作电极配对的电极被称为对电极。但有时辅助电极也叫对电极，两者常不严格区分。

此外，根据测量所用电极的尺寸大小可分为常规电极和微电极及超微电极；根据测量所用电极是否修饰又可分为裸电极和修饰电极；根据电极材料的不同可分为碳电极、铂电极、金电极和汞电极等；根据电极的极化性质可分为极化和去极化电极。

9.4 电极极化与去极化

当电池中有电流通过时，需克服电池内阻 R，因此，式（9-1）中实际电池电动势计算公式应改写为

$$E_{电池} = \varphi_{右(还原)} - \varphi_{左(氧化)} - iR \tag{9-5}$$

式中，iR 为 iR 降（voltage drop），它使原电池电动势降低，使电解池外加电压增加。

9.4.1 极化与去极化

极化（polarization）是指电流流过时电极电位对理论值（即由能斯特方程计算的平衡电位值）的偏离现象，该偏离值大小称为超电位或过电位（overvoltage），常以 η 表示。

当电极电位完全随外加电压而变化时，或者当电流改变较小但电极电位改变较大时，电极会发生极化，相应的电极称为极化电极。可见，极化电极的电位不够"惰性"，可随外界条件变化而变化。如库仑分析中的两支 Pt 电极以及直流极谱中的滴汞电极均为极化电极；反之，当电极电位不随外加电压变化，或电流变化很大但电极电位改变很小时，没有"极化"现象，称为去极化，相应的电极称为去极化电极。可见，去极化电极的电位比较"惰性"，不随外界条件的变化而变化。如电位分析中的甘汞电极和离子选择性电极均为去极化电极。

产生极化的因素有很多，包括电极大小和形状、电解质溶液组成、搅拌情况、温度、电流密度、电池中反应物与生成物的物理状态以及电极成分等。

我们知道，电极反应（$Ox + ne \rightleftharpoons Red$）通常是较为复杂的过程，即反应前后均有可能涉及到诸多步骤。首先是 Ox 和 Red 通过对流、扩散和迁移方式，从溶液本体到电极表面的物质传递；然后是通过均相化学反应将 Ox 和 Red 转化为可以直接参与电极反应的其他中间产物 Ox′ 和 Red′；并且 Ox′ 和 Red′ 还有可能吸附在电极表面上或参与电极的晶体结构中，即进行物态转化；最后才是电子交换步骤。当然，实际的电极反应可能会比以上步骤简单一些，如无化学反应和物态转化过程；也可能更复杂一些，如物态转化前后的 Ox′/Ox 及 Red′/Red 都可以参与电子交换过程等。

电极大小和形状、电解质溶液组成、搅拌情况、温度、电流密度、电池中反应物与生成物的物理状态及电极成分等因素均可影响上述电极反应过程，从而导致电极电位对平衡值的偏离。

该偏离值或超电位 η 的大小与电极材料组成及其电极反应产物等因素有关，它不能从理论上计算，只能通过经验或实验总结出以下一些规律：

（1）随着电流密度的增加，η 增加。

（2）随着溶液温度和搅拌速率的增加，η 降低。

（3）电极成分不同，η 有明显不同。汞电极的超电位非常大，极易产生极化。这也是汞滴电极常用于伏安分析的重要原因。

（4）当电极上的产物为气体时，其 η 较大。表 9-1 给出了各电极上生成 H_2 和 O_2 的超电位。

根据产生极化的原因，极化可分为浓差极化和电化学极化两种。

（1）浓差极化。主要由溶液中物质的对流、扩散和迁移等因素决定。在发生电极反应时，电极表面附近溶液浓度与主体溶液浓度不同所产生的现象称为浓差极化。例如，库仑分析中的两支 Pt 电极和极谱分析中的滴汞电极均可产生极化现象。在阴极附近，阳离子被快速还原，而主体溶液阳离子来不及扩散到电极附近，阴极电位比可逆电位更负；在阳极附近，电极被氧化或溶解，离子来不及离开，阳极电位比可逆电位更正，从而引起电极电位对理论计算值的偏离。此时，可通过采取增加电极面积，减小电流密度，提高溶液温度并加速搅拌等措施来减小浓差极化。

（2）电化学极化。主要由电极反应动力学因素决定。由于电化学反应通常是分步进行的，反应速度由最慢的反应步骤所决定，为克服反应的活化能，当外加电压比可逆电动势更大时，反应才能发生。此时的阴极电位更负而阳极电位更正。

表 9-1 不同电极材料上生成 H_2 和 O_2 的超电位（25 ℃）

电极组成	超电位 η/V					
	电流密度/(0.001 A·cm^{-2})		电流密度/(0.01 A·cm^{-2})		电流密度/(1 A·cm^{-2})	
	H_2	O_2	H_2	O_2	H_2	O_2
光 Pt	0.024	0.721	0.068	0.850	0.676	1.490
镀 Pt	0.015	0.348	0.030	0.521	0/048	0.760
Au	0.241	0.673	0.391	0.963	0.798	1.630
Cu	0.479	0.422	0.584	0.580	1.269	0.793
Ni	0.563	0.353	0.747	0.519	1.241	0.853
Hg	0.900		1.100		1.100	
Zn	0.716		0.746		1.229	
Sn	0.856		1.077		1.231	
Pb	0.520		1.090		1.262	
Bi	0.780		1.050		1.230	

9.5 电极-溶液界面传质过程

在电化学分析中，在电极上外加一定电压至发生电化学反应，此时活性物质在电极-溶液界面因发生电极反应而被消耗，使电极表面活性物质浓度下降、产物浓度因积聚而增加。只有当电活性物质不断地从本体溶液向电极表面传递，而产物不断地从电极表面向本体溶液或电极内部传递时，电极反应才能不断地进行，这种过程称为传质过程。

溶液传质过程包括对流、电迁移和扩散传质，相应所产生的电流分别称为对流电流、迁移电流和扩散电流。

9.5.1 对流传质

由于机械搅拌（强制对流）或温差变化（自然对流）等因素使得溶液中物质随流动的液体而移动，称为对流传质。在电化学分析中，有时需采用搅拌或旋转电极促进对流传质（如电解分析），有时需要使溶液静置来消除对流传质对电流测定的影响。

9.5.2 电迁移传质

在外加电压的情况下，电场使正离子向负极移动，负离子向正极移动，这种电荷通过溶液中离子的迁移而传递的现象称为电迁移。溶液中所有离子都会发生电迁移并产生迁移电流。当向溶液中加入大量诸如 KCl 或 KNO_3 的电解质时，电迁移传质主要由 K^+、Cl^- 或 NO_3^- 承担，而低浓度待测离子的电迁移或迁移电流可忽略。这种加入的大量电解质称为支持电解质，可以消除迁移电流对测定的影响。

9.5.3 扩散传质

当溶液中不同区域的物质浓度不同或者说存在浓度梯度时，物质将从高浓度区域向低浓度区域传递，这种现象称为扩散传质，此物质因扩散而发生电极反应所产生的电流称为扩散电流。扩散传质或扩散电流与物质浓度有关，是一些电化学分析的基础，具体介绍可参见本书第 12 章。

习题

1. 写出下列电池的半电池反应及电池反应，计算其电动势，并标明电极的正负。

   (1) $Zn|ZnSO_4(0.100\ mol \cdot L^{-1}) \| AgNO_3(0.010\ mol \cdot L^{-1})|Ag$

   (2) $Pt \left| \begin{matrix} VO_2^+\ (0.001\ mol \cdot L^{-1}) \\ VO^{2+}\ (0.010\ mol \cdot L^{-1}) \end{matrix} \right.$, $HClO_4(0.100\ mol \cdot L^{-1}) \| HClO_4(0.100\ mol \cdot L^{-1})$, $\left. \begin{matrix} Fe^{3+}\ (0.020\ mol \cdot L^{-1}) \\ Fe^{2+}\ (0.002\ mol \cdot L^{-1}) \end{matrix} \right| Pt$

   (3) Pt，$H_2(20\ 265\ Pa)|HCl(0.100\ mol \cdot L^{-1}) \| HCl(0.100\ mol \cdot L^{-1})|Cl_2(50\ 663\ Pa)$，$Pt$

   (4) $Pb|PbSO_4(固)$，$K_2SO_4(0.200\ mol \cdot L^{-1}) \| Pb(NO_3)_2(0.100\ mol \cdot L^{-1})|Pb$

   (5) $Zn|ZnO_2^{2-}(0.010\ mol \cdot L^{-1}) \| NaOH(0.500\ mol \cdot L^{-1})|HgO(固)|Hg$

2. 已知如下半电池反应及其标准电极电位：

   $IO_3^- + 6H^+ + 5e \rightleftharpoons \frac{1}{2}I_2 + 3H_2O \qquad \varphi^{\ominus} = +1.195\ V$

   $ICl_2^- + e \rightleftharpoons \frac{1}{2}I_2 + 2Cl^- \qquad \varphi^{\ominus} = +1.06\ V$

   计算半电池反应 $IO_3 + 6H^+ + 2Cl^- + 4e^- \rightleftharpoons ICl_2 + 3H_2O$ 的 $\varphi^{\ominus}$ 值。

3. $Hg|Hg_2Cl_2$，$Cl^-(饱和) \| M^{n+}|M$

   上述电池为一自发电池，在 25 ℃ 时其电动势为 0.100 V；当 M^{n+} 的浓度稀释至原来的 1/50 时，电池电动势为 0.500 V。试求右边半电池反应的 n 值。

4. 试通过计算说明下列半电池的标准电极电位是一样的。

   $H^+ + e \rightleftharpoons \frac{1}{2}H_2 \qquad 2H^+ + 2e \rightleftharpoons H_2$

5. 已知如下半反应及其标准电极电位：

   $Cu^{2+} + I^- + e \rightleftharpoons CuI \qquad \varphi^{\ominus} = +0.86\ V$

   $Cu^{2+} + e \rightleftharpoons Cu^+ \qquad \varphi^{\ominus} = +0.159\ V$

   试计算 CuI 的溶度积常数。

6. 已知 25 ℃ 时饱和甘汞电极的电极电位 $E_{SCE} = +0.244\ 4\ V$，银-氯化银的电极电位 $E_{AgCl/Ag} = +0.222\ 3\ V$（$[Cl^-] = 1.0\ mol \cdot L^{-1}$）。当用 100 Ω 的纯电阻联接下列电池时，记录到 2.0×10^{-4} A 的起始电流，则此电池的内阻，即溶液的电阻是多少？

   $Ag|AgCl$，$Cl^-(1.0\ mol \cdot L^{-1}) \| SCE$

7. 已知下列半电池反应及其标准电极电位为

   $Sn^{2+} + 2e \rightleftharpoons Sn$ $\varphi^{\ominus} = -0.136$ V

   $SnCl_4^{2-} + 2e \rightleftharpoons Sn + 4Cl^-$ $\varphi^{\ominus} = -0.19$ V

   计算 25 ℃ 时络合物平衡反应 $SnCl_4^{2-} \rightleftharpoons Sn^{2+} + 4Cl^-$ 的不稳定常数。

8. 已知如下半电池反应及其标准电极电位：

   $HgY^{2-} + 2e \rightleftharpoons Hg + Y^{4-}$ $\varphi^{\ominus} = +0.21$ V

   $Hg^{2+} + 2e \rightleftharpoons Hg$ $\varphi^{\ominus} = +0.845$ V

   计算 25 ℃ 时络合物生成反应 $Hg^{2+} + Y^{4-} \rightleftharpoons HgY^{2-}$ 的稳定常数 $\lg K$ 值。

9. 已知下列电池中溶液的电阻为 2.24 Ω，如不考虑极化，试计算要得到 0.030 A 的电流所需施加的外加电源的起始电压。

   Pt | V(OH)$_4^+$ (1.04 × 10^{-4} mol·L^{-1})，VO^{2+} (7.15 × 10^{-2} mol·L^{-1}), H$^+$ (2.75 × 10^{-3} mol·L^{-1}) ‖ Cu^{2+} (5.0 × 10^{-2} mol·L^{-1}) | Cu

10. 已知以下电池：

    Pt | Fe(CN)$_6^{4-}$ (3.60 × 10^{-2} mol·L^{-1})，Fe(CN)$_6^{3-}$ (2.70 × 10^{-3} mol·L^{-1}) ‖ Ag$^+$ (1.65 × 10^{-2} mol·L^{-1}) | Ag

    该电池内阻为 4.10 Ω，试计算 0.010 6 A 电流流过时所联接的外接电源的起始电压。

11. 已知 Hg_2Cl_2 的溶度积为 2.0×10^{-18}，KCl 的溶解度为 330 g·L^{-1}，试计算饱和甘汞电极的电极电位。

第10章 电位分析法

电位分析法（potentiometric analysis）包括电位法（potentiometry）和电位滴定法（potentiometric titration）两类。其中，电位法是根据测量到的某一电极的电极电位，用能斯特方程直接计算待测物质浓（活）度的方法。例如，利用电位法测量溶液的 H^+ 浓度（pH）以及利用离子选择性电极来指示待测离子的浓（活）度。而电位滴定法则是一种用电极电位的突变代替指示剂颜色的改变来确定滴定终点的方法。

10.1 参比电极与指示电极

在电位分析中，构成电池的电极包括指示电极和参比电极，其中，指示电极的电极电位随待测离子浓度的变化而变化，而参比电极的电极电位保持恒定，不受试液组成变化的影响。将指示电极和参比电极一起浸入试液构成电池体系，采用高输入阻抗测试仪表（如 pH/mV 计和离子计等）测量指示电极的电位（也称平衡电位，此时电池电路中的电流趋于0），从而求得待测离子的浓度或活度。

10.1.1 参比电极

参比电极需具有可逆性、重现性和稳定性等特点。可逆性就是指电极上只有一种电化学反应发生，充电和放电时发生同一反应，只是方向相反；重现性是指当温度或浓度改变时，电极电位满足能斯特方程且无滞后现象；稳定性是指在测量时温度等环境因素对电极电位的影响较小。

在电位分析中，常用的参比电极包括标准氢电极、甘汞电极和 Ag/AgCl 电极。标准氢电极由于涉及气体，条件较苛刻，使用不方便，故在实际测量中较少应用。下面介绍甘汞电极和 Ag/AgCl 电极这两种常用的参比电极。

10.1.1.1 甘汞电极

甘汞电极的构成如图 10-1 所示。

甘汞电极由汞、氯化亚汞和氯化钾溶液组成。当采用玻璃砂芯与所浸入的溶液接触时，电极具有阻抗高、电流小、溶液渗漏少等特点，适宜于在水溶液使用（图 10-1a）；当采用磨口玻璃套时，电极的阻抗较小、溶液有渗漏，但接触好，适宜在非水溶液及黏稠液中使用（图 10-1b）。甘汞电极的电极反应为

$$Hg_2Cl_2 + 2e \rightleftharpoons 2Hg + 2Cl^-$$

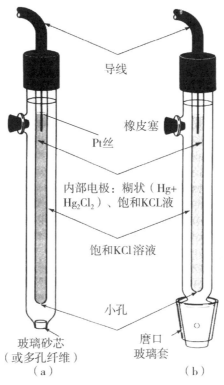

图 10-1 甘汞电极构成

电极电位为

$$\varphi = \varphi^{\ominus}_{Hg_2Cl_2/Hg} + \frac{0.059}{2}\lg\frac{1}{[Cl^-]^2} = \varphi^{\ominus}_{Hg_2Cl_2/Hg} - 0.059\lg[Cl^-]$$

可见，甘汞电极电位取决于所使用的 KCl 溶液浓度，见表 10-1。其中，对于饱和甘汞电极（saturated calomel electrode，SCE），只要测量时电流较小，其电极电位基本稳定。

表 10-1 常用甘汞电极和 Ag/AgCl 电极的电极电位 (298.15 K)

名称	KCl 浓度/(mol·L^{-1})	电极电位（vs NHE）/V
甘汞电极	饱和 KCl	0.244
	1.00	0.280
	0.10	0.334
Ag/AgCl 电极	1.00	0.228
	0.10	0.288
	饱和 KCl	0.194

甘汞电极具有制作简单和应用广泛的特点。但当温度改变时，其电极电位平衡时间较长，而且当温度较低（<40 ℃）时，电位受温度影响也较大。根据公式 $E_t = 0.2438 -$

$7.6\times10^{-4}(t-25)$ 可知,当 t 从 20 ℃增加到 25 ℃时,饱和甘汞电极的电位从 0.247 6 V 降至 0.243 8 V。此外,电极中的 Hg(Ⅱ) 可与一些离子发生反应而形成干扰。

10.1.1.2 Ag/AgCl 参比电极

与甘汞电极相似,Ag/AgCl 参比电极构成如图 10-2 所示。

该电极由一个插入已用 AgCl 饱和的 KCl 溶液中的、镀有 Ag 和 AgCl 的 Pt 丝〔图 10-2 (a)〕或镀有 AgCl 的银丝构成〔图 10-2 (b)〕,其电极反应和电极电位为

$$AgCl + e \rightleftharpoons Ag + Cl^-$$

$$\varphi = \varphi^{\ominus}_{AgCl/Ag} + 0.059\lg\frac{1}{[Cl^-]} = \varphi^{\ominus}_{AgCl/Ag} - 0.059\lg[Cl^-]$$

与甘汞电极相同,其电极电位与 Cl^- 浓度有关(表 10-1)。

Ag/AgCl 电极可在高于 60 ℃的温度下使用,且较少与其他离子反应(可与蛋白质作用并导致与待测物界面的堵塞)。

在使用参比电极时需注意:电极内部溶液的液面应始终高于试样溶液液面,以防止试样对内部溶液的污染或因外部溶液与 Ag^+、Hg^{2+} 发生反应而造成液接面的堵塞,尤其是后者,可能是测量误差的主要来源;另外,如果用此类参比电极测量 K^+、Cl^-、Ag^+、Hg^{2+},其测量误差可能会较大,此时可采用不含干扰离子的 $NaNO_3$ 或 Na_2SO_4 溶液代替 KCl 的盐桥来克服。

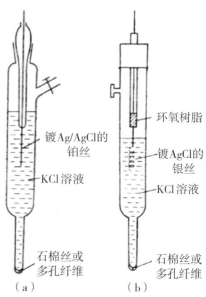

图 10-2 Ag/AgCl 参比电极构成

10.1.2 指示电极

在电位分析中,理想的指示电极应该能够快速、稳定地响应待测离子,并且有良好的重现性。

指示电极种类较多,一般可以分为基于电子交换的金属指示电极(metallic indicator electrode)和基于离子交换的膜电极(membrane electrode)或离子选择性电极(ion-selective electrode,ISE)。

金属指示电极可分别用于一些金属离子,如 Ag、Cu、Zn、Cd、Hg 和 Pb 的离子(第一类电极),某些阴离子(第二类电极),某些阳离子,如 Ca^{2+} 离子(第三类电极)以及氧化态或还原态物质(零类电极)的测定。其中,第二类电极还可作为参比电极,第三类电极可作为配位滴定的 pM 指示电极。

较常用的金属电极包括:Ag/Ag^+、Hg/Hg_2^{2+}(中性溶液),Cu/Cu^{2+}、Zn/Zn^{2+}、Cd/Cd^{2+}、Bi/Bi^{3+}、Tl/Tl^+ 和 Pb/Pb^{2+}(溶液要做脱气处理)。

金属电极用作指示电极也存在很多不足:

(1) 它既对本身阳离子响应,亦可对其他阳离子响应,因而选择性较差。

(2) 酸可使电极溶解，大多数电极只能在碱性或中性溶液中使用。
(3) 有的电极易被氧化，使用时必须同时对溶液做脱气处理。
(4) 一些"硬"金属，如 Fe、Cr、Co 和 Ni，其电极电位的重现性差。
(5) 以 E - pM 作图，所得斜率与理论值（$-0.059/n$）相差很大且难以预测。

因此，金属指示电极的应用并不广泛。本章重点讨论离子选择性电极。

10.2 离子选择电极

离子选择性电极（ion selective electrode, ISE）通常作为电位分析的指示电极，最早研究和应用的是玻璃膜电极。1906 年，M. Cremer 首先发现玻璃电极可用于分析；1909 年，F. Haber 较系统地开展了玻璃电极的实验研究；20 世纪 30 年代，玻璃电极成为测定溶液 pH 值最为方便的方法；50 年代，由于真空管的出现，测量阻抗大于 100 MΩ 的电极电位更加容易，因此玻璃电极的应用开始普及；到 20 世纪 60 年代之后，对敏感膜进行了大量而系统的研究，发展了许多对 K^+、Na^+、Ca^{2+}、F^- 和 NO_3^- 响应的膜电极并市场化。

离子选择性电极作为一种高选择性的化学传感器，其应用非常广泛。例如：①能用于测定许多阳、阴离子以及有机离子、生物物质，特别是用其他方法难以测定的碱金属离子及一价阴离子，并能用于气体分析。②适用的浓度范围宽，能达几个数量级差。③适用于作为工业流程自控及环境保护监测设备中的传感器，测试仪表简单。④能制成微型电极，甚至做成管径小于 1 μm 的超微型电极，用于单细胞及活体监测。⑤电位法反映的是离子的活度，因此适用于测定化学平衡的活度常数，如解离常数、络合物稳定常数、溶度积常数、活度系数等，并能作为研究热力学、动力学和电化学等基础理论的手段。

10.2.1 离子选择电极构成及膜电位

离子选择性电极是一种电化学传感器，其构成如图 10 - 3 所示。它由敏感膜以及电极帽、电极杆、内参比电极和内参比溶液组成。敏感膜是指可分开两种电解质溶液并能对某种物质有选择性响应的连续薄层，是决定电极性能的关键；内参比电极通常用 Ag/AgCl 电极或 Pt 丝；内参比溶液由离子选择性电极的种类决定，也有不使用内参比溶液的离子选择性电极。

各种类型的离子选择电极的响应机制虽各有特点，但其电位产生的基本原因都是相似的，即关键都在于膜电位，其组成如图 10 - 4 所示。

膜电位通常由扩散电位和道南（Donnan）电位组成。

扩散电位是发生在固体膜内或者液 - 液界面之间，主要是由不同离子之间或离子相同但浓度不同而产生离子扩散所形成的电位。其中，在膜相内部，膜的内、外表面和膜本体的两个界面上分别产生扩散电位，其大小大致相同；而液 - 液界面之间产生的扩散电位也叫液接电位。这类离子的扩散是自由扩散，正、负离子可自由通过界面，没有强制性和选择性。

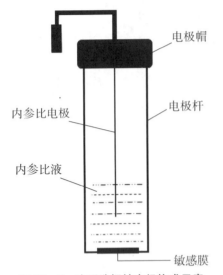

图 10-3　离子选择性电极构成示意

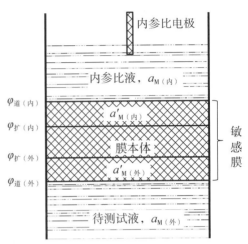

图 10-4　膜电位组成示意

道南（Donnan）电位则是指敏感膜（如选择性渗透膜或离子交换膜）至少可以阻止一种离子从一个液相扩散至另一液相，或者与溶液中的离子发生交换，从而导致两相界面之间电荷分布不均匀而形成电位差。显然，这类扩散具有强制性和选择性。

通常，离子选择性电极的膜电位由敏感膜本体与其内表面之间的扩散电位 $\varphi_{扩(内)}$，以及敏感膜内表面与内参比溶液之间的道南电位 $\varphi_{道(内)}$ 两部分构成。当离子选择性电极浸入含有该离子 M 的待测溶液中时，在敏感膜本体与其外表面之间产生扩散电位 $\varphi_{扩(外)}$，在敏感膜外表面与待测试液之间产生道南电位 $\varphi_{道(外)}$。离子选择性电极的总膜电位 $\varphi_{膜}$ 为内、外扩散电位和道南电位的代数和，即

$$\varphi_{膜} = \varphi_{道(外)} + \varphi_{扩(外)} - \varphi_{道(内)} - \varphi_{扩(内)} \tag{10-1}$$

其中，

$$\varphi_{道(外)} = k_1 + \frac{0.059}{n} \lg \frac{a_{M(外)}}{a'_{M(外)}} \tag{10-2}$$

$$\varphi_{道(内)} = k_2 + \frac{0.059}{n} \lg \frac{a_{M(内)}}{a'_{M(内)}} \tag{10-3}$$

式中，$a_{M(外)}$ 和 $a_{M(内)}$ 分别为待测试液和内参比液中 M^{n+} 的活度，$a'_{M(外)}$ 和 $a'_{M(内)}$ 分别为膜相本体与膜外、内表面间 M^{n+} 的活度，n 为离子的电荷数，k_1 和 k_2 是与膜内外表面性质有关的常数。

通常敏感膜内、外表面的性质可以看成是相同的，即 $k_1 = k_2$，$a'_{M(内)} = a'_{M(外)}$，$\varphi_{扩(外)} = \varphi_{扩(内)}$，且 $a'_{M(内)}$ 为固定不变的常数，因此，式（10-1）中的膜电位表达式可简化为

$$\varphi_{膜} = 常数 + \frac{0.059}{n} \lg a_{M(外)} \tag{10-4}$$

可见，膜电位与待测溶液中 M^{n+} 活度之间的关系符合能斯特方程。其中，常数项为膜内界面上的相间电位，还包括由膜的内、外两个表面不完全相同而引起的不对称电位。

离子选择性电极电位 φ_{ISE} 为内参比电极电位与膜电位之和，即

$$\varphi_{ISE} = k + \frac{0.059}{n}\lg a_{M(外)} \quad (10-5)$$

式中，k 为常数项，它包括基本恒定的内参比电极的电位与膜内的相间电位。

如果敏感膜对阴离子 R^{n-} 有响应，由于双电层结构中电荷的符号与阳离子敏感膜的情况相反，因此相间电位的方向也相反，即阴离子选择电极的电位为

$$\varphi_{ISE} = k - \frac{0.059}{n}\lg a_{R(外)} \quad (10-6)$$

从上述推导过程可以看出，与金属指示电极不同，离子选择性电极的电位并不是由电子交换的氧化还原反应造成的，而是由膜电位产生的。

在实际电位分析中，可将离子选择电极与外参比电极（通常用饱和甘汞电极）组成电池（复合电极则无需另外的外参比电极），在电流接近零时测量电池电动势。但应注意的是，此电动势还应包括在外参比电极与试液接触的膜（或盐桥）的内外两个界面上产生的液接电位。因此，在测量过程中，应设法减小或保持液接电位稳定，使之可并入常数项 k，从而减小对测量结果的影响。

10.2.2　离子选择电极分类及常用电极简介

由于敏感膜的性质、材料的不同，离子选择电极有各种类型，其响应机理也各有其特点。按离子选择性电极敏感膜的组成和结构，IUPAC 推荐分类如图 10-5 所示。

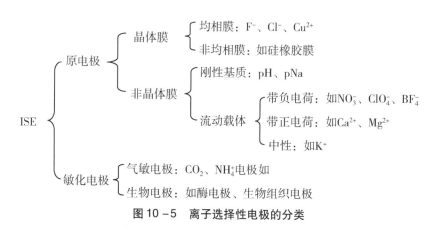

图 10-5　离子选择性电极的分类

从该分类可见，所有膜电极具有以下特点：

（1）低溶解性。膜在溶液介质（通常是水）的溶解度近似为 0，因此，膜材料多为玻璃、高分子树脂以及低溶性的无机晶体等。

（2）导电性（尽管很小）。通常是利用荷电离子的在膜内的迁移形式传导。

（3）高选择性。膜或膜内的物质能选择性地和待测离子结合，通常的结合方式有离子交换、结晶和络合等。

10.2.2.1　玻璃电极

玻璃电极属于非晶体膜电极。可对 H^+ 响应（测定溶液 pH），亦可对 Li^+、Na^+、

K^+和Ag^+等一价阳离子产生选择性响应。这类电极的构型及制造方法均相似,其选择性来源于玻璃敏感膜的组成成分不同。

（1）玻璃电极的构成及响应机理。图10-6为一种pH玻璃电极的构造示意图。该电极是由厚度约0.1 mm的球状硅酸钠玻璃敏感膜、内置Ag/AgCl参比电极并充入一定pH缓冲溶液所构成。

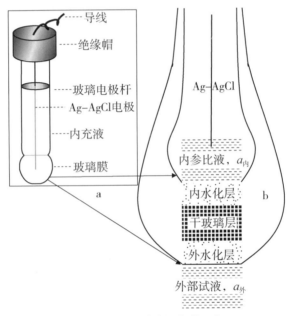

图10-6 玻璃电极构成示意

常用于制造pH玻璃电极的考宁（Corning）玻璃的组成（摩尔分数）分别为Na_2O（21.4%）、CaO（6.4%）和SiO（72.2%）。这种结构的玻璃由固定的带负电荷的Si和O组成的骨架或载体,在骨架的网络中存在体积较小但活动能力较强、有导电作用的阳离子（通常为一价Na^+）。

当玻璃电极置于试液中时,内、外玻璃膜与水溶液接触（图10-6b,为方便描述,玻璃膜被不成比例地放大）。由子Si-O结构与H^+的键合强度远大于其与Na^+的键合强度（约为10^{14}倍）,因此,Na_2SiO_3晶体骨架中的Na^+与溶液中的H^+发生以下交换反应:

$$Gl^- Na^+ + H^+ \rightleftharpoons Gl^- H^+ + Na^+$$

由于平衡常数很大,因此在玻璃膜内、外表层中的Na^+的位置几乎全部被H^+所占据,从表层向膜内部方向,H^+数目逐渐减少至接近于0,形成一个类似硅酸（H^+Gl）、厚度为$0.01 \sim 10\ \mu m$的内、外水化胶层,膜中间没有H^+交换,仍完全由Na^+占据,称为"干玻璃层",如图10-7所示。

可见,H^+在溶液（内缓冲液或外部试液）与水化胶层表面的界面上进行扩散,从而破坏了界面附近原来正负电荷分布的均匀性,在两相界面形成双电层结构,从而产生道南电位（$\varphi_{道}$）;此外,在内、外水化胶层与干玻璃层之间,还存在着方向相反的扩散电位。

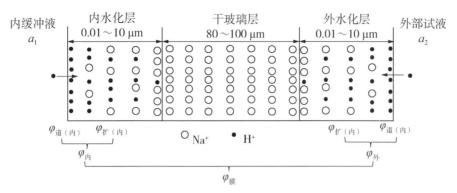

图 10-7 玻璃膜电位组成

总结以上讨论,可以发现:
1) 玻璃膜由外水化层、干玻璃层和内水化层三部分构成。
2) 电极的相包括内参比液相、内水化层、干玻璃相、外水化层以及外试液相共五相,其间共产生 4 个界面电位:内部试液与内水化层之间 $\varphi_{道(内)}$、内水化层与干玻璃层之间 $\varphi_{扩(内)}$、干玻璃与外水化层之间 $\varphi_{扩(外)}$、外水化层与外部试液之间 $\varphi_{道(外)}$。
3) 玻璃膜电位 $\varphi_{膜} = \varphi_{道(外)} + \varphi_{扩(外)} - \varphi_{道(内)} - \varphi_{扩(内)}$。

假设玻璃内、外表面结构相同,根据式(10-2)和式(10-3)可知,$k_1 = k_2$,$\varphi_{扩(外)} = \varphi_{扩(内)}$,因此,玻璃膜电位为

$$\varphi_{膜} = \left(k_1 + 0.059\lg\frac{[H^+]_{外}}{[H^+]_{外表面}}\right) - \left(k_2 + 0.059\lg\frac{[H^+]_{内}}{[H^+]_{内表面}}\right),$$

或者

$$\varphi_{膜} = 0.059\lg\frac{[H^+]_{外}}{[H^+]_{内}} = k + 0.059\lg a_{H^+} = k - 0.059\mathrm{pH} \tag{10-7}$$

上式为 pH 值溶液的膜电位表达式,是采用玻璃电极进行 pH 定量测定的依据。

玻璃球内盛有 $1.0\ \mathrm{mol\cdot L^{-1}}$ HCl 溶液或含有 NaCl 的缓冲溶液为参比溶液、以 Ag/AgCl 丝为参比电极的内参比电极体系(电池表达式右侧);另有参比电极体系通过陶瓷塞与试液(活度为 a_x)接触。玻璃膜的电阻很高(100~500 MΩ),在玻璃成分中加入氧化铈或氧化钽后,可以降低电极的内阻。

在玻璃膜中引入三价元素铝、镓、硼等的氧化物,可制成对其他一价阳离子具有选择性的电极。表 10-2 给出了不同组成或结构的玻璃膜对不同离子的响应情况。

表 10-2 不同玻璃电极构成对离子的响应

主要响应离子	玻璃膜组成			选择性系数
	Na_2O	Al_2O_3	SiO_2	
Na^+	11	18	71	K^+: 3.3×10^{-3}(pH 7), 3.6×10^{-4}(pH 11);Ag^+: 500
K^+	27	5	68	Na^+: 5×10^{-2}
Ag^+	11	18	71	Na^+: 1×10^{-3}
	28.8	19.1	52.1	H^+: 1×10^{-5}
Li^+	15(Li_2O)	25	60	Na^+: 0.3;K^+: $<1\times 10^{-3}$

(2) 玻璃电极的特点。

1) 高选择性。膜电位的产生不涉及电子的得失，对 H^+ 有高度选择性，而其他离子不能进入晶格产生交换（当溶液中 Na^+ 浓度是 H^+ 的 10^{15} 倍时，两者才产生相同的电位），不受氧化剂还原剂、有色溶液、浑浊溶液或胶态溶液的 pH 测定，响应快（达到平衡快）、不玷污试液。

2) 应用较广泛。通过改变玻璃膜的结构，如在玻璃膜中引入三价元素铝、镓和硼等元素的氧化物，可制成对 K^+、Na^+、Ag^+ 和 Li^+ 等有响应的电极。

3) 酸差或碱差（钠差）。很多 pH 玻璃电极只能适用于 pH 1～10 溶液的测量。当测定 pH<1 的强酸性溶液或高盐度溶液时，电极电位与 pH 之间不呈线性关系，所测定的 pH 值比实际的偏高，产生酸差。这是因为 H^+ 浓度或盐份高，即溶液离子强度增加，导致 H_2O 分子活度下降，即 H_3O^+ 活度下降，从而使 [H^+] 测定值降低或者使 pH 测定值增加。当测定 pH>10 的较强碱性溶液时，此时 [H^+] 的实测值增加或 pH 测定结果偏低，即产生所谓的碱差或钠差。这是因为 Na^+ 的浓度较高，可通过扩散作用重新进入玻璃膜的 Si-O 网络，并与 H^+ 交换而占有少数点位，玻璃膜除对 H^+ 响应外，还对 Na^+ 等其他离子响应。如用 Li_2O 代替 Na_2O 制作 Si-O 网络空间较小的锂玻璃膜，此时因 Na^+ 半径较大，不易进入膜相内与 H^+ 进行交换，从而可避免了 Na^+ 的干扰。实践证明，这种电极可用于测量 pH=14 的溶液。

4) 不对称电位。当玻璃膜内外溶液 H^+ 浓度或 pH 值相等时，由式（10-7）可知，$\varphi_M=0$，但实际上 $\varphi_M \neq 0$。这是因为玻璃膜内、外表面在表面几何形状、结构和水化作用等方面存在一些差异或者膜表面因机械或化学损伤造成的（$k_1 \neq k_2$），由此引起的电位差称为不对称电位。它对 pH 测定的影响可采用标准 pH 缓冲溶液校正，或以纯水浸泡电极使膜表面充分形成水化胶层，以利于离子的稳定扩散等方法加以消除。

5) 电极膜的阻抗高。须配用高阻抗的测量仪表。此外，玻璃膜太薄，易破损，且不能用于含 F^- 溶液的测定。

10.2.2.2 流动载体电极

流动载体电极亦称为液膜电极，亦属非晶体电极。但它与玻璃电极不同，玻璃电极的载体（骨架）是固定不动的，而流动载体电极的载体可在膜相中流动（但不离开膜）。由带正电荷、负电荷或不带电荷的流动载体制成的电极，分别称为阴离子、阳离子或中性流动载体电极。

(1) 电极组成。流动载体电极主要由电活性物质（载体）、溶剂（增塑剂）和微孔膜（支持体）以及内参比电极和内参比溶液构成。常见的有早期的液膜电极和现代的 PVC 膜电极两类，如图 10-8 所示。

液膜电极：液膜电极由敏感膜（将溶于有机溶剂的活性物质浸渍于微孔支持体上所构成，其尺寸约 3 mm×0.15 mm）、活性物质有机溶液（如液态离子交换剂，与内参比体系隔离）以及内参比电极和含有待测离子 M^{n+} 的内参比溶液所构成 [图 10-8 (a)]。液膜电极常用二元羧酸酯、磷酸酯和硝基芳香族化合物等作为溶解活性物质的有机溶剂，常用垂熔玻璃、素烧陶瓷或高分子材料（聚四氟乙烯、聚偏氟乙烯）制成微孔直径小于 1 μm 的微孔支持体。

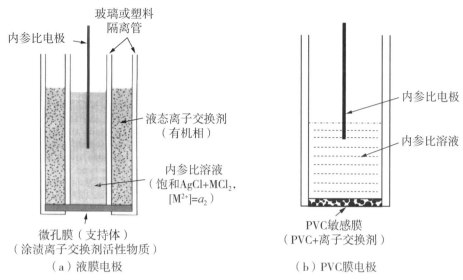

图 10-8 流动载体电极结构示意

PVC 膜电极:由于液膜载体的稳定性较差,现多用 PVC(聚氯乙烯)膜取代有机溶剂。该类电极是将电活性物质与 PVC 粉末溶于四氢呋喃等有机溶剂中,然后倾到于平板玻璃上,待有机溶剂挥发后即可得到一透明的作为支持体的 PVC 膜。将薄膜切成圆片并粘结于配有内参比电极和内参比液的电极上,即构成 PVC 膜电极,如图 10-8(b)所示。

(2)响应机理。无论是何种流动载体电极,其敏感膜响应机理都可用图 10-9 描述。待测离子 M^{n+} 可与活性物质 MX 发生离子交换而自由出入有机膜相,但水相中的伴随离子 C^{m-} 则被排斥,不能出入膜相;活性物质 MX 和有机载体 X^{n-} 因不溶于水而固定于膜相内。由于只有待测响应离子 M^{n+} 可扩散进出膜相,因此,破坏了两相界面附件电荷分布的均匀性,从而产生相间电位。与玻璃电极相似,流动载体电极的膜电位大小与待测离子活度之间的关系满足能斯特方程。

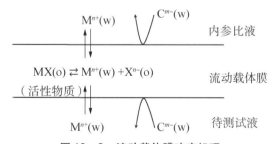

图 10-9 流动载体膜响应机理

M^{n+}:待测离子;X^{n-}:液态离子交换剂;MX:液态活性物质;C^{m-}:伴随离子;o 和 w:有机相和水相。

对带电荷的流动载体电极来说,载体与响应离子生成的缔合物 MX 越稳定,响应离子 M^{n+} 在有机溶剂中的活度越大,其选择性就越好;活性物质在有机相和水相中的分配系数越大,其测定灵敏度就越高。

(3)几种常用流动载体电极。

1)钙液膜电极。将带负电的二癸基磷酸或二(正辛基苯基)苯磷酸转化为 Ca^{2+}

型，并溶于苯基磷酸二辛酯有机溶剂中，制成如图 10-8a 的钙液膜电极。该电极内参比溶液为含一定浓度 Ca^{2+} 的水溶液，内、外管之间装有 $0.1\ mol \cdot L^{-1}$ 二癸基磷酸钙的苯基磷酸二辛酯溶液（形成离子缔合型的液态活性物质）。该有机溶液极易扩散进入微孔支持体（形成液态敏感膜），但不溶于水（不能进入内参比或试样溶液）。它可以在内参比液 – 液膜 – 试液两个界面间通过离子交换来传递钙离子（活性物质始终不离开膜），直至达到平衡：

$$Ca[(RO)_2PO]_2(有机相) \rightleftharpoons 2[(RO)_2PO]^-(有机相) + Ca^{2+}(水相)$$

由于 Ca^{2+} 在水相（试液和内参比溶液）中的活度与有机相中的活度存在差异，因此将引起相界面电荷分布不均匀，从而形成膜电位，其大小为

$$\varphi_{膜} = k + \frac{0.059}{2}\lg a_{Ca^{2+}} \quad (10-8)$$

钙电极适宜的 pH 范围是 5～11，可测出 $10^{-5}\ mol \cdot L^{-1}$ 的 Ca^{2+}。

2) 硝酸根 PVC 膜电极。将带正电荷的季胺盐转化为 NO_3^- 型，即四（十二烷基）硝酸盐，并溶于邻硝基苯十二烷基醚中，与 5% PVC 的四氢呋喃溶液混合（1∶5）后，于平板玻璃中挥发制成透明 PVC 薄膜，其膜电位为

$$\varphi_{膜} = k + 0.059\lg a_{NO_3^-} \quad (10-9)$$

此外，可用邻二氮菲铁(Ⅱ)络阳离子来测定 ClO_4^- 阴离子。

3) 中性载体电极。中性载体膜主要对碱金属和碱土金属离子响应，其载体有抗生素、冠醚和开链酰胺等，它们能与待测离子络合后进入膜相，其响应机理与带电荷的流动载体电极相似。

制作中性载体电极所使用的常见活性物质载体包括缬氨霉素或二甲基二苯并 30-冠-10（测定 K^+）、三甘酰双苄苯胺或四甲氧苯基 24-冠-8（测定 Na^+）、开链酰胺（测定 Li^+）、类放线菌素和甲基类放线菌素（测定 NH_4^+）以及四甘酰双二苯胺（测量 Ba^{2+}）等。

10.2.2.3 晶体电极

与玻璃电极和流动载体电极导电机制不同，晶体电极的敏感膜中有一种晶格离子可通过晶格缺陷参与导电过程（类似半导体空穴导电）。晶体电极可分为均相膜电极和非晶均相膜电极两类。其中，均相膜电极是由一种或几种电活性化合物晶体均匀混合后的多晶压片而成；而非晶均相膜电极则是由活性物质多晶与某种惰性材料（如硅橡胶、PVC、聚苯乙烯和石蜡）经混合热压而成。

(1) 电极构成及导电机理。晶体电极的基本构造如图 10-10 所示。与大多数离子选择性电极构成类似，晶体电极也由敏感膜、内参比电极（Ag/AgCl 丝）和内参比溶液（一般为含有待测响应离子的强电解质和氯化物溶液），如图 10-10a 所示；也有将导线与晶体膜直接相连，制成无内参比液、可倒置的全固态电极，如图 10-10b 所示。

晶体敏感膜大多采用厚 1～2 mm 的难溶晶体制成，晶体中通常仅有一种半径最小、电荷最少的晶格离子参加导电过程，如 LaF_3 晶体中的 F^-、Ag_2S 和 AgX 晶体中的 Ag^+ 等。晶体中的导电过程，是借助晶格缺陷进行的（类似于半导体的空穴导电）。如 LaF_3

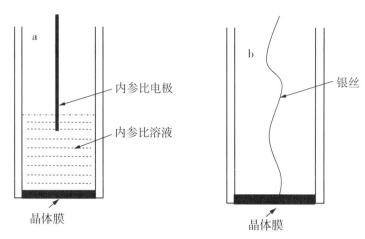

图 10-10　晶体膜电极的构成

晶体，靠近缺陷空穴的 F^- 能移动至空穴中，而 F^- 的移动又产生新的空穴，该新空穴附近的 F^- 又移动至空穴中。因此，F^- 是电荷的传递者，而 La^{3+} 在膜相中固定，不参与电荷传递。

晶体敏感膜的电阻很高，所以电极需要良好的绝缘，以免发生旁路漏电而影响测定。同时，电极用金属隔离线与测量仪器连接，以消除周围交流电场及静电感应的影响。

（2）几种典型晶体膜电极。由于具有较低晶格能，可在室温下产生离子导电的晶体不多，因此，利用晶体电极可测定的离子种类有限。目前常用的有氟化镧、硫化银和卤化银晶体等，它们多用于卤离子和 Ag^+ 的测定。

1）氟电极。氟电极的敏感膜为单晶薄片，实际上，LaF_3 晶体敏感膜为掺杂 Eu^{2+} 和 Ca^{2+} 的多晶膜相。这些二价离子的引入，可增加 LaF_3 的晶格缺陷，提高晶体膜的导电性。因此，这种敏感膜的电阻通常小于 2 MΩ。氟电极构成如图 10-11 所示。

由于溶液中的 F^- 能扩散进入膜相的缺陷空穴，而膜相中的 F^- 也能进入溶液相，因此在两相界面上建立双电层结构而产生膜电位，其大小为

$$\varphi_{F^-} = k - 0.059 \lg a_{F^-} \qquad (10-10)$$

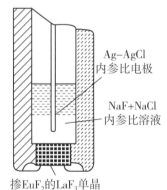

图 10-11　氟电极组成

由于缺陷空穴的大小、形状和电荷分布，只能容纳特定的可移动的晶格离子，其他离子不能进入空穴，因此敏感膜具有选择性。

氟电极的选择性很高。但一些可与 LaF_3 和 F^- 发生某种反应的干扰离子仍可影响膜对 F^- 的响应：

$$LaF_3(固) + 3OH^- \rightleftharpoons La(OH)_3(固) + 3F^- \qquad (pH 过高)$$

$$F^- + H^+ \rightleftharpoons HF \rightleftharpoons HF_2^- \qquad (pH 过低)$$

$$M^{3+} + nF^- \rightleftharpoons MF^{2+} \rightleftharpoons MF_2^+ \rightleftharpoons MF_3 \cdots\cdots \qquad (与 Al^{3+}、Fe^{3+} 等络合)$$

当 pH 过高时，所释放出来的 F^- 将使测量结果偏高；而当 pH 过低时，形成的 HF 或 HF_2^- 会使测量结果偏低。还有一些金属离子（如 Be^{2+}、Al^{3+}、Fe^{3+}、Th^{4+} 和 Zr^{4+}）可与 F^- 发生络合反应，使测定结果偏低。

因此，在测定氟离子浓度时，必须控制适当的 pH 值（pH 5~7），加入络合掩蔽剂（如柠檬酸钠、EDTA、钛铁试剂或磺基水杨酸等）消除阳离子干扰，同时控制溶液的离子强度。通常将加入的消除干扰 F^- 测定的混合溶液称为总离子强度调节剂（total ion strength adjustment buffer，TISAB），它可同时控制溶液 pH、消除阳离子干扰并控制溶液离子强度（活度）。经常使用的 TISAB 组成为 HAc – NaAc 缓冲液、KNO_3 和柠檬酸钾。

2）硫、卤素离子电极。硫离子敏感膜是用 Ag_2S 粉末在 10^5 kPa 以上的高压下压制而成。它同时也是银离子电极。Ag_2S 是低电阻的离子导体，其中可移动的导电离子是银离子。因为 Ag_2S 的溶度积很小，所以电极具有很高的选择性和灵敏度。

卤素离子电极包括 AgCl、AgBr 和 AgI 晶体电极，可分别作为对氯、溴和碘响应的电极。其中，AgCl 和 AgBr 在室温下阻抗较高并有较强光敏特性，不利于测定。若将 AgCl 或 AgBr 晶体与 Ag_2S 研匀后一起压制，这种分散于 Ag_2S 骨架中的敏感膜，能克服上述缺陷。同样，铜、铅或镉等重金属离子的硫化物与 Ag_2S 混匀压片，能分别制得对这些二价阳离子有响应的敏感膜，它们的响应也是通过溶度积平衡由银离子来实现。

由于晶体表面不存在类似于玻璃电极的离子交换平衡，所以晶体电极在使用前不需要浸泡活化。对晶体膜电极的干扰，并非主要源于共存离子进入膜相参与响应，而是源于晶体表面的化学反应，即共存离子与晶格离子形成难溶盐或络合物，进而改变膜表面的性质。所以，电极的选择性与晶体膜物质的溶度积，以及试液共存离子与晶格离子形成难溶物的溶度积等因素有关，即晶体膜电极的检测限取决于膜物质的溶解度。

10.2.2.4 气敏电极

气敏电极是一种气体传感器（sensor），能用于测定溶液或其他介质中某种气体的含量，也称为气敏探针（gas sensor probe）。气敏电极构造如图 10 – 12 所示。

气敏电极由离子选择性电极（如玻璃电极）、中介液、插入中介液中的参比电极以及透气膜组成，该种电极本质上是一种复合电极。

气敏电极的关键部件是由醋酸纤维、聚四氟乙烯或聚偏氟乙烯等材料制成的微多孔性气体渗透膜。它们均具有疏水性，但能透过气体。例如，当测定 CO_2 时，CO_2 气体通过气体渗透膜，与中介溶液（0.01 mol·L^{-1} $NaHCO_3$ 溶液）反应生成 H_2CO_3，影响碳酸

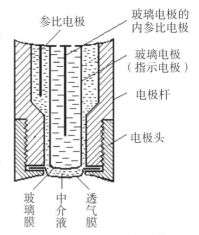

图 10 – 12　气敏电极结构

氢钠的电离平从而改变中介液的 pH。此时，与中介液接触的玻璃电极（指示电极）可测定该 pH 的改变值，从而间接测得 CO_2 含量。

常用的气敏电极可直接测定 CO_2、NH_3、NO_2、SO_2、H_2S、HCN、HF、HAc 和 Cl_2

等气体或某些通过化学反应生成气体的离子（如 NH_4^+、CO_3^{2-} 等）。

10.2.2.5 生物电极

生物电极是将生物化学与电化学结合而研制的电极，包括酶电极、生物组织电极和免疫电极等。其中，酶电极是将覆盖于电极表面酶活性物质（起催化作用）与待测物反应生成可被电极响应的物质，如脲或氨基酸在酶的作用下可生成 NH_4^+，然后通过铵离子电极或气敏电极测定，从而间接获得脲或氨基酸的含量。

$$NH_2CONH_2 + H_3O^+ + H_2O \xrightarrow{\text{脲酶}} 2NH_4^+ + HCO_3^-$$

$$RCHNH_2COOH + O_2 + H_2O \xrightarrow{\text{氨基酸氧化酶}} RCOCOO^- + NH_4^+ + H_2O_2$$

生物电极具有工作条件较为温和、干扰少，可方便、快速地测定出较为复杂的有机物的优点。

10.2.2.6 离子敏感场效应晶体管（IS-FET）

IS-FET 是由 ISE 敏感膜和金属 - 氧化物 - 场效应管（MOS-FET）组合而成，对离子具有一定的选择性的器件。与一般的离子选择性电极相比，它具有高阻抗转换和放大功能，克服了普通的 ISE 不能用一般的仪器来测量的缺点，为电信号的准确检测提供了有利的条件，且灵敏度、响应时间均有所改善。此外它还具有体积小，易于集成的优点，可以很容易地被做成微型分析仪器和离子探针，也可用于微量溶液中离子活度的分析。

1970 年，Bergveld 将普通的 MOS-FET 去掉金属栅极，使绝缘体（SiO_2）与溶液直接接触，发现漏源电流 i_d 与响应离子的浓度呈线性关系，开辟了 IS-FET 研究的先河。随后的研究将敏感材料沉淀于绝缘栅极上面，制成了可对 H^+、K^+、Na^+、Ca^{2+}、Cl^-、F^-、Br^-、I^-、CN^-、Ag^+、S^{2-}、NH_4^+、NH_3、H_2S、H_2、CO、CO_2、青霉素以及抗原（或抗体）等有响应的 IS-FET。

在 IS-FET 中，从化学量 - 离子浓度到电学量 - 电势的转换的关键元件是 MOS-FET，它的具体结构如图 10-13 所示。

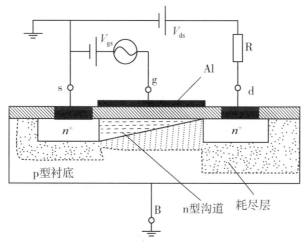

图 10-13 场效应管（FET）结构示意

在源极 s 和栅极 g 之间，源极 s 与漏极 d 之间分别施加电压 V_{gs}（控制电压）和 V_{ds}，则左边的 np 结和右边 pn 结分别属于正向偏置和反向偏置。当 $V_{gs}=0$，此时流过 s 极与 d 极的电流 $i_{ds} \approx 0$；当 $V_{gs}>0$，由于电极化作用使氧化膜紧贴半导体表面感应出负电荷，半导体沟道内的电子浓度增加，沟道内局部由 p 型转变成 n 型，使得 s 区与 d 区连通。此时，在 V_{ds} 电压下即可产生漏电流 i_d。一般 V_{ds} 比较大，半导体在导电状态下的电阻很小，因此就会在负载 R 上产生了很大的电压降 $i_d R$（电压放大），即栅级电压 V_{gs} 可被放大至 $i_d R$。

IS-FET 的具体工作机理与上述 MOS-FET 的工作原理相同，只是 IS-FET 采用物理或化学气相沉积，浸泡涂敷等方法，使离子敏感膜取代 MOS-FET 中栅极 g 的金属接触部分。当此敏感膜与试液接触时，其表面电荷分布改变，产生的膜电位迭加到 s-g 上，从而使 i_d 发生变化，该响应与离子活度之间的关系遵循能斯特公式，也是 IS-FET 定量分析的基础。

10.2.3 离子选择电极的性能参数

10.2.3.1 线性范围、灵敏度和检出限

以离子选择性电极电位对响应离子的浓度对数作图所得曲线称为标准曲线。它并非为完全的直线，而是可分为三段（图 10-14）。在一定的工范围内，校准曲线呈直线（AB），当待测离子活度较低时，曲线就逐渐弯曲（BCD）。

能斯特响应与线性范围：标准曲线中的直线段 AB 部分的变化满足能斯特方程，称之为能斯特响应，所对应的离子活度范围称为线性范围。

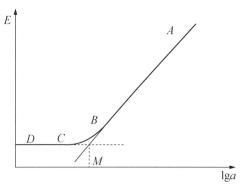

图 10-14 离子选择电极响应曲线

级差：即直线段 AB 的斜率，可反映离子选择电极的测定灵敏度。当活度改变 1 个数量级时，理论上电位改变值为 $0.059/n$。离子电荷数越大，级差越小，测定灵敏度也越低。因此，电位法多用于低价离子的测定。

检出下限：将 DC 和 BA 延长相交于 M，M 点所对应的离子的活度（或浓度）称为检测下限。

离子选择性电极一般不用于测定高浓度试液（>1.0 mol/L）。因高浓度溶液对敏感膜腐蚀溶解严重，也不易获得稳定的液接电位。

10.2.3.2 选择性系数

在同一敏感膜上，可以有多种离子同时进行不同程度的响应，因此膜电极的响应并没有绝对的专一性，而只有相对的选择性。电极对各种离子的选择性，可用电位选择性系数来表示。

当有共存离子时，膜电位与响应离子 i 及共存离子 j 的活度之间的关系，可表示为

$$\varphi = K + \frac{0.059}{n_i} \lg \left(a_i + \sum K_{ij} a_j^{n_i/n_j} \right) \qquad (10-11)$$

式中，n_i 和 n_j 分别为待测离子 i 和干扰离子的电荷数，K_{ij} 为选择性系数，它表示共存离子对响应离子的干扰程度。

如果某一价离子 j 对一价待测离子 i 产生干扰，则有
$$\varphi = K + 0.059\lg (a_i + K_{ij}a_j)$$

其选择系数 K_{ij} 可表示为
$$K_{ij} = \frac{a_i}{a_j}$$

例如，当 $K_{ij}=0.01$ 时，表示当干扰离子 j 的浓度是待测离子 i 浓度的 100 倍时，j 离子产生的膜电位才等于 i 离子的膜电位。显然，K_{ij} 越小越好，说明测定的选择性好。某一电极的 K_{ij} 值可以通过分别溶液法或混合溶液法等实验进行测定。

此外，根据 K_{ij} 可以估算干扰离子产生的测量误差，以判断某种干扰离子存在下所用测定方法是否可行：

$$相对误差 = K_{ij} \times \frac{a_j^{n_i/n_j}}{a_i} \times 100\% \qquad (10-12)$$

虽然选择性系数是表示某一离子选择电极对各种不同离子的响应能力，但并无严格的定量关系。K_{ij} 值随被测离子活度及溶液条件的不同而有所改变。因此，它只能用于估计电极对各种离子的响应情况及干扰大小，而不能用来校正因干扰所引起的电位偏差。

10.2.3.3 响应时间

膜电位的产生是响应离子在敏感膜表面扩散及建立双电层的结果。电极达到这一平衡的速度，可用响应时间来表示。IUPAC 将响应时间定义为静态响应时间，即从离子选择电极与参比电极一起与试液接触时算起，直至电池电动势达到稳定值（± 1 mV）时所需的时间。

响应时间取决于多种因素。一般说来，晶体膜的响应时间短，而流动载体膜的响应则涉及表面的化学反应过程而较慢达到平衡。此外，响应时间还与响应离子的扩散速度、浓度、共存离子的种类、试液温度等因素有关。很明显，扩散速度快、响应离子浓度高、试液温度高，其响应速度也就加快。响应时间快者以毫秒为单位，慢者甚至需数十分钟。在实际工作中，通常采用搅拌试液的方法来加快扩散速度，缩短响应时间。

10.2.3.4 内阻

电极内阻（$R_内$）包括膜内阻、内参比液和内参比电极的内阻。不同电极其内阻不同，通常玻璃膜比晶体膜有更大的内阻。为减小测量误差，测量仪器的输入阻抗（$R_入$）必须远大于电极的内阻。

$$相对误差 = \frac{R_内}{R_内 + R_入} \times 100\% \qquad (10-13)$$

例如，玻璃电极内阻约为 10^8 Ω，若测量误差为 0.1%，则测量仪器的输入阻抗 $R_入$ 约为 10^{11} Ω。

10.3 直接电位法

根据以上讨论，不同类型离子选择性电极对阳离子或阴离子响应的膜电位 $\varphi_{膜}$ 分别为

$$\varphi_{膜} = k + \frac{0.059}{n}\lg a_{M^{n+}} \quad （阳离子） \tag{10-14}$$

$$\varphi_{膜} = k - \frac{0.059}{n}\lg a_{M^{n-}} \quad （阴离子） \tag{10-15}$$

在测定电位时，将离子选择性电极插入试液并与参比电极构成电池，通过测量电池电动势 E，并根据样品性质或测量要求，采用标准比较法、标准曲线法或标准加入法求得离子的活度（浓度）。

10.3.1 离子活度的测定原理

例如，当以 pH 玻璃电极测定氢离子活度，或以氟电极测定氟离子活度时，可分别组成如下工作电池：

$$Ag|AgCl,KCl(饱和)\|[H_3O^+]=a_{H^+}|玻璃膜\|内参比液,AgCl|Ag$$

$$Ag|AgCl,KCl(饱和)\|含氟试液\ a_H|LaF_3膜\|NaF,NaCl,AgCl|Ag$$

根据能斯特方程、式（10-14）和式（10-15），上述电池电动势分别为

$$E_1 = \varphi_{H^+} - \varphi_{Ag/AgCl} = k_1 + 0.059\lg a_{H^+} - \varphi_{Ag/AgCl}$$
$$E_2 = \varphi_{F^-} - \varphi_{Ag/AgCl} = k_2 + 0.059\lg a_{F^-} - \varphi_{Ag/AgCl}$$

或者

$$E_1 = K_1 + 0.059\lg a_{H^+}$$
$$E_2 = K_2 - 0.059\lg a_{F^-}$$

可见，工作电池在一定实验条件下，电池电动势与待测离子活度的对数值呈线性关系，即通过测量电动势可以获得待测离子的活度。

10.3.2 定量方法

与其他仪器分析方法相似，电位分析的定量方法也包括标准比较法、标准曲线法或标准加入法。

10.3.2.1 比较法

将浓度为 c_x 的某离子未知液的电动势 E_x 与所配制的浓度为 c_s 的该离子溶液的电动势 E_s 进行比较。

对于阳离子，有

$$E_x - E_s = \left(K + \frac{0.059}{n}\lg c_x\right) - \left(K + \frac{0.059}{n}\lg c_s\right) = \frac{0.059}{n}\lg\frac{c_x}{c_s} \tag{10-16}$$

对于阴离子，有

$$E_x - E_s = \left(K - \frac{0.059}{n}\lg c_x\right) - \left(K - \frac{0.059}{n}\lg c_s\right) = -\frac{0.059}{n}\lg\frac{c_x}{c_s} \qquad (10-17)$$

可从上式直接计算离子的浓度 c_x。

该法本质上是一种简单的标准曲线法，仅适用于组分体系或样品基体比较简单（干扰较少）的离子测定。

常用的溶液 pH 测定即是基于比较法。

以 pH 玻璃电极为指示电极，饱和甘汞电极（SCE）为参比电极组成电池，其测量装置如图 10-15 所示。

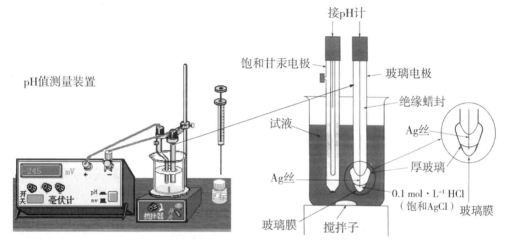

图 10-15　pH 测量装置示意

电池组成为

玻璃电极 | 试液或标准缓冲溶液 ‖ 饱和甘汞电极

用 pH 计分别测定标准缓冲液和待测液的电动势，即

$$E_s = \varphi_{\text{SCE}} - \varphi_{\text{膜}} = K - \frac{RT}{F}\ln(a_{\text{H}^+})_s$$

$$E_x = \varphi_{\text{SCE}} - \varphi_{\text{膜}} = K - \frac{RT}{F}\ln(a_{\text{H}^+})_x$$

根据 pH 的定义，pH = $-\lg a_{\text{H}^+}$，上述两式可转换为

$$E_s = K + 2.303\frac{RT}{F}\text{pH}_s \qquad (10-18)$$

$$E_x = K + 2.303\frac{RT}{F}\text{pH}_x \qquad (10-19)$$

两式相减并整理，得 pH_x 的定义为

$$\text{pH}_x = \text{pH}_s + \frac{E_x - E_s}{2.303RT/F} \qquad (10-20)$$

两次测量得到电动势差 $E_x - E_s$，因此可通过式（10-20）求得待测试液的 pH_x。pH 计是一台高阻抗的 mV 计，它有 pH 值和电压两种刻度或读数显示。在实际工作中，

将 pH 计插入标准缓冲溶液，并调整刻度或读数至 pH_s，即校准校正曲线的截距，该过程称为 pH 定位；另外，通过温度校准来调整校正曲线的斜率。通过以上操作，pH 计的刻度就符合校正曲线的要求，可以对未知液的 pH 进行直接测定。

pH 测定的准确度主要取决于标准缓冲溶液 pH_s 的准确性，其次是标准缓冲溶液与试液组成相近的程度。后者直接影响包括液接电位在内的常数项 K 是否一致。表 10-3 列出了常用的标准缓冲溶液在不同温度下的值。

表 10-3　标准缓冲溶液及其 pH

温度 /℃	草酸氢钾 (0.05 mol·L^{-1})	酒石酸氢钾 (25 ℃饱和)	邻苯二甲酸氢钾 (0.05 mol·L^{-1})	$KH_2PO_4 + Na_2HPO_4$ (0.25 mol·L^{-1} + 0.25 mol·L^{-1})	硼砂 (0.01 mol·L^{-1})	$Ca(OH)_2$ (25 ℃饱和)
0	1.666	—	4.003	6.984	9.464	13.423
10	1.670	—	3.998	6.923	9.332	13.003
20	1.675	—	4.002	6.881	9.225	12.627
25	1.679	3.557	4.008	6.865	9.180	12.454
30	1.683	3.552	4.015	6.853	9.139	12.289
35	1.688	3.549	4.024	6.844	9.102	12.133
40	1.694	3.547	4.035	6.838	9.068	11.984

与 pH 测定方法相似，其他各种离子的浓度或 pM 亦可采用类似 pH 计的相应离子计（离子选择性电极）和标准溶液进行测定。

10.3.2.2　标准曲线法

标准曲线法是依次测定一系列活度 a_i 或浓度 c_i 已知的标准溶液的电动势 E_i，并制作 $E-\lg a$ 或 $E-\lg c$ 标准曲线。然后，在同样条件下测定待测离子溶液的电动势，于标准曲线上查出待测离子活度或浓度。

校准曲线法适用于大批量试样的分析。测量时需要在标准系列溶液和试液中加入相同的总离子强度调节缓冲液（TISAB）或离子强度调节液（ISA）。TISAB 含有电解质（如 KNO_3）、pH 缓冲液和掩蔽剂，可以保持试液与标准溶液的总离子强度及活度系数恒定，控制溶液的 pH 以及掩蔽干扰离子。

需要注意的是，由于离子电极反映的是离子活度，因此，$E-\lg a$ 与 $E-\lg c$ 曲线并不完全一致（$a=\gamma c$，γ 为活度系数）。在测定精度要求不高时，浓度和活度可以相互代替。或者，在标准溶液和试液中均加入离子强度较高的电解质溶液，使活度系数 γ 保持恒定，也可以浓度代替活度。

10.3.2.3　标准加入法

标准加入法又称为添加法或增量法。由于加入前后试液的性质（组成、活度系数、pH、干扰离子和温度等）基本不变，所以准确度较高。标准加入法适用于组成较复杂以及样品数量不多的试样分析。与比较法和标准曲线法只能测定游离离子的浓度（活度）不同，标准加入法可测定离子（如金属离子）的总浓度。另外，电位分析法中的电位与被测物质的活度（浓度）之间是半对数关系而非线性关系，其计算公式较其他标准加入法有所不同。标准加入法可分为一次标准加入法或系列标准加入法。

1）一次标准加入法。在样品试液中加入浓度已知的待测离子标准溶液，然后比较加入前后电动势。其具体做法如下：

首先测定浓度为 c_x，体积为 V_x 的未知液电动势 E_1：

$$E_1 = K + \frac{0.059}{n} \lg \delta_1 \gamma_1 c_x \quad (10-21)$$

式中，δ_1 为游离离子百分数，γ_1 为活度系数。

然后在试液中准确加入一小体积 V_s（约为试液体积 V_x 的 1/100）、浓度为 c_s（约为 c_x 的 100 倍）的待测离子标准溶液，再测定其电动势 E_2：

$$E_2 = K + \frac{0.059}{n} \lg \delta_2 \gamma_2 c_x \left(\frac{c_x V_x + c_s V_s}{V_x + V_s} \right) \quad (10-22)$$

式中，δ_2 和 γ_2 为加标后游离离子的百分数和活度系数。

由于加标后离子强度和溶液性质没有大的变化，故可以认为 $\delta_2 = \delta_1$，$\gamma_2 = \gamma_1$，将式（10-21）与式（10-22）比较并整理后，得

$$\Delta E = E_2 - E_1 = \frac{0.059}{n} \lg \frac{c_x V_x + c_s V_s}{(V_x + V_s) c_x} \quad (10-23)$$

因为 $V_s \ll V_x$，即 $V_x + V_s \approx V_x$。将式（10-15）整理，得到待测离子浓度 c_x 为

$$c_x = \frac{c_s V_s}{V_0} \left(10^{\frac{n\Delta E}{0.059}} - 1 \right)^{-1} \quad (10-24)$$

在测定过程中，ΔE 的数值一般要稍大一些，以减小测量与计算中的误差。ΔE 的数值以 30～40 mV 为宜，在 100 mL 试液中加入标准溶液的量以 2～5 mL 为佳。

2）连续标准加入法。在测量过程中连续多次加入标准溶液，根据一系列的 ΔE 值对相应的 V_s 值作图来求得结果，其准确度较一次标准加入法要高。其具体如下：

由式（10-22）知，试液加标后，电极电动势 E 可表示为

$$E = K \pm \frac{0.059}{n} \lg \delta \gamma \left(\frac{c_x V_x + c_s V_s}{V_x + V_s} \right)$$

将上式整理重排后得

$$(V_x + V_s) 10^{\pm nE/0.059} = (c_x V_x + c_s V_s) \delta \gamma 10^{\pm nK/0.059} \quad (10-25)$$

式（10-25）中，$\delta \gamma 10^{\pm nK/0.059}$ 项中的 K、n 均为常数，δ 和 γ 可认为不变，因此，该项以常数 k 表示，即

$$(V_x + V_s) 10^{\pm nE/0.059} = k(c_x V_x + c_s V_s) \quad (10-26)$$

通常连续向试液中加入 3～5 次标准溶液，根据式（10-26），以 $(V_x + V_s) 10^{nE/0.059}$ 为纵坐标对横坐标 V_s 作图，可得一直线，如图 10-16 所示。

从图中可见，当 $(V_x + V_s) 10^{\pm nE/0.059} = 0$ 时，即直线的延长线（图中虚线部分）与 V_s 轴相交时，可得

$$c_x V_x + c_s V_s = 0 \quad (10-27)$$

即待测离子浓度 c_x 为（此时 V_s 为负值）

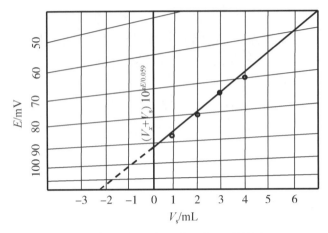

图 10-16 标准加入法及 Gran 作图法

$$c_x = \frac{-c_s V_s}{V_s} \quad (10-28)$$

如果将纵坐标改为实测电位 E，横坐标仍为标准加入体积 V_s，则可以避免将 E 换算为 $10^{nE/0.059}$ 的麻烦（图 10-16）。以此所设计的 Gran 坐标纸实际上是一种半反对数坐标纸，使用上更为方便。

10.3.3 影响直接电位分析的主要因素

（1）温度。温度主要影响对电极的标准电极电位、直线的斜率和离子活度的影响上。仪器可对前两项进行校正，但多数仅校正斜率。温度的波动可以使离子活度变化，在测量过程中应尽量保持温度恒定。

（2）响应时间。平衡时间越短越好。测量时可通过搅拌使待测离子快速扩散到电极敏感膜，以缩短平衡时间。

（3）溶液特性。溶液特性主要是指溶液离子强度、pH 及共存组分干扰等。溶液的总离子强度应保持恒定；溶液的 pH 应满足电极的要求，避免对电极敏感膜造成腐蚀；干扰离子的影响表现在能使电极产生一定响应并可能与待测离子发生络合或沉淀反应。

（4）电位测量误差。在直接电位分析中，电动势测定的准确性将直接决定待测物浓度测定的准确性。因为电位与浓度之间的对数关系，所以较小的电动势测量误差也会导致待测物较大的浓度误差。根据下式

$$E = K + \frac{0.059}{n}\lg a = K + \frac{0.059}{n}\lg \gamma + \frac{0.059}{n}\lg c$$

得

$$dE = \frac{0.059}{n} \cdot \frac{dc}{c\ln 10}$$

以 ΔE 和 Δc 分别代替 dE 和 dc，整理得

$$\frac{\Delta c}{c} = 39 n \Delta E \quad (10-29)$$

因此，相对误差为

$$\frac{\Delta c}{c} \times 100\% = (3900 \cdot n \cdot \Delta E) \times 100\% \qquad (10-30)$$

注意：计算时，ΔE 的单位为 V。

从式（10-30）可知，当电动势测量误差为 ±1 mV（0.001 V）时，一价离子浓度的相对误差达 ±4%，二价离子浓度误差高达 ±8%。因此，电位分析多用于低价离子的分析。

10.4 电位滴定法

与电位法相同，电位滴定法也是以指示电极、参比电极与试液组成电池，测量其电动势。所不同的是在试液中不断加入滴定剂，记录滴定过程中指示电极电位的变化。在化学计量点附近，由于被滴定物质的浓度发生突变，所以指示电极的电位产生突跃，由此即可确定滴定终点。测量装置包括手动和自动两种方式，如图 10-17 所示。

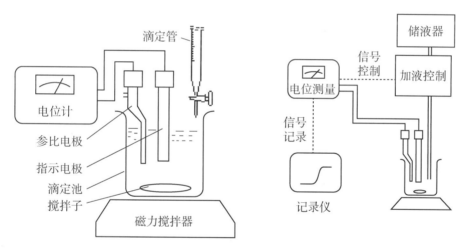

图 10-17　电位滴定装置（手动和自动）

电位滴定的基本原理与普通滴定分析相同，其区别在于确定终点的方法不同，因而具有以下特点：

（1）准确度较电位法高。与普通滴定分析一样，测定的相对误差可低至 0.2%。
（2）能用于难以用指示剂判断终点的浑浊或有色溶液的滴定。
（3）可用于非水溶液的滴定。
（4）可用于自动滴定，并适用于微量分析。

总之，电位滴定方法使得用指示剂来指示终点的滴定分析的应用范围大大拓宽了，准确度也得到了较大的改善。

10.4.1　滴定终点的确定

以电池电动势 E（或指示电极的电位 φ）对滴定剂体积 V 作图，得滴定曲线（图

10-18a)。对反应物系数相等的反应来说,曲线突跃的中点(转折点)即为化学计量点;对反应物系数不相等的反应来说,曲线突跃的中点与化学计量点稍有偏离,但偏差很小,可以忽略,仍可用突跃中点作为滴定终点。

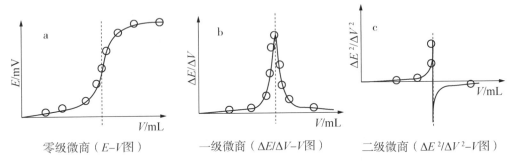

图 10-18 电位滴定曲线、一级和二级微分曲线

如果滴定曲线突跃不明显,则可绘制 $\Delta E/\Delta V - V$ 一级微商滴定曲线(图 10-18b),曲线上的极大值指示的即为滴定终点;或者绘制 $\Delta E^2/\Delta V^2 - V$ 二级微商滴定曲线(图 10-18c),曲线中 $\Delta E^2/\Delta V^2$ 等于零的点即为滴定终点。

此外,滴定终点还可根据滴定至终点的电动势值来确定。此时,可以先从滴定标准试样获得的经验化学计量点的电动势作为终点电动势值的依据。这也是自动电位滴定方法的依据之一。

自动电位滴定有三种类型:①自动控制滴定终点,当到达终点时,即自动关闭滴定装置,并显示滴定剂用量;②自动记录滴定曲线,经自动运算后显示终点滴定剂的体积;③记录滴定过程中的 $\Delta E^2/\Delta V^2$ 值,当此值为零时即为滴定终点。

10.4.2 指示电极的选择

电位滴定的反应类型与普通滴定分析完全相同。滴定时,应根据不同的反应选择合适的指示电极。

(1) 酸碱反应。可用玻璃电极作指示电极。

(2) 氧化还原反应。在滴定过程中,溶液中氧化态和还原态的浓度比值发生变化,可采用零类电极作指示电极,一般为 Pt 电极。

(3) 沉淀反应。根据不同的沉淀反应,选用不同的指示电极。例如当用硝酸银滴定卤素离子时,卤素离子浓度发生变化,可用银电极来指示。目前更多采用相应的卤素离子选择电极作指示电极。以碘离子选择电极作指示电极,可用硝酸银连续滴定氯、溴和碘离子。

(4) 络合反应。用 EDTA 进行电位滴定时,可以采用两种类型的指示电极。一种是应用于个别反应的指示电极,如在用 EDTA 滴定时,可用 Pt 电极(体系中加入 Fe^{2+})为指示电极;当滴定 Ca^{2+} 时,可用钙离子选择电极作指示电极。另一种是能够指示多种金属离子浓度的电极,可称之为 pM 电极,这是在试液中加入 Hg-EDTA 络合物,然后用汞电极作指示电极。当用 EDTA 滴定某金属离子时,溶液中游离的离子浓度受游离

EDTA 浓度的制约,而游离 EDTA 的浓度又受该被滴定离子的浓度约束,所以汞电极的电位可以指示溶液中游离 EDTA 的浓度,间接反映待测金属离子浓度的变化。

习题

(说明:本章习题除指明者外,均不考虑离子强度的影响,温度为 25℃。)

1. 电位测定法的根据是什么?
2. 何谓指示电极及参比电极?试分别举例说明其作用。
3. 试以 pH 玻璃电极为例简述膜电位的形成。
4. 为什么离子选择性电极对欲测离子具有选择性?如何估量这种选择性?
5. 直接电位法的主要误差来源有哪些?应如何减免之?
6. 为什么一般说来,电位滴定法的误差比电位测定法小?
7. 简述离子选择性电极的类型及一般作用原理。
8. 列表说明各类反应的电位滴定中所用的指示电极及参比电极,并讨论选择指示电极的原则。
9. 当下述电池中的溶液是 pH=4.00 的缓冲溶液时,在 25 ℃时用毫伏计测得下列电池的电动势为 0.209 V:

    玻璃电极 $|H^+(a-x)|$ 饱和甘汞电极

    当缓冲溶液由 3 种未知溶液代替时,毫伏计读数分别为 0.312 V、0.088 V 和 -0.017 V。试计算每种未知溶液的 pH。

10. 设溶液中 pBr=3,pCl=1。若用溴离子选择性电极测定 Br 离子活度,将产生多大误差?已知电极的选择性系数 $K_{Br,Cl}=6\times10^{-3}$。

11. 某钠电极,其选择性系数值 K_{Na^+,H^+} 约为 30。如用此电极测定 pNa 等于 3 的钠离子溶液,并要求测定误差小于 3%,则试液的 pH 必须大于多少?

12. 用标准加入法测定离子浓度时,于 100 mL 铜盐溶液中加入 1 mL 0.1 mol·L^{-1} Cu(NO$_3$)$_2$ 后,电动势增加 4 mV,求铜的原来总浓度。

13. 下表是用 0.1000 mol·L^{-1} NaOH 溶液电位滴定 50.00 mL 某一元弱酸的数据:

V/mL	pH	V/mL	pH	V/mL	pH
0.00	2.90	14.00	6.60	17.00	11.30
1.00	4.00	15.00	7.04	18.00	11.60
2.00	4.50	15.50	7.70	20.00	11.96
4.00	5.05	15.60	8.24	24.00	12.39
7.00	5.47	15.70	9.43	28.00	12.57
10.00	5.85	15.80	10.03		
12.00	6.11	16.00	10.61		

(1) 绘制滴定曲线。

(2) 绘制 $\Delta pH/\Delta V - V$ 曲线。

(3) 用二级微商法确定终点。
(4) 计算试样中弱酸的浓度。
(5) 化学计量点的 pH 应为多少？
(6) 计算此弱酸的电离常数（提示：根据滴定曲线上的半中和点的 pH）。

14. (1) 计算下列反应的标准电极电位：$CuBr(s) + e \rightleftharpoons Cu(s) + Br^-$。已知 $\varphi^{\ominus}_{Cu^{2+}/Cu}$ = +0.515 V，$K_{sp} = 5.2 \times 10^{-9}$。
    (2) 写出用铜离子指示电极作为电池的阳极、饱和甘汞电极作为阴极，用来测量溶液中 Br^- 的电池图解表达式。
    (3) 试推导上述电池电动势和 pBr 的关系。
    (4) 如果上述电池的电动势的值为 −0.071 V，试求 pBr 的值。

15. (1) 计算下列反应的标准电极电位：$Ag_3AsO_4(s) + 3e \rightleftharpoons 3Ag(s) + AsO_4^{3-}$。已知 $\varphi^{\ominus}_{Ag^+-Ag}$ = +0.80 V，$K_{sp} = 1.2 \times 10^{-22}$。
    (2) 写出用银离子指示电极作为电池的阴极、饱和甘汞电极作为阳极，用来测量溶液中 AsO_4^{3-} 的电池图解表达式。
    (3) 试推导上述电池电动势和 $pAsO_4$ 的关系。
    (4) 如果上述电池的电动势的值为 0.312 V，试求 $pAsO_4$ 的值。

16. 计算下列电池的电动势，并标明电极的正负。

$$Ag, AgCl \left| \begin{array}{l} 0.1\ mol \cdot L^{-1}\ NaCl \\ 0.001\ mol \cdot L^{-1}\ NaF \end{array} \right| \begin{array}{c} NaF_3 \\ 单晶膜 \end{array} \left| 0.1\ mol \cdot L^{-1}\ KF \right\| SEC$$

$$\varphi^{\ominus}_{AgCl, Ag} = +0.222\ V, E_{SCE} = +0.244\ V$$

17. 考虑离子强度的影响，计算全固态溴化银晶体膜电极在 $0.01\ mol \cdot L^{-1}$ 溴化钙试液中的电极电位。测量时与饱和甘汞电极组成电池体系，何者作为正极？

18. 用 pH 玻璃电极测定 pH =5 的溶液，其电极电位为 +0.043 5 V；在测定另一未知试液时，电极电位为 +0.014 5 V。电极的响应斜率为 58.0 mV/pH，试计算未知试液的 pH。

19. 下列电池的电动势为 0.124 V：
    $SCE \| Cu^{2+}(3.25 \times 10^{-3}\ mol \cdot L^{-1}) | Cu^{2+}$（ISE 电极）
    当铜离子溶液被换成待测的铜离子溶液后，电动势变为 0.105 V，试计算 p_{Cu} 的值是多少。

20. 下列电池的电动势为 +0.839 V（25 ℃）：
    $Cd | CdX_2$（饱和），$X^-(0.020\ mol \cdot L^{-1}) \| SCE$
    已知 $\varphi^{\ominus}_{Cd^{2+}, Cd}$ = −0.403 V，E_{SCE} = +0.244 V，不考虑离子强度的影响，试求 CdX_2 的溶度积常数是多少。

21. 下列电池的电动势为 +0.693 V（25 ℃）：
    $Pt, H_2(1.0132 \times 10^5\ Pa) | HA(0.20\ mol \cdot L^{-1}), NaA(0.30\ mol \cdot L^{-1}) \| SCE$
    E_{SCE} = +0.244 V，不考虑离子强度的影响，则 HA 的解离常数是多少。

22. 硫化银膜电极以银丝为内参比电极，$0.01\ mol \cdot L^{-1}$ 硝酸根为内参比溶液，试计算它在 $1 \times 10^{-4}\ mol \cdot L^{-1}\ S^{2-}$ 的强碱性溶液中电极电位。

23. 氟电极的内参比电极为银–氯化银，内参比溶液为 0.1 mol·L^{-1} 氯化钠与 1×10^{-8} mol·L^{-1} 氟化钠。计算它在 1×10^{-5} mol·L^{-1} F$^-$、pH = 10 的试液中的电位。$K_{F^-,OH^-}^{Pot}=0.1$。

24. 同上题，计算氟电极在 1×10^{-5} mol·L^{-1} NaF，pH = 3.50 试液中的电位。已知 $K_a = 6.6\times10^{-4}$。

25. 流动载体膜钙电极的内参比电极为银–氯化银，内参比溶液为 1×10^{-2} mol·L^{-1} 氯化钙，试计算钙电极的 k 值。

26. 铅离子选择电极的敏感膜是由 Ag_2S 与 PbS 的晶体混合物制成，试计算全固态铅电极的 k 值。

27. 氟化铅溶度积常数的测定。以晶体膜铅离子选择电极作负极，氟电极为正极，浸入 pH 为 5.5 的 0.050 0 mol·L^{-1} 氟化钠并经氟化铅沉淀饱和的溶液，在 25 ℃ 时测得该电池的电动势为 0.154 9 V。同时测得：铅电极的响应斜率为 28.5 mV/pPb，k_{Pb} = +0.174 2 V；氟电极的响应斜率为 59.0 mV/pF，k_F = +0.116 2 V。试计算 PbF_2 的 k_{sp}。

28. 当试液中二价离子的活度增加 1 倍时，该离子电极电位变化的理论值为多少？

29. 已知用作 CO_2 气敏电极中检测用的 pH 电极的电极电位可用 $E_{玻}=k-0.0592$pH 计量，而且 $CO_2+H_2O \rightleftharpoons H_2CO_3$ 的平衡常数为 K，试写出此气敏电极的电极电位的表达式。（中介溶液为蒸馏水，H_2CO_3 的解离常数为 K_{a_1}、K_{a_2}，且已知 $\dfrac{2K_{a_2}}{\sqrt{KK_{a_1}p_{CO_2}}}<0.05$。）

30. 在用气敏电极测量 CO_2 的浓度时，所用的电极是玻璃电极（$E=k+\dfrac{RT}{F}\ln a_{H^+}$），并以 0.01 mol·L^{-1} 的碳酸氢钠溶液作为中介溶液，已知下列反应的平衡常数：
$CO_2+H_2O \rightleftharpoons H_2CO_3$ （K）
$H_2CO_3 \rightleftharpoons HCO_3^- + H^+$ （K_{a_1}）
试求当用此气敏电极测量压力为 p 的 CO_2 的浓度时，电极的电位是多少。（提示：HCO_3^- 的浓度较大，可认为是一常数；且已知 $\dfrac{2K_{a_2}}{\sqrt{KK_{a_1}p_{CO_2}}}<0.05$，$KK_{a_1}p>20K_w$）

31. 冠醚中性载体膜钾电极与饱和甘汞电极（以醋酸锂为盐桥）组成测量电池，在 0.01 mol·L^{-1} 氯化钠溶液中测得电池电动势为 58.2 mV（钾电极为负极），在 0.01 mol·L^{-1} 氯化钾溶液中测得电池电动势为 88.8 mV（钾电极为正极）。钾电极的响应斜率为 55.0 mV/pK，计算 K_{K^+,Na^+}^{Pot}，并解释为什么要用醋酸锂作盐桥。

32. 晶体膜氯电极对 CrO_4^{2-} 的电位选择性系数为 2×10^{-3}。当氯电极用于测定 pH 为 6 的 0.01 mol·L^{-1} 铬酸钾溶液中的 5×10^{-4} mol·L^{-1} 氯离子时，方法的相对误差有多大？

33. 玻璃膜钠离子选择电极对氢离子的电位选择性系数为 1×10^2，当钠电极用于测定 1×10^{-5} mol·L^{-1} 钠离子时，要满足测定的相对误差小于 1%，则应控制试液的 pH 大于多少？

34. 某玻璃电极的内阻为 100 MΩ，响应斜率为 50 mV/pH，测量时通过电池回路的电流为 1×10^{-12} A，试计算因电压降所产生的测量误差相当于多少 pH 单位。

35. 用玻璃电极‖甘汞电极组成的测量体系在测量 pH 6.00 的缓冲溶液时电动势读数为 -0.0412 V，测量某溶液时的电动势读数为 -0.2004 V。
    (1) 计算未知溶液的 pH 及 [H^+]。
    (2) 如果在测量过程中，电动势有 ±0.001 V 的误差（液接电位、不对称电位等），则 [H^+] 的相对误差是多少？

36. 下列电池的电动势为 0.2714 V：
    SCE‖Mg^{2+}(3.3×10^{-3} mol·L^{-1})|Mg (ISE 电极)
    (1) 当用未知浓度的镁离子的待测溶液替代时，电池电动势的值为 0.1901 V，则此溶液中 pMg 为多少？
    (2) 如果在测量过程中，电动势有 ±0.002 V 的误差（液接电位、不对称电位等），则 [Mg^{2+}] 的相对误差是多少？

37. 用氟离子选择电极测定水样中的氟。取水样 25.00 mL，加离子强度调节缓冲液 25 mL，测得其电位值为 +0.1372 V（对 SCE）；再加入 1.00×10^{-3} mol·L^{-1} 标准氟溶液 1.00 mL，测得其电位值为 +0.1170 V（对 SCE），氟电极的响应斜率为 58.0 mV/pF。考虑稀释效应的影响，精确计算水样中 F^- 的浓度。

38. 今有 4.00 g 牙膏试样，用 50 mL 柠檬酸缓冲溶液（同时还含有 NaCl）煮沸以得到游离态的氟离子，冷却后稀释至 100 mL。取 25 mL 用氟离子选择电极测得电极电位为 -0.1823 V，加入 0.00107 mol·L^{-1} 的氟离子标准溶液 5 mL 后电位值为 -0.2446 V。试问牙膏试样中氟离子的质量分数是多少？

39. 有两支性能完全相同的氟电极，分别插入体积为 25 mL 的含氟试液和体积为 50 mL 的空白溶液中（两溶液中均含有相同浓度的离子强度调节缓冲液），两溶液间用盐桥连接，测量此电池的电动势。向空白溶液中滴加浓度为 1×10^{-4} mol·L^{-1} 的氟离子标准溶液，直至电池电动势为零，所需标准溶液的体积为 5.27 mL。计算试液中的氟的质量浓度（以 mg·L^{-1} 表示）。

40. 某 pH 计的标度每改变一个 pH 单位，相当于电位的改变为 60 mV。今欲用响应斜率为 50 mV/pH 的玻璃电极来测定 pH 为 5.00 的溶液，采用 pH 为 2.00 的标准溶液来标定，则测定结果的绝对误差为多大？

41. 用 0.1 mol·L^{-1} 硝酸银溶液电位滴定 5×10^{-3} mol·L^{-1} 碘化钾溶液，以全固态晶体膜碘电极为指示电极，饱和甘汞电极为参比电极，碘电极的响应斜率为 60.0 mV/Pi，试计算滴定开始及化学计量点时电池的电动势，并指出何者为正极。

42. 用玻璃电极作指示电极，以 0.2 mol·L^{-1} 氢氧化钠溶液电位滴定 0.02 mol·L^{-1} 苯甲酸溶液。从滴定曲线上求得终点时溶液的 pH 为 8.22，二分之一终点时溶液的 pH 为 4.18，试计算苯甲酸的解离常数。

43. 采用"标准加入法"时，若不知道电极的响应斜率，则可用下列步骤：在加入标准溶液之前，可将待测溶液的体积稀释一倍，在此过程中电极的电位变化值为 $\Delta E'$，其他操作同"加入标准法"一样。试推导其浓度计算公式。

44. 指出采用下列反应进行电位滴定时应选用什么指示电极，并写出滴定反应式。

(1) $Ag^+ + S^{2-} \rightleftharpoons$

(2) $Ag^+ + CN^- \rightleftharpoons$

(3) $NaOH + H_2C_2O_4 \rightleftharpoons$

(4) $Fe(CN)_6^{3-} + Co(NH_3)_6^{2+} \rightleftharpoons$

(5) $Al^{3+} + F^- \rightleftharpoons$

(6) $H^+ + \text{C}_5\text{H}_5\text{N}^- \rightleftharpoons$

(7) $K_4Fe(CN)_6^- + Zn^{2+} \rightleftharpoons$

(8) $H_2Y^+ + Co^{2+} \rightleftharpoons$

第11章 电重量分析和库仑分析法

前述电位分析法是通过测量化学电池（原电池）的电动势，并根据能斯特方程建立的电位与活度（浓度）的关系，从而获得待测物的活度（浓度）的方法。此时流经化学电池的电流很小或没有电流通过。

电重量分析和库仑分析可以总称为电解分析。与电位分析法不同，电解分析所用的化学电池是将电能转变为化学能的电解池。其测量过程是在电解池的两个电极上，施加一定的直流电压，使电解池中的电化学反应向着非自发方向进行，电解质溶液在两个电极上分别发生氧化和还原反应。此时电解池中有电流通过。

电重量分析是一种较古老的方法。它是以称量电解过程中生成的、沉积于电极表面的产物的量为基础的电分析方法，有时也可作为分离物质的一种手段。库仑分析则是以测量电解过程中待测物发生氧化还原反应所消耗的电量为基础的电分析方法。

可见，电重量分析和库仑分析的基本原理非常相似，都是基于待测物质的电解反应，只是最终所测定的物理量不同。但需注意的是，电重量分析只能用于高含量物质的测定或分离，而库仑分析法则可用于痕量物质的分析，且具有很高的准确度。此外，与其他仪器定量分析方法不同，电重量分析和库仑分析不需要基准物质和标准溶液。

11.1 电解过程及方式

无论是电重量分析法还是库仑分析法，都涉及物质的电解并析出的过程，具有相同和类似的电解条件和电解现象。

11.1.1 电解现象

在电解池的两个电极上，施加一直流电压，使溶液中有电流通过，两电极上发生电极反应，这个过程被称为电解。此时的电化学池被称为电解池。

图11-1为电解溶液的电解装置。装置中两个电极都由Pt材料制成，其中Pt阳极由马达带动进行搅拌，Pt阴极采用大表面积的网状结构。

将两个Pt电极浸入含有Cu^{2+}离子的酸性电解液，电极通过导线分别与直流电源的正极和负极相连。如果在两极间施加的电压足够大，即可观察到有明显的电极反应发生：

阳极反应：$2H_2O = 4H^+ + O_2\uparrow + 4e$（电极上有$O_2$放出）

阴极反应：$Cu^{2+} + 2e = Cu$（电极有金属 Cu 析出，形成金属镀层）

注意，电解池的正极为阳极，它与外电源的正极相联，电极上发生氧化反应；电解池的负极为阴极，它与外电源的负极相联，电极上发生还原反应。

11.1.2 分解电压与析出电位

在图 11-1 电解装置中，如果调节电阻 R 使外加电压逐渐增加，则可得到电流随电压增加的变化曲线，如图 11-2 所示。图中虚线 a 和实线 a' 分别表示理论和实际电流-电压（$i-U$）曲线。

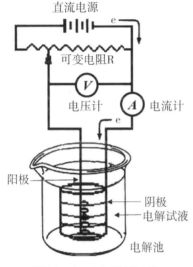

图 11-1 电解装置示意

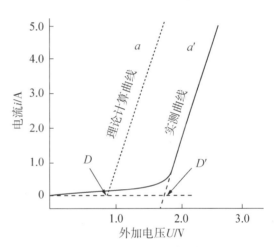

图 11-2 电流-电压电解曲线

通常将两电极上能产生迅速的、连续不断的电极反应所需的最小外加电压 U_d 称为理论分解电压（图中 D 点对应的电压）。$i-U$ 曲线 a 表明，当外加电压远小于理论分解电压时，电解池中只有微小残余电流通过；当外加电压增加并接近理论分解电压时，只有极少量 Cu 和 O_2 分别在阴极和阳极上析出，但此时已构成铜电极和氧电极组成的自发电池。该电池产生的电动势方向与外加电压相反，将阻止电解作用的进行，称为反电动势；当外加电压达到足以克服该反电动势，电解才能继续进行，电流才能显著上升。

因此，理论分解电压 U_d 就是原电池的电动势，即

$$U_d = \varphi_\text{正} - \varphi_\text{负} \tag{11-1}$$

[例 11-1] 电解 $0.100\ \text{mol} \cdot \text{L}^{-1}\ H_2SO_4$ 介质中的 $0.100\ \text{mol} \cdot \text{L}^{-1}\ CuSO_4$ 溶液，其理论分解电压 U_d 的计算如下：

由于铜电极和氧电极的平衡电位分别为

$$\varphi_{Cu^{2+}/Cu} = \varphi_{Cu^{2+}/Cu}^{\ominus} + \frac{0.0592}{2}\lg[Cu^{2+}] = 0.337 + \frac{0.059}{2}\lg 0.100 = 0.308$$

$$\varphi_{O_2/H_2O} = \varphi_{O_2/H_2O}^{\ominus} + \frac{0.0592}{2}\lg\left(\frac{1}{p_{O_2}^{\frac{1}{2}}[H^+]^2}\right) = 1.23 - \frac{0.059}{2}\lg\left[\frac{1}{1^{\frac{1}{2}} \times (0.200)^2}\right] = 1.189$$

因此，电池电动势为

$$E = 1.189 - 0.308 = 0.881 \text{ (V)}$$

根据式（11-1），该电动势 E 即为理论分解电压 U_d。

然而，实际电解所需的分解电压 $U_{分解}$ 要比理论分解电压大（图 11-2 中曲线 a'），其中增加的部分主要来自两个方面，即电极的极化以及电解池回路的电压降。

电极的极化是指电极电位偏离可逆电极电位的现象，包括浓差极化和电化学极化。电极的极化程度是以某一电流密度下的电极电位与可逆电位的差值大小来表示，被称为超电位或过电位 η。

电解时，由于超电位的存在，要使阳离子在阴极上析出，阴极电位一定要比可逆电极电位更负一些；阴离子在阳极上析出，则阳极电位一定要比可逆电极电位更正一些。当然，在阴极上还原析出的不一定都是阳离子，在阳极上氧化析出的也不一定就是阴离子。析出电位是对单一电极（阴极或者阳极）而言，分解电压则是对整个电解池而言。对于整个电解池来说，超电位 η 等于阳极超电位 η_a 和阴极超电位 η_c 的绝对值之和。

因此，考虑电极极化的超电位以及电解池回路电压降 iR，电解池的实际分解电压为

$$\begin{aligned} U_{分解} &= 阳极析出电位 - 阳极析出电位 + 电压降 \\ &= (\varphi_+ + \eta_a) - (\varphi_- + \eta_c) + iR \\ &= (\varphi_+ - \varphi_-) + (\eta_a - \eta_c) + iR \end{aligned} \quad (11-2)$$

$U_{分解}$ = 理论分解电压 + 超电位 + 电压降

可见，实际分解电压（外加电压）为理论分解电压、超电位和电压降的总和。

[例 11-2] 电解 $0.100 \text{ mol} \cdot \text{L}^{-1}$ H_2SO_4 介质中的 $0.100 \text{ mol} \cdot \text{L}^{-1}$ $CuSO_4$ 溶液。如果电解池内阻为 $0.5 \text{ } \Omega$，Pt 电极面积 100 cm^2，电流维持 0.10 A，其外加电压应为多大？

解：由式（11-2）知，$U_{分解} = (\varphi_+ - \varphi_-) + (\eta_a - \eta_c) + iR$。

其中，理论分解电压电压为 0.881 V（见例 1）；超电位是 Pt 阳极上 O_2 的超电位和 Pt 阳极上 Cu 的超电位绝对值之和。查表 9-2，前者超电位为 0.721 V（电流密度 0.001 A/cm^2），后者超电位可忽略，因此，电解池超电位为 0.721 V；iR 降为 $0.10 \times 0.5 = 0.050$ (V)。

因此，该电解池所需外加电压为

$$U_{分解} = 0.881 + 0.721 + 0.050 = 1.652 \text{(V)}$$

通常，在电解分析中只需考虑某一工作电极的情况，因此析出电位比分解电压更加具有实用的意义。

11.1.3 电解方式

实现电解分析的方式包括控制外加电压、控制电位和控制（恒）电流三种电解方式，其中控制外加电压电解方式应用较少。图 11-3 比较了在酒石酸-肼介质中电解沉积铜的三种方式。下面通过该图介绍几种电解方式的工作过程。

11.1.3.1 控制（恒）电流电解

在恒电流电解过程中，一开始就使一稳定电流（恒电流）通过电解池，外加电压较高，电极上发生氧化还原反应并产生电解电流。图 11-3 中曲线 1 为保持 1 A 电流时的阴极电位-时间曲线。电解刚开始时，阴极电位迅速负移至 Cu^{2+} 的还原析出电位

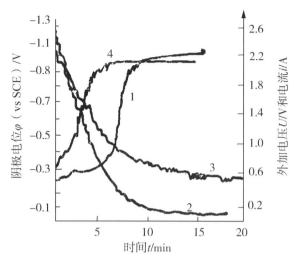

图 11-3 Cu 在 Pt 阴极上的电沉积

曲线 1 为恒电流电解的 φ-t 曲线；曲线 2 和曲线 3 分别为控制阴极电位电解的 i-t 曲线和 U-t 曲线；
曲线 4 为控制外加电压电解的 φ-t 曲线

(-0.337 V)。

根据能斯特方程，有

$$\varphi = \varphi^{\ominus}_{Ox/Red} + \frac{0.059}{2}\lg\frac{[Ox]}{[Red]} \tag{11-3}$$

随着电解的进行，氧化态 Cu^{2+} 浓度降低，$\frac{[Ox]}{[Red]}$ 比值下降，阴极电位负移。$\frac{[Ox]}{[Red]}$ 比值每变化 10 倍，电位负移 $\frac{59}{2}$ mV。显然，此变化比较平缓，曲线 1 出现第一个平台；当阴极电位负移至约 -1 V 时，氧化态 Cu^{2+} 浓度已很低，此时，另一电极（阳极）开始电解，使 H^+ 还原，阴极电位变化不大，即出现第二个平台。

11.1.3.2 控制电位电解

控制电位电解，就是通过调节外加电压，将工作电极电位控制在某一数值（待测物质的析出电位）或一个小的范围内，仅待测离子在工作电极上不断析出，从而实现分离或测定目的。控制阴极电位恒定在 -0.36 V（vs SCE），随着电解的进行，待测离子浓度逐渐下降，电流也随之下降。当完全析出后，电解电流趋于零，其电解过程可用图 11-3 中电流-时间曲线（曲线 2）来表示。另外，随着电解的进行，待测离子浓度下降，电解电流减小，电解池 iR 降也会减小，为保持恒定的电位，需要不断调整（降低）外加电压来补偿 iR 降的减少，因此外加电压-时间曲线（曲线 3）的变化趋势与 i-t 曲线相同，但下降速率较为缓慢。

11.1.3.3 控制外加电压电解

控制外加电压电解（恒定电压为 2 V）时，阴极电位随时间的变化（曲线 4）与恒电流电解过程（曲线 1）相似。但因为随着电解的进行，Cu^{2+} 浓度下降，电流下降，iR 降减小，所以阴极电位负移的速度更快（因电解液中肼的存在，阳极电位几乎不变）。

11.2 电重量分析法

电重量分析法是在控制一定条件下,使待测物沉积于电极并称重的方法,包括控制外加电压、电极电位和电流三种电解方式。但不管采用何种电解方式,均需控制以下实验条件:

(1) 电流密度。电流密度过小,析出物紧密,但电解时间长;电流密度过大,浓差极化大,可能析出 H_2,析出物疏松。因此,常采用大面积的电极(如网状 Pt 电极)。

(2) 搅拌及加热。增加待测物向电极的扩散,以提高电解效率。

(3) 电解液需要适当的 pH 和配合剂。pH 过低,可能有 H_2 析出;pH 过高,金属离子水解,可能析出待测物的氧化物。此时可加入配合剂,使待测离子保留在溶液中。例如,当电解沉积 Ni^{2+} 时,在酸性或中性溶液中,都不能使其定量析出,但加入氨水后,可防止 H_2 析出,形成 $Ni(NH_3)_4^{2+}$,从而可防止 $Ni(OH)_2$ 沉淀。

(4) 去极化剂。加入比干扰物更易还原或氧化的高浓度试剂(如 NO_3^- 或肼等),可防止干扰离子析出。

11.2.1 控制外加电压方式

外加电压等于待测离子的分解电压时,电极上发生电极反应并沉积。这里通过以下例子讨论控制外加电压电解方式的电重量分析。

[例 11-3] 在 $0.1\ mol \cdot L^{-1}\ H_2SO_4$ 介质中,约含 $1.0\ mol \cdot L^{-1}\ Cu^{2+}$ 和 $0.01\ mol \cdot L^{-1}\ Ag^+$,可否通过控制外加电压方式分别测定 Cu^{2+} 和 Ag^+?

解:可按以下步骤进行计算。

(1) 计算各离子在阴极上的析出电位。

$$\varphi_{Cu^{2+}/Cu} = \varphi^{\ominus}_{Cu^{2+}/Cu} + \frac{0.059}{2}\lg c_{Cu^{2+}} = 0.337 + \frac{0.059}{2}\lg 1.0 = 0.337\ (V)$$

$$\varphi_{Ag^+/Ag} = \varphi^{\ominus}_{Ag^+/Ag} + \frac{0.059}{2}\lg c_{Ag^+} = 0.799 + 0.059\lg 0.01 = 0.681\ (V)$$

因为 $\varphi_{Ag^+/Ag} > \varphi_{Cu^{2+}/Cu}$,故 Ag^+ 先于 Cu^{2+} 析出。

(2) 计算 Ag 完全析出时的外加电压 $U_{分解}$。

假设溶液中 Ag^+ 剩余浓度为 $10^{-6}\ mol \cdot L^{-1}$ 表示其电解完全,此时阴极电位为

$$\varphi_{Ag^+/Ag} = \varphi^{\ominus}_{Ag^+/Ag} + 0.059\lg c_{Ag^+} = 0.799 + 0.059\lg 10^{-6} = 0.445\ (V)$$

此时,阳极电位为 O_2 的析出电位,其大小为

$$\varphi_{O_2/H_2O} = \varphi^{\ominus}_{O_2/H_2O} + \frac{0.059}{2}\lg\left(\frac{1}{p^{\frac{1}{2}}_{O_2}[H^+]^2}\right) + \eta$$

$$= 1.23 - \frac{0.059}{2}\lg\frac{1}{1^{\frac{1}{2}} \times (0.200)^2} + 0.72 = 1.909\ (V)$$

因此，Ag 完全析出时的外加电压 $U_{分解} = 1.909 - 0.445 = 1.464$（V）

（3）计算 Cu 开始析出时的外加电压。

$$U_{分解} = 1.909 - 0.337 = 1.572 \text{（V）}$$

可见，Ag 完全析出时的电压并未达到 Cu 析出时的分析电压，即此时 Cu 不析出或者说 Cu 不干扰测定。因此可以通过控制外加电压（1.464 V）电解分析 Ag^+，通过控制外加电压（1.572 V）电解分析 Cu^{2+}。

在通常情况下，采用控制外加电压方式电解两种或以上共存离子时，要求离子之间的析出电位或浓度相差较大，否则可能发生共同电解和沉积。因此，控制外加电压方式电解时易发生干扰，其应用不多。

11.2.2　控制阴极电位方式

采用手动或自动方法控制阴极电位或离子的析出电位进行电解，可有效避免离子之间发生共沉积干扰，其装置如图 11-4 所示。若控制阴极电位为 $\varphi_{阴}$（vs SCE），随着电解进行，浓度减小，电流下降，$\varphi_{阴}$ 更负。此时，有电流流过产生 iR 降，经放大器放大推动可逆电机，移动滑动键 K 调节自耦变压器输出电压，以补偿阴极电位回到 $\varphi_{阴}$；反之亦然。

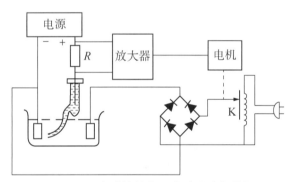

图 11-4　自动控制 Pt 阴极电位电解装置

11.2.2.1　阴极电位的选择

若溶液同时含有 A 和 B 离子，其析出电位分别为 φ_A 和 φ_B（设 $\varphi_A > \varphi_B$，即 A 的析出电位更正），超电位分别为 η_A 和 η_B。显然，将阴极电位 $\varphi_{阴}$ 控制在 $\varphi_A \sim \varphi_B$ 范围内，可使 A 先析出并与 B 分离。A 和 B 的析出电位分别为

$$\varphi_A = \varphi_A^{\ominus} + \frac{0.059}{n_A}\lg c_A + \eta_A \tag{11-4}$$

$$\varphi_B = \varphi_B^{\ominus} + \frac{0.059}{n_B}\lg c_B + \eta_B \tag{11-5}$$

设 A 离子浓度降至原浓度的 0.01% 时为完全析出，此时 A 离子的电位为

$$\varphi'_A = \varphi_A^{\ominus} + \frac{0.059}{n_A}\lg 10^{-4} c_A + \eta_A = \varphi_A - \frac{0.059}{n_A} \times 4 \tag{11-6}$$

若此时 φ'_A 仍然不小于 φ_B，即

$$\varphi'_A - \frac{0.059}{n_A} \times 4 \geqslant \varphi_B$$

$$\varphi'_A - \varphi_B \geqslant \frac{0.059}{n_A} \times 4 \quad (11-7)$$

则将电位控制在 $\varphi'_A \sim \varphi_A$ 范围内，可使 A、B 两种金属离子完全定量地分离开。从式 (11-7) 可知，如果溶液中未被电解的浓度为原浓度的 0.01%，对于一价离子的还原沉积（如 Ag^+），其析出电位至少应比共存离子高约 0.24 V，对于二价离子（如 Cu^{2+} 还原为 Cu），则应高于 0.12 V。

11.2.2.2 电解条件

在控制电位电解的过程中，由于电解开始时该物质的浓度较高，所以电解电流较大，电解速率较快。随着电解的进行，该物质的浓度愈来愈小，因此电解电流也愈来愈小。当该物质被全部电解析出后，电流就趋近于零，说明电解完成（图 11-3 中曲线 2）。在电流效率为 100% 时，电解进行到 t（s）时的电解电流为 i_t，即

$$i_t = i_0 10^{-Kt} \quad (11-8)$$

式中，i_0 为初始电流；K 为常数，它与电极面积 $A(cm^2)$、电解液体积 $V(cm^3)$、物质在溶液中的扩散系数 $D(cm^2 \cdot s^{-1})$ 和扩散层厚度 $\delta(cm)$ 等因素有关，即

$$K = \frac{0.434 AD}{\delta V} \quad (11-9)$$

由式 (11-8) 和式 (11-9) 可知，若要缩短电解时间，则应增大 K 值，即电极表面积要大，溶液的体积要小，升高溶液的温度以及良好的搅拌可以提高扩散系数和降低扩散层厚度。

式 (11-8) 中的 $i-t$ 关系亦可转换为浓度-时间 $(c-t)$ 关系，即

$$c_t = c_0 10^{-Kt} \quad (11-10)$$

利用该式可以获得待测离子残留于溶液中的百分数 ($\frac{c_t}{c_0} = 10^{-Kt}$)，或者被电解的百分数 $(1 - 10^{-Kt})$，可见电解百分比与初始浓度 c_0 无关，仅与 K 有关。

控制电位电解法的主要特点是选择性高，可用于分离并测定银（与铜分离）、铜（与铋、铅、银和镍分离）、铋（与铅、锡和锑分离）和镉（与锌分离）等离子。

11.2.2.3 汞阴极电解分离法

汞电极也可作为电解池的阴极而替代 Pt 电极或其他电极用于电解分离一些物质。其装置如图 11-5 所示。汞阴极电解法与通常用 Pt 电极进行电解的方法相比较，有下列特点。

(1) 由于氢在汞电极上的超电位特别大，因此在氢气析出前，除一些很难被还原的金属离子之外，如铝、钛、碱金属和碱土金属，许多重金属离子都能在汞阴极上被还原为金属。一般说来，用汞阴极在弱酸性溶液中进行电解，在电动顺序中位于锌以下的金属

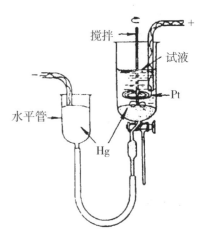

图 11-5 控制汞阴极电位电解装置

离子均能在汞阴极上还原析出。

（2）许多金属能和汞形成汞齐，因此在汞电极上金属离子的析出电位变正，易于还原，并能防止其被再次氧化。

但因 Hg 密度大，用量多，不易称量、干燥和洗涤，因此只用于电解分离，而不用于电重量分析，可用于去除待测试样的主要组分，从而测定其中所含的微量元素。例如，Cu、Pb 和 Cd 可在 Hg 阴极上沉积，从而与 U 分离；伏安分析和酶法分析中高纯度电解质的制备；消除钢铁中大量铁，以利于其中微量元素的测定等。

11.2.3 控制电流电解方式

控制电流电解，一般也称为恒电流电解。与控制电位电解方式相比，此电解方式的反应速率更快，但因电位变化快，导致第一种离子还未沉积完全，第二种离子就开始了析出并干扰测定，因此其选择性差。

恒电流电解法的基本装置如图 11-1 所示。一般采用大表面积的铂网作阴极，螺旋形铂丝作阳极并兼作搅拌之用。电解时，由于可变电阻 R 足够大，其他电阻相比较而言可以忽略不计，因此通过电解池的电流是恒定的。一般说来，电流越小，镀层越均匀，但所需时间就越长。在实际工作中，一般控制电流为 0.5~2 A。恒电流电解法仪器装置简单，准确度高，方法相对误差小于 0.1%，但选择性不高。

为了克服选择性差的问题，通常于电解液中加入阴极或阳极去极化剂来限制阴极（或阳极）电位的变化，使其保持稳定，防止电极上发生其他干扰反应。当然，去极化剂在电极上的氧化或还原反应不应影响电沉积物的性质。

例如，在电解 Cu^{2+} 时，为防止 Pb^{2+} 同时析出，可加入大量 NO_3^- 作阴极去极剂，发生以下电极反应：

$$NO_3^- + 10OH^- + 8e \rightleftharpoons NH_4^+ + 3H_2O$$

该电极反应可起到以下作用：

（1）防止 H^+ 的还原产生 H_2。在电解 Cu^{2+} 时，阴极若有 H_2 析出，会使铜的淀积不良。但若有去极化剂 NO_3^- 存在，当阴极电位变负时，NO_3^- 比 H^+ 先在电极上还原产生 NH_4^+，从而可以防止 H^+ 的还原，且生成的产物 NH_4^+ 不会在阴极上沉积，也不影响 Cu 镀层的性质。

（2）防止共存离子干扰。当溶液中还存在 Pb^{2+}、Ni^{2+} 和 Cd^{2+} 等其他共存离子时，大量的 NO_3^- 的存在，可使一定电解时间内的析出电位稳定于 NO_3^- 的还原电位（比 Pb^{2+} 的还原电位更正），从而可避免这些共存离子被还原析出。

同样，介质中若存在 Cl^-，则会在阳极上发生氧化生成 Cl_2 而干扰测定。这时，可通过加入肼或盐酸羟胺作为阳极去极剂，以有效去除 Cl^- 的干扰，其中肼的阳极氧化反应为

$$N_2H_4 \rightleftharpoons N_2 + 4H^+ + 4e$$

恒电流电解法只能分离电动序中氢以上和氢以下的金属离子。酸性条件下电解时，氢以下的金属离子（如 Cu^{2+} 和 Ag^+）先在阴极上析出。继续电解，将析出氢气；若要使氢以上的金属离子（如 Zn^{2+}）在阴极上析出，则需要在碱性或络合剂存在条件下进行电解。

11.3 库仑分析法

库仑分析法是根据电解过程中所消耗的电量来求得待测物质含量的方法。电解过程中电极上析出的物质的量与通过电解池的电量成正比，即符合法拉第（Faraday）电解定律

$$m = \frac{M}{nF}Q = \frac{M}{nF}it \qquad (11-11)$$

式中，m 为析出物质的质量（g）；M 为待测物摩尔质量（$g \cdot mol^{-1}$）；n 为电极反应中的电子转移数；F 为法拉第常数（$96\,487\ C \cdot mol^{-1}$）；$Q$ 为电量（库仑）；i 为通过溶液的电流（A），t 为电解时间（s）。

库仑分析法也可以分为控制电位和控制电流两种方法，其基本要求是电流效率为100%，即电解消耗的电量全部用于待测物的电极反应。

11.3.1 控制电位库仑分析法

控制电位库仑法是以控制电极电位的方式进行电解，当电流趋于零时电解完成，由测得的电解所消耗的电量以法拉第公式求得待测物含量，其基本装置与控制电位电解法相似，如图 11-6 所示。

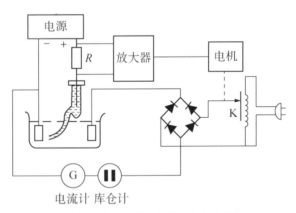

图 11-6 控制电位库仑分析装置

电解池中有由工作电极、对电极外和参比电极共同组成的电位测量与控制系统。在电解过程中，控制工作电极的电位为恒定值，使被测物质以 100% 的电流效率进行电解。当电解电流趋近零时，指示该物质已被电解完，测量所消耗的电量，即可由法拉第公式计算其含量。常用的工作电极有铂、银、汞和碳电极等。

11.3.1.1 电量测量方式

电量测量方式包括氢氧库仑计、电子积分法和作图法。

（1）氢氧库仑计。在电路中串联一个用于测量电解中所消耗电量的库仑计。常用

氢氧库仑计，其构成如图 11-7 所示。在标准状态下，1 F（96 485 C·mol^{-1}）电量产生 11 200 mL H$_2$ 和 5 600 mL O$_2$，共 16 800 mL 混合气，即每库仑电量相当于 0.174 1 mL 氢氧混合气体（16 800/96 485 = 0.174 1）。假设得到 V mL 混合气体，则电量 $Q = V/0.174\ 1$，因此

$$m = \frac{M}{nF} \times \frac{V}{0.174\ 1} \quad (11-12)$$

例如，在用该方法测定铜时，将 Cu^{2+} 溶液分别与 0.4 mol·L^{-1} 的酒石酸钠、0.1 mol·L^{-1} 的酒石酸氢钠和 0.1～0.3 mol·L^{-1} 的氯化钠溶液混合，置于汞阴极电解池中并控制阴极电位为（-0.24 ± 0.02）V(vs SCE) 进行电解。电解前通入氮气去除溶液中的氧，防止氧在电极上还原，以保证电解时有 100% 的电流效率。电解 40～60 min 后，当电解电流降低至 1 mA 以下时，即可认为电解已经完全。根据库仑计所测得的电量值，即可计算铜的含量。

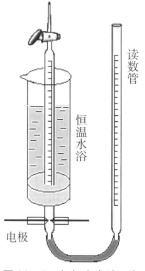

图 11-7 氢氧库仑计示意

（2）电子积分仪。由于控制电位库仑分析的电量 Q 可表示为

$$Q = \int_0^t i_t \mathrm{d}t \quad (11-13)$$

因此，可通过电子线路积分直接获得电量 Q 值。

（3）作图法。控制电位库仑分析中的电流随时间而衰减。将式（11-8）取对数，可得一直线方程

$$\lg i_t = \lg i_0 - Kt \quad (11-14)$$

只需测量若干个 t 时的 i_t 值，就能以 $\lg i_t$ 对 t 作图，从而获得直线方程的截距 $\lg i_0$ 和斜率 K。

另外，再将式（11-8）进行积分，可求得

$$Q = \int_0^t i_t \mathrm{d}t = \int_0^t i_0 10^{-Kt} \mathrm{d}t = \frac{i_0}{2.303K}(1 - 10^{-Kt}) \quad (11-13)$$

当 $Kt > 3$ 时，10^{-Kt} 可忽略不计，即

$$Q = \frac{i_0}{2.303K} \quad (11-16)$$

将作图法获得的截距 $\lg i_0$ 和斜率为 K 代入式（11-16），即可求得电量 Q。可见，作图法不需完全电解，即可得到电量 Q。

11.3.1.2 电解副反应及消除方法

由于库仑分析法要求电流效率达到 100%，这样电解时所消耗的电量才能全部用于待测物质的电极反应，因此，工作电极上不能有副反应发生，一般说来，电极上可能发生的副反应有下列几种：

（1）溶剂的电解。因为电解一般在水溶液中进行，所以要控制适当的电极电位及溶液 pH 范围，以防止水的分解。当工作电极为阴极时，应避免有氢气析出；当为阳极时，则要防止有氧气产生。此时可采用汞阴极，能提高氢的过电位，使用范围比 Pt 电

极更广泛。

（2）电极本身参与反应。Pt电极在较正的电位时，一般不会被氧化 $[\varphi_{Pt^{2+}/Pt}^{\ominus}=1.2(V)]$，因此其常作工作阳极。但当溶液中有能与铂络合的试剂存在时，则会降低其电极电位，有可能被氧化。

（3）氧的还原。溶液中溶解有氧气，会在阴极上还原为过氧化氢或水，故电解前必须除去。

（4）电解产物的副反应。当在汞阴极上还原 Cr^{3+} 为 Cr^{2+} 时，电解产生的 Cr^{2+} 会重新被溶液中的 H^+ 氧化生成 Cr^{3+}。

（5）当析出电位相近的物质或存在比待测物质更易还原或氧化的物质时，会干扰测定。一般需采用络合或分离等方法予以消除。

11.3.2 控制电流库仑分析法

用恒定的电流 i 电解的开始阶段，因为待测物浓度较大，其极限扩散可保证电极上无副反应发生，即有100%的电流效率。但随着电解的进行，被电解的物质的浓度逐渐降低，其极限扩散电流也变得越来越小。一定时间后，电流效率就不可能达到100%。为克服此缺点，一般采用库仑滴定法。

控制电流库仑分析法是在恒定电流的条件下电解，由电极反应产生滴定剂（电生滴定剂）与待测物发生反应，用指示剂或电化学方法确定滴定终点。然后由恒电流 i 和达到终点所需时间 t 求出消耗的电量（it），进而计算待测物含量。该法类似于用标准溶液滴定待测物溶液的滴定分析。因此，控制电流库仑分析也称为库仑滴定法。

库仑滴定法测量装置由电解和终点指示两大部分构成，如图11-8所示。电解部分包括电解池、工作-辅助电极、恒流源和计时器；终点指示部分包括指示终点的一对电极及 mV 计。

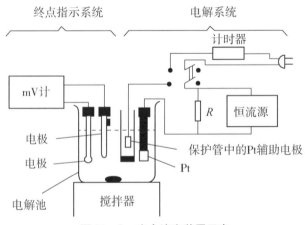

图11-8 库仑滴定装置示意

以某一恒定电流通过电解池，在100%电流效率条件下，由电极反应生成的滴定剂与待测物发生反应。当达到反应终点时，指示终点系统发出信号，停止电解或滴定。此时，电生滴定剂的量为

$$m = \frac{M}{nF} \times it \qquad (11-17)$$

也可由库仑计直接显示电量或待测物质的量。

11.3.2.1 电生滴定剂类型

在常规滴定分析法中，滴定剂由滴定管加入，而在库仑滴定中，滴定剂则是由电解产生，也称为电生滴定剂。可电生的滴定剂种类很多（表 11-1），主要包括：

（1）酸或碱。例如，在测定酸或碱时，可电解 Na_2SO_4 溶液，产生 OH^- 或 H^+：

阴极反应，$2H_2O + 2e \rightleftharpoons H_2 + 2OH^-$，电生 OH^- 滴定酸。

阳极反应，$H_2O \rightleftharpoons O_2 + 2H^+ + 2e$，电生 H^+ 滴定碱。

（2）氧化剂。Br_2、Cl_2、I_2、$Ce(\text{IV})$、$Mn(\text{III})$ 和 $Ag(\text{II})$ 等。例如，在 $NaHCO_3$ 缓冲溶液中电解碘化钾，在铂阳极产生 I_2 作为滴定剂，与待测物 $As(\text{III})$ 反应。

（3）还原剂。$Fe(\text{II})$，$Ti(\text{III})$ 和 $Fe(CN)_6^{4-}$ 等。

（4）配位剂。如 EDTA。将电解液通 N_2 除氧的溶液进行电解，发生的阴极反应为

$$HgNH_3Y^{2-} + NH_4^+ + 2e \rightleftharpoons Hg + 2NH_3 + HY^{3-}$$

电生的 HY^{3-} 滴定剂可以测定 Ca^{2+}。

（5）沉淀剂。例如，由 $Ag(\text{II})$ 电生 $Ag(\text{I})$ 或者由电极本身（如 Ag 电极）氧化为 $Ag(\text{I})$，可滴定 Cl^- 等。

11.3.2.2 库仑滴定终点指示方法

库仑滴定分析终点指示方法包括化学指示剂法、电化学法和光度法等。其中，电化学法较为常用，主要包括电压法和电流法。

（1）化学指示剂法。与普通容量分析一样，库仑滴定也可以用化学指示剂来确定滴定终点。例如，当以电解 KI 溶液生成的单质 I_2 作为滴定剂滴定 $As(\text{III})$ 时，可用淀粉做指示剂。当 $As(\text{III})$ 全部被 I_2 氧化为 $As(\text{V})$ 后，过量的电生 I_2 将使淀粉溶液变为粉红，指示反应终点。

但是指示剂的使用有其自身的缺陷，如有些指示剂颜色变化不敏锐，变色范围与化学计量点并不一致，只能指示滴定终点而不能指示全部滴定过程。此外，如果在有机溶液中进行滴定，可供选择的指示剂不多。

（2）电压法。电压法可以分为单指示电极（另一电极为参比电极）电压法和双指示电极电压法。通常是给指示电极系统施加一个恒定的小电流，根据滴定过程中电池的电动势值随电生滴定剂体积的变化曲线来确定滴定终点。

1）单指示电极电压法。即电位滴定法，可通过指示电极电位、一级或二级微商随滴定体积或被滴定的百分数的变化曲线确定终点。

2）双指示电极电压法。该法是控制两个指示电极（没有参比电极）上的电流大小，使它们相等且保持不变，但方向相反。当电流大小维持为 i 时，如果同时记录两个指示电极上的电位随滴定分数（或时间）的变化，可得如图 11-9（a）的滴定曲线。该曲线形状类似化学分析中的滴定曲线，其突跃部分的中点即为滴定终点；如果记录两个指示电极的电位差 ΔE 随滴定百分数（或时间）的变化，可得如图 11-9（b）的滴定曲线。该曲线类似于电位滴定分析中的一级微商曲线，其终点更为明显。

表 11-1 库仑滴定电生滴定剂条件及应用

电生滴定剂	介质	工作电极	待测物
H^+, OH^-	Na_2SO_4 或 $KCl(0.1\ mol·L^{-1})$	Pt	OH^- 或 H^+，有机酸碱
Br_2	$H_2SO_4 + NaBr(0.1\ mol·L^{-1} + 0.2\ mol·L^{-1})$	Pt	$Sb(Ⅲ)$, I^-, $Tl(Ⅰ)$, $U(Ⅳ)$, 有机物
I_2	pH 8的磷酸盐缓冲液 + $KI(0.1\ mol·L^{-1} + 0.1\ mol·L^{-1})$	Pt	$As(Ⅲ)$, $Sn(Ⅲ)$, $S_2O_3^{2-}$, S^{2-}
Cl_2	$HCl\ (2\ mol·L^{-1})$	Pt	$As(Ⅲ)$, I^-, 脂肪酸
$Ce(Ⅳ)$	$H_2SO_4 + CeSO_4\ (1.5\ mol·L^{-1} + 0.1\ mol·L^{-1})$	Pt	$Fe(Ⅱ)$, $Fe(CN)_6^{4-}$
$Mn(Ⅲ)$	$H_2SO_4 + MnSO_4\ (1.8\ mol·L^{-1} + 0.45\ mol·L^{-1})$	Pt	$As(Ⅲ)$, $F(Ⅱ)$, 草酸
$Fe(CN)_6^{4-}$	pH 2的 $K_3Fe(CN)_6\ (0.2\ mol·L^{-1})$	Pt	$Zn(Ⅱ)$
$Cu(Ⅰ)$	$CuSO_4\ (0.02\ mol·L^{-1})$	Pt	$Cr(Ⅳ)$, $V(Ⅴ)$, IO_3^-
$Fe(Ⅱ)$	$H_2SO_4 +$ 铁铵矾 $(2\ mol·L^{-1} + 0.6\ mol·L^{-1})$	Pt	$Cr(Ⅳ)$, $V(Ⅴ)$, MnO_4^-
$Ag(Ⅰ)$	$HClO_4\ (0.5)$	Ag	Cl^-, Br^-, I^-
$Ag(Ⅱ)$	$HNO_3 + AgNO_3\ ((5+0,1)$	Au	$As(Ⅲ)$, $V(Ⅳ)$, $Ce(Ⅲ)$, 草酸
$EDTA(Y^{4-})$	$HgNH_3Y^{2-} + NH_3NO_3\ (0.02 + 0.1)$, pH 8, 除 O_2	Hg	$Ca(Ⅱ)$, $Zn(Ⅱ)$, $Pb(Ⅱ)$

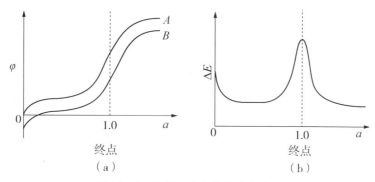

图 11-9 双指示电极电位滴定曲线

例如，测定钢铁中的碳，可以采用库仑滴定的方法，用电位法来确定滴定终点。钢样在约 120 ℃通氧灼烧，试样中的碳被氧化为 CO_2 气体，导入置有 $Ba(ClO_4)_2$ 溶液的电解池中吸收，生成 $HClO_4$。由于生成高氯酸，溶液的 pH 发生变化。在电解池中，用双铂电极电解，阴极上产生 OH^-（电生滴定剂）。它与 $HClO_4$ 反应，中和溶液使之恢复到原 $Ba(ClO_4)_2$ 电解液的酸度（终点），表明电生 OH^- 完全中和了 $HClO_4$。用 pH 玻璃电极和一参比电极组成监测系统，终点时，pH 会发生突跃，指示滴定终点。停止滴定，根据滴定过程中所消耗的电量可求得钢样中的碳含量。

(3) 电流法。用电流法来监测滴定终点，是控制指示电极系统的电压（指示电极与参比电极或双 Pt 指示电极之间的电位差）为一个不变的恒定值，记录滴定过程中电流随加入滴定剂体积的变化曲线来指示滴定终点。可分为单指示电极（另一电极为参比电极）电流法和双指示电极电流法。

1) 单指示电极电流法。此法外加电压取决于滴定剂（A）和待测物（B）的电流-电压曲线，或者说取决于二者的分解电压 U_A 和 U_B。通常外加电压大小位于 U_A 和 U_B 之间。根据滴定剂和待测物之一或同时在指示电极发生反应，可制作不同的电流随时间变化的曲线（$i-t$）或称为滴定曲线。这些滴定曲线的共同特点都是在到达滴定终点时，出现电流趋于零或从稳定的零电流突变为较大电流的转折点，因此，通过该转折点即可判断滴定终点。

例如，以电生 Ce(Ⅳ) 滴定 Fe(Ⅱ)，将指示电极的电位维持在 Fe(Ⅱ) 和 Ce(Ⅲ) 的分解电压之间（设为 φ_1），刚开始时，溶液中存在大量 Fe(Ⅱ)，指示电极上电流较大。随着电解的进行，产生 Ce(Ⅳ) 使 Fe(Ⅱ) 浓度下降，电流减小并逐渐下降至零，此时 Fe(Ⅱ) 全部被滴定；随后电解产生的 Ce(Ⅳ) 使阳极电流变为阴极电流并逐渐增加，从而可得到滴定曲线 [图 11-10 (a)]。

又如，电生 $Cr_2O_7^{2-}$ 滴定 Pb^{2+}，其滴定曲线如图 11-10（b）所示。当控制指示电极的电位达某一数值时，只有 Pb^{2+} 能在电极上被还原。随着滴定的进行，Pb^{2+} 的浓度越来越小，记录到的电流值也就越来越小。到达终点时，Pb^{2+} 的浓度变为一非常小的值，所得到的电流值（包括背景电流值）也较小。此后，电生过量的 $Cr_2O_7^{2-}$ 并不能在电极上反应，即电流值依然维持一较小的电流值不变，从而指示滴定终点的到来。

必须指出，控制不同的指示电极电位所得到的滴定曲线在终点后的部分有所不同。

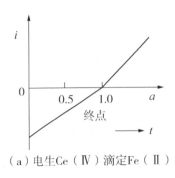
(a) 电生Ce(Ⅳ)滴定Fe(Ⅱ)

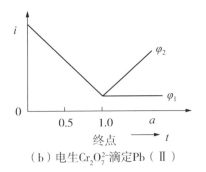
(b) 电生$Cr_2O_7^{2-}$滴定Pb(Ⅱ)

图11-10 单指示电极电流法滴定曲线

例如，当指示电极电位更负（设为φ_2），使得过量的$Cr_2O_7^{2-}$滴定剂发生还原反应，则终点后的电流随[$Cr_2O_7^{2-}$]的增加而增加[图11-10（b）]。虽然滴定曲线有差别，但终点指示并不受影响。

2）双指示电极电流法。终点指示系统的两个电极通常为性质和大小完全一样的双Pt电极并施加一个几十至200 mV的恒定小电压，记录滴定过程中电流与滴定分数a或时间t的关系，则可以得到相应的滴定曲线。

例如，当电生I_2滴定As(Ⅲ)时，滴定终点之前出现的是As(Ⅴ)/As(Ⅲ)不可逆电对，而终点后出现的是I_2/I^-可逆电对，二者的极化曲线是不同的（如图11-11），即不可逆体系曲线通过φ轴是不连续的（电流很小），需施加更大电压才有明显的氧化还原电流，而可逆体系只需很小电压即可有明显的氧化还原电流。因此，在由不可逆体系转入可逆体系时，出现所谓的电流由零（或背景电流）到增加的突变。此时，滴定终点指示系统（双Pt电极）上的电流-时间曲线（滴定曲线）上的"转折点"即为终点，如图11-12（a）所示。如果终点前、后分别为可逆和不可逆体系，其滴定曲线则是电流逐渐下降，直至为零（或背景电流）并保持不变。

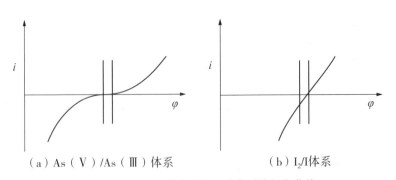

(a) As(Ⅴ)/As(Ⅲ)体系　　　　　　(b) I_2/I^-体系

图11-11 不可逆电对和可逆电对的极化曲线

又如，当电生Ce^{4+}滴定Fe^{2+}时，滴定终点前、后均为可逆体系，其滴定曲线如图11-12（b）。

滴定开始时，[Fe^{3+}] < [Fe^{2+}]，即产生的少量Fe^{3+}与未滴定的大量Fe^{2+}形成Fe^{3+}/Fe^{2+}可逆电对。在两个Pt指示电极上分别呈现Fe^{3+}的还原反应和Fe^{2+}氧化反应，但两个电极反应的速度受浓度较低或反应速度较慢的Fe^{3+}还原反应所控制。随着滴定

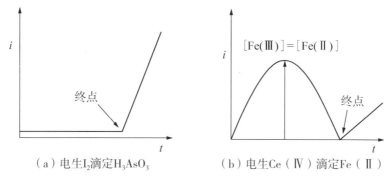

图 11-12 双电极指示终点滴定曲线

的进行，$[Fe^{3+}]$ 越来越大，电极反应速度也越来越快，电流也就越来越大。当体系中的 $[Fe^{3+}] = [Fe^{2+}]$ 或者滴定到一半时，指示电极系统中的电流达到最大值。随后，$[Fe^{3+}] > [Fe^{2+}]$，此时电极反应的速度则受浓度较低或反应速度较慢的 Fe^{2+} 氧化反应所控制。随着滴定的进行，$[Fe^{2+}]$ 越来越小，电极反应速度也越来越慢，电流也就越来越小。在滴定终点时，$[Fe^{2+}]$ 为零，溶液中只有 Fe^{3+} 和 Ce^{3+}，没有电极反应发生，因此电流也为零（或背景电流）。滴定终点之后，过量 Ce^{4+} 与 Ce^{3+} 形成可逆电对。随着滴定剂 Ce^{4+} 的继续加入，$[Ce^{4+}]$ 越来越大，双 Pt 指示电极上的反应速度加快，电流再次增加。

11.3.3 微库仑分析法

微库仑分析法与控制电位或控制电流的方法不同，但与库仑滴定法有相似之处：虽然是采用电生滴定剂来滴定待测物的浓度，但在滴定过程中，电流大小是随滴定的程度而变化的，因此又称为动态库仑滴定。

微库仑分析法是在预先含有滴定剂的滴定池中加入一定量的待滴定物质后，由仪器本身完成从开始滴定到滴定完成的整个过程，其工作原理如图 11-13 所示。

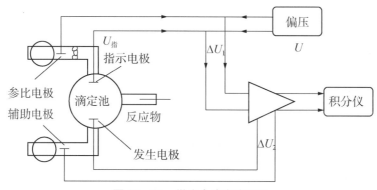

图 11-13 微库仑滴定法原理

在滴定开始前，指示电极和参比电极所组成的监测系统的输出电压 $U_{指}$ 为平衡值，调节 U 使 ΔU_1 为零，经过放大后的输出电压 ΔU_2 也为零，即发生电极上无电生滴定剂；当待测物进入滴定池并与滴定剂发生反应后，滴定剂浓度发生改变，使指示电极的电位产生偏离（也可以指示待测物的浓度），这时 $U_指 \neq U$，$\Delta U_2 \neq 0$，经过放大后的 ΔU_2 也不为零，于是 ΔU_2 驱使发生电极上开始进行电解并生成滴定剂。随着电解的进行，滴定渐趋完成，滴定剂的浓度又逐渐回到滴定开始前的浓度值，使得 ΔU_1 也渐渐回到零；同时 ΔU_w 也越来越小，产生滴定剂的电解速度也越来趋慢。当达到滴定终点时，体系又回复到滴定开始前的浓度值，ΔU_1 又为零，ΔU_2 也为零，则不再有滴定剂产生，滴定即告完成。在滴定过程中，有积分记录仪直接记录滴定所需电量，据此可计算出进入滴定池中待测物的浓度。

在微库仑滴定中，当靠近滴定终点时，ΔU_2 变得越来越小，电解产生滴定剂的速度也变得越来越慢，直到终点。因此该法确定终点较为容易，准确度较高，应用较为广泛。

11.3.4 库仑分析法的特点及应用

与常规化学和电重量分析法相比，库仑分析有如下特点：

（1）库仑滴定是由电解生成滴定剂，边产生边滴定，因此，可使用不稳定的滴定剂，如 Cl_2、Br_2 和 Cu^+ 等，从而扩大了容量分析的应用范围。

（2）可采用酸碱中和、氧化还原、沉淀及络合等各类反应进行滴定。

（3）库仑分析不要求被测物质在电极上沉积为金属或难溶物，因此可用于测定进行均相电极反应的物质，特别适用于有机物的分析，也可用于测量电极反应中的电子转移数。

（4）能用于常量组分及微量组分的分析，方法的相对误差约为 0.5%。如采用精密库仑滴定法，由计算机程序确定滴定终点，测量误差可小于 0.01%，可用作标准方法。

习题

1. 在以电解法分离金属离子时，为什么要控制阴极的电位？
2. 库仑分析法的基本依据是什么？为什么说电流效率是库仑分析的关键问题？在库仑分析中用什么方法保证电流效率达到 100%？
3. 电解分析与库仑分析在原理、装置上有何异同之处？
4. 试述库仑滴定的基本原理。
5. 在控制电位库仑分析法和恒电流库仑滴定中，是如何测得电量的？
6. 在库仑滴定中，1 mA·s^{-1} 相当于下列各物质多少克？
    （1）OH^-。（2）Sb（Ⅲ到Ⅴ价）。（3）Cu（Ⅱ到0价）。（4）As_2O_3（Ⅲ到Ⅴ价）。
7. 在硫酸铜溶液中，浸入两个铂片电极，接上电源，使之发生电解反应。这时在两个铂片电极上各发生什么反应？请写出反应式。若通过电解池的电流强度为 24.75 mA，通过电流时间为 284.9 s，在阴极上应析出多少毫克铜？
8. 10.00 mL 浓度约为 0.01 mol·L^{-1} 的 HCl 溶液，以电解产生的 OH^- 滴定此溶液，用 pH 计指示滴定时 pH 的变化，当到达终点时，通过电流的时间为 6.90 min，滴定时电流强度为 20 mA，计算此 HCl 溶液的浓度。
9. 以适当方法将 0.854 g 铁矿试样溶解并使转化为 Fe^{2+} 后，将此试液在 −1.0 V（vs SCE）处，在 Pt 阳极上定量地氧化为 Fe^{3+}，完成此氧化反应所需的电量以碘库仑计测定，当析出的游离碘以 0.019 7 mol·L^{-1} NA$_2$S$_2$O$_3$ 标准溶液滴定时，消耗 26.30 mL。计算试样中 Fe$_2$O$_3$ 的质量分数。

10. 上述试液若改为以恒电流进行电解氧化，能否根据在反应时所消耗的电量来进行测定？为什么？

11. 计算 0.1 mol·L^{-1} 硝酸银在 pH = 1 的溶液中的分解电压。已知 η_{Ag} = 0 V，η_{O_2} = +0.40 V。

12. 在电解中，阴极析出电位为 +0.281 V，阳极析出电位为 +1.513 V，电解池的电阻为 1.5 Ω，欲使 500 mA 的电流通过电解池，应施加多大的电压？

13. 在电解硝酸铜时，溶液中其起始浓度为 0.5 mol·L^{-1}，电解结束时降低到 10^{-6} mol·L^{-1}。试计算在电解过程中阴极电位的变化值。

14. 在 1 mol·L^{-1} 的硝酸介质中，电解 0.1 mol·L^{-1} Pb^{2+} 以 PbO$_2$ 析出，如以电解至尚留下 0.01% 视为已电解完全，则此时工作电极电位的变化值为多大？

15. 用电重量法测定铜合金（含铜约 80%，含 Pb 约 5%）中的铜和铅。取试样 1 g，用硝酸溶解后，稀释至 100 mL，同时调整硝酸浓度为 1.0 mol·L^{-1}。电解时，Cu^{2+} 在阴极上以金属形式析出，Pb^{2+} 在阳极上以 PbO$_2$ 形式析出，试计算此溶液的分解电压。

16. 电解 0.01 mol·L^{-1} 硫酸锌溶液。试问：在 1 mol·L^{-1} 硫酸溶液中，金属 Zn 是否能在铂阴极上析出？如溶液的 pH 为 6，能否析出 H$_2$ 在锌电极上？已知 η_{H_2} = -0.7 V。

17. 用镀铜的铂网电极作阴极，电解 0.01 mol·L^{-1} Zn^{2+} 溶液，试计算金属锌析出的最低 pH 值。已知在铜电极上，η_{H_2} = -0.4 V。

18. 用汞阴极恒电流电解 pH 为 1 的 Zn^{2+} 溶液，在汞电极上，η_{H_2} = -1.0 V，试计算在氢析出前，试液中残留的 Zn^{2+} 浓度。

19. 在 1 mol·L^{-1} 硫酸介质中，电解 1 mol·L^{-1} 硫酸锌与 1 mol·L^{-1} 硫酸镉混合溶液。试问：

（1）电解时，锌与镉何者先析出？

（2）能不能用电解法完全分离锌与镉？电解时，应采用什么电极？

已知：η_{H_2}（铂电极上）= -0.2 V，η_{H_2}（汞电极上）= -1.0 V，η_{Cd} ≈ 0，η_{Cd} ≈ 0。

20. 用控制电位电解法电解 0.1 mol·L^{-1} 硫酸铜溶液，如控制电解时的阴极电位为 -0.10 V (vs SCE)，则电解完成。试计算铜离子的析出的百分数。

21. 在 100 mL 试液中，使用表面积为 100 cm^2 的电极进行控制电位电解。被测电位的扩散系数为 5×10^{-5} cm^2·s^{-1}，扩散层厚度为 2×10^{-3} cm，将电流降至起始值的 0.1% 视作电解完全，需要多长时间？

22. 用控制电位法电解某物质，初始电流为 2.20 A，电解 8 min 后，电流降至 0.29 A。估计该物质析出 99.9% 时所需的时间为多少。

23. 用控制电位库仑法测定 In^{3+}，在汞阴极上还原成金属铟析出。初始电流为 150 mA，以 k = 0.005 8 min^{-1} 的指数方程衰减，20 min 后降至接近于零。试计算试液中铟的质量。

24. 用控制电位库仑法测定 Br$^-$。在 100.0 mL 酸性试液中进行电解，Br$^-$ 在铂阳极上氧化为 Br$_2$。当电解电流降至接近于零时，测得所消耗的电量为 105.5 C。试计算试液中的浓度。

25. 在库仑滴定中，$1\ mA \cdot s^{-1}$ 相当于多少 OH^- 的质量？

26. 某含氯试样 2.000 g，溶解后再酸性溶液中进行电解，用银作阳极并控制其电位为 +0.25 V（vs SCE），Cl^- 在银阳极上进行反应，生成 AgCl。电解池串联的氢氧库仑计中产生 48.5 mL 混合气体（25 ℃，100 kPa）。试计算该试样中氯的质量分数。

27. 某含砷试样 5.000 g，经处理溶解后，将试液中的砷用肼还原为三价砷，除去过量还原剂，加碳酸氢钠缓冲液，置电解池中，在 120 mA 的电流下，用电解产生的 I_2 来滴定 $HAsO_3^{2-}$，经 9 min 20 s 到达滴定终点。试计算式样中 As_2O_3 的质量分数。

28. 用库仑滴定法测定水中的酚。取 100 mL 水样经微酸化后加入溴化钾，电解氧化产生的溴与酚反应：

$C_6H_5OH + 3Br_2 \rightleftharpoons Br_3C_6H_2OH \downarrow + 3HBr$

通过的恒定电流为 15.0 mA，经过 8 min 20 s 到达终点，试计算水中的酚的质量浓度（以 $mol \cdot L^{-1}$ 表示）为多少。

29. 取某含酸试样 10.0 mL，用电解产生的 OH^- 进行库仑滴定，经 246 s 后到达终点。在滴定过程中，电流通过一个 100 的电阻将为 0.849 V。试计算试样中的浓度。

30. 用库仑滴定法测定某有机酸的相对分子质量/z。溶解 0.023 1 g 纯净试样于乙醇 - 水混合溶剂中，以电解产生的 OH^- 进行滴定，通过 0.042 7 A 的恒定电流，经 402 s 到达终点。计算此有机酸的相对分子质量/z。

第 12 章 伏安法和极谱法

伏安分析法（voltammetry）和极谱法（polarography）是一种特殊形式的电解方法。它们都是采用由小面积、易极化的工作电极与大面积、去极化的参比电极组成的电解池电解待测物的稀溶液，根据所记录的电流-电压曲线（伏安图）或电位-时间曲线（极谱图或极谱波）进行定性定量分析的方法。二者的主要区别在于，极谱法采用的工作电极是电极表面可周期性更新的滴汞电极或其他液态电极，而伏安法采用的工作电极是固体电极或表面不更新的液体电极。

与前述电位分析法（电流接近零）和电解分析法（溶液组成发生较大改变）不同，伏安分析法和极谱法采用极化现象比较明显、面积较小的工作电极，溶液中虽有电流通过，但溶液组成基本不变。表 12-1 列出了各种电化学分析法的比较。

表 12-1 各电化学分析法的比较

方法	测量物理量	电极面积	极化	电流	待测物浓度	待测物消耗量
电位分析	电位或电动势	—	无极化	趋于 0	—	极小
电解分析	电重量或电量	大	尽量减小极化	有电流	较高	完全消耗
伏安分析	电流或电压	小	完全浓差极化	有电流	较小	极小

伏安法和极谱法的实际应用非常广泛。凡是能在电极上还原或氧化的无机和有机物质，一般都可使用这类方法测定。此外，伏安法也常用于测定络合物组成和化学平衡常数，研究化学反应机理、动力学过程以及吸附现象等。

与电解分析控制方式类似，极谱法也可分为控制电位极谱法，如直流极谱法、单扫描极谱法、脉冲极谱法和溶出伏安法等，以及控制电流极谱法，如交流示波极谱法和计时电位法等。

12.1 直流极谱法

直流极谱分析也称极谱分析，是一种在特殊条件下进行的电解分析，最早由捷克斯洛伐克科学家海洛夫斯基（Heyrovsky）于 1922 年创立。该法是经典的电化学分析方法之一，其基本理论也是其他伏安分析法的基础。

12.1.1 极谱分析装置及基本原理

极谱分析装置与电解分析大致相同,包括直流电源、测量加于两电极间电压的伏特计以及测量电解过程中流经电路的电流的检流计。但极谱分析使用的电极与电解分析不同。极谱分析采用的工作电极是一个面积很小的滴汞电极,参比电极是一个面积很大的甘汞电极,如图 12-1 所示。

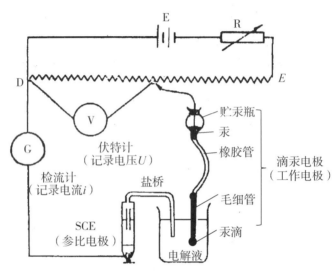

图 12-1 直流极谱装置示意

滴汞电极的上部为贮汞瓶,下接一厚壁硅橡胶管,硅橡胶管的下端接一内径约 0.05 mm 毛细管。贮汞瓶中的汞受重力作用从毛细管中有规则地、周期性地滴落(3~5 s)至电解溶液中,改变贮汞瓶高度可以调节滴汞下落的速度。汞滴电极由于面积很小,电解时电流密度很大,容易发生浓差极化,因此,滴汞电极为极化电极;而甘汞电极面积比滴汞电极大很多,电解时电流密度很小,不会发生浓差极化,一定条件下其电极电位基本不变,因此甘汞电极为去极化电极。

现以电解 $CdCl_2$ 溶液为例,讨论极谱分析的一般过程和基本原理。

在盛有 $0.5\ mmol \cdot L^{-1}\ CdCl_2$ 和 $1.0\ mol \cdot L^{-1}\ HCl$ 电解池中,加入大量 KCl(支持电解质),使其浓度达 $0.1\ mol \cdot L^{-1}$,再加入几滴 1% 的动物胶(极大抑制剂)并通入 N_2 除去溶解氧。保持溶液静置,以滴汞电极为阴极,甘汞电极为阳极,施以 $100\sim 200\ mV \cdot min^{-1}$ 的速度改变的电压进行电解。此时,滴汞电极和甘汞电极的电极反应和电位分别为

阳极反应:$2Hg + 2Cl^- \rightleftharpoons Hg_2Cl_2 + 2e$

阳极电位:$\varphi_c = \varphi^{\ominus}_{Hg_2Cl_2/Hg} - \dfrac{0.059}{2} 0.059 lg \dfrac{K_{sp}}{[Cl^-]^2}$

阴极反应:$Cd^{2+} + 2e + Hg \rightleftharpoons Cd(Hg)$

阴极电位:$\varphi_w = \varphi^{\ominus}_{Cd^{2+}/Cd} + \dfrac{0.059}{2} lg \dfrac{[Cd^{2+}]}{Cd(Hg)}$

可见，在阳极，只要［Cl⁻］保持不变，阳极电位便可保持恒定。但严格地讲，因有电流通过，［Cl⁻］是有微小变化的，必会发生电极反应。但因为参比电极的面积大，电流密度很小，因此电极不发生极化，单位面积上［Cl⁻］的变化就很小，可认为阳极电位保持位恒定；而在阴极（滴汞电极），Cd^{2+} 在滴汞表面上还原并形成汞齐，电解电路中产生微小的电解电流 i。此时，电解电位 U、电极电位以及电流之间的关系为

$$U = \varphi_{SCE} - \varphi_w + iR$$

或者

$$\varphi_w - \varphi_{SCE} = -U + iR \tag{12-1}$$

由于极谱分析的电流很小（μA级），电解池电压降 iR 可忽略，而参比电极电位 φ_{SCE} 基本保持恒定，因此，滴汞电极电位 φ_w 完全随外加电压 U 变化而变化，即

$$-U = \varphi_w \text{（vs SCE）} \tag{12-2}$$

然而，当电流较大或内阻较高时，两电极系统中的参比电极将不能负荷，产生部分极化，其电位 φ_{SCE} 将不再稳定，且 iR 降也不能忽略。因此，滴汞电极电位 φ_w 不再完全随外加电压 U 变化而变化，总电解电流减小且极谱波变形。为防止甘汞电极过载、克服 iR 降的影响并准确测定滴汞电极电位 φ_w，通常的做法是除了使用工作电极 W 和参比电极 R 外，再另加一个辅助电极 C（或对电极，一般为铂丝电极），构成所谓的三电极系统，如图 12-2 所示。

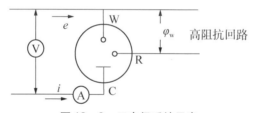

图 12-2　三电极系统示意

该电极系统可使电解电流 i 主要通过 WC 回路，而工作电极 W 与参比电极 R 组成一个高阻抗的 WR 电位监测回路，它没有明显的电流通过。这样就可以方便地、实时地显示电解过程中工作电极对参比电极的电位 φ_w。同时，监测回路可以通过反馈给外加电路的信息来调整 U，使 φ_w 按一定的方式，如随时间线性地变化。

因此，采用双电极系统或三电极系统均可使得滴汞电极电位 φ_w 随外加电压线性变化。记录不同电压值（U）或滴汞电极电位（φ_w）时的电流值（i），以 U 或 φ_w 为横坐标，i 为纵坐标作图，即可得到电解 $CdCl_2$ 溶液的电流-电压或电流-电位（i-φ）曲线，称为极化曲线或极谱图，如图 12-3 所示。

由图可见，可将极谱图分为 3 个部分：

(1) 残余电流。当滴汞电极电位比 Cd^{2+} 的条件电位略正（-0.5～0 V）时，只有一微小电流通过电解池，称为残余电流 i_r。

(2) 电流上升部分。当电极电位更负（-0.7～-0.5 V），达到 Cd^{2+} 的析出电位时，Cd^{2+} 在滴汞电极上还原并形成汞齐。此时滴汞电极电位满足能斯特方程

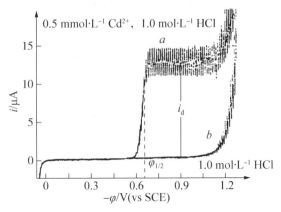

图 12-3　Cd^{2+} 的极谱图

$$\varphi_w = \varphi^{\ominus}_{Cd^{2+}/Cd} - \frac{0.059}{2}\lg\frac{[Cd^{2+}]^s}{[Cd(Hg)]^s}$$

式中，上角标 s 表示电极表面。此式表明电极表面的 $[Cd^{2+}]^s$ 决定于电极电位。电极电位 φ_w 稍微变负时，滴汞电极表面的 Cd^{2+} 迅速获得电子而被还原，电解电流急剧增加。

（3）极限扩散电流部分。当滴汞电位更负（$-0.7 \sim -1.0$ V）时，由于此时溶液本体的 Cd^{2+} 来不及到达滴汞表面，因此滴汞表面浓度 c^s 低于溶液本体浓度 c，产生浓度梯度，也就是说，此时在滴汞周围形成一扩散层，其厚度 δ 约为 0.05 mm，如图 12-4 所示。在扩散层内，随着离开汞滴表面的距离增加，浓度逐渐增加，扩散层外的 $[Cd^{2+}]$ 等于本体溶液 Cd^{2+} 的浓度。

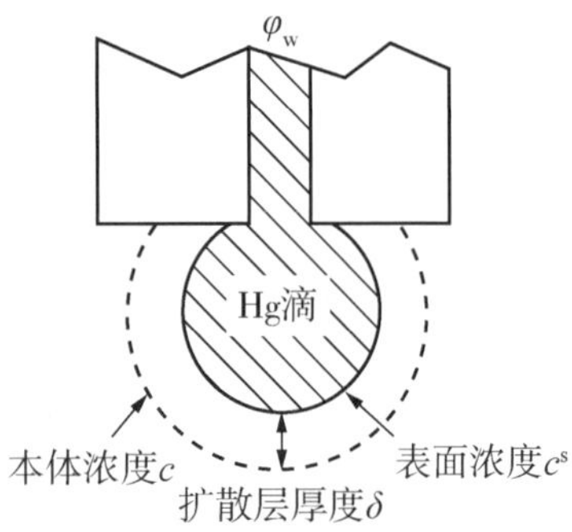

根据扩散理论，电解电流 i 与离子扩散速度成正比，而扩散速度又与浓度差 $c - c^s$ 成正比，与扩散层厚度 δ 成反比，即与浓度梯度 $(c - c^s)/\delta$ 成正比

图 12-4　滴汞电极扩散层

$$i = k(c - c^s)/\delta \qquad (12-3)$$

当滴汞电极电位负至一定程度时，c^s 趋近于 0，$c - c^s$ 趋近于 c 时，这时电流的大小完全受溶液浓度 c 控制，达到完全的浓差极化，电流不再增加，电流达到极限值，即极限扩散电流

$$i_d = Kc \qquad (12-4)$$

式（12-4）表明，极限扩散电流 i_d 与待测物浓度 c 成正比，这正是极谱分析的定量基础。需注意的是，式中，i_d 不包括非扩散产生的残余电流 i_r，即 i_d 等于测量电流减去残余电流 i_r；K 为比例常数，它与电极反应电子转移数、扩散系数以及汞滴的生成等因素有关。此外，当电流等于极限扩散电流的一半时所对应的电位称之为半波电位（$\varphi_{1/2}$）。由于不同物质其半波电位不同，因此在支持电解质浓度和温度一定时，半波电位可作为极谱分析的定性依据。

从上述讨论可知，完全的浓差极化是极谱分析的基础。要进行极谱定量分析，就必

须创造完全浓差极化条件,或者说极谱分析要在特殊条件下进行:

(1) 使用一大一小电极。由于较高的电流密度是产生浓差极化的重要条件,因此,在电流很小(μA 级)的极谱分析中,必须使用面积很小的滴汞电极,才能获得高电流密度的极化电极并发生完全浓差极化;而参比电极的面积要大,才能作为去极化电极。

(2) 适于稀溶液分析。为使待测离子迅速在电极表面还原并使其浓度趋于零,达到完全的浓差极化,待测物的浓度不能太高。即极谱分析仅适用于低浓度待测物的分析。

(3) 防止对流和电迁移。待测物向电极表面的移动方式除扩散外,还有对流和电迁移。为使电流完全由扩散控制且不破坏扩散层,溶液中需加入大量支持电解质并保持溶液静置。

12.1.2 扩散电流理论及影响测定的因素

1934 年,尤考维奇(Ilkoviĉ)提出了扩散电流理论,并导出了尤考维奇方程,从而奠定了极谱分析的理论基础。

12.1.2.1 尤考维奇方程

为导出尤考维奇方程,可首先考虑待测物向静止平面电极的线性扩散情况。

根据菲克(Fick)第一定律,单位时间(s)内通过扩散而到达平面电极表面的待测物质的量(扩散流量)为

$$J = AD\frac{\Delta c}{\Delta x} \tag{12-5}$$

式中,$\Delta c/\Delta x$ 为溶液中待测物浓度($mmol \cdot L^{-1}$)随离开电极表面的距离的变化率,称为浓度梯度;A 为电极面积;D 为待测物的扩散系数($cm^2 \cdot s^{-1}$),即在单位浓度梯度作用下待测物的扩散传质速率。

若扩散层内浓度增加的变化呈直线型,则近似得到

$$\frac{\Delta c}{\Delta x} = \frac{[M^{n+}] - [M^{n+}]^s}{\delta} \tag{12-6}$$

式中,上角标 s 指电极表面,δ 为扩散层厚度。

电解时间越长,扩散层厚度 δ 越大。对于平面电极,$\delta = \sqrt{\pi D t}$。根据法拉第定律得电解电流(μA)为

$$i = nFJ = nFAD\frac{[M^{n+}] - [M^{n+}]^s}{\sqrt{\pi D t}} \tag{12-7}$$

当电极电位负至产生扩散电流时,电极表面待测物(去极剂)浓度趋于零,因此

$$i_d = nFAD^{1/2}\frac{[M^{n+}]}{\sqrt{\pi t}} \tag{12-8}$$

此式即为平面电极的科特雷尔(Cottrell)方程。

对于滴汞球形电极,在 t(s)时刻,球面积 A 可由滴汞流速 m($mg \cdot s^{-1}$)和汞密度 ρ 求得

$$\frac{4}{3}\pi r^3 = \frac{mt}{\rho}$$

那么，汞滴半径为 $r = \left(\dfrac{3mt}{4\pi\rho}\right)^{1/3}$，因此，汞滴面积 A 为

$$A = 4\pi r^2 = 0.85 m^{2/3} t^{2/3} \qquad (12-9)$$

滴汞电极的扩散层厚度 δ 为平面电极的 $\sqrt{3/7}$ 倍，即

$$\delta = \sqrt{3/7\pi Dt} \qquad (12-10)$$

将式（12-9）和式（12-10）代入式（12-8）得

$$i_d = 708 n D^{1/2} m^{2/3} t^{1/6} c \qquad (12-11)$$

式中，n 为电子转移数；D 为待测物在溶液中的扩散系数（$cm^2 \cdot s^{-1}$）；m 为汞在毛细管中的流速（$mg \cdot s^{-1}$）；t 为汞滴生长周期或时间（s）；c 为待测物浓度（$mol \cdot L^{-1}$）。

从式（12-11）可见，扩散电流随时间 $t^{1/6}$ 增加，是滴汞面积和扩散层厚度随时间变化的总结果。在每一滴汞生长的最初时刻电流迅速增加，随后变慢，汞滴滴落时电流下降，即汞滴周期性长大和滴落使扩散电流发生周期性变化，使得极谱曲线呈锯齿形。该公式反映了汞滴寿命最后时刻获得的最大扩散电流，检流计实际记录的是平均电流附近的锯齿形小摆动（图 12-3）。

平均扩散电流为

$$\bar{i}_d = \dfrac{1}{t}\int_0^t i_d \mathrm{d}t = 607 n D^{1/2} m^{2/3} t^{1/6} c \qquad (12-12)$$

式（12-11）或（12-12）称为尤考维奇公式，是极谱分析的基本公式。其中，$607 n D^{1/2} m^{2/3} t^{1/6}$ 称为尤考维奇常数。当控制实验条件，使 $607 n D^{1/2} m^{2/3} t^{1/6}$ 不变，则平均极限扩散电流与待测物浓度成正比。

12.1.2.2 影响电流测量的因素及其消除方法

影响电流测量的因素很多，包括扩散电流的变化（如尤考维奇公式中的各项参数）、残余电流、对流电流和迁移电流、极谱极大和氧电流等。

（1）影响扩散电流的因素。从式（12-12）可知，尤考维奇公式中的各项参数均可影响扩散电流的大小。具体包括：

1）浓度。当 m 和 t 一定时，扩散电流 i_d 与浓度 c 成正比，这是极谱分析定量的基础。对于完全受扩散控制的可逆极谱波，在一定浓度范围内，i_d 和 c 有良好的线性关系。但当浓度太大、电极反应速度较慢或溶液中另有其他反应发生时，则不易形成完全的浓差极化，导致 i_d 与 c 之间发生线性偏离。因此，极谱分析常用于稀溶液的分析。

2）毛细管特性常数 $m^{2/3} t^{1/6}$。汞滴流速 m、滴汞周期 t 是毛细管的特性，将影响平均扩散电流大小。通常将 $m^{2/3} t^{1/6}$ 称为毛细管特性常数。

设汞柱高度为 h(cm)，因为 m 与 h 成正比，而 t 与 h 成反比，所以毛细管特性常数可用汞柱高度表示，即 $m^{2/3} t^{1/6} \propto h^{1/2}$，或者说 $\bar{i}_d$ 与 $h^{1/2}$ 成正比。这表明，在极谱分析中应保持汞柱高度一致，实验中常使较大体积的贮汞瓶就是为了避免汞柱高度的明显改变。此外，该条件也常用于验证极谱波是否为扩散波。

但应注意，滴汞周期 t 应适当。当 t 太小时，汞滴过快下落可能会搅拌溶液，破坏扩散层，使电流变大；当 t 太大时，检流计周期与 t 的比值过小，会使检流计振荡过大，造成电流测定不准确。通常 t 在 3～5 s 之间较为合适。

3）扩散系数 D。扩散系数主要受溶液组成，如溶液黏度和配合剂的影响。因此，极谱分析中应保持溶液组成一致。例如，使用相同的溶液和试剂、相同的种类和浓度的支持电解质等。此外，利用尤考维奇公式可以方便地测定待测物的扩散系数。

4）温度。温度对尤考维奇公式中除 n 之外的所有各项参数均有影响。实验表明，当温度升高 1 ℃ 时，扩散电流大约增加 1.3%。如果要求测量误差不大于 1%，那么温度波动应控制在 ±0.5 ℃ 范围之内。

总之，在根据尤考维奇公式进行定量分析时，需控制一定实验条件，使影响扩散电流的各种因素保持恒定，才能使扩散电流 i_d 与浓度 c 成正比，获得准确的分析结果。

（2）残余电流。在极谱分析中，当外加电压还未达到待测物的分析电压或滴汞电极电位未达到待测物析出电位时，电路中仍有微小电流通过。该电流称为残余电流 i_r，包括电解电流 i_f、电容电流 i_c 和毛细管噪声电流 i_N。

1）电解电流 i_f。电解电流是由于溶液中含有的微量杂质在滴汞电极上的还原所产生。如所用蒸馏水中含有微量 Fe^{3+}、Cu^{2+} 和 Pb^{2+}，汞电极溶解产生的微量 Hg^{2+} 以及未除尽的溶解氧均可在电极上还原并产生电流。

2）电容电流 i_c。电容电流是残余电流的主要部分。它是由于外加电压对不断生长的汞滴与溶液界面之间的双电层（类似电容器）进行持续充电所产生的，也称为充电电流。其产生原因可从滴汞电极的电毛细管曲线加以说明，如图 12-5 所示。

在电解过程中，汞滴电极电位不断变化，表面会带有电荷并引起汞滴表面张力 σ 的变化。这种变化由导致汞滴表面收缩的分子间范德华引力以及引起汞滴表面膨胀的库仑斥力来决定。当外加电压为零时，此时电池为原电池，由甘汞电极产生正电荷并流向滴汞电极，使汞滴表面带正电荷，其张力较

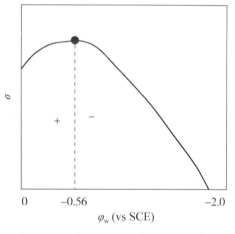

图 12-5 滴汞电极的电毛细管曲线

小；当开始施加外加电压，流向汞滴的正电荷减少，表面张力逐渐增加；当外加电压使汞滴电位为 -0.56 V 时，滴汞表面不带电，只有引力存在，表面张力达最大值；当滴汞电极电位更负时，电极表面负电荷逐渐增加，引力减小，斥力增加，表面张力逐渐下降。滴汞电极电位为 -0.56 V，称为零电点。

滴汞电极在零电点两侧分别荷正电和负电，它们分别吸引溶液中的带负电荷和正电荷的离子到达电极表面，形成汞-溶液界面双电层。该双电层相当于电容器，而且是一种随汞滴生长电容不断发生变化的电容器。为了保持双电层的电荷密度一定，使两个电极具有相同的电位，就必须持续向双电层充电，因而形成了连续的电容电流。

电容电流大小约为 0.1 μA，相当于 10^{-2} mmol·L^{-1} 待测物质的浓度。因此，电容电流限制了经典极谱法灵敏度的提高或检出限的降低。此外，电容电流因随汞滴表面积的变化而变化，而且双电层电容量与电极电位的关系比较复杂，因此在经典极谱分析中

消除电容电流干扰并不容易。

3）毛细管噪声电流 i_N。毛细管噪声电流是在汞滴下落时，毛细管中汞向上回缩，将溶液吸入毛细管尖端内壁，形成一层液膜。该液膜的厚度和汞回缩高度对每一滴汞是不规则的，因此使体系的电流发生变化，形成毛细管噪声电流 i_N。

上述 3 种残余电流都会随时间 t 而衰减。其中，电解电流衰减最慢（$i_f \propto t^{-1/2}$），毛细管噪声电流次之（$i_N \propto t^{-n}$，$n > 1/2$），电容电流衰减最快（$i_c \propto e^{-t/RC}$）。

在极谱定量分析中，各残余电流均是与待测物浓度无关的背景干扰电流，会严重影响分析的灵敏度和检出限，必须从极限电流中扣除。可以说，现代极谱技术和方法的提出和发展，很多是围绕如何降低残余电流干扰并基于其随时间衰减的规律而开展的。

（3）对流电流与迁移电流。在极谱分析中，因为溶液静置，所以没有对流电流干扰。此时，待测离子到达电极表面除了扩散外，还有迁移作用。迁移电流是指待测离子受到库仑力的吸引或排斥所发生运动而产生的电流。它可使测量的电流增加或减少，即测量电流不完全是极谱分析中所需要的扩散电流。

消除迁移电流的方法是在溶液中加入大量支持电解质，如 KCl、KNO_3、HCl 和 $HAc-NaAc$ 等。支持电解质要求能够导电且不在电极上发生电极还原或氧化反应，其浓度为待测物的 50～100 倍。由于大量电解质的存在，其阴、阳离子的静电引力很大，从而大大降低了作用于待测物的静电引力，使待测物的迁移电流趋于零，从而达到消除迁移电流的目的。同时，支持电解质还可大大降低溶液的内阻，从而减少 iR 降。

（4）极谱极大。极谱极大是在极谱曲线上出现的、比扩散电流要大得多的不正常的电流峰，如图 12-6 所示。通常在较稀溶液中出现高而锐的峰形，在较浓溶液中出现平而宽的峰形。极谱极大可严重影响半波电位的测定。

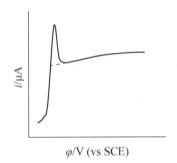

图 12-6 极谱极大

产生极谱极大峰的主要原因是，在汞滴成长过程中，汞滴上部（颈部）的屏蔽作用使待测离子不易到达，而且汞滴表面各部分的表面张力也不均匀，从而导致汞滴表面形成切向运动，搅动电极表面附近的溶液，产生对流传质，使待测物急速到达电极表面，造成电流剧烈地增加。极谱极大可通过加入表面活性剂来抑制，因为表面活性剂可吸附于汞滴表面，使其各部分的表面张力均匀化，避免了汞滴的切向运动。常用的极大抑制剂有明胶、聚乙烯醇、曲拉通 X-100 及某些有机染料等。

（5）氧电流。在室温时，氧在溶液中的溶解度很高，约为 $8\ mg \cdot L^{-1}$（$2.5 \times 10^{-4}\ mol \cdot L^{-1}$）。当进行电解时，氧在电极上被还原，产生两个极谱波。

第一个氧波的半波电位大约为 -0.2 V（vs SCE），O_2 被还原为 H_2O_2，电极反应为
$$O_2 + 2H^+ + 2e \rightleftharpoons H_2O_2 \text{（酸性介质）}$$
$$O_2 + H_2O + 2e \rightleftharpoons H_2O_2 + 2OH^- \text{（中性或碱性）}$$

第二个氧波的半波电位，在酸性条件下为 -0.8 V（vs SCE）；在中性或碱性条件下约为 -1.1 V（vs SCE），H_2O_2 被还原为 H_2O 或 OH^-。电极反应为

$$H_2O_2 + 2H^+ + 2e \rightleftharpoons 2H_2O \text{（酸性介质）}$$
$$H_2O_2 + 2e \rightleftharpoons 2OH^- \text{（碱性介质）}$$

由于氧波的波形很倾斜，延伸得很长，它的两个波占据了从 0 ~ -1.2 V 这个极谱分析最有用的电位区间，如图 12-7 所示。分析时会与待测物的极谱波重叠，干扰很大（曲线 a）。常用的消除方法是通入惰性气体（酸性溶液）或采用其他方法，如在中性或碱性溶液中加入 Na_2SO_3，在弱酸和碱性溶液中加入抗坏血酸还原，在强酸中加入 Na_2CO_3 或 Fe 粉等，可将溶液中的氧驱除，从而消除氧电流（曲线 b 和 c）。此外，在分析过程中还可在引入 N_2，将空气与溶液隔离。

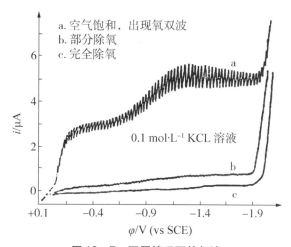

图 12-7 不同情况下的氧波

在实际工作中，还应设法消除其他各种干扰因素，如氢波和其他离子极谱波的重叠干扰（如叠波和前波等），可通过加入适当的试剂来消除。此外，为了改善波形、控制试液的酸度，常需要加入一些辅助试剂，如缓冲液和配合剂。这种加入各种适当试剂后的溶液，常被称为底液。

12.1.3 极谱波类型和极谱方程

广义来讲，只要是施加电压于极化电极，所记录到的电流随电压或电位变化的关系曲线，均称为极化曲线，也称为伏安曲线。极谱波则是一种特殊的极化曲线。

12.1.3.1 极谱波的类型

按电极反应的可逆性、氧化-还原性以及电极反应物的种类，可将极谱波分为以下 3 种类型。

（1）可逆波和不可逆波（图 12-8）。

可逆波：当电极反应速度比扩散速度快得多时，电流仅受扩散速度控制（只有浓差极化），这时产生的极谱波称为可逆波。在整个电极过程中，电极表面活性物质的氧化态与还原态处于平衡状态，符合能斯特方程，且波形良好，如图 12-8 中曲线 a。

不可逆波：当电极反应速度比扩散速度慢得多时，电流既受扩散速度控制，也受电极反应速度控制，这时产生的极谱波称为不可逆波（既有浓差极化也有电化学极化）。

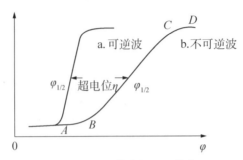

图 12-8 可逆波与不可逆波

通常它的起波电位更负或更正，在电位轴方向延伸较长，波形较差，如图 12-8 中曲线 b。

可逆与不可逆波的根本区别在于电极反应是否表现出明显的超电位 η，或者说是否表现出电化学极化。但电极过程的可逆性区分并不是绝对的。一般认为，电极反应速率常数 k 大于 2×10^{-2} cm·s^{-1} 为可逆，小于 3×10^{-5} cm·s^{-1} 为不可逆，而在两个值之间则为部分可逆或准可逆。

（2）还原波、氧化波和综合波。（图 12-9）

还原波：也称阴极波。它是待测物的氧化态在滴汞阴极上发生还原反应所得到的极谱波，如图 12-9 中曲线 a，习惯上将还原电流规定为正值（$i_{阴}$）。

氧化波：或称阳极波。它是待测物的氧化态在作为阳极的滴汞电极上发生氧化反应所得到的极谱波，如图 12-9 中曲线 b。习惯上将氧化电流规定为负值（$i_{阳}$）。

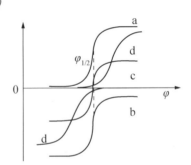

图 12-9 阴极波、阳极波和综合波
a—阴极波；b—阳极波；c—综合波；d—不可逆综合波

综合波：或称阳极-阴极波。当待测物质的氧化态和还原态（如 Fe^{3+} 和 Fe^{2+}）共存于溶液中，当滴汞电极电位由正变负或由负变正时，可获得既有阳极波又有阴极波的综合波。如图 12-9 中的曲线 c。

以上 3 种氧化还原波可以是可逆波，也可以是不可逆波。例如，图 12-9 中的曲线 d 就是不可逆的综合波。

（3）简单金属离子和金属配离子极谱波。

简单金属离子极谱波：本质上也属于金属配离子（水合配离子）。就其还原波而言，它包括离子还原后形成汞齐（如 Pb^{2+} 被还原为 Pb 汞齐）、不形成汞齐但沉积于电极表面（如 Ni^{2+} 被还原为 Ni）以及生成低（高）价离子并存在于溶液中（如 Fe^{3+} 与 Fe^{2+}）。

金属配离子极谱波：在滴汞电极上的还原波包括被还原为金属并生成汞齐，以及生成低价金属离子或配离子并存在于溶液中。

此外，还有有机化合物的极谱波。

12.1.3.2 极谱波方程

表达极谱波上电流与滴汞电极电位的数学关系式被称为极谱波方程。它可以从理论上探讨半波电位与反应物特性之间的关系。不同类型的极谱波，其方程不同。以下重点讨论简单金属离子和金属配离子的可逆极谱波方程。

可逆极谱波方程式的推导通常是根据能斯特方程、浓度与活度的关系、溶液至滴汞表面以及滴汞表面至汞滴内部的扩散（式12-2）以及尤考维奇公式获得，具体推导过程此处从略。

（1）简单离子的极谱波方程。

如果简单离子在电极上发生还原反应，即

$$M^{n+} + ne + Hg \rightleftharpoons M(Hg)$$

其还原极谱波（阴极波）方程式为

$$\varphi_w = \varphi^{\ominus}_{M^{n+}/M(Hg)} + \frac{0.059}{n}\lg\frac{\gamma_H}{\gamma_s}\left(\frac{D_H}{D_s}\right)^{1/2} + \frac{0.059}{n}\lg\frac{i_d - i}{i} \quad (12-13)$$

式中，γ_s、D_s 和 γ_H、D_H 分别为待测物在溶液中和汞齐内的活度系数和扩散系数，i_d 为还原极限电流。

当 $i_d - i = i$ 或 $i = 1/2 \cdot i_d$，即电流为极谱曲线上升阶段的中间点所对应的电流时，由式（12-13）可得到该还原波的半波电位 $\varphi_{1/2}$，大小为

$$\varphi_{1/2} = \varphi^{\ominus}_{M^{n+}/M(Hg)} + \frac{0.059}{n}\lg\frac{\gamma_H}{\gamma_s}\left(\frac{D_H}{D_s}\right)^{1/2} \quad (12-14)$$

同样，可获得简单离子在电极上发生氧化反应，其氧化极谱波（阳极波）方程和半波电位分别为

$$\varphi_w = \varphi^{\ominus}_{M^{n+}/M(Hg)} + \frac{0.059}{n}\lg\frac{\gamma_H}{\gamma_s}\left(\frac{D_H}{D_s}\right)^{1/2} - \frac{0.059}{n}\lg\frac{i_d - i}{i} \quad (12-15)$$

$$\varphi_{1/2} = \varphi^{\ominus}_{M^{n+}/M(Hg)} + \frac{0.059}{n}\lg\frac{\gamma_H}{\gamma_s}\left(\frac{D_H}{D_s}\right)^{1/2} \quad (12-16)$$

如果溶液同时存在氧化态和还原态物质（如 Fe^{3+} 和 Fe^{2+}），则其综合波方程和半波电位分别为

$$\varphi_w = \varphi^{\ominus}_{M^{n+}/M(Hg)} + \frac{0.059}{n}\lg\frac{\gamma_H}{\gamma_s}\left(\frac{D_H}{D_s}\right)^{1/2} + \frac{0.059}{n}\lg\frac{(i_d)_c - i}{i - (i_d)_a} \quad (12-17)$$

$$\varphi_{1/2} = \varphi^{\ominus}_{M^{n+}/M(Hg)} + \frac{0.059}{n}\lg\frac{\gamma_H}{\gamma_s}\left(\frac{D_H}{D_s}\right)^{1/2} \quad (12-18)$$

如果溶液中只有氧化态，即 $(i_d)_a = 0$，那么综合波方程即为还原波方程；如果溶液中只有还原态，即 $(i_d)_c = 0$，那么综合波方程即为氧化波方程。比较上述3个极谱波方程可知，对于可逆波而言，还原波、氧化波和综合波的半波电位相等；而对于不可逆波，其半波电位各不相同，如图12-9所示。

利用极谱波方程可以获得半波电位并测定电子转移数 n。当以 φ_w 对 $\lg[(i_d - i)/i]$ 作图，得到一直线，当 $\lg[(i_d - i)/i] = 0$ 时，所对应的电极电位 φ_w 即为半波电位；根据该直线的斜率 $n/0.059$ 即可得到电子转移数 n。

此外，对极谱波进行对数分析还可以判断极谱波的可逆性。如果得到的上述直线具有良好的线性或求得的 n 值非常接近整数，即可判断该极谱波为可逆波。也可采用电极电位差值法来判断是否为可逆波，即分别测量 $1/4 \cdot i_d$ 和 $3/4 \cdot i_d$ 处的电极电位 $\varphi_{1/4}$ 和 $\varphi_{3/4}$，根据可逆极谱波方程求得其差值 $\Delta\varphi = -0.0565/n$。若极谱波差值等于 $-0.0565/n$，即为可逆波，否则为不可逆波。

（2）金属配离子极谱波方程。

金属配离子在滴汞电极可被还原为金属、可被氧化为高价态或形成金属汞齐。现以被还原为金属并形成汞齐为例，其电极反应为

$$ML_p^{(n-pb)+} + ne + Hg \rightleftharpoons M(Hg) + pL^{b-}$$

该反应分两步进行

$$ML_p^{(n-pb)+} \rightleftharpoons M^{n+} + pL^{b-}$$
$$M^{n+} + ne + Hg \rightleftharpoons M(Hg)$$

假设配离子 L^{b-} 的浓度以及该金属配离子的稳定常数 K 均较大，则可导出其极谱波方程和半波电位分别为

$$\varphi_w = \varphi_{M^{n+}/M(Hg)}^{\ominus} - \frac{0.059}{n}\lg K - p\frac{0.059}{n}\lg[L] + \frac{0.059}{n}\lg \frac{\gamma_H}{\gamma_s}\left(\frac{D_H}{D_s}\right)^{1/2} + \frac{0.059}{n}\lg \frac{i_d - i}{i} \tag{12-19}$$

$$\varphi_{1/2} = \varphi_{M^{n+}/M(Hg)}^{\ominus} - \frac{0.059}{n}\lg K - p\frac{0.059}{n}\lg[L] + \frac{0.059}{n}\lg \frac{\gamma_H}{\gamma_s}\left(\frac{D_H}{D_s}\right)^{1/2} \tag{12-20}$$

式中，γ_s 和 γ_H 分别为溶液中金属配离子和汞齐内金属的活度系数，D_s 和 D_H 分别为其扩散系数。

从金属配离子极谱波方程可知，金属配离子半波电位与金属配离子浓度无关，但与配离子 L 的浓度和稳定常数 K 有关，一定条件下的半波电位为常数。

在多数情况下，可近似认为溶液中简单金属离子与金属配离子在溶液中的扩散系数（D_s）和活度系数均相等，即 $D_H \approx D_s$，$\gamma_H \approx \gamma_s$。以金属配离子半波电位 [式（12-19）]减去简单金属离子的半波电位 [式（12-13）]，得

$$\Delta\varphi = -\frac{0.059}{n}\lg K - p\frac{0.059}{n}\lg[L] \tag{12-21}$$

可见，金属络离子的半波电位比金属离子的更负。生成的配合物越稳定（K 越大），配离子浓度越大，半波电位越负。如果以 $\Delta\varphi$ 对 $\lg[L^{b-}]$ 作图，可分别求得配合物的稳定常数 K 和配位数 p。

12.1.4 直流极谱分析的特点

在直流极谱法分析中，根据极谱波方程的半波电位进行定性分析，并用于电极过程和配位化学等方面的研究；根据尤考维奇公式，采用标准曲线法和标准加入法进行定量分析。与其他电化学方法相比，基于滴汞电极的经典直接极谱分析具有以下特点：

（1）由于滴汞的表面不断更新，电极表面始终保持洁净，故分析结果的重现性很高。

（2）多数金属可以与汞形成汞齐而不会沉积于电极表面。同时，形成汞齐还可降

低金属离子的析出电位,在碱性溶液中也能对碱金属或碱土金属进行极谱分析。

(3) 氢在汞电极上的超电位很高,在酸性介质中滴汞电极电位可负于 -1.3 V (vs SCE) 而不至于产生氢离子的还原波干扰。

(4) 当将滴汞作为阳极时,因为汞本身会被氧化,所以电位一般不能正于 0.4 V (vs SCE)。

(5) 汞易挥发且有毒,制备较麻烦,易堵塞毛细管。

(6) 分析灵敏度和准确度较高。经典极谱分析的浓度下限为 10^{-5} mol·L^{-1},相对误差一般为 ±2%。

经典直接极谱理论研究为现代极谱的发展奠定了良好的基础,但与其他仪器分析方法相比,由于残余电流背景的干扰没有被很好地消除,而且电压扫描速度很慢以至于完成一次分析需数百滴汞,因此,经典极谱法在灵敏度和分析速度等方面仍存在很大的不足。为此,在经典极谱之后,相继出现了许多新的极谱分析技术和方法,如单扫描极谱、循环伏安法、方波极谱、脉冲极谱和溶出伏安法等,大大丰富了极谱法的内容,扩展了极谱法的应用范围。

12.2 单扫描极谱法

单扫描极谱法(single sweep polarography)与普通直流极谱法基本相似,都是施加直流电压电解。所不同的是,经典极谱法中施加电压的速率很慢(约 5 mV/s),获得一个极谱波需数百滴汞(对一滴汞而言,施加的电位几乎恒定),其极限电流为平台形;而单扫描极谱法扫描速度要快得多(约 250 mV/s),每一滴汞即可产生一个完整的、呈峰形的极谱图。与经典极谱相比,单扫描极谱法的电流更大,呈峰形的曲线易于测量,分析灵敏度更高、选择性更好。因扫描速度快,常规检流计无法记录,单扫描极谱法需采用长余辉的阴极射线示波器记录电信号,因此单扫描极谱法也被称为示波极谱法。

单扫描极谱法所施加的电压是在汞滴的生长后期,这时电极的表面积几乎不变。如果将滴汞电极替换为固体电极(如碳、金和铂等)或表面积不变的汞电极,所得到的极化曲线及电流大小等都与基于滴汞电极的单扫描极谱法完全一样。

12.2.1 分析过程及基本原理

单扫描极谱装置如图 12-10 所示。由于外加电压速率很快(如 250 mV/s),极谱电流变化也较快,瞬间电流较大,装置需采用三电极系统并使用示波器记录电流。另外,外加电压速率很快,也使滴汞电极表面离子还原更加迅速,电流快速增加至峰值;当电压继续增加时,电极周围离子来不及扩散到电极表面,扩散层厚度增加,电流又迅速下降,从而形成峰形波。较高的峰电流不仅提高了分析灵敏度 [图 12-11 (a)],而且还形成了峰形电流,极大地改善了混合离子测定分辨率或选择性 [图 12-11 (b)]。

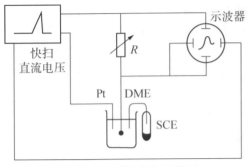

图 12-10 单扫描极谱装置

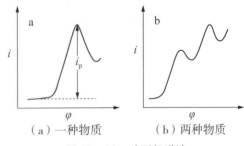

（a）一种物质　（b）两种物质

图 12-11 峰形极谱波

单扫描极谱中汞滴表面积 A、外加电压 U 和极谱电流 i 随时间 t 而变化的曲线可用图 12-12 加以说明。

在单扫描极谱法中，汞滴从生长到滴落总时间约为 7 s，但汞滴成长初期汞滴表面变化较大，后期变化较小，因此在滴下时间的最后约 2 s 内，才加上一次起始幅度约为 0.5 V 的快速扫描电压（扫描的起始电压可任意控制），而且仅记录这 2 s 内的 i-φ 曲线。为了使滴下时间与电压扫描周期同步，在滴汞电极上装有敲击装置。在每次扫描结束时，自动敲落汞滴。随后，新的汞滴又开始生长，在最后 2 s 期间，再进行第二次扫描。每进行一次电压扫描，示波器就会重复绘出一张极谱图。由于绘制的极谱图是在滴汞生长后期，即汞滴面积基本不变的情况下获得，所以极谱曲线均为平滑的峰形曲线，它没有经典极谱图的电流振荡现象（锯齿状）。此外，在最后 2 s 期间，电容电流也较小，但扫描速率较快也会一定程度地增加电容电流，因此分析灵敏度虽然有所提高，但仍然有限。

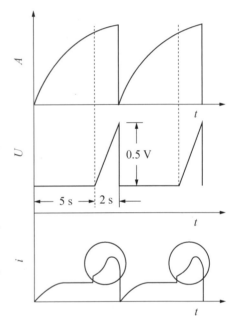

图 12-12 电极面积、外加电压和极谱电流与时间的关系

12.2.2 峰电流及影响因素

由前述有关讨论可知，由于扩散层变厚引起贫化效应，所以得到峰形曲线。一般说来，凡是在经典极谱中能得到极谱波的物质亦能用单扫描极谱法来进行分析。但是在单扫描极谱中，由于极化速度很快，因此，电极反应速度对电流的影响很大。对电极反应为可逆的物质而言，极谱图上出现明显的尖峰状电流；对电极反应为部分可逆的物质，则由于其电极反应速度较慢，尖峰状电流不明显，灵敏度随之降低；对电极反应为完全不可逆的物质来说，所得图形没有尖峰，灵敏度更低，有时甚至不起波。

对于可逆极谱波，滴汞电极的峰电流方程为

$$i_p = kn^{3/2}D^{1/2}v^{1/2}(m^{2/3}t_p^{2/3})c \tag{12-22}$$

式中，i_p 为峰电流（A）；k 为常数，兰德尔斯（Randles）得此值为 2.69×10^5；n 为电子转移数；D 为扩散系数（$cm^2\cdot s^{-1}$）；v 为极化（扫描）速度（$V\cdot s^{-1}$）；t_p 为出现波峰的时间（s）；m 为汞滴流量（$mg\cdot s^{-1}$）；c 为待测物浓度（$mol\cdot L^{-1}$）。

可见，在一定的底液及实验条件下，峰电流 i_p 与待测物浓度成正比。

峰电位 φ_p 与普通极谱波的半波电位的关系为

$$\varphi_p = \varphi_{1/2} - 1.1 \times \frac{RT}{nF} = \varphi_{1/2} - 0.028/n \quad (25\ ℃) \qquad (12-23)$$

可见峰电位是与半波电位有关的常数。对于可逆波来说，还原波的峰电位要比氧化波负 $56/n$ mV。这也是与经典直接极谱的不同之处。

从式（12-22）可知，影响峰电流的主要因素包括：

（1）待测物浓度 c。当其他条件一定时，待测物浓度 c 与峰电流成正比。这是单扫描极谱分析的定量基础。

（2）电子得失数 n。峰电流与 $n^{2/3}$ 成正比，对于可逆波，n 越大，峰越尖锐。

（3）扫描电压速率 v。扫描电压速率 v 越大，峰电流越大，但同时电容电流也会增加。因此，在 v 较大或 c 较低的情况下，信噪比降低。此外，v 增加还会影响电极过程，使可逆性变差。

（4）极谱极大。单扫描极谱分析通常不需要加入极大抑制剂。但当使用氨性溶液时，仍需加入少量极大抑制剂，如动物胶。

12.2.3 单扫描极谱法的特点

与经典极谱法相比，单扫描极谱法具有以下特点：

（1）方法快速。由于极化速度快，数秒钟便可完成一次测定，并可直接在荧光屏上读取峰高值。

（2）灵敏度较高。对可逆波来说，一般可达 10^{-7} $mol\cdot L^{-1}$。

（3）分辨率高。相邻两物质的峰电位相差 70 mV 以上时就可以分开。若采用导数单扫描极谱，则分辨率更高。

（4）前放电物质（前波）的干扰小。在数百甚至近千倍前波电物质存在时，不影响后续还原物质的测定。这是因为在扫描前有大约 5 s 的静止期，相当于在电极表面附近进行了电解分离。

（5）氧波干扰小。由于氧波为不可逆波，故其干扰作用也大为降低，往往可以不需除去溶液中的氧即可进行测定。

（6）特别适合于络合物吸附波和具有吸附性质的催化波的测定，从而使单扫描极谱法成为测定许多物质的有力工具。

12.3 循环伏安法

12.3.1 基本原理

循环伏安法（cyclic volmmmetry）与单扫描极谱法相似，都是以快速线性扫描的形式施加极化电压于工作电极，其不同之处在于单扫描板谱法所施加的是锯齿波电压，而循环伏安法则是施加三角波电压，如图 12-13 所示。

可见，循环伏安法从起始电压 U 开始沿某一方向变化，到达终止电压后又反方向回到起始电压，呈等腰三角形。电压扫描速度可从数毫安/秒到 1 V/s 甚至更大，工作电极可用悬汞电极、铂电极、玻璃电极或石墨电极等。

当溶液中存在氧化态物质时，它在电极上可逆地还原生成还原态物质 Red：

$$Ox + ne \longrightarrow Red$$

当电位方向逆转时，已在电极表面生成的 R 则被可逆地氧化为 Ox：

$$Red \longrightarrow Ox + ne$$

所得循环伏安曲线如图 12-14。

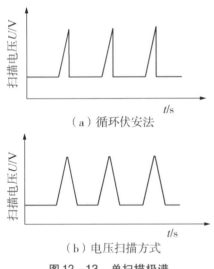

（a）循环伏安法

（b）电压扫描方式

图 12-13　单扫描极谱

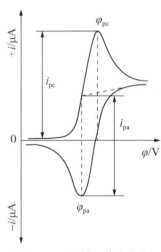

图 12-14　循环伏安曲线

横轴上部是还原波，下部是氧化波，完全的可逆波呈对称的曲线。出现氧化波和还原波两个峰电流的原因与单扫描极谱法完全一样，其中氧化波的峰电流也是由于反向扫描速度较快，在电极（阳极）表面附近可氧化的物质 Red 的扩散层变厚所致。氧化峰和还原峰的峰电流和峰电位方程与单扫描极谱法相同。两峰的电流之比为

$$\frac{i_{pa}}{i_{pc}} \approx 1 \qquad (12-24)$$

此外,峰电流 i_{pa} 和 i_{pc} 的大小还与电压扫描速度 $v^{1/2}$ 成正比。

由式(12-23)可知,氧化波的峰电位与还原波的峰电位相似,即

$$\varphi_{pa} = \varphi_{1/2} + 1.1 \times \frac{RT}{nF} = \varphi_{1/2} + 0.028/n$$

因此,氧化峰与还原峰所对应的电位之差为

$$\Delta\varphi_p = \frac{0.056}{n}(V) = \frac{56}{n}(mV) \qquad (12-25)$$

$\Delta\varphi_p$ 与换向电位有关。比如,当换向电位比 φ_{pc} 负 $\frac{100}{n}$ mV 时,$\Delta\varphi_p$ 为 $\frac{59}{n}$ mV。通常 $\Delta\varphi_p$ 在 55~65 mV 之间,可逆电极过程 φ_p 与扫描速率无关。

由峰电位可求出可逆反应的条件电极电位,即

$$\varphi^{\ominus} = \frac{\varphi_{pa} + \varphi_{pc}}{2} \qquad (12-26)$$

循环伏安法是一种很有用的电化学研究方法,可用于研究电极反应的性质、机理和电极过程动力学参数等。

12.3.2 循环伏安法的应用

12.3.2.1 判断电极过程可逆性

从式(12-24)、式(12-25)和式(12-26)可知,循环伏安图中氧化波和还原波的峰电流比、峰电位差和峰电位平均值可以用于判断电极过程是否可逆,如图12-15a。如果这些式子中的关系不成立,两峰电位差超出预期值范围(55~65 mV),则反向扫描时的阳极峰电流(i_{pa})减小或消失。

12.3.2.2 计算电极反应速率常数 k_s

对于准可逆过程,其极化曲线形状与可逆程度有关。一般来说,$\Delta\varphi > 59/n$(mV)且峰电位随电扫描速率 v 的增

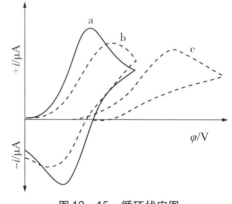

图12-15 循环伏安图
a—可逆电极过程;b—准可逆电极过程;c—不可逆电极过程

加而变化,阴极峰变负,阳极峰变正,如图12-15b。此外,视电极反应性质的不同,i_{pa}/i_{pc} 比值可大于、等于或小于1,但均与 $v^{1/2}$ 成正比,因为峰电流仍由扩散速度控制。

对于不可逆过程,反向扫描时不出现阳极峰,但 i_{pc} 仍与 $v^{1/2}$ 成正比。当电压扫描速度增加时,φ_{pc} 明显变负,如图12-5c。根据 φ_{pc} 与 v 的关系,可以计算准可逆和不可逆电极反应的速度常数 k_s。

12.3.2.3 研究电极吸附波

对于可逆电极反应,若反应物或产物在电极上仅有弱吸附,则其循环伏安曲线变化不大,只是电流(包括峰电流)略有增加;若电极上反应物有强吸附,则在两个主峰之后各出现一个小吸收峰;若反应产物有强吸附,则在两个主峰之前各产生一个小吸收峰。

12.3.2.4 电化学-化学偶联过程研究

循环认安法也可用于电化学-化学偶联或伴随过程的研究,即在电极反应过程中,还伴随其他化学反应的发生。

例如,研究对胺基苯酚的电极反应机理可获得如图 12-16 所示的循环伏安图。电极先从图上起始点电位(S)朝着电位变正的方向进行阳极扫描,得到阳极峰 1,然后再作反向阴极扫描,出现阴极峰 2 和 3;当再一次进行阳极扫描时,出现阳极峰 4 和 5(图中虚线)。峰 5 的峰电位与峰 1 相同。因此,根据该循环伏安图可获得电极反应过程和机制。

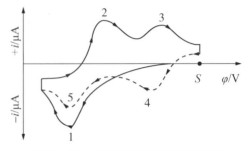

图 12-16 对氨基苯酚的循环伏安图

第一次进行阳极扫描时,对胺基苯酚被氧化,形成峰 1。电极氧化反应为

$$(HO-Ar-NH_2) \rightleftharpoons (O=Ar=NH) + 2H^+ + 2e$$

(氧化峰 1 和还原峰 2)

上述生成的产物对亚胺基苯醌有一部分在电极表面发生的化学-电化学偶联反应:

$$(HO=Ar=NH) + H_3O^+ \rightleftharpoons (O=Ar=O) + 2NH_4^+$$

生成的这部分苯醌与剩余的对亚胺基苯醌均可在电极上被还原。因此,在进行阴极扫描时,对亚胺基苯醌又被还原为对胺基苯酚,形成还原峰 2;而苯醌则在较负的电位被还原为对苯二酚,产生还原峰 3,其电极反应为

$$(O=Ar=O) + 2H^+ + 2e \longrightarrow (HO-Ar-OH)$$

(还原峰 3 和氧化峰 4)

当再次进行阳极扫描时,苯二酚再被氧化为苯醌,形成峰 4。峰 5 则与峰 1 相同,仍为对胺基苯酚的氧化峰。

12.4 交流极谱法

交流极谱通常是指正弦交流极谱。它与后续讨论的方波极谱和脉冲极谱方法等都是在经典直流极谱法线性变化的外加直流电压上,叠加一个相应的小振幅"交流"电压(正弦、方波和脉冲),通过测量不同外加电压时电解池通过的电流大小,根据 $i-\varphi$ 曲线进行定量分析。由于加在每滴汞上的电压随时间变化,因此这类方法也属于控制电位的极谱法。

12.4.1 交流极谱法基本原理

交流极谱分析装置如图 12-17 所示。交流极谱法是指在经典直流极谱的极化电压上,叠加一个频率约 50 Hz 的小振幅正弦交流电压(数毫伏至数十毫伏),然后观测并记录流过电解池的交流电流的方法。

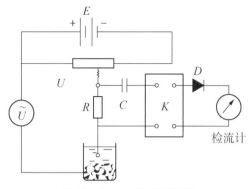

图 12 -17　交流极谱装置

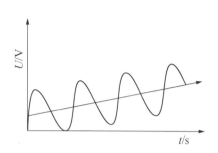

图 12 -18　交流极谱电压与时间的关系

在直流电路（缓慢变化的电压 U）上施加一振幅约 50 mV，频率 50 Hz 的交流电压（图 12 -18）。此时，经电解后产生的电流包括由 U 引起的扩散电流（法拉第电流），正弦交流电压引起的扩散电流和电容电流。它们在电阻 R 上产生混合压降，经电容 C 滤掉直流成分后被放大、整流和滤波并直接记录下来，如图 12 -19 所示。

从图 12 -19（a）可见，在直流电压 U 未达分解电压之前，叠加的小振幅交流电压不会使被测物还原（A 段）。当交流电压叠加于经典直流极谱曲线的突变区时，叠加小振幅的交流电压在正、负半周所产生的还原电流比未叠加时要到更小和更大，即产生了所谓的交流极谱峰（B 段）。当达到极限扩散电流之后，由于此时电流完全由扩散控制，叠加的交流电压跟 A 段一样，不会引起极限扩散电流的改变（C 段）。

对于可逆反应，所形成的交流极谱峰电流 i_p 与半波电位 φ_p 分别为

$$i_p = \frac{n^2 F^2}{4RT} A D^{1/2} \omega^{1/2} \Delta U_c \quad (12-27)$$

$$\varphi_p = \varphi_{1/2} \quad (12-28)$$

上两式中，ω 为交流电压圆频率（rad/s^{-1}）；ΔU 为交流电压振幅（mV）；$\varphi_{1/2}$ 为经典极谱半波电位（mV）。其他参数与经典极谱法相同。

12.4.2　交流极谱法的特点

与经典直流极谱法相比，交流极谱法有以下 4 个特点：

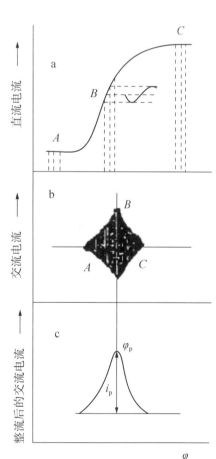

图 12 -19　交流极谱波峰形成过程

（1）交流极谱波呈锯齿状峰形，分辨率较高，可分辨电位相差 40 mV 的两个极谱波。

（2）可克服氧波干扰。由于交流极谱只对可逆波灵敏，因而不可逆氧波产生的干扰很小。

（3）电容电流比经典直流极谱更大。这是因为交流电压使汞滴表面和溶液间的双电层迅速充电和放电，可形成较大的电容电流。因此，与单扫描极谱相比，检出限未获改善（如果采用相敏交流极谱，可完全克服电容电流干扰，检出限大大降低）。

（4）交流极谱多用于电极过程的研究，如电极吸附、转移系数和反应速度常数等。

12.5　方波极谱法

方波极谱也是一种交流极谱，属控制电位的极谱分析方法。方波极谱装置与交流极谱装置类似，但方波极谱施加的是方波电压，而且观测或记录电解电流的时间不同。

12.5.1　方波极谱法原理

方波极谱法是在交流极谱法的基础上发展起来的。交流极谱法的一个主要问题是电容电流较大，而方波极谱法可以克服和消除电容电流的影响。方波极谱法是将一频率通常为 225～250 Hz，振幅为 10～50 mV 的方波电压叠加到直流线性扫描电压上（图 12-20），然后测量每次叠加方波电压改变方向前的一瞬间通过电解池的交流电流。方波极谱仪的工作原理如图 12-21 所示。

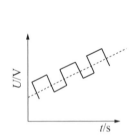

图 12-20　方波极谱电压

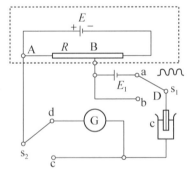

图 12-21　方波极谱仪工作原理

通过 R 的滑动触点向右移动，对极化电极进行线性电压扫描。利用振动子 s_1 往复接通 a 和 b 而在一定的时间将方波电源 E_1 产生的方波电压加到电解池 C 上。在电极反应过程中产生的极谱电流，通过振动子 s_2 在电容电流衰减到可以忽略不计的时刻与 d 点接通，由检流计 G 检测。

电容电流 i_c 随时间 t 按指数衰减，即

$$i_c = \frac{U}{R} e^{-t/RC} \qquad (12-29)$$

式中，U 为方波电压振幅，C 为双电层电容，R 为线路总电阻，RC 为决定 i_c 衰减速度的时间常数。

图 12-22 是方波极谱电压下各种电流随时间的变化。

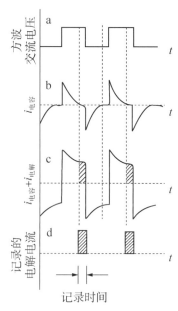

图 12-22　方波极谱电压下各种电流随时间的变化

当 $t=RC$ 时，$e^{-t/RC}=e^{-1}=0.368$，即此时的 i_c 仅为初始时的 36.8%；当衰减时间为 5 倍的 RC，则 i_c 只剩下初始值的 0.67%，基本可以忽略不计（图 12-22b）。

法拉第电流 i_f 只随时间 $t^{-1/2}$ 衰减，即康特雷尔（Contrell）方程

$$i_f = nFAD^{1/2}\frac{c}{\sqrt{\pi}} t^{-1/2} \qquad (12-30)$$

可见，i_c 比 i_f 衰减更快（图 12-22c）。对于一般电极，$C=0.3$ μF，$R=100$ Ω，则时间常数 $RC=3\times10^{-5}$ s。如果采用的方波频率为 225 Hz，则半周期 $t=1/450=2.2\times10^{-3}$ s，即 $t>5RC$。因此，只要在方波电压改变方向之前的某一时刻 t（$5RC<t<\tau$）记录极谱电流（图 12-22c），就可以消除电容电流 i_c 对测定的影响。

方波极谱法与交流极谱法相似，只有当直流扫描电压落在经典极谱半波电位 $\varphi_{1/2}$ 前后，叠加的方波电压才显示明显的影响。因此，方波极谱法得到的极谱波亦呈峰形，其峰电流 i_p 和峰电位 φ_p 分别为

$$i_p = k\frac{n^2F^2}{RT}AD^{1/2}c\Delta U \qquad (12-31)$$

$$\varphi_p = \varphi_{1/2} \qquad (12-32)$$

式中，k 为与方波频率和采样时间有关的常数，$kF^2/RT=1.4\times10^7$（25 ℃）；c 为测物质浓度（mol·L^{-1}）；ΔU 为方波电压振幅。其他符号意义与扩散电流方程相同。

方波极谱的半波电位与经典极谱的半波电位一致，可用于定性分析。

12.5.2 方波极谱法的特点

方波极谱法具有以下特点：

（1）分辨能力高，抗干扰能力强。可以分辨峰电位相差 25 mV 的相邻两极谱波，在前还原物质的量为后还原物质的 5×10^4 倍时，仍可有效地测定痕量的后还原物质。

（2）测定灵敏度高。方波极谱法的极化速度很快，被测物质在短时间内迅速还原，产生比经典极谱法大得多的电流，灵敏度高。另外，由于有效地消除了电容电流的影响，故检出限可以达到 $10^{-8}\sim 10^{-9}$ mol·L^{-1}。

（3）对于不可逆反应，如氧波，峰电流很小，因此分析含量较高的物质时，常常可以不需除氧。

（4）为了充分衰减电容电流 i_c，要求时间常数 RC 较小，则 R 必须小于 100 Ω。为此，溶液中需加入大量支持电解质，通常在 1 mol·L^{-1} 以上。因此，在进行痕量组分测定时，对试剂的纯度要求很高。

（5）毛细管噪声电流较大，限制了方波极谱的检出限。汞滴下落时，毛细管中的汞向上回缩，将溶液吸入毛细管尖端内壁，形成一层液膜。该液膜的厚度和汞回缩高度对每一滴汞是不规则的，因此使体系的电流发生变化，形成毛细管噪声电流 i_N。它随方波频率增高而增大，随时间而衰减（按 t^{-n}，$n>1/2$），其衰减快慢介于电解电流（$t^{-1/2}$）和电容电流（$e^{-t/RC}$）衰减速率之间。

12.6 脉冲极谱法

脉冲极谱法（pulse polarography）是基于方波极谱而发展起来的。在前述的方波极谱法中，方波电压是连续加入的，但方波持续时间短，只有 2 ms，在每一滴汞上记录到多个方波脉冲的电流值。而脉冲极谱法是在滴汞生长到一定面积时才在滴汞电极的直流扫描电压上叠加一次 $10\sim100$ mV 的方波脉冲电压，但脉冲持续时间较长，为 $40\sim80$ ms，在每一个滴汞上只记录一次由脉冲电压所产生的法拉第电流 i_f。

方波极谱由于采样周期很短，因此要求较高浓度的支持电解质（减小 R），以便使电容电流的时间常数 RC 较小，同时保证在电流采样之前，电容电流 i_c 已经过了充分的衰减，可有效地消除电容电流的影响。对于脉冲极谱，由于脉冲持续时间较长（采样周期为汞滴生长周期），即使支持电解质的浓度很稀，在进行电流采样时电容电流 i_c 依然可以降至一个很小的值。

脉冲极谱法按施加脉冲电压的形状和电流取样方式不同，可分为常规脉冲极谱法（normal pulse polarography，NPP）（图 12-23）和微分（示差）脉冲极谱（differentiate pulse polarography，DNP）（图 12-24）。

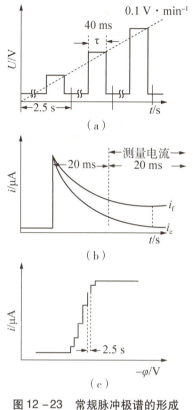

图 12-23 常规脉冲极谱的形成

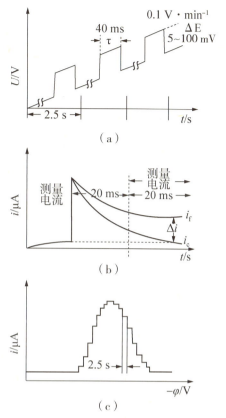

图 12-24 微分脉冲极谱的形成

12.6.1 常规脉冲极谱

常规脉冲极谱的电压扫描方式是在恒定电压上施加振幅渐次增加的矩形脉冲，其振幅增加速率为 $0.1\ \text{V}\cdot\text{min}^{-1}$，扫描范围在 $0\sim2\ \text{V}$，宽度 $40\sim60\ \text{ms}$，如图 12-23（a）所示。在每个脉冲后 20 ms，电容电流 i_c 趋于零，此时毛细管噪声 i_N 也较小（汞滴末期记录），可得到与直流极谱类似的台阶形曲线，其极限扩散电流也可近似地用式（12-30），即平面扩散的康特雷尔公式表示。

常规脉冲极谱在一定程度上克服了电容电流和毛细管噪声的影响，灵敏度有所提高（是经典直流极谱灵敏度的 7 倍）。但由于极谱波为台阶形，因此其分辨率不高。

12.6.2 微分脉冲极谱

微分脉冲极谱的电压扫描方式是在线性增加电压上增加一个振幅恒定的矩形脉冲，其振幅恒定于 $2\sim100\ \text{mV}$ 内某一电压，脉冲持续时间为 $40\sim80\ \text{ms}$，如图 12-24（a）所示。

在每个汞滴生长末期，在施加脉冲前 20 ms 和脉冲期后 20 ms，将这两次电流相减得到电解电流 Δi。

在未达分解电流之前和达极限电流之后，Δi 变化都很小，而在直流极谱曲线陡峭部分（$\varphi_{1/2}$ 附近）时，Δi 很大，最终形成峰形曲线。

由于微分脉冲极谱消除了电容电流,并在毛细管噪声衰减(按 t^{-n} 衰减, $n > 1/2$)最大时测量,因而该法的灵敏度最高,检出限可达 10^{-8} mol·L^{-1}。

从以上讨论可知,电解池总电流包括电解电流 i_f、毛细管噪声电流 i_N 和电容电流 i_c,它们分别按 $t^{-1/2}$、t^{-n}($n > 1/2$)和 $e^{-t/RC}$ 衰减。其中,毛细管噪声介于电解电流和电容电流之间。

与方波极谱相比,由于脉冲极谱施加的脉冲持续时间为 40~80 ms,比方波极谱的几毫秒要长。在脉冲后期测量电流时,此时的毛细管噪声电流 i_N 和电容电流 i_c 都有足够的时间衰减至零,测得的主要是电解电流。因此,脉冲极谱有更高的灵敏度。

应当指出的是,上述讨论的各种方法也可以应用于固态电极上而得到较高的灵敏度。因为在叠加脉冲电压和进行电流采样的后期,滴汞电极上汞滴的表面积几乎不变,即和固态电极或表面积固定的电极所起的作用几乎是一样的。滴汞电极优势在于其工作电极表面总在更新,使得电极工作的重现性较好。

不仅如此,由于固态电极的表面积恒定,所以不需用汞滴的生长周期作为脉冲周期,即可以采用比滴汞电极上短得多的时间作为脉冲周期,所以能极大地加快分析的速度。另外,固态电极可以是表面积较大的电极,可以测量到较大的电流,获得更高的分析灵敏度。

12.7 溶出伏安法

溶出方法是指先富集而后溶出的一类分析方法。如果富集和溶出过程都是通过电解作用进行的,称之为溶出伏安法(stripping voltammetry);如果富集过程是通过吸附作用进行的,则称为吸附伏安法;如果溶出过程中记录的是工作电极的电位的变化,则称为电位溶出法。

12.7.1 基本原理

溶出伏安法包含工作电极上的电解富集和电解溶出两个过程,是一种灵敏度非常高的方法,如图 12-25 所示。

首先,控制电解电压在工作电极电解富集,电解完成后静置 30~60 s,然后改变电压方向,采用单扫描极谱法、线性扫描伏安法或微分脉冲法等方法电解溶出。溶出峰电流的大小与使用的极谱分析方法和电极种类有关。如用单扫描极谱法,在悬汞电极上可逆波溶出峰电流(298 K)为

$$i_p = 2.72 \times 10^5 n^{3/2} D^{1/2} v^{1/2} c \tag{12-33}$$

式中,v 为扫描速率。

该方法的灵敏度很高,可达到 $10^{-11} \sim 10^{-7}$ mol·L^{-1}。这是因为工作电极的表面积很小,通过电解富集,使得电极表面汞齐中金属的浓度相当大,起了浓缩作用。溶出时相当于是以汞齐为溶液介质而进行的,所以产生的电流也就很大,从而提高了灵敏度。

电解富集时,工作电极作为阴极,溶出时则作为阳极,称之为阳极溶出法;相反,工作电极作为阳极电解富集,作为阴极溶出,称为阴极溶出法。

例如在盐酸介质中测定痕量铜、铅、镉时,首先将悬汞电极的电位固定在 -0.8 V。电解一定的时间,此时溶液中一部分 Cu^{2+}、Pb^{2+} 和 Cd^{2+} 在电极上还原,并生成汞齐而富集于悬汞滴上。电解完毕后,使悬汞电极的电位均匀地由负向正变化,相当于采用线性扫描伏安法进行溶出,可获得镉、铅和铜的峰状溶出曲线,如图 12 – 26 所示。

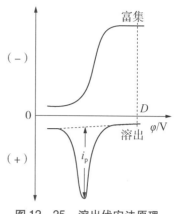

图 12 – 25 溶出伏安法原理

溶出伏安法除用于测定金属离子外,还可测定一些阴离子,如氯、溴、碘、硫,它们能与汞生成难溶化合物,可用阴极溶出法进行测定。

溶出伏安法的主要特点是灵敏度高,但电解富集较为费时,一般需 3~15 min,富集后只能记录一次溶出曲线,方法的重现性不够理想。

12.7.2　溶出伏安法实验条件的选择

溶出伏安法的实验条件,如底液、预电解电位和时间,以及电极材料,均会影响分析的选择性和灵敏度。最佳实验条件需由实验确定。

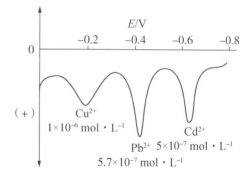

图 12 – 26　Cu^{2+},Pb^{2+} 和 Cd^{2+} 混合离子的溶出

底液可采用极谱分析的底液,选择具有配位性的底液对测定有利;预电解电位可参考半波电位 $\varphi_{1/2}$,对于阳极溶出伏安法,通常选择比 $\varphi_{1/2}$ 负 0.2~0.5 V 的电位进行预电解,预电解所需时间直接与灵敏度有关。若采用单扫描极谱进行溶出伏安分析,采用悬汞电极约需 5 min,采用汞膜电极所需时间要短些;如果有必要,还需对底液进行除氧处理。另外,还应选择合适的溶出伏安法工作电极。通常,溶出伏安法工作电极包括汞电极和固体电极两类。

12.7.2.1　汞电极

汞电极包括悬汞电极和汞膜电极。

悬汞电极有挤压式和挂吊式悬汞电极。挤压式悬汞电极是将玻璃毛细管的上端连接于密封的金属储汞器中,置于顶端的螺旋将汞挤出,使之悬挂于毛细管管口,汞滴的体积可从旋转螺旋的圈数来调节。这类悬汞电极使用方便,能准确控制汞滴的大小,所得汞滴纯净。但这种电极在电解富集时间较长的情况下,汞滴中的金属原子会向毛细管深入扩散,影响灵敏度和准确度。挂吊式悬汞电极是在玻璃管的一端封入直径为 0.1 mm 的铂丝(也有用金丝或银丝的),露出约 0.1 mm 的长度,另一端以导线引出。将这一铂电极浸入硝酸亚汞溶液中,作为阴极进行电解,使汞沉积于铂丝,得到一直径为 1.0~

1.5 mm 的悬汞滴。汞滴的大小可由电流及电解时间来控制。这类电极易于制造，但铂丝会溶入汞生成汞齐而影响待测物的阳极溶出，或汞滴未能严密地覆盖铂丝，从而降低氢的超电位，出现氢波干扰。

汞膜电极是以玻璃石墨（玻碳）电极作为基质，在其表面镀上很薄的一层汞，可代替悬汞电极使用。由于汞膜很薄，被富集生成汞齐的金属原子不至于向内部扩散，因此，可进行较长时间的电解富集而不会影响结果。此外，玻碳电极还具有较高的氧超电位、导电性好、耐化学侵蚀性以及表面光滑不易沾附气体及污染物等优点。因此，汞膜电极常用作伏安法的工作电极。

12.7.2.2 固体电极

固体电极包括玻碳电极、铂电极和金电极等。当溶出伏安法在较正电位范围内工作时，不能采用汞电极，则应选用固体电极。

习题

1. 产生浓差极化的条件是什么？
2. 极谱分析中所用的电极，为什么一个电极的面积应该很小，而参比电极则应具有大面积？
3. 在极谱分析中，为什么要加入大量支持电解质？加入电解质后电解池的电阻将降低，但电流不会增大，为什么？
4. 当达到极限扩散电流区域后，继续增加外加电压，是否还会引起滴汞电极电位的改变及参加电极反应的物质在电极表面浓度的变化？
5. 残余电流产生的原因是什么？它对极谱分析有什么影响？
6. 极谱分析用作定量分析的依据是什么？有哪几种定量方法？如何进行？
7. 举例说明产生平行催化波的机制。
8. 方波极谱为什么能消除电容电流？
9. 比较方波极谱及脉冲极谱的异同点。
10. 当达到极限扩散电流区域后，继续增加外加电压，是否还会引起滴汞电极电流的改变及参加电极反应的物质在电极表面浓度的变化？
11. 在线性扫描伏安法中，当电流达到峰电流后，继续增加外加电压，是否还会引起电极电流的改变及参加电极反应的物质在电极表面浓度的变化？
12. 在 0 V（对饱和甘汞电极）时，重铬酸根离子可在滴汞电极上还原而铅离子不被还原。若用极谱滴定法以重铬酸钾标准溶液滴定铅离子，滴定曲线形状如何？为什么？
13. 在双指示电极电位滴定中，以 I_2 溶液滴定 $S_2O_3^{2-}$，此滴定的滴定曲线应该呈什么形状？为什么？
14. 3.000 g 锡矿试样以 Na_2O_2 熔融后溶解之，将溶液转移至 250 mL 容量瓶中，稀释至刻度。吸取稀释后的试液 25 mL 进行极谱分析，测得扩散电流为 24.9 μA。然后在此液中加入 5 mL 浓度为 6×10^{-3} mol·L^{-1} 的标准锡溶液，测得扩散电流为 28.3 μA。计算矿样中锡的质量分数。

15. 溶解 0.2 g 含镉试样，测得其极谱波的波高为 41.7 mm，在同样实验条件下测得含镉 150 μg、250 μg、350 μg 及 500 μg 的标准溶液的波高分别为 19.3 mm、32.1 mm、45.0 mm 及 64.3 mm。计算试样中镉的质量分数。

16. 用下表数据计算试样中铅的质量浓度，以 mg·L^{-1} 表示。

溶　液	在 -0.65 V 测得电流/μA
25.0 mL 0.040 mol·L^{-1} KNO$_3$ 稀释至 50.0 mL	12.4
25.0 mL 0.040 mol·L^{-1} KNO$_3$ 加 10.0 mL 试样溶液，稀释至 50.0 mL	58.9
25.0 mL 0.040 mol·L^{-1} KNO$_3$ 加 10.0 mL 试样，加 5.0 mL 1.7×10^{-3} mol·L^{-1} Pb^{2+}，稀释至 50.0 mL	81.5

17. 康特雷尔方程常用来测量扩散系数 D。如果在极谱中测得 2×10^{-4} mol·L^{-1} 的某物质的极限扩散电流为 0.520 μA，汞滴的生长周期为 2 s，汞滴落下时的体积为 0.5 mm^3，电子转移数为 2，试计算该物质的扩散系数。

18. 某二价阳离子在滴汞电极上被还原为金属并生成汞齐，产生可逆极谱波。滴汞流速为 1.54 mg·s^{-1}，滴下时间为 3.87 s，该离子的扩散系数为 8×10^{-6} cm^2·s^{-1}，其浓度为 4×10^{-3} mol·L^{-1}。试计算极限扩散电流及扩散电流常数。

19. 同上题，如试液体积为 25 mL，当达到极限电流时，在外加电压下电解试液 1 h，试计算被测离子浓度降低的百分数。

20. 在 0.1 mol·L^{-1} 硝酸钾底液中，含有浓度为 1.00×10^{-3} mol·L^{-1} 的 PbCl$_2$，测得极限扩散电流为 8.76 μA，从滴汞电极滴下 10 滴汞需时 43.2 s，称得其质量为 84.7 mg。计算 Pb^{2+} 的扩散系数。

21. 某物质产生可逆极谱波。当汞柱高度为 50 cm 时，测得扩散电流为 1.85 μA。如果将汞柱高度升至 70 cm，则扩散电流有多大？

22. 在同一试液中，从 3 个不同的滴汞电极得到下表所列数据。试估算电极 A 和 C 的 i_d/c 值。

	A	B	C
滴汞流量 q_m/(mg·s^{-1})	0.982	3.92	6.96
滴下时间 t/s	6.53	2.36	1.37
i_d/c		4.86	

23. 在酸性介质中 Cu^{2+} 的半波电位约为 0 V，Pb^{2+} 的半波电位约为 -0.4 V，Al^{3+} 的半波电位在氢波之后。试问：用极谱法测定铜中微量的铅和铝中微量的铅时，何者较易？为什么？

24. 在 3 mol·L^{-1} 盐酸介质中，Pb(Ⅱ) 和 In(Ⅲ) 被还原成金属并产生极谱波。它们的扩散系数相同，半波电位分别为 -0.46 V 和 -0.66 V。当 1.00×10^{-3} mol·L^{-1} Pb(Ⅱ) 和未知浓度的 In(Ⅲ) 共存时，测得它们极谱波高分别为 30 mm 和 45 mm。

计算 In(Ⅲ) 的浓度。

25. Pb(Ⅱ) 在 3 mol·L^{-1} 盐酸溶液中被还原，所产生的极谱波的半波电位为 -0.46 V。今在滴汞电位为 0.70 V 时（已达完全浓差极化），测得下表各溶液的电流值：

溶　液	电流 i_d/μA
6 mol·L^{-1} HCl 25 mL，稀释至 50 mL	0.15
6 mol·L^{-1} HCl 25 mL，加试样溶液 10.00 mL，稀释至 50 mL	1.23
6 mol·L^{-1} HCl 25 mL，加 1×10^{-3} mol·L^{-1} Pb^{2+} 试样溶液 5.00 mL，稀释至 50 mL	0.94

（1）计算试样溶液中的铅的质量浓度（以 mg·mL^{-1} 计）。
（2）在本实验中，除采用惰性气体除氧外，还可用什么方法除氧？

26. 采用加入标准溶液法测定某试样中的微量锌。取试样 1.000 g 溶解后，加入 NH$_3$–NH$_4$Cl 底液，稀释至 50 mL，取试液 10.00 mL，测得极谱波高为 10 格，加入标准溶液（含锌 1 mg·mL^{-1}）0.50 mL 后，波高则为 20 格。计算试样中锌的质量分数。

27. 用极谱法测定某氯化钙溶液中的微量铅。取试液 5 mL，加 1 g·L^{-1} 明胶 5 mL，用水稀释至 50 mL。倒出部分溶液于电解杯中，通氮气 10 min，然后在 -0.2～0.6 V 间记录极谱图，得波高 50 格。另取 5 mL 试液，加标准铅溶液（0.50 mg·mL^{-1}）1.00 mL，然后照上述分析步骤同样处理，得波高 80 格。
（1）解释操作规程中各步骤的作用。
（2）计算试样中 Pb^{2+} 的含量（以 g·L^{-1} 计）。
（3）能不能用加铁粉、亚硫酸钠和二氧化碳除氧？

28. 在 0.1 mol·L^{-1} KCl 溶液中，Co(NH$_3$)$_6^{3+}$ 在滴汞电极上进行下列的电极反应而产生极谱波：

Co(NH$_3$)$_6^{3+}$ + e $\rightleftharpoons$ Co(NH$_3$)$_6^{2+}$ 　　　$E_{1/2} = -0.25$ V
Co(NH$_3$)$_6^{3+}$ + 2e $\rightleftharpoons$ Co$^+$ + 6NH$_3$ 　　　$E_{1/2} = -1.20$ V

（1）绘出它们的极谱曲线。
（2）两个波中哪一个波较高，为什么？

29. 在强酸性溶液中，Sb(Ⅲ) 在滴汞电极上进行以下电极反应而产生极谱波。

Sb^{3+} + 3e + Hg $\rightleftharpoons$ Sb(Hg) 　　　$E_{1/2} = -0.30$ V

在强碱性溶液中，Sb(Ⅲ) 在滴汞电极上进行以下电极反应而出现极谱波。

Sb(OH)$_4^-$ + 2OH$^-$ $\rightleftharpoons$ Sb(OH)$_6^-$ + 2e 　　　$E_{1/2} = -0.40$ V

（1）分别绘出它们的极谱图。
（2）滴汞电极在这里是正极还是负极？是阳极还是阴极？
（3）极化池在这里是自发电池还是电解电池？
（4）当酸度变化时，极谱波的半波电位有没有变化？如有变化，请指明变化方向。

30. Fe(CN)$_6^{3-}$ 在 0.1 mol·L^{-1} 硫酸介质中，在滴汞电极上进行下列电极反应而出现极谱波。

Fe(CN)$_6^{3-}$ + e $\rightleftharpoons$ Fe(CN)$_6^{4-}$ 　　　$E_{1/2} = +0.24$ V

氯化物在 0.1 mol·L^{-1}硫酸介质中，在滴汞电极上进行下列电极反应而出现极谱波。

$$2Hg + 2Cl^- \rightleftharpoons Hg_2Cl_2 + 2e \qquad E_{1/2} = +0.25 \text{ V}$$

（1）分别绘出它们的极谱图。
（2）滴汞电极在这里是正极还是负极？是阳极还是阴极？
（3）极化池在这里是自发电池还是电解电池？

31. 在 25 ℃时，测得某可逆还原波在不同电位时的扩散电流如下表：

E/V(vs SCE)	0.395	−0.406	−0.415	−0.422	−0.431	−0.445
i/A	0.48	0.97	1.46	1.94	2.43	2.92

极限扩散电流为 3.24 A。试计算电极反应中的电子转移数和半波电位。

32. 推导苯醌在滴汞电极上还原为对苯二酚的可逆极谱波方程式，其电极反应如下：

$$\text{O=C}_6\text{H}_4\text{=O} + 2H^+ + 2e = \text{HO-C}_6\text{H}_4\text{-OH} \qquad \varphi^{\ominus} = +0.699 \text{ V （vs SCE）}$$

若假定苯醌及对苯二酚的扩散电流比例常数及活度系数均相等，则半波电位 $E_{1/2}$ 与 $\varphi^{\ominus}$ 及 pH 有何关系？并计算 pH =7 时极谱波的半波电位（vs SCE）。

33. 在 1 mol·L^{-1}硝酸钾溶液中，铅离子还原为铅汞齐的半波电位为 − 0.405 V。在 1 mol·L^{-1}硝酸介质中，当 $1×10^{-4}$ mol·L^{-1} Pb^{2+} 与 $1×10^{-2}$ mol·L^{-1} EDTA 发生络合反应时，其络合物还原波的半波电位为多少？已知 PbY^{2-}的 $K_{稳}$ =$1.1×10^{18}$。

34. In^{3+}在 0.1 mol·L^{-1}高氯酸钠溶液中还原为 In(Hg) 的可逆波半波电位为 − 0.55 V。当有 0.1 mol·L^{-1}乙二胺（en）同时存在时，形成的络离子 In(en)$_3^{3+}$的半波电位向负方向位移 0.52 V。计算此络合物的稳定常数。

35. 在 0.1 mol·L^{-1}硝酸介质中 $1×10^{-4}$ mol·L^{-1} Cd^{2+}与不同浓度的 X$^-$所形成的可逆极谱波的半波电位值如下表：

X$^-$ 浓度/(mol·L^{-1})	0.00	1.00	3.00	1.00	3.00
$E_{1/2}$/V(vs SCE)	−0.586	−0.719	−0.743	−0.778	−0.805

电极反应系二价镉还原为镉汞齐，试求该络合物的化学式及稳定常数。

36. 某可逆极谱波的电极反应为

$$O + 4H^+ + 4e \rightleftharpoons R$$

在 pH 为 2.5 的缓冲介质中测得其半波电位为 − 0.349 V。计算该极谱波在 pH 分别为 1.0、3.5、7.0 时的半波电位。

37. 在 pH =5 的醋酸 − 醋酸盐缓冲溶液中，IO$_3^-$还原为 I$^-$ 的极谱波的半波电位为 − 0.50 V（vs SCE），试根据能斯特公式判断极谱波的可能性。

38. 对苯二酚在滴汞电极上产生可逆极谱波。当 pH = 7 时，其半波电位为 +0.041 V（vs SCE）。计算对苯二酚的单扫描极谱波的峰电位。

39. 试推导如下反应的极谱波方程。

    (1) $M^{n+} + ne \rightleftharpoons M$　　　　（以金属状态沉积在滴汞电极上）

    如 $Ni^{2+} + 2e \rightleftharpoons Ni$

    (2) $M^{n} + ae \rightleftharpoons M^{(n-a)+}$　　　　（均相氧化还原反应）

    如 $Fe^{3+} + e \rightleftharpoons Fe^{2+}$

40. 试证明化学反应平行于电极反应的催化电流与汞柱高度无关。

41. 在 $0.1\ mol \cdot L^{-1}$ 氢氧化钠介质中，用阴极溶出伏安法测定 S^{2-}。以悬汞电极作为工作电极，在 $-0.40\ V$ 时电解富集，然后溶出。

    (1) 写出富集和溶出时的电极反应式。

    (2) 画出它的溶出伏安图。

42. 下图是二苯甲酮（BP）和三对甲苯基胺（TPTA），在乙腈中的循环伏安图。已知在乙腈中 BP 可以被还原，但不能被氧化。TPTA 可以被氧化，但不能被还原。图中的曲线是从 0 V 先开始正扫描而得到的。

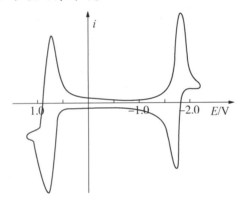

(1) 分别指出两对峰的各自归属。

(2) 在图中 $-1.0\ V$ 处的阳极电流和阴极电流分别是如何形成的？

43. 右图是在旋转环盘电极上所记录到的伏安图。图 a 中曲线 1 是盘电流 i_d 和盘的极化电压 E_d 之间的关系曲线，曲线 2 是同时记录到的环电流 i_r 对盘的极化电压 E_d 之间的关系曲线，这时环的极化电压保持在图中 E_1 的位置。图 b 中 3 和 4 都是环电流 i_d 相对于环的极化电压 E_r 之间的关系曲线，所不同的是曲线 3 的盘电位为 E_1，而曲线 4 的盘电位为 E_2。试解释图中各曲线形成的原因，并指出收集实验和屏蔽实验分别是哪一个。

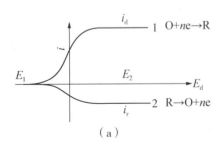

(a)

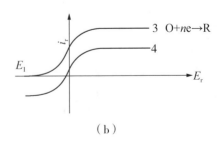

(b)

第 13 章　色谱分析导论

与蒸馏、重结晶、溶剂萃取、化学沉淀及电解沉积法一样，色谱法也是一种分离技术，但却是有着更高分离效率和更广泛应用的技术。色谱分离和分析原理可概括为：使用外力，使含有样品的流动相（气体、液体或超临界流体）通过一固定于柱或平板上、与流动相互不相溶的固定相表面。由于处于柱起始端样品中各组分与两相（流动相与固定相）的作用方式或程度不同，因此，与固定相作用强的组分随流动相流出的速度较慢，而与固定相作用弱的组分随流动相流出的速度较快。由于流出速度的差异，使得混合组分分开，最终形成各个单组分的"带（band）"或"区（zone）"，然后对依次流出的各个单组分物质可分别进行定性、定量分析。

色谱法起源于20世纪初，1906年，俄国植物学家米哈伊尔·茨维特用碳酸钙填充竖立的玻璃管，以石油醚洗脱植物色素的提取液。经过一段时间洗脱之后，植物色素在碳酸钙柱中实现分离，由1条色带分散为数条平行的色带。由于这一实验将混合的植物色素分离为不同的色带，因此，茨维特将这种方法命名为色谱（chromatography，由希腊语中"chroma（颜色）"和"graphein（书写）"两个词根所组成）。以后此法逐渐应用于无色物质的分离，"色谱"一词已失去原来的含义，但仍被人们沿用至今。

茨维特并非著名科学家，他对色谱的研究以俄文发表之后不久，就爆发了第一次世界大战，这使得色谱法问世10多年仍不为学术界所知。直到1931年，德国人库恩（R. Kuhn）将茨维特的方法应用于叶红素和叶黄素的研究并获得广泛认可，才使得色谱法为人们所了解（库恩因研究类胡萝卜素和维生素获1938年诺贝尔化学奖）。液–固色谱的进一步发展有赖于瑞典科学家蒂塞利乌斯（A. Tiselius）等人的努力，他们创立了液相色谱的迎头法和顶替法（蒂塞利乌斯因研究电泳和吸附分析血清蛋白获1948年诺贝尔化学奖）；英国科学家马丁（Archer J. P. Martin）和辛格（Richard L. M. Synge）创立了分配色谱，并因此获1952年的诺贝尔化学奖。同时，他们也预言了用气体代替液体作为流动相来分离各类化合物的可能性并创立了气–液色谱法。1956年，荷兰学者范第姆特（van Deemter）等在前人的基础上发展了描述色谱过程的速率理论。1957年，美国人戈雷（M. J. E. Golay）首先提出了分离效能极高的毛细管柱气相色谱法。

在1937—1972年间，共有10多位诺贝尔奖获得者的研究与色谱直接或间接相关。随着电子技术和计算机技术的发展，色谱分离分析及其仪器也得到迅速发展，已经成为最重要的分离分析方法。

13.1 色谱法分类及色谱流出曲线

13.1.1 色谱法分类

色谱法的种类很多,可按其不同特征进行分类。

(1) 按照相系统的形式和特征分为柱色谱和平板色谱。柱色谱是将很细的固定相装入玻璃管内,流动相依靠自身的重力或外加压力通过固定相。随固定相装填方法不同,还可将柱色谱分为填充柱色谱和空心毛细管色谱。填充柱色谱是将固定相填充于一根玻璃或金属柱内,后者是将固定相附着在一根细而长的管内壁上。柱色谱最大的优点柱效能高、分析速度快、定量较为可靠。平板色谱的固定相可以是多孔的滤纸(称纸色谱),也可将吸附剂或载体均匀地涂于玻璃板或塑料板上,使液体通过毛细现象或重力作用携带试样通过固定相(称薄层色谱)。平板色谱设备和操作简单,易于普及。

(2) 依据色谱流动相和固定相的物理状态分类。按流动相的状态可分为气相色谱、液相色谱和超临界流体色谱,其流动相分别为气体、液体和超临界流体。按照固定相的状态不同,可将气相色谱法分为气-固色谱和气-液色谱,将液相色谱法分为液-固色谱法和液-液色谱法等(表13-1)。

表13-1 按流动相或固定相的色谱分类

分类或方法		流动相	固定相	作用机制
气相色谱	气-液色谱	气体	附着于固体上的液体	气-液间的分配
	气-固色谱		固体颗粒吸附剂	吸附-解吸
	气相键合色谱		键合于固体上的有机组分	气体和键合组分间的分配
液相色谱	液-液色谱	液体	附着于固体上的液体	互不相溶液体间的分配
	液-固色谱		固体颗粒吸附剂	吸附-解吸
	液相键合色谱		键合于固体上的有机组分	液体和键合组分间的分配
	离子交换色谱		离子交换树脂	离子交换
	凝胶渗透(尺寸排阻)色谱		多孔物质或其附着组分	分配或筛析
超临界流体色谱		超临界流体	键合于固体上的有机组分	流体与键合间的分配

(3) 按色谱动力学过程可将色谱分为迎头色谱、顶替色谱和洗脱色谱。以试样混合物作流动相的色谱称为迎头色谱;以含有作用能力比待测组分强的组分作流动相的色谱称为顶替色谱;以作用能力比试样组分弱的气体或液体作流动相的色谱称为洗脱色谱法。其中,洗脱色谱可使试样各组分获得更好的分离效率,是目前使用最广的一种

方法。

（4）按分离的物理化学原理将色谱分为吸附色谱、分配色谱、离子交换色谱、凝胶渗透色谱以及形成络合物色谱等。

13.1.2 色谱流出曲线及相关术语

图 13-1 是混合组分 A+B 的色谱分离过程及检测器对组分的响应示意图。可见，如果将试样注入色谱柱头，试样本身会在固定相和流动相之间快速分配并达到平衡。当流动相流过时，试样中的不同组分将在流动相和新的固定相间达到新的平衡。同时，原来仍留在固定相中的组分与新的流动相之间也会形成新的平衡。随着流动相不断流过，它们就会携带发生分配平衡后而存在于流动相的试样组分沿着色谱柱向前移动。但由于混合组分 A 和 B 在两相间的作用力（分配能力、吸附-解吸能力或溶解能力）存在差异，因此组分 A 和 B 前进的速度不同，从而使二者分离。

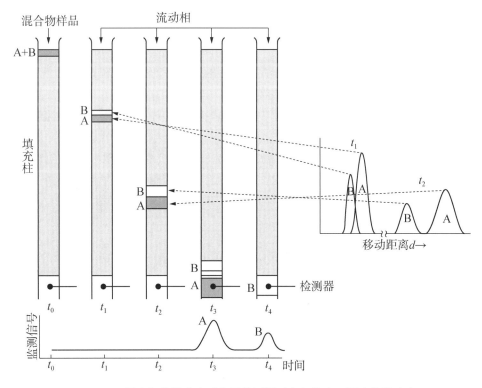

图 13-1　混合组分的分离过程及检测器对各组份在不同阶段的响应

显然，让足够量的流动相通过色谱柱，就能在柱的末端收集到各组分。如果在色谱柱末端设有对组分响应的检测系统，检测并记录信号大小随时间的变化，则可得到呈高斯分布的色谱流出曲线或称为色谱图。如图 13-2 所示。

以下介绍图 13-2 色谱流出曲线中的相关术语。

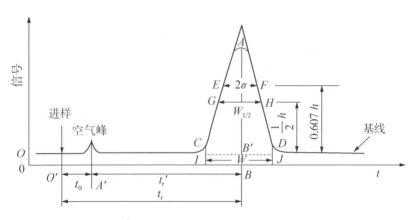

图 13-2 色谱流出曲线（色谱图）

13.1.2.1 基线

基线是色谱柱中只有流动相通过时，检测器响应信号的记录值，它反映了仪器噪音随时间的变化。理想的基线应该是一条水平直线。

13.1.2.2 峰高

峰高是色谱峰顶点与基线之间的垂直距离（图中 AB'），以 h 表示。

13.1.2.3 保留值

保留值（retention value）表示试样组分在色谱柱中的停留情况，通常包括以时间或流动相体积两种表示方式。

死时间（t_0）：不与固定相作用的物质（如空气）从进样到出现峰极大值时的时间，它与色谱柱的空隙体积成正比（图中 $O'A'$）。由于该物质不与固定相作用，因此，其流速与流动相的流速相近。据 t_0 和色谱柱长度 L 可求出流动相平均流速 $\bar{u}$ 为

$$\bar{u} = \frac{L}{t_0} \tag{13-1}$$

保留时间（t_r）：试样从进样到出现峰极大值时的时间。它包括组分随流动相通过柱子的时间 t_0 和组分在固定相中滞留的时间（图中 $O'B$）。

调整保留时间 t_r'：某组分的保留时间 t_r 扣除死时间 t_0 后的保留时间，它是组分在固定相中的滞留时间，即

$$t_r' = t_r - t_0 \tag{13-2}$$

由于组分在色谱柱中的保留时间 t_r 包含了组分随流动相通过色谱柱的时间和组分在固定相中的滞留时间，所以实际上是组分在固定相中停留的总时间。保留时间可用时间单位（s）或距离单位（cm）表示。

保留时间是色谱法定性的基本依据。但同一组分的保留时间常受到流动相流速的影响，在气相色谱中尤为如此。故色谱工作者常用保留体积等参数进行定性鉴定。

死体积 V_0：色谱柱管内固定相颗粒间空隙、色谱仪管路和连接头间空隙和检测器间隙的总和。忽略后两项可得到

$$V_0 = t_0 \cdot F_{co} \tag{13-3}$$

式中，F_{co} 为柱出口的载气流速（mL/min），其大小为

$$F_{co} = F_0 \frac{T_c}{T_r} \cdot \frac{p_0 - p_w}{p_0}$$

式中，F_0 为检测器出口流速；T_r 为室温；T_c 为柱温；p_0 为大气压；p_w 为室温时水蒸汽压。

保留体积 V_r：指从进样到待测物在柱后出现浓度极大点时所通过的流动相的体积。

$$V_r = t_0 \cdot F_{co} \quad (13-4)$$

调整保留体积 V'_r：某组份的保留体积 V_r 扣除死体积 V_0 后的体积。

$$V'_r = V_r - V_0 \quad (13-5)$$

13.1.2.4 相对保留值 $r_{2,1}$

组份 2 的调整保留值与组份 1 的调整保留值之比，称为相对保留值，以 $r_{2,1}$ 表示：

$$r_{2,1} = \frac{t'_{r_2}}{t'_{r_1}} = \frac{V'_{r_2}}{V'_{r_1}} \quad (13-6)$$

注意：$r_{2,1}$ 只与柱温和固定相性质有关，而与柱内径、柱长 L、填充情况及流动相流速无关，因此，在色谱分析中，尤其是气相色谱中被广泛用于定性的依据。

定性分析中，通常固定某个色谱峰为标准（s），然后求其他峰（x）的相对保留值与标准峰的相对保留值比值来获得相对保留值 $r_{2,1}$。此时，$r_{2,1}$ 可能大于 1，也可能小于 1。在多元混合物分析中，通常选择一对最难分离的物质对，将后出峰的相对保留值与先出峰的相对保留值的比值称为选择因子，以 α 表示，显然，$\alpha > 1$。

$$\alpha = \frac{t'_r(x)}{t'_r(s)} \quad (13-7)$$

13.1.2.5 区域宽度

色谱峰的区域宽度是组分在色谱柱中谱带扩张的函数，它反映了色谱操作条件的动力学因素。度量色谱峰区域宽度通常有三种方法。

(1) 标准偏差 σ。色谱峰为高斯曲线，可用标准偏差 σ 表示峰的区域宽度，即 0.607 倍峰高处的色谱峰宽（图 13-2 中 EF）。

(2) 半峰宽 $W_{1/2}$。即峰高一半处对应的峰宽（图 13-2 中 GH 段），$W_{1/2} = 2.354\sigma$。

(3) 峰底宽 W。即色谱峰两侧拐点上的切线在基线上的截距（图 13-2 中 CD 段），$W = 4\sigma$。

从色谱流出曲线（色谱图）上，可以得到许多重要信息：①根据色谱峰的个数，可以判断试样中所含组分的最少个数。②根据色谱峰的保留值（或位置），可以进行定性分析。③根据色谱峰下的面积或峰高，可以进行定量分析。④色谱峰的保留值及其区域宽度，是评价色谱柱分离效能的依据。⑤色谱峰两峰间的距离，是评价固定相和流动相选择是否合适的依据。

13.2 色谱法基本理论

从图13-1可见，随着A、B两组分在色谱柱中的移动距离，A、B两组分的色谱峰间距逐渐增加；与此同时，每个组分的浓度轮廓（即区域宽度或峰宽）也逐渐变宽。显然，区域扩宽对分离是不利的，但又是不可避免的。若要使A、B两组分完全分离，必须满足以下三个条件：①两组分的分配能力必须存在差异。②区域扩宽的速率应小于区域分离的速率。③在保证快速分离的前提下，需有足够长的色谱柱。

为达到组分的良好分离，不仅要了解影响组分在色谱柱的分配过程或移动速率的因素，也要了解引起组分区域扩宽的各种因素。

13.2.1 描述分配过程的参数

物质在固定相和流动相之间发生的吸附-脱附和溶解-挥发的过程，称为分配过程。被测组分按其溶解和挥发能力（或吸附和脱附能力）的大小，以一定的比例分配在固定相和流动相之间。溶解能力（或吸附能力）大的组分分配给固定相的量多一些，给流动相就少一些；反之，溶解能力（或吸附能力）小的组分分配给固定相的量少一些，给流动相的就多一些。因此，只有当试样中各组分在固定相和流动相之间的分配能力（吸附-解吸或溶解-挥发等能力）有所不同时，这些组分才有可能得到分离。换句话说，试样中不同组分可进行色谱分离的先决条件是各组分在两相间的分配能力存在差异。通常将组分在两相间的分配能力大小以分配系数K和分配比k来描述。

13.2.1.1 分配系数（K）

色谱分离过程涉及组分在两相之间的分配。在一定温度下，组分在两相之间分配达到平衡时的浓度比称为分配系数，以K表示：

$$K = \frac{c_s}{c_m} \quad (13-8)$$

式中，c_s和c_m分别为组分在固定相和流动相中的浓度。

当浓度c较低时，K是常数，它由组分及两相的热力学性质决定，只随柱温和柱压变化，与两相的体积无关。

K较小的组分，在流动相中的浓度大，移动速度较快，在柱中停留时间较短，较快流出色谱柱；反之，则较慢流出色谱柱。当组分间K相差越大，分配次数足够多时，各组分之间分离得就越好。

13.2.1.2 分配比（k）

在实际工作中，也经常采用分配比来表征色谱分配平衡过程。分配比亦称容量因子或容量比，它是指在一定温度和压力下，某组分在两相间达到分配平衡时，分配在固定相和流动相中的质量比，以k表示：

$$k = \frac{\text{组分在固定相中的质量}}{\text{组分在流动相中的质量}} = \frac{m_s}{m_m} = \frac{c_s V_s}{c_m V_m} \quad (13-9)$$

式中，V_s 为固定相体积，V_m 为流动相体积（也称孔隙体积或无效体积），其值近似等于死体积（V_0）。

分配比 k 是衡量色谱柱对被分离组分保留能力的重要参数，反映了组分在柱中的迁移速率，因此又称保留因子。分配比 k 的大小可按以下过程求出。

设组分平均线速度为 u_x，流动相平均线速度为 $\bar{u}$，则组分的滞留因子 R_x 为

$$R_x = u_x/\bar{u} = m_m/(m_m + m_s) = 1/(1+k) \tag{13-10}$$

根据式（13-1）平均线速度的定义，有

$$u_x = \frac{L}{t_r},\ \bar{u} = L/t_0 \tag{13-11}$$

由式（13-10）和式（13-11）可得

$$t_r = t_0(1+k) \tag{13-12}$$

$$k = (t_r + t_0)/t_0 = t_r'/t_0 = V_r'/V_0 \tag{13-13}$$

该式表明 k 是组分的调整保留时间与死时间或调整保留体积与死体积之比，并提供了从色谱图上直接求算 k 的方法。

13.2.1.3 分配系数 K 与分配比 k 之间的关系

根据分配比 k 和分配系数 K 的定义，即式（13-8）和式（13-9），可以得出 k 与 K 之间的关系，即

$$K = \frac{c_s}{c_m} = \frac{m_s/V_s}{m_m/V_m} = k \cdot \frac{V_m}{V_s} = K \cdot \beta \tag{13-14}$$

式中，β 为 V_m/V_s 的比值，称为相比。它也是反映色谱柱的柱型特点的参数。对填充柱，β 为 6～35；对毛细管柱，β 为 60～600。

由式（13-10）和式（13-14）得

$$u_x = \frac{\bar{u}}{1+KV_s/V_m} \tag{13-15}$$

此式表明组分移动的线速度与分配系数以及固定相和流动相体积有关。

由式（13-6）和式（13-13）得

$$r_{2,1} = \frac{k_2}{k_1} = \frac{K_2}{K_1} \tag{13-16}$$

此式表明 k 不仅与物质的热力学性质（K）有关，同时也与色谱柱的柱型及其结构有关。

13.2.2 色谱峰间距、峰形状和峰宽的理论描述

从色谱分离过程（图 13-1）可知，理想的色谱分离效果或流出曲线是各组分色谱峰间距离足够大，且每个组分的色谱峰宽足够小。色谱峰间距主要由各组分在两相间的分配系数 K 或分配比 k 决定，即由色谱过程的热力学性质决定；而区域宽度（或色谱峰宽）则由组分在色谱柱中的传质和扩散决定，即由色谱过程动力学性质决定。因此，研究、解释色谱分离行为和分离效能时，应从热力学和动力学两方面全面考虑。

13.2.2.1 塔板理论

塔板理论由马丁（A. R. P. Martin）等人于1952年提出。他将色谱分离过程比作蒸

馏过程，因而直接引用了处理蒸馏过程的概念、理论和方法来处理色谱过程，即将连续的色谱过程看作是许多小段平衡过程的重复。它是将一根色谱柱当作一个由许多假想的塔板组成的精馏塔，即色谱柱可被分成许多个小段。在每一小段（塔板）内，一部分空间为固定相占据，另一部分空间为流动相占据。当待分离组分随流动相进入色谱柱后，就开始在两相间分配。随着流动相在色谱柱中不停地向前移动，组分就依次在每个塔板内的两相间不断进行分配和分配平衡。

塔板理论假设：①组分在各塔板内两相间的分配瞬间达至平衡，达到一次平衡所需柱长为理论塔板高度 H。②塔板之间是不连续的或流动相以不连续（脉动）方式加入，即以塔板体积大小一个个地加入。③组分随流动相移动，但组分在流动方向上不发生分子的纵向扩散。④组分在所有塔板上的分配系数 K 相同。

在这些假设的"理想"条件下，根据塔板理论可以获得以下结论。

（1）对一根长为 L 的色谱柱，溶质平衡的次数应为

$$n = \frac{L}{H} \tag{13-17}$$

式中，n 为理论塔板数。与精馏塔一样，色谱柱的柱效随理论塔板数 n 的增加而增加，随板高 H 的增大而减小。

（2）当试样进入色谱柱后，只要各组分在两相间的分配系数有微小差异，经过反复多次的分配平衡后，仍可获得良好的分离。

（3）当溶质在柱中的平衡次数，即理论塔板数 $n>50$ 时，可得到基本对称的峰形曲线。在色谱柱中，n 值一般是很大的，如气相色谱柱的 n 为 $10^3 \sim 10^6$，此时的流出曲线可趋近于正态分布曲线。在时间 t 时待分离组分的浓度为 c，即

$$c = \frac{c_0}{\sigma\sqrt{2\pi}} e^{-\frac{(t-t_r)^2}{2\sigma^2}} \tag{13-18}$$

式中，c_0 为待分离组分浓度，t_r 为保留时间，σ 为标准偏差。此式也是色谱流出曲线的方程式。

（4）塔板数 n 与色谱峰区域宽度（半峰宽 $W_{1/2}$ 和峰底宽 W）的关系式为

$$n = 5.54\left(\frac{t_r}{W_{1/2}}\right)^2 = 16\left(\frac{t_r}{W}\right)^2 \tag{13-19}$$

式中，t_r 与 $W_{1/2}$ 或 W 应采用同一单位（时间或距离）。可见，在 t_r 一定时，色谱峰越窄，则说明 n 越大或 H 越小，即色谱柱的分离效能越高。

在实际工作中，需要从 t_r 中扣除死时间 t_0，按式（13-19）计算出来的 n 和 H 值才能更充分地反映色谱柱的分离效能，即常用有效塔板数 n_{eff} 和有效塔板高度 H_{eff} 表示柱效：

$$n_{eff} = 5.54\left(\frac{t'_r}{W_{1/2}}\right)^2 = 16\left(\frac{t'_r}{W}\right)^2 \tag{13-20}$$

$$H_{eff} = \frac{L}{n_{eff}} \tag{13-21}$$

因为在相同的条件下，对不同的物质计算所得的塔板数 n 或塔板高度 H 是不一样的，所以在计算或说明柱效时，除指出色谱条件外，还应标明待分离物质名称。

色谱柱的塔板数越大，表示组分在色谱柱中达到分配平衡的次数越多，固定相的作

用越显著，因而对分离越有利。但它还不能预言并确定各组分是否有被分离的可能。因为，各组分是否可以分离决定于试样混合物在固定相中分配系数的差别，而不是决定于分配次数的多少，因此，不应将 n_{eff} 看作是否实现分离可能的依据，而只能看作是在一定条件下柱分离能力发挥的标志。

从上述讨论可知，作为一种半经验性理论，塔板理论用热力学的观点很好地解释了色谱流出曲线的形状（正态分布）和浓度极大点的位置，提出了通过 n 或 H 概念及其计算公式，从而可以非常直观地评价柱分离效能。但由于塔板理论的某些基本假设与现实存在较大差别，例如纵向扩散不能忽略，分配系数与浓度无关只在有限的浓度范围内成立，而且色谱体系几乎没有真正的平衡状态。因此，塔板理论不能解释塔板高度受哪些因素影响这个本质问题，也不能解释不同流速（u）下理论塔板数不同这一实验事实。

13.2.2.2 速率理论

1956 年，荷兰学者范第姆特（van Deemter）等人在研究气液色谱时，提出了可以反映色谱分离过程动力学的速率理论。该理论吸收了塔板理论中板高 H 的概念，并同时考虑影响板高的动力学因素，指出填充柱的柱分离效能受涡流扩散、分子扩散、传质阻力以及流动相的流速等因素的控制，并给出了相应的速率方程，从而较好地解释了影响板高（分离效能）的各种因素，对选择合适的色谱操作条件具有重要的指导意义。虽然速率理论是基于气-液色谱研究而建立，但作适当修改，亦适用于其他色谱方法。

速率理论方程也称范式方程。该方程式表明了板高 H 与流动相速率、扩散和传质的关系，即

$$H = A + \frac{B}{u} + Cu \qquad (13-22)$$

式中，u 为流动相的平均线速度；常数 A、B 和 C 分别为涡流扩散系数，分子扩散系数和传质阻力系数（包括液相和固相传质阻力系数）；相应地，A、B/u 和 Cu 分别称为涡流扩散项，分子扩散项和传质阻力项。

可见，式（13-22）从动力学角度说明了组分分子在色谱柱中的扩散过程、传质过程和流动相移动速率等因素可影响板高 H 或柱效。任何减少速率方程右边三项数值的方法，都可降低 H，从而提高柱效。

（1）涡流扩散项（A）。在填充色谱柱中，流动相通过填充物的不规则空隙时，其流动方向不断地改变，因而形成紊乱的类似"涡流"的流动，如图 13-3 所示。

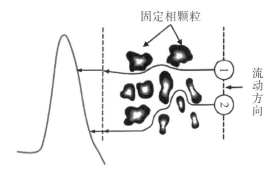

图 13-3 涡流扩散效应示意

由于填充物的大小、形状各异以及填充的不均匀性，组分各分子在色谱柱中经过的通道直径和长度不等，从而造成它们在柱中的停留时间不同，其结果是使色谱峰变宽。色谱峰变宽的程度由下式决定：

$$A = 2\lambda d_p \tag{13-23}$$

式中，λ 为填充不规则因子，d_p 为填充颗粒物平均直径。

可见，使用适当的细颗粒物固定相并填充均匀，是减小涡流扩散、提高柱效的有效途径。对于空心毛细管柱，无涡流扩散，即 $A=0$。

（2）分子扩散项（B/u）。当样品被注入色谱柱时，它呈"塞子"状分布于很窄的一小段空间内。随着流动相的推进，"塞子"因浓度梯度而向前后自发地扩散（轴向或纵向扩散），使谱峰展宽，如图 13-4 所示。

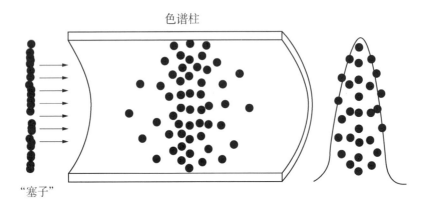

图 13-4 分子纵向扩散示意

分子扩散项系数为

$$B = 2\gamma D_g \tag{13-24}$$

式中，γ 为弯曲因子，它与柱子的装填质量有关，表示固定相几何形状对自由分子扩散的阻碍情况，γ 一般为 0.5～0.7（对非填充毛细管柱为1）；D_g 为组分在载气（流动相）中的扩散系数，D_g 与组分性质、载气的性质、停留时间、柱温和柱压等因素有关。因此，采用较高的载气流速，使用相对分子质量较大的载气（D_g 与载气分子量平方根成反比）并控制较低的柱温，可减小分子扩散项 B/u，从而减小 H，提高柱效。

（3）传质阻力项 Cu。物质系统由于浓度不均匀而发生物质迁移的过程，称为传质。影响传质速度的阻力，称为传质阻力。由于气相色谱以气体为流动相，液相色谱以液体为流动相。组分分子在这两种色谱中两相间的传质过程或传质阻力并不完全相同，因此，下面分别进行简单介绍。

1）气-液色谱的传质阻力项。对于气-液色谱，待分离组分分子在气、液两相中的迁移过程分别称为气相传质过程和液相传质过程。二者的传质阻力系数不同，分别设为 C_g 和 C_l，如图 13-5 所示。显然，气-液色谱的传质阻力项系数 C 为

$$C = C_g + C_l \tag{13-25}$$

气相传质过程是指试样在气相和气液界面上的传质并在两相间进行质量交换或浓度

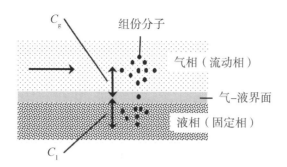

图 13-5 气液色谱传质过程示意

分配。但由于传质阻力的存在,一些组分还来不及进入两相界面,就被气相带走;也有一些组分在进入两相界面后但来不及返回到气相。这样就使得试样在两相界面上不能瞬间达到分配平衡,导致所谓的滞后现象,造成色谱峰变宽。对于填充柱,气相传质阻力系数 C_g 为

$$C_g = \frac{0.01k^2}{(1+k)^2} \cdot \frac{d_p^2}{D_g} \qquad (13-26)$$

式中,k 为容量因子。

从式(9-26)可见,流动相传质阻力与填充物粒度的平方呈正比,与组分在载气流中的扩散系数呈反比。因此,采用粒度小的填充物和相对分子质量小的气体(如 H_2)作载气,可减小 C_g,提高柱效。

与气传质阻力一样,在气-液色谱中,液相传质阻力也会引起谱峰的扩张。不过,液相传质发生在气液界面和固定相(液相)之间。液相传质阻力项 C_l 为

$$C_l = \frac{2}{3} \cdot \frac{k}{(1+k)^2} \cdot \frac{d_f^2}{D_l} \qquad (13-27)$$

由式(13-27)可见,减小固定液的膜厚度 d_f^2,增大组分在液相中的扩散系数 D_l 可以减小 C_l。显然,降低固定液的含量,可以降低液膜厚度,但 k 值随之变小,又会使 C_l 增加。当固定液含量一定时,液膜厚度随载体的比表面积增加而降低,因此,一般可采用比表面积较大的载体来降低液膜厚度。但比表面积增加产生的吸附作用会使峰拖尾,也不利于分离。另外,提高柱温,虽然可以增大 D_l,但也会使 k 值减小,为了保持适当的 C_l 值,应该控制适宜的柱温。

当固定液含量较高、液膜较厚、载气又在中等的线速时,板高主要受液相传质阻力系数的控制。此时,气相传质阻力系数 C_l 可以忽略。然而,随着快速色谱的发展,当采用低固定液含量柱和高载气线速进行分析时,流动相传质阻力就会成为影响塔板高度的重要因素。

将式(13-23)至式(13-26)代入式(13-22),得到气-液色谱范式方程为

$$H = 2\lambda d_p + \frac{2\gamma D_g}{u} + \left[\frac{0.01k^2}{(1+k)^2} \cdot \frac{d_p^2}{D_g} + \frac{2k}{3(1+k)^2} \cdot \frac{d_f^2}{D_l}\right]u \qquad (13-28)$$

2)对于液-液色谱,传质阻力项 C 包括流动相传质阻力系数 C_m 和固定相传质阻力系数 C_s,即

$$C = C_m + C_s = \frac{(\omega_m + \omega_{sm})d_p^2}{D_m} + \frac{\omega_s d_f^2}{D_s} \qquad (13-29)$$

式中，ω_m 是由柱及柱填充性质决定的因子，ω_{sm} 为颗粒微孔中流动相所占据部分的分数和容量因子有关的常数，D_m 和 D_s 分别为组分在流动相和固定相中的扩散系数，ω_s 为与容量因子有关的常数，d_f 为固定相液膜厚度。

从式（13-29）可见，流动相传质阻力系数 C_m 包括两方面：①分子在流动的流动相中的传质阻力系数（$\omega_m d_p^2/D_m$）。当流动相通过柱内填充颗粒物时，靠近颗粒物的流动相流速比流动相中间部分的流速要慢一些，或者说流动相各部分的流速不均匀，进而引起了峰形的扩张。②分子在滞留的流动相中的传质阻力系数（$\omega_{sm} d_p^2/D_m$）。主要是因为固定相的多孔性可使部分流动相发生滞留，这个滞留区阻碍了分子在流动相和固定相之间的质量交换，减慢了传质速率，从而增加了峰形的扩展。

因此，流动相传质阻力系数 C_m 与填充物大小 d_p、扩散系数（D_m 和 D_s）、柱填充情况（ω_m）微孔大小及其数量（ω_{sm}）等有关。显然，降低填充颗粒物直径，增加微孔孔径可增加传质效率，提高柱效。高效（高压）液相色谱固定相的设计正是基于这一考虑。

另外，液-液色谱固定相传质阻力系数（C_s），它表示试样分子从液液界面进入到固定相内部进行质量交换的传质过程，增加固定相液膜厚度 d_f，降低分子在固定液中的扩散系数 D_s 可提高柱效。

将式（13-29）代入到式（13-22）可得液-液色谱范式方程为

$$H = 2\lambda d_p + \frac{2\gamma D_m}{u} + \left[\frac{(\omega_m + \omega_{sm})d_p^2}{D_m} + \frac{\omega_s d_f^2}{D_s}\right]u \qquad (13-30)$$

（4）流动相线速度 u。对某一长度的色谱柱，其分离效能可用塔板数 n 或塔板高度 H 来衡量。根据速率理论，我们知道，塔板高度 H 与组分在两相间的扩散、传质及流动相线速度 u 有关。如何控制 u 才能获得最高的柱效呢？针对液-液色谱，根据式（13-22）范式方程式分别制作 $H = A$，$H = B/u$，$H = Cu$（C 包括 C_m 和 C_s）以及 $H = A + B/u + Cu$ 各方程的 $H-u$ 曲线，如图13-6所示。

从图13-6可得出以下结论：

1）涡流扩散项 A 与流速 u 无关。

2）在流速较低时，分子扩散项 B/u 起主要作用。此时选择分子量大的气体如 N_2 和 Ar 为载气，可减小扩散，提高柱效。

3）在流速较高时，传质阻力项 Cu 起主要作用，其中流动相的传质阻力项 $C_m u$ 对板高 H 的贡献几乎不变，而固定相的传质阻力项 $C_s u$ 成为影响板高的主要因素。

4）$H = A + B/u + Cu$ 曲线有一最佳流速 u_{opt}：

$$u_{opt} = \sqrt{B/C} \qquad (13-31)$$

在最佳流速时，可获得最小的板高 H_{min}：

$$H_{min} = A + 2\sqrt{B/C} \qquad (13-32)$$

同样，如果针对气-液色谱作图也可得出类似结果。但液相色谱的最小板高 H_{min} 要比液相色谱的低1个数量级，即液相色谱有更高的柱效。

（5）固定相颗粒大小对板高的影响。在前面讨论范式方程中传质阻力项对 H 的贡

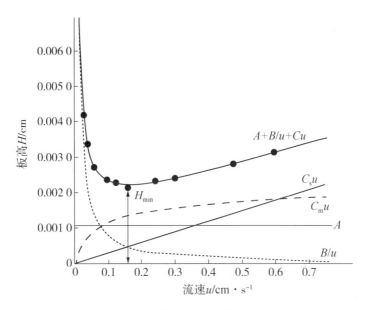

图 13-6 不同流速下各种传质阻力项对板高的贡献（H-u 图）

献时已知板高 H 与颗粒物直径 d_p 的平方成正比。当颗粒物越小时 H 就越小，柱效能越高。实验结果也证明了该结论的正确性，如图 13-7 所示。

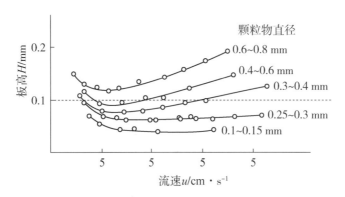

图 13-7 色谱固定相颗粒物大小与板高的关系

从图 13-7 可见，填充颗粒物的粒度越细，其板高越小，而且受流速的影响也越来越小。这就是为什么在高效液相色谱中采用细颗粒物作为固定相的依据。但是颗粒物越细，流动相的流动越困难，因此，需采用高压技术，以保证流动相的正常流速。

由上述讨论可见，由速率理论建立的范式方程可以说明柱填充均匀程度、粒度、载气种类、流动相流速、柱温、固定相液膜厚度等对峰扩张和柱效能的影响。对于分离条件的选择具有指导意义。

13.3 色谱分离条件的选择

混合物中各组分能否为色谱柱所分离,取决于固定相与混合物中各组分分子间的相互作用的大小是否有存在差异。但在色谱分离过程中各种操作条件的选择是否合适,对于混合组分的分离也有很大影响。因此,在色谱分离过程中,不但要根据所分离的对象选择适当的固定相,使其中各组分有可能被分离,而且还要控制适当的操作条件,使这种可能性得以实现,并达到最佳的分离效果。

13.3.1 分离度(R)

要实现两个组分的完全分离,必须满足两个条件,即两组分的色谱峰间距必须相差足够大,而且各组分的峰宽必须足够窄。图13-8是两相邻组分在不同色谱条件下的分离情况。可以看出,图13-8a中两组分没有完全分离,图13-8b和图13-8c中两组分则完全分离,其中13-8b柱效虽不高,但选择性好,而13-8c的选择性较差,但柱效较高。由此可见,单独用柱效或柱选择性并不能真实地反映组分在色谱柱中的分离情况。因此,在色谱分析中,需要引入分离度(R)这一概念。

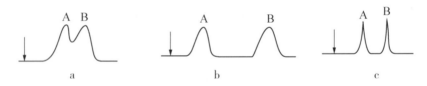

图13-8 混合组分的分离情况

分离度R也称分辨率。它是指相邻两组分A和B的色谱峰保留值之差与两峰底宽平均值的比值,即

$$R = \frac{t_r(B) - t_r(A)}{1/2 \cdot (W_B + W_A)} \tag{13-33}$$

R值越大,就意味着相邻两组分分离得越好。两组分保留值的差别,主要决定于固定液的热力学性质,而色谱峰的宽窄则反映了色谱过程的动力学因素和柱效能高低。因此,分离度是柱效能和选择性影响因素的总和,故常称之为色谱柱的总分离效能指标。一般来说,当时$R<1$时,两峰总有部分重叠;当$R=1$时,两峰能明显分离;当$R \approx 1.5$时,两峰已完全分离,如图13-9。当然,更大的R值,分离效果会更好,但会延长分析时间。

利用式(13-33)可从色谱图上直接求出分离度R。

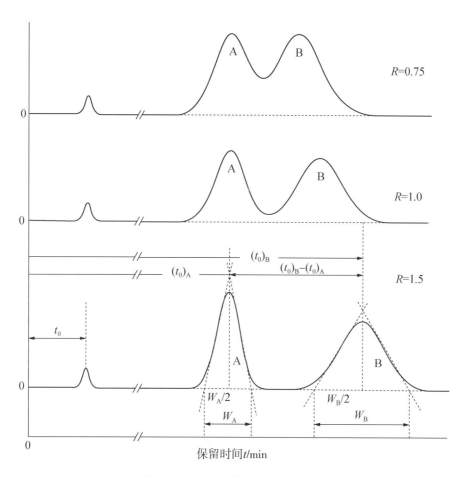

图 13-9　不同分离度 R 时的色谱图

13.3.2　色谱分离方程

分离度 R 虽然可以从色谱图上直接求出，但 R 的计算公式并不能体现影响分离度的诸因素。色谱分析中，对于多组分混合物的分离分析，在选择合适的固定相及实验条件时，主要是针对其中最难分离的一对物质来进行的，因此，对于该难分离的物质对，由于它们的保留值差别小，可合理地认为它们的峰宽 W 和分配比 k 近似相等，即 $W_A = W_B = W$，$k_A \approx k_B = k$。由式（13-12）、式（13-19）和式（13-33）推导得

$$R = \frac{\sqrt{n}}{4} \cdot \frac{\alpha - 1}{\alpha} \cdot \frac{k}{1 + k} \tag{13-34}$$

式（13-34）被称为色谱分离基本方程式，它表明分离度 R 不仅与体系的热力学性质（α 和 k）有关，而且也与色谱柱条件（n）有关。

由式（13-12）、式（13-19）和式（13-20）得到 n 与 n_{eff} 的关系为

$$n = n_{eff}\left(\frac{1+k}{k}\right)^2 \tag{13-35}$$

因此，用有效塔板数 n_{eff} 表示的色谱分离方程可变为

$$R = \frac{\sqrt{n_{\text{eff}}}}{4} \cdot \frac{\alpha - 1}{\alpha} \tag{13-36}$$

从色谱分离方程可知，为了达到所需的分离度 R，应通过调节柱效因子 n（或 H）、容量因子（k）和选择因子（α），以获得最佳分离效果。

13.3.2.1 分离度与柱效的关系（柱效因子，n）

分离度与 n 的平方根成正比。当固定相确定，亦即被分离物质对的 α 确定后，分离度将主要取决于 n 值。增加柱长 L 可提高分离度，但却使各组分的保留时间增加，并造成峰形扩展。因此，在满足一定的分离度条件下，应尽可能使用短一些的色谱柱。当然，在柱长不增加的情况下，也可通过降低色谱柱的 H 值来提高分离度，但这要求制备一根性能优良的柱子（H 很小），并以速率方程为依据，通过改变流动相的流速及黏度、吸附在载体上的液膜厚度等来减小板高 H，才是增大分离度的最好方法。

13.3.2.2 分离度与分配的关系（保留因子，k）

当 k 值较大时，有利于分离，但并非越大越好。由式（13-34）可知，当 $k>10$ 时，$k/(1+k)$ 值改变并不大，此时对增加 R 的贡献也不明显，反而会延长分析时间。一般 k 值的范围在 $1\sim10$ 之间较合适。这样可保证有较大的 R 值，较短的分析时间和较小的峰形扩展。改变 k 值的方法包括改变柱温和改变相比。改变柱温可影响分配系数 K，进而改变 k 值；改变相比（$\beta=V_\text{m}/V_\text{s}$），即改变固定相体积 V_s 和流动相体积 V_m（为柱的死体积 V_0），见式（13-14）。当组分的保留值较大而 V_m 又相当小时，$k/(1+k)$ 随 V_m 增加而急剧下降，导致分离度 R 下降。也就是说，使用死体积大的柱子，分离效果会变差。采用细颗粒固定相，并填充紧密而均匀，可使降低柱死体积。

13.3.2.3 分离度与柱选择性的关系（选择因子，α）

选择因子 α 的大小与两组分的性质有关。它的微小增加，都会使分离度得到较大的改善。当 $\alpha>2$ 时，即使在很短的时间内，组分也会完全分离；当 α 接近 1 时，要完成分离，必须增加柱长，延长分析时间。例如，为了达到同样的分离度。当 $\alpha=1.01$ 时，所需的时间是 $\alpha=1$ 时的 84 倍。显然，当 $\alpha=1$ 时，无论怎样提高柱效，增大保留因子，R 均为零，两组分不能实现分离。但可通过一些方法改变 α 值，使其大于 1 来实现分离。比如，改变流动相的组成（包括改变 pH），改变柱温，改变固定相的组成，甚至利用一些特殊的化学效应。例如，将银盐浸渍到吸附剂上，使银离子与不饱和的有机化合物之间形成络合物，从而实现烯类物质的分离。

通常，在色谱分离中，总希望在尽可能短的时间内获得尽可能高的分离度。然而，在相同的色谱条件下不可能同时达到。因此，一般在选择操作条件时，首先应确定欲达到的分离度 R，然后用以下公式进行有关计算，求得所需的塔板数 n 和分析时间 t。

（1）有效塔板数 n_eff 或板高 H_eff。

由前述公式：

$$R = \frac{2(t_{r_2} - t_{r_1})}{W_1 + W_2} = \frac{t'_{r_2} - t'_{r_1}}{W}, \quad n_\text{eff} = 16\left(\frac{t'_{r_2}}{W}\right), \quad \alpha = \frac{t'_{r_2}}{t'_{r_1}}, \quad n = \frac{L}{H}, \quad n = n_\text{eff}\left(\frac{1+k}{k}\right)^2$$

可求得有效塔板数 n_eff 或板高 H_eff：

$$n = 16R^2\left(\frac{\alpha}{\alpha-1}\right)^2 \cdot \left(\frac{1+k}{k}\right)^2 \tag{13-37}$$

$$n_{\text{eff}} = 16R^2 \left(\frac{\alpha}{\alpha - 1}\right)^2 \qquad (13-38)$$

$$L = 16R^2 \left(\frac{\alpha}{\alpha - 1}\right)^2 \cdot H_{\text{eff}} \qquad (13-39)$$

(2) 分析时间 t。

由前述公式:

$$t_r = t_0(1 + k) = \frac{L}{u}(1 + k), \quad n = \frac{L}{H}, \quad R = \frac{\sqrt{n}}{4} \cdot \frac{\alpha - 1}{\alpha} \cdot \frac{k}{1 + k}$$

可推导得到

$$t_r = \frac{16R^2 H}{u} \cdot \left(\frac{\alpha}{\alpha - 1}\right)^2 \cdot \frac{(1 + k)^3}{k^2} \qquad (13-40)$$

式中,t_r 为最后出峰组分的保留时间,即分析时间 t。在色谱分离中,式（13-39）和式（13-40）是两个非常有用的公式,可以用它们指导和选择合适的操作条件,并在最短时间内完成分析。

(3) 分离度 R 与塔板数 n、柱长 L 和分析时间 t 的关系。

由色谱方程可得

$$\left(\frac{R_1}{R_2}\right)^2 = \frac{n_1}{n_2} = \frac{L_1}{L_2} = \frac{t_1}{t_2} \qquad (13-41)$$

从式（13-41）可见,通过增加柱长 L 可提高分离度 R。然而,分析时间 t 也相应增加,且峰宽也展宽。为提高柱效,用减小塔板高度 H 的方法比增加柱长更有效。

[**例 13-1**] 在一定条件下,两个组分的调整保留时间分别为 85 s 和 100 s,若要达到完全分离,即 $R = 1.5$,则需要多少块有效塔板? 若填充柱的塔板高度为 0.1 cm,柱长是多少?

解: $n_{\text{eff}} = 16R^2 \left(\frac{\alpha}{\alpha - 1}\right)^2$,其中,选择因子 $\alpha = \frac{t'_r(x)}{t'_r(s)} = 100/85 = 1.18$

因此,有效塔板数 $n_{\text{eff}} = 16 \cdot 1.5^2 \left(\frac{1.18}{1.18 - 1}\right)^2 = 1547$

柱长 $L = n_{\text{eff}} \cdot H_{\text{eff}} = 1547 \times 0.1 = 155$ (cm)

即当柱长为 155 cm 时,两组分可以得到完全分离。

[**例 13-2**] 两物质 A 和 B 在 30 cm 长的色谱柱上的保留时间分别为 16.40 min 和 17.63 min,有一不与固定相作用的物质,其在此柱上的保留时间为 1.30 min。物质 A 和 B 的峰底宽分别为 1.11 min 和 1.21 min。试求:①柱分辨率 R。②柱平均理论塔板数 n。③平均塔板高度 H。④若要求 R 达到 1.5,则柱长至少应为多少? ⑤使用上述较长的柱进行分析时,其分析时间为多长? ⑥不增加柱长,要求在原来的分析时间内 R 达到 1.5,该柱的塔板高度应为多少?

解: 题中已知,$t_{r_1} = 16.40$ min,$t_{r_2} = 17.63$ min,$t_0 = 1.30$ min,$W_1 = 1.11$ min,$W_2 = 1.21$ min。

(1) 分辨率: $R = \dfrac{t_r(\text{B}) - t_r(\text{A})}{1/2 \cdot (W_\text{B} + W_\text{A})} = \dfrac{2 \times (17.63 - 16.40)}{1.21 + 1.11} = 1.06$

(2) 由柱平均理论塔板数公式 $n = 16\left(\dfrac{t_r}{W}\right)^2$ 可得到物质 A 和 B 的理论塔板数分别为

$n_A = 16\left(\dfrac{16.40}{1.11}\right)^2 = 3\,490$, $n_B = 16\left(\dfrac{17.63}{1.21}\right)^2 = 3\,400$,

因此，柱平均理论塔板数 $n = (3\,490 + 3\,400)/2 = 3\,445$。

(3) 平均塔板高度：$H = \dfrac{L}{n} = \dfrac{30}{3\,445} = 8.7 \times 10^{-3}$（cm）。

(4) 由于 k 和 α 与柱长 L 或 n 无关，故由式 $R = \dfrac{\sqrt{n}}{4} \cdot \dfrac{\alpha - 1}{\alpha} \cdot \dfrac{k}{1 + k}$ 得 $\dfrac{R_1}{R_2} = \dfrac{\sqrt{n_1}}{\sqrt{n_2}}$，

即 $\dfrac{1.06}{1.50} = \dfrac{\sqrt{3\,445}}{\sqrt{n_2}}$

$n_2 = 6.9 \times 10^3$

因此，所需柱长 $L_2 = n_2 \times H = 6.9 \times 10^3 \times 8.7 \times 10^{-3} = 60$（cm）。

(5) 分析时间 t：根据公式 $t_r = \dfrac{16R^2H}{u} \cdot \left(\dfrac{\alpha}{\alpha - 1}\right)^2 \cdot \dfrac{(1 + k)^3}{k^2}$，得后出峰的 B 物质在两柱（标为柱 1 和柱 2）上的保留时间或分析时间之比为 $\dfrac{t_{r_1}}{t_{r_2}} = \dfrac{(R_1)^2}{(R_2)^2}$，

因此 $t_{r_2} = \dfrac{17.63 \times 1.5^2}{1.06^2} = 35$（min）。

(6) 根据公式 $t_r = \dfrac{16R^2H}{u} \cdot \left(\dfrac{\alpha}{\alpha - 1}\right)^2 \cdot \dfrac{(1 + k)^3}{k^2}$，得 $\dfrac{t_{r_1}}{t_{r_2}} = \dfrac{(R_1)^2 H_1}{(R_2)^2 H_2}$。

由于分析时间不增加，即 $t_{r_1} = t_{r_2}$，因此，$\dfrac{(R_1)^2 H_1}{(R_2)^2 H_2} = 1$，代入各参数数值，得 $H_2 = \dfrac{1.06^2 \times 8.7 \times 10^{-3}}{1.50^2} = 4.3 \times 10^{-3}$（cm）。

习题

1. 用 3 m 的填充柱得到下图所示的分离，为了得到 1.5 的分辨率，柱子长度最短需要多少？

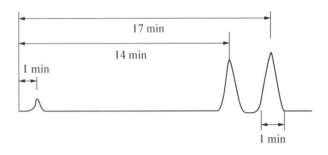

2. 已知某组分峰的底宽为 40 s，保留时间为 400 s。

(1) 计算此色谱柱的理论塔板数。

(2) 若柱长为 1.00 m，求此理论塔板高度。

3. 在某气液色谱柱上组分 A 流出需要 15.0 min，组分 B 流出需要 25.0 min，而不溶于固定相的物质 C 流出需要 2.0 min，问：

(1) B 组分相对于 A 的相对保留时间是多少？

(2) A 组分相对于 B 的相对保留时间是多少？

(3) 组分 A 在柱中的容量因子是多少？

(4) 如果组分 B 流出柱子需要 25.0 min，那么 B 分子通过固定相的平均时间是多少？

4. 组分 P 和 Q 在某色谱柱上的分配系数分别为 490 和 460，那么，哪一个组分先流出色谱柱？

5. 合试样进入气液色谱柱后，测定各组分的保留时间为：空气 45 s，丙烷 1.5 min，正戊烷 2.35 min，丙酮 2.45 min，丁醛 3.95 min，二甲苯 15.0 min。当使用正戊烷作基准组分时，各有机化合物的相对保留时间为多少？

6. 在某色谱分析中得到下列数据：保留时间 (t_R) 为 5.0 min，死时间 (t_0) 为 1.0 min，液相体积 (V_l) 为 2.0 mL，柱出口载气流速 (F_{co}) 为 50。试计算：

(1) 分配比 k。

(2) 死体积 V_0。

(3) 分配系数 K。

(4) 保留体积 V_r。

7. 某色谱峰峰底宽为 50 s，它的保留时间为 50 min，在此情况下，该柱子有多少块理论塔板？

8. 已知在一根有 8 100 块理论塔板的色谱柱上，异辛烷和正辛烷的调整保留时间为 800 s 和 815 s，设 $\dfrac{k+1}{k} \approx 1$，试问：

(1) 如果一个含有上述两组分的试样通过这跟柱子，所得到的分辨率为多少？

(2) 假定调整保留时间不变，当使分辨率达到 1.00 时，所需的塔板数为多少？

(3) 假定调整保留时间不变，当使分辨率达到 1.5 时，所需的塔板数为多少？

9. 已知某色谱柱的理论塔板数为 2 500 块，组分 A 和组分 B 在该柱上的保留距离分别为 25 mm 和 36 mm，求 A 和 B 的峰底宽。

10. 已知某色谱柱的有效塔板数为 1 600 块，组分 A 和组分 B 在该柱上的保留时间分别为 90 s 和 100 s，求其分辨率。

11. 柱效能指标和柱的分离度有什么区别和联系？

12. 已知 $R = \dfrac{2(t_{r_1} - t_{r_2})}{W_1 + W_2}$，设相邻两峰的峰底宽相等，证明 $R = \dfrac{\sqrt{n}}{4} \cdot \dfrac{\alpha - 1}{\alpha} \cdot \dfrac{k}{1+k}$。

13. 已知 $\tau = \dfrac{\sigma}{L/t_r}$ 和 $H = \dfrac{\sigma}{L}$，试推导计算柱效的公式 $n = 5.54 \times \left(\dfrac{t_r}{W_{1/2}}\right)^2$（式中 τ 和 σ 分别是用时间和以长度为单位的标准偏差）。

14. 根据范第姆特方程推导出以 A、B、C 常数表示的最佳线速率和最小塔板高度。

15. 长度相等的两根色谱柱，其范第姆特常数如下：

	A	B	C
柱1	0.18 cm	0.40 cm$^2 \cdot$s^{-1}	0.24 s
柱2	0.05 cm	0.50 cm$^2 \cdot$s^{-1}	0.10 s

    (1) 如果载气流速是 0.50 cm$^2 \cdot$s^{-1}，那么这两板柱子给出的理论塔板数哪一个大？
    (2) 柱1的最佳流速是多少？

16. 当色谱柱温为150 ℃时，其范第姆特方程中的常数 $A = 0.08$ cm，$B = 0.15$ cm$^2 \cdot$s^{-1}，$C = 0.03$ s，这根柱子的最佳流速是多少？

17. 组分A和B在一根30 cm柱上分离，其保留时间分别为16.40 min和17.63 min；峰底宽分别为1.11 min和1.21 min。不被保留组分通过色谱柱需要1.30 min，试计算：
    (1) 分离度。
    (2) 柱子的平均塔板数。
    (3) 板高 H。
    (4) 当分离度 $R = 1.5$ 时，所需柱长。
    (5) 在长柱子上，组分B的保留时间。

18. 假设两组分的调整保留时间分别为19 min及20 min，死时间为1 min，计算：
    (1) 较晚流出的第二组分的分配比。
    (2) 欲达到分离度 $R = 0.75$ 时，所需的理论塔板数。

第 14 章　气相色谱法

气相色谱法（gas chromatography，GC）是以气体作为流动相的柱色谱分离分析方法。根据其固定相状态或分离原理的不同，又可分为气－固色谱和气－液色谱法。气－固色谱多采用固体吸附剂作固定相，它是利用不同组分在该吸附剂固定相上的物理吸附－解吸能力不同实现组分的分离，其分离的对象主要是一些在常温常压下为气体和低沸点的化合物。由于气－固色谱可供选择的固定相种类有限，分离的对象不多，而且固定相中的非线性吸附－脱附过程使得色谱峰容易拖尾，因此实际应用并不广泛。气－液色谱则采用涂渍于载体上的高沸点的有机化合物作为固定相，它是利用不同组分在该有机化合物固定相中的溶解或分配能力不同实现组分的分离。气－液色谱可直接称之为气相色谱，它有以下特点。

（1）可分离性质极为相似的组分。由于气相色谱可供选择的固定液种类很多，且可使用高性能的空心毛细管柱，因此，可针对待测物的性质，优选具有高选择性的固定液并增加理论塔板数来提高分离能力。

（2）分析速度快。由于气体流动相的黏度小，扩散系数大，因此，在柱内流动的阻力小，传质速度快，非常有利于高效、快速地分离低分子量化合物。

（3）分析灵敏度高。气相色谱检测器种类很多。对于不同类别的物质使用不同检测器，一些检测器的检测下限可达 $10^{-15} \sim 10^{-12}$ g，是痕量分析不可缺少的工具之一。

（4）分析对象较广。在仪器允许的气化条件下，凡是可以气化且热稳定的液体或气体混合物均可使用气相色谱分析。有些沸点过高难以气化、热不稳定易分解或极性太强的化合物，可通过化学衍生化的方法，使其转变化易气化、热稳定或低极性的化合物后再进行分析。

14.1　气相色谱仪器

气相色谱仪的种类和型号很多，但它们均由气路系统、进样系统、分离系统、检测系统和温度控制系统等主要部分构成。如图 14-1 所示。

用于分离分析试样的基本过程如图 14-1 所示。由高压钢瓶供给的流动相载气，经减压阀（通常接气体净化器）、稳压阀和转子流速计后，以稳定的压力和恒定的流速连续经过气化室、色谱柱、检测器，最后通过皂膜流量计放空。气化室与进样口相接，其作用是将进样口注入的液体试样瞬间气化为蒸汽，以便随载气进入色谱柱中进行分离。

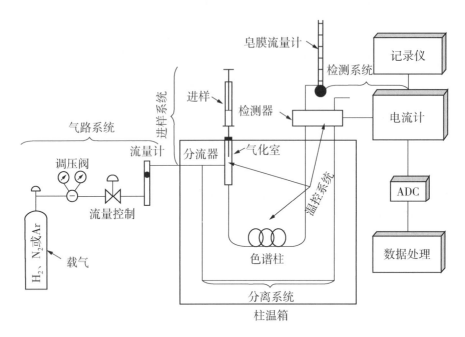

图 14 -1 气相色谱仪组成

分离后的试样随载气依次进入检测器，将组分的浓度（或质量）变化转变为电信号。电信号经放大后，由记录器记录下来，即得到色谱图。

下面分别对气相色谱仪器的气路系统、进样系统、分离系统、温控系统和检测系统作具体介绍。

14.1.1 气路系统

气路系统提供具有连续、纯净、压力和流速稳定且可准确调控的载气。其气密性、载气稳定性以及流量测量的准确性，对色谱结果均有很大的影响，需注意控制。

（1）载气。气相色谱中常用的载气包括氮气、氢气、氦气和氩气等。它们一般都是由相应的高压钢瓶贮装或气体发生器供给，供气压力通常分为两级，即钢瓶压力和柱头压力。至于选用何种载气，主要取决于待测物及检测器等因素。

（2）净化器。净化器是用来提高载气纯度的装置。通常是将分别填充有活性炭、硅胶和分子筛等吸附剂的吸附管串联置于气路中，用于除去载气中的烃类物质、水分和氧气等杂质气体。

（3）稳压恒流装置。由于载气流速是影响色谱分离和定性分析的重要操作参数之一，因此，需在载气进入气化室之前，于气路中串接稳压阀和稳流阀以保证载气流速的稳定。

14.1.2 进样系统

进样系统包括进样器和气化室，如图 14 -2 所示。其作用是使试样在进入色谱柱之前瞬间气化，并由载气快速定量地转入色谱柱。进样量、进样时间以及试样气化速度等都会影响色谱的分离效率、分析结果的准确性和重现性。

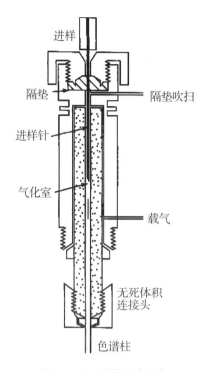

图 14-2 进样系统示意

（1）进样器。液体试样的进样一般都用微量注射器，常用的规格有 1 μL、5 μL、10 μL 和 50 μL 等。用微量注射器抽取一定体积的试样，通过橡胶隔垫插入气化室并将试样快速注入。对于气体试样的进样，常采用旋转式六通阀定量进样，其工作过程如图 14-3 所示。

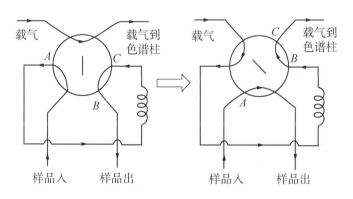

图 14-3 六通阀进样示意

（2）气化室。为使试样在气化室中瞬间气化而不被分解，要求气化室热容量大，无催化效应。对于毛细管气相色谱而言，由于毛细管柱柱内径和容量较小，多数气化室还设有隔垫吹扫、分流/不分流、衬管和无死体积连接头等装置，如图 14-4 所示。

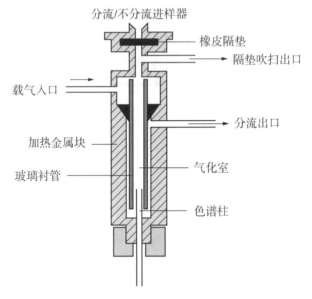

图 14-4　分流/不分流进样示意

1）隔垫吹扫。指进样口隔垫下通入流速为 1～3 mL/min 的载气流，将进样垫产生的残留溶剂和经注射器多次穿刺后可能落下的碎屑吹出系统，避免其进入色谱柱干扰分析和堵塞色谱柱。

2）不分流进样与分流进样采用同一个进样口。不分流进样是将分流气路的电磁阀关闭，让样品全部进入色谱柱。这样做既可提高分析灵敏度，又能消除分流歧视的影响。然而，由于样品汽化后的体积相对于柱内载气流量太大，导致样品初始谱带较宽，而且汽化的溶剂量很大，不可能瞬间进入色谱柱，从而造成溶剂峰严重拖尾，使较早流出组分的峰被掩盖在溶剂拖尾峰中，从而使分析变得困难。另外，当样品浓度过大时，也可使色谱柱和检测器过载，形成平头峰。因此，在样品气化后需作分流处理，即将大部分的载气和气化组分混合气体放空，但这样又会损失大部分样品，降低分析灵敏度。现代色谱仪器通常将分流和不分流两种模式结合起来，即样品气化初期关闭分流阀，一段时间（如 30～80 s）后再开启分流阀进行分流，在最佳分流/不分流条件下，可使 95% 以上的样品进入色谱柱。这样既保证了分析灵敏度，又不至于产生样品初始谱带展宽和溶剂峰等干扰。

3）气化室中的衬管多为玻璃或石英材料制成。为了使样品在汽化室尽可能少地稀释，从而减小初始谱带宽度，衬管的容积小一些有利，一般为 0.25～1 mL。用于分流进样的衬管大都不是直通的，管内有缩径处或者烧结板，可在衬管中间部位填充一些玻璃珠或玻璃毛，用以增加与样品接触的比表面，保证样品完全汽化，减小分流歧视效应。同时，也可防止固体颗粒和不挥发的样品组分进入色谱柱。

4）为了尽量减小柱前谱峰变宽，需在气化室与色谱柱头之间加装一个消除死体积的连接头，以减小气化室的死体积的影响。

14.1.3 分离系统

分离系统主要由色谱柱组成，是气相色谱仪的心脏。其功能是使试样组分在柱内运行过程中得到分离。色谱柱分为填充柱和毛细管柱两种。填充柱是将固定相填充在 U 型或螺旋形金属或玻璃管中，管内径为 2～4 mm，柱长为 1～10 m，螺旋直径与柱内径之比一般为（15～25）:1。毛细管柱是用熔融石英拉制的空心管，也叫弹性石英毛细管，其柱内径通常为 0.1～0.5 mm，柱长为 25～60 m，绕成直径约 20 cm 的环状。用这样的毛细管作分离柱的气相色谱称为毛细管气相色谱或开管柱气相色谱，其分离效率比填充柱要高得多。色谱柱的分离效果除与柱长、柱径和柱形有关外，还与所选用的固定相和柱填料的制备技术以及操作条件等许多因素有关。

有关填充柱和毛细管柱固定相的选择和制备将在随后的内容中再详细介绍。

14.1.4 温控系统

在气相色谱测定中，温度是重要的指标，它直接影响样品组分的气化、色谱柱的分离以及检测器的灵敏度和稳定性。因此，气相色谱仪必须对气化室、色谱柱箱和检测器的工作温度进行严格控制。

气化室温度应根据待测组分的沸点和稳定性进行设置，要求可使组分瞬间气化又不至于分解。通常气化温度应等于或比高于组分的沸点。一般情况下，气化室的温度比柱温高 10～50 ℃。

色谱柱箱温度及控制准确度可直接影响分离效率，包括恒温和程序升温两种温控方式。程序升温是指在一个分析周期内色谱柱温随时间由低温至高温进行线性或非线性变化，从而使具有较宽沸点范围的各个组分在其最佳柱温下流出，从而改善分离效果。图 14-5 为某混合物采用恒温（45 ℃和 145 ℃）以及程序升温三种方式获得的色谱图。

从图 14-5（a）可见，当保持在较低温度时（45 ℃），一些较高沸点组分的峰形很宽或很难流出色谱柱，在分离下一个样品时才流出，因此造成交叉污染；当保持在较高温度（145 ℃）时，所有组分均可较快出峰，但低沸点组分分离效果不佳，高沸点组分展宽严重 [图 14-5（b）]；当采用程序升温方式（图 14-6），所有组分均得到良好分离，且峰形良好 [图 14-5（c）]。

气相色谱仪检测器大多对温度的变化都很敏感。不同类型的检测器受温度的影响也存在差异。一般来说，温度设定过高，虽然可增加组分的响应值，但也会增加基线噪声；温度设定太低，样品组分会在检测器内冷凝，不出峰甚至污染检测器。因此，在气相色谱仪分析中，检测器温度设定应尽量满足检测器灵敏度的要求，同时要保证流出色谱柱的组分不在检测器内部冷凝。

检测器的温度效应可参见本章有关色谱检测器的介绍。

14.1.5 检测系统

检测器是一种将载气中被分离组分的量转为可以测量的电信号的装置。目前，气相色谱检测器有十多种，包括热导检测器（thermal conductivity detector，TCD）、氢火焰离

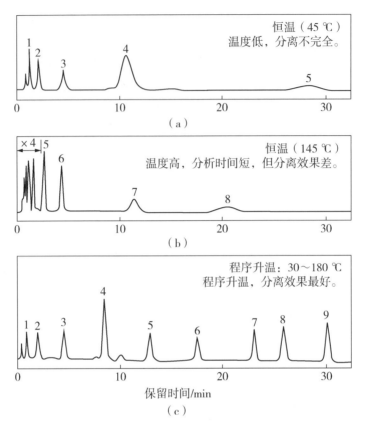

图 14-5 色谱柱恒温和程序升温效果比较

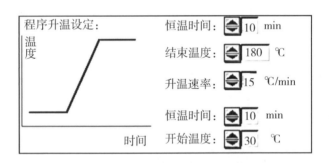

图 14-6 色相色谱仪程序升温设置

子化检测器(flame ionization detect,FID)、电子捕获检测器(electron capture detector,ECD)、火焰光度检测器(flame photometry detector,FPD)、氮磷检测器(NPD)和原子发射检测器(AED)。此外,质谱和红外光谱可与气相色谱技术联用,此时的质谱仪(MSD)和红外光谱仪(IR)也可视为色谱检测器。

由于气相色谱检测器种类多、检测原理和检测对象各不相同,因此,相关内容将在本章后面专门介绍。

14.2 气相色谱固定相及操作条件的选择

在气相色谱分析中,某一多组分混合物中各组分能否完全分离开,主要取决于色谱柱的效能和选择性。后者在很大程度上取决于固定相选择得是否适当。因此,选择适当的固定相是色谱分析的关键。气相色谱固定相包括气-固色谱固定相和气-液色谱固定相两类。其中,气-液色谱固定相由担体(或载体)和固定液构成。

14.2.1 气-固色谱固定相

采用气相色谱分析,常温下为气体(包括气态烃类)时,因为气体在一般固定液中溶解度较小,所以分离效果并不好。但若采用固体吸附剂作为固定相,基于其对气体的吸附性能的差别进行分析,往往可取得满意的分离效果。

气-固色谱法固定相所采用的吸附剂包括非极性的活性炭、弱极性的氧化铝和强极性的硅胶等等。它们对各种气体吸附能力的强弱不同,因而,可根据分离和分析对象选择合适的吸附剂。表 14-1 是一些常用的吸附剂及其一般用途。由于吸附剂种类不多,生产批次不同其吸附剂性能也存在差异,因此其分离的重现性不好。另外,吸附剂存在的活性中心以及进样量稍多均可影响色谱峰形状(色谱峰不对称或拖尾)。因此,可通过对吸附剂表面进行物理化学改性,制作表面结构均匀的吸附剂,如石墨化碳黑和碳分子筛等。经过改性的吸附剂可一定程度地消除极性化合物色谱峰的拖尾现象,甚至可以用于一些顺、反式空间异构体的分离。

表 14-1 常用吸附剂(固定相)的特点及处理方法

吸附剂	化学成分	极性	活化方法	分离特征
活性炭	C	非极性	粉碎过筛,用苯浸泡几次除去硫黄、焦油等杂质。然后在 350 ℃ 通入水蒸汽(商品色谱用活性炭,可不用水蒸气处理),吹至乳白色物质消失为止,最后在 180 ℃ 烘干	分离永久性气体及低沸点烃类,不适于分离极性化合物
石墨炭黑	C	非极性		分离气体及烃类,对高沸点有机化合物也能获得较对称峰形
硅胶	$SiO_2 \cdot xH_2O$	氢键型	粉碎过筛后,用 6 mol/L HCl 浸泡 1~2 h,然后用蒸馏水洗至无 Cl^- 为止。在 180 ℃ 烘箱中烘 6~8 h。装柱后于 200 ℃ 通载气活化 2 h(商品色谱用硅胶只需在 200 ℃ 下活化处理)	分离永久性气体及低级烃

续表 14-1

吸附剂	化学成分	极性	活化方法	分离特征
氧化铝	Al_2O_3	弱极性	200~1 000 ℃下烘烤活化	分离烃类及有机异构物，在低温可分离氢同位素
分子筛	$x(MO) \cdot y(Al_2O_3) \cdot z(SiO_2) \cdot nH_2O$	极性	粉碎过筛后于 350~550 ℃下活化 3~4 h 或在 350 ℃ 真空下活化 2 h	特别适用于永久性气体和惰性气体的分离
GDX	多孔共聚物	极性与聚合条件有关	170~180 ℃烘去微量水分后，在 H_2 或 N_2 气中活化处理 10~20 h	极性有机物、含水试样、腐蚀性气体

高分子多孔小球（GDX）是以二乙烯基苯作为单体，经悬浮共聚所得的交联多孔聚合物。GDX 随共聚体的化学组成和共聚后的物理性质不同，不同商品牌号具有不同的极性及应用范围，因此，GDX 是一种应用日益广泛的气-固色谱固定相，可用于有机物或气体中水含量的测定。

在气相色谱分析中，若采用气-固色谱柱，吸附系数很大的水，可使分析无法进行；若采用气-液色谱柱，组分中含水则会给固定液和担体的选择带来麻烦和限制。但当采用 GDX 固定相时，由于多孔聚合物和羟基化合物的亲和力极小，且基本按分子质量顺序分离，故相对分子质量较小的水分子可在一般有机物之前出峰，峰形对称，特别适于分析试样中的痕量水含量，也可用于多元醇、脂肪酸和腈类等强极性物质的测定。此外，由于这类多孔微球具有耐腐蚀和耐辐射性能，还可用于 HCl、SO_2、Cl_2 和 NH_3 的分析。该固定相除应用于气-固色谱外，还可作为担体涂上固定液后使用。

14.2.2 气-液色谱固定相

气-液色谱固定相由固定液与"固定"固定液的担体（或称为载体）构成。

14.2.2.1 担体

担体（载体）是一种化学惰性且具多孔性的固体颗粒，其作用是提供一个大的惰性表面，用以承担固定液，使固定液以薄膜状态分布在其表面上。理想的担体通常有以下特点：①表面化学惰性。表面没有吸附性或吸附性很弱，更不能与被测物质起化学反应。②具多孔性。表面积较大，使固定液与试样有较大接触面积。③稳定性好。热稳定性好，且有一定的机械强度，不易破碎。④粒度大小和分布。担体粒度分布均匀、大小合适。颗粒过细，使柱压降增大，不利于操作；粒度过大或分布不均匀则不利于提高柱效。

（1）担体类型。通常将担体分为硅藻土型和非硅藻土型两类。

1）硅藻土型。常用的硅藻土型担体又可分为红色担体和白色担体。它们都是天然硅藻土经煅烧而成，其化学组成和内部结构基本相似，但白色担体在煅烧前于硅藻土原料中加入少量碳酸钠作为助熔剂。因此，两种担体的表面结构和分离性能并不相同。

红色担体因含少量氧化铁颗粒呈红色而得名，如 6201、C-22 火砖和 Chmmosorb P 型担体等。红色担体的表面孔穴密集，孔径较小（平均孔径 1 μm），表面积大（比表面约为 4.0 m^2/g），由于比表面积大，涂渍固定液量较多，因此，分离效率相对就比较高。此外，由于结构紧密，因而机械强度较好。红色担体的缺点是其表面有吸附活性中心，在与极性固定液配合使用时，可能会造成固定液分布不均匀，从而影响柱效。但当与非极性固定液配合使用，则活性中心的影响不大，可用于非极性或弱极性物质的分析。

白色担体由于在煅烧时加入了碳酸钠助熔剂，使氧化铁转变为白色的铁硅酸钠而得名，如 101、Chromosorb W 等型号的担体。白色担体颗粒较大且疏松，其机械强度不如红色担体；表面孔径较大（8～9 μm）、表面积较小（比表面积约 1.0 m^2/g）。由于表面活性中心显著减少，吸附性减小，故一般用于极性物质的分析。

虽然红色担体和白色担体性质有所不同，但这些硅藻土型担体表面均具有细孔结构且含有相当数量的硅醇基（≡SiOH）、铝氧基（=AlO）和铁氧基（=FeO）等活性基团并呈现不同的 pH。因此，其表面既有吸附活性，又有催化活性。当涂渍极性固定液时，会造成固定液分布不均匀。分析极性试样时，由于与活性中心的相互作用，会造成色谱峰的拖尾；而在分析萜烯、二烯、含氮杂环化合物以及氨基酸衍生物等化学活泼的试样时，则有可能发生化学变化和不可逆吸附。因此，在分析这些试样时，需对担体进行钝化处理，以改进担体孔隙结构，屏蔽活性中心，提高柱效率。担体钝化处理方法包括酸洗、碱洗和硅烷化等。

酸洗、碱洗：用浓盐酸、氢氧化钾甲醇溶液分别浸泡，以除去铁等金属氧化物杂质及表面的氧化铝等酸性作用点。

硅烷化：用硅烷化试剂和担体表面的硅醇、硅醚基团起反应，以消除担体表面的氢键结合能力，从而改进担体的性能。常用的硅烷化试剂有二甲基二氯硅烷和六甲基二硅烷胺等，其反应为

$$\text{—Si(OH)—O—Si(OH)—} + \text{(CH}_3\text{)}_2\text{SiCl}_2 \longrightarrow \text{—Si—O—Si—O—Si(CH}_3\text{)}_2\text{—O—Si—O—Si—} + 2\text{HCl}$$

2）非硅藻土型。非硅藻土型担体包括聚合氟塑料担体、玻璃微球担体和高分子多孔微球等。这类担体表面孔隙和比表面适中，机械强度大，耐高温和耐腐蚀。可以直接作为气-固色谱固定相，也可以作为担体，于其表面涂渍固定液或键合固定液用作气液色谱固定相。例如，高分子多孔微球是人工合成的，其孔径大小及表面性质可控。一般说来，这类固定相的颗粒是均匀的圆球，色谱柱容易填充均匀，数据的重现性好。另外，因无液膜存在，也就无固定液的流失问题，因此有利于大幅度程序升温，用于沸点范围宽的试样的分离。

（2）担体的选择。担体往往对色谱分离有较大影响。例如，分析含有的 4 个有机磷农药试样时，若用未处理的担体，涂 3% OV-1 固定液则不出峰；用硅烷化白色担体，

出 3 个峰，但柱效很低；用酸洗和二甲基二氯硅烷硅烷化的担体，出 4 个峰，且柱效很高。但若固定液质量分数在 10% 左右，进行常量分析，则未处理的白色担体效果也很好。选择担体的大致原则为：①当固定液质量分数大于 5% 时，可选用硅藻土型（白色或红色）担体。②当固定液质量分数小于 5% 时，应选用处理过的担体。③对于高沸点组分，可选用玻璃微球担体。④对于强腐蚀性组分，可选用氟担体。

14.2.2.2 固定液

气相色谱固定液主要是一些高沸点的有机化合物，通过机械涂渍或化学键合等方式将其"固定"于担体上作为气－液色谱的固定相。通常用作固定液的有机化合物应具有以下条件：①热稳定性好。在操作温度下不发生聚合、分解或交联等现象，且有较低的蒸汽压，以免固定液流失。通常，固定液有一个最高使用温度。②化学稳定性好。固定液与试样或载气不能发生不可逆的化学反应。③固定液的黏度和凝固点要低，以便在载体表面能均匀分布。④各组分必须在固定液中有一定的溶解度，否则试样会迅速通过柱子，难以使组分分离。⑤具有高的选择性，即对沸点相同或相近的不同物质有尽可能高的分离能力。

（1）固定液类型。固定液一般都是高沸点的有机化合物，而且各有其特定的使用温度范围，特别是最高使用温度极限。可用作固定液的高沸点有机物很多。通常按照固定液的化学结构或极性进行分类。表 14-2 按化学结构列出了部分常用的固定液的极性及分离特点。

表 14-2 按化学结构分类的固定液

结构类型	极性	固定液示例	分离对象
烃类	最弱极性	角鲨烷、石蜡油	非极性化合物
硅氧烷类	弱极性到强极性	甲基硅氧烷、苯基硅氧烷、氟基硅氧烷、氰基硅氧烷	不同极性化合物
醇类和醚类	强极性	聚乙二醇	强极性化合物
酯类和聚酯	中强极性	苯甲酸二壬酯	应用较广
腈和腈醚	强极性	氧二丙腈、苯乙腈	极性化合物
有机皂土	—	—	芳香异构体

（2）固定液极性及表征方法。在气相色谱中常用极性来说明固定液和被测组分的性质。由电负性不同的原子所构成的分子，当它的正电中心和负电中心不重合时，就形成具有正负极的极性分子。如果组分与固定液分子性质（极性）相似，固定液和被测组分两种分子间的作用力就强，被测组分在固定液中的溶解度就大，分配系数就大，也就是说，被测组分在固定液中溶解或分配系数的大小与被测组分和固定液两种分子之间相互作用力的大小有关。

分子间的相互作用力包括静电力、诱导力、色散力和氢键力等。

1）静电力（定向力）。这种力是由于极性分子的永久偶极间存在静电作用而引起的。采用极性固定液色谱柱分离极性试样时，分子间的作用力主要就是静电力。被分离组分的极性越大，与固定液间的相互作用力就越强，该组分在柱内滞留的时间就越长。由于静电力的大小与绝对温度成反比，因此，在较低柱温下依靠静电力有良好选择性的固定液，在高温时选择性就变差，亦即升高柱温对分离不利。

2）诱导力。极性分子和非极性分子共存时，极性分子的永久偶极电场使非极性分子极化而产生诱导偶极，此时两分子相互吸引而产生诱导力。这个作用力一般很小。在分离非极性分子和可极化分子的混合物时，可以利用极性固定液的诱导效应来分离这些混合物。例如，苯和环己烷的沸点很相近，若用非极性固定液（例如液体石蜡）是很难将它们分离的。但苯比环己烷容易极化，此时采用中等极性的邻苯二甲酸二辛酯固定液，使苯产生诱导偶极，苯的保留时间是环己烷的 1.5 倍；若选用强极性的 β，β′-氧二丙腈固定液，则苯的保留时间是环己烷的 6.3 倍，即均可以实现苯和环己烷的良好分离。

3）色散力。非极性分子之间虽没有静电力和诱导力相互作用，但其分子却具有瞬间的周期变化的偶极矩（由于电子运动，原子核在零点间的振动而形成），只是这种瞬间偶极矩的平均值等于零，在宏观上显示不出偶极矩而已。这种瞬间偶极矩带有一个同步电场，能使周围的分子极化，被极化的分子又反过来加剧瞬间偶极矩变化的幅度，产生所谓色散力。

对于非极性和弱极性分子而言，分子间作用力主要是色散力。例如，用非极性的角鲨烷固定液分离 $C_1 \sim C_4$ 烃类时，它的色谱流出次序与色散力大小有关。由于色散力与沸点成正比，所以组分基本按沸点顺序分离。

4）氢键力。也是一种定向力，当分子中一个 H 原子和一个电负性很大的原子（以 X 表示，如 F、O、N 等）构成共价键时，它又能和另一个电负性很大的原子（以 Y 表示）形成一种强有力的有方向性的静电吸引力，即氢键作用力。这种相互作用关系表示为"X—H⋯Y"，X 和 H 之间的实线表示共价键，H 和 Y 之间的点线表示氢键。X 和 Y 的电负性越大，吸引电子的能力越强，氢键作用力就越大。同时，氢键的强弱还与 Y 的半径有关，半径越小，越易靠近 X—H，因而氢键越强。

固定液分子中含有—OH、—COOH、—COOR、—NH_2 和—NH 官能团时，对含氟、含氧和含氮化合物有显著的氢键作用力，作用力强的在柱内保留时间长。氢键型基本上属于极性类型，但对于氢键的作用力更为明显。可见，分子间的相互作用力与分子的极性有关。

固定液的极性可以采用相对极性 P 表示。该表示方法规定，非极性角鲨烷固定液的相对极性 $P_1 = 0$，强极性 β，β′-氧二丙腈固定液的相对极性 $P_2 = 100$，然后以正丁烷-丁二烯或者环己烷-苯作为分离用的物质对，分别测定这一对物质在角鲨烷、β，β′-氧二丙腈及待测物作为固定液的色谱柱上的调整保留值 q_1、q_2 和 q_x。固定液相对极性测定方法如图 14-7 所示。可按图中的公式，计算待测固定液的相对极性 P_x。

这样测得的各种固定液的相对极性均在 0～100 之间，为便于在选择固定液时参考，又将其分为五级，每 20 为一级，P 在 0～1 间的为非极性固定液，1～2 为弱极性固定液，3 为中等极性固定液，4～5 为强极性固定液。表 14-3 给出了一些常用固定液的相对极性。

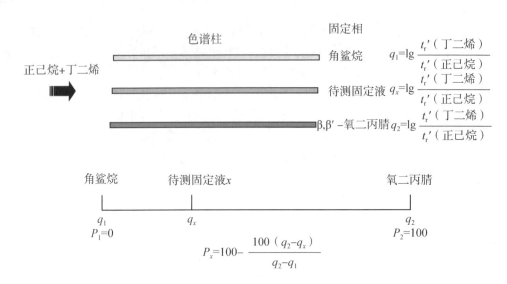

图 14-7 相对极性的表示（计算）方法

表 14-3 常用固定液的相对极性

固定液	相对极性（P）	级别	固定液	相对极性（P）	级别
角鲨烷	0	0	XE-60	52	+3
阿皮松	7～8	+1	新戊二醇丁二酸聚酯	5H	+3
SE 30，OV-1	13	+1	PEG-20M	68	+3
DC-550	20	+2	PEG-600	74	+4
己二酸二辛酯	21	+2	己二酸聚乙二醇酯	72	+4
邻苯二甲酸二辛酯	28	+2	己二酸二乙二醇酯	80	+4
邻苯二甲酸二壬酯	25	+2	双甘油	89	+5
聚苯醚 OS-124	45	+3	TCEP	98	+5
磷酸三甲酚酯	46	+3	β,β'-氧二丙腈	100	+5

采用相对极性 P_x 表示固定液性质并不能全面反映被测组分和固定液分子间的全部作用力。为了更好地表征固定液的分离特性，可在上述相对极性概念的基础上，以罗氏（Rohrschneider L.）和麦氏（McReynolds W. O.）常数来表征。

罗氏常数是以 5 种代表不同作用力的化合物，即电子给予体苯（1）、质子给予体乙醇（2）、反映偶极定向力的甲乙酮（3）、电子接受体硝基甲烷（4）和质子接受体吡啶（5）作为探测物，以非极性固定液角鲨烷为基准来表征不同固定液的相对极性。麦氏常数在罗氏常数的基础上，选用 10 种物质来表征固定液的相对极性。实际上，通常采用麦氏的前 5 种探测物，即苯（1）、丁醇（2）、2-戊酮（3）、硝基丙烷（4）和吡啶（5）测得的特征常数（麦氏常数），已能表征固定液的相对极性。其计算方法为

$$\Delta I_1 = I_x^1 - I_s^1；\Delta I_2 = I_x^2 - I_s^2；\Delta I_3 = I_x^3 - I_s^3；\Delta I_4 = I_x^4 - I_s^4；\Delta I_5 = I_x^5 - I_s^5 \quad (14-1)$$

式中，采用重现性更好的 Kovats 保留指数 I 来代替调整保留值，下标 x 和 s 分别代表待

测固定液和角鲨烷固定液；I_x 和 I_s 为苯探测物分别在待测固定液和角鲨烷固定液上的保留指数，其余类同。显而易见，两者的差值 ΔI 可表征以标准非极性固定液角鲨烷为基准时，待测固定液的相对极性（即麦氏常数）。以 ΔI_1、ΔI_2、ΔI_3、ΔI_4 和 ΔI_5 符号分别表示各相应作用力的麦氏常数。将这 5 种探测物的 ΔI 之和（$\sum \Delta I$）称为总极性，其平均值称为平均极性。表 14－4 列出了一些常用固定液的麦氏常数，其中标有序号的 12 种是李拉（Leary J）用其近邻技术（nearest neighbor technique）从品种繁多的固定液中筛选出的分离效果好、热稳定性好、使用温度范围宽且有一定极性间距的典型固定液，它对固定选择是有用的依据。

表 14－4　一些常用固定液的麦氏常数

序号	固定液	型号	苯 ΔI_1	丁醇 ΔI_2	2－戊酮 ΔI_3	硝基丙烷 ΔI_4	吡啶 ΔI_5	平均极性	总极性 $\sum \Delta I$	最高温度 /℃
1	角鲨烷	SQ	0	0	0	0	0	0	0	100
2	甲基硅橡胶	SE－30	15	53	44	64	41	43	217	300
3	苯基（10%）甲基聚硅氧烷	OV－3	44	86	81	124	88	85	423	350
4	苯基（20%）甲基聚硅氧烷	OV－7	69	113	111	171	128	118	592	350
5	苯基（50%）甲基聚硅氧烷	DC－710	107	149	153	228	190	165	827	225
6	苯基（60%）甲基聚硅氧烷	OV－22	160	188	191	283	253	219	1 075	350
	苯二甲酸二癸酯	DDP	136	255	213	320	235	232	1 159	175
7	三氟丙基（50%）甲基聚硅氧烷	QF－1	144	233	355	463	305	300	1 500	250
	聚乙二醇十八醚	ON－270	202	396	251	395	345	318	1 589	200
8	氰乙基（25%）甲基硅橡胶	XE－60	204	381	340	493	367	357	1 785	250
9	聚乙二醇－20000	PEG－20M	322	536	368	572	510	482	2 318	225
10	己二酸二乙二醇聚酯	DEGA	378	603	460	665	658	553	2 764	200
11	丁二酸二乙二醇聚酯	DEGS	492	733	581	833	791	686	3 504	200
12	三（二氰乙氧基）丙烷	TCEP	593	857	752	1 028	915	829	4 145	175

从表 14-4 中可见，固定液的总极性越大，极性越强；麦氏常数值越小，固定液的极性越接近于非极性固定液的极性；麦氏常数中某特定值，如 ΔI_1 或 ΔI_2 值越大，则表明该固定液对相应的探测物的作用力越强。可见，在实际工作中，利用麦氏常数将有助于固定液的评价、分类和选择。

(3) 固定液的选择。固定液的选择，一般根据相似相溶原理，即当固定液的性质（通常为极性）和被测组分有某些相似性时，其溶解度就大。因为这时分子间的作用力强，选择性高，分离效果好。具体说来，可从以下几个方面进行考虑。

1) 非极性试样一般选用非极性的固定液。非极性固定液对试样的保留作用主要靠色散力，分离时，试样中各组分基本上按沸点从低到高的顺序流出色谱柱。若试样中含有同沸点的烃类和非烃类化合物，则极性化合物先流出。

2) 中等极性的试样应首先选用中等极性固定液。在这种情况下，组分与固定液分子之间的作用力主要为诱导力和色散力。分离时，组分基本上按沸点从低到高的顺序流出色谱柱，但对于同沸点的极性和非极性化合物，由于此时诱导力起主要作用，使极性化合物与固定液的作用力加强，所以非极性组分先流出。

3) 强极性试样应选用强极性固定液。此时，组分与固定液分子间的作用主要靠静电力，组分一般按极性从小到大的顺序流出，对含极性和非极性组分的试样，非极性组分先流出。

4) 具有酸性或碱性的极性试样，可选用带有酸性或碱性基团的高分子多孔微球（GDX），组分一般按相对分子质量大小顺序分离。此外，还可选用强极性固定液，并加入少量的酸性和碱性添加剂，以减小色谱峰拖尾。

5) 能形成氢键的试样，应选用氢键型固定液，如腈、醚和多元醇固定液等。此时各组分将按形成氢键的能力的大小顺序分离。

6) 对于复杂组分或性质不明的未知试样，一般首先在最常用的 5 种固定液上进行实验，观察未知物色谱图的分离情况，然后在 12 种常用固定液中，选择合适极性的固定液。

14.2.3　气相色谱柱分离条件的选择

在气相色谱分析中，柱分离系统是色谱分析关键。除了要选择合适的固定液之外，还要选择分离的最佳操作条件，如载气种类及流速、柱温、柱压、柱长及内径等，以提高柱效能，增大分离度，满足分离需要。

14.2.3.1　载气及其线速的选择

根据前文中介绍的速率理论公式及其 $H-u$ 曲线可知，对一定的色谱柱和试样，有一个最佳的载气流速 $u_{opt} = \sqrt{B/C}$，此时柱效最高。在实际工作中，为了缩短分析时间，往往使流速稍高于最佳流速。

当流速较小时，分子扩散项（B/u 项）是色谱峰扩张的主要因素，此时应采用相对分子质量较大的载气（N_2、Ar），使组分在载气中有较小的扩散系数；而当流速较大时，传质项（Cu 项）为控制因素，宜采用相对分子质量较小的载气（H_2、He），此时组分在载气中有较大的扩散系数，可减小气相传质阻力，提高柱效。当然，在选择载气时还应考虑对不同检测器的适应性。

对于填充柱，N_2和H_2的最佳实用线速分别为$10\sim12$ cm/s和$15\sim20$ cm/s。通常载气的流速习惯上用柱前的体积流速（mL/min）来表示，也可通过皂膜流量计在柱后进行测定。若色谱柱内径为3 mm，N_2和H_2的流速一般分别为$40\sim60$ mL/min和$60\sim90$ mL/min。

14.2.3.2 柱温的选择

柱温是一个重要的色谱操作参数。它直接影响分离效能和分析速度。很明显，柱温不可高于最高使用温度，否则会造成柱中固定液大量挥发流失。某些固定液有最低操作温度，如Carbowax 20M和FFAP。一般说来，操作温度至少必须高于固定液的熔点，以使其有效地发挥作用。提高柱温使各组分的挥发性差别缩小，不利于分离。因此，从分离的角度考虑，宜采用较低的柱温。但柱温太低，被测组分在两相中的扩散速率大为减小，分配不能迅速达到平衡，峰形变宽，柱效下降，分析时间延长。

柱温选择的原则是：在最难分离组分获得良好分离的前提下，尽可能采取较低的柱温，但以保留时间适宜、峰形不拖尾为度。具体操作条件的选择应根据不同的实际情况而定。

对于高沸点混合物（$300\sim400$ ℃），希望在较低的柱温下（低于其沸点$100\sim200$ ℃）分析。为了改善液相传质速率，可用低固定液含量（质量分数$1\%\sim3\%$）的色谱柱，使液膜薄一些，但允许最大进样量减小，因此应采用高灵敏度检测器。

对于沸点不太高的混合物（$200\sim300$ ℃），可在中等柱温下操作，固定液质量分数$5\%\sim10\%$，柱温比其平均沸点低100 ℃。

对于沸点在$100\sim200$ ℃的混合物，柱温可选在其平均沸点2/3左右，固定液质量分数$10\%\sim15\%$。

对于气体、气态烃等低沸点混合物，柱温选在其沸点或沸点以上，以便能在室温或50 ℃以下分析。固定液质量分数一般在$15\%\sim25\%$。

对于沸点范围较宽的试样，宜采用程序升温（programmed temperature），即柱温按预定的加热速度，随时间作线性或非线性的增加。升温速度一般常呈线性，如每分钟2 ℃、4 ℃和6 ℃等。在较低的初始温度，沸点较低的组分，即最早流出的峰可以得到良好的分离；随柱温增加，较高沸点的组分也能较快地流出，并和低沸点组分一样得到良好分离的尖峰（图14-5c）。

14.2.3.3 固定液的性质和用量

正如前述，固定液的性质对分离起决定作用。在此仅讨论固定液的用量问题。一般来说，担体的表面积越大，固定液用量可以越高，允许的进样量也就越多。但从速率理论可知，欲改善液相传质，提高柱效能并缩短分析时间，应使液膜薄一些。但固定液用量太低，液膜越薄，允许的进样量也就越少。因此，固定液的用量要根据具体情况决定。

固定液的配比（指固定液与担体的质量比）一般用$(5\sim25):100$，也有低于5:100的。不同的担体其固定液的配比往往不同。一般来说，担体的表面积越大，固定液的含量越高。

14.2.3.4 担体的性质和粒度

担体表面结构和孔径分布决定了固定液在担体上的分布以及液相传质和纵向扩散行为。如果担体表面积大，表面和孔径分布均匀，涂渍的固定液薄膜就越均匀，液相传质就快，柱效越高；担体粒度越细，柱效也越高。但粒度过细，阻力过大，使柱压降增大，对操作不利。

14.2.3.5 进样时间和进样量

进样速度必须很快，一般用注射器或进样阀进样时，进样时间都在 1 s 内完成。若进样时间过长，试样原始宽度增加，半峰宽将变宽，甚至使峰变形。

进样量一般是比较少的。液体试样一般进样 0.1～5 μL，气体试样 0.1～10 mL。进样量太多，可使色谱柱过载，峰重叠机率增加，分离不好；进样量太少，又会使含量少的组分因检测器灵敏度不够而不出峰。最大允许进样量，应控制在峰面积或峰高与进样量呈线性关系的范围内。

14.2.3.6 柱长和内径的选择

由于色谱分离度正比于柱长的平方根，所以增加柱长对分离是有利的。但增加柱长会使各组分的保留时间增加，延长分析时间。因此，在满足一定分离度的条件下，应尽可能地使用短柱。一般填充柱的柱长以 2～6 m 为宜。

增加色谱柱内径，可以增加分离的试样量，但由于纵向扩散路径的增加，会使柱效降低。在一般分析工作中，色谱柱内径常为 3～6 mm。

14.3 气相色谱检测器

根据检测原理的不同，可将色谱检测器分为浓度型检测器和质量型检测器两类。

浓度型检测器测量的是载气中组分浓度的瞬时变化，其响应信号与载气中组分的浓度成正比。当进样量一定时，浓度型检测器瞬间响应值（峰高）与流动相流速无关，而积分响应值（峰面积）与流动相流速成反比，峰面积与流动相流速的乘积为一常数。绝大部分检测器都是浓度型检测器，如热导检测器（TCD）、电子捕获检测器（ECD）、液相色谱法中的紫外－可见光检测器（UVD）、电导检测器和荧光检测器（FD）等。凡是非破坏性检测器均为浓度型检测器。

质量型检测器测量的是载气中某组分进入检测器的速度变化，即响应信号与单位时间内组分进入检测器的质量成正比。质量型检测器瞬间响应值（峰高）与流动相流速成正比，而积分响应值（峰面积）与流速无关。凡是破坏性检测器均为质量型检测器，常见的有氢火焰离子化检测器（FID）、火焰光度检测器（FPD）、氮磷检测器（NPD）和质谱检测器（MSD）等。下面介绍几种典型的气相色谱检测器。

14.3.1 热导检测器（TCD）

14.3.1.1 TCD 的原理及组成

TCD 是基于被测组分与载气的热导系数不同而进行检测的。当通过热导池池体的样品组成及其浓度有所变化时，就会引起热敏元件温度的变化，从而导致其电阻值的变化，这种阻值的变化可以通过惠斯登电桥进行测量。TCD 主要由池体和热敏元件构成，如图 14-8（a）为 TCD 一个臂的结构示意。

TCD 一般可分为双臂和四臂热导池两种。由于四臂 TCD 的热丝阻值是双臂的 2 倍，其灵敏度也是双臂 TCD 的 2 倍，因此，目前的 TCD 多为四臂热导检测器，即两个参比臂和两个测量臂均采用热丝，如图 14-8（b）所示。

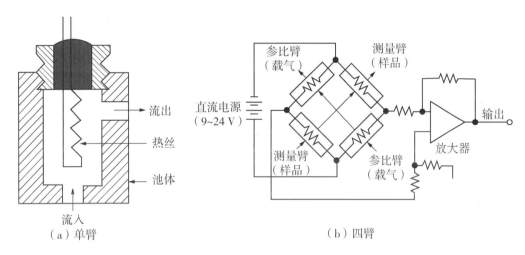

图 14-8　单臂结构以及四臂热导检测器测量原理

14.3.1.2　TCD 的工作过程

当载气以恒定的流速通过，并以恒定的电压给热导池通电时，热丝温度升高。当测量臂无样品组分通过时，流经参考臂和测量臂的均是纯的载气，同种载气有相同的热导系数，因此参考臂和测量臂的电阻值相同，电桥处于平衡状态，检测器无信号输出。当有样品组分进入检测器时，纯的载气流经参考臂，载气携带被测组分流经测量臂，由于载气和被测组分混合气体的热导系数与纯载气的热导系数不同，使得测量臂与参考臂的电阻值有所不同，电桥平衡被破坏，此时检测器会有电压信号输出，其检测信号大小和被测组分的浓度成正比，即可用于定量分析。

14.3.1.3　影响 TCD 灵敏度的因素

热导池检测器是一种检测柱流出物把热量从电热丝上传走的速率的装置，因此，从热丝上带走热量的效率越快，其灵敏度就越高。由此可知影响灵敏度的主要因素有载气、桥路电流、热敏元件的电阻值及电阻温度系数以及池体温度等。

（1）载气。载气种类、纯度和流速均可影响 TCD 灵敏度。载气和组分的热导系数相差越大，在检测器两臂中产生的温差和电阻差也就越大，检测灵敏度也越高。因此，常用热导系数较大的 H_2 和 He 作载气。载气纯度低将产生较大噪声，增加检测限。如果含有 O_2，还会氧化热丝，降低其使用寿命。实验表明，在桥电流 160~200 mA 时，用 99.999% 的超纯 H_2 比用 99% 普通 H_2 灵敏度高 6%~13%。当以 TCD 检测高纯气体中的杂质时，载气纯度应比被测气体高 10 倍以上，否则将出现倒峰。此外，TCD 为浓度型检测器，色谱峰面积 A 与流速成反比。因此，TCD 测量时应保持载气流速恒定。在柱分离条件许可时，尽量选择较低的载气流速。

（2）热丝材料和桥电流。热导池检测器的灵敏度与热敏元件的电阻值及其电阻温度系数成正比。因此，可选择阻值大和电阻温度系数高的热敏元件，如钨丝和铼钨丝等。在确定的热丝条件下，桥路电流 I 对灵敏度的影响最大。当 I 增加时，热丝的温度增加，丝与池体之间的温差增大，有利于热传导，检测器灵敏度也提高。一般来科，TCD 的响应值与桥电流 I 的三次方成正比。但桥电流增加也会增加噪声和降低灯丝寿命。因此，在满足分析灵敏度的前提下，采用低的桥电流为佳。

（3）池体温度。上面提到，TCD 灵敏度与热丝和池体间的温差成正比。因此，在一定桥电流或热丝温度条件下，可通过降低池体温度来提高温差，进而提高灵敏度。但池体温度不能低于样品的沸点，否则试样组分可能在检测器中冷凝。由于气体样品，特别是永久气体不存在冷凝问题，因此，可较大程度地降低池体温度，获得较高的检测灵敏度。

此外，TCD 的一些几何结构因素，如热丝长度 L、半径及池体积等也可影响 TCD 的灵敏度。

基于以上讨论可知，在使用 TCD 检测器时，必须注意载气的净化并使用金属输气管，以保证载气的纯度（尤其不能含有 O_2）。同时，应避免桥电流、热丝温度和池体温度过高或过低，以保证 TCD 灵敏度、热丝寿命和组分不冷凝。此外，在开机前，应先通载气，关机时要先关电源，再关载气。

14.3.1.4 TCD 的特点及应用

TCD 属通用、浓度型检测器，应用非常广泛。

（1）检测物质对象广泛。由于不同的物质均有不同的热导系数，只要被测组分与载气的热导系数有差异即可产生响应。因此，TCD 几乎可以检测所有气体成分，特别适用于水、无机化合物和永久性气体等。常用于工厂控制分析或在线监测，石油裂解气（$C_1 \sim C_3$ 烃）、硫和碳的氧化物以及挥发性有机物的分析。

（2）通用性。不同色谱工作者测得的 TCD 相对响应值基本一致，相对响应值与所用 TCD 型号、结构和操作条件（桥电流、温度、载气流速和样品浓度）等无关，可以通用。TCD 相对响应值可从文献中查到，这为 TCD 广泛应用于定量分析带来极大的方便。

（3）相比其他检测器，TCD 的主要不足是灵敏度较低。

14.3.2 火焰离子化检测器（FID）

14.3.2.1 FID 的检测原理与组成结构

FID 是利用氢火焰作为电离源，使待测有机物电离为离子和电子，于电场中产生微电流，经放大并记录的检测器，其记录的信号与单位时间进入检测器的待测物浓度成正比。FID 属于破坏性的质量型检测器，其组成结构如图 14-9 所示。

FID 的主要部件是一个用不锈钢制成的外壳离子室。离子室由收集极（+）、极化极（-）或称发射极、气体入口及火焰喷嘴组成。FID 的性能决定于电离效率和收集效

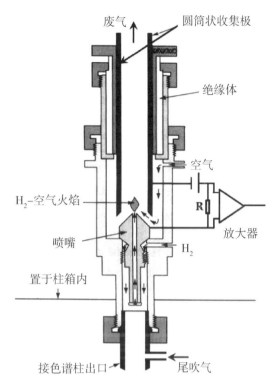

图 14-9 氢焰离子化检测器结构示意

率。电离效率主要与 N_2-H_2 比有关，收集效率与 FID 的结构（如喷嘴内径、收集极、极化极的形状和位置、极化电压等）以及样品浓度有关。

14.3.2.2 FID 的工作过程

燃气氢气由喷嘴进入，与助燃气空气混合点火燃烧，形成 2 100 ℃ 的高温氢火焰；由极化极和收集极通过高阻、基流补偿和 50～350 V 的直流电源组成检测电路，于收集极和极化极间形成高压静电场。此时，来自色谱柱的载气（N_2）和待测组分进入 FID。载气本身不被电离，构成背景基流，只有载气携带的待测组分可在氢火焰中被电离成正、负离子和电子。在电场作用下，正离子移向收集极，负离子和电子移向极化极，所形成的微电流经高电阻，在其两端产生电压降，经微电流放大器放大后，从输出衰减器中取出信号并在记录仪中记录下来。

若只有载气通过则产生基流，或称本底电流、背景电流或噪声。只要载气流速和柱温等条件稳定，基流将保持不变。载气纯度高，流速小，柱温低或固定相耐热度性好，基流就低，反之就高。为降低基流，提高信噪比，进样分析前需通过调节基流补偿使输入电阻的基流降至零。

一般认为，烃类有机物在氢气中燃烧、裂解产生含碳的 CH 自由基，然后与火焰外部扩散的激发态氧反应，再与 H_2 燃烧产生的 H_2O 碰撞生成 H_3O^+ 和 CHO^+ 等。如苯的电离过程为

$$C_6H_6 \rightarrow 6CH \cdot \xrightarrow{3O_2} 6CHO^+ + 6e \xrightarrow{6H_2O} 6CO + 6H_3O^+$$

在外电场作用下，CHO^+ 和 H_3O^+ 等正离子向收集极移动，形成微电流。在此过程中所产生的碎片离子数与单位时间内进入火焰的碳原子质量成正比。因此，FID 是一种质量型检测器。

14.3.2.3 影响 FID 检测的因素

与 TCD 类似，影响 FID 的因素也包括载气、流速和温度等。

（1）载气的影响。在 GC - FID 分析中，载气的种类和流速可影响 FID 的响应灵敏度。载气不但将组分带入 FID 检测器，同时又是氢火焰的稀释剂。N_2、Ar、He 和 H_2 等均可作 GC 的载气或流动相，但 N_2、Ar 作载气时灵敏度较高且线性范围也较宽，尤其是 N_2 因价廉易得，故更为常用。当然，载气流速主要还是根据色谱柱分离要求来确定，但考虑到 FID 为典型的质量型检测器，其峰高响应值与载气流速成正比，而与峰面积无关，因此，当以峰高响应值为定量时，虽然可通过增加载气流速提高检测灵敏度，但流速的稳定性仍需严格控制。为此，在实际工作中，通常以峰面积为定量并采用较低流速的载气，可在一定线性范围内获得更高的准确度。

（2）氢气和空气流量影响。当氮气（载气）流量相对固定时，随着氢气流量的增大，响应值逐渐增大，然后再逐渐降低。一般氮气与氢气最佳流量比为（1～1.5）:1。空气作为助燃气，同时也有清洁离子室的作用。随着空气流量的增加，灵敏度渐趋稳定。通常空气流速在 300～500 mL/min，与氢气的比值为（10～20）:1。在实际工作中，当确定了氢气和氮气流量之后，可逐渐增大空气流量至基流稳定后，再过量 50 mL/min 即为空气流量。

（3）温度。FID 为质量型检测器，对温度变化不是非常敏感，但柱温变化影响基线漂移。另外，由于 FID 中氢燃烧产生大量水蒸气，若检测器温度太低，水蒸气不能从检测器中排出，会冷凝成水，使灵敏度下降，噪声增加；当有氯代溶剂或氯代样品时，还易造成腐蚀。因此，为防止水蒸汽、组分和流失固定液对 FID 的影响，FID 检测器温度应高于 120 ℃ 或高于柱温 30～50 ℃，一般控制在 250～300 ℃ 为宜。

（4）极化电压。当电压低于 50 V 时，电压越高，灵敏度越高。但若在 50 V 以上，则灵敏度增加不明显，通常极化电压在 100～300 V 范围内。

（5）毛细柱插入喷嘴深度。毛细柱插入喷嘴深度对改善峰形十分重要。通常是插入至喷嘴口平面下 1～3 mm 处。若太低，组分与金属喷嘴表面接触可产生催化吸附，造成峰形拖尾；若插入太深，则会增加噪声。

此外，在使用 FID 为检测器时，应防止氢气泄漏或进入柱箱中。点火前，FID 温度须高于 120 ℃。点火困难时，可适当增加氢气流量，减小空气流量。在点火完成后再调回原来的比例。

14.3.2.4 FID 的特点

FID 灵敏度高，响应迅速，线性范围宽，适合于能在火焰中电离的绝大部分有机物，特别是碳氢化合物分析，其响应与碳原子数成正比。

14.3.3 电子捕获检测器（ECD）

14.3.3.1 ECD 的检测原理与组成结构

ECD 是利用 β 射线放射源（如 ^3H 或 ^{63}Ni）将进入检测器池体内的载气（N_2）电离

为离子和低能（低速）电子，在电场作用下形成电流（基流）。此时，当进入检测器的含有较大电负性元素的组分可捕获这些低能电子，从而使基流下降，所产生的负信号或倒峰信号与组分的浓度 c 有关，即

$$i = i_0 e^{-Kc} \tag{14-1}$$

式中，i_0 为基流，K 为与电负性有关的电子吸收系数（不同物质 K 值不同）。该式类似于比尔定律。

ECD 的基本结构如图 14-10 所示。

14.3.3.2 ECD 的工作过程

从色谱柱流出的载气（N_2 或 Ar）被 ECD 内腔中的 β 放射源（多为放射性元素 ^{63}Ni）电离，形成次级离子和电子（此时 β 电子减速）。在电场作用下，离子和电子分别向负极和正极迁移而形成 $10^{-9} \sim 10^{-8}$ A 的电流（基流），此时，含有较大电负性有机组分（AB）被载气带入检测器并捕获低速自由电子，同时，生成的负离子与载气正离子复合成中性分子：

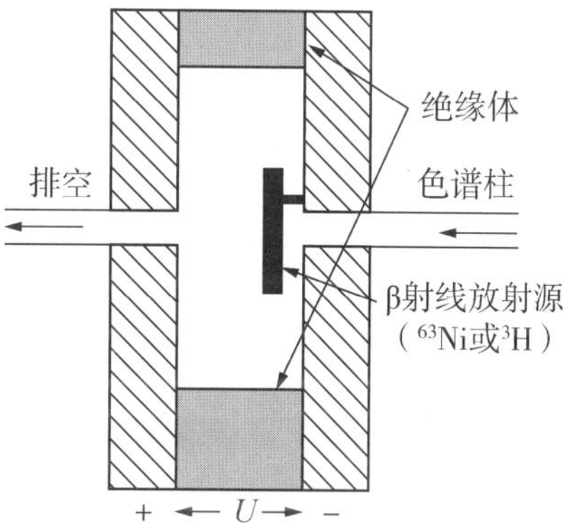

$N_2 \xrightarrow{\beta} N_2^+ + e$（电离形成基流）

$AB + e \longrightarrow AN^-$（捕获电子形成倒峰）

$AB^- + N_2^+ \longrightarrow AB + N_2$（复合为中性分子）

图 14-10 电子捕获检测器结构示意

上述过程中的基流下降可形成倒峰信号。不难理解，被测组分的浓度越大，倒峰越大；组分中电负性元素的电负性越强，捕获电子的能力越强，倒峰也越大。

电子捕获检测器是一个具有高灵敏度和高选择性的检测器。它经常用来分析痕量的含有电负性元素的组分，如食品、农副产品中的含氯农药残留量，大气、水中的痕量污染物等。电子捕获检测器是浓度型检测器，其线性范围较窄（$10^2 \sim 10^4$ 数量级）因此，在定量分析时应特别注意。

14.3.3.3 影响 ECD 检测灵敏度的因素

（1）载气。N_2、Ar、He 和 H_2 等为载气的气相色谱仪均可用 ECD 作检测器。但以 N_2 作载气时形成的基流较大，灵敏度较高。但应保证载气中不含有电负性较大的 O_2 等杂质，以防降低基流，影响 ECD 灵敏度（通常将载气通入 480 ℃ 的紫铜屑可去除 O_2）。

（2）温度。ECD 响应值与其温度有关。因此，在使用 ECD 时，需准确控制温度 $\pm(0.1 \sim 0.3)$ ℃。

14.3.3.4 ECD 的特点及应用

ECD 是一种高选择性和高灵敏度的气相色谱检测器，对含有较高电负性元素或基团，如卤素基、过氧基、酰基、硝基、巯基、磷基和氰基的有机物具有很高的灵敏度（检出限约为 10^{-14} g·mL^{-1}），但对含酰胺基和羟基的化合物以及烃类物质不灵敏。ECD 的主要不足是线性范围较窄（$10^2 \sim 10^3$ 数量级），易受操作条件影响，重现性较差。

ECD 广泛用于食品、大气和环境样品中微量有机氯农药、多氯联苯和卤代烃等污染物的检测。

14.3.4 火焰光度检测器（FPD）

14.3.4.1 FPD 的原理与构成

FPD 也称为硫磷检测器。它是利用富氢火焰使含硫或磷的有机物分解并形成激发态分子，当它们回到基态时，发射出一定特征波长的光。根据发射光的强度与组分浓度的关系进行定量分析。FPD 本质上是利用分子发光原理进行分析的检测器。

FPD 属质量型检测器，由氢火焰（光源）和光度计两部分构成，如图 14-11 所示。

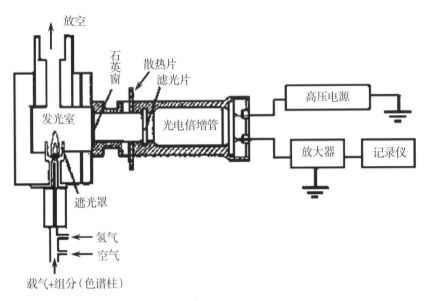

图 14-11 火焰光度检测器结构示意

14.3.4.2 FPD 的工作过程

从图 14-11 可见，经色谱分离的含 S 或 P 的有机组分进入离子室，被氢气－空气火焰分解和激发后，发射一定波长的光，这些光通过发光的石英窗，经 S 或 P 滤波片滤光、光电倍增管转换为电信号后被进一步放大和记录。依据电信号与光强度或组分浓度的关系进行定量分析。

含 S 和 P 的有机组分在火焰中燃烧的发光机制如下。

(1) 含 S 有机物（RS）：

$$RS \xrightarrow{2O_2} CO_2 + SO_2 \xrightarrow{4H_2} 4H_2O + 2S \quad (354 \sim 430 \text{ nm}, \lambda_{max} = 394 \text{ nm})$$

(2) 含 P 有机物（RP）：

$$RP \xrightarrow{O_2} P_xO_y \xrightarrow{H_2} HPO \xrightarrow{高温} HP \quad (480 \sim 560 \text{ nm}, \lambda_{max} = 526 \text{ nm})$$

14.3.4.3 影响 FPD 的因素

(1) 载气种类与纯度。FPD 常用气有氦气、氮气、氢气和空气，用 He 作载气时 FPD 的性能好，用 N_2 作载气时灵敏度略低，噪声略大。气体的纯度一般和 FPD 所用的纯度基本相同。但在进行微量分析时，应注意除去空气中痕量硫（磷）化合物。

(2) 气流比。在保证富氢火焰的前提下，各种气体的流量变化对 FPD 中的气流比的影响是不同。因此很难找到测磷和测硫灵敏度都比较高的同一气流比。测磷时，空气对灵敏度影响非常大，存在最佳值，大于或小于这个值灵敏度变化都很大，甚至没有响应；而测硫时影响又比较小。因此，具体的空气流量值，应视检测器的结构及试待测物种类来确定；氢气的流速实验表明在很大范围内，对响应值影响相对较小。

(3) 检测器温度。从检测器原理中知道，生成 S_2 需要一定的温度条件。通常检测器温度较低有利于提高含硫样品的灵敏度。但为防止湿气与污染物的污染，检测器的温度应比柱温至少高 50 ℃，且在柱加热以前，检测器应先加热恒温。

14.3.4.4 FPD 的特点及应用

(1) 对含 S、P 化合物有很高的选择性和灵敏度，检出限分别为 10^{-11} g/s（S）、10^{-12} g/s（P），对卤素气 X_2、N_2、Sn、Cr、Se 和 Ge 等也有响应；同时，FPD 对有机磷、有机硫的响应值是对碳氢化合物响应值的 10^4 倍，因此可排除大量溶剂峰及烃类的干扰，非常有利于痕量磷、硫的分析，是检测有机磷农药和含硫污染物的主要工具。

(2) 采用硫化学发光检测器（SCD），即在 FPD 检测器中通入 O_3，使其与含硫化合物燃烧产物 SO 反应（化学发光），发射 300～400 nm 的光，其检出限可达 10^{-12} g/s。

(3) 对含磷化合物的响应为线性，对含硫化合物的响应为非线性。对硫的非线性响应可采用双对数曲线法或峰高换算法等进行线性化处理。

14.3.5 氮磷检测器（NPD）

NPD 也称为热离子化检测器（thermionic Detector，TID），是对含氮和磷的化合物具有较高灵敏度和选择性的检测器。

NPD 的结构与氢火焰离子化检测器相似，只是在喷嘴与收集极之间加了一个碱金属盐制作的铷珠。NPD 检测器基本原理是在 FID 检测器的喷口上方，有一个被大电流加热的铷珠（碱金属盐）。铷珠上加有 -250 V 极化电压，与圆筒形收集极形成直流电场，铷珠受热而逸出的少量离子在直流电场作用下定向移动，形成的微小电流被收集极收集，即为基流。当含氮或磷的有机化合物从色谱柱流出，在铷珠的周围产生热离子化反应，使碱金属盐（铷珠）的电离度大大提高，产生的离子在直流电场作用下定向移动，形成的微小电流被收集极收集，再经微电流放大器将信号放大，实现定性定量的分析。NPD 检测器的铷珠在受热状态下产生离子逸出，并与载气、样品相互作用。NPD 检测器的使用过程也是铷珠不断损耗的过程，这与其他检测器不同。

NPD 对磷原子的响应是对氮原子的响应 10 倍，是对碳原子的 10^4～10^6 倍。它对含磷、含氮化合物的检测灵敏度，分别是氢火焰离子化检测器的 500 和 50 倍。因此，NPD 可以测定痕量含氮和含磷有机化合物（如许多含磷的农药和杀虫剂），是一种高灵敏度、高选择性、宽线性范围的新型检测器。

尽管增加铷珠加热电流或增加氢气流量会提高 NPD 检测器的基流和灵敏度（响应值），但是也会加快铷珠的损耗。所以在使用过程中，应在灵敏度（响应值）足够的情况下，尽量选择较低的铷珠加热电流和氢气流量，以降低铷珠的损耗速度。

14.4 毛细管气相色谱

1957 年,美国人戈雷(M. J. E. Golay)首先提出了毛细管柱气相色谱法(capillary column gas chromatography)。他采用内壁涂渍一层极薄而均匀的固定液膜的空心毛细管代替填充柱,解决了填充柱中组分受大小不均匀载体颗粒的阻碍而造成色谱峰扩展,柱效降低的问题。由于这种色谱柱的固定液涂布于毛细管内壁,中心是空的,因此,毛细管柱也称为开管柱(open tubular column)。

然而,自毛细管柱发明以来,20 多年都没有广泛应用,主要是有一系列问题未得到解决,包括柱容量太小、柱材料强度低、样品引入及柱管与检测器的连结、固定液涂渍的重现性差、寿命短、易堵塞而且受到专利保护限制(1977 年才过期)。

20 世纪 70 年代后期,以上问题大多得到解决,毛细管柱的应用越来越多。1987 年,荷兰 Chrompack Inter. Corporation 制成了世界最长、理论塔板数最多的熔融石英毛细管柱(2 100 m 长,内径 0.32 mm,内壁固定液厚度 0.1 μm,理论塔板数超过 3 000 000)并被载入吉尼斯世界记录。

由于毛细管柱具有相比大、渗透性好、分析速度快、总柱效高等优点,因此可以解决填充柱色谱法不能解决或很难解决的问题。图 14-12 为某香精油试样分别在使用相同固定相的毛细管柱(a)和填充柱(b)上,在各自的最佳色谱条件时所获得的色谱图。可见,一些在柱色谱上未能分开的峰(如峰 1 和峰 2,峰 3 和峰 4,峰 5 和峰 6 等)可在毛细管柱上得到完全分离。可见,毛细管柱的应用大大提高了气相色谱法对复杂物质的分离能力。

14.4.1 毛细管柱的构成及分类

毛细管柱由毛细管及涂渍于毛细管内壁的固定液构成。毛细管柱材料可由不锈钢、玻璃和石英等制成。但因不锈钢毛细管柱不透明、惰性差、有一定的催化活性且不易涂渍固定液,而玻璃毛细管柱弹性差、易折断且安装较困难,因此它们的应用受到限制。目前多使用外涂聚酰亚胺保护层、金属氧化物含量低的熔融石英材料制作毛细管柱。该类毛细管柱具有化学惰性、热稳定性好、机械强度高和弹性好等特点。

毛细管柱按其制作方式可分为填充型和开管型两大类。

(1)填充型毛细管柱。先在毛细管内填充疏松载体,再拉制成毛细管,最后再涂渍固定液。

(2)开管型毛细管柱。按固定液涂渍方法不同,又可分为涂壁开管柱、多孔层开管柱和载体涂渍开管柱。

1)涂壁开管柱(wall coated open tubular, WCOT)。将固定液直接涂渍于毛细管内壁上,这也是戈雷最早提出的毛细管柱。但由于管壁的表面光滑,润湿性差,表面接触角大的固定液,其重现性差,柱寿命短。

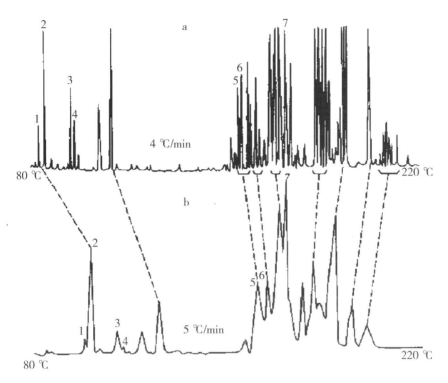

图 14-12 菖蒲油 (calrmis oil) 色谱图

a. 使用 50 m×0.3 mm i.d., OV-1 玻璃毛细管柱; b. 4 m × 3 mm i.d. 填充柱, 内填 5% OV-1 固定相涂在 60/80 目担体上。均使用各自的最佳色谱操作条件

现在的 WCOT 柱。其内壁通常都先经过表面处理,以增加表面的润湿性,减小表面接触角,然后再采用化学键合和交联等方式涂渍固定液,这样制作的化学键合相毛细管柱和交联毛细管柱发展最快,应用也为最广泛。

化学键合相毛细管柱:采用化学键合的方法,将固定液键合到硅胶涂敷的柱表面或经表面处理的毛细管内壁上。化学键合涂渍可大大提高色谱柱的热稳定性。

交联毛细管柱:采用交联引发剂将固定相交联到毛细管管壁上。这类柱子具有耐高温、液膜稳定和防溶剂洗脱,因而具有柱效高、柱寿命长等特点。

图 14-13 给出了采用不同固定液涂渍的毛细管柱分析复杂样的色谱图。

2) 多孔层开管柱 (porous layer open tubular, PLOT)。于管壁上涂一层多孔性吸附剂固体微粒,不再涂固定液。该柱实际上是使用开管柱的气固色谱。

3) 载体涂渍开管柱 (support coated open tubular, SCOT)。首先于毛细管内壁上涂一层很细的 (直径小于 2 μm) 多孔颗粒,然后再于该多孔层颗粒上涂渍固定液。这种毛细管柱的液膜较厚,因此柱容量比 WCOT 柱的要大。

14.4.2 毛细管柱的涂布

毛细管柱涂布要求固定液涂布要均匀,厚度为 0.1～1.5 μm。涂布前,将表面经处理或沉积有多孔材料的石英琉璃管,用毛细管拉制机拉制成毛细管,然而用下述两种方

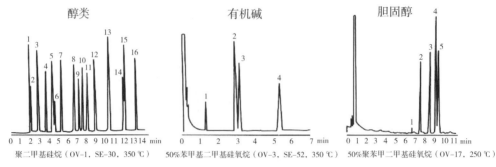

图14-13 使用涂渍不同固定液的毛细管柱分析各种试样的色谱图
(图中温度为各固定液的最高使用温度)

法涂布。

(1) 动态法。用一定压力 N_2,将浓度为40%～70% (w/v) 的固定液溶液压入毛细管内,此液栓(塞)占柱体积的1/15～1/10;再以流速稳定的 N_2 驱使液栓缓慢(0.2～1 cm/s)通过柱子。为防止接近柱出口时,液栓线速过大,应在柱出口连接一根数米长的缓冲毛细管。当液栓离开毛细管后,继续通 N_2 数小时以除尽溶剂。该法适于黏度小的固定液涂布。

(2) 静态法。加压使浓度不大于2%的固定液溶液充满毛细管,并强迫溶液从柱末端溢出。此时,将柱两端插入装有封口胶的小瓶中(不能有气泡)。取出柱末端,放置2～3 h后,待胶完全固化。将柱置入恒温箱并控制温度比溶剂沸点低10～15 ℃,将柱末端接真空泵,控制抽气速度,使溶剂缓慢气化,固定液则留于柱内壁。该法适于黏度大的固定液涂布。

14.4.3 毛细管色谱柱的特点

表14-5比较了填充柱和毛细管柱的主要区别。

表 14-5 填充柱与毛细管柱的主要特点比较

		填充柱	毛细管柱
色谱柱参数	内径/mm	2~6	0.1~0.5
	长度/m	0.5~6	15~200
	比渗透率	1~20	100
	相比（β）	6~35	50~1500
	塔板数（n）	~10^3	~10^6
动力学性质	方程式	$H = A + \dfrac{B}{u} + (C_g + C_l)u$	$H = \dfrac{B}{u} + (C_g + C_l)u$
	涡流扩散项	$A = 2\lambda d$	0
	分子扩散项	$B = 2rD_g$，$\gamma = 0.7$	$B = 2D_g$，$\gamma = 1$
	气相传质阻力项	$C_g = \dfrac{0.01k^2}{(1+k)^2} \cdot \dfrac{d_p^2}{D_g}$	$C_g = \dfrac{1+6k+11k^2}{24(1+k)^2} \cdot \dfrac{r^2}{D_g}$
	液相传质阻力项	$C_l = 2/3 \cdot \dfrac{k}{(1+k)^2} \cdot \dfrac{d_f^2}{D_l}$	$C_l = 2/3 \cdot \dfrac{k}{(1+k)^2} \cdot \dfrac{d_f^2}{D_l}$
其他	进样量/μL	0.1~10 或更多	0.01~1
	进样器	不分流	分流/不分流
	检测器	无尾吹气	尾吹气

从表 14-5 可见，毛细管柱具有以下特点。

(1) 渗透性好，可使用长色谱柱。

柱渗透性好即载气流动阻力小。柱渗透性一般用比渗透率 B_0 表示：

$$B_0 = \frac{\eta}{j\Delta p}Lu \tag{14-2}$$

式中，L 为柱长；η 为载气黏度；u 为载气平均线速；Δp 为柱压降；j 为压力校正因子，其计算公式为 $j = \dfrac{3(p_i/p_0)^2 - 1}{2(p_i/p_0)^3 - 1}$。

毛细管色谱柱的比渗透率约为填充柱的 100 倍，即在同样的柱压降下，毛细管柱可使用 100 m 以上的柱子，而载气线速仍可保持不变。

(2) 相比（β）大，可实现快速分析。

$$n = 16R^2 \left(\frac{\alpha}{\alpha-1}\right)^2 \cdot \left(\frac{1+k}{k}\right)^2 = 16R^2 \left(\frac{\alpha}{\alpha-1}\right)^2 \tag{14-3}$$

可见相比 β 值大（固定相液膜厚度小），有利于提高柱效。由于毛细管柱的 k 值比填充柱小，渗透性大可使用高载气流速 u，使分析时间变得很短。这两种因素导致的柱效损失，可通过增加柱长来解决。这样既可有高的柱效，又可实现快速分析。

(3) 柱容量小，允许进样量少。

进样量取决于柱内固定液的含量。毛细管柱涂渍的固定液仅几十毫克，液膜厚度为

0.35～1.50 μm，柱容量较小。因此，进样量不能太大，否则将导致过载而导致色谱峰扩展、拖尾，从而降低柱效。对液体试样，其进样量通常为 10^{-3}～10^{-2} μL。

必须指出，由于毛细管柱的柱容量很小，约 0.5 μg 组分的进样量即达极限，实际工作中，也很难用微量注射器准确地将小于 0.01 μL 的液体试样直接送入。因此，需采用分流进样方式。所谓分流进样，就是将液体试样注入进样器使其气化，并与载气均匀混合，通过分流进样装置，使少量试样进入色谱柱，大量试样放空。放空的试样量与进入毛细管柱试样量的比值称为分流比，通常控制在（50～500）:1 之间。分流进样方式因简便易行而得到广泛应用。分流是毛细管柱色谱的最大不足，尤其对痕量分析来说极为不利，而且宽沸程的样品在分流后会失真。近年来已发展了冷柱头进样，或者采用柱容量较大的、不需分流的大口径毛细管柱（柱内径 0.53 mm，液膜厚度约 1 μm）。

（4）死体积需严格控制。由于毛细管柱内径小，如果柱两端连接管路的接头部件、进样器和检测器的死体积过大，就会使试样组分在这些部分产生扩散而影响毛细管系统的分离和柱效（柱外效应），所以毛细管柱色谱仪器需要严格控制死体积。为了减少组分的柱后扩散，可在毛细管柱出口到检测器的流路中增加一支称为尾吹气（make-up gas）的辅助气路，以增加柱出口到检测器的载气流速，减少这段死体积的影响。在以 FID 为检测器的色谱系统中，由于毛细管柱系统的载气（N_2）流速低（约 5 mL/min），使 FID 所需 N_2/H_2 比过低而影响灵敏度，因此尾吹气（N_2）还能增加 N_2/H_2 比而提高检测器的灵敏度。

（5）总柱效高，分离复杂混合物的能力大为提高。虽然毛细管柱的柱效优于填充柱，但并无数量级的差别。然而，毛细管柱的长度比填充柱大 1～2 个数置级，所以总的柱效仍远高于填充柱，可解决填充柱不能解决的很多极复杂混合物的分离分析问题。

14.4.4　注意事项

使用毛细管气相色谱进行分离分析时，需注意以下问题。

（1）无载气通过时，柱的固定液热分解较迅速。因此，在柱箱（炉）升温前一定要先通载气（这与 TCD 操作要求相似），在柱箱冷却后方能关停载气。

（2）载气中若夹带灰尘或其他颗粒状物体，就可能导致色谱柱迅速损坏，同时还应注意不能让微粒或灰尘进入汽化室，因此，在载气进入仪器管路前必须净化。

（3）载气中的水分通过固定液的液膜吸附于表面，可能取代或破坏固定液液膜。固定液极性越强，越需要采用干燥的载气。例如 OV-1、SE-30、SE-54、OV-101 对载气干燥要求不高，而 PEG-20M、FFAP 和 SP1000 对载气要求就很高。但在涂布于碳酸钡沉积层上的柱子情况就恰恰相反，涂极性固定液的柱子能经受含水样品的直接进样，而涂非极性固定液的柱反而不能经受含水样品。但不管如何，载气进入管路前最好都应进行脱水处理。

（4）对于那些能被氧化的固定液（如 PEG-20M、Carbowax 和 FFAP 等），对载气除氧也很重要。由于 N_2 和 He 中含 O_2 较高，而 H_2 中含 O_2 少，所以 ECD 和 FID 常用高纯 N_2 作载气，TCD 用 H_2 作载气。同时，在停机使用时，应将排空端密封住，以防止空气中的氧气对色谱柱固定液的氧化作用。

（5）在大多数情况下，柱的寿命与其使用温度成反比。采用稍低些的温度上限，可显著提高柱的寿命，程序升温到较高温度所维持的时间越短对柱的寿命影响越小。

（6）水、醇（尤其是甲醇）、二硫化碳这类溶剂置换固定液的能力较强。如果使用大量溶剂聚集在柱上（溶剂效应）的不分流进样或者柱上进样，应特别注意溶剂对柱壁的吸附亲和力或固定液被置换的可能性。例如，甲醇不宜用于 PEG–20M 固定液柱，丙酮往往会引起硅酮固定液的降解。

（7）毛细管柱最大特点是高柱效。但是柱效不仅反映了柱本身的质量，而且还包括进样过程的整个系统总效率。也就是说，自样品进入系统的一瞬间开始到出峰为止，每一个能影响峰宽或分离效果的因素，如进样器（包括衬管）、柱的连接、辅助气引入位置、管路死体积等等，都会影响柱效。

（8）色谱柱因连接或安装不当，可以造成理论塔板数降低、峰形增宽或拖尾、活性物质的吸附性拖尾或消失、灵敏度降低或组分分离不佳等。

进样器与毛细管色谱柱连接：对于分流进样，分流点应位于载气流速较高的区域；对于不分流进样，色谱柱不应插入进样器内，避免造成气流扫不到的区域，通常直接连接到进样器的末端。

检测器与色谱柱出口端连接：对于 FID，不仅插入深度要超过尾吹和 H_2 的进口，而且应尽可能将柱出口端插到 FID 的喷嘴下面 1 mm 处为佳；对于微型 TCD，应插到 TCD 气体入口处为佳，可以改善轻度拖尾。

14.5　色谱定性和定量分析

色谱法是针对化学性质非常相近的混合物实施分离，通过色谱流出曲线或色谱图进行定性和定量分析的重要方法。

14.5.1　定性分析

色谱定性分析的任务是确定混合物中各组分，即确定色谱图上每一个峰所代表的物质。通常定性分析主要基于一定色谱分离条件下，不同物质在色谱图上具有不同的保留值（保留时间、保留体积和相对保留值或选择因子）和保留指数，亦可基于检测器对不同物质的选择性响应以及与其他仪器（如红外和质谱仪器）的联用。

14.5.1.1　与已知物（标准物）对照定性

具体做法：

（1）分别以试样和标准物进样分析，获得各自的色谱图。

（2）对照试样和标准物的保留时间。如果与标准物的色谱峰的保留时间一致，则可初步确定试样中含有该标准物质。

（3）也可通过在样品中加入标准物，看试样中哪个峰的高度或峰面积增加来确定。

14.5.1.2　根据经验规律定性

（1）碳数规律。在一定温度下，同系物的调整保留时间 t'_r 的对数与分子中碳数 n 成

正比，即

$$\lg t'_r = An + C \quad (n \geqslant 3) \tag{14-4}$$

利用两种或以上已知碳数的同系物进样，在色谱图上获得调整保留值，从而求出常数 A 和 C；未知物 x 的碳数则可从色谱图查出 t'_r 后，以该式求出 n_x。

（2）沸点规律。同族具相同碳数的异构物，其调整保留时间 t'_r 的对数与分子沸点 T_b 成正比，即

$$\lg t'_r = AT_b + C \tag{14-5}$$

利用两种或以上不同沸点的异构物混合进样，获得各自的调整保留值，求出常数 A 和 C；然后再以未知物 x 进样，依上式计算未知物沸点 T_x，查沸点表确定未知物。

14.5.1.3 据相对保留值 $r_{i,s}$ 定性

用保留值定性要求两次进样条件完全一致，这是比较困难的。而用 $r_{x,s}$ 定性，则只要温度一定即可。具体做法是，在样品和标准中分别加入同一种基准物 s，将样品的 $r_{i,s}$ 和标准物的 $r_{x,s}$ 相比较来确定样品中是否含有 x 组分。

14.5.1.4 保留指数定性

保留指数也称 Kovats 指数，该指数定性的重现性最佳。当固定液和柱温一定时，定性可不需要标准物。具体做法是：设正构烷烃的保留指数为碳数×100。测定时，分别将碳数为 n 和 $n+1$ 的正构烷烃化合物加入到待测样品 x 中，然后进行色谱分析。此时测得这三个物质的调整保留值分别为 $t'_r(C_n)$、$t'_r(x)$ 和 $t'_r(C_{n+1})$，且待测物 x 的调整保留值介于两个烷烃之间 [图 14-14（a）] 所示。然后，按式（14-6）求出未知物的保留指数 I_x：

$$I_x = 100 \cdot \left[n + \frac{\lg t'_r(x) - \lg t'_r(n)}{\lg t'_r(C_{n+1}) - \lg t'_r(C_n)} \right] \tag{14-6}$$

利用式（14-6）计算的保留指数 I_x 与文献值对照，从而确定待测物 x。图 14-14（b）给出了以角鲨烷为固定相，控制柱温 60 ℃时，分别以 $C_5 - C_6$、$C_6 - C_7$ 和 $C_7 - C_8$ 作为正构烷烃对，分别 3 种未知物的保留指数为 537、644 和 749，经查文献值确定这 3 种物质分别为 2,2-二甲基丁烷，苯和甲苯。

14.5.1.5 双柱或多柱定性

由于不同物质在同一根色谱柱上的保留值有可能完全一样或发生重叠。此时，可换用性质有所不同的其他色谱柱，若此时待测物与标准物的色谱峰保留值仍然一致，则可确定未知物就是标准物。

14.5.1.6 与其他方法结合定性

尽管色谱法具有强大的复杂混合物的分离能力，但单独的色谱定性分析是依据未知物的保留值，因而需要标准物质，即只能被动地确认物质，不能主动地鉴定物质。近几十年来，色谱与其他定性能力非常强的红外光谱和质谱等方法和仪器相结合，并借助现代计算机强大的数据处理和检索能力，从而衍生出许多联用方法和仪器，如气相色谱-质谱联用仪（GC-MS），气相色谱-傅里叶红外光谱联用仪（GC-FTIR）和液相色谱-质谱联用仪（HPLC-MS）等。目前，这些联用方法和仪器已成为未知物定性分析的主流。

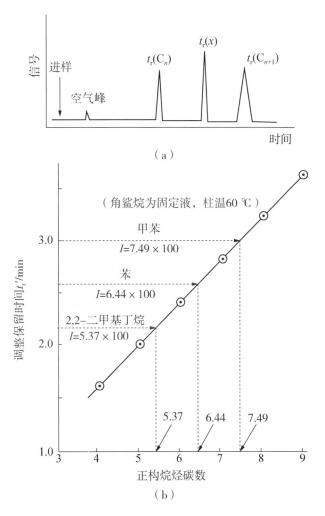

图 14-14 保留指数及其计算示例

14.5.2 定量分析

色谱定量分析的依据是待测组分 i 的质量（m_i）或其在流动相中的浓度，与检测器响应信号（峰面积 A_i 或峰高 h_i）成正比的原理，通过标准曲线法（外标法）和内标法计算待测物含量。

14.5.2.1 色谱信号测量方法

色谱信号即色谱图上组分色谱峰的峰高和峰面积。色谱峰的峰高以 h 表示，是色谱峰顶与基线之间的距离，测量比较简单，特别是较窄的色谱峰；色谱峰面积以 A 表示。

对于对称峰面积，其测量公式为

$$A = 1.065 h \cdot W_{1/2} \tag{14-7}$$

对于非对称峰面积，其测量公式为

$$A = 1/2 \cdot h \cdot (W_{0.15} + W_{0.85}) \tag{14-8}$$

式（14-7）和式（14-8）中，$W_{1/2}$、$W_{0.15}$和$W_{0.85}$分别为半峰宽、0.15 h 和 0.85 h 处的峰宽。

现代色谱仪中一般都装有准确测量色谱峰面积的电子积分仪。如果没有积分装置，可用手工测量 h 和 W，再用上述公式计算峰面积。峰高测量虽然简单，但峰面积 A 因不易受柱温、流动相的流速和进样速度等操作条件的影响，因而更适于作为定量分析的参数。

14.5.2.2 定量校正因子

色谱定量分析是基于峰面积与组分的量成正比关系。但由于同一检测器对不同物质的响应值不同，即不同物质有不同的检测灵敏度。因此，两个相等量的物质，其色谱峰面积不同。换句话说，相同的峰面积并不意味着物质的量相等。因此，在计算峰面积时，需将峰面积乘以一个换算因子，将组分的面积"校正"为相应物质的量。定量校正因子包括绝对校正因子和相对校正因子。

（1）绝对校正因子。绝对校正因子是指某组分 i 通过检测器的量与检测器对该组分的响应信号之比，即单位峰面积所对应的组分的量 w_i：

$$w_i = f_i(w)A_i \quad \text{或} \quad f_i(w) = \frac{w_i}{A_i} \tag{14-9}$$

式中，w_i 表示组分 i 的量，可以是质量、摩尔数或体积（对气体）；A_i 为峰面积；换算系数 $f_i(w)$ 称为绝对校正因子，其倒数值即为检测器对组分 i 的灵敏度。

显然，绝对校正因子受仪器的稳定性及操作条件（如进样的重现性等）的影响很大，故其应用很少。在实际定量分析中，一般采用相对校正因子。

（2）相对校正因子。相对校正因子是指组分 i 与标准物 s 的绝对校正因子之比，即

$$f'_{is}(w) = \frac{f_i(w)}{f_s(w)} \tag{14-10}$$

式中，$f'_{is}(w)$ 为组分 i 以峰面积（或峰高）为定量参数时的相对校正因子，$f_i(w)$ 和 $f_s(w)$ 分别为待测组分 i 和标准物 s 以峰面积（或峰高）为定量参数时的绝对校正因子。通常，采用热导检测器（TCD）标准物为苯，采用火焰离子化检测器（FID）的标准物为正庚烷。

如果进入检测器物质的量 w_i 以质量（m）、摩尔数（M）或体积（V）表示，其相对校正因子分别表示为

$$f'_{is}(m) = \frac{f_i(m)}{f_s(m)} = \frac{A_s \cdot m}{A_i \cdot m}$$

$$f'_{is}(M) = \frac{f_i(M)}{f_s(M)} = f'_{is}(m) \cdot \frac{M_s}{M_i}$$

$$f'_{is}(V) = \frac{f_i(V)}{f_s(V)} = f'_{is}(M) \tag{14-11}$$

式中，M_i 和 M_s 分别待测物和标准物的相对分子质量。

必须注意，相对校正因子是一个无因次量，但它的数值与采用的计量单位有关。由于绝对因子很少使用，因此，一般文献上提到的校正因子均为相对校正因子。

14.5.2.3 定量方法

色谱法定量分析方法包括外标法、内标法和归一化法等。

(1) 外标法。外标法即标准曲线法，是最为常用的方法。其具体做法是：配制一系列浓度不同的标准系列，依次进样（相同体积），测定色谱峰面积并对浓度作图，绘制校正曲线。由待测物的峰面积 A_x 从校正曲线求得待测物含量。

外标法优点是操作简单，因而适于工厂控制分析和自动分析；但结果的准确度取决于进样量的重现性和操作条件的稳定性。

(2) 内标法。为消除进样重现性和仪器稳定性对外标法分析结果的影响，可采用内标法。该法是通过选择一个内标物，以固定的浓度加入到标准浓度系列和样品中，以待测物与内标物的峰面积的比值对浓度作图，绘制标准曲线。由未知浓度的待测物和内标物的峰面积之比值，从标准曲线求得待测物浓度。

所选择的内标物要求为：样品中不存在、性质稳定、峰位置接近待测物峰位置、与样品互溶但无相互作用、浓度适当（与待测物峰面积相差不大）等。

(3) 归一化法。归一化法是是将试样中所有 n 个组分的含量之和按 100% 计算，以它们相应的色谱峰面积或峰高为定量参数，通过下列公式计算各组分的质量分数。

$$m_i = \frac{m_i}{m_1 + m_2 + \cdots + m_n} \times 100\% = \frac{f'_{is}(m)A_i}{f'_{1s}(m)A_1 + f'_{2s}(m)A_2 + \cdots + f'_{ns}(m)A_n} \times 100\% \tag{14-12}$$

当各组分的相对校正因子相近时，计算公式时简化为

$$W_i = \frac{A_i}{A_1 + A_2 + \cdots + A_n} \times 100\% \tag{14-13}$$

由式（14-13）可见，使用这种方法的条件是：试样中所有的组分经过色谱分离后，均要产生可测量的色谱峰。归一化法简便、准确；当操作条件（如进样量、流速等）变化时，对分析结果影响较小。归一化法常用于常量分析，尤其适合于进样量少且体积不易准确测量的液体试样。

14.5.2.4 应用示例

气相色谱法具有分离效率高、灵敏度高及速度快的特点。它广泛地应用于分离分析气体和易挥发或可转化为易挥发的液体和固体。对于那些不易挥发和易分解的物质，可采用化学转化法，使其转化为挥发稳定的衍生物后，再进行分析。例如，某些无机物可转化成金属卤化物（如 $GeCl_4$、$SnCl_4$、$AsCl$ 和 $TiCl_4$ 等）或金属络合物（如 β-二酮类）之后再进行分析。对于高分子或生物大分子可用裂解色谱法，分析其裂解产物，然后得出有关信息。

气相色谱法已用于海水和海洋沉积物中微量六六六、DDT 和多氯联苯等污染分析。现以海洋沉积物中微量六六六的分析为例说明其分析过程。

(1) 萃取。称取 20.0 g 风干的海洋沉积物样品于 100 mL 烧杯中，加入 4 g 无水硫酸钠（除水），混匀。装入预先用正己烷处理过的圆形滤纸筒内，放入索氏提取器中，加 150 mL 正己烷-丙酮（1+1）溶剂，于 60 ℃水浴中回流提取 8 h，冷至室温。

(2) 浓缩。加入 1.0 g 铜粉（除 S）不定时地摇动半小时，静置后，提取液通过装

有 5.0 g 无水硫酸钠的层析玻璃柱（400 mm×10 mm 内径）滤去铜粉，收集于 K-D 浓缩器中，置于约 60 ℃ 水浴中，通入氮气，浓缩至 1.0 mL，待净化。

（3）净化和分离。在层析柱的底部放置少量玻璃棉，关闭活塞，加入 20 mL 正己烷后，依次加入 10 mm 高的无水硫酸钠和 5.0 g 佛罗里土，轻轻敲击柱子使之填充均匀并无气泡。于佛罗里土上部加 10 mm 高的无水硫酸钠，排出过量正己烷至刚好淹没硫酸钠层，关闭活塞。

将萃取并浓缩的样品提取液全量移入柱内。打开活塞，收集流出液于 K-D 浓缩器中，当液面降至无水硫酸钠界面时，加入 100 mL 二氯甲烷-正己烷（30+70）混合溶液进行淋洗（控制流速 2~4 mL/min）。将盛洗脱液的 K-D 浓缩器置于 75~80 ℃ 水浴中，通入氮气，浓缩至 0.5 mL，加入正己烷定容至 1.0 mL。

（4）分析。采用填充 2% OV-17 和 4% OV-210 固定液，Chromosorb W 为担体的长 2 m、内径 3 mm 的"U"形硬质玻璃管柱或采用毛细管柱进行色谱分离柱，确定色谱仪最佳操作条件。以微量进样器抽取 1~5 μL 进行色谱分析。在相同色谱技术参数下，注入与样品中六六六浓度接近和体积相同的有机氯农药混合标准使用溶液进行色谱分析。根据样品谱图和标准谱图进行定性定量。

习题

1. 简要说明气相色谱分析的分离原理。
2. 热导池、氢火焰检测器是根据何种原理制成的？
3. 气相色谱仪的基本设备包括哪几部分？各有什么作用？
4. 当下述参数改变时：（1）柱长缩短，（2）固定相改变，（3）流动相流速增加，（4）相比减小，是否会引起分配系数的变化？为什么？
5. 当下述参数改变时：（1）柱长增加，（2）固定相量增加，（3）流动相流速减小，（4）相比增大，是否会引起分配比的变化？为什么？
6. 试以塔板高度 H 做指标，讨论气相色谱操作条件的选择。
7. 试述速率方程式中 A、B、C 三项的物理意义。$H-u$ 曲线有何用途？曲线的形状变化受哪些主要因素影响？
8. 当下述参数改变时：（1）增大分配比，（2）流动相速度增加，（3）减小相比，（4）提高柱温，是否会使色谱峰变窄？为什么？
9. 为什么可用分离度 R 作为色谱柱的总分离效能指标？
10. 能否根据理论塔板数来判断分离的可能性？为什么？
11. 试述色谱分离基本方程式的含义，以及它对色谱分离的指导意义。
12. 对担体和固定液的要求分别是什么？
13. 试比较红色担体和白色担体的性能。何谓硅烷化担体？它有什么优点？
14. 试述"相似相溶"原理应用于固定液选择的合理性及其存在问题。
15. 试述热导池检测器的工作原理。哪些因素会影响热导池检测器的灵敏度？
16. 试述氢焰电离检测器的工作原理。如何考虑其操作条件？
17. 色谱定性的依据是什么？主要有哪些定性方法？

18. 何谓保留指数？应用保留指数作定性指标有什么优点？
19. 在色谱定量分析中，为什么要用定量校正因子？在什么情况下可以不用校正因子？
20. 有哪些常用的色谱定量方法？试比较它们的优缺点及适用情况。
21. 在一根 2 m 长的硅油柱上，分析一个混合物，得下列数据：苯、甲苯及乙苯的保留时间分别为 1 分 20 秒、2 分 2 秒及 3 分 1 秒；半峰宽为 0.211 cm，0.291 cm 及 0.409 cm。已知记录纸速为 1 200 mm·h^{-1}，求色谱柱对每种组分的理论塔板数及塔板高度。
22. 在一根 3 m 长的色谱柱上，分离一试样，得如下的色谱图及数据：

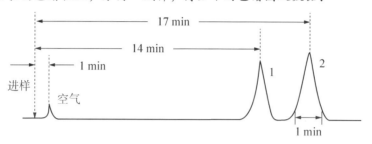

（1）用组分 2 计算色谱柱的理论塔板数。
（2）求调整保留时间 t'_{r_1} 及 t'_{r_2}。
（3）若需达到分离度 $R=1.5$，所需的最短柱长为几米？

23. 分析某种试样，两个组分的相对保留值 $r_{2,1}=1.11$，柱的有效塔板高度 $H=1$ mm，需要多长的色谱柱才能分离完全（即 $R=1.5$）？
24. 已知记录仪的灵敏度为 0.658 mV·cm^{-1}，记录纸速为 2 cm·min^{-1}，载气流速 F_0 为 68 mL·min^{-1}，进样量 12 ℃ 时 0.5 mL 饱和苯蒸气，其质量经计算为 0.11 mg，得到的色谱峰的实测面积为 3.84 cm^2。求该热导池检测器的灵敏度。
25. 记录仪灵敏度及记录纸速同前题，载气流速 60 mL·min^{-1}，放大器灵敏度 1×10^3，进样量 12 ℃ 时 50 μL 苯蒸气，所得苯色谱峰的峰面积为 173 cm^2，$W_{1/2}$ 为 0.6 cm，检测器噪声为 0.1 mV，求该氢火焰电离检测器的灵敏度及最小检出量。
26. 热导池检测器的灵敏测定：进纯苯 1 μm，苯的色谱峰高为 4 mV，半峰宽为 1 min，柱出口载气流量为 20 mL·min^{-1}。求该检测器灵敏度。
27. 氢焰检测器灵敏度测定：注入含苯 0.05% 的 CS_2 溶液 1 μm，苯的色谱峰高为 10 cm，半峰宽为 0.5 cm，记录仪纸速为 1 cm·min^{-1}，记录纸每厘米宽为 0.2 mV，总机械噪音为 0.02 mV。求其灵敏度和检测限。
28. 以正丁烷-丁二烯为基准，在氧二丙腈和角鲨烷上测得的相对保留值分别为 6.24 和 0.95，试求当正丁烷-丁二烯相对保留值为 1 时，固定液的极性 p。
29. 已知含 $n-C_{10}$、$n-C_{11}$ 和 $n-C_{12}$ 烷烃的混合物，在某色谱分析条件下流出，$n-C_{10}$ 和 $n-C_{12}$ 调整保留时间分别为 10 min 和 14 min，求 $n-C_{11}$ 的调整保留时间。
30. 在某一色谱分析条件下，把含 A 和 B 以及两相邻的两种正构烷烃的混合物注入色谱柱分析。A 在相邻的两种正构烷烃之间流出，它们的保留时间分别为 10 min、11 min、12 min，最先流出的正构烷烃的保留指数为 800，而组分 B 的保留指数为 882.3，求组分 A 的保留指数。试问：A 和 B 有可能是同系物吗？

31. 进样速度慢，对谱峰有何影响？

32. 用气相色谱法分离正己醇、正庚醇、正辛醇、正壬醇。当以20%聚乙醇-20000于Chromosorb W上为固定相，以氢为流动相时，其保留时间顺序如何？

33. 根据范式方程解释柱温和载气流量对柱效能的影响。若要实现色谱的快速分析，应如何选择操作条件？

34. 根据碳数规律，推导下式：

$$I_x = 100 \cdot \left[n + \frac{\lg t'_r(x) - \lg t'_r(n)}{\lg t'_r(C_{n+1}) - \lg t'_r(C_n)} \right]$$

35. 已知当 CO_2 气体体积分数分别为80%、40%和20%时，其峰高分别为100 mm、50 mm 和 25 mm（等体积进样），试作出外标曲线。现进一个等体积的试样，CO_2 的峰高为75 mm，此试样中 CO_2 的体积分数是多少？

36. 醋酸甲酯、丙酸甲酯、n-丁酸甲酯在邻苯二甲酸二葵酯上的保留时间分别为2.12 min、4.23 min 和 8.63 min，试指出当它们在阿皮松上分离时，保留时间是增长还是缩短。为什么？

37. 改变如下条件，对板高有何影响？
    (1) 增加固定液的含量。 (2) 减慢进样速度。
    (3) 增加气化室的温度。 (4) 增加载气的流速。
    (5) 减小填料的粒度。 (6) 降低柱温。

38. 试计算下列化合物的保留指数 I。
    (1) 丙烷，$t'_r = 1.29$ min。
    (2) n-丁烷，$t'_r = 2.21$ min。
    (3) n-戊烷，$t'_r = 4.10$ min。
    (4) n-己烷，$t'_r = 7.61$ min。
    (5) n-庚烷，$t'_r = 14.08$ min。
    (6) n-辛烷，$t'_r = 25.11$ min。
    (7) 甲苯，$t'_r = 16.32$ min。
    (8) 异丁烷，$t'_r = 2.67$ min。
    (9) n-丙醇，$t'_r = 7.60$ min。
    (10) 甲基乙基酮，$t'_r = 8.40$ min。
    (11) 环己烷，$t'_r = 6.94$ min。
    (12) n-丁醇，$t'_r = 9.83$ min。

39. 在气相色谱分析中，为了测定下列组分，宜选用那种检测器？
    (1) 农作物中含氯农药的残留量。 (2) 酒中水的含量。
    (3) 啤酒中微量的硫化物。 (4) 苯和二甲苯的异构体。

40. 丙烯和丁烯的混合物进入气相色谱柱得到如下表数据：

组分	保留时间/min	峰宽/min
空气	0.5	0.2
丙烯	3.5	0.8
丁烯	4.8	1.0

(1) 丁烯在这个柱上的分配比是多少？

(2) 丙烯和丁烯的分离度是多少？

41. 某一气相色谱柱，速率方程式中 A、B 和 C 的值分别是 0.15 cm，0.36 cm$^2 \cdot$ s^{-1} 和 4.3×10^{-2} s，计算最佳流速和最小塔板高度。

42. 在一色谱图上，测得各峰的保留时间如下表：

组分	空气	辛烷	壬烷	未知峰
t_r/min	0.6	13.9	17.9	15.4

求未知峰的保留指数。

43. 化合物 A 与正二十四烷及正二十六烷相混合注入色谱柱进行试验，得调整保留时间：A，10.20 min，$n-C_{24}H_{50}$，9.81 min；$n-C_{26}H_{54}$，11.56 min。计算化合物 A 的保留指数。

44. 测得石油裂解气的色谱图（前面 4 个组分为经过衰减 1/4 而得到），经测定各组分的 f 值并从色谱图量出各组分峰面积分别如下表：

出峰次序	空气	甲烷	二氧化碳	乙烯	乙烷	丙烯	丙烷
峰面积	34	214	4.5	278	77	250	47.3
校正因子 f	0.84	0.74	1.00	1.00	1.05	1.28	1.36

(1) 求未知峰的保留指数。

(2) 用归一法定量，求各组分的质量分数各为多少。

45. 有一试样含甲酸、乙酸、丙酸及不少水、苯等物质，称取此试样 1.055 g。以环己酮作内标，称取 0.1907 g 环己酮，加到试样中，混合均匀后，吸取此试液 3 μL 进样，得到色谱图，从色谱图上测得的各组分峰面积及已知的 S' 值如下表所示：

	甲酸	乙酸	环己酮	丙酸
峰面积	14.8	72.6	133	42.4
响应值 S'	0.261	0.562	1.00	0.938

求甲酸、乙酸、丙酸的质量分数。

46. 在测定苯、甲苯、乙苯、邻二甲苯的峰高校正因子时，称取的各组分的纯物质质量，以及在一定色谱条件下所得色谱图上各种组分色谱峰的峰高分别如下表：

	苯	甲苯	乙苯	邻二甲苯
质量/g	0.596 7	0547 8	0.612 0	0.668 0
峰高/mm	180.1	84.4	45.2	49.0

求各组分的峰高校正因子，以苯为标准。

47. 已知在混合酚试样中仅含有苯酚、邻甲酚、间甲酚和对甲酚四种组分，经乙酰化处理后，用液晶柱测得色谱图，图上各组分色谱峰的峰高、半峰宽，以及已测得各组分的校正因子分别如下表。求各组分的质量分数。

	苯酚	邻甲酚	间甲酚	对甲酚
峰高/mm	64.0	104.1	89.2	70.0
半峰宽/mm	1.94	2.40	2.85	3.22
校正因子 f	0.85	0.95	1.03	1.00

48. 测定氯苯中的微量杂质苯、对二氯苯、邻二氯苯时，以甲苯为内标，先用纯物质配制标准溶液，进行气相色谱分析，得如下数据（见下表），试根据这些数据绘制标准曲线。在分析未知试样时，称取氯苯试样 5.119 g，加入内标物 0.042 1 g，测得色谱图，从图上量取各色谱峰的峰高，并求得峰高比，求试样中各杂质的质量分数。

编号	甲苯质量/g	苯		对二氯苯		邻二氯苯	
		质量/g	峰高比	质量/g	峰高比	质量/g	峰高比
1	0.045 5	0.005 6	0.234	0.032 5	0.080	0.024 3	0.031
2	0.046 0	0.010 4	0.424	0.062 0	0.157	0.042 0	0.055
3	0.040 7	0.013 4	0.608	0.084 8	0.247	0.061 3	0.097
4	0.041 3	0.020 7	0.838	0.119 1	0.334	0.087 8	0.131

杂质苯、对二氯苯和邻二氯苯的峰高与甲苯的峰高之比分别为：1.341、0.298 和 0.042。

第15章 高效液相色谱法

高效液相色谱（high performance liquid chromatograpy，HPLC），也称高速（压）液相色谱［high speed (pressure) liquid chromatography］。它是在经典液相色谱的基础上，将小颗粒填充的固定相、液体作为流动相，在高压下完成的色谱分离分析过程。

通常所说的柱层析、薄层层析或纸层析均属于经典液相色谱。20世纪初，俄国植物学家米哈伊尔·茨维特用大颗粒的碳酸钙填充竖立的玻璃管，以石油醚洗脱并分离植物色素提取液，首次提出"色谱"的概念，即色谱技术的发明始于液相色谱。早期的液相色谱，包括茨维特的工作，都是在直径 1～5 cm，长 50～500 cm 的色谱柱中进行的。为保证有一定的柱流速，填充的固定相颗粒直径多在 100～200 μm 范围内。即使这样，流速仍然很低（<1 mL/min），分析时间仍然很长。当加压增加流速（真空或空气泵）时，尽管分析时间减少，但柱塔板高度 H_{min} 也相应增加或者说柱效下降了。

可见，在经典液相色谱中，最常用的柱层析所使用的固定相为大颗粒（粒径 >100 μm）的吸附剂（如硅胶和氧化铝），依靠液体重力或简单加压来驱动液体流动相进行分离。这种传统的液相色谱因为固定相粒度大、传质扩散慢，所以柱效低、分离能力差、分析时间长，只能进行简单混合物的分离分析。

为了解决经典色谱分析的柱效和分析时间问题，最为有效的方法是减小填充物的粒径（3～10 μm）并增加柱压。尽管 Martin 和 Synge 在 1941 年就提出高效相色谱的设想，但 20 世纪 60 年代后期，由于在高压下操作的液压设备、高效固定相以及高灵敏检测器的出现及发展，才彻底解决了分析时间及柱效的问题。随后，HPLC 分析技术得到了迅猛的发展。

15.1 高效液相色谱的分类及特点

同其他色谱过程一样，HPLC 也是溶质在固定相和流动相之间进行的一种连续多次交换过程。它借组分在两相间分配系数、吸附-解吸能力、亲和力或因分子大小不同而引起的排阻作用的差别使不同组分得以分离。因此，按照组分与两相的这些作用方式，可将高效液相色谱法分为四种可相互补充的基本类型，即分配色谱（partition）、吸附色谱（adsorption）或液-固色谱（liquid-solid chromatography）、离子交换色谱（ion exchange）、尺寸排斥色谱（size exclusion）或凝胶色谱（gel chromatography）。其中，分配色谱还可按照流动相与固定相极性的差别分为反相分配色谱和正相分配色谱。图 15-1

给出了各种 HPLC 方法的应用范围及分析对象。

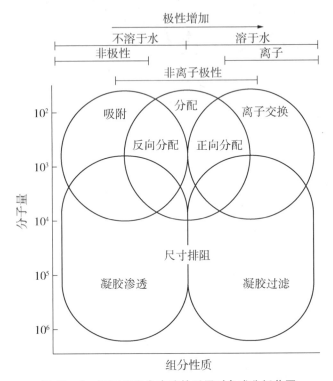

图 15-1　不同 HPLC 方法的适用对象或分析范围

可见，分配色谱通常适宜分离极性小的非离子化合物以及同系物；吸附色谱最适宜分离非极性物质、结构异构以及从脂肪醇中分离的脂肪族碳氢化合物等；离子交换色谱适于分离相对分子质量较低的离子化合物；尺寸排斥色谱主要分离相对分子质量大于 10 000 的物质。各种类型的分离方法并非限于分离某一类物质，而是相互补充。

与其他色谱类似，不同组分在色谱过程中的分离，首先取决于各组分在两相间的作用能力是否存在差异，属热力学平衡问题。当不同组分在色谱柱中运动时，色谱带宽还与固定相粒度大小、柱形态及其填充情况、流动相流速、组分在两相之间的扩散性质等因素有关，属动力学问题。因此，最终分离效果是由热力学与动力学共同决定的。

与经典液相色谱比较，HPLC 具有以下特点：

（1）高压、高速。液相色谱法以液体为流动相，液体流经色谱柱，受到阻力较大，为了迅速地通过色谱柱，必须对载液施加高压，一般可达 $(150\sim350)\times10^5$ Pa。由于采用高压输液设备和 $20\sim30$ cm 长的短柱，流速大大增加，分析速度极快，只需数分钟；而经典方法靠重力加料，完成一次分析需时数小时。

（2）高效。填充物颗粒极细且规则，固定相涂渍均匀、传质阻力小，因而柱效很高，可以在数分钟内完成数百种物质的分离。

（3）高灵敏度。高效液相色谱已广泛采用高灵敏度的检测器，进一步提高了分析的灵敏度。如荧光检测器灵敏度可达 10^{-11} g。样品用量小，一般为微升级。

与气相色谱法（GC）比较，HPLC 具有以下特点：

（1）可分离分析的物质更多。气相色谱法虽具有分离能力好、灵敏度高、分析速度快等优点，但由于样品需高温气化，只限于分析气体、低沸点或热稳定的化合物，而这些物质只占有机物总数的 20%；而高效液相色谱法只要求试样能制成溶液，不需气化样品，因此可分析沸点高、热稳定性差、相对分子量大（大于 400）的有机物，而这些物质占有机物总数的 80%。

（2）可供选择的流动相种类更多。气相色谱法流动相多为惰性气体且种类有限（仅 N_2、H_2 和 He 等），这些气体流动相与与组分无相互作用，仅起运载作用；而高效液相色谱法可选择各种类型的液体或其混合液作为流动相（如水、有机溶剂、酸或碱等），这些流动相与组分都有一定亲合力，并参与固定相对组分作用的竞争，因此流动相除了起运载作用外，还可影响分离效能，即可通过流动相的选择来控制或改进分离。

（3）仪器温度控制。气相色谱需要控制进样温度、柱温和检测器温度，且多为高温条件；而高效液相色谱多在常温下进行。

总之，高效液相色谱吸取了气相色谱和经典液相色谱的优点，并采用现代化技术改进，因此得到了快速发展和广泛应用。在工业、科学研究，尤其是在生物学和医学等方面应用极为广泛，如氨基酸、蛋白质、核酸、烃、碳水化合物、药品、多糖、高聚物、农药、抗生素、胆固醇和金属有机物的分析，大多是通过 HPLC 来完成的。

15.2 高效液相色谱仪器

高效液相色谱仪一般分为高压输液系统、进样系统、分离系统和检测系统四个部分。此外，还可以根据一些特殊的要求，配备一些附属装置，如梯度洗脱、自动进样及数据处理装置等。图 15 – 2 是高效液相色谱仪的结构示意图。

仪器工作过程可简单概括为：高压泵将贮液罐中的溶剂（流动相）经进样器送入色谱柱中，然后从检测器的出口流出。当欲分离的试样从进样器进入时，流经进样器的流动相将其带入色谱柱中进行分离，然后依先后顺序进入检测器。记录仪将进入检测器的信号记录下来，得到液相色谱图。

15.2.1 高压输液系统

高压输液系统由储液罐、除气装置、过滤器、高压输液泵、压力脉动阻力器等组成，核心部件是高压输液泵。高压输液系统各部件应具有如下性能：

（1）贮液器。$1 \sim 2$ L 的玻璃瓶，配有溶剂过滤器（镍合金），其孔径约 2 μm，可防止颗粒物进入泵内。

（2）脱气。超声波脱气或真空加热脱气。溶剂通过脱气器中的脱气膜，相对分子量小的气体透过膜从溶剂中除去（气泡会影响检测器响应）。

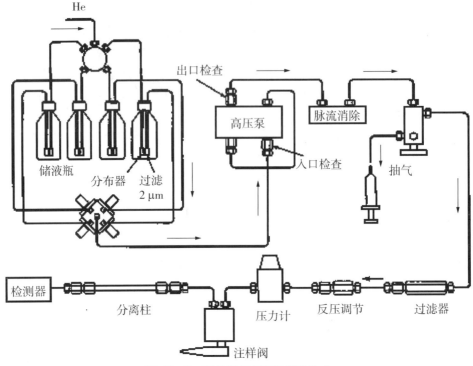

图 15-2 高效气相色谱仪器的构成

（3）输液泵。要求输液泵耐腐蚀、密封性好；具有足够的输出压力，使流动相能顺利地通过颗粒很细的色谱柱（压力范围为 25～40 MPa）；输液流量稳定无脉动（流量精度应在 1%～2% 之间）且可调范围宽（分析色谱仪器一般为 3 mL·min^{-1}，制备色谱仪器为 10～20 mL·min^{-1}）。

高压泵按其操作原理可分为恒压泵和恒流泵。恒压泵（类似于风箱）可迅速获得高压，适于柱的匀浆填充，但因泵腔体积大，在往复推动时，会引起脉动，且输出流量随色谱系统阻力（主要是柱填充物）变化而变化，现已较少使用。恒流泵可获得的溶剂流量稳定，与柱填充情况无关，包括机械注射式和机械往复式两种，应用最多的是机械往复式恒流泵（图 15-3）。

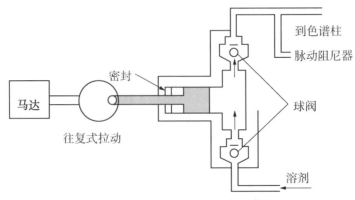

图 15-3 机械往复恒流泵示意

当柱塞从缸体向外拉时，流动相入口（下部）的单向阀打开，出口（上部）的单向阀同时关闭，一定量的流动相就由其贮液器吸入缸体中；当柱塞推入缸体时，泵头出口的单向阀打开，同时流动相入口的单向阀关闭，这时就输出少量（约 0.1 mL）的流体。为了维持一定的流量，柱塞每分钟需往复运动 25～100 次。这种泵可方便地通过改变柱塞进入缸体中距离（冲程）的大小或往复的频率来调节流量。另外，由于死体积小（约 0.1 mL），更换溶剂方便，很适用于梯度淋洗。不足之处是输出有脉冲波动，会产生基线噪声从而干扰某些检测器（如差示折光检测器），从而影响检测的灵敏度。但对高效液相色谱最常用的紫外吸收检测器影响不大。为了消除输出脉动，可使用脉动阻尼器加以克服。

15.2.2 进样系统

与 GC 相比，HPLC 柱要短得多，因此由于柱本身所产生的峰形展宽相对要小些，即 HPLC 的峰形扩展多因一些柱外因素引起，这些因素包括进样系统、连接管道及检测器的死体积。因此，一个设计较好的液相色谱仪应尽量减少这三个区域的体积。

此外，高效液相色谱的进样方式及试样体积对柱效也有很大的影响。要获得良好的分离效果和重现性，需要将试样"浓缩"地瞬时注入到色谱柱顶端固定相的中心位置。如果试样被注入到位于固定相之前的流动相中，通常会使组分还要再通过扩散进入柱顶，从而导致试样组分分离效能的降低。目前，符合要求的进样方式主要有通过注射器和六通阀进样两种。

（1）注射器。与气相色谱进样相同，试样用微量注射器刺过装有弹性隔膜的进样器，针尖直达上端固定相或多孔不锈钢滤片，然后迅速按下注射器芯，试样以小滴的形式到达固定相床层的顶端。其缺点是在高压下密封垫会发生泄漏。为此，可采用停流进样方法，即打开流动相泄流阀，使柱前压力下降至零，在注射器进样之后关闭阀门使流动相压力恢复，再将试样带入色谱柱。由于液体的扩散系数很小，试样在柱顶的扩散很缓慢，因此，停流进样可达到与不停流进样相同的效果。但停流进样方式操作不方便且无法取得精确的保留时间，峰形的重现性亦较差。

（2）高压进样阀。目前最常用的为六通阀，如图 15-4 所示。首先将样品注入定量采样环，多余的被排出，然后推动手柄，将采样环接入载流通道，被载流带入色谱柱。该进样器耐高压，易于自动化。由于进样量可由采样环管控制，因此，进样量大小可控、进样准确、重复性好。其主要不足是容易造成柱前谱峰展宽。

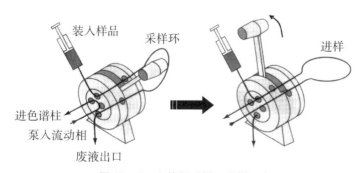

图 15-4　六能阀采样-进样示意

15.2.3 色谱柱

在高效液相色谱中，色谱柱一般采用填充小颗粒固定相的优质不锈钢管制作而成，如图 15-5 所示。在早期，填充的固定相粒度较大（20～75 μm），柱长一般 50～100 cm，柱管径为 2 mm。近年来，由于高效微型填料（3～10 μm）的普遍应用，考虑管壁效应对柱效的影响，故一般采用更短的柱长（10～30 cm）和更大的内径（4～5 mm）。其中，尺寸排阻色谱柱内径常大于 5 mm，制备色谱柱内径更大。

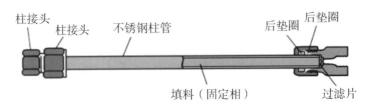

图 15-5　液相色谱柱结构

色谱柱的填充主要采用匀浆法。根据使用匀浆试剂的性质不同可分为平衡密度法和非平衡密度法。前者采用与填充颗粒密度相近的匀浆试剂，如四氯乙烯、四溴乙烷和二碘甲烷，此时颗粒沉降速度趋于 0。后者则采用黏度较大的试剂，如 CCl_4、CH_3OH、丙酮、二氧杂环己烷和四氢呋喃。

填充前，按上述方法制作匀浆液，以流动相充满色谱柱及其延长管，然后将匀浆液倒入匀浆填充器，在较高压力下迅速将其注入色谱柱内。经冲洗后，即可备用。要求填充速度快（防凝聚、沉降或结块）且无空气进入（影响填充均匀性）。

15.2.4 检测系统

理想的液相色谱检测器，除应该具有灵敏度高、噪音低、线性范围宽、响应快和死体积小等特点外，还应对温度和流速的变化不敏感。为了控制谱带展宽，检测池的体积一般小于 15 μL，当接微型柱时应不大于 1 μL。

液相色谱仪中有两类基本类型的检测器。一类是溶质性检测器，它仅对被分离组分的物理或物理化学特性有响应，如紫外、荧光和电化学检测器；另一类为通用或总体检测器，它对试样和洗脱液总的物理或物理化学性质有响应，如示差折光和介电常数检测器。下面介绍几种常用的液相色谱检测器。

15.2.4.1　紫外检测器

紫外检测器是液相色谱法广泛使用的检测器，几乎所有的液相色谱仪器均配有这种检测器。它的作用原理是基于被分析试样组分对特定波长紫外光的选择性吸收，组分浓度与吸光度的关系遵守比尔定律。所采用的吸收池为微量吸收池，通

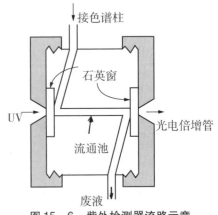

图 15-6　紫外检测器流路示意

常其光程为 2～10 mm，体积为 1～10 μL，如图 15-6 所示。

测定时一般都选择在对样品有最大吸收的波长下进行，以获得最大的灵敏度和抗干扰能力。但应特别注意，在选择测定波长时，必须考虑到所使用的流动相（溶剂）的紫外吸收性质。也就是说，在使用紫外检测器时，溶剂不应吸收测定波长的紫外光，测量波长应当大于溶剂紫外吸收波长的上限（也称为截至波长），才能保证检测的灵敏度。表 15-1 列出了一些流动相溶剂的截至波长。

表 15-1 一些常用溶剂的截止波长

溶剂（流动相）	水	正己烷	二硫化碳	苯	四氯化碳	三氯甲烷	二氯甲烷	四氢呋喃	丙酮	乙腈	甲醇
截止波长/nm	187	190	380	210	265	245	233	212	330	190	205

通常约 80% 的物质均可产生紫外吸收，因此在各种检测器中，紫外检测器使用率非常高，它既可测 190～350 nm 范围（紫外光区）的光吸收变化，也可向 350～700 nm 范围（可见光区）延伸；紫外检测器具有很高的灵敏度，最小检测浓度可达 10^{-9} g·mL^{-1}；此外，紫外检测器对温度和流速不敏感，可用于梯度淋洗。其缺点是不适用于对紫外光完全不吸收的试样，溶剂的选用受限制（紫外光不透过的溶剂，如苯）。为了扩大应用范围和提高选择性，可应用可变波长检测器，这实际上就是装有流通池的紫外分光光度计或紫外-可见分光光度计。

光电二极管阵列检测器（photodiode array，PDA）是紫外检测器的一个重要应用，其作为液相色谱检测器的工作过程如图 15-7 所示。PDA 可以提供关于色谱分离、定性定量的丰富信息。其主要特点是：

（1）可以同时得到多个波长的色谱图，因此可以计算不同波长的相对吸收比。

（2）可以在色谱分离期间，对每个色谱峰的指定位置实时记录吸收光谱图，并计算其最大吸收波长。

（3）在色谱运行期间可以逐点进行光谱扫描，得到以时间-波长-吸收值为坐标的三维图形（图 15-7 右上角），可直观、形象地显示组分的分离情况及各组分的紫外-可见吸收光谱。由于每个组分都有全波段的光谱吸收图，因此可利用色谱保留值规律及光谱特征吸收曲线综合进行定性分析。

（4）可以选择整个波长范围、几百纳米的宽谱带检测，仅需一次进样，将所有组分检测出来。其中，它区别于普通紫外-可见光检测器的最主要、最基本的特点就是快速扫描被测组分的紫外-可见吸收光谱。

15.2.4.2 荧光检测器

荧光检测器是一种很灵敏和选择性好的检测器。许多物质，特别是具有对称共轭结构的有机芳环分子，在受紫外光激发后，能辐射出比紫外光波长更长的荧光，如多环芳烃、维生素 B、黄曲霉素和卟啉类化合物，许多生化物质，包括某些代谢产物、药物、氨基酸、胺类和甾族化合物均可用荧光检测器检测，其中，某些不发射荧光的物质亦可通过化学衍生转变成能发出荧光的物质而得到检测。

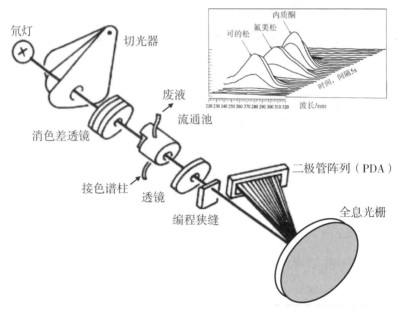

图 15-7 液相色谱二极管阵列检测器工作过程

荧光检测器的结构及工作原理和荧光光度计或荧光分光光度计相似。具有以下特点：

(1) 灵敏度极高。荧光检测器是最灵敏的液相色谱检测器，其灵敏度比紫外-可见光检测器的灵敏度约高 2 个数量级，最小检测量可达 10^{-13} g。这是因为在紫外吸收检测法中，被检测的信号 $A = \lg(I_0/I)$，即当样品浓度很低时，检测器所检测的是两个较大信号 I_0 及 I 之间的微小差别；而在荧光检测法中，被检测的是叠加在很小背景上的荧光强度。

(2) 良好的选择性。产生荧光的一个必要条件是该物质的分子具有能吸收激发光能量的吸收带，即物质分子具有一定的吸收结构；另一个条件是吸收了激发光能量之后的分子具有高的荧光效率。相对较少的分子具有大的足够检测的量子效率是荧光检测器高选择性的主要原因。在很多情况下，荧光检测器的高选择性能够避免不发荧光的成分的干扰，这是荧光检测的独特优点。例如，虽然紫外检测器在 265 nm 可以检测牛奶中的维生素 B_2，但采用波长 265 nm 激发光，检测波长为 520 nm 的荧光发射，可得到更准确的检测结果，因为基体成分在此条件下对荧光无干扰。

(3) 线性范围较窄。线性范围不及紫外吸收检测器宽，但对大多数痕量分析，其线性范围已足够。在分析较大浓度物质时，内滤效应发射强度可能随浓度增加而降低。

(4) 可采用梯度淋洗。只要选作流动相的溶剂不发射荧光，荧光检测器就能适用于梯度洗脱。

由于不是所有化合物在选择的条件下都能产生荧光，因此荧光检测器的应用范围不如紫外-可见光检测器。另外，通常发生在荧光测量中的背景荧光和猝灭效应等容易干扰测量。在进行定量分析时，必须确认这些干扰是否存在。同时应注意样品中的某些物质，如卤素离子、重金属离子、氧分子和硝基化合物对荧光发射的影响。

15.2.4.3 差示折光检测器

该检测器是通过连续测定流通池中溶液折射率的方法来测定试样浓度的检测器。溶液的折射率是纯溶剂（流动相）和纯溶质（试样）的折射率乘以各物质的浓度之和。因此，溶有试样的流动相与纯流动相之间折射率的差值，可代表试样在流动相中的浓度。当介质中的成分发生变化时，入射光的折射率亦随之发生变化。若入射角不变（一般选45°），则光束的偏转角是介质（如流动相）中成分变化（有组分流出）的函数，因此，利用测量折射角偏转的大小，即可测定试样的浓度。

差示折光检测器按其工作原理可以分成偏转式和反射式两种类型。图15-8为偏转式差示折光检测器的构成示意图。

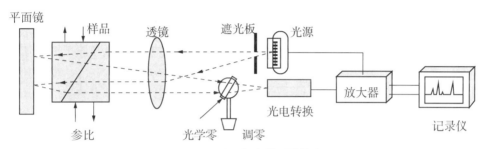

图15-8　差示折光检测器构成

光源钨灯发出的光，经狭缝、遮光板调制，透镜准直成平行光，通过流通池。流通池有一个参比室和一个样品室，二者之间用玻璃成对角线分开。光线经过参比室和样品室后，由平面反光镜反射回来，再次穿过池子。经过流通池的折射光被透镜聚焦，在光电检测器上产生与光点位置成比例的电讯号。样品室和参比室折射率相同或不同，光偏转角度不同，到达光电检测器上光点位置发生变化，从而产生大小不同的微弱光电流，经放大后被记录下来。光学平面镜用来调整光点位置，以便补偿测量开始前流动相的光学零点。

也有的偏转式检测器的光电检测原理与上述不尽相同。经过流通池的折射光被透镜聚焦于光束分离器上，被分成两束，分别照到两个光电池上。若二池内介质折射率相等，则光束分离比为1∶1。当有样品通过样品池时，光束发生偏移，光束分离比改变，导致两个光电池输出差别信号，它正比于折射率的变化量。

目前，多数的折光检测器是偏转式的，由于工艺上的原因，虽然池体积不能做得太小（>10 μL），但其折射率范围宽（1.00～1.75），毋须更换池子。另外，它的线性范围较宽（1.5×10^4），灵敏度较高。例如，在最佳条件下，当噪音水平低于10^{-8} RIU（折射率单位）时，测定环己烷中苯胺的检测限约为10^{-7} g·mL^{-1}。糖类化合物在正常紫外区范围内不吸收，难以用其他检测器检测。但是，当使用反相柱，乙腈-水为流动相时，使用差示折光检测器可以较好地分离分析糖类混合物。此外，偏转式差示折光检测器常用于制备色谱和凝胶色谱。差示折光检测器虽然是一种通用型检测器，但是由于它对温度的变化十分敏感，且不能用于梯度淋洗，因此在使用上受到一定限制。

15.2.4.4 安培检测器

由恒电位仪和一薄层反应池（体积为 1～5 μL）组成（图 15-9）。

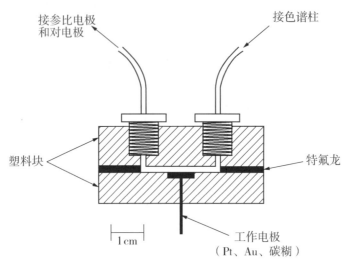

图 15-9 安培检测器示意

该检测器的工作原理为：待测物流入反应池时在工作电极表面发生氧化或还原反应，在参比电极和对电极之间有电流通过，此电流大小与待测物浓度成正比。在采用安培检测器时，流动相必须含有电解质，且呈化学惰性。它最适于与反相色谱匹配，测定具有电活性的物质。

15.2.4.5 电导检测器

电导检测器的主要部件是电导池。其工作原理是基于待测物在一些介质中电离后所产生的电导（电阻的倒数）变化来测量电离物质的含量，主要用于离子色谱的检测器。

电导检测器的响应受温度影响较大，因此需要将电导池置于恒温箱中。另外，当 pH>7 时，该检测器不够灵敏。

与气相色谱的检测器相比，除荧光检测器和电化学检测器等选择型检测器的灵敏度接近气相色谱检测器外，其他液相色谱检测器的灵敏度都比气相色谱检测器的灵敏度差，并且没有与气相色谱中氢火焰离子化检测器和热导池检测器相当的检测器，即在液相色谱中，没有一个既灵敏又通用，还可用于梯度洗脱的检测器。因此，在液相色谱的发展中，检测器的改进是人们所遇到的最大挑战。从仪器联用技术的角度来看，液相色谱与分子光谱和质谱的联用是液相色谱检测器发展的方向。

15.2.5 附属系统

液相色谱仪的附属装置依使用者的要求而异，通常包括脱气、梯度洗脱、再循环、恒温、自动进样、馏分收集以及处理等装置。这些装置一般均属选用部件，但若使用得当，会大大增加仪器的功能和提高工作效率。

一般说来，梯度洗脱装置是液相色谱分析最为重要的一种附属装置。梯度洗脱方式是将两种或两种以上不同性质但可以互溶的溶剂，随着时间改变而按一定比例混合，以连续改变色谱柱中冲洗液（流动相）的极性、离子强度或 pH 等，从而改变被测组分的相对保留值，提高分离效率，加快分离速度。与气相色谱中利用程序升温分离宽沸程复杂混合物类似，液相色谱中的梯度洗脱主要应用于分配比 k 相差较大的复杂混合物的分离。两者的目的都是为了使复杂样品中各组分在最佳容量因子范围内流出色谱柱，防止因保留时间过短而使各色谱峰出现拥挤和重叠，或防止因保留时间过长而出现色谱峰扁平、宽大而影响分离。

图 15-10 比较了梯度淋洗与分段淋洗某复杂样品（各组分的容量因子 k 相差较大）的分离效果。若以溶解能力较弱的溶剂 A 为流动相，则 k 较大的组分峰展宽并较晚出峰，且分析时间长；若以溶解能力较强的溶剂 B 为流动相，样品各组分很快可以洗脱出峰，但 k 值小的组分得不到分离；若将 A 和 B 以一定比例混合，其组成可随时间变化而变化，则样品中各组分在合适的 k 值下得到良好的分离。

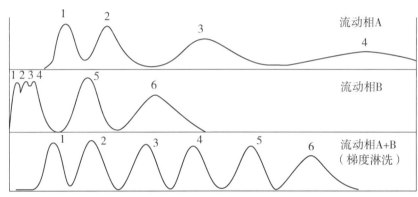

图 15-10　梯度淋洗与分段淋洗的分离效果比较

梯度洗脱包括高压梯度淋洗和低压梯度淋洗两种方式，其工作原理如图 15-11 所示。

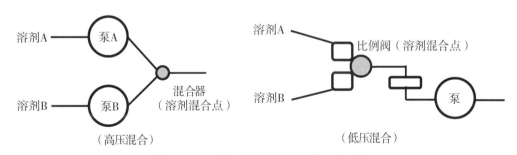

图 15-11　高压和低压梯度淋洗方式示意

高压梯度淋洗是利用两台高压输液泵将两种不同溶剂按一定比例输入梯度混合室，混合后进入色谱柱；低压梯度淋洗是在常压下通过比例调节阀将两种（或多种）溶剂混合，然后用一台高压输液泵将流动相输入到色谱柱中。

梯度洗脱可提高分离度、缩短分离时间、降低最小检测量和提高分离精度。但使用梯度洗脱应注意：

（1）溶剂间的互溶性要好。
（2）梯度变化时，防止系统压力的变化超出限度。
（3）控制水相中盐的浓度，防止在有机相提升过程中盐的析出。
（4）梯度洗脱应使用对流动相组成变化不敏感的选择性检测器（如紫外吸收检测器或荧光检测器），而不能使用对流动相组成变化敏感的通用型检测器（如示差折光检测器）。
（5）梯度淋洗结束后，需用初始流动相冲洗，使色谱柱平衡一段时间（再生），使系统回复到初始状态。

15.3 高效液相色谱的流动相和固定相

15.3.1 流动相

气相色谱的流动相都是一些惰性气体，仅起到运载待测组分的作用，而且其种类也很有限。与气相色谱的流动相不同，液相色谱的流动相多为各种溶剂或溶液，它既有运载待测组分的作用，也和固定相一样参与对待测组分的竞争，而且可供选择的种类很多。流动相的选择对分离十分重要。理想的流动相应有下列特性：

（1）对待测物具一定极性和选择性。
（2）使用 UV 检测器时，溶剂截止波长要小于测量波长；使用折光率检测器时，溶剂的折光率要与待测物的折光率有较大差别。
（3）高纯度，否则基线不稳或产生杂峰，同时可使截止波长增加。
（4）化学稳定性要好，不应与样品组分发生化学反应。
（5）具有适宜的黏度。如果黏度过高，则会增加柱压，不利于分离；但粘度过低，如戊烷和乙醚，则会在柱内或检测器中产生气泡，干扰测定。

15.3.2 固定相

高效液相色谱柱中所使用的固定相是高效和液相色谱分析的关键部分，它直接影响色谱的柱效。按照液相色谱的主要类型可将固定相分为三种。

15.3.2.1 液－固色谱固定相

液－固色谱中的固定相，多为具有吸附活性位点的吸附剂。常用的包括硅胶（可制备成薄壳玻珠或全孔型硅胶微粒）、氧化铝、分子筛、聚酰胺和高分子有机胶等。它们可用于芳烃、苯系物、酚、酯、醛、醚和低分子量的聚合物的分离和分析。其中，高分子有机胶常用苯乙烯与二乙烯苯交联而成，可用于离子交换和尺寸排阻色谱固定相。

15.3.2.2 液－液色谱固定相

液－液分配色谱中所使用的固定相与流动相均为液体，且互不相溶，它是基于样品分子在流动相和固定相间的溶解度不同（分配作用）而实现分离的。液－液色谱固定相与气液色谱类似，通常由担体和有机固定液两部分组成。

（1）担体。常用的担体按孔隙深度可分为表面多孔型和全多孔型两类。表面多孔型也称薄壳型微珠，是以直径 30～40 μm 的实心玻璃微珠为基体，在其表面覆盖一层厚度为 1～2 μm 的多孔活性材料（如硅胶、氧化铝、离子交换剂、分子筛和聚酰胺）。表面多孔型固定相的颗粒大，多孔层厚度小、孔浅，相对死体积小，因此易于装柱，渗透性好，出峰较快，柱效较高。但该类固定相的多孔层厚度小，表面积小，因此，其交换容量较低，多用于常规分离分析。全多孔型是由硅胶微粒（10 nm）聚集而成的小球（或直径 5～10 μm 氧化铝微粒聚集而成的直径稍大的小球），担体颗粒极细（＜10 μm），因此，其孔径小、传质快、柱效高，特别适于复杂混合物的分离。

（2）固定液。根据液相色谱的分离对象，固定液多为带有特定基团的有机化合物。将固定液与担体结合可制备不同类型的固定相。根据结合方法的不同，可将固定相分为机械涂渍型和化学键合型。

1）机械涂渍固定相。将固定液通过机械混合的方法涂渍到表面多孔型（0.5%～1.5% 涂布量）或全多孔型载体（5%～10% 涂布量）上形成的液-液色谱固定相。该种固定相最大的不足是固定液易流失、分离稳定性及重现性差，不适合梯度淋洗，目前应用已不多。

2）化学键合固定相。化学键合固定相是通过化学反应将有机分子键合在担体（通常为表面含有硅醇基的硅胶）表面所形成的柱填充剂，具有稳定、流失小、适于梯度淋洗等特点。这种固定相分离机理既不是简单的吸附，也不是单一的液液分配，而是二者兼而有之。化学键合的表面覆盖度决定哪种机理起主要作用。对多数键合相来说，以分配机理为主。依据键合基团极性的不同，又可分成极性键合固定相和非极性键合固定相两种。

极性键合固定相就是在硅胶担体表面键合上具有二醇基、醚基、氰基和氨基等极性基团的有机分子；而非极性化学键合相是将硅胶担体表面上的硅醇基，通过硅酯化、酰氯化和硅烷化等化学改性方法转化为酯基（—OR）、烷基（—R）和硅烷基（—Si R_3）。具体反应如下（R 代表长链烷基或苯基等疏水基团）：

$$\text{硅酯化：} \equiv\text{Si—OH} + \text{R—OH} \xrightarrow{SOCl_2} \equiv\text{Si—O—R}$$

硅酯化反应生成的键合固定相对热不稳定，遇水、乙醇等强极性会水解，使酯链断裂，因此只适用于不含水或醇的流动相。

$$\text{酰氯化：} \equiv\text{Si—OH} \xrightarrow{SOCl_2} \equiv\text{Si—Cl} \xrightarrow{RLi \text{ 或 } RMgCl} \equiv\text{Si—R}$$

酰氯化生成的键合固定相不易水解，热稳定性比硅酸酯高，但所用的格氏反应不方便。当使用水溶液作流动相时，其 pH 应控制在 4～8。

$$\text{硅烷化：} 3(\equiv\text{Si—OH}) + RSiCl_3 \longrightarrow (\equiv\text{Si—O})_3\equiv\text{SiR} + 3HCl$$

硅烷化生成的键合固定相不易水解，热稳定性好，在 pH 2～8 范围内对水稳定。如最常用的 ODS（octa decyltrichloro silane）柱或 C_{18} 柱就是最典型的代表，它是将十八烷基三氯硅烷通过化学反应与硅胶表面的硅羟基结合，在硅胶表面形成化学键合态的十八烷基，其极性很小，如图 15-12 所示。

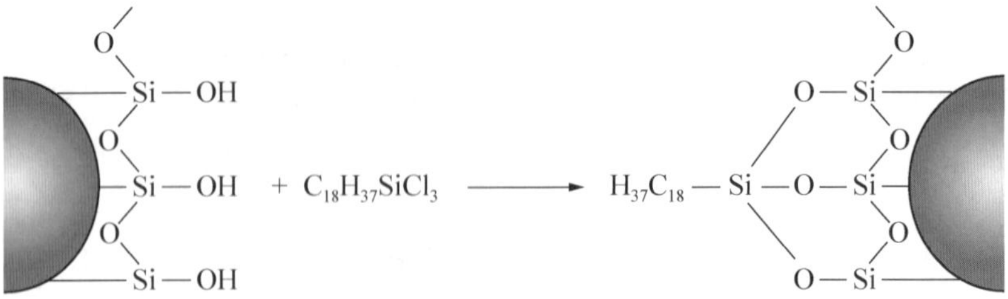

图 15-12　硅烷化键合相的分子结构（C_{18}）示意

由于空间位阻，通过硅烷化覆盖的硅醇基大约是水解后硅胶表面硅醇基的 1/2，即 4 $\mu mol \cdot m^{-2}$。未反应的硅醇基将会导致色谱峰拖尾，尤其是在碱性的介质中。为了减小这种影响，还需要用较小分子的三甲基氯硅烷进一步反应，以减少尚未处理的硅醇基数量。

表 15-2 总结了色谱键合固定相、流动相及其分离对象。

表 15-2　键合色谱固定相、流动相及分析对象

样品类型	键合基团	流动相	色谱类型	待测物
低极性 （溶于烃）	—C_{18}	甲醇-水	反相	多环芳烃
		乙腈-水		酯类
		乙腈-四氢呋喃		甾族、氢醌
中等极性 （溶于醇）	—CN	乙腈-正己烷	正相	脂溶性维生素、甾族、芳香醇、胺、类脂止痛药
	—NH_2	氯仿-正己烷		芳香胺、脂类、氯代农药、苯二甲酸
	—C_{18} —C_8 —CN	甲醇、水、乙腈	反相	甾族、醇溶性天然产物、维生素、芳香胺、黄嘌呤
高极性 （溶于水）	—C_8 —CN	甲醇、乙腈、水、缓冲溶液	反相	水溶性维生素、胺、芳醇、抗菌药、止痛药
	—C_{18}	甲醇、水、乙腈	反相离子对	酸、磺酸类染料、儿茶酚胺、
	—SO_3^-	水、缓冲溶液	离子交换	无机阳离子、氨基酸
	—NR_3^+	磷酸缓冲溶液		核苷酸、糖、无机阴离子、有机酸

15.3.2.3　离子交换色谱固定相

早期的离子交换树脂主要是聚苯乙烯和二乙烯基的苯交联聚合物。通常可分为全多孔型、薄壳型和表面多孔型三类。全多孔型粒度一般为 5～10 μm，有微孔型和大孔型之分。前者交联度高，骨架紧密，孔穴小，适于分离小的无机离子；后者交联度稍低，除微孔外，还有刚性的大孔结构，如图 15-13 所示。全多孔型离子交换剂由于交换基团多，所以有高的交换容量，且对温度的稳定性好。但由于在水或有机溶剂中可发生溶

胀，造成传质速度慢，柱效低，难以实现快速分离。

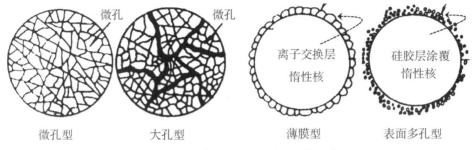

图 15-13　离子交换型固定相结构示意

为了加速颗粒内的扩散，可采用薄膜型及表层多孔型树脂，如图 15-13 所示。前者是在直径 30 μm 的固体惰性核上，凝聚 1～2 μm 厚的树脂层；后者是在固体惰性核上，覆盖一层硅胶微珠，然后用机械方法在微球硅珠上涂上一层很薄的离子交换剂膜。这两类树脂很少发生溶胀，传质速度快，柱效高，能实现快速分离。但由于表层上涂覆的离子交换物质的量有限，所以它们的交换容量低，柱子容易超负荷。

此外，还有一种离子键合固定相，即在以硅胶为基质的薄壳微珠或多孔微粒硅胶上化学键合离子交换基团，如—SO_3H，—CH_2NH_2，—$COOH$，—$CH_2N(CH_3)_3Cl$。它们的优点是机械性能稳定，可使用小粒度固定相和高柱压来实现快速分离。其主要缺点是化学稳定性较差，只适用于在一定的 pH 范围内操作，否则硅胶基质会很快被溶解而破坏其交换性能。

15.4　高效液相色谱法主要类型

根据高效液相色谱分离原理的不同，可将其分为液-固吸附色谱、液-液分配色谱、离子交换色谱、尺寸排阻色谱和亲和色谱等。

15.4.1　液-固吸附色谱

液-固色谱固定相为固体吸附剂，故又称吸附色谱。吸附剂是一些多孔的、表面通常存在吸附点的固体颗粒物。当流动相进入色谱柱后，它便以单分子层形式占据吸附剂上的活性点位，试样组分分子在随流动相的迁移过程中，于吸附剂（固定相）表面产生试样分子与流动相分子间的竞争吸附。因此，此类色谱是根据物质在固定相上的吸附能力的不同来进行分离的。

固定相吸附试样的能力，主要取决于吸附剂固定相的比表面积和理化性质、试样分子组成和结构以及流动相（洗脱液）的性质等方面。非极性基团与极性固定相（如硅胶、氧化铝）之间的亲合力很弱，其 k 值较小；相反，极性基团或能够形成氢键的基团与极性固定相之间的亲合力较强，其 k 值较大。可极化的分子与极性固定相间因诱导偶极作用也能得到保留，其 k 值大小取决于极化作用的大小。

15.4.1.1 固定相选择

在液-固高效液相色谱中，常用的固定相是硅胶（商品名如 Porasil C 和 Lichrosorb SI）和氧化铝（商品名如 Bio-Rad AG 和 Lichrosorb ALOX），其吸附特性随其颗粒形状、粒度范围、比表面大小以及平均粒径等不同而不同。它们对某些有机化合物的保留时间顺序大致为：醛≈酮<醇≈胺<砜<亚砜<酰胺<羧酸。硅胶的表面终端为硅醇或硅氧烷键。一般认为，微酸性的硅醇官能团在分离中起主要作用，而硅氧烷键的影响较小。硅胶固定相具有柱效高，试样容量大，并有较为广泛的使用形式，因此是使用最普遍的一种吸附剂。然而由于硅醇基官能团本身具有不同程度的酸性，相邻硅原子上酸性最强的羟基可形成分子内氢键，因此，常常会引起化学吸附和色谱峰拖尾。在实际工作中，常常于吸附剂中加入水等极性改性剂使这些最强的吸附点位去活化。

15.4.1.2 流动相选择

在液-固吸附色谱中，通常将流动相称为洗脱剂，获得最佳 k 和 α 值的方法是改变洗脱剂及其组成。

溶剂相对极性 p 可粗略地反映吸附色谱中溶剂的洗脱能力。对极性大的组分多采用极性强的洗脱剂，对极性小的组分多采用极性弱的洗脱剂。

但在吸附色谱中，常常使用溶剂强度参数，即洗脱剂在选定的吸附剂上的洗脱能力的大小，相当于每个单位面积的吸附剂表面上溶剂的吸附能（ε_0）。表 15-3 给出了氧化铝吸附剂上常用洗脱剂的 ε_0 值，ε_0 越大表示洗脱剂的极性越强。对于同一种洗脱剂而言，不同的吸附剂 ε_0 不同。例如，溶剂在硅胶上的 ε_0 值大约为相应溶剂在氧化铝上的 0.77 倍。

表 15-3　常用溶剂在氧化铝吸附剂上的溶剂强度参数

洗脱剂	ε_0	洗脱剂	ε_0	洗脱剂	ε_0
氟烷	-0.25	苯	0.32	乙腈	0.65
正戊烷	0.00	氯仿	0.40	吡啶	0.71
石油醚	0.01	甲乙酮	0.51	正丙醇	0.82
环己烷	0.04	丙酮	0.56	乙醇	0.88
四氯化碳	0.18	二乙胺	0.63	甲醇	0.95

在吸附色谱中通常选择两个共存的溶剂，其中一个强度参数 ε_0 很大，另一个 ε_0 则很小。然后通过改变这两种溶剂的体积，以获得适宜的 k 值。一般而言，ε_0 每增加 0.05 个单位，k 值就要降至原来的 $\frac{1}{4} \sim \frac{1}{3}$。但 ε_0 不能像 p 那样随两种溶剂的体积比而线性的变化。因此，最佳混合比的计算比较困难。当遇到谱峰重叠时，可大致固定 k 为常数，进而改变溶剂强度相对强的一种溶剂，以改变 α，这样常常可以改善所需要的分辨率。

15.4.1.3 应用

一般来说，液-固色谱最适宜分离那些可溶于非极性溶剂、具有中等分子量的非离子型的试样，图 15-14 为果蔬中农残的液固分离情况。水溶性的试样常常也能满意地用液-固色谱分离，但是要找到合适的分离条件常常比较困难。

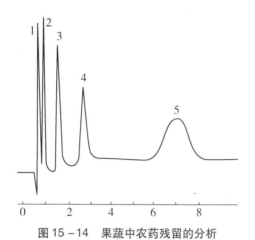

图 15-14 果蔬中农药残留的分析

分析条件：色谱柱，50 cm×2.5 mm i.d.；固定相，薄壳型硅胶（37～50 μm）；
流动相，正己烷；流速，1.5 mL·min^{-1}；检测器，差示折光检测器。
1. 艾试剂；2. p,p'-DDT；3. p,p'-DDT；4. γ-六六六；5. 蒽氏剂

由于在硅胶或氧化铝上的保留主要受溶质组分所含极性官能团控制，因此，不同类型的化合物容易被液-固色谱法分离。例如，液-固色谱可分离那些具有相同极性基团但数量不同的试样；液-固色谱特别适于分离异构体。这主要是因为异构体有不同的空间排列方式，其适应吸附表面状态的情况存在差异，因而可得到分离。然而，对于仅有弱色散作用烃的同系物或仅在酯基取代程度上略有不同的其他混合物，则很难分开或不能分开。

15.4.2 液-液分配色谱

分配色谱法为液相色谱方法中应用最为广泛的一种，类似于溶剂萃取。它基于各待测物在互不相溶的两溶液中的溶解度或分配系数的差异，随着流动相的移动，色谱柱中的这种分配平衡需进行多次，造成各待测物的迁移速率不同，从而实现组分的分离。

过去这个方法主要用于分离相对分子量小于 3 000 的非离子型和极性化合物。近年来，随着这个方法的发展，已扩大到离子型化合物的分离。

15.4.2.1 固定相

液-液色谱固定相分为机械涂渍型和健合型两类。前者是通过物理吸附的方法将液体固定液涂渍于担体表面而制成，该固定相中固定液因流动相的溶解作用或者机械力的作用很容易流失，从而导致色谱柱上保留行为的改变，并引起分离试样的污染，而且该固定相不适于梯度淋洗；后者是通过化学反应将有机分子键合到担体或硅胶表面上，这样不仅可减少固定相的流失，还可使固定相的功能得以改善，成为高效液相色谱法中占压倒优势的一种方法。在实际工作中，通常在色谱柱前串接一根与色谱固定相具有相同填充物、短而粗的柱子（前置柱），使得流动相在进入色谱柱之前就被固定液所饱和，

从而减少固定液的流失,延长色谱柱寿命。

15.4.2.2 流动相

在液-液色谱中,为了减少固定液的流失,对流动相的基本要求是其不与固定液互溶,且二者的极性差别越大越好。因此可根据所使用流动相和固定相极性的差异,将液-液色谱分为反相分配色谱和正相分配色谱。

（1）反相分配色谱。反相分配色谱通常采用极性较小的键合固定相（如硅胶-C_{18}、硅胶-苯基）和极性较强的流动相（如甲醇-水、乙腈-水、水和无机盐缓冲溶液）。常用于多环芳烃等低极性化合物的分离。若采用甲醇或乙腈的水溶液也可用于极性化合物的分离；若采用水和无机盐缓冲液也可用于有机酸、有机碱和酚类化合物的分离。

反相键合色谱分离机制可用所谓的疏溶剂作用理论解释。键合于硅胶表面的烷基具有较强的疏水性,当采用极性流动相分离含有极性基团的有机物时,一方面,有机物分子中的非极性部分与固定相表面的疏水烷基产生缔合作用,使其保留于固定相;另一方面,有机物分子中的极性部分受极性溶剂洗脱,使其离开固定相。这两方面作用力的竞争决定了分子的色谱保留行为。一般说来,固定相上键合的烷基和待测分子非极性部分所占表面积越大,或者溶剂的表面张力及介电常数越大,则缔合作用越强,分配比 k 值也越大。因此,在反相键合相色谱中,极性大的组分先流出,极性小的后流出。当固定相上键合的烷基碳链越长,其分离效果越好（如图15-15）。

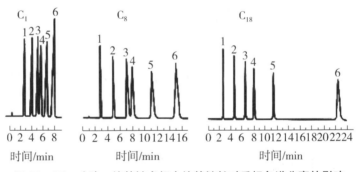

图15-15 硅胶-烷基键合相中烷基链长对反相色谱分离的影响
1. 尿嘧啶；2. 苯酚；3. 乙酰苯；4. 硝基苯；5. 苯甲酸甲酯；6. 甲苯

（2）正相分配色谱。正相分配色谱通常采用极性的键合固定相（如硅胶-CN、硅胶-NH_2）和非极性或低极性的流动相（如在烃类中加入适量氯仿、醇或乙腈等极性溶剂）,常用于极性化合物,尤其是异构体化合物、不同极性化合物以及不同类型化合物的分离。此时,组分的分配比 k 值随其极性增加而增加,随流动相极性增加而降低。因此,在正相键合相色谱中,极性弱的组分先流出色谱柱,极性强的后流出。

图15-16给出了不同极性混合物在正相和反相色谱中的色谱流出顺序及分离情况。可见,当流动相与固定相的极性相差较大时,可获得更好的分离。图15-17为采用反相键合色谱分析苯及各种多环芳烃混合物的情况。

15.4.2.3 固定相和流动相的选择

在分配色谱中,必须综合考虑溶质（待测物）、固定相和流动相三者之间分子的作

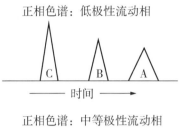
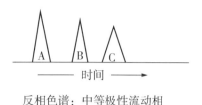

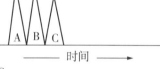

待测物极性：A>B>C

图 15-16　正相、反相色谱中极性和保留时间的关系

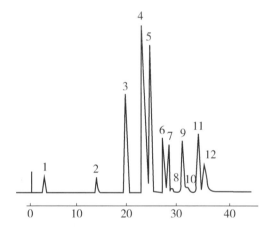

图 15-17　多环芳烃（PAHs）的反相键合色谱图

色谱条件：固定相，十八烷基硅烷化键合相（C_{18}）；流动相，20%甲醇-水~100%甲醇，
线性梯度淋洗，2%·min^{-1}；流速，1.0 mL·min^{-1}；检测器，紫外检测器。
1. 苯；2. 萘；3. 联苯；4. 菲；5. 蒽；6. 荧蒽；7. 芘；11. 苯并芘；12. 苯并[a]芘

用力（相对极性）是否匹配，这样才能获得良好的分离。三者之间的作用力组合方式包括：

（1）固定相的极性与分析物质的极性粗略匹配，用极性明显不同的流动相洗脱。

（2）流动相的极性与分析物质的极性相匹配，用极性明显不同的固定相。

（3）固定相与分析物质的极性极为相似，仅由流动相极性差异使分析物质沿柱移动。

显然，采用第一种方式很容易实现分离；第二种方式因固定相不可能保留分析物质而达不到分离的目的；第三种方式则会使分析物质保留无限延长。

从前面的讨论知道，改善色谱峰分辨率有三个途径，即改变 n、k 和 α。其中，k 在很大程度上取决于流动相的组成，在实验中又最易调节，是改变分辨率的首选方法。虽然 k 值最佳范围在 $2\sim5$，但对复杂组分而言，可扩大到 $0.5\sim20$。

在反相色谱分离中，常常用水与极性有机溶剂的混合相作为流动相，并通过改变水的含量，使保留因子 k 迅速改变。如果在最佳的 k 值下仍不能获得满意的分离，则须增加两组分的选择因子 α，即固定最佳 k 值，然后再改变流动相或流动相的化学性质。

为确定最短时间内分离混合物的最佳流动相，常采用四溶剂系统操作。对于反相色谱，选择甲醇、乙腈、四氢呋喃和水；对于正相色谱，则选择乙醚、氯仿、三氯甲烷和正己烷。在上述四溶剂系统中，前三种溶剂用来调节选择因子 α，而水或正己烷则用来调节混合溶剂的强度，以获得合适的 k 值。

15.4.2.4　液-液分配色谱的特点及应用

液-液分配色谱主要采用不同的键合固定相，采用反相或正相色谱分离方式，是应用最为广泛的液相色谱方法。其特点可应用可以大致归纳如下。

（1）反相键合相色谱。反相键合相色谱主要优势包括：①通过改变流动相，容易调节 k 和 α。②用单柱和流动相就能分离非离子化合物、离子化合物和可电离化合物。③以便宜的水为流动相的主体，以价格适宜且易纯化的甲醇为有机改性剂。④保留时间随溶质的疏水性增加而增大，常常可以预言洗脱顺序。⑤色谱柱平衡快，适宜梯度洗脱。

因此，反相键合相色谱的应用非常多。在反相键合相色谱基本流动相（如甲醇和水、乙腈和水）的基础上，通过改变 pH、添加盐缓冲剂、金属螯合物、手性试剂及银离子等方法，可以分离未电离或弱电离的化合物、金属离子、手性异构体及烯烃等。例如，在含水流动相中加入银离子，使其与烯烃形成电荷转移络合物，可将烯烃与不含双键的物质分离。

（2）正相键合相色谱。正相键合相色谱法是通过改变有机端极性官能团的性质，获得与未键合的硅胶填料完全不同的选择性。在键合时，大多数酸性硅醇基被极性弱于它的氰基或氨基之类的官能团所取代，减小了色谱峰的拖尾现象；极性键合相对流动相组成的变化响应较快，特别有利于梯度淋洗。此外，在许多应用方面可以代替以硅胶为固定相的吸附色谱法。

正相键合相色谱可以分离烷烃、类脂、糖类、甾族化合物和脂溶性维生素等。对于在水溶液中不稳定的化合物，须用正相键合相色谱法进行分离。

15.4.3　离子交换色谱和离子色谱

这里主要介绍离子交换色谱和离子色谱，同时简单介绍离子排斥色谱和离子对色谱。从分离原理来看，离子排斥色谱和离子对色谱并不属于离子交换色谱的范畴，但它们在某些方面（如分析对象、流动相、固定相或者检测方法）具有一定的相似性，因此一并介绍。

15.4.3.1　离子交换色谱

离子交换色谱法（ion exchange chromatography，IEC）特别适于分离可电离的或可与离子基团相互作用的离子化合物、有机酸和有机碱等。它不仅被广泛地应用于无机离子，还被广泛地应用于生物物质的分离，如氨基酸、核酸、蛋白质、药物及它们的代谢物、维生素的混合物、食品防腐剂和血清的分离。图 15-18 是用离子交换色谱法分离氨基酸的色谱图。

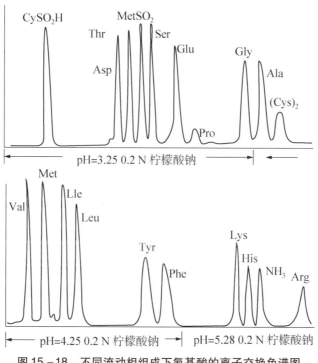

图 15-18 不同流动相组成下氨基酸的离子交换色谱图

离子交换色谱的柱填料是一种带电荷官能团的固定基质。根据这些的性质，可将离子交换色谱分为带负电荷官能团（如—SO_3^-）的阳离子交换色谱以及带正电荷官能团[如—$N(CH_3)_3^+$]的阴离子交换色谱。此外，离子交换色谱还派生出离子色谱和离子对色谱。

（1）离子交换原理。离子交换色谱固定相采用带有固定电荷的基团和可游离平衡离子的树脂。离子交换色谱法是利用待测物离子与固定相之间亲合力的差别来实现分离的。待测物电离后的离子可与树脂上可游离的平衡离子进行可逆交换：

阳离子交换：$R—SO_3^- H^+ + M^+ \rightleftharpoons R—SO_3^- M^+ + H^+$

阴离子交换：$R—NR_3^+ Cl^- + X^- \rightleftharpoons R—NR_3^+ X^- + Cl^-$

上述反应在达到平衡时，以浓度表示的平衡常数 K 可反映待测物离子对树脂亲合力的大小，称为离子交换反应的选择性系数。K 值越大，说明待测离子的交换能力越强，越容易保留而难于洗脱。通常，待测离子电荷越大，水合离子半径越小，则其 K 值越大。

对于典型的磺酸型阳离子交换树脂，阳离子的 K 值或保留顺序为：

一价离子：$Tl^+ > Ag^+ > Cs^+ > Rb^+ > K^+ > NH_4^+ > Na^+ > H^+ > Li^+$

二价离子：$Ba^{2+} > Pb^{2+} > Sr^{2+} > Ca^{2+} > Ni^{2+} > Cd^{2+} > Cu^{2+} > Co^{2+} > Zn^{2+} > Mg^{2+} > UO_2^{2+}$

对于季铵型强碱型离子交换树脂，阴离子的 K 值或保留顺序为：

柠檬酸根 > ClO_4^- > I^- > HSO_4^- > SCN^- > NO_3^- > Br^- > NO_2^- > CN^- > Cl^- > BrO_3^- > OH^- > HCO_3^- > $H_2PO_4^-$ > IO_3^- > CH_3COO^- > F^-

在离子交换色谱中，通过控制流动相中反离子的浓度、离子强度和离子类型等，可调整被分析组分的 k 值，从而获得好的选择性和柱效。

（2）固定相。离子交换色谱常用的离子交换剂的基质包括合成树脂（聚苯乙烯）、纤维素和硅胶三大类；前面已经提到，离子交换剂有阴离子及阳离子之分；再根据官能团的离解度或交换容量，还有强弱之分（表 15-4）。其中强酸型或强碱型离子交换树脂较为稳定，应用更多。常用的离子交换色谱固定相包括多孔型、薄壳型、表面多孔型和离子交换键合型等。

表 15-4 离子交换树脂类型

类型	按交换能力大小分类*	官能团
阳离子交换树脂	强酸型阳离子交换剂（SCX）	—SO_3H
	弱酸型阳离子交换剂（WCX）	—COOH
阴离子交换树脂	强碱型阴离子交换剂（SAX）	—N^+R_3
	弱碱型阴离子交换剂（WAX）	—NH_2

注：*理论交换容量即指每克干树脂含有离子交换基团的量，可反映树脂交换离子能力的大小。

（3）流动相及其对分离的影响。离子交换色谱通常在水介质中进行，但有时为了增加带有较大有基团的分子的溶解度，亦采用水-乙醇混合溶剂作流动相，有时甚至全部采用有机溶剂。此外，还常常通过改变流动相中可交换离子（或称反离子）的种类和浓度（离子强度 I），以及流动相的 pH 等来控制 k 值，改变选择性。

反离子种类和浓度的影响：一方面，增加反离子的浓度，可降低试样离子的竞争吸附能力，从而降低其在固定值上的保留值；另一方面，改变反离子的类型，有时能显著地改变试样离子的保留值。例如，对于阴离子交换树脂来说，结合到树脂上最强的是柠檬酸根离子，最弱的是氟离子，因此，用含有柠檬酸根为反离子洗脱试样离子，显然比用氟离子要更快些。但是对于阳离子交换树脂来说，实验证明，即使各种阳离子的大小及电荷有所不同，但它们对试样离子保留值的影响却并不显著。

pH 的影响：流动相 pH 的影响视具体情况的不同而不同。总的来说，pH 增加，在阳离子交换色谱上试样保留值降低，而在阴离子交换色谱上试样保留值增加，这主要是与有关组分的解离度有关。例如，在分离有机酸碱时，洗脱剂的 pH 因影响酸碱的解离程度而影响 k。增加 pH，有机酸的电离度增加，有机碱的电离度减小；降低 pH，则结果相反。一般将流动相 pH 控制在酸或碱的 pK_a 或 pK_b 值附近。此外，也有些组分不受流动相 pH 的影响。

有机溶剂的影响：外加有机溶剂通常减小组分的保留值。有机溶剂极性越小，保留值越小。常用的有机溶剂有甲醇、乙醇、乙腈和二氧杂环己烷等。

15.4.3.2 离子色谱法

离子色谱法（ion chromatography，IC）是离子交换色谱法派生而出的一种分离方法。离子交换色谱在分离分析无机离子时，大多不能采用紫外检测器，当采用电导检测器时，待测离子的电导信号被强电解质流动相产生的高背景电导信号所掩盖而无法实现电导检测。因此，在使用高灵敏度的通用型电导检测器时，必须将流动相离子和试样离子转变成对检测器有不同响应的物质，或者选择一种原本就具有低背景电导信号的流动相。现有离子色谱使用以下两种方式。

（1）双柱离子色谱或抑制型离子色谱。双柱离子色谱或抑制型离子色谱由 Small 等人于 1975 年提出。它是在离子交换分离柱之后，再串接一根装填与分离柱电荷相反且交换容量较大的强离子交换树脂柱（或称抑制柱）。当载有试样的流动相通过分离柱，试样组分被分离后再进入抑制柱，具有高背景电导的流动相转化为低背景电导的流动相，进而可采用电导检测器检测试样组分电导信号。

当试样为阳离子，采用无机酸（通常为为 HCl）为流动相并经过阳离子交换柱分离，则选择填充有高容量强碱性阴离子交换剂为抑制柱。此时，在抑制柱（阴离子交换剂）发生以下两个反应：

$$R^+ - OH^- + H^+ Cl^- \longrightarrow R^+ - Cl^- + H_2O$$
$$R^+ - OH^- + M^+ Cl^- \longrightarrow R^+ - Cl^- + M^+ OH^-$$

可见，经抑制柱后，一方面将大量酸的流动相转化为电导很小的 H_2O（第一个反应）；另一方面将获得分离的样品阳离子（M^+）依次转化为淌度更大的碱（OH^- 的淌度是 Cl^- 的 2.6 倍），提高了电导检测器的灵敏度。

同样，当试样为阴离子时，常用 NaOH、Na_2CO_3 或 $NaHCO_3$ 作流动相，经过阴离子交换树脂柱分离，选择填充有高容量强酸性阳离子交换剂为抑制柱。分离柱的流出液在抑制柱中反应生成弱电解质 H_2O 和 H_2CO_3，对电导测定没有明显的影响。待测阴离子转变为相应的酸，且灵敏度大大提高（H^+ 的淌度为 Na^+ 的 7 倍）。

该技术的优点是降低了流动相的总离子含量，提高试样离子的检测灵敏度。其缺点在于，抑制柱必须再生，并且由于抑制柱的存在而使色谱峰展宽，导致分辨率下降。

（2）单柱离子色谱或非抑制型离子色谱。该技术的流动相采用极低浓度洗脱液（如以 $1 \times 10^{-4} \sim 5 \times 10^{-4}$ mol·L^{-1} 苯甲酸盐或邻苯二甲酸盐弱酸性溶液为洗脱液分离阴离子，以低浓度的硝酸或乙二胺硝酸盐为洗脱剂分离阳离子），以降低洗出液的背景（本底）电导，而固定相则采用低交换容量（$0.02 \sim 0.05$ mmol·L^{-1}）的阴离子或阳离子交换剂。它只有一根分离柱，不需抑制柱，故流动相直接由分离柱到达电导检测器进行检测。

单柱离子色谱法因减少了抑制柱带来的死体积，分离效率高，且能用普通 HPLC 仪改装，因此该法近年来发展特别迅速。单柱离子色谱法的主要缺点是难以在高电导介质中测量低含量试样离子。

离子色谱法被广泛用于分析地下水和人体血、尿等试样中的痕量阴离子和阳离子。原子吸收光谱法或发射光谱法等通常适于分析痕量的阳离子，而分析痕量阴离子时，离子色谱法则是最为方便的。

15.4.3.3 离子排斥色谱

离子排斥色谱（ion chromatography exclusion，ICE）并不用于离子化合物的分离，不属于离子交换色谱的类型。从试样分离机制来说，可归于分配色谱类别。但离子排斥色谱与离子色谱一样，都是采用离子交换柱完成物质的分离。因此，为讨论方便，将其放在离子色谱中介绍。现以羧酸在酸型阳离子交换树脂上的分离为例，简单介绍离子排斥色谱的分离原理和应用。

图 15-19 给出了流动相（包含水、HCl 和待分离的羧酸）在键合有磺酸基（—SO_3^-）的树脂表面的行为。从图中可见，当纯水通过分离柱时，会围绕磺酸基形成一水合壳层。与流动相中的水分子相比，水合壳层的水分子排列在较好的有序状态。在这种保留方式中，类似道南膜的负电荷层（δ^-）成为水合壳和流动相之间的界面。这个膜层只允许未解离的化合物通过，而完全离解的物质则不能透过。

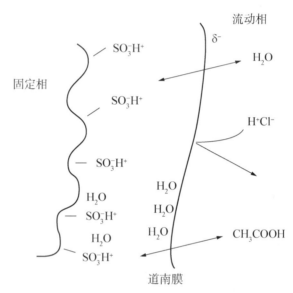

图 15-19　离子排斥原理示意

流动相中的 Cl^- 负电荷受固定相表面同种电荷的排斥，不能接近或进入固定相，但中性水分子和一定 pH 条件下部分未离解有机弱酸不受道南排斥，可进入树脂的孔穴并回到流动相。虽然水和有机弱酸均与固定相作用，但由于吸附作用的不同，有机弱酸更易保留于固定相，而且随有机弱酸碳链的增加，其保留时间增加。如果在流动相中加入有机溶剂（乙醇或乙腈），则羧酸的保留时间减少，这是因为有机溶剂分子阻塞或占据了固定相的吸附点位，同时增加了有机酸在流动相中的离解度。此外，对于分子尺寸比较大的多元羧酸，如草酸和柠檬酸，其分离还与固定相的交联度（孔隙大小）有关，即存在所谓的空间排阻效应，改变交联度也可影响分离度。

因此，离子排斥色谱的分离机理主要是基于道南排斥，也包括空间排阻和吸附等作用机制。

最常用的离子排斥色谱固定相是具有较高交换容量的全磺化交联聚苯乙烯阳离子交换树脂，但这种阳离子交换树脂一般不能用于阳离子的离子交换色谱分离。

如果采用紫外检测器，则可直接检测，但若采用电导检测器，则需串接一根银离子形式的阳离子交换树脂柱作为抑制柱，以消除 HCl 高背景电导干扰：

$$Ag^+ + Cl^- \longrightarrow AgCl \downarrow$$

离子排斥色谱对于从强酸中分离弱酸，以及弱酸的相互分离是非常有用的。如果选择适当的检测方法，离子排斥色谱还可以用于氨基酸、醛及醇的分析。

15.4.3.4 离子对色谱

离子对色谱法（ion pair chromatography，IPC）是在流动相或固定相中引入一种（或多种）与溶质分子电荷相反的离子（称为对离子或反离子），使其与溶质离子形成具有疏水特性的离子对化合物，从而控制溶质离子的保留行为的一种色谱方法。该法解决了以往难以分离的混合物，如酸、碱和离子、非离子混合物，特别是一些生化试样，如核酸、核苷、生物碱以及药物等的分离问题。

离子对色谱法的分离机理包括离子对形成机理、离子交换机理和离子相互作用机理，具体机理并不十分明确。下面以离子对形成机理进行说明。

当固定相为非极性键合相，流动相为水溶液，并在其中加入一种与组分离子 X^- 电荷相反的离子 Y^+，因静电引力，两种离子生成离子对物质 X^-Y^+：

$$X^-_{(w)} + Y^+_{(w)} \xrightleftharpoons{K_{XY}} X^-Y^+_{(o)}$$

式中，（w）和（o）分别表示水相和有机相，K_{XY} 为平衡常数。

由于生成的离子对物质 X^-Y^+ 具有疏水性，因而被非极性固定相（有机相）所萃取。组分离子的性质不同，它与反离子形成离子对的能力不同，形成的离子对化合物的疏水性也存在差异，从而使各组分离子在固定相的保留时间不同，最后实现各组分离子的分离。因此，从分离机理来看，离子对色谱是典型的分配色谱。

离子对色谱法种类很多，根据流动相与固定相的极性，可分为正相离子对色谱和反相离子对色谱，其中以键合相的反相离子色谱应用更为广泛。

反相离子对色谱法与前述液-液分配色谱类似，其固定相多采用非极性的疏水性键合相（如 C_{18}），流动相为加有反离子的极性溶液（如甲醇-水或乙腈-水）。表15-5为常用的反离子类型及其典型化合物的应用。可见，用作离子对的物质一般都含有烷基，这是为了使形成的离子对化合物能在非极性固定相上保留。

表15-5 常用离子对物质及其应用

离子对类型	典型离子对化合物	主要应用
季铵	四甲铵、四丁铵、C_{16}-三甲铵离子	强酸+弱酸、磺酸染料、羧酸
叔胺	三辛胺	磺酸盐
烷基和芳基磺酸盐	甲烷或庚烷磺酸盐、樟脑磺酸	强碱+弱碱、儿茶酚胺
烷基硫酸盐	十二烷基硫酸盐	与磺酸相似，产生不同选择性
强酸	高氯酸	碱性溶质

在实际工作中，离子对色谱与离子交换色谱常常可以相互补充。在分离小的无机和有机离子时，一般多采用离子交换色谱，这是因为离子交换树脂有紧密的网状结构，因此传质速率较慢，大分子分离时的柱效较差；在分离表面活性剂时，宜用离子对色谱，这不仅仅是因为它的尺寸大小，更重要的是这类物质与离子交换剂有较强的亲合性能，

难以被洗脱。此外，两者的不同之处在于，离子对色谱不仅能分离离子型及可离解的化合物，还能在同一色谱条件下，同时分离离子和非离子两种不同类型的化合物。

键合相离子对色谱法操作简单，只要改变流动相 pH 值、反离子的种类和浓度，即可在较大范围改善分离的选择性，解决复杂混合物的分离问题。

15.4.4 尺寸排阻色谱

尺寸排阻色谱（size exdusion chromatography，SEC）是利用多孔凝胶为固定相的一种独特方法。与其他液相色谱方法的分离机理不同，SEC 是基于凝胶孔隙尺寸的大小与较大样品分子的线团尺寸之间的相对关系，从而对溶质进行分离和分析的方法，也被称为凝胶色谱。根据流动相的不同，SEC 又可分为凝胶过滤色谱法（gel filtration chromatography，GFC，以水溶液或缓冲液为流动相）和凝胶渗透色谱法（gel permeation chromatography，GPC，以有机溶剂为流动相）。

15.4.4.1 分离原理

待测分子在 SEC 上的分离主要取决于凝胶的孔径大小与待分离组分分子尺寸之间的关系。样品中的尺寸较大的分子不能进入凝胶孔穴而完全被排阻，只能沿多孔凝胶粒子之间的空隙通过色谱柱，首先从柱中被流动相洗脱出来；中等尺寸的分子可进入凝胶中一些适当的孔洞，但不能进入更小的微孔，在柱中受到一定的滞留，较慢地从色谱柱洗脱出来；尺寸较小的分子可进入凝胶中绝大部分孔穴，在柱中受到最强的滞留，会更慢地被洗脱出；溶解样品的流动相溶剂分子，其分子量最小，可以进入凝胶的所有孔穴，最后从柱中流出，从而实现具有不同样品分子按尺寸大小实现分离。在分子排阻色谱法中，溶剂分子最后流出，这一点明显不同于其他液相色谱法。

由于分子尺寸一般随分子量的增加而增大，因此可用分子量代表分子尺寸。将因为尺寸过大，刚好不能进入固定相孔穴内的分子的分子量，定义为该固定相的排阻极限（全排斥）。显然，分子量大于排阻极限的分子将不会进入固定相；同样，将因为尺寸过小，可全部进入固定相孔穴内的分子的分子量，定义为该固定相的渗透极限（全渗透），即分子量小于渗透极限的分子将完全进入固定相。

可以预料，相对分子质量介于排阻极限和渗透极限之间的化合物，将根据它们的分子尺寸，可部分进入孔隙，另一部分则不能进入，其结果使这些化合物按相对分子质量降低的顺序被洗脱，即分子量大的先出峰，分子量小的合出峰。因此，在选择固定相时，应使欲分离样品粒子的相对分子质量落在固定相的渗透极限和排阻极限之间。

由色谱过程的基本方程式可得

$$V_e = V_0 + K_{sec} V_i \tag{15-1}$$

式中，V_e 为保留体积（即溶质洗脱体积），V_0 为凝胶颗粒之间的体积（也称为间隙体积）；V_i 为凝胶内孔体积，也即溶质分子能够渗透进去的那部分体积（也称为总孔容积）；K_{sec} 为排阻色谱的分配系数。

K_{sec} 被定义为溶质分子渗入内孔体积的分数，其数值在 0~1 之间，它与组分的分子大小有关。对于完全不能进入凝胶孔内的大分子（即大于排阻极限的分子），其分配系数 $K_{sec}=0$，即 $V_e=V_0$；对于能自由出入凝胶孔内的小分子，它们在固定相内部和外部的浓度相同，其分配系数 $K_{sec}=1$，即 $V_e=V_0+V_i$。因此，所有组分只能在 V_0 和 V_0+V_i 的洗脱体积之间被依次洗脱下来，不会超越这个界限。

试样相对分子质量与洗脱体积的关系可更加直观地以图 15-20 加以说明。图中 A 点对应排阻极限，分子量大于该极限值的分子全部不能进入凝胶孔内（全排斥），这些分子将以一个谱带形式最先流出（C），其保留体积为 V_0；图中 B 点对应渗透极限，分子量小于该极限值的分子全部渗入凝胶孔内，并以一个谱带形式最后流出（F），其洗脱体积为 V_0+V_i；分子质量介于两个极限之间的分子则在凝胶孔内进行选择性渗透，并按分子量从大到小的顺序仪依次流出（D、E）。

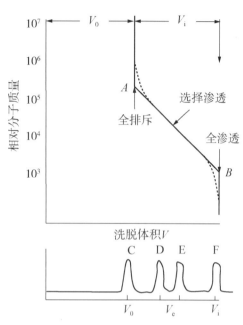

图 15-20 分子尺寸与洗脱体积的关系

15.4.4.2 固定相

尺寸排阻色谱的固定相多为凝胶，即含有大量液体（通常是水）的柔软而有弹性的物质，是一种通过交联而具有立体网状结构的多聚体。一般按其机械强度可分为软质凝胶、半刚性凝胶和刚性凝胶。

（1）软质凝胶。交联度低，其微孔可吸入大量溶剂并溶胀至其干体的数倍，如葡聚糖凝胶、琼脂糖凝胶和聚丙烯酰胺凝胶。它们适于以水为流动相，分离小分子物质，不适于高效液相色谱分离。

（2）半刚性凝胶。交联度高，溶胀性较低，比较耐压，如苯乙烯-二乙烯基苯共聚物。常以有机溶剂为流动相，可用于高效液相色谱分离，但流速不能太大。

（3）刚性凝胶。多为无机物，如多孔球形硅胶和羟基化聚醚多孔微球，它们具有刚性强、耐压的特点。水和有机溶剂均可为流动相，并可在较高压力（<7 MPa）和流速（1 mL·s^{-1}）下工作。

15.4.4.3 流动相

所选择的流动相必须能溶解样品、浸润凝胶并与检测器匹配，同时还必须考虑流动相对凝胶的影响。例如，聚苯乙烯型的凝胶不能以丙酮、乙醇为流动相。此外，溶剂黏度要小，否则，可能会限制分子的扩散而影响分离效果，尤其是对于低扩散度的大分子物质的影响。常用的流动相有四氢呋喃、三氯乙烷、甲苯、二甲基酰胺和水等。

凝胶渗透色谱法：以四氢呋喃和三氯乙烷等有机溶剂为流动相。

凝胶过滤色谱法：以水为主体、具有不同 pH 值的多种缓冲溶液为流动相。

所有溶剂使用前均要以微孔滤膜或 5 号砂芯漏斗过滤。除此之外，还可根据所分离的化合物性质向流动相中加入一些添加剂以改善保留和分离效果。例如，当以亲水性有机凝胶为固定相时，为消除体积排阻色谱法中不希望存在的吸附作用和基体的疏水作用，通常在流动相中加入少量的无机盐，以维持流动相的离子强度在 0.1～0.5，减少副作用。

15.4.4.4　特点和应用

虽然近年来由于填充剂的发展，用凝胶色谱能在水或非水系统中分离有机或者无机小分子化合物，但是该技术主要用来分离相对分子质量高（>2 000）的化合物，如有机聚合物、硅化物以及从低分子量物质或盐中分离天然产物。另外，凝胶排阻色谱越来越多的应用是通过测定相对分子量和相对分子质量分布来鉴定高聚物。由于聚合物的相对分子质量及其分布与其性能有密切的关系，因此，凝胶排阻色谱的结果可用于研究聚合机理、选择聚合工艺及条件，并考察聚合材料在加工和使用过程中相对分子质量的变化等。在未知物的剖析中，凝胶排阻色谱作为一个预分离手段，再配合其他分离方法，能有效地解决各种复杂的分离问题。

尺寸排阻色谱具有分析时间性短、谱峰窄、灵敏度高、试样量损失小以及柱子不易失活等优点。但是排阻色谱只能容纳有限数目的谱带，不能应用于诸如异构体等尺寸相似的试样分析。一般来说，在相对分子质量上有 10% 的差异时，才能获得合适的分辨率。

习题

1. 什么是化学键合固定相？它的突出优点是什么？
2. 什么叫梯度洗脱？它与气相色谱中的程序升温有何异同？
3. 试比较气相色谱和液相色谱中流动相的作用和性质。这些区别又如何影响它们？
4. 从分离原理、仪器构造及应用范围上简要比较气相色谱及液相色谱的异同点。
5. 高效液相色谱进样技术与气相色谱进样技术有何不同？
6. 液相色谱中影响色谱峰扩展的因素有哪些？与气相色谱比较，有哪些主要不同之处？
7. 简述在气相色谱和液相色谱中如何调整选择因子 α。
8. 在液相色谱中，提高柱效的途径有哪些？其中最有效的途径是什么？
9. 液相色谱法有几种类型？它们的保留机理是什么？在这些类型的应用中，最适宜分离的物质是什么？
10. 在液-液分配色谱中，为什么可分为正相色谱及反相色谱？
11. 在分配色谱中，如何调整保留因子 k？
12. 何谓化学抑制型离子色谱及非抑制型离子色谱？试述它们的基本原理。
13. 以液相色谱进行制备有什么优点？
14. 在毛细管中实现电泳分离有什么优点？
15. 试述 CZE、CGE、MECC 的基本原理。
16. 什么是抑制柱？为什么要使用它？
17. 指出下列各种色谱法，最适宜分离的物质。

　　（1）气-液色谱。（2）液-液分配色谱。（3）反相分配色谱。（4）离子交换色谱。（5）凝胶色谱。（6）气-固色谱。（7）液-固色谱。（8）离子对色谱。

18. 分离下列物质，宜用何种液相色谱方法？

(1) 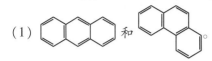。

(2) CH_3CH_2OH 和 $CH_3CH_2CH_2OH$。

(3) Ba^{2+} 和 Sr^{2+}。

(4) C_4H_9COOH 和 $C_5H_{11}COOH$。

(5) 高相对分子质量的葡糖苷。

19. 在硅胶柱上，用甲苯为流动相时，某溶质的保留时间为 28 min.。若改用四氯化碳或三氯甲烷为流动相，试指出哪一种溶剂能减小该溶质的保留时间。

20. 指出下列物质在正相色谱中的洗脱顺序。
    (1) 正己烷，正己醇，苯。
    (2) 乙酸乙酯，乙醚，硝基丁烷。

21. 在以氧化铝为填料的 HPLC 中，以苯/丙酮为流动相进行梯度洗脱，试指出在不断冲洗柱子的过程中，应该增加还是降低苯的比例。为什么？

22. 在一根正相分配柱上，当以体积比为 1∶1 的氯仿和正己烷为流动相时，某试样的保留时间达 29.1 min，不被保留组分的保留时间为 1.05 min。试计算：
    (1) 试样物质的容量因子 k。
    (2) 当容量因子 k 降到 10 时，流动相的组成。

第16章 分子质谱法

质谱法（mass spectroscopy，MS）是采用电子、原子或离子等高能粒子束使已气化的分子转化成分子离子或碎片离子，或者将固态或液态试样直接转变成气态离子，再通过电场加速后导入质量分析器，使其按质荷比（m/z）的大小顺序进行分离、收集和记录，从而获得质谱图。根据质谱图中离子峰的位置（m/z）进行物质的定性和结构分析，根据离子峰的强度进行定量分析。

1906年，英国学者J. J. 汤姆森发现电磁场中带电荷的离子的运动轨迹与其质荷比（m/z）有关，并于1912年制造出了世界首台质谱仪器。早期的质谱仪主要应用于原子质量和同位素相对丰度测量，以及电子碰撞过程研究等。1942年，出现首台商品化质谱仪并用于石油中烃的分析，大大缩短了分析时间。因此，石油工业的发展需求也是促进了质谱分析发展的重要因素。

20世纪五六十年代，高分辨质谱仪和色谱-质谱联用仪相继问世，并大量用于分子量小于1 000 Da的有机化合物或其混合物的分子量和结构分析；80年代，先后出现了快原子轰击质谱、电喷雾电离质谱、基质辅助激光解析电离飞行时间质谱以及傅里叶变换质谱法等，研究对象开始转向极性大、热不稳定的小蛋白、多肽以及生物大分子的分析。近年来，毛细管电泳-质谱、高效液相色谱-质谱等联用技术也得到了快速发展。

质谱分析法作为物质结构分析的重要工具，已经广泛应用于化学化工、材料、环境、能源、地质、药物、刑侦、运动医学以及生命科学等各个领域。

16.1 基 本 原 理

16.1.1 质谱仪组成及工作过程

质谱仪是利用电磁学原理，使试样分子转变成带正电荷的气态离子，并按离子的质荷比（m/z）将它们分离，并记录这些离子的相对强度的一种仪器。质谱仪由真空系统、进样系统、离子化系统（离子室）、质量分析器和检测记录系统等五部分组成。如图16-1所示。

质谱仪器各组成部分，如离子化方式、质量分析器和检测器都不尽相同，但其基本功能或作用类似。另外，质谱仪器组成和功能跟光学分析仪器也很类似，如图16-2所

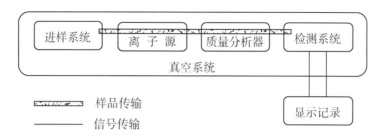

图 16-1　质谱仪的组成

示。质谱仪器的离子源相当于光谱仪器的光源，其质量分析系统相当于光源分光系统，质谱分析需将不同质荷比的离子分开，而光谱仪则将不同波长的复合光分开等。

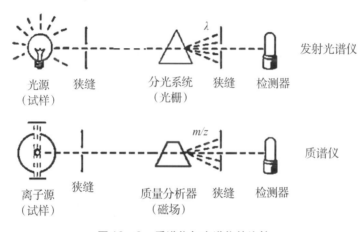

图 16-2　质谱仪与光谱仪的比较

现以单聚焦质谱仪为例（图 16-3），说明质谱分析的基本原理和过程。

单聚焦质谱仪是通过进样系统，使微摩尔级或更少的试样蒸发，并让其经过漏孔慢慢地进入压力约为 10^{-3} Pa 的电离室。在电离室内，由热灯丝流向阳极的电子流（约 70 eV），将气态试样的原子或分子电离成正、负离子或电中性碎片。

$$ABC + e \rightarrow ABC^+ + 2e$$
$$ABC^+ \rightarrow A^+ + BC \text{ 或 } AB^+ + C$$
$$AB^+ \rightarrow A^+ + B \text{ 或 } A + B^+$$
$$AB + e \rightarrow A^+ + B^- + e$$

在狭缝 A 处，以微小的负电压将正、负离子分开，负离子被排斥电位吸引后失去电荷，游离基和中性分子不被加速并通过真空系统抽离，而正离子被 A、B 间几百至几千伏的电压加速，使准直于狭缝 A 的正离子流，通过狭缝 B 进入真空度高达 10^{-5} Pa 的质量分析器中。由于正离子质荷比的不同，其偏转角度也不同。质荷比大的偏转角度小，质荷比小的偏转角度大，从而使质量数不同的离子在质量分析器中得到分离。若改变离子的速度或磁场强度，就可将不同质量数的离子依次聚焦于出射狭缝。通过出射狭缝的离子流到达收集极，经放大并记录，即可得到质谱图。很明显，质谱图上信号的强度，与到达收集极上的离子数目呈正比。

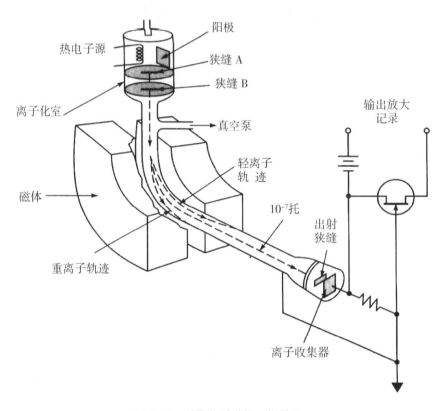

图 16-3 单聚焦质谱仪工作原理

16.1.2 质谱基本方程

分子被电离后生成质量为 m，电荷为 z 的正离子，进入电压为 U 的电场中加速。此时，离子在电场中获得的电势能为 zeU，并转换为离子的动能 $1/2mv^2$，二者相等，即

$$zeU = \frac{1}{2}mv^2 \tag{16-1}$$

式中，e 为元电荷（$e = 1.60 \times 10^{-19}$ C），v 为离子加速后的运动速度。

经电场加速到速度 v 的正离子离开电离室，进入到磁场区，在场强为 B 的磁场作用下，正离子的轨道发生偏转，进入半径为 r 的径向轨道。这时离子受到的向心力为 Bev，离心力为 mv^2/r，要保持离子在半径为 r 的轨道上运动的必要条件是向心力等于离心力，即

$$Bev = \frac{mv^2}{r} \tag{16-2}$$

由式（16-1）和式（16-2）可得

$$\frac{m}{z} = \frac{B^2 r^2 e}{2U} \tag{16-3}$$

式（16-3）被称为质谱方程式。由此式可知，离子运动的半径 r，取决于磁场强度 B、离子的质荷比 m/z 以及加速电压 U。要将各种 m/z 的离子分开，可采用以下两种方式：①B 和 U 固定不变。此时，离子运动的半径 r 仅取决于离子本身的质荷比 m/z，即 m/z 不同的离子，由于运动半径不同，在磁分离器中被分开。如果有多个狭缝，则不同 m/z 的离子从不同的狭缝射出。②固定 U 改变 B 或固定 B 改变 U。实际工作中，质谱仪的出射狭缝的位置是固定的，故一般采用固定加速电压 U 而连续改变磁场强度 B（称为磁场扫描），或者固定磁场强度 B 而连续改变加速电压 U（称为电场扫描）的方法，使不同质荷比的离子依次通过狭缝，到达收集器，从而获得质谱图。

16.1.3 质谱仪的主要性能指标

16.1.3.1 分辨率

质谱仪的分辨率是指其分开相邻质量数离子的能力。一般的定义为，两个强度相等的相邻峰之间的峰谷不大于其峰高的 10% 时，则认为这两个相邻峰可以分开。此时仪器的分辨率 R 为

$$R = \frac{m_1}{m_2 - m_1} = \frac{m_1}{\Delta m} \tag{16-4}$$

式中，m_1 和 m_2 分别为两相邻峰的质量数，且 $m_1 < m_2$。当两峰质量差越小时，仪器所需的分辨率 R 就越大。

例如，在鉴别 N_2^+（m/z 为 28.006）和 CO^+（m/z 为 27.995）两个峰时，仪器的分辨率应为

$$R = \frac{27.995}{28.006 - 27.995} = 2545$$

但是，若要鉴别 NH_3^+（m/z 为 17）和 CH_4^+（m/z 为 15）两个峰，仪器的分辨本领则只需 7.5。因此，所需质谱仪的分辨本领，主要取决于被分析的对象。

实际测量中，很难找到出现两峰等高，且峰谷刚好为峰高的 10% 情况，因此，比较实用的计算式为

$$R = \frac{m_1}{\Delta m} \cdot \frac{a}{b} \tag{16-5}$$

式中，a 为两峰间的距离；b 为其中一个峰的 5% 峰高处的峰宽。

质谱仪的分辨本领主要由离子通道的半径、加速器和收集器的狭缝宽度以及离子源决定。分辨率 $R < 10\,000$ 的为低分辨质谱，$R > 10\,000$ 的为中高分辨质谱。

16.1.3.2 质量测定范围

质量范围是指能够测量的最大质量数。质量范围与加速电压有关，降低加速电压，可扩大质量范围。

16.1.3.3 灵敏度

灵敏度有多种表示方法。绝对灵敏度指仪器可检测的最小样品量（注明信噪比）；相对灵敏度指仪器可同时检测大组分与小组分的含量之比；分析灵敏度是进入仪器的样品量与仪器记录的峰强度之比。

关于灵敏度的定义和测试方法，各厂商使用常不统一。例如，有的厂商将质谱仪灵

敏度定义为，在分辨率 $R=10\,000$ 时，进样 1 μg 胆甾醇试样，在 120～160 ℃挥发后，记录 m/z 386 的分子离子峰强度，此时信噪比 S/N（峰高与基线宽度之比）为 100∶1。

16.2 质谱仪的主要部件

质谱仪由真空系统、进样系统、离子化系统（离子室）、质量分析器和检测记录系统等部分组成。下面介绍质谱仪器各部分的构成。

16.2.1 真空系统

质谱仪的离子源、质量分析器及检测器必须处于高真空状态（离子源的真空度应达 10^{-5}～10^{-4} Pa；质量分析器应达 10^{-6} Pa）。若真空度低，则存在的氧气可烧坏离子源灯丝、本底增高、离子－分子副反应增加、裂解模式改变，使质谱解释复杂化；此外，低真空还会干扰离子源中电子束的正常调节，引起加速电极放电等。

通常用机械泵预抽真空，然后用扩散泵连续地抽气，现代质谱仪器多使用分子涡轮泵获得更高的真空度。

16.2.2 进样系统

质谱仪必须在高真空条件下工作，因此，进样系统应通过适当的装置，使其能在尽量减小真空度损失的前提下，将气态、液态和固态试样引入离子源。现代质谱仪对不同物理状态的试样，都有相应的引入方式，包括间歇式进样、直接探针进样、色谱进样和毛细管电泳进样等。

16.2.2.1 间歇式进样

若试样是气体或挥发性液体和固体，可用如图 16-4 所示的系统进样。它是通过可拆卸的试样管将少量固体和液体试样（10～100 μg）导入样品贮存器。由于贮存器内的压力约为 10^{-3} Pa，比电离室内压力高 1～2 个数量级，因此，部分试样便从贮存器通过分子漏隙而进入电离室。

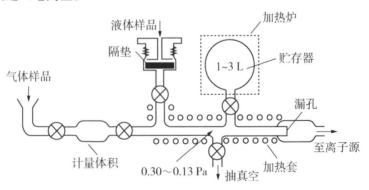

图 16-4　间歇式进样

16.2.2.2 直接探针进样

直接探针将固体和非挥发性试样置于探针的前端,然后将探针直接插入电离室加热升温,达到 10^4 Pa 左右的蒸汽压,如图 16-5 所示。由于离子室内真空度很高,而且试样非常接近离子源,因此,在试样开始大量分解之前,就能获得化合物的质谱。此法也常常用于获得热不稳定化合物,如碳水化合物、金属有机化合物、甾族化合物以及分子量相对较低的聚合物的质谱分析。但对极易分解的化合物,除选用合适的电离源进行离子化外,一般采用衍生化方法,即将其转变为易挥发且稳定的化合物后,再进行质谱分析。

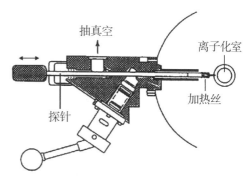

图 16-5 直接探针引入进样

16.2.2.3 色谱和毛细管电泳进样

色谱和毛细管电泳进样常常将质谱仪与气相色谱、高效液相色谱或毛细电泳柱等分离技术联用,使这些联用仪器兼具混合物分离功能和结构鉴定功能,特别适于复杂混合物的定性和定量分析。将质谱仪与这些分离技术联用需要有特殊的进样系统,本章稍后再作介绍。

16.2.3 离子源或离子化室

离子源可视为一种快速反应器,其作用是将进样系统引入的气态试样分子在很短时间内(约 1 μs)转化为离子。离子源或离子化方法在很大程度影响质谱图的面貌、灵敏度和分辨率。由于不同物质的离子化所需能量存在差异,因此,对于不同类型的物质应选择不同的离子化方法。通常将离子化方法分为**硬电离**和**软电离**这两类。图 16-6 是采用硬电离源和软电离源所获得的十一醇的质谱图。

硬电离源提供较大能量,使目标分析物处于高激发能态,分子化学键发生断裂并产生质荷比小于分子离子的碎片离子。由硬电离源所获得的质谱图,可提供目标分析物质所含功能基的类型和结构信息 [图 16-6 (b)]。由电离能量较小的软电离源所获得的质谱图,其分子离子峰的强度很大,碎片离子峰较少且强度低,所提供的质谱数据可以得到精确的相对分子质量 [图 16-6 (a)]。

质谱分析中采用的离子源种类很多。表 16-1 列出了分子质谱法中常见电离源。一般将它们分为气相离子源和解吸离子源两大类。前者是将试样气化后再离子化,适用于分析沸点小于 500 ℃,相对分子质量小于 10^3 的热稳定化合物的质谱分析;而后者是将液体或固体试样直接转变成气态离子,其最大优点是适于挥发性低,相对分子质量大(10^5)的热不稳定化合物的质谱测定。

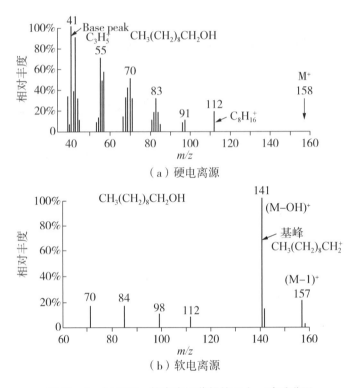

图 16-6 采用硬、软电离源获得的正十一醇质谱图

表 16-1 质谱分析中常见离子源

类型	名称	离子化试剂
气相	电子轰击源	高能电子
	化学电离源	电离试剂
	场电离源	高电势电极
解吸	场解吸源	高电势电极
	快原子轰击源	高能电子
	二次离子	高能离子
	激光解吸	激光束
	基体辅助激光解吸电离	激光束
	电子喷雾	高场
	热喷雾离子化	荷电微粒

16.2.3.1 电子轰击源

电子轰击源（electron impact, EI）是在离子源内（图 16-7），用电加热铼或钨的灯丝至 2 000 ℃，产生能量为 10~70 eV 的高速电子束。当气态试样由分子漏隙进入电离室时，高速电子与分子发生碰撞。当电子的能量大于试样分子的电离电位时，试样分子发生电离：

$$M + e^- \text{(高速)} \rightarrow M^+ + e^{2-} \text{(低速)}$$

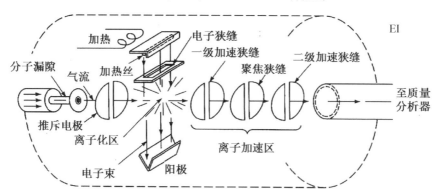

图 16-7 电子轰击源示意

含有偶数电子的有机化合物 M，与电子碰撞后失去一个电子，变成一个带奇数电子的阳离子（M^+）。当电子轰击源具有足够的能量时（一般为 70 eV），有机分子不仅可能失去一个电子形成分子离子，而且有可能进一步发生键的断裂，形成大量的各种低质量的碎片正离子和中性自由基。这些碎片离子可用于有机化合物的结构鉴定。

EI 源产生的离子流产率高，可以获得高的灵敏度。由于电子轰击源属硬电离源，对于相对质量较大的分子（$>10^3$）或热不稳定的分子来说，质谱图上常常会失去分子离子峰以及由分子离子进行一次碎裂后产生的碎片离子峰等一些重要信息。尽管如此，电子轰击源仍十分重要，质谱数据的许多文献资料都是用该电离源获得的。

16.2.3.2 化学电离源

化学电离源（chemical ionization，CI）中试样的电离，是由目标分子与电离获得的离子发生反应而形成。例如，氢化物（XH）与离子化的甲烷气（称之为反应气）发生反应。

首先，将反应气甲烷和一定比例的气体试样 HX 送进电离室中（10^2 Pa），用能量 50~500 eV 的高能电子使 CH_4 电离，主要产生 CH_4^+ 和 CH_3^+，它们进一步与反应气作用：

$$CH_4^+ + CH_4 \rightarrow CH_5^+ + CH_3$$
$$CH_5^+ + CH_4 \rightarrow C_2H_5^+ + H_2$$

反应生成的离子再与试样分子 XH 起反应，发生质子转移：

$$CH_5^+ + XH \rightarrow XH_2^+ + CH_4$$
$$C_2H_5^+ + XH \rightarrow XH_2^+ + C_2H_4$$
$$C_2H_5^+ + XH \rightarrow X_2^+ + C_2H_6$$

生成的正离子也可能存在分解：

$$XH_2^+ \rightarrow X^+ + H_2$$
$$XH_2^+ \rightarrow A^+ + C$$
$$X^+ \rightarrow B^+ + D$$

通过最后产生的质谱图，检测反应过程中所产生的 XH_2^+（$[M+H]^+$峰）、X^+（$[M-H]^+$峰）、A^+ 和 B^+ 等正离子，即可获得有关氢化物的相对分子质量等信息。

CI 使用的反应气除甲烷之外，还可采用 H_2、NH_3 和 C_3H_8 等等。CI 源与 EI 源可以相互补充。用 EI 源得到的质谱图，常常得不到易辨认的分子离子峰 M^+；而采用 CI 源时，即使对于不稳定的有机化合物，也能得到很强的分子离子峰，同时图谱也大为简化。在结构分析中，若能同时获得用 EI 源和 CI 源产生的质谱图，可大大拓展质谱解析的准确度和分析范围。图 16-8 是使用 EI 和 CI 离子化方式获得的麻黄碱质谱图。

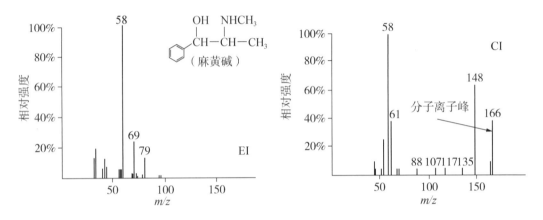

图 16-8　采用 EI 和 CI 离子源获得的麻黄碱质谱图

16.2.3.3　场致电离源

场致电离源［场电离源（field ionization，FI）和场解吸源（field desorption，FD）］是在细金属丝或金属针上施加正高压，形成 $10^7 \sim 10^8$ V/cm 的高电压梯度，其强电场使阳极附近的样品分子中的价电子按一定概率穿越位垒而被萃出，形成分子离子（阴、阳极间距 $0.5 \sim 2.0$ mm），其工作原理如图 16-9 所示。场致电离源所得质谱图简单，分子离子峰很强，而碎片离子很少或没有。因此，场致电离源适合分子量的测定以及在不需分离的情况下，实现混合物各组分的定量分析。场致电离的效率与电极的活化程度有关。活化就是在电极上生长许多针状晶体（发射体），增强场发射丝附近的电场强度，提高发射效率。同时，增加电极表面积，可吸附更多的样品。例如，用苄腈或具有低氢碳比的类似化合物填充电离室，在高电场种使苄腈热解，于 10 μm 直径的钨丝上生成长度为 $20 \sim 30$ μm 的碳微针，即所谓的发射体。将试样涂布在发射体上，一同推入高压

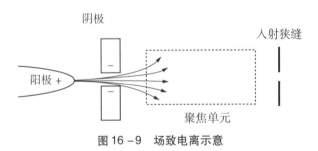

图 16-9　场致电离示意

电场。加热细丝并施加高电场,使固态离子直接解吸为气相。因此,场致发射的灵敏度可比 EI 高 1～3 个数量级。

场致电离源包括 FI 和 FD。二者的组成和结构基本相同,其主要区别在于:FI 是硬电离源,它要求样品处于气态,因此不适于非挥发性或热不稳定化合物的离子化。FD 则属软电离源,它是将固体样品涂在电极上或将样品溶解后滴在电极上,样品分子通过范德华力附着于电极上,当通以 mA 级电流即可使样品分子解吸为气态分子,再通过场电离方式萃出价电子而形成分子离子,所获得的质谱图比 FI 更为简单。图 16-10 比较了 FI 和 FD 与 EI 离子源所获得的谷氨酸质谱图。由于样品分子不需高温气化。因此,FD 适合于难气化和热不稳定的样品,如肽类、有机酸盐和糖等。

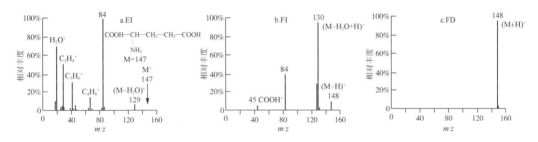

图 16-10　利用不同离子源(EI、FI 和 FD)获得的谷氨酸质谱图

16.2.3.4　快原子轰击源

快原子轰击源(fast atom bombardment,FAB)的结构如图 16-11 所示。通常轰击样品的原子是惰性气体元素,如氩和氙。为了使轰击原子获得高动能,首先须让气体原子电离,然后通过电场加速形成高能量的离子流,进入压力为 1.3×10^{-3} Pa 气态原子室(中和器),与气态原子发生碰撞,产生能量和电荷交换,形成高动能的原子流。快速运动的原子撞击到涂有样品的金属板上,使样品分子电离。在电场的作用下,这些分子的碎片离子过狭缝进入质量分析器。

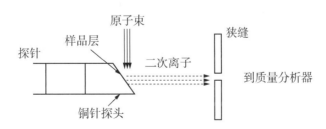

图 16-11　快原子轰击源结构示意

FAB 轰击有机或生物化学物质常常可以产生大量的分子离子、准分子离子以及碎片离子,即使对高分子和热不稳定的化合物也是如此。例如,用 FAB 可以测定相对分子质量超过 10 000 的高分子化合物,并且已能获得相对分子质量约为 3 000 的碎片。因此,FAB 具有以下三个优点:①分子离子和准分子离子峰较强。②碎片离子也较丰富。

③适于热不稳定和难挥发的样品分析。

16.2.3.5 电喷雾离子源

电喷雾离子源（electrospray ionization, ESI）主要应用于液相色谱 - 质谱联用仪。它既作为液相色谱和质谱仪之间的接口装置，同时又是电离装置。如图 16 - 12，ESI 的主要部件是一个多层套管组成的电喷雾喷嘴，其最内层是液相色谱流出物，外层是喷射气。喷射气常采用大流量的氮气，其作用是使喷出的液体容易分散成微滴。另外，在喷嘴的斜前方还有一个使微滴的溶剂快速蒸发的辅助气喷嘴。在微滴蒸发过程中表面电荷密度逐渐增大，当增大到某个临界值时，离子就可以从表面蒸发出来。离子产生后，借助于喷嘴与锥孔之间的电压，穿过取样孔进入分析器。

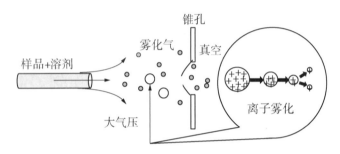

图 16 - 12　电喷雾离子化过程

ESI 是一种软电离方式，即便是分子量大，稳定性差的化合物，也不会在电离过程中发生分解。因此，ESI 适合分析极性强的大分子有机化合物，如蛋白质、肽、糖等。电喷雾电离源的最大特点是容易形成多电荷离子。这样，一个分子量为 10 000 Da 的分子若带有 10 个电荷，则其质荷比只有 1 000 Da，进入了一般质谱仪可以分析的范围之内。根据这一特点，目前采用电喷雾电离，可以测量分子量在 300 000 Da 以上的蛋白质。

11.2.3.6 基体辅助激光解吸电离

基体辅助激光解吸电离（matrix-assisted laser desorption ionization, MALDI）是将试样溶液与大大过量的能吸收辐射的基体物质（如烟酸、苯甲酸衍生物、吡嗪 - 羧酸、3 - 氨基吡嗪、2 - 羧酸、肉桂酸衍生物和 3 - 硝基苄醇等）混合后，置于金属探针的表面，让溶液挥发，将所得固体混合物暴露于脉冲激光光束下，分析物升华后所生成的离子被吸入飞行时间质谱仪进行分析。调整激光的脉冲时间，使两脉冲间隔的时间正好能够记录整个全谱。

必须注意的是，基体物质必须对激光辐射有强吸收，但试样不能有明显的吸收；此外，试样应能很好地溶于溶剂，以保证沉积在探针上的固体混合物中有足够量的试样。

16.2.4 质量分析器

质量分析器是质谱仪的重要组成部分，它的作用是将离子室产生的离子，按照质荷比的大小不同分开，并允许足够数量的离子通过，产生可被快速测量的离子流。质量分析器类似于光学中的单色器。质量分离器的种类较多，有 20 余种，常用的包括单聚焦、双聚焦、四极质谱、飞行时间以及离子回旋共振等质量分离器等。

16.2.4.1 单聚焦质量分析器

单聚焦质量分析器（magnetic sector analyzer）是通过磁场实现按质荷比的大小将离子分开。常见的单聚焦分离器是采用180°、90°或60°的扇形离子束通路。其中，呈90°扇形通路的质量分析器的构成和工作过程在前文已有介绍，此处不再赘述。

正如前述，单聚焦质量分析器可以分开来自于离子源的、质荷比 m/z 不同的离子，即可实现质量色散。同时，它可以将质荷比 m/z 相同且速度（能量）相同但方向不同的离子会聚在一起（图16-13），因此，单一磁场可以作为质谱仪的质量分析器。

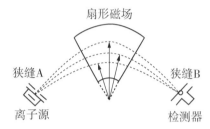

（方向聚焦：相同质荷比，入射方向不同的离子汇聚）

图16-13　单聚焦质量分析器的方向聚焦

但是，单一磁场对于来自离子源的、质荷比 m/z 相同而运动速度 v（或能量）不同的离子会产生所谓的能量色散作用，即这些质荷比相同的离子不能聚焦到一起。因此，单聚焦质量分析器只能实现方向聚焦但不能实现能量聚焦，其分辨能力受到一定限制（$R<500$），仅适于与离子能量（或速度）分散度较小的离子源，如电子轰击源和化学电离源等离子源配合使用。

16.2.4.2 双聚焦质量分析器

为了解决上述单聚焦质量分析器中离子能量分散的问题，提高仪器的分辨能力，需采用双聚焦质量分析器（double-focusing spectrometer）。

双聚焦质量分析器是指同时实现方向聚焦和能量（速度）聚焦。该仪器是将一静电场分析器置于离子源和磁场之间。静电分析器是由恒定电场下的一个固定半径的管道构成的，如图16-14所示。加速的离子束进入静电场后，只有动能与其曲率半径相应的离子才能通过β狭缝进入磁分离器。扇形电场是一个能量分析器，不起质量分离作用。质量相同而能量不同的离子经过静电电场后会彼此分开，即静电场有能量色散作用。如果设法使静电场的能量色散作用和磁场的能量色散作用大小相等方向相反，就可以消除能量分散对分辨率的影响。只要是质量相同的离子，经过电场和磁场后可以会聚在一起，而其他质量的离子会聚在另一点。改变离子加速电压可以实现质量扫描。这种由电场和磁场共同实现质量分离的分析器，同时具有方向聚焦和能量聚焦作用，或称双聚焦质量分析器。双聚焦分析器的优点是分辨率高，缺点是扫描速度慢，操作、调整比较困难，而且仪器造价也比较昂贵。

双聚焦分离器不仅可以与高频火花源这样能量分散的离子源结合使用，还可以进行固体微量分析，准确测定原子的质量，且广泛应用于有机质谱仪中。

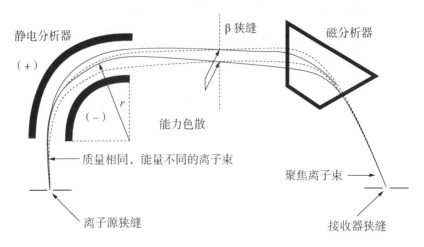

图 16-14 双聚焦质量分析器示意

16.2.4.3 四极杆质量分析器

四极杆质量分析器（quadrupole analyzer）由呈正方形平行排列的四根镀金陶瓷或钼金属棒状电极构成，如图16-15所示。相对的两个电极加有电压 $U+V_{RF}$，另一对电极加有电压 $-(U+V_{RF})$，四个棒状电极构成一个四极电场。其中，电极 U 为直流电压，V_{RF} 为射频电压。

离子从离子源进入四极场后，在电场作用下产生振动。与上述双聚焦仪的静电分析器类似，离子进入可变电场后，只有具合适的曲率半径的离子才可以通过中心小孔到达检测器。四极杆质量分析器就像一个质量过滤器，因此，该分析器也称四极杆滤质器。

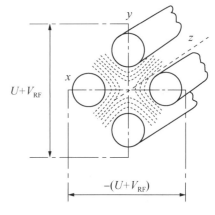

图 16-15 四极杆质量分析器示意

如果质量为 m，电荷为 e 的离子从 z 方向进入四极场，在电场作用下其运动方程为

$$\frac{\mathrm{d}x^2}{\mathrm{d}t^2} + \frac{2e}{mr^2}(U+V_{RF}\cos\omega t)x = 0$$

$$\frac{\mathrm{d}y^2}{\mathrm{d}t^2} + \frac{2e}{mr^2}(U+V_{RF}\cos\omega t)y = 0$$

在保持 U/V_{RF} 不变的情况下改变 V_{RF} 值，对应于一个 V_{RF} 值，四极场只允许一种质荷比的离子通过，到达检测器被检测，其余离子的振幅不断增大，最后碰到四极杆而被吸收。连续改变 V_{RF} 值（设置 V_{RF} 值的扫描范围），可使其他质荷比的离子顺序通过四极场而实现质量扫描。

V_{RF} 的变化可以是连续的，也可以是跳跃式的。跳跃式扫描就是只检测某些质量的离子，也称为选择性离子扫描（select ion monitoring, SIM）模式。当样品量很少，而且样品中特征离子已知时，可以采用 SIM 模式。通过选择适当的离子使干扰组分不被采集，可以消除组分间的干扰，也可大大提高分析灵敏度，特别适合定量分析。但该扫描方式得到的质谱不是全谱，因此不能进行质谱库检索和定性分析。

四极杆质量分析器的 m/z 范围与磁分析器相当，重量轻，离子传输效率较高，扫描速度快，分辨率也较高，特别适于小型质谱仪。目前，在 GC 或 HPLC 与 MS 联用仪器中，四极杆质量分析器也是应用最广和最成熟的质量分析器。

16.2.4.4 飞行时间质量分析器

飞行时间质量分析器（time-of-flight analyzer，TOF）的主要部分是一个离子漂移管，如图 16-16。

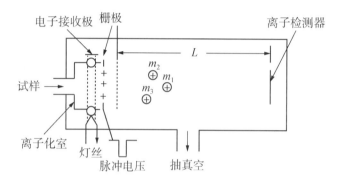

图 16-16 飞行时间质量分析器原理

如果荷电为 z、质量为 m 的离子在加速电压 U 作用下获得动能，即

$$eU = \frac{1}{2}mv^2 \text{ 或 } v = \left(\frac{2eU}{m}\right)^{1/2} \tag{16-6}$$

离子以速度 v 进入自由空间（漂移区），假定离子在漂移区飞行的时间为 t，漂移区长度为 L，则

$$t = L\left(\frac{m}{2eU}\right)^{1/2} \tag{16-7}$$

由式（16-7）可以看出，离子在漂移管中飞行的时间与离子质量的平方根成正比，即对于能量相同的离子，离子的质量越大，到达接收器所用的时间越长；质量越小，所用时间越短。根据这一原理，可以将不同质量的离子分开。适当增加漂移管的长度可以增加分辨率。

飞行时间质量分析器的特点是质量范围宽，扫描速度快，既不需电场也不需磁场。但是，由于离子在进入漂移管前，存在时间分散、空间分散和能量分散等问题，即离子产生的时间先后、空间分布以及初始动能的大小各不相同，即使是质量相同的离子，到达检测器的时间也不相同，因而大大降低了 TOF 的分辨率。目前，通过采取激光脉冲电离方式，离子延迟引出以及离子反射等技术，可以在很大程度上克服上述 3 个原因造成的分辨率下降问题。TOF-MS 的分辨率可达 20 000 以上，最高可检测质量超过 300 000 Da，并且具有很高的灵敏度，飞行时间分析器具有大的质量分析范围和较高的质量分辨率，尤其适合蛋白等生物大分子分析。目前，TOF 已广泛应用于气相色谱-质谱联用仪，液相色谱-质谱联用仪和基质辅助激光解吸飞行时间质谱仪中。

16.2.4.5 离子阱质量分析器

离子阱（ion trap）的主体是一个环电极和上、下两个端罩电极构成的三电极系统，环电极和端罩电极都是绕 z 轴旋转的双曲面，其结构如图 16-17 所示。端罩电极施加直流电压或接地，环电极施加射频电压（RF），通过施加适当电压就可以形成一个离子阱。根据 RF 电压的大小，离子阱就可捕捉某一质量范围的离子。离子阱可以储存离子，待离子累积到一定数目后，升高环电极上的 RF 电压，离子即按质量从高到低的次序依次离开离子阱，被电子倍增监测器检测。目前，离子阱分析器已发展到可以分析质荷比高达数千的离子，在全扫描模式下仍然具有较高灵敏度，而且单个离子阱通过期间序列的设定就可以实现多级质谱的功能。

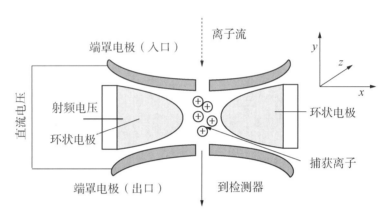

图 16-17　离子阱质量分析器原理示意

16.2.4.6 离子回旋共振质量分析器

离子进入磁感应强度为 B 的磁场中，离子将沿着与磁场方向垂直的螺旋形路径运动，称之为回旋。如果体系能量保持恒定，则回旋运动的离心力和磁场力相等，即

$$\frac{mv^2}{r} = Bzv \tag{16-8}$$

将式（16-8）整理后得

$$\frac{v}{r} = \frac{z}{m}B \text{ 或 } \omega_c = \frac{z}{m}B \tag{16-9}$$

式中，ω_c 为离子运动的回旋频率（单位为弧度/s）。

由式（16-9）可知，离子的回旋频率与离子的质荷比成线性关系。离子吸收能量后，使它的运动半径和速度增加，但并不影响它的回旋频率 ω_c。这个过程可用图 16-18 说明。图中内圆粗线为磁场中所捕获离子的原有路径，随着它的轨迹半径的增加，离子的速度不断增加（图中用细螺旋线表示）。当中断交流电信号时（断开开关 1），离子的轨迹半径又变成恒定，图中用外圆粗线表示。

在频率扫描信号终止后，可以方便地观察到共振离子的相干回旋运动产生的像电流（image current），即将开关从 1 移到 2 时，所观察的电流将随时间按指数规律下降。像电流是由相同质荷比的离子束通过回旋运动感应的电容电流。例如，当相干运动的离子

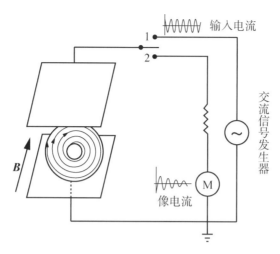

图 16-18 离子回旋共振分离器示意

束接近上电极时,电路中的电子被吸引到离子束中,产生瞬时电流;当这束离子接近另一极时,电子将以相反的方向运动。由此产生了频率为 ω 的交流电流,其大小取决于离子束中离子的数目,其频率则是离子束中质荷比的特征。

随着做回旋运动离子束的相干特征失去,感应的像电流在十分之几秒到几秒的周期内发生衰减。共振离子在回旋时不断碰撞失去能量,然后返回到热平衡的状态。

当用快速扫描的频率脉冲激发带有回旋频率的所有离子时,产生的信号是复合的,像电流的衰减产生时间域信号,它类似于在 FT-NMR 实验中遇到的自由感应衰减(FID)信号。

图 16-19 为傅里叶变换质谱仪中离子捕获分析室。分析室是一个立方体结构,它是由三对相互垂直的平行板电极组成,置于高真空和由超导磁体产生的强磁场中。第一对电极为捕集极,它与磁场方向垂直,电极上加有适当的正电压,其目的是延长离子在室内滞留时间;第二对电极为发射极,用于产生射频脉冲;第三对电极为接收极,用来接收离子产生的信号。

样品离子引入分析室后,在强磁场作用下被迫以很小的轨道半径作回旋运动,由于离子都是以随机的非相干方式运动,因此不产生可检出的信号。如果在发射极上施加一个很快的扫频电压,当射频频率和某离子的回旋频率一致时,共振条件得到满足。离子吸收射频能量,轨道半径逐渐增大,变成螺旋运动,经过一段时间的相互作用以后,所有离子都做相干运动,产生可被检出的信号。做相干运动的正离子运动至靠近接收极的一个极板时,吸收此极板表面的电子,当其继续运动到另一极板时,又会吸引另一极板表面的电子,产生一种正弦形式的时间域像电流信号,其正弦波的频率和离子的固有回旋频率相同,其振幅则与分析室中该质量的离子数目成正比。如果分析室中各种质量的离子均满足共振条件,那么,实际测得的信号是同一时间内作相干轨道运动的各种离子所对应的正弦波信号的叠加。将测得的时间域信号重复累加,放大并经模数转换后输入计算机进行快速傅里叶变换,即可检出各种频率成分,然后利用频率和质量的已知关系,可得到常见的质谱图。由于 FT-ICR 采用的是线性调频脉冲来激发离子,即在很

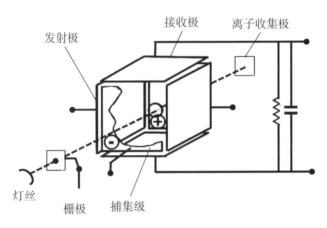

图 16-19 傅里叶变换离子回旋共振质量分析器原理

短的时间内进行快速频率扫描，使很宽范围的质荷比的离子几乎同时受到激发，因而扫描速度和灵敏度比普通回旋共振分析器高得多。

16.2.5 质谱检测器及离子流的记录

质谱检测器种类很多，包括法拉第杯（Faraday cup）、电子倍增器、闪烁计数器和照相底片等。

16.2.5.1 法拉第杯

法拉第杯需与质谱仪的其他部分保持一定电位差以便捕获离子。当离子经过一个或多个抑制栅极进入杯中时，将产生电流，转换成电压后进行放大记录，其构成如图 16-20。

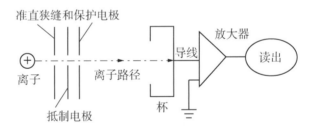

图 16-20 法拉第杯原理示意

当离子或电子进入法拉第杯以后，会产生电流或电子流。对一个连续的带单电荷的离子束来说，

$$\frac{N}{t}=\frac{i}{e} \tag{16-10}$$

式中，N 是离子数量，t 是时间（s），i 是测得的电流（A），e 是基本电荷（约 1.60×10^{-19} C）。例如，若测得电流为 10^{-9} A（1 nA），即约有 60 亿个离子被法拉第杯收集。

法拉第杯简单可靠，配以合适的放大器可以检测约 10^{-15} A 的离子流。影响法拉第杯测量的因素包括入射粒子的反向散射，以及入射的带电粒子撞击法拉第杯表面产生低能量的二次电子的干扰。因此，法拉第杯只适用于加速电压小于 1 kV 的质谱仪，因为更高的加速电压会产生能量较大的离子流，它们在轰击入口狭缝或抑制栅极时会产生大量二次电子甚至二次离子，从而影响信号检测。

16.2.5.2 电子倍增器

常用的离子检测器是静电式电子倍增器（electron multiplier tube，EPT），其工作原理如图16-21所示。电子倍增器一般由1个转换极、10~20个倍增极和1个收集极组成。一定能量的离子轰击阴极导致电子发射，电子在电场的作用下，依次轰击下一级电极而被放大，其优点是响应快和灵敏度高，增益可达10^6以上，可测出很微弱（如10^{-17} A）的离子流信号（一般比法拉第杯高出3个数量级），适合于有机质谱分析。

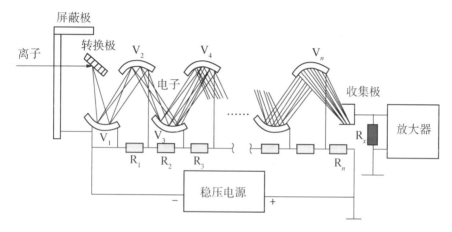

图16-21 电子倍增器示意

但EPT因为增益由操作条件所决定，而且离子中和后形成的气体随着时间发生变化，会导致倍增器的放大不易重现，甚至离子与阴极表面发生反应而改变灵敏度，因而其准确性较差（通常在1%以上）。此外，阴极溅射的二次电子数目受入射正离子质量、动量和化学性质的影响，可产生一定的质量歧视效应；级联式电子倍增器的打拿极一般采用高活性的镀铜合金，若长时间暴露在空气中会影响它的活性而大大降低倍增性能，所以，通常需采用真空或惰性气体保护。

现代质谱仪中常采用隧道（通道）电子倍增器，其工作原理与电子倍增器相似。因为体积小、多个隧道电子倍增器可以串列起来，可用于同时检测多个 m/z 不同的离子，从而大大提高分析效率。

经离子检测器检测后的电流，经放大器放大后，用记录仪快速记录到光敏记录纸上，或者用计算机处理结果。

16.3 质谱图及其质谱峰类型

在质谱分析中，主要用条（棒）图形式和表格形式表示质谱数据。图16-22是乙苯的质谱图，其横坐标是质荷比 m/z，纵坐标是相对强（丰）度。相对强度是将原始质谱图上最强的离子峰定为基峰（图中 $ArCH_3^+$ 为基峰），并规定其相对强度为100%，而其他离子峰以此基峰的相对百分数表示；如果用表格形式表示质谱数据，则称为质谱表，它包括 m/z 及其相对强度。

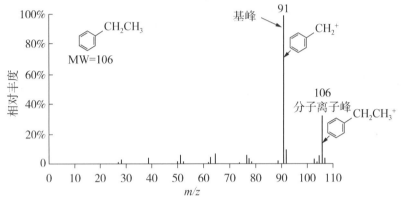

图 16-22　乙苯的质谱图

在一张质谱图中，可以看到许多峰。其整个面貌，除与试样分子的结构有关外，还与离子源的种类及碰撞微粒的能量，试样所受压力和仪器的结构有关。由电子轰击源或化学电离源产生的离子峰归纳起来有下面几种：分子离子峰、同位素离子峰、碎片离子峰、重排离子峰、亚稳离子峰及多电荷离子峰等。如果有机化合物由 A、B、C 和 D 组成，当蒸汽分子进入离子源，受到电子轰击可能发生下列过程而形成各种类型的离子（图 16-23）。

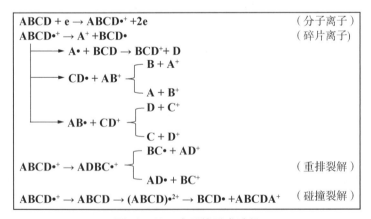

图 16-23　离子的形成过程

16.3.1　分子离子峰

分子受电子流（如电子轰击源）撞击后，失去一个电子而生成带正电荷的离子称为分子离子或母离子，即

$$M + e \rightarrow M^+ + 2e$$

显然，分子离子峰的荷质比 m/z 的数值相当于该化合物的相对分子质量。

分子离子峰若能出现，应位于质谱图的右端，其相对强度取决于分子离子相对于裂解产物的稳定性。在有机化合物中，杂原子上（S、O、P 和 N 等）的未共用电子对最易失去，其次是 π 电子，再其次是 σ 电子。

通常，分子离子的稳定性（即分子离子峰的强度）有如下次序：芳香环 > 共轭多烯 > 烯 > 环状化合物 > 羰基化合物 > 醚 > 酯 > 胺 > 酸 > 醇 > 支链烃类。因此，分子离子峰的强度可以大致指示被测化合物的类型。

16.3.2 碎片离子峰

当轰击电子的能量超过分子电离所需的能量时（一般为 50～70 eV），分子离子处于激发状态。在离子源中，其原子之间的一些键还会进一步断裂，产生质量数较低的碎片，称为碎片离子。质谱图上相应的峰，称为碎片离子峰。碎片离子峰在质谱图上位于分子离子峰的左侧。在图 16-22 中，m/z 106 是乙苯的分子离子 $ArC_2H_5^+$ 离子失去一个 $CH_3·$ 后，生成 $ArCH_2^+$ 碎片所生成的碎片离子峰。

通常，有机分子的断裂方式可分为均裂、异裂和半异裂（·表示电子），如图 16-24。

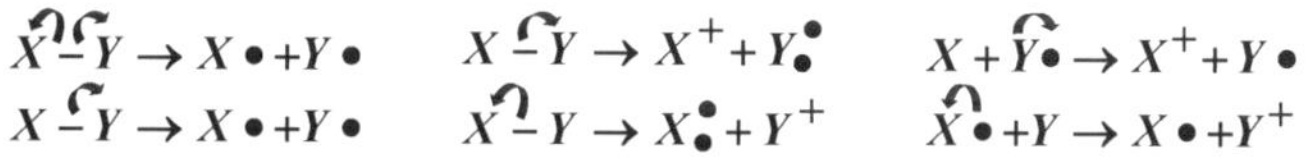

$$X \overset{\frown}{\underset{\smile}{-}} Y \rightarrow X\bullet + Y\bullet \qquad X \overset{\frown}{-} Y \rightarrow X^+ + Y^{\bullet\bullet} \qquad X + \overset{\frown}{Y}\bullet \rightarrow X^+ + Y\bullet$$
$$X \overset{\frown}{-} Y \rightarrow X\bullet + Y\bullet \qquad X \overset{\frown}{-} Y \rightarrow X^{\bullet\bullet} + Y^+ \qquad \overset{\frown}{X}\bullet + Y \rightarrow X\bullet + Y^+$$

（均裂）　　　　　　　（异裂）　　　　　　　（半异裂）

图 16-24　分子裂解方式

例如，烷烃断裂多在 C—C 之间发生，且易发生在支链上：

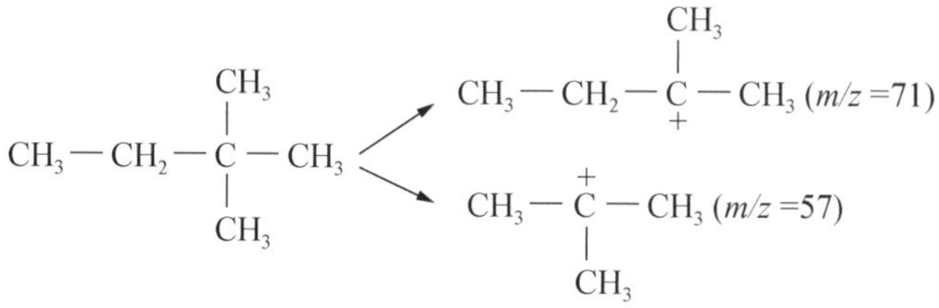

$$CH_3-CH_2-\underset{\underset{CH_3}{|}}{\overset{\overset{CH_3}{|}}{C}}-CH_3 \longrightarrow \begin{cases} CH_3-CH_2-\underset{\underset{CH_3}{|}}{\overset{\overset{CH_3}{|}}{C}}-CH_3 \ (m/z=71) \\ CH_3-\overset{+}{C}-CH_3 \ (m/z=57) \\ \underset{CH_3}{|} \end{cases}$$

烯烃多在双键旁的第二个键上开裂：

$$CH_3-CH=CH+CH_3 \longrightarrow CH_3-CH=\overset{+}{C}H$$

苯的最强峰为 M^+，芳香族化合物将先失去取代基，再形成苯甲离子：

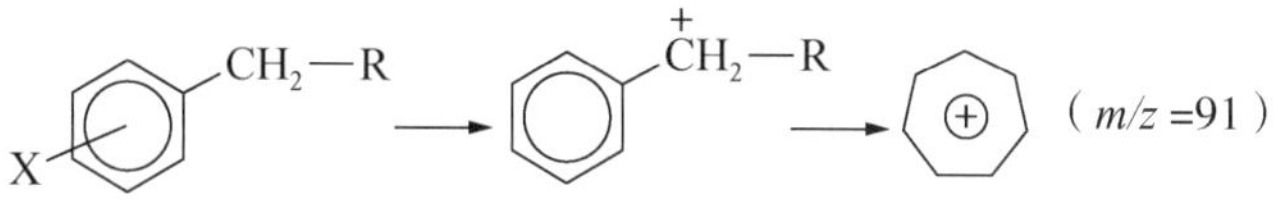

含 C＝O 键化合物的开裂多在与其相邻的键上：

$$R\!+\!\underset{\parallel}{\overset{O}{C}}\!+\!R' \diagup \begin{matrix} R-\overset{O}{\underset{\parallel}{C}}{}^{+} \\ R'-\overset{O}{\underset{\parallel}{C}}{}^{+} \end{matrix}$$

对含杂原子的分子，断裂的键位顺序为 α 位、β 位和 γ 位：

$$CH_3-\overset{+}{\underset{\overset{|}{NH_3}}{C}}-CH_3 \diagup \begin{matrix} CH_3-\overset{+}{C}=NH_2 \\ CH_3-\overset{\overset{|}{CH_3}}{\underset{\overset{|}{NH_2}}{C}}=\overset{+}{NH_2} \end{matrix}$$

$$CH_3CH_2-O-CH_2CH_3 \longrightarrow CH_3CH_2-\overset{+}{O}-CH_2 \longleftrightarrow CH_3CH_2-\overset{+}{O}=CH_2$$

分子的碎裂过程与其结构有密切的关系。研究最大丰度的离子断裂过程，能提供待测化合物的结构信息。

16.3.3　亚稳离子峰

质量数为 m_1 的母离子，不仅可以在电离室中进一步裂解生成质量为 m_2 的子离子和中性碎片，而且在离开电离室到达收集器之前的飞行过程中，质量数为 m_1 的多个母离子，其中部分失去中性碎片 Δm 而变成子离子 m_2。由于此时该离子具有 m_2 的质量，但具有 m_1 的速度 v_1，故它的动能为 $1/2 m_2 v_1^2$（此时，m_1 质量也变小，在磁场中有更大的偏转），从而形成亚稳离子峰 m^*，亚稳离子峰在质谱图上将不出现在 m_2 处，而是出现在比 m_2 低的 m^* 处，即可将此峰看成 m_1 和 m_2 的混合峰，即形成宽峰，极易识别，且满足式（16-11）：

$$m^* = \frac{m_2^2}{m_1} \tag{16-11}$$

由于在自由场区分解的离子不能聚焦于一点，故质谱图上的亚稳离子峰的峰形宽而矮小，且 m/z 多为非整数，极容易识别。因此，式（16-11）可以用来确定 $m_1^+ \to m_2^+$ 开裂过程的存在。

例如，二异丙胺质谱在 m/z 22.8 处有亚稳离子峰。此外，还有 2 个强峰（m/z 86 和 m/z 44）和一个弱峰 m/z 101。m/z 44 离子是 m/z 86 离子的重排开裂产生的。亚稳离子峰为此种开裂历程提供了证据。

$$m^* = 22.8 \approx 44^2/86 = 22.5$$

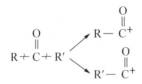

16.3.4 重排离子峰

当分子裂解为碎片离子时，有些碎片离子的形成不仅是通过简单的键的断裂，而且还同时伴随着分子内原子或基团的重排，这种特殊的碎片离子，称为重排离子（rearrangement ion），质谱图上相应的峰为重排离子峰。经过重排反应产生的离子，其结构并非原分子中所有，化学键的断裂和生成同时发生，并丢失中性分子或碎片，转移的基团常常是氢原子。

重排包括无规则重排和有规则重排。无规则重排主要在烃类中出现，它不能用正常裂解规律解释；有规则重排则是根据定规律进行的，其特征是有两个键发生断裂，通常这种重排有以下几种形式。

16.3.4.1 Mclafferty 重排（麦氏重排）

凡具有 γ-H 的醛、酮、羧酸、酯、烯烃、侧链芳烃以及含硫羰基、双键氮等的化合物，经过六元环空间排列的过渡状态，γ-H 重排转移到电离的双键碳或杂原子上，同时烯丙键（α–β 键）断裂生成一个不饱和的中性碎片及重排离子。如：

（麦氏重排机理）

麦氏重排的规律性很强，对解析质谱很有意义。由简单裂解或重排产生的碎片离子，若能满足麦氏重排条件（结构中有不饱和基团以及有 γ-H），还能进一步引起麦氏重排。

16.3.4.2 逆狄尔斯–阿尔德重排（RDA）

这种重排是由狄尔斯–阿尔德反应的逆向过程所造成的键断裂而引起的重排。具有环己烯结构（含有内双键）类型的化合物可发生 RDA 裂解，一般都形成一个共轭二烯自由基正离子及一个烯烃中性碎片。如：

（RDA 重排反应式）

正电荷通常留在共轭二烯碎片上，但有时也可能在烯烃碎片上或两者兼有之。这就要看裂解过渡状态所形成正离子的稳定性了。过渡状态的正离子越稳定，按这种过渡状态裂解而产生的离子比例就越高。

16.3.4.3 非六元环重排

醇、卤代烃、硫醇、醚及胺等可以经过环状过渡态发生非六元环重排裂解。在重排过程中，氢原子与官能团结合，脱去一个中性小分子。这种氢原子的迁移没有选择性，某些芳香化合物及碎片离子也能发生这种重排。如：

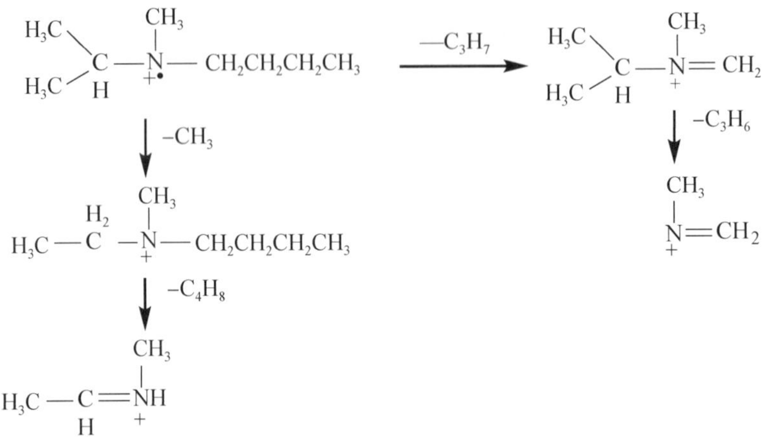

重排离子峰可以从离子的质量数与它相应的分子离子来识别。通常不发生重排的简单裂解，质量为偶数的分子离子裂解得到质量为奇数的碎片离子；质量为奇数的分子裂解为偶数或奇数（与 N 原子的奇偶和是否存在于碎片中有关）的碎片离子。若观察到不符合此规律（如质量为偶数的分子离子裂解得到质量为偶数的碎片离子），则可能发生了重排。如芥子气离子是偶数质量（$m/z=158$），经过重排断裂后生成的碎片仍是偶数质量（$m/z=96$）。

16.3.5 多电荷离子峰

通常分子失去 1 个电子后，成为高激发态的单电荷分子离子。但有时某些非常稳定的分子，能失去 2 个或 2 个以上的电子，这时在质量数为 m/ne（e 为失去的电子数）的位置上，出现多电荷离子峰，具有分数质量。在质谱图上可由非整数的质荷比来识别。

多电荷离子峰的出现，表明被分析的试样非常的稳定。例如，芳香族化合物和含有共轭体系的分子，容易出现双电荷离峰。

16.3.6 同位素离子峰

在讨论分子离子峰时，并没有考虑许多元素是两种或两种以上同位素的混合物。表 16-2 给出了有机化合物中常见元素的天然同位素丰度。

表 16-2 有机化合物中常见元素的同位素丰度

元素	最大丰度同位素	其他同位素的相对丰度
氢	^{1}H	^{2}H (0.016)
碳	^{12}C	^{13}C (1.080)
氮	^{14}N	^{15}N (0.370)
氧	^{16}O	^{17}O (0.040); ^{18}O (0.200)
硫	^{32}S	^{33}S (0.780); ^{34}S (4.400)
氯	^{35}Cl	^{37}Cl (32.500)
溴	^{79}Br	^{81}Br (98.000)

可见，各元素的最轻同位素的天然丰度最大。一般说来，与物质相对分子质量有关的分子离子峰 M^+，是由最大丰度的同位素所生成的。由于质谱仪的灵敏度很高，因此，在质谱图上也会出现一个或多个由重质同位素组成的分子所形成的离子峰，即同位素离子峰。在一般情况下，能观察到的同位素离子峰，其 m/z 对应为 $M+1$、$M+2$ 等。在图 16-22 乙苯质谱图中，m/z 106 的分子离子峰，是由最大丰度的同位素组成的分子离子 $[^{12}C_8^1H_{10}]^+$ 产生的；对于含有碳、氢、氧和氮元素组成的有机化合物 $C_wH_xN_yO_z$，其分子离子峰和同位素离子峰的相对强度 $\frac{I_{M+1}}{I_M}$ 和 $\frac{I_{M+2}}{I_M}$ 可以采用下式作近似计算：

$$\frac{I_{M+1}}{I_M} = (1.08w + 0.02x + 0.37y + 0.04z)\%$$

$$\frac{I_{M+2}}{I_M} = \left[\frac{(1.08w + 0.02x)^2}{200} + 0.20z\right]\%$$

对含硫的有机化合物，由于 ^{34}S 的丰度较大 (4.40)，故在其质谱图上能够检测到 $M+2$ 峰。用类似于上述的方法，可以计算其同位素相对强度 $\frac{I_{M+2}}{I_M}$ 值，如分子式为 C_5H_5NS 的化合物：

$$\frac{I_{M+2}}{I_M} = \left[\frac{(5 \times 1.08 + 5 \times 0.02)^2}{200} + 1 \times 4.40\right]\% = (0.15 + 4.40)\% = 4.55\%$$

上面计算式中的系数：1.08、0.02、0.37、0.20、4.40 分别是 ^{13}C、^{2}H、^{15}N、^{18}O 和 ^{34}S 相对于它们最大丰度同位素的丰度百分数（表 16-2）。

对于含卤素的有机化合物，氟和碘是单一同位素，^{35}Cl 和 ^{37}Cl 的丰度比约为 3∶1，^{79}Br 和 ^{81}Br 的丰度比约为 1∶1。由此可见，后面这两个元素的重质同位素丰度很大，它们彼此相差两个质量单位，故对分子中含有多个氯和溴的有机化合物而言，将有非常强的 $M+2$、$M+4$、$M+6$ 等同位素离子峰。采用二项展开式 $(a+b)^n$，可以计算分子离子峰和同位素离子峰的强度比，其中，a 是轻质同位素的丰度，b 是重质同位素的丰度，n 是分子中同种卤原子的个数。

例如，当 $n=3$ 时，二项展开式为 $a^3 + 3a^2b + 3ab^2 + b^3$。如果分子中含 3 个氯原子，

有 $a=3$，$b=1$，则
$$a^3 + 3a^2b + 3ab^2 + b^3 = 3^3 + 3 \times 3^2 \times 1 + 3 \times 3 \times 1^2 + 1^3$$
$$= 27 + 27 + 9 + 1$$

即 $M:(M+2):(M+4):(M+6)$ 近似为 $27:27:9:1$。

通过测定质谱图上分子离子峰与同位素离子峰的强度比，再利用上述关系式，可以推断其分子式。

16.4 质谱法的应用

通常质谱法可提供纯化合物相对分子质量、分子式和各种功能基团存在与否等重要分子的重要信息，当与已知化合物的质谱图比较，可以快速地确定该化合物。

16.4.1 分子量的测定

在介绍不同离子源时，我们已了解到对于那些可以产生分子离子或质子化分子离子 $[M+1]^+$ 或去质子化分子离子 $[M-1]^+$ 的化合物，采用质谱法测定相对分子质量是目前最好的方法。它不仅分析速度快，而且能够给出精确的相对分子质量。用单聚焦质谱仪可测到整数位，双聚焦质谱仪可精确到小数点后四位。

但是，分子离子峰的强度与分子的结构及类型等因素有关。对某些不稳定的化合物而言，当使用某些硬电离源（如电子轰击源），在质谱图上只能看到其碎片离子峰，看不到分子离子峰。还有一些化合物因沸点很高，难以气化或在气化时分解，所获得的只是该化合物热分解产物的质谱图。为此，在识别分子离子峰时，还需采用下述方法进一步加以确认。

(1) 了解分子离子稳定性的一般规律。碳数较多（碳链较长）且有支链的分子，其稳定性差，裂解概率高；含有 π 键的芳香族化合物和共轭烯比较稳定，分子离子峰较强。通常这些分子的稳定性顺序为：芳香环＞共轭多烯＞烯＞环状化合物＞羰基化合物＞醚＞酯＞胺＞酸＞醇＞支链烃类。

(2) 分子离子峰必须符合氮律。含有 C、H 和 O 等元素组成的有机化合物，在不含氮或含有偶数个氮原子时，其分子离子峰的 m/z 值一定是偶数；反之，其分子离子峰的 m/z 值一定是奇数。这是因为在组成有机化合物的主要元素 C、H、O、N、S、卤素中，只有氮的化合价是奇数（一般为 3）且质量数是偶数，因此出现氮律。凡是不符合氮律的就不是分子离子峰。

(3) 分子离子峰与邻近峰的质量差应合理。例如，分子离子峰不可能裂解为出 2 个以上 H 原子或少于 1 个—CH_3 的基团，即质谱图中 M^+ 峰左边不可能出现比 M^+ 质量数小 13～14 个质量单位的峰；如果质量数小于 15（·CH_3）或 18（H_2O），则是合理的。表 16-3 中列出了易于从有机化合物分子裂解的游离基或中性分子以及它们的质量差。

表16-3　常见游离基和中性分子的质量数

质量数	游离基和中性分子	质量数	游离基和中性分子
15	·CH_3	43	·C_3H_7，·CH_3Cl，CH_2=CHO
17	·OH	44	CH_2=CHOH，CO_2
18	H_2O	45	·CH_3CHOH，CH_3CH_2O
20	CH≡CH，·C≡N	46	CH_3CH_2OH，NO_2，（H_2O+CH_2=CH_2）
27	·CH_2=CH，HC≡N	47	CH_3S
28	CH_2=CH_2，CO	48	CH_3SH
29	·CH_3CH_2，·CHO	49	·CH_2Cl
30	·CH_2O，NO	54	CH_2=CH—CH=CH_2
31	OCH_3，CH_2OH，CH_2NH_2	55	·CH_2=$CHCHCH_3$
32	CH_3OH	56	CH_2=$CHCH_2CH_3$
33	·SH，(CH_3+H_2O)	57	·C_4H_9
34	H_2S	59	CH_3O—CO—CH_2CONH_2
35	Cl	60	C_3H_7OH
36	HCl	61	·CH_3CH_2S
40	CH_3C≡CH	62	CH_2S+CH_2=CH_2
41	CH_2=$CHCH_2$	64	CH_3CH_2Cl

（4）$M+1$ 峰和 $M-1$ 峰。某些化合物（如醚、酯、胺、酰胺等）形成的分子离子峰不稳定，分子离子峰很小或不出现，但其 $M+1$ 峰却很强，这是因为分子离子在离子化室捕获一个 H；而有些化合物（如醛）因分子离子极容易失去一个游离 H，而不出现分子离子峰，但 $M-1$ 峰却很强。

因此，在判断分子离子峰时，应注意识别 $M+1$ 或 $M-1$ 峰的可能性。

（5）含氯或溴的有机化合物，可利用 M 与 $M+2$ 峰的比例来确认分子离子峰。通常，若分子中含有 1 个氯原子时，则 M 和 $M+2$ 峰强度比为 3∶1；若分子中含有 1 个溴原子时，则 M 和 $M+2$ 峰强度比为 1∶1。

（6）增加分子离子峰的强度，观察质谱峰的变化。通常，降低电子轰击源的电压，碎片峰逐渐减小甚至消失，而分子离子（和同位素）峰的强度增加；或者采用软电离源离解方法，尤其是针对那些非挥发或热不稳定的化合物，亦可增加分子离子峰的强度。

16.4.2　分子式的确定

在确认了分子离子峰并知道了化合物的相对分子质量后，就可确定化合物的部分或整个化学式，利用质谱法确定化合物的分子式包括高分辨质谱仪确定和同位素法确定。

16.4.2.1　高分辨质谱仪确定分子式

由于许多元素的原子量并非整数，采用高分辨质谱仪能够区别原子量相差千分之几个质量单位的分子。例如,分子式为 $C_{11}H_{20}N_6O_4$(分子量为 300.154 592)和 $C_{12}H_{20}N_4O_5$(相对分子质量为 300.143 359)的两种化合物,其分子量差值 $\Delta m = 0.011\ 233$,只要采用一台分辨率为 27 000 以上的质谱仪就能将这两种化合物区分开。

拜伦(Beyron)等人列出了由不同数目 C、H、O 和 N 组成的各种分子式的精密分子量表(小数点后 3 位数字)。因此,将高分辨质谱仪测得的精确相对分子质量与拜诺表进行对照,就可以将可能的分子式范围大大缩小。若再配合其他信息,即可从少数可能的分子式中得到最合理的分子式。

16.4.2.2 由同位素比求分子式

拜伦等人根据式(16 – 12)和式(16 – 13)计算了相对分子质量 500 以下,只含 C、H、N、O 的各种化合物 $C_wH_xN_yO_z$ 的 $M+2$ 和 $M+1$ 峰与分子离子峰 M 的相对强度 $(M+2)/M$ 和 $(M+1)/M$,并编制为表格,即拜伦表(具体可参考相关资料或手册)。

在求分子式时,只要质谱图上得到的分子离子峰足够强,其高度和 $M+1$、$M+2$ 同位峰的高度都能准确测定,计算 $M+1$ 峰和 $M+2$ 峰相对于 M 峰的百分数后,查拜伦表,即可确定分子可能的经验式。

[例 16 – 1] 根据某化合物的质谱图,已知其分子量 $M = 150$,并从质谱图测得 M、$M+1$ 和 $M+2$ 峰的强度比为 100:9.9:0.9,试确定该化合物的分子式。

解:查拜伦表,分子量为 150 的分子式共有 29 个,其中 $(M+1)/M$ 在 9%~11% 范围内的有 7 个,具体见表 16 – 4。

表 16 – 4 7 个分子式

序号	分子式	$(M+1)/M$	$(M+2)/M$
1	$C_7H_{10}N_4$	9.25%	0.38%
2	$C_8H_8NO_2$	9.23%	0.78%
3	$C_8H_{10}N_2O$	9.61%	0.61%
4	$C_8H_{12}N_3$	9.98%	0.45%
5	$C_9H_{12}O_2$	9.96%	0.84%
6	$C_9H_{12}NO$	10.34%	0.68%
7	$C_9H_{14}N2$	10.71%	0.52%

分子量为偶数,根据氮律,分子应不含氮或含偶数个氮,故可排出第 2、4 和 6;另外,同时与 $M+1$ 占比(9.9%)和 $M+2$ 占比(0.9%)最接近的只有第 5 个,即该化合物的分子式为 $C_9H_{12}O_2$。

由于拜伦表仅列出了含 C、H、N、O 的化合物,因此,当化合物中含有 S、Br 和 Cl 等原子,需注意质谱图上的值,并考虑从相对分子质量中扣除这些原子具有的质量数,并从同位素离子峰中扣除它们对同位素离子峰的贡献,然后从拜伦表相应的部分找到可能的分子式。

16.4.3 结构鉴定

在用质谱法鉴定纯化合物的结构时,应首先与标准谱图进行对照,以核对该化合物的结构。常用的标准谱图有 Registry of Mass Spectral Data（John Wiley 出版）和 Eight Peak Index of Mass Spectra（Mass Spectrometry Data Center 出版）。当然，许多现代质谱仪都配有高效计算机程序库自动搜寻比对系统。

由于质谱峰的峰高在很大程度上取决于电子束的能量、试样相对于电子束的位置、试样的压力和温度以及质谱仪的总体结构等。因此，虽然可以从质谱数据库中获得各种仪器和不同操作条件下的数据资料，但是一般都是采用在同样的仪器和相同的实验条件下，测定待测化合物和已知标准试样的质谱，然后进行比较的方法进行结构鉴定。

若该化合物为未知物质，则可依照已介绍的质谱法，得到化合物的相对分子质量和分子式后，大致按如下程序解析质谱：

（1）根据分子式，计算化合物的不饱和度 Ω。

（2）注意分子离子峰相对于其他峰的强度，以此为化合物的类型提供线索。

（3）注意分子离子和高质量数碎片离子以及碎片离子之间的 m/z 的差值。找到从分子离子脱掉的可能碎片或中性分子（表16-3），以此推测分子的结构和断裂类型。

（4）注意谱图上存在哪些重要离子，特别是奇电子的离子，因为它们的出现常常意味着分子中发生了重排或消去反应，这对推断化合物的结构有着重要的意义。

（5）若有亚稳峰存在，利用 $m^* = \dfrac{m_2^2}{m_1}$ 的关系式，找到 m_1 和 m_2，并推断出 $m_1 \rightarrow m_2$ 的断裂过程。

（6）按各种可能方式，连接已知的结构碎片及剩余的结构碎片，提出可能的结构式。

（7）根据质谱或其他数据，排除不可能的结构式，最后确定可能的结构式。

[**例 16-2**] 图 16-25 是某化合物的质谱图：分子离子峰 M 的 m/z 为 104，其中 M、$M+1$ 和 $M+2$ 峰的强度比为 100∶6.24∶4.50，试确定该化合物的结构。

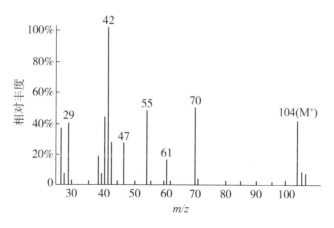

图 16-25　某化合物质谱图

解：由 $M+2$ 峰的强度可知该分子中含有 1 个硫原子。在拜伦表中查 M（104-32=72）部分，只有 C_5H_{12} 的 $M+1$ 峰强度最接近 6.24，故该化合物的分子式可能为 $C_5H_{12}S$。

用式（16-12）和式（16-13）进一步计算核对：

$$\frac{I_{M+1}}{I_M} = (5 \times 1.08 + 12 \times 0.02 + 1 \times 0.78)\% = 6.42\%$$

$$\frac{I_{M+2}}{I_M} = \left[\frac{(5 \times 1.08 + 12 \times 0.02)^2}{2} + 1 \times 4.40\right]\% = 4.56\%$$

查拜伦表,可进一步确认该化合物分子式为 $C_5H_{12}S$。

根据分子式 $C_5H_{12}S$,进一步对各质谱峰进行解析。

分子的不饱和度 $\Omega = 1 + n_2 + \frac{n_3 - n_1}{2} = 1 + 5 + \frac{-12}{2} = 0$,为饱和化合物。

m/z 70 峰和基峰 m/z 42 是奇电子离子峰,它们的出现意味着分子中发生了重排或消去反应。m/z 70 峰是分子离子减去 34 个质量单位($M-34$)生成的,说明分子中失去了中性碎片 H_2S(表 16-3);m/z 42 的基峰应是 $C_3H_6^+$ 碎片离子(表 16-3),它是由 $M-(34+28)$ 产生的,即从分子离子中失去 H_2S 和 $CH_2=CH_2$。

强度较大的 m/z 55、41 和 27 系列离子峰是烷基链的碎片。

m/z 47 峰是一元硫醇 β 断裂得到的碎片离子:

$$R-CH_2-\overset{+}{S}H \longrightarrow R + CH_2=\overset{+}{S}H$$

m/z 61 峰是 $CH_2CH_2\overset{+}{S}H$ 产生的,说明有结构 $R-CH_2-CH_2-SH$ 存在。

m/z 29 强峰是 $C_2H_5^+$ 产生的,说明该化合物的可能结构为 $CH_3CH_2CH_2CH_2CH_2SH$。因为 $CH_3-\underset{|}{CH}-CH_2-CH_2-SH$ 必须经过复杂的重排后才能产生 $C_2H_5^+$。
$\quad\quad\quad\quad CH_3$

16.4.4 质谱定量分析

质谱法可以定量测定一种或多种有机和生物分子混合组分以及无机试样中元素的含量。对某些试样也采用色谱与质谱联用技术,将质谱仪设在合适的 m/z 处,即选择性离子监测(SIM),记录离子流强度对时间的函数关系。质谱峰的峰面积正比于组分的浓度,可作为定量分析的参数。在这种联用技术中,质谱只是简单地作为色谱分析的选择性、改进型检测器。

当采用质谱法直接获得被分析物的浓度时,一般用质谱峰的峰高作为定量参数。对于混合物中各组分能够产生对应质谱峰的试样来说,可通过绘制峰高相对于浓度的校正曲线,进行测定。在使用低分辨率的质谱仪分析混合物时,常常不能产生单组分的质谱峰,可与紫外、可见吸收光谱法分析相互干扰混合物试样时一样,用解联立方程组的方法进行测定。

一般来说,用质谱法进行定量分析时,其相对标准偏差为 2%~10%。分析的准确度主要取决于被分析混合物的复杂程度及性质。

16.4.5 质谱联用技术

质谱仪是一种定性能力非常强的仪器,可以跟许多仪器进行联用,如与气相色谱或者液相色谱的联用。本章仅简单介绍质谱-质谱联用技术(MS-MS)。

MS-MS 是 20 世纪 70 年代后期出现的一种联用技术，常称为多级质谱。它的基本原理是将两个质谱仪串列，第一台质谱仪（MS-I）作为混合物试样的分离器，然后用第二台质谱仪（MS-II）作为组分的鉴定器。图 16-26 为三重四级杆质谱仪示意图。

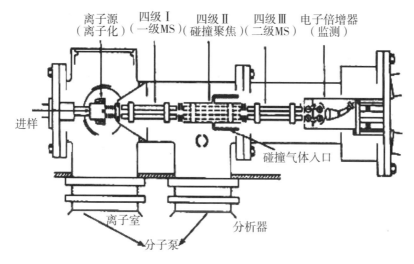

图 16-26　三重四级杆质谱仪示意

为了使用四极杆进行多级质量分析，需要按顺序摆放三个四极杆。每个四极杆有独立的功能。第一个四极杆用于扫描当前的质荷比范围，选择需要的离子；第二个四极杆，也被称为碰撞池，它集中和传输离子，并在所选择的离子的飞行路径引入碰撞气体（氩气或氦气）。离子进入碰撞池和碰撞气体进行碰撞。如果碰撞能量足够高的话，离子就会裂解。碎裂的方式取决于能量、气体和化合物性质。小离子只需要很少的能量，更重的离子需要更多的能量来碎裂；第三个四极杆用于分析碰撞池中产生的碎片离子。

与 GC-MS 联用比较，MS-MS 联用有如下特点。

（1）分析速度快。色谱分离是一个组分一个组分地出峰，通常需要数分钟乃至数小时，而质谱作为分离器，是以分子质量大小的瞬时分离为基础，这个分离过程约为十万分之一秒。

（2）可分析相对分子质量大、极性强的物质。因为质谱所需的蒸汽压远比气相色谱低。

（3）灵敏度高。在 MS-MS 联用时，可以避免色谱过程中引入的各种干扰，而且质谱的本底噪音也由于 MS-I 的选择而被消除，因此有利于提高分析的灵敏度。

串联质谱应用于混合物气体中的痕量成分分析，研究亚稳态离子变迁，工业和天然物质中各种复杂化合物的定性和定量分析。如药物代谢研究、天然物质鉴定、环保分析和法医鉴定等方面的分析工作。

习题

1. 以单聚焦质谱仪为例，说明组成仪器各个主要部分的作用及原理。
2. 双聚焦质谱仪为什么能提高仪器的分辨率？
3. 试述飞行时间质谱仪的工作原理和特点。
4. 比较电子轰击离子源、场致电离源及场解析电离源的特点。
5. 试述化学电离源的工作原理。
6. 有机化合物在电子轰击离子源中有可能产生哪些类型的离子？从这些离子的质谱峰中可以得到一些什么信息？
7. 如何利用质谱信息来判断化合物的相对分子质量和分子式？
8. 色谱与质谱联用后有什么突出优点？
9. 如何实现气相色谱－质谱联用？
10. 试述液相色谱－质谱联用的迫切性。
11. 三癸基苯、苯基十一基酮、1，2－二甲基－4－苯甲酰萘和2，2－萘基苯并噻吩的相对分子质量分别为 260.250 4、260.214 0、260.120 1 和 260.092 2，若基于分子离子峰对它们作定量分析，需要多大的分辨率？
12. 试计算 $M=168$，分子式为 $C_6H_4N_2O_4$ 和 $C_{12}H_{24}$ 两个化合物的 $\dfrac{I_{M+1}}{I_M}$ 值。
13. 一束有各种不同 m/z 的离子，在一个具有固定狭缝位置和恒定电位 V 的质谱仪中产生，磁场强度 B 慢慢地增加，首先通过狭缝的是最低还是最高 m/z 值的离子？为什么？
14. 在 m/z 151 处的离子是否与下面化合物结构相一致？

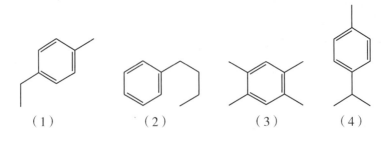

15. 写出 m/z 142 的烃的分子式，M 和 $M+l$ 应有怎样的大概比例？
16. 在一张谱图中，$M:(M+l)$ 为 $100:24$，该化合物有多少碳原子存在？
17. 在 $C_{100}H_{202}$ 中 $M+l$ 对 M 的相对强度怎样？
18. 在 CH_3SH 中，硫同位素作出怎样的贡献？由硫同位素所作贡献的相对强度怎样？
19. 某芳烃（$M=134$），质谱图上于 m/z 91 处显一强峰，试问其结构可能为下列化合物中的哪一种？

（1）　　　（2）　　　（3）　　　（4）

20. 某化合物疑为 3,3-二甲基-丁醇-2（$M=102$）或其异构体 3-甲基戊醇-3，其质谱图上在 m/z 87（30%）及 m/z 45（80%）处显 2 个强峰，在 m/z 102（2%）处显一弱峰，试推测化合物结构。

21. 某第一胺类化合物的质谱图上，出现 m/z 30 的基峰，试问下列结构中，何者与此完全相符？

$$\begin{matrix} H_3C \\ \diagdown \\ CHCH_2CH_2-NH_2 \\ \diagup \\ H_3C \end{matrix} \qquad \begin{matrix} CH_3 \\ | \\ CH_3CH_2-C-NH_2 \\ | \\ CH_3 \end{matrix}$$

(1) (2)

22. 一个酯类（$M=116$），初步推测其结构可能为 a 或 b 或 c。质谱图上 m/z 57（100%），m/z 29（57%）及 m/z 43（27%）处均有离子峰，试问该化合物结构为何？

(a) $(CH_3)_2CHCOOC_2H_5$ (b) $CH_3CH_2COOCCH_2CH_3$ (c) $CH_3CH_2CH_2COOCH_3$

23. 根据下列质谱图，指出分子的结构式。

24. 下述开裂过程中形成的亚稳离子将出现在多大 m/z 值处？

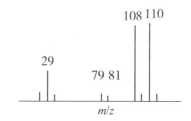

25. 硝基酚化合物氯化得到的同位素峰比例为 $M:(M+2):(M+4)=9:6:1$。试问该化合物中有多少氯原子？

26. 某一液体分子式为 $C_4H_8O_2$，沸点为 163 ℃，质谱数据如下图，试推断其结构。

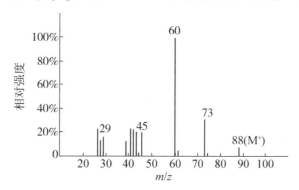

27. 某一液体分子式为 $C_5H_{12}O$，沸点为 138 ℃，质谱数据如下图，试推断其结构。

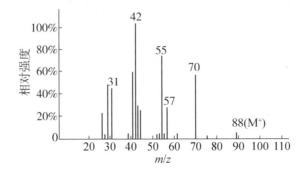

28. 某化合物 A 含 C 47.0%，含 H 2.5%，固体熔点为 83 ℃；化合物 B 含 C 49.1%，含 H 4.1%，液体沸点为 181 ℃。它们的质谱分别如下图。试推断它们的结构。

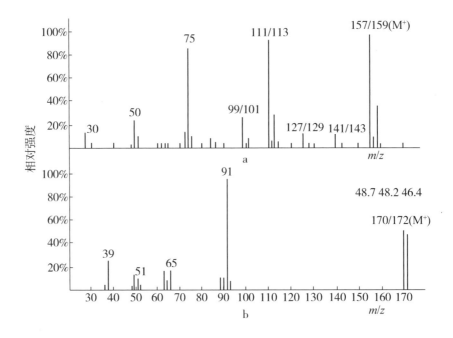

第 17 章 色谱联用技术简介

色谱是一种很好的分离手段,可以将复杂的混合物中的各个化合物彼此分离,但它的定性和结构分析能力较差,通常需要标准物质并利用各组分的保留特性来定性。如果待测物组分未知时更难进行定性分析。随着一些定性分析和结构分析的手段,如质谱(MS)、红外光谱(IR)、紫外光谱(UV)和核磁共振波谱(NMR)等技术的发展,使得纯组分的组成和结构分析成为可能。然而,这些定性和结构分析技术却不能进行复杂混合物的分析。例如,当使用质谱分析不同组分构成的混合物时,因生成大量不同质荷比(m/z)的碎片离子,故不能用质谱图来解析。如果将色谱技术与质谱和光谱等谱学方法进行有机地结合,充分发挥色谱仪强大的分离能力以及谱学仪器强大的定性定量功能,则可实现复杂混合物的定性和定量分析。

早期通常是先通过色谱等分离手段或多种分离手段的结合获得纯组分后,再利用质谱等定性方法进行分析。这种联用是脱机的、非在线的,其操作过程极为繁琐,而且容易发生样品的沾污和损失。因此,实现联机、在线的色谱联用技术和仪器一直是分析化学工作者努力的目标。

通常,两种仪器的联用是通过一种称为接口(interface)的装置直接连接。就色谱联用技术而言,是将色谱仪器分离开的各种组分逐一通过接口送入到第二种仪器中进行分析。其中,色谱仪分离样品中各组分,起着样品制备和进样器的作用;接口将色谱流出的各组分输送至第二种仪器,类似两种仪器之间的适配器;第二种仪器对通过接口依次引入的各组分进行分析,成为色谱仪的检测器。

在色谱联用仪器中,接口是最为关键的装置。接口将两种分析仪器分析技术结合起来,使二者相互匹配,获得两种仪器单独使用时所不具备的功能。接口的存在既不能影响前一级色谱仪器对组分的分离性能,又要满足后一级仪器对样品进样的要求和仪器的工作条件。具体而言,色谱联用中,理想的接口一般要满足以下条件:

(1) 高效样品传递。通过接口进入下一级仪器的样品损失应尽量小,以保持整个联用仪器的灵敏度。

(2) 重现性好。样品通过接口的传递应具有良好的重现性,以保证整个分析的重现性。

(3) 操作条件的适应性好。应当同时满足前、后两级仪器的操作模式和操作条件。

(4) 保证组分的稳定。样品在通过接口时一般应不发生任何化学变化。如发生化学变化,则要遵循一定规律,即通过后一级仪器的分析结果,可推断出发生化学变化前的组成和结构。

(5) 不影响色谱峰形。应保证前级色谱分离产生的色谱峰的完整,并不使色谱峰加宽（即不影响色谱分离柱效）。

目前，色谱与其他仪器的联用有很多种，包括与质谱仪（MS）、傅里叶红外联用仪（FTIR）、傅里叶变换核磁共振波谱仪（FT-NMR）、原子吸收光谱仪（AAS）和电感耦合等离子发射光谱仪（ICP-AES）的联用。此外，还能与可获得更好分离的多维色谱联用。本章仅简单介绍气相色谱与质谱、液相色谱与质谱以及二维气相色谱联用技术。

17.1　气相色谱-质谱联用

气相色谱-质谱联用（GC-MS）是分析仪器中较早实现联用技术的仪器。自1957年首次实现气相色谱和质谱联用以后，这一技术得到长足的发展。在所有联用技术中，气质联用，即 GC-MS 发展最完善，应用最广泛，已成为分析复杂混合物最为有效的手段之一。目前从事有机物分析的实验室几乎都将 GC-MS 作为主要的定性确认手段之一，在很多情况下也可进行定量分析。各种质谱仪器，不论是磁质谱、四极杆质谱、离子阱质谱（ITMS）、飞行时间质谱（TOF）、傅里叶变换质谱（FTMS），还是同位素质谱等，均能与气相色谱实现联用。

17.1.1　GC-MS 联用仪器的分类

GC-MS 仪器的分类有多种方法，按照仪器的机械尺寸，可以初略地分为大型、中型、小型三类气质联用仪；按照质谱技术，最常用的是气相色谱与四极杆质谱或磁质谱的联用，还包括气相色谱-离子阱质谱（GC-ITMS）和气相色谱-飞行时间质谱（GC-TOFMS）等；按照质谱仪的分辨率，又可以分为高分辨（分辨率 >5 000）、中分辨（分辨率 1 000～5 000）和低分辨（分辨率 <1 000）气质联用仪。

17.1.2　GC-MS 工作过程

气相色谱与质谱联用后，气相色谱仪就像质谱仪的进样器。试样经色谱分离后以纯物质形式进入质谱仪，而质谱仪是气相色谱法的检测器。色谱法中所用的检测器，如氢火焰电离检测器（FID）、热导池检测器（TCD）、电子捕获检测器（ECD）以及火焰光度法检测器（FPD）等都各自有其局限性，而质谱仪却能检出几乎全部化合物，灵敏度也比较高。由于 GC-MS 联用技术所具有的独特优点，目前应用已是十分广泛。简单而论，凡能用气相色谱法进行分析的试样，大部分都能用 GC-MS 进行定性鉴定及定量测定。图 17-1 是 GC-MS 联用仪器的示意图。

有机混合物试样经色谱柱分离后，经接口进入离子源被电离成离子。离子在进入质谱的质量分析器之前有一个总离子流检测器，所测总离子流强度随时间变化的曲线就是混合物的色谱图，或称总离子流色谱图（total ion chromatogram，TIC）。由 GC-MS 得到的总离子流色谱图与由普通气相色谱仪所得色谱图相似，各个峰的保留时间、峰高、峰面积等依然是定性与定量分析参数。

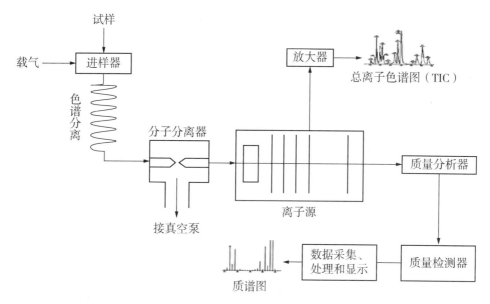

图 17-1 气相色谱与质谱联用仪器示意

17.1.3 仪器接口

经气相色谱分离后的各化合物，须依次通过一个 GC-MS 联用仪器接口。由于色谱柱出口处于常压状态，而质谱仪则是高真空工作条件，因此，将这两者联结起来时需要有一个特殊的接口，以起到传输试样、匹配两者工作气压的作用，即接口要能将气相色谱柱流出物中的载气尽可能多地除去，保留或浓缩待测物，使近似大气压的气流转变成适合离子化装置的粗真空，并协调色谱仪和质谱仪的工作流量。

GC-MS 的接口有多种，主要有喷射式分子分离器、直接导入型和开口分流型。还有一些用于很特殊的场合或总体性能较差的分离器，例如：利用分子量小、流量大、容易除去的原理，分离载气和样品的分子流式分离器；利用对有机气体选择性溶解，使作为载气的无机气体和样品分离的有机薄膜分离器；利用钯银管对氢的选择反应传输而达到分离的目的钯银管分离器，等等。

17.1.3.1 喷射式分子分离器

喷射式分子分离器结构原理如图 17-2 所示。

由色谱柱出口的气流，通过狭窄的喷嘴孔，以超声膨胀喷射方式喷向真空室，在喷嘴出口端产生扩散作用，扩散速率与相对分子质量的平方根成反比。质量小的载气（在 GC-MS 联用仪中用氦为载气）大量扩散，被真空泵抽走；组分分子通常具有大的质量，因而扩散得慢，大部分按原来的运动方向前进，进入质谱仪部分，从而实现了分离大量载气和浓缩组分的作用。之所以使用氦作为色谱分离的最佳载气，是因为氦的电离电位很大（24.6 eV）、相对分子量小、不与组分反应、易与其他组分分子分离且质谱峰简单，不至于对组分的质谱峰产生干扰。

该接口适用于从填充柱到大孔径毛细管柱的各种流量的气相色谱柱，其主要缺点是

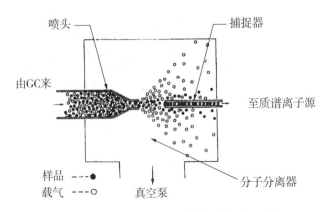

图 17-2 喷射式分子分离器（接口）示意

对易挥发的化合物的传输率不够高。

17.1.3.2 直接导入型接口

直接导入型接口（direct coupling）是将内径较小（0.25～0.32 mm）和载气流量较低（1～2 mL/min）的毛细管色谱柱，通过一根金属毛细管直接引入到质谱仪的离子源的接口方式。它是迄今为止最常用的一种技术。色谱毛细管柱插入金属毛细管并伸出1～2 mm。接口的实际作用是支撑插入的毛细管柱，使其准确定位；同时保持温度，使色谱柱流出物不至于发生冷凝。

接口组件结构简单，容易维护；死体积小，无分子量歧视效应；无样品损失，传输率达100%，灵敏度高。不足之处是载气仅限于氦气或氢气，不适于大口径柱，载气流量不能过大（当高于2 mL/min 时，质谱仪的检测灵敏度下降）；此外，固定液的流失可污染质谱离子源。

17.1.3.3 开口分流型接口

色谱柱流出物的一部分被送入质谱仪，这样的接口被称为分流型接口。在多种分流型接口中，开口分流型接口较为常用，其工作原理如图 17-3 所示。

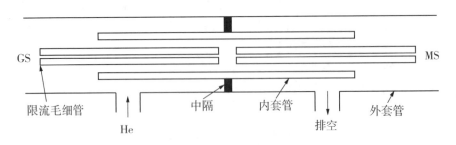

图 17-3 开口分流型接口示意

气相色谱柱的一段插入接口，其出口正对着另一毛细管，该毛细管被称为限流毛细管。限流毛细管承受将近 0.1 MPa 的压降，与质谱仪的真空泵相匹配，将色谱柱洗脱物的一部分定量地引入质谱仪的离子源。以内套管固定插入的毛细管柱和限流毛细管，使这两根毛细管的出口和入口对准。内套管置于一个外套管中，外套管充满氦气。当色谱柱流量大于质谱仪工作流量时，过多的色谱柱流出物和载气随氦气流出接口；当色谱柱流量小于质谱仪工作流量时，外套管中的氦气提供补充。

更换色谱柱时不影响质谱仪工作，质谱仪也不影响色谱仪的分离性能。这种接口结构也很简单，但当色谱仪流量较大时，分流比较大，产率较低，不适用于填充柱的条件。

17.1.4　GC-MS 联用仪器获得的主要信息

GC-MS 分析得到的主要信息包括样品的总离子色谱图，混合样品中各个组分的质谱图以及每个质谱图的检索结果，图 17-4 为使用 GC-MS 联用仪分析化学灭火器扑灭燃烧的布料后的气体样品的总离子流图及其中一个组分苯的质谱图。高分辨仪器还可以给出精确质量和组成式。

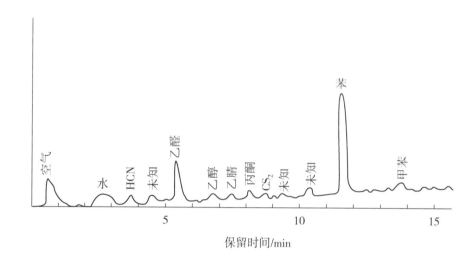

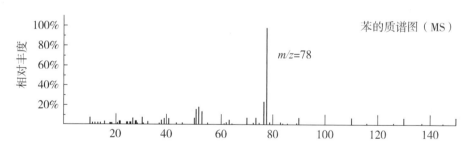

图 17-4　化学灭火器扑灭燃烧的布料后的气体样品 GC-MS 分析

总离子流色谱图（TIC）：在 GC-MS 分析中，样品各化合物连续进入离子源并被连续电离，分析器每扫描一次，检测器就得到一个完整的质谱并送入计算机存储。色谱柱流出的每一个组分，其浓度随着时间变化，每次扫描得到的质谱的强度也随着时间变化（但质谱峰之间的相对强度不变），计算机就会得到这个组分不同浓度下的多个质谱。同时，可以将每个质谱的所有离子相加得到总离子强度，并由计算机显示随时间变化的总离子强度，即样品总 TIC。TIC 中每个峰表示样品混合物中的一个组分，峰面积和该组分的含量成正比。由 GC-MS 得到的总离子色谱图与一般色谱仪得到的色谱图基本上是一样的。只要所用色谱柱相同，样品出峰顺序就相同。它们的主要差别在于总离子色谱图所用的检测器是质谱仪，除具有色谱信息外，还具有质谱信息，由每一个色谱峰都可以得到相应组分的质谱。

质谱图（mass spectrogram）：由 TIC 可以得到任何一个组分的质谱图。一般情况下，为了提高信噪比，通常由色谱峰峰顶处得到相应质谱图。但如果两个色谱峰相互干扰，则应尽量选择不发生干扰的位置得到质谱，或通过扣除本底，消除其他组分的影响。

库检索（library searching）：获得质谱图后，可以通过计算机检索对未知化合物进行定性。检索结果可以给出几个可能的化合物，并以匹配度大小顺序排列出这些化合物的名称、分子式、相对分子质量和结构等。使用者可以根据检索结果和其他的信息，对未知物进行定性分析。通常 GC-MS 联用仪器常带有几种数据库，应用最为广泛的有 NIST 库和 Willey 库，前者现有标准化合物谱图 18 万张，后者有近 30 万张。此外，还有毒品库和农药库等专用谱库。

17.1.5 衍生化处理

在 GC-MS 方法分析实际样品时，对羟基、胺基、羧基等官能团进行衍生化往往起着十分重要的作用。主要有以下一些益处：

（1）改善了待测物的气相色谱性质。待测物中一些极性较大的基团的存在，如羟基、羧基等，气相色谱特性不好，在一些通用的色谱柱上不出峰或峰拖尾，衍生化以后，情况改善。

（2）改善了待测物的热稳定性。某些待测物，热稳定性不够，在气化时或色谱过程中分解或变化，衍生化以后，待测物定量转化成在 GC-MS 测定条件下稳定的化合物。

（3）改变了待测物的分子质量。衍生化后的待测物绝大多数是分子量增大，有利于使待测物和基质分离，降低背景化学噪音的影响。

（4）改善了待测物的质谱行为。大多数情况下，衍生化后的待测物产生较有规律、容易解释的质量碎片。

（5）引入卤素原子或吸电子基团，使待测物可用化学电离方法检测。很多情况下可以提高检测灵敏度，检测到待测物的分子量。

（6）通过一些特殊的衍生化方法，可以拆分一些很难分离的手性化合物。

当然，衍生化方法应用不当，也会带来一些弊端，例如：①柱上衍生化有时会损伤色谱柱。②某些衍生化试剂需在氮气气流中吹干除去，方法不当会有损失。③衍生化反应不完全，会影响灵敏度。④衍生化试剂选用不当，有时会使待测物分子量增加过多，接近或超过一些小型质谱检测器的质量范围。

GC-MS 检测中选用衍生化试剂除了和气相色谱中选择衍生化试剂相同的准则以外，还应注意到衍生化产物的质谱特性：质量碎片特征性强，分子量适中，适合质量型检测器检测，也有利于与基质干扰物分离。

17.1.6 GC-MS 联用和气相色谱性能比较

（1）定性的可靠性更高。GC-MS 方法不仅与 GC 方法一样能提供保留时间，而且还能提供质谱图。由质谱图、分子离子峰的准确质量、碎片离子峰强比、同位素离子峰、选择离子的子离子质谱图等使 GC-MS 方法定性远比 GC 方法可靠。

（2）GC-MS 的通用性。GC-MS 方法是一种通用的色谱检测方法，但灵敏度却远高于 GC 方法中的通用检测器中任何一种。在常用的 GC 方法中，只有 TCD 是通用检测器，其他选择性检测器（如 FID、ECD 和 FPD 等），虽然用气相色谱仪的选择性检测器，能对一些特殊的化合物进行检测，不受复杂基质的干扰，但难以用同一检测器同时检测多类不同的化合物，而不受基质的干扰；而采用色质联用仪，尤其是高分辨质谱的联用仪的提取离子色谱、选择离子检测等技术可降低化学噪声的影响，分离出总离子图上尚未分离的色谱峰。

（3）精度和灵敏度更好。从气相色谱和色质联用的一般经验来说，质谱仪定量似乎总不如气相色谱仪，但是，由于色质联用可用同位素稀释和内标技术，以及质谱技术的不断改进，色质联用仪的定量分析精度极大改善。在一些低浓度的定量分析中，当接近多数气相色谱仪检测器的检测下限时，色质联用仪的定量精度优于气相色谱仪。

（4）更易清洁和维护。在气相色谱法中，经过一段时间的使用，某些检测器需要清洗。在色质联用中检测器不常需要清洗，最常需要清洗的是离子源或离子盒。离子源或离子盒是否清洁，是影响仪器工作状态的重要因素。柱老化时不联接质谱仪、减少注入高浓度样品、防止引入高沸点组分、尽量减少进样量、防止真空泄漏、回油等是防止离子源污染的方法。气相色谱工作时的合适温度参数均可以移植到色质联用仪上，其他各部件的温度设置要注意防止出现冷点，否则，GC-MS 的色谱分辨率将会恶化。

17.2 液相色谱－质谱联用

尽管在色谱研究中，GC 及其与 MS 的联用已经成为重要的混合物分离分析手段，但 GC 的高温气化条件只能满足那些具有挥发性、分子量较低且具有一定热稳定性的化合物的分离分析。而液相色谱（LC）则可以直接分离难挥发、大分子、强极性及热稳定性差的化合物，但 LC 缺乏灵敏性、选择性和通用的检测器，因此，LC 与 MS 的联用将更具发展潜力。然而，由于 LC 使用的液体流动相与 MS 电离源的高真空难以相容，而且还要求在温和的条件下（样品本身不分解）使样品带上电荷。因此，与 GC-MS 联用仪类似，解决液相色谱－质谱联用（LC-MS）联用接口问题也是实现 LC-MS 分析的关键。

17.2.1 LC-MS 联用仪组成及工作过程

LC-MS 联用技术经历了一个较长的实践、研究过程，直到 20 世纪 90 年代才出现了被广泛接受的商品接口及成套仪器。

LC-MS 联用仪主要由色谱仪、接口、质谱仪、电子系统、记录系统和计算机系统六大部分组成。混合样品注入色谱仪后，经色谱柱得到分离。从色谱仪流出的被分离组分依次通过接口进入质谱仪；在质谱仪中首先于离子源中被离子化，然后离子在加速电压作用下进入质量分析器进行质量分离；分离后的离子按质量的大小，先后由收集器收集，并记录质谱图。根据质谱峰的位置和强度可对样品的成分和其结构进行分析。

17.2.2 LC-MS 接口

与 GC-MS 联用仪相比，液相色谱仪和质谱仪联用时，传统的高效液相色谱（HPLC）系统中遇到的流量和质谱仪要求的真空之间的匹配更为困难。为了克服这一明显的不相容问题，需要克服以下困难。

（1）压力匹配问题。质谱仪要求在高真空（$10^{-7} \sim 10^{-5}$ mmHg），而液相色谱仪柱后压力约为常压（760 mmHg）。当色谱流出物直接引入质谱的离子源时，可能破坏质谱仪的真空度而不能正常工作。

（2）流量匹配问题。一般质谱仪最多只允许 1~2 mL/min 气体进入离子源，而流量为 1 mL/min 的液体流动相汽化后，气体的流量可高达 150~1 200 mL/min。

（3）汽化问题。被色谱分离后的组分必须以气态、未发生裂解和分子重排的形式进入质谱仪离子源。这就要求液态的色谱流出物在进入质谱仪以前汽化。

要解决以上矛盾，实现液相色谱仪与质谱仪的联机，一般要用接口除去大量色谱流动相分子并浓缩和汽化样品。通常采取以下一种或多种方式达成这一目的。

（1）在引入真空系统之前除去溶剂。

（2）扩大 MS 真空系统的抽气容量。

（3）损失一定的灵敏度，分流流出物。

（4）使用可在较低流量下有效工作的微型 LC 柱。

20 世纪 70 年代以来，曾先后发展了多种 LC-MS 接口技术，如传送带（MB）、热喷雾（TS）、粒子束（PB）、连续流动快原子轰击（CF-FAB）以及大气压电离（API）等。其中，以大气压电离质谱（API-MS）的接口技术的应用最为广泛。

大气压离子化技术（API）是一类软离子化方式。它成功地解决了液相色谱和质谱联用的接口问题，使 LC-MS 联用逐渐发展为成熟的技术。API 主要包括电喷雾电离（ESI）、离子喷雾电离（ISI）和大气压化学电离（APCI）三种模式，其共同点是样品的离子化在处于大气压下的离子化室完成，离子化效率高，大大增强了分析的灵敏度和稳定性。

通常，API 接口/离子源由液体流入装置或喷雾探针、大气压离子源区（通过 ESI、APCI 或其他方式在此产生离子）、样品离子化孔、大气压至真空接口，以及离子光学系统（将离子运送到质谱分析器）共五部分组成。以下分别介绍 ESI 及 APCI 两种 LC-MS 联用仪接口技术。

17.2.2.1 电喷雾电离（ESI）

离子的形成是被测分子在带电液滴的不断收缩过程中喷射出来的，即离子化是在液态下完成的。经液相色谱分离的样品溶液流入离子源,在 N_2 流下汽化后进入强电场区域,强电场形成的库仑力使小液滴样品离子化,借助于逆流加热 N_2 分子离子颗粒表面液体进一步蒸发,使分子离子相互排斥形成微小分子离子颗粒(图 17-5)。这些离子可能是单电荷或多电荷,这取决于所得的带有正、负电荷的分子中酸性或碱性基团的体积和数量。多电荷离子峰的形成使质量范围为 3 000 Da 的四极杆滤过器质谱仪也能检测到生物大分子的准确分子量。

在电喷雾过程中,溶液中一种极性离子(比如正离子)随着喷出的雾滴而离去(图 17-5),相反极性的离子(比如负离子)则留在毛细管的溶液中。如果毛细管为金属材料并与高压电源(V)的一极相连,那么留在毛细管中的这些离子会在金属管壁上发生氧化或还原反应,通过这些电化学反应使溶液中电荷消失,从而维持连续地喷雾。例如,OH^- 在金属管壁上发生以下电化学反应:

$$4OH^- \rightarrow 2H_2O + O_2 + 4e$$

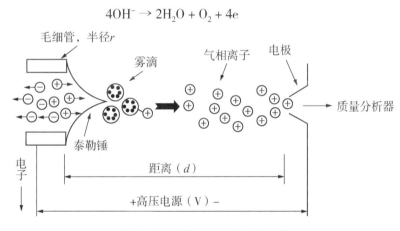

图 17-5 ESI 中电化学反应示意

伴随电化学反应会有气体产生,因此在电路的连接上应考虑此因素,否则在毛细管中会出现气泡,影响电喷雾的稳定性。产生稳定的喷雾,需要满足以下三个条件:

(1)毛细管末端要有足够强的电场(V)。电场的作用是将溶液中正、负离子分开并使一种极性离子聚集于毛细管末端,因而喷出的雾滴主要是携带一种极性电荷,进而引起样品分子离子化;另外,强的电场与聚集在毛细管末端离子的相互作用使溶液发生电喷雾。

(2)毛细管中液体要有一定的流动线速度(临界线速度),保持稳定的电喷雾。

(3)毛细管中溶液要含有一定量的电介质(离子)。在 ESI-MS 中通常是在溶液中加入 0.5%~1%(V/V)乙酸。乙酸具挥发性,不会引起堵塞,而且有利于待测物形成质子化离子。

电喷雾电离的特征之一是可生成高度带电的离子而不发生碎裂,这样可将质荷比降低到各种不同类型的质量分析仪都能检测的程度。通过检测带电状态,可计算离子的真实分子量。同时,解析分子离子的同位素峰也可确定带电数和分子量,因为同位素峰间的质荷比差与带电数相对应。尽管 ESI 容许使用少量缓冲液和盐,但这些物质可能与待测物形成加合物,导致产生难以指认的分子量或抑制待测物离子的形成。当样品中不含盐类和缓冲液时检测情况较好。ESI 的一大优势是可方便地与分离技术联用,例如,在使用 ESI 离子化前使用 HPLC 和毛细管电泳(CE)可方便地除去待测物中的杂质。

电喷雾源多电荷的形成使其成为蛋白质生物分子研究领域不可缺少的手段,该法的高灵敏度使生物学家能够在分子水平上研究蛋白质转移修饰,如糖基化、磷酸化、二硫键、脱酰氨基作用、蛋氨酸或色氨酸的氧化作用等,真正揭示结构与生物功能的关系。ESI 的如下特点已得到了广泛的认可:

(1)对蛋白质而言,其离子化效率接近 100%。

(2)多种离子化模式供选择:ESI(+),ESI(-),APCI(+),APCI(-)。

(3)对蛋白质和核酸等分子可产生稳定的多电荷离子,降低了质荷比值,从而使大于 10^4 Da 的分子由于生成了多电荷离子,能在一般的四极杆质谱仪上分离检测。蛋白质分子量测定范围可高达 10^5 Da,甚至达 10^6 Da。

(4)软离子化方式提供了一种对大分子灵敏度高、没有热降解的质谱测定方法,使热不稳定化合物得以分析并产生高丰度的准分子离子峰。

(5)气动辅助电喷雾技术在接口中采用,使得接口可与大流量(1~2 mL/min)的 HPLC 联机使用。

(6)仪器专用化学站的开发使得仪器在调试、操作、HPLC-MS 联机控制、故障自诊断等各方面都变得简单可靠。

(7)ESI 调节离子源(源内 CID)电压可以控制离子的断裂,给出结构信息。

ESI 的主要缺点是它只能接受非常小的液体流量(1~10 μL/min)。但这一不足已被离子喷雾接口(ISP)所克服。ISP 接口是将电喷雾器雾化和气动雾化结合在一起,因此,也常被称为气动协助或高流速电喷雾。离子喷雾使用干气帘,流速可达 2 mL/min。ISP 接口能够处理具有高含水量的流动相,并且可用梯度洗脱系统进行工作。

目前的电喷雾接口已经可安装在四极质谱、磁质谱和飞行时间质谱上,如惠普公司的 HP5989B 型四极质谱和 HP1100 LS-MS 专用系统,Finnigan 公司的 TSQ-7000 四极质谱、MAT-95 磁质谱,以及 PE 公司的 PE-CIEX 四极质谱等。

17.2.2.2 大气压化学电离(APCI)

APCI 的结构与电喷雾源大致相同。不同之处在于 APCI 喷嘴的下游放置一个针状放电电极,通过放电电极的高压放电,使空气中某些中性分子电离,产生 H_3O^+、N_2^+、O_2^+ 和 O^+ 等离子,溶剂分子也会被电离,这些离子与分析物分子进行离子-分子反应,使分析物分子离子化,这些反应过程包括由质子转移和电荷交换产生正离子,质子脱离和电子捕获产生负离子等。

用于 LC-MS 的 APCI 技术与传统的化学电离(CI)不同,它并不采用诸如甲烷一类的反应气体,而是借助电晕放电启动一系列气相反应以完成离子化过程。根据其原理,它也可被称为放电电离或等离子电离。从液相色谱流出的样品溶液进入具有雾化气套管的毛细管,被氮气流雾化后通过加热管时被气化。在加热管端进行电晕尖端放电,溶剂分子被电离后充当反应气,与样品气态分子碰撞,经过复杂的反应过程,样品分子生成准分子离子:

$$R + e \rightarrow R^+ + 2e$$
$$R^+ + RH \rightarrow RH^+ + R$$
$$RH^+ + M \rightarrow RMH^+$$

其中，R 代表溶剂，M 代表样品分子，MH^+ 为生成的准分子离子。上面这些反应式表示一种正离子模式的化学电离过程。如果溶剂比样品的碱性弱，则生成 MRH^+，属于准分子离子。分子也能以负离子模式生成准分子离子，主要应用于具有强的电子亲和力的化合物。样品分子的准分子离子经筛选狭缝，进入质谱仪。整个电离过程在大气压条件下完成，如图 17-6。

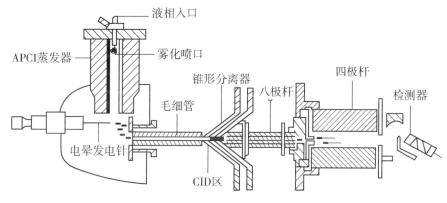

图 17-6　APCI 结构示意

APCI 形成的是单电荷的准分子离子，不会发生 ESI 过程中因形成多电荷离子而产生信号重叠、降低图谱清晰度的问题。但由于要求样品分子气化，因此，APCI 的对象为弱极性的小分子化合物，可适应高流量的梯度洗脱的流动相。

由于离子源处于大气压下，所以它对 LC 系统的流速不强加任何限制。APCI 是一种离子源设计而不是接口的设计，目前有 3 种接口可用于 APCI-MS，其中加热雾化是最常用的一种。由于 APCI 为软电离技术，缺乏碎片离子产生，因此，如果要得到进一步的结构信息，需在接口中完成碰撞诱导断裂。通过对电压的调节，可以得到不同断裂程度的质谱。因为一级质谱的准分子离子是二级质谱进一步分裂的最佳母离子，因此，由液相色谱-大气压化学电离（LC-APCI）与一级和二级串联质谱（MS-MS）构成的 LC-APCI-MMS 联用仪器是精确分析有机混合物结构信息的最有效的技术。

另外，在大量生物样品的常规测试中，为了避免其中含有的非挥发性物质（如无机盐、蛋白质等）对离子源的污染，可采用 Z-spray 和正交气相辅助 ESI 等离子源技术。这些离子源的共同特点是喷雾针与进样锥孔、环状电极不在一条轴线上，而是成一定的角度（包括垂直式、转弯式、斜角式以及组合式等）。

APCI 采用电晕放电方式使流动相离子化，能大大增加离子与样品分子的碰撞频率，因此，APCI 的灵敏度要比化学电离（CI）高 3 个数量级。

使用 API 接口的 LC-MS 联用仪在分析中有许多应用。

（1）可以获得准确的化合物分子量信息。采用常规生物蛋白质测定技术，如十二烷基磺酸钠聚丙烯酰胺凝胶电泳、Bio-Gel、超离心和色谱法等方法测定的分子量准确度低，而电喷雾质谱多电荷离子系列即使是测定生物大分子也能给出精确分子量，测定误差为 0.001%。

（2）可获得未知化合物更多的碎片结构信息。对于电喷雾源，通过调控接口锥体上的电压，使加速分子离子在 293.3 Pa（2.2 Torr）真空下与 N_2 发生多次碰撞而增加内能，导致分子产中某些键断裂形成碎片离子。这种断裂过程叫碰撞诱导解离。调控电压形成不同强度电场，可以控制化合键断裂的程度。碰撞产生的分子离子、碎片离子流损失小、灵敏度高、重现性好。

（3）可用于无共价键、无官能团的化合物。液相色谱检测器，如紫外、荧光和电化学检测器等需要待测化合物具有特殊官能团，如共价键、苯环、氧化或还原基团；而大气压电离源是软电离技术，无需化合物具有特殊官能团即可完成分析测定，使几乎所有化合物均能得到质谱信息。

17.2.3 LC-MS 联用仪的优点

随着联用技术的日趋成熟，LC-MS 日益显现出优越的性能。它除了可以弥补 GC-MS 的不足之外，还具有以下几方面的优点。

（1）广适性检测器，MS 几乎可以检测所有的化合物，比较容易地解决了分析热不稳定化合物的难题。

（2）分离能力强，即使在色谱上没有完全分离开，但通过 MS 的特征离子质量色谱图也能分别画出它们各自的色谱图来进行定性定量，可以给出每一个组分的丰富的结构信息和分子量，并且定量结构十分可靠。

（3）检测限低，MS 具备高灵敏度，它可以在 $<10^{-12}$ g 水平下检测样品，通过选择离子检测方式，其检测能力还可以提高一个数量级以上。

（4）可以让科学家从分子水平上研究生命科学。

（5）质谱引导的自动纯化，以质谱给馏分收集器提供触发信号，可以大大提高制备系统的性能，克服了传统 UV 制备中的很多问题。

17.3 色谱-色谱联用技术

色谱技术已成为分析化学中复杂组分分离和分析的最强有力的方法。对于一些组分较简单的样品往往使用一根色谱柱，用一种色谱分离模式即可达到良好的分离和分析目的。但对于某些组分非常复杂的样品，无论如何优化色谱参数也无法使其中某些组分得到很好的分离。例如，有时由于主成分含量很高，其主峰尾部可能掩盖邻近的微量组分峰，如果用减少进样量来防止主峰拖尾，则量太少微量组分又不能检出。又如，样品中的某些组分对所选用的色谱分离柱有损害，需要在进入色谱分离柱之前将其除去。

17.3.1 色谱-色谱联用技术简介

17.3.1.1 色谱-色谱联用技术及工作过程

为解决采用单一色谱分离分析某些复杂组分存在的困难，可以考虑将前一级色谱分不开的组分切割出来，选择另一根色谱柱，或用另一种色谱分离模式继续进行分离和分析。这种将不同类型的色谱，或同一类型不同分离模式的色谱联接在一起的技术，即为色谱-色谱联用技术，也称为多维色谱（multi-dimensional chromatography）。例如，被主峰拖尾峰掩盖的痕量组分，可将带有少量主峰组分的痕量组分切割出来，再进行一次色谱分离，就可以将痕量组分与主组分很好地分开；对于某些损害色谱分离柱的组分，可以在样品进入色谱分离柱之前采用某种色谱分离方法将有害组分与欲测组分分离开，使那些损害色谱分离柱的组分不进入色谱分离柱。

色谱-色谱联用仪通常由一根预分离柱和一根主分离柱通过接口串联而成。其中接口的作用通常是将前级色谱柱（预柱）中未分离开的、需要下一级色谱继续分离的一段组分转移到第二级色谱柱（主柱）上进行第二次分离。两根柱（预柱和主柱）所用的流动相可以相同，也可以不相同。如果第二级色谱仍有组分分不开，还可以考虑通过接口将二级色谱未分离的一段组分转移到第三级色谱柱上分离……理论上，可以通过接口将任意级色谱联接起来，直到将所有欲分离组分都分离开。但实际工作中，两级色谱联用基本上就可以满足分离的要求。

17.3.1.2 色谱-色谱联用分类

（1）按照接口功能。

1）二维色谱（two-dimensional chromatography）。接口的作用仅限于将前级色谱分离后的某一段目标组分简单地切割并转移至第二级色谱柱上继续分离和分析，这类联用方式称为二维色谱，用 C + C 表示。

2）全二维色谱（comprehensive two-dimensional chromatography）。接口的作用不是简单的传递组分，而是先将前级色谱分离后的目标组分捕集并聚焦，然后在适当的时机再迅速释放并转移至后级色谱仪上进行分离和分析。这时两级色谱是相对独立的，分离机理可以完全不同，这类联用方式称为全二维色谱，以 C × C 表示。

（2）按联用色谱的类型。

1）同类色谱联用。由同类流动相，不同分离模式或不同选择性色谱柱串联组成。如气相色谱-气相色谱联用（GC-GC）、液相色谱-液相色谱联用（LC-LC）、超临界流体色谱-超临界流体色谱联用（SFC-SFC）等。

2）异类色谱联用。由不同类流动相，不同分离模式或不同选择性色谱柱串联组成。如液相色谱-气相色谱联用（LC-GC）、液相色谱-超临界流体色谱联用（LC-SFC）、超临界流体色谱-气相色谱联用（SFC-GC）、液相色谱-毛细管电泳联用（LC-CE）、气相色谱（或超临界流体色谱、液相色谱）-薄层色谱联用（GC-TLC，SFC-TLC，LC-TLC）等。

17.3.1.3 仪器联用的基本要求

（1）色谱柱或柱容量匹配性。组成色谱-色谱联用系统时两级色谱柱的柱容量应当相互匹配。当两级色谱柱柱容量不同时，前级应采用较大柱容量的柱子，以适应分离和分析不同含量组分的要求。如气相色谱－气相色谱联用时，可采用填充柱－填充柱、填充柱－毛细管柱、毛细管柱－毛细管柱、微填充柱－毛细管柱等串联方式。当分离和分析复杂样品中微量组分时，第一级色谱可采用填充柱，进样量可以尽量大些，这时将微量组分切割出来后再用第二级色谱的毛细管柱去分离和分析，效果会更好。

（2）检测器选择。在色谱－色谱联用时，每级色谱可根据需要分别使用不同类型的检测器，前级色谱最好选用非破坏性检测器（如气相色谱的热导检测器、液相色谱的紫外－可见光检测器、示差折光检测器等），这样从前级色谱检测器出来的组分可直接进入后级色谱系统。当前级色谱使用破坏性检测器（如气相色谱的氢火焰检测器，液相色谱的电化学检测器等）时，则只能采用分流的方法，使前级色谱的色谱柱流出物分为两部分，一部分进入检测器检测，另一部分直接通过接口进入第二级色谱系统。

17.3.2 气相色谱－气相色谱联用

气相色谱－气相色谱联用（GC-GC）技术的发展已有约 30 年的历史。目前只有 GC-GC 联用仪有商品仪器，并得到了广泛的应用。其他多是使用通用的常规色谱仪器自行改装、组合而成，根据被分离样品的情况来选用不同的连接方法和接口。因此，本章重点介绍 GC-GC 联用技术。

17.3.2.1 GC-GC 联用接口

将两台气相色谱仪联在一起组成 GC-GC 联用系统。常用的接口包括阀切换、无阀气控切换和在线冷阱技术几种方式。

（1）阀切换。将前级气相色谱分离后的某些组分切换到后级气相色谱柱上，最简单的方法是使用多通阀，这是早期气相色谱－气相色谱联用技术中使用最广泛的接口。用于此目的的多通阀必须满足化学惰性、无润滑油、密封性好和死体积小等条件。这种切换技术多用于低温操作或永久气体分析。用一个多通阀联接两台气相色谱的方法及其流程如图 17-7 所示。

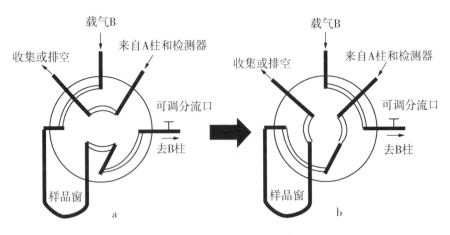

图 17-7 多通阀切换示意

来自前级色谱柱（柱A）的组分经非破坏性检测器（如热导检测器）检测后进入多通阀的一个通道，通过多通阀的切换可以直接放空或被收集。此时有一独立载气通过此多通阀的其他通道接到第二级色谱柱（B柱），如图 17-7a。当该多通阀转至图 17-7b 所示位置，来自柱 A 的组分流经样品窗后被收集或放空，而载气可直接进入柱 B。当经柱 A 分离后需经 B 进一步分离的某一段组分进入样品窗后，及时转动该阀（手动或自动），此时该阀的通路位置又回到图 17-7a 的所示的位置，载气就可将样品窗内的组分带入 B 柱进行进一步的分离和分析。当柱 A 是填充柱、柱 B 是毛细管柱时，可在样品窗和柱 B 之间安装一个可调分流口，使进入柱 B 的组分量适当并可重复。该分流口亦可作为吹扫气的入口。

（2）无阀气控切换。气控切换的原理是通过在线阻力器和外加补充气流实现系统各部分不同的流量平衡。这样，在气相色谱仪内部就没有可动元件，只需调节外部气阀，就可改变柱间的气流方向。图 17-8 是一种无阀气控切换示意图。

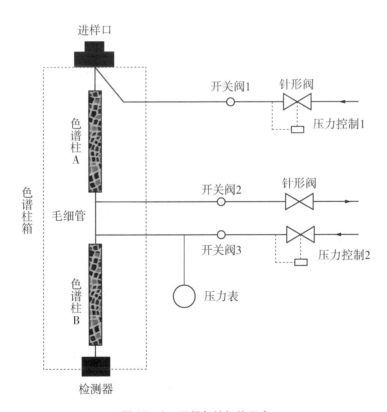

图 17-8　无阀气控切换示意

当打开开关阀 1、关闭开关阀 2 和 3 时，载气通过压力控制器和开关阀 1 将从进样口进入的样品带入色谱柱 A 分离，然后再进入色谱柱 B。此时，若将开关阀 2 和 3 打开，并用压力控制器 2 将压力调到色谱柱 A 和 B 之间的压力或高于此压力时，由柱 A 出来的组分无法进入柱 B，而通过开关阀 2 放空。这样，就可由开关阀 3 和压力控制器控制，将从色谱柱 A 分离后的组分中需继续分离的组分引入色谱柱 B，不需继续分离的组分则由开关阀 2 放空；当需将进入色谱柱 B 的组分进一步分离和分析时，可将开关阀 1 和 2 关闭，打开开关阀 3，此时载气只通过色谱柱 B，将进入柱 B 的组分进行分离和分析；如需将色谱柱 A 中某些组分反吹，则在打开开关阀 3 的同时，打开开关阀 1 和关闭开未阀 2，这时就可进行反吹了。

在色谱柱 A 和 B 之间可以加一个非破坏性检测器（如热导检测器），以利于判断切割的时间。切割过程可用手动或自动。在图 17-8 所示的系统中，在色谱柱 B 后测得的组分保留时间为该组分在色谱柱 A 和 B 两根柱上的滞留时间之和。由于两根色谱柱的选择性不同，当改变载气在两根色谱柱中的流速时，被分离组分的出峰次序可能发生变化，这说明该系统的选择性改变可以通过简单地调节载气在两根色谱柱中的流速而实现。这样就为气相色谱系统的选择性优化提供了一条简易而有效的途径。

该无阀气控切换在色谱系统内没有可动元件，故没有密封的问题；死体积很小，可保证柱效不降低。因此更适合于载气流速变化较大的两根色谱柱的联接，如填充柱和毛细管柱的联用。它的切换速度快、切割的组分窄、切换精度较高，而且切换程序可进行连续地自动控制。

（3）在线冷阱。在线冷阱也称为中间捕集器，是装在两级色谱柱中间，代替图17-8 中的样品窗的一种装置，如图 17-9 所示。它的主要作用是将前级色谱柱分离出来的、需第二级色谱柱继续分离和分析的那些组分在冷阱（捕集器）中凝聚下来，不使它们随着载气陆续进入第二级色谱柱。待这部分组分全部凝聚下来（即全部被捕集）后，将冷阱迅速升温（如在 10 μs 内将铂铱合金管从 -180 ℃ 升至 300 ℃），使这部分组分瞬间气化，进入第二级色谱柱继续被分离和分析。类似于在第二级色谱柱前的

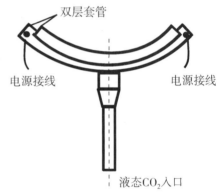

图 17-9　在线冷阱示意

重新进样，从而消除了一经色谱柱引起的峰形扩张。为了提高整个系统的灵活性，一般可在冷阱之前、前级色谱柱之后接一个检测器，在该检测器和冷阱之间再加一个辅助进样口。

在线冷阱可以起到富集痕量组分的作用。当需要对样品中痕量组分进行冷阱富集时，前级色谱柱可采用填充柱，进样量可大些，还可多次进样，将需要再经过第二级色谱进行分离和分析的痕量组分在冷阱中富集，干扰组分或不再需要第二级色谱分离和分析的组分通过放空和反吹除去。如图 17-10 所示，冷阱中还填有根据要捕集的组分特性所选择的吸附剂。在液氮低温下吸附剂可更有效地捕集需进一步在二级色谱分离和分析的组分，而在升温时这些组分又可迅速地从吸附剂中解析并进入第二级色谱柱。实际上，在线冷阱技术的工作原理类似于气相色谱冷柱头进样技术和气体样品富集的吹扫-捕集（purge and trap）技术。

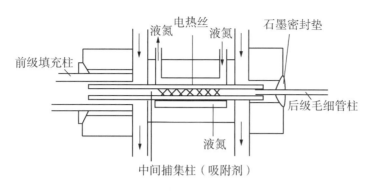

图 17-10 带吸附剂冷阱示意

17.3.2.2 全二维气相色谱

正如前述,一般的二维气相色谱(GC+GC)只是将前级色谱柱(柱 A)没有完全分开的研究目标物,利用阀切换或无阀气控切换或冷阱转移至第二级色谱柱(柱 B)上进行进一步的分离。GC+GC 联用只能提高复杂样品中目标组分的分离效率,却不能完全利用二维气相色谱的峰容量。

(1)基本原理及工作过程。全二维气相色谱(comprehensive two-dimensional gas chromatography,即 GC×GC)是 20 世纪 90 年代在传统的一维气相色谱基础上发展起来的一种新的色谱分析技术。其主要原理是把分离机理不同而又互相独立的两支色谱柱以串联方式连接,中间装有一个调制器(modulator),经第一根柱子 A 分离后的所有馏出物在调制器内进行浓缩聚集后以周期性的脉冲形式释放到第二根 B 柱子里进行继续分离,最后进入色谱检测器。这样在第一维没有完全分开的组分(共馏出物)在第二维进行进一步分离。信号经计算机系统处理后,得到以柱 A 保留时间为纵坐标、柱 B 保留时间为横坐标的平面二维色谱图。其仪器构成如图 17-11 所示。

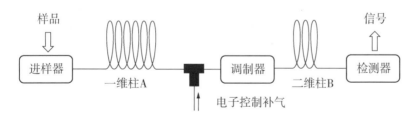

图 17-11 全二维色谱仪器组成

全二维气相色谱主要解决传统气相色谱在分离复杂样品时峰容量严重不足的问题。最新理论和实验证明,在相同的分析时间和检测限的条件下,全二维的峰容量可以达到传统一维色谱的 10 倍。但传统色谱要获得同样的峰容量,理论上需要用到比目前长 100 倍的分离柱,高 10 倍的柱头压和 1 000 倍的分析时间。全二维实现超高峰容量的途径,是通过在传统一维气相色谱的基础上,将每一小段一维柱 A 分离出来的产物,相互独立地送到另一根性质不同的二维柱 B 上进行再分离,该过程称为调制。这里,相互独立的意思是指,在前一小段物质再分离结束之前,后一小段物质不能进入二维柱。相互独立使得这两根不同性质的柱子产生的分离形成某种意义上的正交,其结果就是系统总的峰容量是两根柱子实际峰容量的乘积,而不是简单相加。这是全二维和其他多柱色谱系统如简单串联或中心切割二维色谱的本质差别。

（2）调制器（接口）。全二维色谱的两柱间的接口或调制器是一种热解析调制毛细管。它与两根毛细管色谱柱的联接方式和工作原理如图17-12所示。

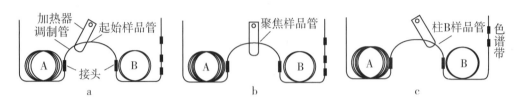

图17-12　全二维色谱接口工作原理示意

柱A是分离较慢（较长）的毛细管柱,柱B是分离较快（较短）的毛细管柱,由柱A流出的组分经热解析调制器聚焦后进入柱B分离。调制管为厚液膜的毛细管,加热器可在调制管上来回移动。开始时加热器位于柱A的出口（图17-12a）,升高加热器的温度,柱A流出的组分"塞"随载气从加热器上游移到下游冷区,组分塞变成较窄的聚焦带（图17-12b）（理想的聚焦可以将组分聚焦为75 ms的带宽）,最后加热器扫过调制管的下游,将聚焦后的组分塞赶入柱B进行分离（图17-12c）。整个程序由计算机系统控制,随柱A出峰的间隔重复,即柱A每出一个峰,调制器调制一次,最后由计算机系统给出全二维色谱的平面二维GC图。

全二维气相色谱的第二维是超快速色谱,其分离时间,即调制周期,一般只有几秒至十几秒,柱长也相应地比普通的第一维小1~2个数量级。这是因为如果调制周期太长（相对于调制前一维柱色谱峰的峰宽而言）,更多的物质会进入调制环节,造成一维分离的严重损失,从而极大地降低一维的实际峰容量。周而复始的超快速第二维色谱对调制提出了极高的要求。除了要防止后一个周期的物质在当前周期里进入到二维柱,每个周期还要形成极窄的进样峰宽,这样才能保证第二维获得足够的实际峰容量。目前,成熟的商业调制技术已能将二维进样半峰宽降低到20~30 ms的范围,而产生的第二维色谱峰的半峰宽一般在50~200 ms的范围。另外,由于第二维的超快速特性,全二维气相色谱对检测器的采样频率也有特殊要求,即定量分析一般至少需要达到100 Hz或更高。

（3）数据处理。由于一维柱色谱峰的不同部分一般会被调制到多个相邻的调制周期里,检测器端会多次出现属于同一组分的二维色谱峰,这给解读和分析色谱图带来了困难,因此全二维气相色谱要用专门的数据处理软件,将检测器采集到的原始一维性质的信号转化为方便解读的二维或三维形式。全二维色谱图的一维是总分析时间,最小单位为一个调制周期；二维分析时间就是一个调制周期,最小单位为检测器每个数据点的采样时间。原始一维信号按调制周期折叠成二维矩阵的形式。由于相邻周期的色谱条件,如柱流量和柱温,一般不会发生急剧的变化,相邻周期属于同一组分的二维信号便在这个矩阵里聚集成一个连续的区域。在二维图里,信号的大小用等高线或不同颜色来表示，每个组分所对应的区域便表现为一个二维的"斑点"；而如果用第三维来表示信号的大小，每个组分就表现为一个立体的"山峰"，如图17-13所示。

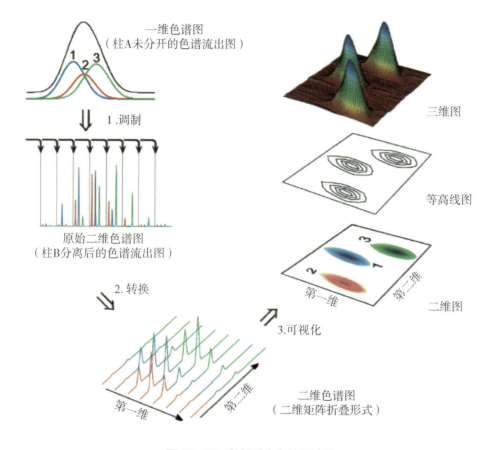

图 17-13 数据采集和处理过程

每个组分在全二维色谱图上要用一维保留时间和二维保留时间两个时间参数来描述，分别对应了该组分与性质不同的两根色谱柱固定相之间相互作用，即两种独立的化学性质的强弱程度。在复杂样品里，其中一种化学性质相近的多个组分会在所对应的维度上具有相近的保留时间，因此，同一类的组分会在全二维色谱图上相互靠近，形成族；而族与族之间的相对分离就构成了复杂样品的全二维指纹谱图。从图17-14的比较可见，全二维气相色谱比传统的一维气相色谱提供了样品更多维度和更深层次的化学信息。

（4）全二维气相色谱主要优点。

1）峰容量大。一般二维气相色谱的峰容量为二柱峰容量之和，而全二维气相色谱的峰容量为二柱峰容量之积。

2）分析速度快。曾有人利用全二维气相色谱在 4 min 内分离了 15 个农药组分。

3）灵敏度高。因为组分在流出柱 A 后经过聚焦，提高了柱 B 分离后检测器上的浓度，所以可以提高检测的灵敏度。

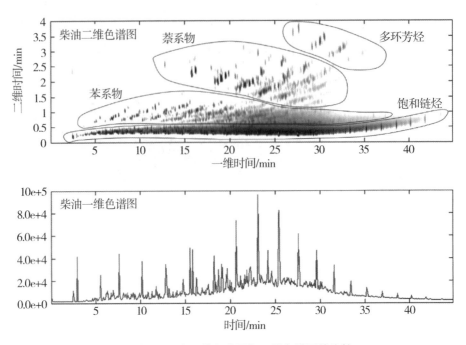

图 17-14 全二维色谱图与一维色谱图的比较

4)选择不同保留机理的两根气相色谱柱,可以提供更多的定性和定量分析信息。

第 18 章 流动注射分析

溶液化学分析（或称湿法分析）已有 200 多年的历史，是分析化学中最基本和最为经典的分析方法。其分析过程可大致分为一系列的"单元"操作。例如：仪器准备及器皿的清洗；样品制备（研磨、匀化和干燥等）；样品量度（称量和体积量度）；样品溶（消）解；分离（沉淀、过滤、萃取、渗析、柱分离等）；目标物测量（吸光度、辐射强度、电位、电流、电导以及电量等物理量的测定、滴定、称量等）；校正（标准溶液配制并制作校正曲线）以及数据评价及结果报告等。

以上过程多采用手工操作完成。它费时、费力、分析速度慢，而且分析结果常常受到操作者主观因素的影响。例如，临床实验室在对大量人体血液、尿液等样本中 30 多种理化指标实施常规检验时，除需要在短时间内完成分析之外，还要求控制合理的分析成本，同时避免大量试剂对操作者健康和环境的影响。显然，手工操作很难满足这些临床分析要求。另一方面，在实验室完成一次分离、分析所需要的分析的设备种类多、体积大、试样和试剂消耗量很大、难于操作，且不便于进行现场分析。为此，人们尝试研究并发展了一系列的自动分析方法及装置。本章简要介绍其中的流动注射分析。

18.1 流动注射分析基本概念

18.1.1 定义与分类

流动注射分析（flow injection analysis，FIA）是由丹麦技术大学的鲁齐卡（J. Ruzika）和汉森（E. H. Hansen）于 1974 年首先提出。它是在间歇式分析（discrete analysis，也称自动分析）和连续流动分析（continuous flow analysis，CFA）的基础上，吸收了高效液相色谱的某些特点发展而来的。

间歇式分析是通过机械式自动分析装置模拟手工分析步骤的技术。间歇式分析器可将大部分操作步骤（取样、分离、试剂加入、搅拌等）按照预先编制的程序由机械装置自动完成。多数情况下，该类分析器只用于 1～2 种特定组分的分析，因此又是一种专用型分析仪器。尽管间歇式分析方法在一定程度上克服了手工分析的不足，但由于采用的仪器通用性差，分析功能不易变换，结构复杂，部件加工精度要求高，活动部件多、易磨损，因而其发展及推广受到一定的限制。

连续流动分析是将化学分析所使用的试剂和试样按一定顺序和比例用泵和管道输送

到一定的区域进行混合，待反应完成之后再经由检测器检测反应产物并记录和显示分析结果。该分析技术的独特之处在于，用试剂流与试样流按比例混合的方式代替手工量取试剂和试样并混合的过程，实现了管道化的自动连续分析。在连续流动分析的发展过程中，曾出现过气泡间隔和无气泡间隔两种方式的连续流动分析体系，其中以1956年Skeggs提出的气泡间隔连续流动自动比色分析系统发展最快、应用最广泛（图18-1）。

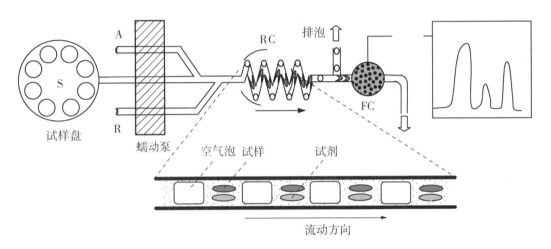

图18-1 气泡间隔连续流动分析示意

该系统用蠕动泵（或称比例泵）将试样液S提升后推入系统，同时通过另一泵管将空气A有规则地推入试样流，形成气泡间隔。随后将试剂R也泵入到每段间隔中去。此时，被气泡分隔的各段中的试样和试剂进入反应盘管RC中进行化学反应。在反应产物进入检测器之前，通过除泡器将影响测定的气泡排出，被气泡间隔的试样和试剂重新混合，再进入流通比色池FC进行测定。该技术引入的气泡除具有防止样品过度扩散并使试样和试剂充分混合（搅拌作用）的作用之外，还起到冲洗管道内壁，避免试样交叉污染的作用。

连续流动分析克服了间歇式自动分析的不足，具有通用性强、分析速度快（每小时30~50个样品）、易于自动化的优点。因此，该技术在20世纪六七年代发展很快，并有一些商品仪器面世。然而，连续流动分析技术也因气泡的引入而带来一些缺陷：①气泡的可压缩性使液流产生脉动并导致液流流动状态不稳定。②气泡体积不易控制。③当有气泡存在时，压降和流速与管材种类有关。④塑料管道中的气泡有绝缘作用，易产生静电积累，从而干扰一些传感器的正常工作。⑤载流运动不易控制，不易瞬间起停。此外，该连续流动分析系统还有结构复杂、试样和试剂消耗量大、响应慢等不足。

无论是间歇式自动分析还是连续流动分析，都有一个共同特点，即为保证分析结果有足够好的准确度和精密度，都要求试样和试剂处于一定的物理平衡和化学平衡状态。然而，达到这两种平衡需要经历一定时间，这也是这两种方法的分析速度难以进一步提高的根本原因。

18.1.2 FIA 的特点

流动注射分析废弃了用气泡间隔样品的方法，将试样溶液直接以"试样塞"（plug）的形式注入到管道的试剂载流中，化学分析可在非平衡的动态条件下进行，样品间交叉污染小、扩散程度低，因此 FIA 的分析准确度、精密度和分析速度都大大提高。

大量实验研究及应用成果表明，FIA 具有更多优点。

（1）操作简便。省去大量手工操作过程，如器皿洗涤、试剂加入及混匀等。

（2）重现性好。FIA 相对标准偏差（RSD）一般小于 1%。

（3）试剂和试样消耗量小，环境友好。FIA 是一种很好的微量分析技术，通常完成一次测定仅需要试样 25～100 μL，试剂 100～300 μL。此外，分析系统封闭，减小了外界因素（如沾污、与空气中的 CO_2 和 O_2）对测定的干扰。同时，系统封闭也有利于环境保护、减少对操作者的健康影响。

（4）分析速度快。通常每小时可获得 100～300 个甚至 700 个分析结果。

（5）物理和物理化学过程研究。由于 FIA 在非平衡的动态条件下完成，因此，该方法是研究扩散以及化学反应过程等非常有用的手段。

（6）仪器简单，易于自动化。FIA 仪器可通过常规仪器自行进行组装，并可实现在线分析。

（7）应用范围广。FIA 技术可与分光光度计、离子计、原子吸收仪以及等离子体发射光谱仪等仪器联用，达到多种分析目的。

18.1.3 FIA 工作过程

图 18-2 是分光光度法测定氯离子的最简单的流动注射分析系统（a）及其记录响应曲线（b）。其具体分析过程是：蠕动泵 P 将 $Hg(SCN)_2$ 和 Fe^{3+} 溶液以 0.8 mL/min 的流速直接泵入管路中，形成试剂载流，然后通过进样器（通常为六通阀）将 30 μL 含氯样品溶液注入到试剂载流中，此时，试样和试剂进入到 50 cm 长的反应盘管 RC 并发生如下反应：

$$Hg(SCN)_2(aq) + 2Cl^- \rightleftharpoons HgCl_2(aq) + 2SCN^-$$

$$Fe^{3+} + SCN^- \rightleftharpoons Fe(SCN)^{2+}$$

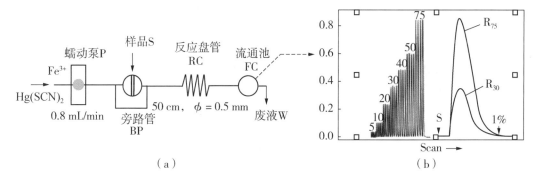

图 18-2 简易 FIA 系统及其响应曲线

反应生成的红色产物 Fe (SCN)$^{2+}$ 通过充液体积为 18 μL 的流通池 FC，以配有 480 nm 干涉滤波片的分光光度计进行检测并记录。图 18-2b 为含有 7 种不同浓度（5～75 μg/mL）氯离子标准溶液的输出记录曲线，其中每个浓度的溶液重复测定 4 次，共耗时 23 min；记录图右侧曲线 R_{30} 和 R_{75} 表示浓度分别为 30 μg/mL 和 75 μg/mL Cl$^-$ 的快速扫描曲线。当两次进样（S_1, S_2）的时间间隔为 28 s 时，前次进样在流通池中的残留量小于 1%，或者说两个相邻试样之间的交叉污染程度小于 1%。

一般可将 FIA 过程概括为：将一定体积的试样液以试样塞的形式，间歇地注入到处于密闭的、具有一定组成的流动液体（试剂或水）载流中，试样塞在被载流推入反应管道的过程中，因对流和扩散作用而分散形成具有一定浓度梯度的试样带（sample zone）。该试样带与载流中的某些组分发生化学反应生成可被检测的物质，最后被载流带入检测器进行检测，并由记录仪连续记录响应信号随时间的变化情况。在 FIA 中，载流除了具有推动试样进入反应管道和检测器、与试样待测组分发生反应等作用外，还可对反应管道和检测器进行自动清洗，防止样品交叉污染。这也是 FIA 方法分析速度快的一个重要原因。

18.2 基 本 理 论

在 FIA 中，从试样注入到完成分析，整个过程经历了一系列复杂的物理、化学过程。例如，基于试样、试剂和载流三者之间的扩散和对流的分散混合过程（物理过程）；试剂与试样间的化学反应过程（化学过程）以及检测器对目标物的响应（能量转换过程）。

18.2.1 物理混合过程及分散度

18.2.1.1 物理混合过程

在 FIA 中，在试样以试样塞进入反应管道并随载流向前移动的过程中，试样塞的分子与载流之间将产生分子扩散和对流扩散作用并导致试样带变宽，即试样的分散。在混合过程中，轴向对流和径向分子扩散两种作用的竞争决定了输出峰的形状。图 18-3 给出了 4 种不同混合程度时的扩散情况和相应的响应峰。

在运动着的液体间摩擦力的作用下，液体质点各处的轴向流速不同。靠近管壁附近的流速较慢，而靠近管中心的流速快，此时轴向流速沿管径的分布呈抛物线形，"试样塞"在此条件下产生对流扩散过程。如果试样在载流的推动下向前移动的过程中，沿流动方向（轴向）只发生对流扩散（试样中心区域的流速大于靠近管壁的区域的流速），那么当试样进入到检测器时，输出峰形将产生严重的拖尾，从而导致试样间的交叉污染（图 18-3b）。但实际情况中并未发生这种现象，这说明在对流扩散进行的同时还有另一种扩散过程，即分子扩散（图 18-3c）。

分子扩散过程是因分子的布朗运动而产生的。在做层流运动的流体中，与流动方向

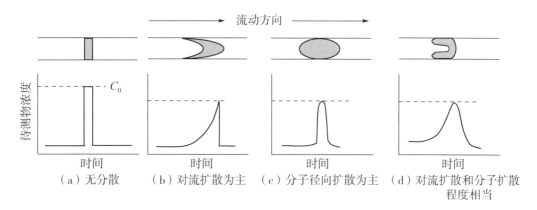

图 18-3　对流和径向扩散程度对各种响应峰轮廓的影响

垂直（径向）的截面上，如果存在浓度梯度，则在此截面上的物质将通过分子扩散作用从浓度高的地方移至浓度低的地方。试样和载流借助这种径向扩散作用进行有效混合，同时限制了轴向的对流扩散，减小了样品间的交叉污染，提高了进样频率（图 18-3d）。

应该指出的是，在运动的流体中，一般情况下的对流扩散除分子的轴向对流扩散外，还包括液体质点在各处的运动速度和方向随时间和空间随机变化的湍流扩散。但由于 FIA 是在层流扩散条件下进行的，因此可认为湍流扩散为零，对流扩散简化为分子的轴向对流扩散。同样，因浓度梯度产生的分子扩散也包括分子径向扩散和分子的轴向扩散。然而，当使用的管径足够小时，分子的轴向扩散可以忽略不计，此时的分子扩散主要是径向扩散。

在 FIA 中，对流扩散与分子扩散作用的强弱取决于载流流速、管道内径、留存时间以及试样和试剂分子的扩散系数。在试样注入方式、反应管道内径、载流和试样特性以及 FIA 系统确定后，当载流速度增加时，试样塞中心处流速与管壁处流速之差增加，对流扩散增强；反之则分子扩散增强。当载流速度接近分子扩散速度时，此时分子扩散速度占主导。为描述试样塞与载流或试剂之间的分散混合程度，可引入分散度（dispersion coefficient）的概念。

18.2.1.2　分散度及其影响因素

分散度：是指产生分析读数的液流组分在扩散过程发生前和发生后的浓度比值，即

$$D_t = c_0/c_t \qquad (18-1)$$

式中，c_0 为待测试样的原始浓度；c_t 为进样后任一时刻试样分散后的浓度；D_t 为输出曲线上任意一点的分散度。在多数 FIA 方法中，通常用峰高值对应的最大浓度 c_p 或最大峰高 h_0 代替任一时刻的浓度 c_t 或峰高 h_p，从而直接获得试样的总分散度 D，即，

$$D = c_0/c_p = h_0/h_p \qquad (18-2)$$

式（18-2）描述了原始样品被稀释的程度。在试样原始浓度 c_0 一定的情况下，总分散度 D 越大、峰值浓度 c_p 越小，表明试样被稀释的程度越大。例如，当原始浓度 $c_0=1$，$D=2$ 时，$c_p=1/2$。也就是说，试样被载流或试剂稀释，使其浓度由 1 下降到 1/2，试样中混入了一倍的载流或试剂。

影响分散度的因素：分散度是 FIA 系统中的一个重要参数。不同检测方法要求采用不同分散度的 FIA 系统。通常按 D 值大小将体系分散程度分为低分散（$1 < D < 3$）、中分散（$3 < D < 10$）和高分散（$D > 10$）三个范围。

在 FIA 分析中，分散度主要受进样体积（S_v）、反应管长度（L）和内径（r）、载流平均流速（F）或流量（Q）等因素的影响。通过控制和选择这些参数可获得合适的分散度（图 18-4）。

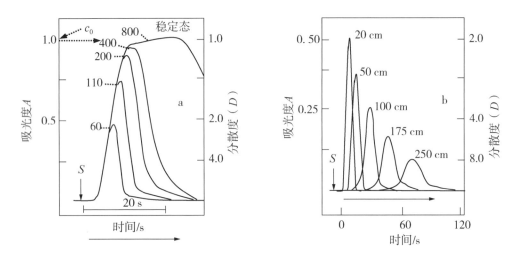

图 18-4　试样体积 S_v 和反应管长 L 对分散度的影响

a. $L=20$ cm，流速 1.5 mL/min，S_v 单位为 μL；b. $S_v=60$ μL；流速 1.5 mL/min

（1）进样体积（S_v）。以水为载流，染料试样 S_v 与分散度的关系如图 18-4a。可见，在所有其他因素一定的条件下，随着 S_v 的增加，分散度下降，此时峰高增加直至达到稳定的输出信号（此时的分散度趋近于 1）。与此同时，峰形显著变宽，且达到峰值的时间也增加。另外，所有记录曲线都从同一起点 S 开始响应，各曲线上升部分的斜率相同，表明斜率与 S_v 无关。

如果将达到稳定信号的 50%（$D=2$）时的进样体积记作 $S_{1/2}$。理论计算和实验表明，对低分散体系而言，当进样体积超过 $2S_{1/2}$ 时，分散度的下降变得非常有限，此时很难再通过增加进样体积来提高灵敏度。因此，低分散体系的最大进样量一般应不大于 $2S_{1/2}$；在具有中、高分散度的 FIA 体系中，从开始响应点到进样体积为 $S_{1/2}$ 所对应的响应点这一曲线上升部分可视为直线，因此进样体积与响应峰高成正比，其最大进样量也不应超过 $2S_{1/2}$。

综上所述，样品注入体积增加可引起分散度下降，分析灵敏度增加，但同时导致峰形变宽以及留存时间延长。通常在分析高浓度样品时注入体积不宜过大，而在分析低浓度样品时可适当增加注样体积。

（2）反应管长及内径。以水为载流，染料试样反应管长与分散度的关系如图 18-4b。可以看出，随着管长 L 的增加，试样塞在管道中的扩散混合等物理过程的时间也增加，导致分散度增加，峰宽也随之增加，最终导致灵敏度和进样频率的下降。因此，在保证系统有足够灵敏度的条件下，应采用尽可能短的反应管长。

由于同一体积的试样在不同内径的管道中的长度不同，管径越细，同体积的试样塞越长，与载流或试剂的接触面越小，因而相互之间的混合分散程度越小。此外，使用细管道也可节省试样和试剂用量。但是，太细的反应管道对流体的阻力增加，不便于使用简易蠕动泵。另一方面，细管道也易被固体颗粒物堵塞，而且当流通池孔径（通常在 0.5～1.5 mm 之间）大于管道内径时，容易引起检测区流体的不稳定性。一般来说，最佳反应管道内径约为 0.5 mm，而高、低分散体系流路分别采用内径为 0.75 mm 和 0.3 mm 的反应管。

（3）载流流量或流速。当反应管长和内径一定时，载流流量（Q）或流速（F）可通过控制泵速进行调节。此时，载流流速或流量、留存时间 T 与分散度 D 的关系分别为

$$D^2 = k_1/Q = k_2/F = k_3T \tag{18-3}$$

式中，k_1、k_2、k_3 均为常数。

由式（18-3）可见，载流量或流速与留存时间成反比，与分散度的平方成反比。必须注意的是，一方面，按试样塞流动分散模型推理，载流流速增加时，对流扩散增加，因而分散度亦增加；另一方面，载流流速增加也使得留存时间减少，使分散度减小。在影响分散度的两种相反因素中，因留存时间缩短引起的分散度减小值远大于因载流流速增加引起的分散度增加值。总的看来，载流流速增加导致分散度的下降。

以上介绍了影响分散度几种主要因素，了解这些因素之间的相互关系对设计合适的 FIA 系统具有一定的指导意义。然而，FIA 系统中涉及的影响因素很多。除以上所介绍的几种物理因素外，还有化学因素，如试样和试剂浓度、pH 值、载流种类和物性、干扰物及其浓度、反应速度、反应产物及物性等。此外，还有其他因素如检测器的选择、试样注入方式和管道联结方式等。因此，在进行 FIA 分析或设计 FIA 系统过程中，必须全面考虑这些因素的影响。其详细描述，读者可参阅有关专著。

18.2.2 化学动力学过程

假设在简单 FIA 系统中，试剂（R）与试样中待测物（A）在管道中经混合分散并发生如下化学反应：

$$A + R \rightleftharpoons P$$

在 FIA 中，由于试剂（R）与试样中待测物（A）在管道中的分散混合和化学反应不完全，因此在物理和化学方面均存在动力学过程。这两种过程可用图 18-5 中的各条曲线来描述。

图中曲线 1 表示试样中待测物 A 的分散程度以及与试剂 R 反应时的消耗规律；曲线 3 反映了试剂 R 因扩散进入试样塞中心区域的浓度变化；曲线 2 表示在实验条件下，反应产物 P 与反应（留存）时间的关系。可见，随着反应的进行，反应产物 P 形成的曲线上出现最高点 P_{max}，此时产物的形成速率等于产物的分散速率。该点左边部分表明产物的生成速率大于分散速率，试样塞中产物浓度随时间而增加，而该点右边的情况则刚好相反。

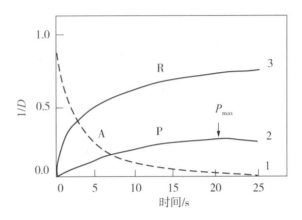

图 18-5　不同保留（反应）时间下各反应物和反应产物在 FIA 中变化过程

实验条件：$S_v = 30\ \mu L$，$Q = 0.86\ mL/min$，反应管长 L 分别取 25 cm、50 cm、75 cm、100 cm，管内径为 0.5 mm

以上述的二级反应为例，在任一时刻 t，试样在管道中的化学反应、反应速率、产物形成速率与分散度之间的关系可用下式描述：

$$\frac{dc_t}{dt} = k\left(\frac{c_A}{D_t} - c_t\right)\left(\frac{D_t - 1}{D_t}c_R - c_t\right)dt - \frac{c_t}{D_t}\left(\frac{\partial D}{\partial t}\right)dt \qquad (18-4)$$

式中，c_A，c_R 分别表示流体中待测物和试剂的原始浓度；c_t 和 D_t 分别表示某一时刻 t 时，反应产物的浓度及其分散度。该式可将试样塞中 A 与 R 的反应产物的分散度与化学反应速度这两个不同领域的概念联系起来。

将式 (18-4) 中的 t 用留存时间 T 代替并经变换可得：

$$dc_t = k\left(\frac{c_A}{D} - c_t\right)\left(\frac{D-1}{D}c_R - c_t\right)dT - \frac{c_t}{D}\left(\frac{\partial D}{\partial t}\right)dT \qquad (18-5)$$

式中，D 为总分散度。

对式 (18-5) 进行数学积分，可得到产物随留存时间 T 和分散度 D 而变化的规律（图 18-5 中曲线 2）。当 $dc_t/dT = 0$，此式有一极大值 P_{max}，该值所对应的 T 值为最佳留存时间 T_{opt}。对于快反应，T_{opt} 很小，而对于慢反应，T_{opt} 将很大。必须指出，由于 k 和 D 值未知，因此不能直接用该方程计算产物的形成曲线，还须通过实验方法测定产物形成曲线，并进而估计反应进行的快慢和程度（即化学反应产率）。

以上讨论和一些实例研究表明，为获得最大分析灵敏度，一般取产物形成曲线上 P_{max} 点所对应的反应时间作为 FIA 系统的最佳留存时间，可采用改变反应管长、调节泵流速等方法达到这一最佳留存时间。在具体设计 FIA 方法时，必须综合考虑留存时间与分散度这两个相互矛盾的因素。如果想要增加反应产物浓度而又不使分散度有太大的增加，除了选择反应更快的化学反应之外，另一个有效的途径是减低载流流速甚至使试样停止在管道中（停流技术）。这样可使留存时间大大延长，而分散度又不会明显增加。

18.2.3　能量转换过程

FIA 分析中的能量转换过程是通过 FIA 仪器中的检测系统完成的。检测系统能将反应产物的特性或试样本身的性质转换为可测的电信号，并通过仪器仪表显示或记录。检测器输出信号或记录仪的记录曲线,实质上是对试剂和试样间的物理混合、化学动力学和能量转换三种过程的综合反映。FIA 系统可与许多能量转换检测器联用达到多种分析目的,如 FIA – 比色分析和 FIA – 离子选择性电极等。

18.3 FIA 仪器的组成

通常,流动注射分析仪主要由蠕动泵、进样器、反应器、检测器和记录仪等部分组成。

18.3.1 蠕动泵

图 18 – 6 为常用的压盖式蠕动泵工作原理示意图,它是由 8 ~ 10 个平行排列于同一圆周上的轴辊组成,能通过滚筒挤压一根或多根弹性塑料泵管(内径 0.25 ~ 4 mm)提升并推动各管内流体形成连续的载流(使用采样阀进样时,蠕动泵可将试液抽入采样环内),其流速可通过改变马达转速或弹性塑料管内径进行控制和调节。压盖式蠕动泵的最大缺点是对泵管的适应性差,如果被挤压的各泵管的壁厚不

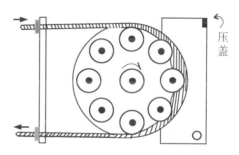

图 18 – 6 压盖式蠕动泵工作原理示意

均匀,可能导致各泵管中流体的流速不一致。目前多使用层状压片式蠕动泵,即将压盖制成分裂式的层状压片,每块压片挤压一根泵管,其压紧程度可通过微调螺丝单独调节,从而克服了压盖式蠕动泵的不足。

用来输送液流的蠕动泵管材应具有一定的弹性、耐磨性、抗腐蚀性以及对温度的不敏感性等特征。材质不同的泵管,其用途各异。对水溶液,一般为含有添加剂的 PE 或 PVC 管,而对强酸或有机溶剂环境,通常采用催化异构管和硅橡胶管等。

18.3.2 进样系统

FIA 分析进样器要求能以较高重现性将一定体积(5 ~ 500 μL,通常 10 ~ 30 μL)的试样(S)以塞子或脉冲的形式快速、不受载流干扰地注入到流路中。早期采用注射器,现在多采用具有采样环的进样阀(V)。图 18 – 7 给出了最常用的单通道进样阀的工作过程。与 HPLC 进样阀类似,当进样阀处于图中所示的位置时,样品溶液被蠕动泵吸入到一定体积的采样环中,此时,载流从进样阀的旁路管(BP)中流过。采样完成后,快速转动进样阀,将采样环接入载流管道,同时断开旁路管,试样以塞子形式进入载流。

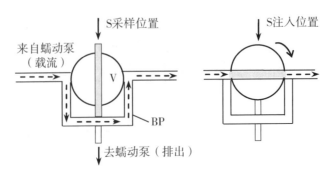

图18-7　进样阀及其工作示意

18.3.3　反应器

反应器是被注入的试样塞在载流中分散，并与其中的待测组分发生化学反应生成可被检测的物质的场所。反应器种类很多，大致可分为开管式反应器（open tubular reactor，OTR）和填充式反应器（packed reactor，PR）两大类。

18.3.3.1　开管式反应器

包括直管（straight）和盘管（coiled）反应器。前者实际上是一段具有一定长度的细管。在FIA分析条件下，这种反应器中的液体的流动是层流，试样塞的分散可以认为是轴向和径向扩散的综合过程，它一般用于低分散的FIA系统；后者是最常用的，也称为反应盘管（图18-2），它是将细管绕成具有一定直径（一般不大于1 cm）的螺旋状圆圈而成。当流体高速通过反应盘管时，液体因离心力的作用而在径向上产生次生流。该次生效应限制了试样塞的轴向扩散，降低了试样塞的变宽程度，从而提高了进样频率。

18.3.3.2　填充式反应器

包括填充层（packed bed）和单珠串（single bead string）反应器等。前者是按需要截取的一段填充惰性球状微粒（玻璃珠）的管子。当管柱内径与微粒直径之比在5～50范围内时，注入试样的轴向分散程度与粒子直径成正比，因此，填充细小的微粒可降低试样塞的轴向分散度。此外，填充层反应器中试样塞间的交叉污染小，且可获得较长的化学反应时间和较高的灵敏度，但因液流通过反应器的压强损失大，需采用高压泵。单珠串反应器是由填充有直径为反应管内径的60%～80%的大玻璃珠的管子构成。由该反应器得到的分散度比同样规格的开口直管反应器分散度小10倍，而且在一定流量范围内，响应峰值几乎不受影响。与填充层反应器相比，单珠串反应器压强损失小，可采用普通蠕动泵获得近似高斯分布的响应曲线。

此外，填充式反应器还可通过填充离子交换树脂、还原剂和固定化酶等实现不同的分析目的。有些FIA系统还根据反应体系情况，引入了相应的恒温加热装置和脱气装置。

18.3.4　检测系统及响应曲线

FIA检测系统是将经过流通池的待测物的某种理化特性转换为可以识别并记录的信

号，其组成与 HPLC 分析所使用的检测器类似，主要由流通池（flow-cell）、某些信号转换元件（传感器）和记录仪等组成。原子吸收和发射光谱仪、荧光光度计、电化学检测器、折光仪以及分光光度计等均用于 FIA 过程的检测，其中以分光光度计的应用最为广泛。

典型的 FIA 输出信号是一个尖形峰（图 18 - 2）。输出曲线的纵坐标表示待测物响应峰的信号强度（即峰高 h），其大小与待测物浓度成正比；横坐标为时间轴，从样品注入到出现响应峰的最高点所经历的时间称为留存时间（residence time），FIA 的留存时间一般为 5～20 s。

在 FIA 分析中，待测物随着试样带的移动，可形成中间浓度高、两端浓度低的梯度曲线，此曲线实质上是试样浓度的分布图。除 FIA 分析常使用的浓度分布曲线最高点之外，曲线其他部分还存在大量而丰富的信息。通过研究这些信息已开发了许多流动注射梯度技术，如梯度稀释、梯度校正和梯度滴定等技术。

必须注意，在形成试样浓度梯度的同时，载流或试剂在试样带中形成一种相反的浓度梯度。当载流中试剂浓度很低时，分散进入试样带中心的试剂浓度更低，此时，试样中心区域反应物产率就可能低于试样带两端，从而导致双峰的出现。当试样溶液与载流存在酸碱性差异时，由于 pH 梯度的形成，一些对 pH 变化敏感的化学反应可产生不同浓度或不同产物，也会产生双峰甚至多峰。此外，当载流中试剂浓度一定，注入样品体积过大或反应盘管长度不适当，也有可能导致双峰的出现。

当载流与注入的试样溶液之间盐类浓度差别太大，载流和试样因黏度、折射率、电导率、液接电位或吸光度等的不同或变化可能导致负峰的形成。例如，以分光光度计为检测器，当待测物浓度很低时，反应产物的光吸收可能小于载流固有的光吸收，从而出现负峰。

双峰、负峰和不规则峰的出现可以通过改变实验条件得以避免。对于双峰，可通过增加载流浓度、减小进样体积、选择适宜管长及内径、选择合适的 pH 缓冲溶液或者设计可周期性改变溶液流向的流路系统等方法减小或消除双峰。对于负峰则可以通过调节载流的离子强度、改变 pH 缓冲液组成（离子选择性电极分析）或者采用蒸馏水作载流，使试样适当稀释后，再与试剂流汇合（光度分析）等方法加以消除。最为有效的方法是使载流和试样的盐度或酸度尽可能一致，这样既可消除负峰，又可保证基线的稳定。

18.4　流动注射分析的应用

基于分析对象的性质、浓度范围、分析目的以及 FIA 系统的综合过程（物理混合、化学反应和能量转换），各国科技工作者在分析体系的选择、反应器的设计、采样 - 注样技术、分离富集技术、梯度技术、多组分同时测定方法、流路设计及集成微管道化等的研究方面取得了很大的进展，并在各分析领域得到了广泛应用。限于篇幅，本章按照

FIA 系统分散混合程度的不同，列举部分实例来说明 FIA 方法的应用。

18.4.1 低分散流动注射分析体系

当需要迅速测量试样本身性质时采用低分散度。如火焰光度法、电感耦合等离子体发射光谱法（ICP-AES）和火焰原子吸收法（FAAS）等与 FIA 联用测定试样溶液金属离子浓度，电化学方法与 FIA 联用测定 pH、pCa 值和电导等。由于不涉及化学反应，因此要求试样尽可能集中，不经稀释地流过检测器，即试样与载流的混合程度应尽可能地小。实际工作中，通过增加进样体积、减小注入点与检测器响应点之间的距离、降低泵速等措施降低试样的分散度，可获得较高的分析灵敏度。

例如，采用与图 18-2 类似的单流路 FIA-FAAS 方法测定水中 Mg^{2+} 时，可以在保持 FAAS 方法测定精度的前提下，显著地提高分析速度。通过对 FIA 系统分散度的控制等方法可以灵活地改变分析灵敏度，扩大分析的线性范围。

如果采用图 18-8 所示的合并带注样技术（此时试剂不作为载流，而是利用另外一个采样阀，将试剂直接注入到样品塞中），还可以将添加释放剂和缓冲剂等过程自动完成，从而大幅减少添加剂的用量。FIA-FAAS 方法的另一优点是，由于进样与载流的洗涤过程交替进行，即使试样盐分浓度很高，也可直接分析而不至于堵塞 FAAS 的雾化器，这在一定程度上避免了 FAAS 分析中因需稀释样品而引起的灵敏度下降。

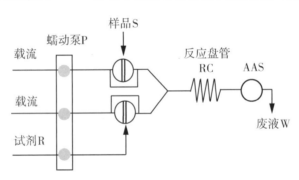

图 18-8　合并带注样 – FIA-FAAS 方法测定 Mg^{2+} 示意

18.4.2 中分散度流动注射分析体系

当试样必须与一种或几种试剂进行化学反应转化为另一种可被检测的化合物时，需采用中度分散的方法（如各种光度法与 FIA 系统的联用）。该 FIA 分析系统中，试样带在管道内运行时须与试剂适当混合，并有足够的时间进行反应、产生一定量的可以被检测的化合物。如果分散度过低，反应产物的数量达不到分析灵敏度的要求；如果分散度过高，尽管可使化学反应更充分，但同时亦可因过度稀释使测定灵敏度下降。FIA 分析中，多采用中分散度的方法。通过调节进样体积和流速、改变管长和内径等方法均可达到受控分散的目的。

18.4.2.1 试剂预混合

图 18-9 是在中分散体系下，采用分光光度法测定血清、牛奶和水中 Ca^{2+} 浓度的

FIA 流程。从图中可有，为降低分散度，作为载流的缓冲液首先与显色剂（o-cresol-phthalein complexone）在盘管 A 中进行预混合，然后再进入盘管 B 中与注入的试样发生化学反应生成可被分光光度计检测的产物。

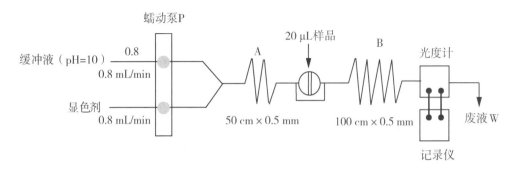

图 18-9　流动注射分光光度法测定水等样品中的 Ca^{2+} 流程

类似 FIA 方法可广泛用于海水中各种营养盐的快速分析。

18.4.2.2　FIA 分离分析技术

我们知道，溶剂萃取是对样品进行分离富集行之有效的方法之一。然而，在萃取过程中需要使用大量的有机溶剂，污染环境、影响人的健康。如将在密闭体系中进行的 FIA 技术与溶剂萃取相结合，不仅可大大减少溶剂使用量、克服了手工溶剂萃取的不足，而且也为摆脱复杂手工操作、实现自动化萃取提供了一条良好的途径。

图 18-10 是流动注射分离、分光光度测定乙酰水杨酸（阿斯匹林）中咖啡因的流程图。含有微量咖啡因的样品被注入到碱性 NaOH 载流中，样品基体（主要是乙酰水杨酸）在 R_1 管中与 NaOH 充分混合、反应后进入相混合器 T_1 中，被 $CHCl_3$ "切割"成水相和有机相互相间隔的小段（相混合）；随后，疏水性咖啡因在盘管 R_2 中，从水相转移到 $CHCl_3$（相转移）中；最后，水相和有机相进入相分离器 T_2，比重轻的水相（约65%）被泵抽出，比重较大的有机相（约35%）则进入流通池（相分离），使用分光光度计在 275 nm 波长处测定咖啡因的含量。为防止因水相污染流通池而降低两相分离效率，通常需要在相分离器通往检测器的一端使用疏水性管材并在管中插入疏水性（如特氟龙）纤维。上述相分离是利用两相的比重差实现的，实践中也有利用膜分离的技术和方法。

FIA 分离方法中，通过改变载流和有机溶剂的流速、载流 pH 以及萃取盘管的长度等实验条件可获得最佳分离效率。

18.3.2.3　停留技术

事实上，当流动完全停止时，浓度的分散过程也几乎完全停止。FIA 停留法就是在试样带进入检测器的某一时刻停泵，通过观测静态条件下反应混合物进一步反应的参数（如吸光度）随时间的变化来完成某些分析的技术。停留法可用于研究反应机理、测定反应速率以及各种慢反应体系的流动注射分析。

图 18-11 是停留法示意图。在试样带进入检测器时停泵（A 时刻），使其静止于流通池内。一定停留时间（AC 段）之后，当化学反应使记录曲线达到一定高度时（峰

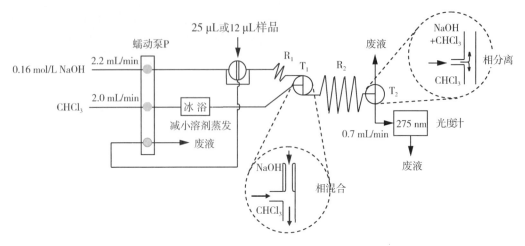

图 18-10 相分离技术流动注射测定乙酰水杨酸中的咖啡因

虚圆圈内分别为 T_1 和 T_2 的放大图；R_1 和 R_2 是内径为 0.8 mm 的特氟龙管（从样品注入点，经 R_1 到 T_1 的管长为 0.15 m，R_2 管长为 2 m）

1），再启泵将该试样带排出，进行下一个样品的分析。同样，改变停留起始时间和停留时间可得到一系列陡度不同、线性范围不同、灵敏度不同和反应速度不同的停留曲线（图中虚线是未停留的记录路径）。目前基于停留法已建立葡萄糖、尿素、乙醇以及一些活性酶的测定方法。

由于停留时机和停留时间均可精确控制，在同一停留时间内参数变化的快慢或停留期间曲线的斜率即为反应速率，因此停留法测定化学反应速率非常方便。此外，通过选择合适的停泵时机可以方便地调节试剂与试的比例，获得最佳的反应速率测定曲线，同时省去了手工配制不同浓度试剂的繁琐过程。

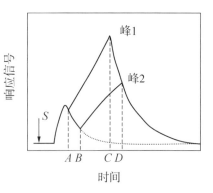

图 18-11 停留法示意

18.4.2.4 流动注射催化分析

在许多化学反应中，反应速率随催化剂浓度的改变而发生相应的、显著的变化，通过测定反应物的减少速率或产物的生成速率可间接获得催化剂的浓度。基于此原理而建立的测定催化剂含量的高灵敏方法称之为催化分析法。例如水中微量 I^- 的分析可基于 I^- 对以下反应的催化作用：

$$2Ce(Ⅳ) + As(Ⅲ) \xrightarrow{I^-} 2Ce(Ⅲ) + As(Ⅴ)$$

根据黄色的 Ce（Ⅳ）溶液在酸性条件下（1.0 mol/L H_2SO_4）还原褪色后在 312 nm 处吸光度的变化间接测量 I^-。

然而，由于常规催化分析方法操作过程繁琐，反应时间和反应过程难以准确控制，因此不易得到高度重现性的分析结果。若将 FIA 技术与常规催化分析方法相结合则可以方便地测定 I^- 催化剂含量，其分析流路如图 18-12 所示。

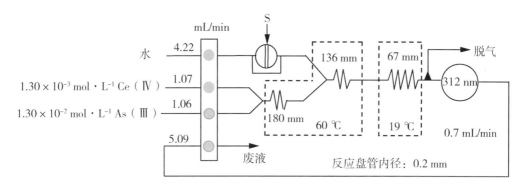

图 18-12 FIA 催化分析法测定水中微量碘的流路

该流路系统中引入了恒温和脱气装置，主要目的是提高反应速率，同时脱除可能因加热而影响检测的气泡。该方法线性分析范围为 5～50 ng·mL^{-1}，检出限为 1 ng·mL^{-1}。

18.4.3 高分散流动注射分析体系

高分散流动注射分析常用于滴定分析。该方法 FIA 响应曲线的读出信号为半峰宽而不是通常使用的峰高，其 FIA 系统与常规 FIA 系统的区别在于，进样器与检测器之间加设了一个混合室 M（mixing chamber）或细管的反应盘管（图 18-13）。首先人为地增加试样带的分散程度（$D>10$），拉长试样带浓度梯度区域，使试样带两端梯度区域内有明显的滴定终点（或等量点）。此时，试样带两端的终点之间的时间间隔 Δt 或半峰宽与被滴定试样浓度的对数成正比（图 18-14）。

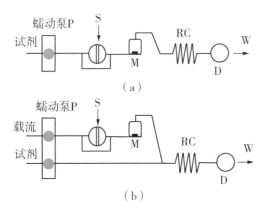

图 18-13 单、双路 FIA 滴定分析流路

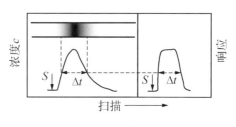

图 18-14 FIA 梯度滴定示意

应用图 18-13a 中所示的单流路 FIA 系统，以 0.001 mol/L NaOH（含 8×10^{-4} mol/L 溴百里酚兰）滴定盐酸为例。溴百里酚兰的 pKa 值为 7.1，其 pH 变色范围是 6.2～7.6。指示剂在碱性液中变蓝（$\lambda=620$ nm），在酸性液中变黄（$\lambda=435$ nm）。滴定过程如下。

定量采集 200 μL 酸试样注入含有指示剂的蓝色碱性载流（1.35 mL/min）中，进入梯度混合室（0.98 mL）中充分混合形成高分散的浓度梯度带（不是完全混合），再经反应盘管进一步反应。试样带中间区域因酸过量而显黄色，而试样带两边均存在浓度梯度（即存在不同浓度的 HCl，其中总有一个浓度的 HCl 刚好与 NaOH 完全反应），载流中指示剂颜色将发生两次突变，由蓝变黄和由黄变蓝。因此，当试样带前部终点区进入检测器（620 nm）时，吸光度信号（A）开始向上突跃；当试样中间区（黄色）流过检测器时吸光度不变，出现曲线平台；当试样带尾部终点区流过检测器时，曲线陡然下降。

如果用 NaOH 溶液滴定不同浓度的 HCl 试样（0.007～0.100 mol/L），可得到如图 18-15 所示的一系列 FIA 滴定曲线。在一定浓度范围内，以各曲线的半峰宽 Δt 对浓度的对数 $\lg c_s$ 作图，可得线性良好的标准校正曲线；当采用图 18-13b 中所示的双流路 FIA 系统，所获得的滴定曲线与图 18-15 相似，但其校正曲线的线性范围更宽。

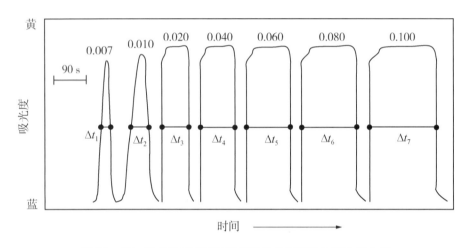

图 18-15　NaOH 滴定不同浓度的 HCl 的流动注射响应曲线

习题

1. 简述流动注射分析方法的工作原理。
2. 分散度是如何定义的？影响分散度的因素是什么？
3. 为什么流动注射分析可以在物理和化学不平衡的状态下进行精确的分析测定？
4. 火焰原子吸收光谱法中采用流动注射进样有哪些优点？

第 19 章 海流观测技术与仪器

海流是指海水大规模相对稳定的流动,是海水重要的普遍运动形式之一,也海洋动力环境的基本要素。海流的观测包括流速和流向两个要素。流速是指单位时间内海水流动的距离,单位为米每秒或厘米每秒,记为 m/s 或 cm/s,在观测中通常又分为东分量和北分量两个水平分量,以及一个垂向分量;流向是指海水流去的方向,以地理方位角表示,单位为度(°),正北为 0°,正东为 90°。

出于航海的需要,17 世纪已开始用漂流法测量海流。18 世纪开始出现简单的测流仪器。第一次世界大战后,出于军事上的需要,海流调查转向在特定海区进行系统地专门调查,采用定点测流的方法逐渐增多。第二次世界大战后,海流测量逐渐向深海远洋发展,尤其 20 世纪 50 年代以来,海流观测技术迅速发展。如今,海流测量的方法和设备更是多种多样。

根据测量原理可分为漂浮式、机械式、电磁式和声学式等;根据测量方法可分为漂流法、定点法、走航法和遥感法;根据测量维度可分为二维海流计和三维海流计;根据测量范围可分为单点海流计、海流剖面仪等。本章根据仪器的工作原理,将海流测量仪器分为漂浮式、机械式、电磁式、声学式和其他类型进行叙述,如图 19-1 所示。

19.1 漂浮式海流计

漂流法是一种传统的海流测量方法,17 世纪已开始使用。该方法是以漂浮物体在一定时间内的位移来确定海流的流速和流向。早期主要用漂流瓶作为漂移物,也有利用^{32}P 测表层流、^{14}C 测深层流的放射性同位素示踪跟踪海流的方法。随着海洋调查、环境监测、气象预报和科学实验的需要以及技术的进步,测量工具由漂流瓶逐渐发展成为各种漂流型浮标。

20 世纪 50 年代中期,美国人首先研制成功可下放到任意深度的中性浮标。这是一种在预定水层呈中性浮力的水下漂流浮标,它使漂流法的运用不再局限于海表。中性浮标可自动跟踪海流,并利用飞机测定其位置,主要用于测定深层的海洋环境参数。

漂流型浮标真正成为海洋水文观测工具是在 70 年代以后,浮标本身已不再是单一要素的测量设备,而是成为了一种综合的观测平台,可自动连续采集海洋水文气象数据,具有定位和传输数据的功能。其定位方式多样,可在浮标上直接加装 GPS 接收机,通过无线方式将浮标的位置传输给测量者,亦可采用雷达跟踪定位、航空摄影定位、遥

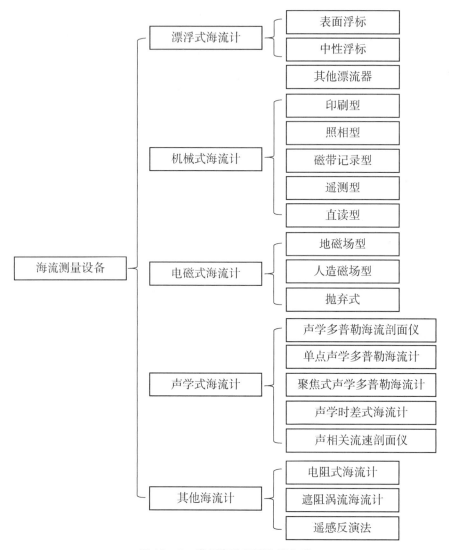

图 19-1 常用海流观测仪器分类

感影像定位和卫星网络定位等方法，具有较高的可靠性、数据接收率和定位精度。

19.1.1 工作原理及构成

漂流法测量海流是以拉格朗日法为基础，使漂移物随海流一起运动，通过记录其空间和时间位置，计算海流的流速和流向。这一方法的关键是确定漂移物在不同时刻的位置。

早期的漂移物通常选取船体本身或海上的漂移物体，利用船只跟踪漂浮物，并用 GPS 等设备对船进行定位，从而测定漂浮物的位置。随着科技的进步，漂流法在技术上发生重大变革。漂移物逐渐发展成为特制的各种浮标，如测量海水表层流的表面浮标、测量海面以下不同深度海流的中性浮标、及各种小型漂流器等。

中性浮标可下放到任意深度，其原理是：浮标体的比重与观测层海水的比重接近一致，使浮标可悬浮于同流层，并随同流层水体运动。工作时，首先将中性浮标布放到设定深度的水层，随该层海流漂移并发射声讯号，然后用基线定位声呐对浮标进行定位，从而推算海流。中性浮标一直处于水下，因此只能用水声通信和定位系统对浮标进行定位和发送/接收数据。这种浮标只能在水声定位和通信所能及的范围内作业，不能在全球海域使用，且支持系统昂贵。

20世纪80年代末出现的自持式拉格朗日环流探测器，按时序控制，在水下定深层随流漂移，到达预定时间时，探测器（浮标）自动上浮；到达海面后，用卫星系统进行定位和传输数据，然后再开始新的过程（图19-2）。

浮标在水中通过不改变其自身质量，而改变自身体积，来实现上浮和下沉。国际通用的结构是在浮标底部安装气囊（图19-3），通过柱塞泵向其泵入和抽出液压油来改变气囊体积，从而改变浮标的体积，完成浮标的上浮、下沉。下潜时，浮标经过一段很短的加速运动后，很快进入匀速运动状态，其速度是重力、浮力和阻力三者的合力为零时的极限速度。定深控制本质上是零净浮力控制，即浮标处于重

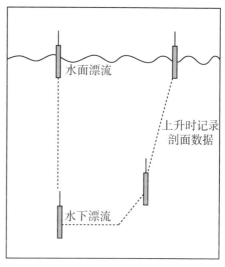

图19-2 漂流型浮标工作过程示意

力和浮力平衡的中性状态，此时垂向速度为零，垂向运动阻力为零，浮标随流漂移。实现定深控制要计算并通过实际测量，确定下潜的极限速度，根据已知的现场密度计算浮力，在大深度漂移时还要考虑浮标体受压以后的体积缩小和温度变化引起的体积变化。

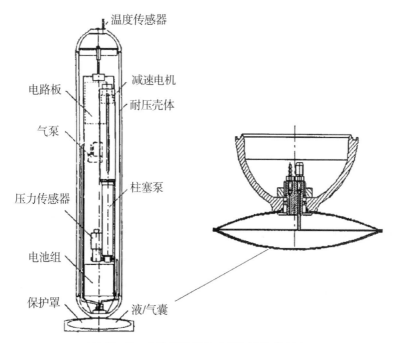

图19-3 中性浮标及其底部气囊结构示意

这种浮标对水声定位系统而言是自持的，它摆脱了声学定位系统的制约，适用于卫星定位和通信所能覆盖的所有海域。给出的数据是环境参数随深度的变化，通过计算可得到参考流速。可全天候、全天时在水下进行连续4～5年的剖面观测，循环次数取决于完成一个剖面循环探测的实际能耗。

19.1.2 特点及应用

虽然漂浮式海流计存在测量精度不高、误差无法计算，且一般不能收回等问题，但其具备全天候、全天时收集海洋环境资料的能力，并能够实现数据的自动采集、标示和发送，可获得大面积海流分布资料，且适用范围广，不受天气条件限制，可在海洋中连续工作几个月至几年，适用于大面积海域调查。此外，由于这种浮标随流漂移，并在水下隐蔽观测，在军事上更有极重要的价值。

19.2 机械式海流计

机械式海流计出现的时间较早，主要根据旋桨或叶轮被水流推动的转数而间接测得流速，曾是20世纪海洋观测的主要设备。

最早的机械式海流计1905年由瑞典的物理海洋学家厄克曼（V. W. Ekman）发明，故又被称为"厄克曼海流计"。20世纪60年代初，出现萨沃纽斯转子海流计，自此机械海流计进入了快速发展时期。70年代末，挪威研制了著名的转子式机械海流计，即"安德拉海流计"，经多次升级改良，精度显著提高，代表了机械海流计的发展水平。

我国的机械式海流计研发始于1958年国务院科学规划委员会海洋组领导的中国近海海洋综合调查。为满足海洋普查的需要，制造了厄克曼海流计。60年代中期和70年代初，我国经历了第一次和第二次全国海洋仪器大会战，成立了国家海洋局海洋技术研究所（今国家海洋技术中心）、青岛仪器仪表研究所（今山东省科学院海洋仪器仪表研究所）等海洋仪器研发机构，促进了机械海流计的进一步发展。80年代以来，我国机械海流计的技术逐渐成熟，多个科研机构都研制了各自的机械海流计，其中1993年研制的SLC9-2型机械海流计代表了当前国内机械海流计的发展水平，至今仍被广泛使用。

19.2.1 工作原理及构成

最早的厄克曼海流计根据单位时间内的螺旋桨转数和仪器在水流中相对磁子午线的位置之间的相互关系来确定流速和流向，如图19-4。该仪器主要由轭架、螺旋桨、离合器、计数器、流向盒及尾舵等部件构成。

仪器机构安装在可绕垂直轴自由旋转的框架

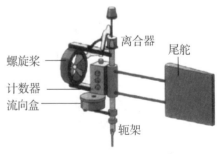

图19-4 厄克曼海流计结构

内，框架的两个悬臂上安装有螺旋桨防护圈。螺旋桨为一安装有4个叶片的管状轴，该轴经涡杆与转数计数器涡轮相连。在使锤的作用下，离合器使计数器的齿轮和旋桨轴的涡杆接触或分离，水流推动旋桨转动，计数器记录旋桨旋转次数，得出海流速度。罗盘盒内有36个小扇形舱格，每格为10°，盒内磁针指示磁子午线方向。当计数器齿轮转动时，弹腔管内的小金属球通过罗盘盒盖上的弹孔和输弹管，沿磁针背上的倾斜沟道落入此时位于磁针北端下的舱格内，根据流向盒内的小球的位置来确定流向。

20世纪20年代，萨沃纽斯（S. J. Savonius）发明了萨沃纽斯转子（图19-5），这是一种新型的垂直轴转子，此种形态减小了过去水平轴转子的测值误差，并可测弱流，成为测流仪器中机械转子的重大革新，使测流仪器的发展向前大大地推进了一步。

（a）旋浆式转子　　（b）旋杯式转子　　（c）萨沃纽斯转子　　（d）螺旋推进器式转子

图19-5　几种不同的转子

随着海流计向电子化方向发展，针对记录部分有许多改进。主要是将机械转动转变为电脉冲，不同的脉冲密度及位置对应不同的流速和流向，输出信号通过电缆可直接作用于船上的二次仪表，生成直读数据；或作用于自记系统，生成自容数据；或经过调制发射系统发射至岸基并记录。因此，根据记录部分的特点，又可将机械旋桨式海流计分为印刷型、照相型、磁带记录型、遥测型和直读型等。其中直读型海流计至今仍被广泛应用。

直读型海流计系船用定点观测海流仪器，在甲板单元的显示器上直接读取数据。如图19-6，仪器由螺旋桨、导流罩、流速发讯器、流速接收器、吊架、双垂直和双水平尾翼、插座、数据终端等组成。流速由螺旋桨感应，旋桨正面迎流，充分体现了标准极

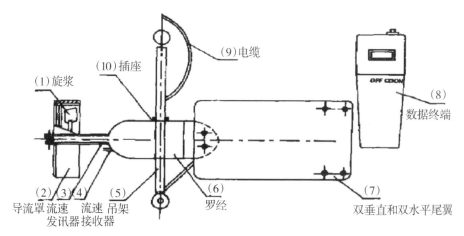

图19-6　直读海流计结构示意

坐标型海流计的要求。由于采用了双垂直和双水平尾翼，可以保证仪器在测量范围内始终处于水平状态。流向由磁罗盘感应测定，数据终端处理采用单片微机系统。

19.2.2 特点及应用

机械式海流计以其性能可靠、结构简单、使用方便、价格低廉、使用深度和天气不受限制等优点，在早期测量中得到了广泛的应用。在100多年的发展过程中，机械式海流计有了明显的改进。早期的厄克曼海流计结构简单、便于使用，但由于记录方式落后，存在资料的连续性差、操作和整理资料烦琐、效率低等缺点。自记型海流计则基本克服了厄克曼型海流计的缺点，操作和资料整理都比较方便迅速，最重要的优点是资料的连续性好。由于工作时无需看管，减少了所需的人力。其主要缺点是仪器的工作情况没有指示系统，往往因故障而中断工作但又不能被及时发现。直读型海流计的优点是仪器轻便、可靠、直读、自记兼顾，取得资料方便迅速，更便于及时了解仪器的工作情况。

机械式海流计也存在以下明显的不足：

（1）由于原理的限制，只能定点观测某一深度，无法测量整个垂线上的流速，在进行多层同步测流时，需要的仪器数量较多。

（2）由于螺旋桨存在阻尼，故需要一个最小起动流速，且低流速下转子或旋桨会停转，因此测量低流速时存在较大误差，整体而言测量精度不高。

（3）仪器直接接触测量水流，会对流场造成一定的干扰。

（4）无法测量三维流速和快速变化的湍流。

（5）多数仪器使用磁罗盘测量流向，因而在靠近表层时易受铁船的影响，有时甚至会出现相反的结果。

（6）由于船在深海抛锚相对困难，故此类仪器在深海的使用具有一定的局限性。

（7）仪器的运动部件在海水中更易发生锈蚀、卡死等故障。

（8）使用深度较大时需注意电缆的布放和保护。

随着声学式测流仪器的推广应用，机械海流计不再是主流的测流仪器，关于它的研究也逐渐减少，但目前仍被应用于水文测量中对流速测量精度要求不高的场合。在科研方面，机械海流计也被用于声多普勒流速剖面仪等其他类型测流仪器的标定。

19.3 电磁式海流计

电磁式海流计的理论基础是法拉第在1832年提出的电磁感应理论。Young、Gerrard和Jevons在1918年的海试中发现海水在地磁场中运动会产生电磁干扰，不久又设计实验验证了流速和感应电动势之间的定量关系。这一现象迅速引起了人们的关注。美国伍兹霍尔海洋研究所自1946年开始研制电磁海流计，并于1948年正式制成，1950年前后，开始在一些舰艇上正式使用，并在短期内在其他国家得到推广。1957—1958年国际地球物理年中电磁式海流计正式被列为海洋调查用仪器。

但由于地磁场强度较弱，因此，更多的研究人员利用人工交变磁场来测量海水流速，并取得了成功。20 世纪 60 年代末，美国成功研制人造磁场的电磁海流计，为电磁感应技术测流增添了新的方法，其中，1983 年研制的 S4 型电磁海流计是目前世界上使用最广泛的电磁海流计。

我国对电磁海流计的研究始于 20 世纪六七十年代。经过两次全国海洋仪器大会战，研制出了电磁海流计，并用于第二次太平洋调查和其他海洋调查，是当时我国大洋走航测表层流的唯一仪器。虽然 80 年代后期以来国内关于电磁海流计的研究成果很少，但电磁海流计仍被我国科研工作者广泛采用。

19.3.1 工作原理及构成

电磁海流计应用法拉第电磁感应原理，流动海水因切割地磁场，会产生一个瞬时感生电动势，该电动势的大小与海流流速呈线性关系。通过测量海水感生电动势的大小可获得海水流速信息。

19.3.1.1 地磁场电磁海流计

早期的电磁海流计直接利用地磁场，仪器工作原理如图 19 – 7 所示。测船拖着传感器在海面上沿"之"字航行，垂直于航向的海流分量 u 或 v，以同样的分量速度推动着测船和船后拖曳的电缆侧向运动。

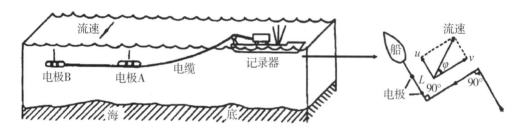

图 19 – 7 地磁场电磁海流计工作原理示意

19.3.1.2 人造磁场电磁海流计

直接利用地磁场的海流计不能在低纬度海域使用，也容易受环境磁场干扰导致误差很大，有时可达 15%。20 世纪 60 年代末，在天然磁场电磁海流计的基础上发展了人工磁场电磁海流计，通过仪器自身产生的磁场来克服地磁场电磁海流计的缺陷。电极之间的距离很小，安装两对电极可同时测取二维流。

以 S4 型电磁海流计为例，如图 19 – 8 所示，该仪器的外壳是一个直径为 25 cm 的高强度的环氧树脂玻璃钢球体，壳体表面的经线方向呈沟槽状，在流场中能削弱尾流的影响，具有稳定的流体动力

图 19 – 8 S4 型电磁海流计

学特性和较好的流线性。流速传感器由两对钛电极组成，对称地安装在壳体的四周。当海水流过仪器时产生电磁场，即产生一个正比于流速大小的电压，此电压被钛电极所感应。流向的测量采用磁通门罗盘。所有电路都密封在球形壳休里。观测数据存储在固态存贮器内，通过 RS232 端口与外部计算机、记录器或其他存储装置相连接。

19.3.1.3 抛弃式电磁海流剖面测量仪

抛弃式海流剖面测量仪（expendable current profiler，XCP）是一次性使用的海流剖面观测仪器，可低价、快速地获取海水流速剖面参数。其搭载平台有飞机、舰船、潜艇三类，工作时将装有 XCP 探头抛入水中。地磁场感生电动势通过 XCP 探头携带的电极测量得到；水深参数由探头下降速度和下降时间计算得出。采集到的信号由天线以无线通讯方式传送回接收平台。需要说明的是，由于 XCP 流速测量与地磁场垂直分量密切相关，而地磁场垂直分量沿纬度变化，因此，流速测量精度与地磁场分布有关。

19.3.2 特点及应用

电磁海流计水下部分结构简单，没有机械磨损部件，对海水中的微粒不敏感，故具有性能可靠、鲁棒性好等突出优点，能够在航行中进行大面积连续测量，可测量海流运动过程，并进行自动记录。

以 S4 型为例，电磁式海流计具备如下特点。

（1）球体外壳本身就是一个测流传感器，壳体上没有凸出的部分，也没有机械式海流计的机械运动部件及相应的支持机构，对海水的流线谱不会产生影响，且受到的阻力小，不必担心被损坏。

（2）收取资料时无须将壳体打开，避免了采用磁带方式记录时因更换磁带而遗失数据，省去了昂贵的磁带读出器和大量的磁带或者记录纸卷，同时也大大提高了仪器的可靠性，延长了使用寿命。

但电磁式海流计也存在以下明显不足：

（1）传感器结构影响被测流场，海水中存在的电磁干扰和海水电导率的变化会导致测得的电压产生零漂，故电磁海流计测流精度不高。

（2）零点和测值容易浮移，使用前需进行校准，操作较繁琐。

（3）研究表明，电磁海流计在 5～20 Hz 的低频宏观湍流中频率响应良好，但在大湍流强度的环境中测量误差较大，故适用于测量表面波控碎波区和内陆架等环境中的流速，不适用于近底浅水环境和近岸沉积物运输等大湍流强度场合的流速测量。

（4）受船磁影响较大。

（5）电极固有电位漂移较大，影响长期观察的精度。

（6）观测资料较繁琐，整理困难。

（7）早期使用天然磁场的海流计时，船体在水中需以"S"形前进，且由于其利用地磁场进行测量，故无法在赤道及低纬度地区使用。

XCP 可在任何天气条件下提供实时流速、方向、温度以及深度（可达 1 500 m）的测量仪，十分合适快速测量。它消除了以往仪器可能丢失重要测量系统设备的问题，无需投送器，可由人在任何船舶表面完成部署，也可由具备声纳浮标结构的飞机投送。仪器的工作范围很大，可以满足一般使用需求。此外，该仪器不主动释放声频信号，可为军事海上活动有效、便捷机动地提供海洋环境参数。

XCP 的使用也存在一定的局限性：测量是一种相对测量，只有在深水各层流速很小的时候（如在大洋中），深层平均流速接近于零，XCP 所测得的量才可被近似地认为是绝对流速；此外，由于在赤道附近地磁场垂直分量很微弱，所以，XCP 不适于工作在赤道附近。

19.4 声学式海流计

国外对声学测流技术的研究比较早。1963 年，美国迈阿密大学的 Koczy 等人首先提出用声学多普勒技术测量流速的设想。20 世纪 60 年代末到 70 年代初，美国白橡树海军武器实验室、切萨皮克湾（ChesapeakeBay）研究所、国家海洋调查局工程开发实验室等都开展了声学测流技术的研究。虽然与前三类海流计相比，声学海流计的出现较晚，但其发展较快，已成为目前应用最广泛的流速测量仪器。

相比其他海流计，声学式海流计在海流观测方面具备明显的优势：①无摩擦和滞后现象，测量时感应时间快，测量精度高，可测弱流、顺势流。②线性、无机械惯性、声束可自动校准。③仪器无活动部件，不存在机械磨损，可靠性高。但声学式海流计多存在一定的测量盲区。此外，由于声学式海流计是通过测量散射体的速度测海水流速的，故只能用于测量散射体浓度高于一定值海域的流速，在散射体浓度过低的海水中无法应用。

声学海流计按照测量原理可划分为声学多普勒海流剖面仪、单点声学多普勒海流计、聚焦式声学海流计和声学时差式海流计等；按其声路系统可划分为一维、二维和三维海流计。

19.4.1 声学多普勒海流剖面仪

声学多普勒海流剖面仪（acoustic doppler current profilers，ADCP）是在多普勒效应（Doppler effect）基础之上工作的。1976 年，美国首先研制出世界上第一台真正意义上的商用多普勒剖面海流仪——300 kHz 的 ADCP-4400 窄带 ADCP。从此，ADCP 走向成熟，多普勒测流技术进入商业化研究阶段。20 世纪 80 年代中期，多国的海洋仪器生产公司相继推出了多频率、多种类、成熟的商品化窄带 ADCP。

由于窄带 ADCP 只能发射简单脉冲且带宽很窄，应用有局限性，90 年代初各大海洋仪器公司和科研机构开始研究宽带多普勒测流技术。宽带 ADCP 能够发射复杂的超声波脉冲串，提高了流速测量范围和测量精度。为了进一步增大 ADCP 的作用距离，又研制出低频率的宽带相控阵 ADCP，使声学换能器体积与重量减为常规换能器的 1/10 左右。此外，为提高流速测量的效率，研制了走航式 ADCP，能够在行船过程中高效地测出大面积海域的流场。近年来，ADCP 呈现出专用化、系列化、布放形式多样化的特点。

我国在 20 世纪 70 年代海洋仪器会战时期就已经开始立题研究 ADCP，先后研制出多种样机，并于近年生产出商业化产品。

19.4.1.1 工作原理及构成

（1）仪器结构。如图 19-9 和图 19-10，声学多普勒海流剖面仪通常由声学换能器（分为四波束和三波束）、电池仓（内置/外置）、后盖等构成，尺寸、重量、体积小，便于使用和搬运。

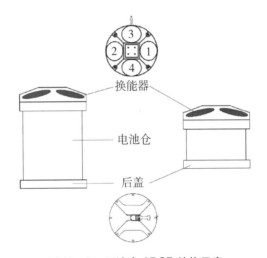

图 19-9 四波束 ADCP 结构示意

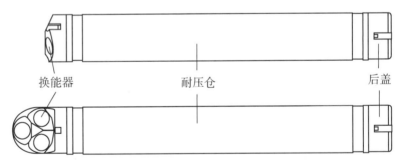

图 19-10 三波束 ADCP 结构示意

（2）工作原理。

1）多普勒效应。多普勒效应是由奥地利物理学家及数学家克里斯琴·约翰·多普勒（Christian Johann Doppler）于 1842 年首先提出的。主要内容为物体辐射的波长因为波源和观测者的相对运动而产生变化（图 19-11）。在运动的波源前面，波被压缩，波长变得较短，频率变得较高（即蓝移，blue shift）；在运动的波源后面时，会产生相反的效应（即红移，red shift）。根据波红（蓝）移的程度，可以计算出波源循着观测方向运动的速度。多普勒效应造成的发射和接收的频率之差称为多普勒频移，它揭示了波的属性在运动中发生变化的规律。多普勒效应不仅应用于声波，也应用于所有类型的波，如电磁波。

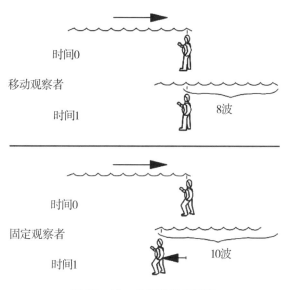

图 19-11　多普勒效应示意

2）ADCP 测流原理。水体中的散射体（如浮游生物、气泡等）随水体而流动，其速度即代表水流速度。工作时仪器通过换能器垂直向水中发射一定频率的声波脉冲信号（图 19-12），这些脉冲遇到水中的散射体发生反射（图 19-13）。根据多普勒原理，当散射体有相对运动，发射声波与散射回波频率之间就存在多普勒频移，这取决于散射体的运动速度。

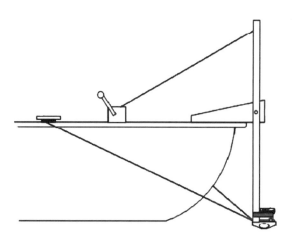

图 19-12　ADCP 船载安装方式示意

ADCP 换能器既是发射器又是接收器，它从根本上摆脱了机械式仪器的测验原理。每个换能器轴线构成一个波束坐标，每个换能器测的流速是沿其波束坐标方向的流速，任意三个换能器轴线组成一组相互独立的空间波束坐标系。此外，ADCP 有其自身的坐标系（称为局部坐标系）：$X-Y-Z$（Z 方向与 ADCP 轴线方向一致）。

ADCP 工作时，换能器接收每个波束的频移信号，并利用矢量合成方法将信号处理

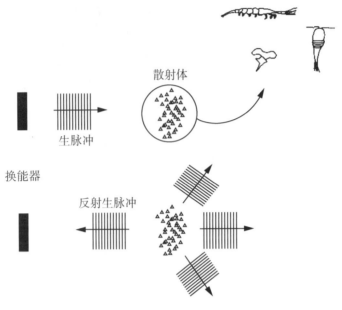

图 19-13 声波在水中的传播

后转换成沿波束方向的独立流速分量,再把波束坐标系的流速转换为局部坐标系的三维流速;最后与另外提供的ADCP安装角度,罗盘提供的船的航向,姿态仪提供的纵摇和横摇数据结合,将局部坐标系的流速转换为地球坐标系下的三维流速矢量——东向、北向和垂向分量。

3)底跟踪功能。由海底的回波测量海底相对于ADCP的运动,该功能称为底跟踪功能。如海底无推移质运动,则底跟踪测得速度即为船速。具备底跟踪功能的ADCP可以排除船速而得到水流的运动速度,因此可用于走航测量,即在行船过程中测量海流。

4)盲区。ADCP的换能器既是发射器也是接收器,两功能交替。当压电陶瓷片受交流电激励产生振动发射声波后,压电陶瓷片会产生余震,待余震衰减后压电陶瓷片才能够正常接收回波信号。余震衰减需要一定时间,这个时间乘以声速即为ADCP的盲区。在靠近换能器一定的距离内,不能提供有效测量数据,这段距离即为ADCP测量的盲区。

19.4.1.2 特点及应用

漂浮式、机械式和电磁式海流计只能对海洋中的某一点位置的海流进行观测。若要对从海面到海底所有剖面的海流进行精细测量,则需要将多台海流计悬挂在一个锚定浮标或潜标上同时进行工作,增加了测量工作的成本和作业难度。声学多普勒海流剖面仪的出现较好地解决了这一问题。3台ADCP可实现若干台传统海流计的功能(图19-14)。

ADCP的特点:①ADCP工作时不直接接触被测水体,对被测验流场不产生扰动。②能一次性测得一个剖面上若干层流速的三维分量和绝对方向,具有省时、高分辨率、高精度、信息完整、低能耗的特点,尤其适合于流态复杂条件下的测验。③它可进行流速流向的三维测量。④能够自动消除环境因素影响,并自动剔除质量欠佳的数据。⑤能获取悬移物的浓度剖面,为计算输沙率、研究泥沙运移规律提供可靠的数据来源。⑥能

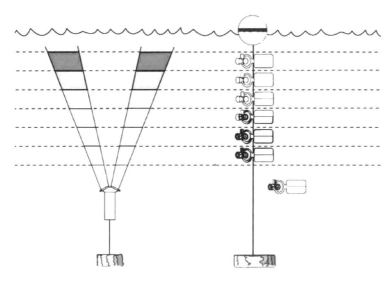

图 19-14　ADCP（左）与传统机械式海流计（右）对比

测得水底卵石间的过隙流量，这是传统测流无法做到的。

ADCP 测流是一种动态测流法，与传统流速仪相比，ADCP 数据采集方法在自然环境复杂、宽断面、大流量的数据采集作业中尤能显示其优越性，减轻了传统工作的劳动强度，增加了数据的安全性。因此，它一出现就得到海洋学界的高度重视，认为它应用多普勒原理揭示了海流的时空分布特征，能描述流体质点运动状态。这促进了研究者对海流和海浪的研究。

ADCP 的使用也具有一定的局限性：①根据测流原理，要求四个波束所照射的水层流速和流向必须相同，因而对中小尺度涡流的测量存在较大误差。②ADCP 不能很好地测量近底海流，主要原因是 ADCP 的四个发射波束向海底垂直发射声波，而海底对声波的反射强度远高于海水对声波的反射强度，且直达海底的反射信号与近底海水的反射信号几乎同时到达 ADCP 的换能器阵。③仪器内置罗经易受影响，若使用铁船进行观测，需将仪器伸出船体之外一段距离方能降低船体对仪器罗经的影响。

19.4.2　单点声学多普勒海流计

单点声学多普勒海流计也是基于声学多普勒测流技术发展而来的，安装在浮标、潜标、锚定的船等海洋测量平台上，用于定点测量海水流速，频率响应特性好，采样频率高。

单点声学多普勒海流计利用声波在海水中的体积混响和反射信号的多普勒频移来测量流速。仪器通常采用四波束或三波束进行测量（图 19-15 至图 19-17），向水平方向发射声脉冲，通过内置电子罗盘和倾斜传感器获取准确的流速分量。仪器整体无移动部件，无需标定，没有随时间的零点漂移。适合于定点锚系观测，数据可实时传输或自容式存储。

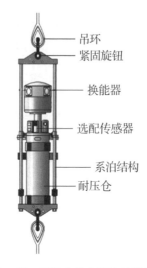

图19-15　四波束单点海流计结构示意

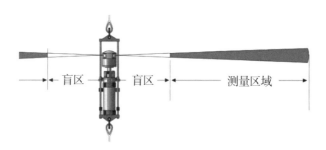

图19-16　四波束单点海流计工作原理示意

19.4.3　聚焦式声学海流计

聚焦式声学海流计（acoustic doppler velocimeters，ADV）是近年来发展起来的一种新型声学海流计。该种仪器最初是由美国陆军工程兵团水道实验室设计制造的，如今已发展成为水利及海洋实验室的标准流速测量仪器，多安装在浮标、潜标、锚定的船、座底三角架等海洋测量平台上，用于定点测量海水流速。

19.4.3.1　工作原理及构成

聚焦式声学海流计也是基于声学多普勒测流技术发展而来的。它以很高的采样频率测量一个很小体积的点的流速，其结构和工作原理如图19-18所示。仪器工作时，由换能器A垂直于仪器坐标系发射一个波束宽度很窄的高频短脉冲信号，该信号被水体散射后由B、C、D三个换能器接收，通过解算3个接收信号的多普勒频偏来计算海流的流速和流向。

19.4.3.2　特点及应用

聚焦式声学海流计的频率响应特性很好，其最大特点是采样频率高，最高可达64 Hz，因而能对近底流进行非常精细的测量，特别适用于测量快速变化的湍流。由于采用声波遥测，仪器本身不会引起海流场的改变。

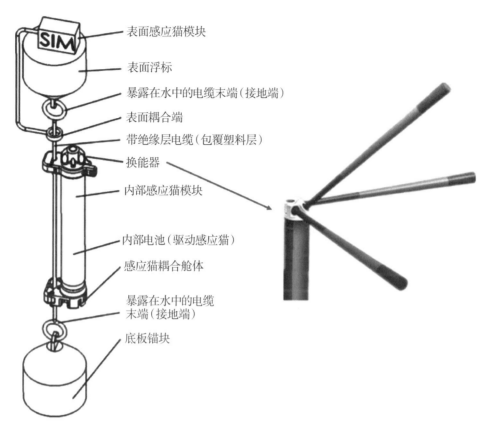

图 19-17　三波束单点海流计结构及工作原理示意

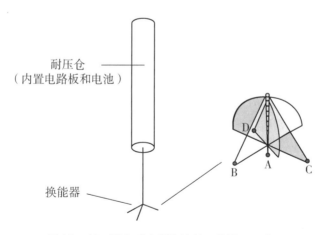

图 19-18　聚焦式声学海流计工作原理示意

19.4.4　声学时差式海流计

对声学时差法测流技术的研究开始于 20 世纪 70 年代。1975 年，Gytre 和 Trygve 提出用声学时差法测量流速可以达到很高的精度。1977 年，Woods Hole 海洋研究所的 A. J. Williams 将声学时差传感器搭载在自由落体探头上，用于测量水平速度的垂直剪切。90 年代后期逐渐形成商业化的的时间差海流计。

我国对声学时差海流计的研究较少，国家海洋局海洋技术研究所（今国家海洋技术中心）于 20 世纪 80 年代成功研制出基于时差法的声学矢量平均海流计，安装在资料浮标上用于测表层流圈，但至今并没有出现商业化的时差海流计产品。

19.4.4.1　工作原理及构成

如图 19-19，声学时间差海流计装配有两对正交的换能器构成仪器坐标系，分别测量海流在仪器坐标系上的投影分量，然后通过矢量合成计算海流的流速和流向。仪器坐标系与大地坐标系的夹角通过电子罗盘测量，最后得到大地坐标系的海流流速和流向。

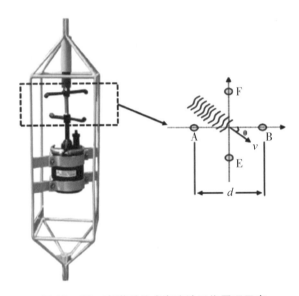

图 19-19　声学时差式海流计工作原理示意

A、B 换能器的间距为 d，海流速度为 v，流向与仪器坐标系的夹角为 θ，声速为 c。A、B 换能器同时发射相同声波脉冲，并接收对方的声脉冲信号，则声波从 A 换能器传播到 B 换能器的时间 t_{AB} 与声波从 B 换能器到 A 换能器的时间 t_{BA} 分别为

$$t_{AB} = \frac{d}{c + v\cos\theta}, \quad t_{BA} = \frac{d}{c - v\cos\theta} \tag{19-1}$$

则

$$v\cos\theta = \frac{(t_{BA} - t_{AB})(c^2 - v^2\cos^2\theta)}{2d} \approx \frac{(t_{BA} - t_{AB})c^2}{2d} \tag{19-2}$$

同理

$$v\sin\theta \approx \frac{(t_{EF} - t_{FE})c^2}{2d} \tag{19-3}$$

因此

$$\theta \approx \tan^{-1}\frac{t_{EF} - t_{FE}}{t_{BA} - t_{AB}} \tag{19-4}$$

由此可见，这种声学海流计的关键是精确测量两对换能器之间声波传播的时间差，通常采用锁相环频率计数法和相位差测量法来精确得到。

19.4.4.2 特点及应用

声学时差海流计频率响应好、无测量死区、对气泡不敏感,能够测量三维流速,特别适用于湍流、低速流、纯净流、碎波区的流速测量。虽然也存在扰流问题,但在测流时舍弃了受干扰最大的测量声轴,因此仍有很高的测流精度。此外,仪器无活动部件,性能可靠。

19.4.5 声相关流速剖面仪

声相关流速剖面仪(ACCP)出现于 20 世纪 90 年代初,是在声相关计程仪(ACL)的基础上发展起来的一种新型声学测流仪器。

70 年代后期,Dickey 和 Edward 提出了声相关测速理论,并用于测量船相对于海底的速度。美国于 90 年代首先成功研制出频率 75 kHz 剖面深度为 400 m 的 ACCP 样机,在海试中与 ADCP 比测结果一致,后又研制成功频率 22 kHz、剖面深度为 1 000 m 的大深度 ACCP。我国 ACCP 产品开发的第一阶段始于 90 年代前期,中国科学院声学所开展了声相关测流速理论研究,并研制 75 kHz 的 ACCP 原理样机。

目前,ACCP 技术尚出于发展之中,未形成成熟的产品。美国的 ACCP 样机进行了多次海试,并被海军采用,获得了良好结果。

19.4.5.1 工作原理

ACCP 是在 ADCP 和 ACL 的基础上发展起来的,宽带 ADCP 是 ACCP 的主要技术基础。但 ACCP 在测量对象、测量原理和结构上与 ADCP 和 ACL 有所不同。ACCP 对宽波束内的回波进行时空相关处理,根据波形不变性原理估计流速值。美国 ACCP 样机的换能器阵为奇异阵,采用最大似然法求解流场分布,其理论基础是声呐阵时空相关函数理论公式。

19.4.5.2 特点与应用

与 ADCP 相比,ACCP 使用更小、更轻、更廉价的换能器阵测量更大剖面深度的流场,在低频、大深度工作时,换能器阵的尺寸仍然较小,因此,非常适用于大深度流场的测量和潜艇的深水远程导航。ACCP 是海洋高技术的前沿研究课题,对海洋科学研究和海军装备技术发展有重要意义。

19.5 其他类型海流计或海流观测方法

19.5.1 电阻式海流计

利用海流对热敏电阻丝的降温作用来测量海流,其优点是可测瞬时流、低速流,精度较高,可进行遥测。

19.5.2 遮阻涡流海流计

当一扁平的或薄圆筒形物体置于流场中时,会产生稳定的海水涡动,使其雷诺数规则地在一定范围内变化。在所需要的流速范围内，其变化频率直接正比于自由状态流速的大小。用声学方法测出涡流的频率，并根据其频率与流速成正比、与圆柱杆直径成反比的关系得出流速值。

19.5.3 遥感反演法

使用遥感反演法可以分辨海流，如应用高频地波雷达等进行表层海流的反演等。其中应用较广的方法是通过跟踪红外图像温度的移动来得到海流，这种方法被称为最大相关系数特征量跟踪法（MCC法）。MCC法反演海表面流适合用来研究大范围的海洋变化。该方法具有以下特点。

（1）由于遥感影像资料具有重复观测周期短、覆盖范围大、资料容易获取等优点，故MCC方法具有较高的实用性。

（2）MCC法选取的示踪物多样化，不仅局限于海表温度（SST），还有叶绿素浓度等。

（3）MCC方法很难反演得到海洋锋、中尺度涡附近的流场。

（4）该方法需要连续时间，且空间分辨率高的卫星影像。

（5）无论是以SST，还是水色要素浓度为示踪物，都只能得到晴空区结果，即使晴空区也会出现无法反演的现象。

19.6　海流观测仪器的发展趋势

测流仪器发展至今，已实现了标准化、系列化和专业化。各类海流计各具特色，都有各自的特点和适用场合：①从测流精度方面看，声学海流计的精度远高于机械海流计和电磁海流计，声学多普勒海流计与时差海流计精度相当。②从测量效率方面看，声学多普勒海流剖面仪的观测效率最高。③从适用海域方面看，声学多普勒海流计在散射体浓度过低的海域中无法使用，声学时差海流计却不受此限制。④从适用深度方面看，电磁海流计在表面边界层海流观测中表现良好。⑤从成本方面看，机械海流计价格低，在测流精度要求不高的场合有优势。

总体来讲，各类海流计都有其优缺点。未来海流计发展将呈现以下特点。

（1）未来的海流测量仍会保持以声学式海流计为主、多种类型海流计并存的局面，声学多普勒测流技术仍将是国内外流速测量领域研究的热点。

（2）海流计发展将呈现专用化。声学多普勒海流计正向专用化方向发展，针对油气开发、海洋渔业、近岸海洋工程、可再生能源、导航安全、河流水文监测等应用设计专用海流计。

（3）仪器体积将逐渐小型化。海流计通常作为一个独立的仪器外挂在海洋测流平台上，若能将其简化成一个测流传感器，同时将电子舱集成在载体内部，将会大大减轻载体负担，这一点尤其对基于AUV、水下滑翔机等移动平台的流速测量有重要意义。

（4）海流计布放方式更加多样化。目前，海流计能够布放在浮标、潜标、海床基、水下机器人、调查船及海洋工程结构物等平台上，实现单点测流或向上、向下、向两侧等形式的剖面测量，随着新型海洋测流平台和应用需求的出现，将会出现更加多样的布放形式。

（5）海流计性能将会进一步提高。海流计作为重要的海洋观测仪器，一直是海洋工作者研究的课题。随着技术的不断发展，海流计的测流精度将会更高，功耗将会更低，剖面作用距离将会更大，可靠性将会更高。

第 20 章 波浪的观测技术与仪器

波浪是发生在海洋中的一种波动现象。波动的基本特点是，在外力的作用下，水质点离开其平衡位置做周期性或准周期性的运动。由于流体具有连续性，必然带动其邻近质点，导致其运动状态在空间的传播，因此，运动随时间与空间的周期性变化为波动的主要特征。

海洋中的波浪有很多种类，引起的原因也各不相同，各种类型波浪的波能分布如图 20-1 所示。重力波区具有周期 1～30 s 的波浪，所占能量最大，其主要干扰力是风，重力是其恢复力，故称重力波。周期从 30 s 至 5 min 的为长周期重力波，多以涌浪或先行浪的形式存在，一般是由风暴系统引起的。周期从 5 min 到数小时的长周期波主要由地震、风暴等产生，恢复力主要为科氏力，重力也起到主要作用。周期 12～24 h 的波动主要是由日、月引潮力产生的潮波。我们通常所说的波浪观测主要观测的是周期 0.5～30 s 的波浪。

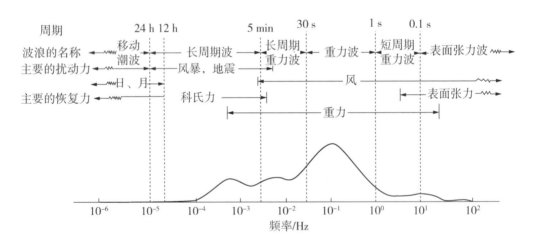

图 20-1 各种类型波浪的波能分布

波浪测量的基本要素包括波高、周期、波向和波速。如今，测量波浪的设备多种多样，根据工作原理可分为光学式、压力式、测波杆、重力式、声学式和遥感反演等类型。目前常用的波浪测量设备有波浪浮标、波浪仪、测波雷达、激光和卫星遥感等。波潮仪可同时测波浪和潮位，其工作原理和波浪仪相同，因此，本书中将其归类于波浪仪进行叙述。

20.1 光学测波仪器

最早的海浪观测数据是由目测方法提供的，19世纪中叶就有人进行这种观测，各国至今还在大量应用目测资料。目测方法最初只利用船舷或岸边标志物作为参考进行目力估计，之后逐渐开始利用浮标、浮杆、标杆和秒表等。20世纪中叶又出现了测波望远镜和目力随动式仪器，这些都属于光学测波仪器。

我国从1956年起，首先在青岛附近的小麦岛海浪站开始使用岸用光学测波仪观测海浪，并于1961年前后开始自主生产。1966年，根据我国沿海地形特点，海洋仪器会战又研制和生产了几种不同安装高度的岸用光学测波仪。至20世纪80年代，已基本上形成了以岸用光学测波仪为主的沿海波浪观测网，并积累了大量资料。这些资料在我国早期的海浪研究中起到了很大作用。

20.1.1 光学测波望远镜

20.1.1.1 工作原理及构成

如图20-2，光学测波望远镜主要由瞄准机构、俯仰微调机构、方位指示机构、调平机构等组成。其原理是通过固定于岸上的望远镜观测海上的浮标，浮标随海浪起伏而产生上下运动，通过在望远镜的分划板上的移动位置显示出波高的大小。在观测波高的同时，用秒表测定海浪的周期。

为克服岸用光学仪器无法在夜间工作的困难，后期在浮标和望远镜上增加了小型夜间照明装置，使观测人员在夜间也可以看到分划板的刻度。

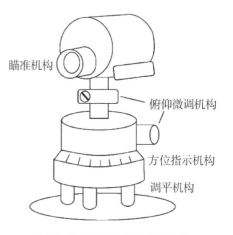

图20-2 测波望远镜结构示意

20.1.1.2 特点及应用

光学测波望远镜安装在岸上，不受水深限制，结构简单，安装、使用和维修方便。它体积小、重量轻、便于携带。在20世纪七八十年代前后，这种仪器也被用于外海石油平台上。

但光学测量方法也存在明显的缺陷：

（1）目测资料的准确性低，受到观测者主观作用的影响大。在同一时间、同一地点，不同观测者所测的结果往往差别很大。虽然经过良好训练的专业人员采用目测方法得到的波高还是有较高可信度的，但对波周期以及波浪的不规则性量测依然是有难度的，尤其是当操作人员尚未熟练掌握观测技能时，测出的数据出入更大。

（2）夜晚和天气恶劣时不能观测。即便加装了照明设备，测量准确度也大幅降低，而大浪往往是在恶劣天气条件下产生的。

随着自记测波仪器的发展，光学测波仪器逐渐被淘汰。

20.1.2 激光照相变换装置

由飞机垂直向下拍摄波浪航空照片（全息照片），用激光平行光线照射在该照片的底片上，记录观测得到的弗朗荷费衍射象，然后利用微型光电读出器即可知道海洋中波浪的方向和能量，还能自动记录、分析波浪状况。如图20-3，仪器由反射镜、微调载物台、准直仪、傅里叶变换透镜、激光振荡器、菲涅耳衍射像收集器、单镜头反射照相机等构成。

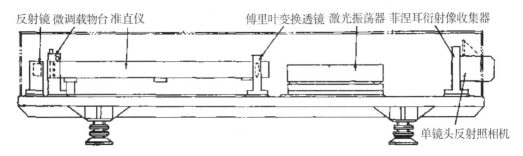

图20-3 激光照相变换测波装置

20.1.3 激光高度计

如图20-4，激光高度计利用激光测距原理测量波高、波周期参数。很多方面与雷达测波技术相近，只是光束要小得多，可以观测到很小的波浪，一般应用在岸基、固定平台或飞机上。

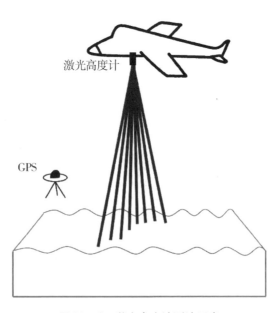

图20-4 激光高度计测波示意

20.2 压力式测波仪器

依据经典波动理论,认为压力式仪器用于岸边测波比较有利。20 世纪中叶,科研人员热衷于研制压力式测波仪。早期使用的压力传感器主要是机械式,目前主要使用压电传感器。

20.2.1 工作原理及构成

根据线性波理论,可得到波面与波动压力 P 之间的关系。水面下 z 处波动压力 P 随时间 t 的变化为

$$P(t) = \frac{\rho_w gA\cosh k(d+z)}{\cosh kd \cdot \cos(kt - \omega t)} \tag{20-1}$$

$$S_{pp}(f) = \left[\frac{\rho_w g\cosh k(d+z)}{\cosh kd}\right]^2 \cdot S_{ss}(f) \tag{20-2}$$

式中,z 轴向上为正,k 为波数,ω 为波浪圆频率,A 为自由表面振幅波,ρ_w 为水的密度,d 为水深,g 为重力加速度,$S_{ss}(f)$ 为波面谱,$S_{pp}(f)$ 为压力谱。自由波面谱也可得到特征波高和特征波周期。

上述压力与波面转换的基本理论自 20 世纪 60 年代提出后,一直沿用至今,除一些经验系数的变化外尚无新的理论。

压力式测波方法多在海底布设压力测波仪(图 20-5),由置于水中的压力传感器感应波面升降引起的压力变化,从而记录水面的波动。使用的压力传感器主要是弹簧式或气囊式,后来也发展了波尔洞管式、电阻式、热电堆式、应变片式、差动变压器式等多种类型。

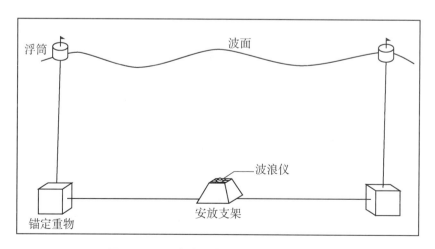

图 20-5 压力式测波仪座底安装结构示意

如今，压力测波仪的传感器主要使用测量准确度较高的压电传感器，仪器结构如图 20-6。使用时将高精度压力传感器安放于水下，通过检测海浪波动产生的压力变化得到压力谱，再将其转换成表面波谱，通过表面波谱与海浪统计要素的关系得到波浪波高、周期等波浪的基本要素。

20.2.2 特点及应用

压力式测波仪体积小、易于布放。探头安装在水面以下，测量时可避免海面大风浪的破坏，容易保持连续记录，可观测时间长。依托的观测系统结构简单，无需使用常平架，使用简单的坐底装置即可实现观测，也可以安装在人工渔礁、石油平台、岸边、桥墩等位置，可全天候、全天时连续观测，观测成本较低。但由于压力测量理论公式是依据小波、线性理论推导的，而表面波引起的压力变化随深度变化是呈指数衰减的，因此压力式测波仪的使用受到深度范围的限制，在水深大或周期短、波高小的海域或时段测量效果不明显。且该方法受海水滤波作用的影响，不能准确测量短周期波，主要记录长周期波。但这也在另一方面突出了大波成份，正适合某些工程问题的要求。

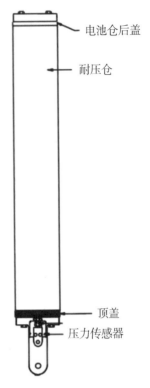

图 20-6 压力式测波仪结构示意

此外，水层过滤作用是非线性、随着波浪频率变化而变化的。测量波浪时铅直方向上的加速度也会对压强分布产生一定程度的影响，所以单纯依靠修正系数将压力波谱转变成表面波谱仍是困难的，其所反演出表面波的准确度还有待进一步研究。在复杂的海浪环境下更加不适合，比较适合潮汐和水位的测量。同时，压力传感器长期测量时也会因泥沙或污损生物的影响造成测量精度下降，且单一的压力测波设备无法进行波向的测量。

20.3 测 波 杆

基于压力式测波仪的不足之处，人们开始研制直接观测表面波形的仪器，于是出现了测波杆式自记仪器。

测波杆又称为电接触式测波仪，利用海水的导电性，通过电测方法由测波杆浸泡于海水中的高度来获得波高资料。根据测量元件的不同，分为电阻式、电容式、传输线式、电磁式等。

20.3.1 工作原理及构成

20.3.1.1 电阻式测波杆

电阻式测波杆通常由两个平行且相互绝缘的传导线组成，在水中导线短路形成电路。电路的电阻大小与导线的淹没深度有关，利用电阻值可得到水面高度。

电阻式测波杆通常有两种结构：对于短的测波杆，以直径小的铅直金属丝作为电阻元件；对于较长的测波杆，金属丝不是铅直的，而是呈螺旋状绕缠在绝缘杆上的，杆上水位升降会引起金属丝电阻相应改变，此电阻的变化即为波高大小的量度。

此外，还有分级接触式电阻测波杆。一般是在一个铅直杆上安装一排电极，每两个电极之间有一定间隔，不同高度的波面与不同高度的电极接触，从而改变电路上的电阻，如图 20-7。

20.3.1.2 电容式测波杆

电容式测波杆的传感器由一根内部导体和绝缘材料保护层构成。保护层的作用是密封内部导体避免其与海水接触。这样，传感器本身提供了一个导体和一个绝缘体，而外部海水则提供了电容器的另一个导体。当波浪通过时，将引起传感器上水位的变化，从而导致电容改变。

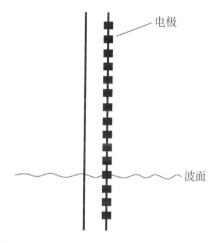

图 20-7 分级接触式电阻测波杆结构示意

20.3.1.3 传输线式测波杆

传输线式测波杆由两个在张力作用下有感应的钢丝索组成。两根索形成一条传输线，由于水面阻断，其阻抗与水面高度的变化有关并易于测量。

20.3.1.4 电磁式测波杆

该测波杆由两个彼此用塑料隔离、螺旋绝缘的同心金属管组成，实际上是以铅直波导代替了在两个管子之间上、下传播并在杆子淹没的高度上冲出水面的电磁脉冲。激活元件是一个借助接收从水面反射而产生发射的电磁脉冲的双稳态通道二极管。

20.3.2 特点及应用

测波杆通常具备高频响应、结构简单、易于安装的特点，并能直接记录表面波波高，但也存在以下缺点：

（1）当海面波浪破碎时，测波杆测得的是浪花溅起的高度，往往较真实波高偏大。

（2）电阻式测波杆的性能会随盐度的改变而发生变化，影响仪器的率定，且绝缘导线易污染，需经常维护。

（3）电容式测波杆对盐度的改变则不敏感，但其包裹层的破坏会改变仪器的性能，同样需要经常维护。

（4）由于绝缘体的表面易形成导电膜，即使不沾水的塑料在水面下降时也易于形成可导的覆盖层，利用高交流频率可将该影响最小化。

（5）考虑到水的高电容率特性，绝缘体吸收一部分水会使其电容率随时间显著变化，从而导致在水中和水上交替变化的非线性。

自记测波杆的研制标志着对海浪观测的兴趣由压力波转向了表面波，随之而来的是大量采用新技术，加速度计、水声及雷达式测波仪开始在海上应用。

20.4　重力式测波仪器

早在1946年，英国海军部研究实验室的内部报告就提及用浮标观测波浪的问题。20世纪60年代初，将重力式波浪测量运用于浮标进行波浪观测变为现实。目前，浮标测波已成为国内外应用最为广泛的一项测波技术。作为现代海洋立体探测系统中的重要成员之一，测波浮标具有很强的长期、自动、连续收集信息的能力。

20.4.1　工作原理及构成

现今海浪研究中认为海浪是无限多振幅不等、频率不等、方向不同、相位杂乱的正弦波叠加而成的。海浪表面质点作周期性振动，质点在不同时刻具有不同的垂直加速度，因此测得海表某点的垂直加速度后，经二次积分即得波高。以此为理论基础，发展出了重力式测波仪。

重力式波浪观测仪器的主体是一个放置在水面随波浪上下起伏的浮标（图20-8），其内封装着传感器主体。

重力式浮标可分为重力加速度测波浮标和GPS测波浮标。重力加速度测波浮标通过安装在浮标内部的加速度传感器或重力传感器，随着海面变化采集运动参数，进而计算出波浪特征参数。装载着加速度计的传感器，连同浮子，在海面随波浪做升沉运动。此时，加速度计中的弹性系统做有阻尼的强迫振动，其振幅与周期反映出海面的垂直方向的加速度。这种振动的位移量通过机电转换器改变为电压信号，输送给计算器。经过检波、二次积分运算及放大，其所得信号反映出波高的变化，由记录器描绘出来。

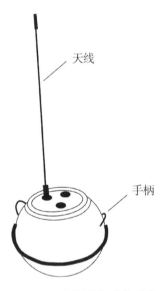

图20-8　测波浮标结构示意

GPS测波浮标是通过GPS接收机测量载波相位变化率而测定GPS信号的多普勒频偏，从而计算出GPS接收机的运动速度。

20.4.2　特点及应用

重力式测波仪安装和使用方便，需要进行测量时，将仪器的传感器和浮子放出，启动仪表，即可测得海面的波动。这种仪器获得的记录，能直观地描绘出某一地点的海面起伏。测量结果准确度高。此外，它还具有通信方式灵活、易于维护等优点，可长期连续观测，还可以通过加载卫星定位和报警系统提高其安全性。

但重力式测波仪也存在一些不足之处：①强流和大风会影响测量准确度。②恶劣海况可能会导致锚系断裂、走锚，导致设备损毁或丢失。③在特定波浪作用下可能发生共振，降低波浪数据的质量。④内部的罗盘等传感器易受到金属壳体的干扰。⑤浮标容易被过往船只干扰、碰撞。⑥相对于水下波浪观测系统，其风险和观测成本较高。此外，GPS测波浮标在海浪较高时还存在信号不稳定、无法接收足够多卫星信号的缺点，且获取的数据存在被窃取的可能。

20.5 声学式测波仪器

20.5.1 工作原理及构成

声学式测波仪器主要应用回声测距原理进行波浪的测量。仪器结构与声学多普勒海流剖面仪相似。具体而言，声学测波通常有 PUV 法、阵列法和表面声跟踪法等几种方式。

20.5.1.1 PUV 法

PUV 法可追溯至 20 世纪 70 年代。这是一种间接测量波面的方式。P 指压力，U 和 V 代表横向轴向的二维轨道流速（图 20-9）。压力测量可提供所有无向波浪参数的平均估算，联合 U、V 参数，即可进行有向波浪的参数估算。P、U、V 这三个参数的测量点位即仪器的投放点位，因此，PUV 法也被称为"三要素测量法"。由于该方法对测量仪器和处理方式要求不高，因此，目前依然在使用。但由于 PUV 法所测量的参数信号（压力或轨道流速）随水深的增加和波浪周期的减小而剧烈衰减，因此，要求仪器投放水深要浅（小于 10~15 m），且只能测量周期在 4 s 以上的长波，否则会造成波高估算不足或丢失波谱的峰值点。对此，唯一的解决办法就是缩减投放测量点的水深。

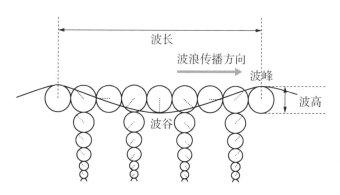

图 20-9 波面下轨道流速

20.5.1.2 阵列法

PUV 法测波的缺点推动了阵列法（array method）测波技术的发展。这一技术出现于 20 世纪 90 年代初期，是将剖面流速仪放在接近水表的位置，测量接近水表的轨道流速。这样，就可以在深水域测量比较短周期的波浪。阵列法也存在缺点：①由于测量的是水表以下的单元的阵列，因此需要一个更加复杂的处理方法，最常用的方法是最大概似法（maximum likelihood method）。②由于组成阵列的流速单元之间的横向宽度限制了测波的波长，当横向宽度大于 1/2 测量波浪的波长时便无法测出。因此，阵列法依然未能覆盖全风浪波段。这就引出了更加直接测量波表面的测量方式。

20.5.1.3 表面声跟踪（AST）

AST 法是直接测量波表面的测量方式，使用垂向声学传感器专门测量波高（图 20 - 10）。这一测量方式的优势在于避免了使用压力传感器测量波高的投放水深限制以及流速测量限制，风浪波段被基本覆盖。且 AST 还可给出基于时间序列的波浪参数，可以直接测量出平均波高、十分之一大波波高和平均周期等波浪数。

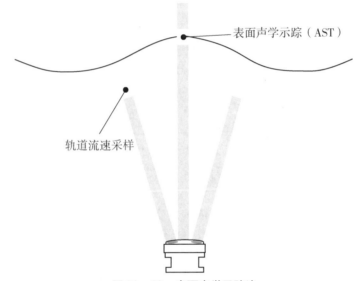

图 20 - 10　表面声学示踪法

以安装方式来分，可将声学式测波仪分为布放在水面之上的气介式和布置于海底的坐底式。气介式仪器可安装于支撑平台上，垂直向下发射声脉冲，测量传感器至水面的距离。支架根据现场情况进行调整，可架设于滨海建筑物之上，也可架设在岸边或水中。由于该方法不存在测波浮标的随波性问题，因此，可将其安装于船侧，改造为船载测波仪。坐底式测波仪安装于海底，垂直向上发射声脉冲，通过回波信号测量换能器至海面的垂直距离及其波动，转换为波高。

20.5.2　特点及应用

声学式测波仪观测涌浪效果很好，精度高，但遇到表面粗糙、波峰破碎、罩有白帽时，声波在海面会失去反射能力，仪器将漏掉海浪信号。

气介式声学测波仪在测量波浪与船舶运动的复合距离的同时，为消除船舶颠簸和摇晃的影响，需安装加速计。但大雨天气及波浪破碎产生的飞溅等，对仪器的影响依然存在。

坐底式声学测波仪安装在水下或海底，避免了海面大风浪对观测系统的破坏，具有测量准确度高、操作简单的特点，长期观测成本相对较低。但气候和波况恶劣时在水气交界处因受浪花和气泡的干扰，测量破碎波的准确度会受到较大影响。

20.6　遥感反演波浪

遥感反演法可分为雷达测波、卫星测波和摄影照相测波等。

20.6.1　雷达测波

1955年，英国科学家Crombie首次进行了海杂波的观测实验，认为海浪对雷达波的散射是Bargg谐振散射机制，并指出利用电磁波与海洋的相互作用可以探测海洋表面动力学信息。

根据电磁波的原理，微波只能穿透海水几毫米，因此其散射或者是反射的电磁波可以充分描述海面浪场的动态特性。若是加上海气交互作用的机制，则可以通过雷达回波信号来计算海浪和海流等海洋动力环境参数。

电磁波入射方式主要有垂直入射和倾斜入射。当海面风平静时，电磁波以垂直入射的回波机制，称为镜面反射；当海面粗糙波动时，电磁波以倾斜入射的回波机制，称为Bragg共振，也叫Bragg散射。

粗糙的海面可以看作诸多平面波的线性叠加，海面各不同部分的散射相互影响，在增强了一些特定波长的海面起伏所引起的散射信号的同时，削弱了其他波长的海面起伏所引起的散射信号，类似衍射光栅原理，当电磁波的路程差恰好等于电磁波波长的 λ_γ 整数倍时，就会发生Bragg共振（图20-11）。

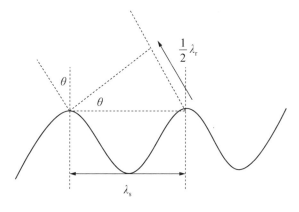

图20-11　Bragg散射

雷达测波的基本工作原理是：雷达发射机通过天线向海表辐射电磁波并记录其回波信号，产生表征散射强度的海杂波图像。海杂波包含了丰富的海浪信息，其图像记录了海面的空间变化。同时，雷达连续扫描形成的时间序列又记录了波浪场的时间变化特征。因此，通过分析雷达的图像序列可获取海浪的参数信息。

雷达波段代表的是发射的电磁波频率（波长）范围（表20-1）。非相控阵单雷达条件下，高频（短波长）的波段一般定位更准确，但作用范围短；低频（长波）的波段作用范围远，发现目标距离大。对海浪进行雷达遥感探测的仪器根据所使用的电磁波段不同，所得的观测效果也就不同。这里主要介绍X波段雷达、C波段雷达、高频地波雷达、合成孔径雷达。

表20-1 微波波段

波段名称	频率范围	波长范围/mm	波段名称	频率范围	波长范围/mm
P波段	230～1000 MHz	1300.00～300.00			
L波段	1～2 GHz	300.00～150.00			
S波段	2～4 GHz	150.00～75.00			
C波段	4～8 GHz	75.00～37.50			
X波段	8～12 GHz	37.50～25.00			
Ku波段	12～18 GHz	25.00～16.67			
K波段	18～27 GHz	16.67～11.11			
Ka波段	27～40 GHz	11.11～7.50	Q波段	30～50 GHz	10.00～6.00
U波段	40～60 GHz	7.50～5.00	V波段	50～75 GHz	6.00～4.00
E波段	60～90 GHz	5.00～3.33	W波段	75～110 GHz	4.00～2.73
F波段	90～140 GHz	3.33～2.14	D波段	110～170 GHz	2.73～1.76

20.6.1.1 X波段雷达

根据IEEE 521—2002标准，X波段是指频率在8～12 GHz的无线电波波段，在电磁波谱中属于微波。而在某些场合中，X波段的频率范围则为7～11.2 GHz。X波段雷达是一种主动式的微波成像雷达设备，通过向海表发射电磁波并记录其后向散射回波信号来反演波浪。

自20世纪60年代以来，便有人开始利用X波段雷达的图像时间序列来获取海浪信息。1965年，通过利用X波段雷达的图像时间序列，Wright得到了海浪的有关参数，成为最早利用X波段雷达获得海浪信息的科学家。目前，X波段雷达已成为海洋遥感领域的一个重要分支。与波浪浮标、海流计、合成孔径雷达和高频地波雷达相比较，X波段雷达有体积小、盲区小、价格低廉、不易受自然灾害破坏等特点，而且还可以很方便地架装在岸基或船基上，实现对近岸海表面场的快速准确和实时监测。

20.6.1.2 C波段雷达

C波段是指频率从4.0～8.0 GHz的一段频带。作为通信卫星下行传输信号的频段，在卫星电视广播和各类小型卫星地面站应用中，该频段首先被采用且一直被广泛使用。

20.6.1.3 合成孔径雷达

合成孔径雷达（synthetic aperture radar，SAR）也称综合孔径雷达，是一种主动式微波成像雷达，即在接收信号的同时能主动发射一定频率的微波，通过雷达后向散射信号获得较高空间分辨率的海面后向散射强度图像，并显示出海面细致的空间变化特征。合成孔径雷达可分为聚焦型和非聚焦型两类。

国内外研究学者认为，合成孔径雷达接收来自海面的后向散射回波，一般可表示为位相统计不相关的小尺度后向散射表面元回波的叠加。在雷达入射角为 20°～70°范围内，当星载 SAR 对海面成像时，来自海面每个散射源的后向散射回波由微尺度波的 Bragg 散射机制控制。微尺度波又依次在方向、能量和运动上受到更大尺度波的调制，从而使风生海浪在 SAR 上成像。

SAR 的工作波段在微波波段，发射的微波能穿透云层，并不受光照影响，即使在黑夜或恶劣天气下也能工作，甚至可以透过地表或植被获取其掩盖的信息，具备全天候、全天时、高分辨率的海洋遥感观测能力。

但利用 SAR 获取海浪谱也存在缺陷。

（1）海浪沿 SAR 方位向的运动会造成图像谱的扭曲，在方位向上有明显的截断（最小可探测波长是 150～200 m）。

（2）由于图像谱和波浪谱之间的非线性关系，SAR 图像条纹与实际波浪条纹相差甚远。

（3）SAR 反演海浪方向谱是一个十分复杂的非线性过程，一般在反演海浪谱时需要输入额外的数据（波浪场或者风场）作为第一猜测谱进行迭代计算。

（4）并非任何 SAR 图像都包含海浪的信息用于海浪谱的反演。

（5）SAR 的刈幅和覆盖范围有限，资料昂贵。

近年来，国际上发展了通过安置双天线来测量干涉信号的新型合成孔径雷达系统——干涉合成孔径雷达（interferometric synthetic aperture radar，InSAR），它是在平行或垂直于平台飞行方向上以一定距离安置两根天线的双天线雷达，前者称为顺轨干涉合成孔径雷达（AT-SAR），后者称为交轨干涉合成孔径雷达（XT-SAR）。AT-SAR 的相位正比于海表面散射体的径向速度，而 XT-SAR 的相位正比于海表面高度。因此，可以由海表面散射体径向速度场或海表面高度场来反演海浪方向谱。

相对于传统的单天线 SAR，双天线的干涉合成孔径雷达 InSAR 测量海浪有两个显著的优势。

（1）InSAR 复图像的相位正比于海浪轨道速度的径向分量，提供了直接测量海表面动态运动的机会。

（2）传统单天线 SAR 强度图像较依赖于真实孔径雷达调制传递函数，而真实孔径雷达调制传递函数对 InSAR 相位图像几乎没有影响，因而用 InSAR 相位图像更适合测量海浪谱。

尽管 InSAR 在海浪谱反演精度上较 SAR 有一定的优势，但它仍然具有 SAR 反演海浪谱的缺陷——速度聚束调制会导致高波数截断。

20.6.1.4 高频地波雷达

高频地波雷达是一种基于海岸观测、以电磁波入射为主要技术特征的近海海洋环境遥感设备。它利用短波（3～30 MHz）在海洋表面绕射传播衰减小的特点，采用垂直极化天线辐射电波，对海面进行超视距探测（图20-12），作用距离可达300 km以上。同时，高频地波雷达利用海洋表面对高频电磁波的一阶散射和二阶散射机制，可以从雷达回波中提取风场、浪场、流场等海况信息，实现对海洋环境大范围、高精度和全天候的实时监测。

图20-12 高频地波雷达超视距工作原理示意

自20世纪50年代，人们就开始进行高频地波雷达海洋动力学参数的测量研究。高频地波雷达海洋动力参数监测技术的先驱是美国科学家Barrick，他于1972年对实验发现的高频无线电波与海洋表面相互作用的一阶散射与二阶散射做了理论上的定量解释，建立了一阶散射截面方程和二阶散射截面方程，为高频地波雷达探测海洋表面动力学参数打下了理论基础。80年代初，美国NOAA研制了沿岸海洋动力参数测波雷达（coastal ocean dynamics applications radar，CODAR）系统。目前，美国、德国、英国、法国、中国等十几个国家对高频地波雷达的海洋观测进行了大量研究，也发展了各自的探测系统。

高频地波雷达可分为岸基和船基雷达，雷达系统由发射系统、接收系统、信号处理系统以及辅助系统等四个分系统构成。测量范围较广，最大探测距离在15～400 km之间。

雷达测波仪近年有较大发展，可以实时连续地提供较大范围海域的海浪场、海面流场的信息和海面风场的资料。但此型仪器的弱点也比较明显：

（1）无线电波发射角太大，测不出小浪，观测精度低。

（2）对于近岸区域存在很大的盲区，很难获取近岸海域海表面场的浪流信息。

（3）电磁波在海面的反射性能复杂，易于漏掉信号或者产生假象，处理记录需倍加小心。

（4）当海面罩有大量浪花层时，也是运用雷达测波仪的极大障碍。

具体而言，配置窄波束雷达相控阵式天线的地波雷达具有测量海洋要素多、测量准确度较高、空间分辨率较高的特点，但要使用庞大的相控阵天线和较高的发射功率，因此占地面积较大、移动十分困难，雷达站造价较高，且相控阵天线容易受到台风等恶劣天气的破坏。配置宽波束雷达单元鞭状天线的地波雷达具有移动性好、管理方便等的特点，但其角度分辨率和测量准确度却差于窄波束雷达。

20.6.1.5 海浪波谱仪

20世纪80年代初期开始，国际上不少学者提出利用窄脉冲波束扫描的真实孔径雷达来获取海浪谱信息，此真实孔径雷达系统即为海浪波谱仪（surface waves investigation and monitoring，SWIM）。在此构想的基础之上，各国科学家纷纷进行了探测机理的研究和机载试验系统的研制及校验。

海浪波谱仪是一种微波微型传感器,其主要特点是利用窄脉冲波束扫描的真实孔径雷达来获取海浪谱信息。它与目前其他微波传感器的主要区别之一是入射角范围的选择。海浪波谱仪主要利用小入射角进行海浪探测,此时海面上的面元(面元内主要认为是短波部分的贡献)与入射波垂直,其回波满足镜面反射条件,海浪波谱仪的后向散射主要是准镜面反射。因为长波的存在,通过倾斜调制机理,建立海面回波调制功率谱密度与海浪的波陡谱的线性关系,由波陡谱中可提取出海浪的频率谱,再通过方位向的360°扫描,即得到二维海浪谱。其优点主要表现为:

(1)扫描区域半径小,能保证该区域波浪的均质性。

(2)小入射角下,海面对雷达信号的作用主要是准镜面反射,后向散射机制简单,仅仅是几何上的倾斜调制,复杂的水动力学调制小,因此更容易建模和反演。

(3)小入射角下,后向回波大,这将使得雷达的发射功率和天线的增益要求降低。

20.6.2 卫星测波

从卫星探测海洋动力参数主要依靠微波传感器,其中高度计(altimeter,ALT)最为成熟。卫星高度计是一种主动式微波测量仪,实际上是天底指向脉冲雷达。它向海面发射高重复率的超短微波脉冲,该脉冲通过色散滤波器产生一个携带更多能量的长脉冲,然后将此长脉冲发射出去。脉冲经地表散射产生回波。高度计测量的回波波形中包含三个基本感测信息:①时间延迟,波形上升沿半功率点对应的采样时间,从中可获取海面高度信息。②回波波形上升沿的斜率,从中可获取海面有效高度。③回波波形的强度,从中可反演海面的风速。雷达接收回波以后,此长脉冲通过逆滤波器又恢复原来的尖脉冲形式,也就是脉冲压缩技术。精确记录发射和接收海面回波信号的时间间隔就可得到海面和高度计之间的距离。根据回波的波形即可计算出有效波高。

卫星高度计通过对海平面的高度、有效波高、后向散射的测量,可同时获取流、浪、潮、海面风速等重要动力参数,具有全天候、长时间、全球覆盖、观测精度高的能力和特点。卫星高度计还可应用于地球结构和海域重力场研究(图20-13)。

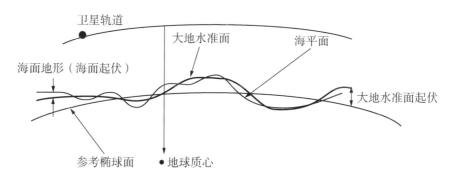

图20-13 高度计测波示意

20.6.3 照相摄影测波

利用照相摄影法提取海面波浪信息是从20世纪30年代后期开始的。1939年便有人在航行的船上照相并进行测量波浪的试验。1954年，Cox、Allen等利用几何光学的反射原理将波浪的倾斜和其上的每一点的反射亮度联系在一起，每一个斜面反射的光线，被高分辨率的摄像系统所记录。通过曝光后的照片上的亮度来反推对应的每一个像元的斜率，给出海面均方波陡与海上风速之间的经验关系。同年，Cox和Munk第一次利用飞机平台进行了大量的海上飞行试验，获得了大量现场数据，用以研究海浪斜率的概率分布，并认为海表粗糙度的主要参数是海浪均方斜率。80年代，Keller等借鉴Cox的工作原理，将CCD引入海浪测量作为接收器件，对海浪表面微尺度结构信息实现二维数字编码，从而对海浪谱进行分析。Holthuijsen设计了立体摄影系统，利用三维坐标变换实现立体描述，测量了海面微尺度过程的三维精细结构。20世纪90年代，Benetazzo将图像分析技术用于从CCD图像中采集的时空域的水面高度场，建议应用双目立体照相法，由一同步的相重叠图像得到表面信息。与传统单个立体组的图像不同，录像的利用可以对一连串的立体图像进行采集。同一时期，美国、澳大利亚和欧洲等多个国家和地区就摄影照相测波系统开展了重大的国际合作。

我国于20世纪八九十年代开始相关研究，利用航空摄影获得了无因次海浪方向谱。

20.6.3.1 视频海浪测量

在海面图像中，波峰与波谷具备不同的亮度，在垂直于波浪传播方向上形成了波峰和波谷的线状纹理特征。因此，分析不同时间的海面视频图像，不仅能够记录海面波浪的静态信息，还可记录其动态变化，测量其运动参数。

经过多年的发展，视频海浪测量已经较为成熟。如图20-14至图20-16，其具体步骤为：①采集海面图像并对其进行预处理，增强海面纹理，各向同性剪切海面图像，对剪切后的图像进行Radon变换，提取波长参数。②沿波浪传播取向堆叠时栈图像，对时栈图像各向同性剪切，对剪切的时栈图像执行Radon变换，提取波向、波速、波周期等参数，最后输出数据。

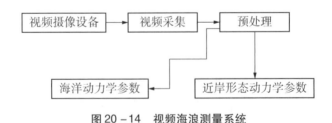

图20-14 视频海浪测量系统

20.6.3.2 立体摄影海浪测量

以姜正文2010年3月19日在小麦岛海洋观测站拍摄的影像为例（图20-17），立体摄影海浪观测的流程如下：①确定特征点与其共轭点的坐标，判定最大视差。②依据最大视差选定左相片的匹配区域，并对其第二层影像的每一个像点进行匹配。③依据第二层影像上的同名点对，确定与左第二层影像像点对应的第一层影像中间像点的共轭

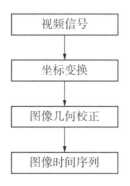

图20-15 视频海浪测量信号预处理流程

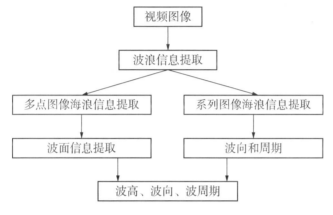

图20-16 视频海浪观测流程

（a）左相机相片

（b）右相机相片

图20-17 现场拍摄的立体像对

点。④依据第一层影像上的同名点对确定与左第一层影像像点对应的第零层影像中间点的共轭点。⑤对金字塔影像匹配的同名点对再进行最小二乘匹配。⑥进行质量校检，剔除错误点。

在校正后的同名点对中任意选择8对，计算出相对定向参数的近似值。以左相机坐标系为参考系进行前方交会，计算出各同名点对对应的物方坐标，从而得到波面上非均匀分布的点在左相机坐标系中的坐标。用一个平面S对这些点进行拟合，得到拟合平面方程，求出左相机坐标系和物方空间坐标系之间的转换矩阵，从而得到物方点覆盖的梯形区域。最后，通过对该区域进行网格化插值，绘制出波浪高程图，并与实测数据进行对比。

20.7 人工观测法

人工观测波浪是最为传统的波浪观测技术，采用秒表等辅助器材，目测波浪要素。《海洋调查规范》和《海滨观测规范》中明确规定了目测波高、波周期、波向和波型的方法。人工波浪观测是20世纪波浪观测的主要手段之一，观测者经良好训练后获取的波浪数据具有较好可信度。但受到光照和恶劣天气影响，无法连续观测波浪，而且观测结果具有一定的主观性，存在一定的人为误差。随着海洋观测技术的发展，人工波浪测量逐渐退出历史舞台，但仍可作为仪器测量的比对资料。

20.8 海浪观测技术的发展趋势

波浪观测技术在近30年内取得了较大进展，观测仪器可布置于太空、海面上空、水面、水下等不同空间位置，一些发达国家在此基础上建立了符合本国利益的水文观测网络。

近期仍以传统仪器的组合或者部分结合遥测技术为主，遥感测波技术将是今后国际上优先发展的波浪观测技术。大洋波浪观测是开发深海资源不可缺少的，主要依赖于卫星以及船用遥感技术。如何将时间间隔较大的遥感技术所得的结果应用于实际仍是今后重点研究的课题之一。（表20-2）

表20-2 波浪观测方法对比

观测方法	观测位置	输出参数	误差来源	数据采集方式	连续观测性
人工观测	岸基	波高、周期、波向	人员、环境	直读	较差
光学测波望远镜	岸基、平台	波高、周期	环境、设备	直读	一般
压力式	水底	波高、周期	环境、测量方法	直读、自记	较好
测波杆	岸基、平台	波高、周期	环境、设备	直读、自记	一般
重力加速度浮标	海面	波高、周期、波向	环境	直读、自记	较好
GPS浮标	海面	波高、周期、波向	环境	直读、自记	较好
气介式声学	岸基、平台	波高、周期	环境	直读、自记	一般

续表 20-2

观测方法	观测位置	输出参数	误差来源	数据采集方式	连续观测性
坐底式声学	水下、水底	波高、周期、波向	环境	直读、自记	较好
X 波段雷达	岸基、船基	波高、周期、波向	环境、测量方法	直读	一般
合成孔径雷达	飞机、卫星	波高、周期、波向	环境、测量方法	直读	较差
高频地波雷达	岸基、船基	波高、周期、波向	环境、测量方法	直读	一般
卫星高度计	卫星	波高、周期	环境、测量方法	直读	一般

第21章 潮汐的观测技术与仪器

潮汐是海水在天体引潮力作用下的一种周期性升降运动。按照其周期可分为半日潮、不正规半日潮、全日常、不正规全日潮及混合潮。潮汐观测又称验潮,即测量某固定点的潮水位随时间的变化。

海面高度的变化实际上是潮汐和波浪瞬时振幅的叠加(图21-1),瞬时海面高度的描述模型为

$$H(t) = T(t) + w(t) \tag{21-1}$$

式中,$T(t)$ 和 $w(t)$ 分别为潮汐和波浪的影响。其中,潮汐的影响表现为长周期低频变化,即长波项;波浪的影响则表现为短周期高频变化,为扰动项。而对海面的直接观测结果是包含着波浪的影响的,因此为得到准确的潮位数据,需要尽可能地消除或削弱波浪扰动的影响。

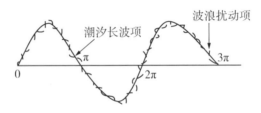

图 21-1 海面高度变化示意

目前,常用的滤波方法有人工滤波和数字化滤波,其基本原理表达如下:
对式(21-1)两边进行积分得

$$\frac{1}{\Delta t}\int_0^{\Delta t} H(t) = \frac{1}{\Delta t}\int_0^{\Delta t} T(t) + \frac{1}{\Delta t}\int_0^{\Delta t} w(t) \tag{21-2}$$

可见,只需选择适当的波浪周期 Δt,便可利用下面两式实现滤波:

$$\frac{1}{\Delta t}\int_0^{\Delta t} w(t) = 0 \tag{21-3}$$

$$\frac{1}{\Delta t}\int_0^{\Delta t} H(t) = \frac{1}{\Delta t}\int_0^{\Delta t} T(t) \tag{21-4}$$

潮汐观测的设备多种多样,目前常用的有水尺验潮、浮子式验潮仪、引压钟式验潮仪、声学验潮仪、压力验潮仪、GNSS验潮和遥感反演等。其中浮子式验潮仪和引压钟式验潮仪属于有井验潮,需建立验潮井,其余属无井验潮。

21.1 水尺验潮

21.1.1 工作原理及构成

水尺验潮是将特制的水尺安装于水中,通过观察水面上升至水尺上的读数来测定潮位。水尺的常用型式有以下四种:

(1) 直立式水尺。通常由靠桩和水尺板两部分组成。靠桩有木桩、混凝土桩或型钢桩,埋入土深 0.5～1.0 m。水尺板有木板、搪瓷板、高分子板或不锈钢板,其尺度多刻划至 1 cm(图 21 – 2)。

(2) 倾斜式水尺。将水尺板固定在岩石岸坡或水工建筑物之上,也可在岩石或水工建筑物的斜面上涂绘水尺刻度,刻度大小以能代表垂直高度为准。倾斜式水尺的优点是不易被洪水和漂浮物冲毁。

(3) 矮桩式水尺。由固定矮桩和临时附加的测尺组成。当因流冰、航运、浮运等冲撞而不宜用直立式水尺时,可选用矮桩式水尺。

(4) 悬锤式水尺。通常设置在坚固的陡岸、桥梁或水工建筑物的岸壁上,用带重锤的固定长度的悬索测量水位,如图 21 – 3。

图 21 – 2 常用水尺板

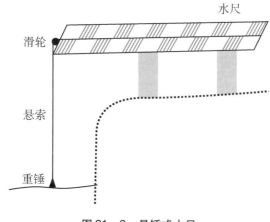

图 21 – 3 悬锤式水尺

水尺验潮是人工对水尺上的潮位变化进行观测,连续读取几个瞬时水位数据,并对其进行简单平均,得到该时刻的潮位值。利用这种简单平均的过程,在一定程度上也起到了对波浪的过滤作用,但由于观测时间间隔短,数据量少,使得此种滤波非常粗糙。

当海面剧烈起伏时，观测误差可大于 5 cm。

21.1.2 特点及应用

水尺验潮法最为原始，需人工定时读数记录，人力投入较大，且数据无法直接进入自动化流程。但该方法简单而直观，便于水准联测，且无需供电，一旦安装完毕，可长期免维护，因此目前仍有多地在使用此方法进行潮位观测。

21.2 井式验潮仪

井式自记验潮仪一般包括浮子式验潮仪和引压钟式验潮仪。

21.2.1 工作原理及构成

浮子式验潮仪通过放置于验潮井内、随井内水面起伏的浮筒带动记录滚筒转动，使记录针在装有记录纸的记录滚筒上画线，来记录水面的变化情况，从而自动记录潮位，也可通过数字记录仪来完成。如图 21-4，系统由验潮井、浮子和记录装置组成，通过机械运动获得潮位变化过程。引压钟式验潮仪是将引压钟放置于水底，将海水压力通过管路引到海面以上，由自动记录器进行记录（图 21-5）。

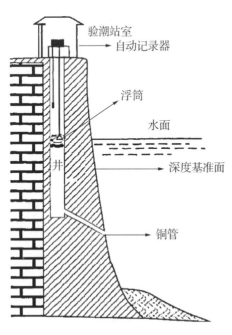

图 21-4 浮子式验潮示意

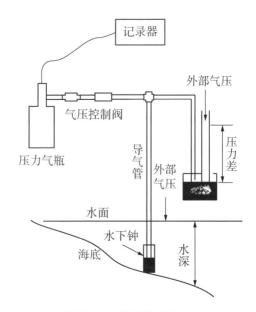

图 21-5 引压钟验潮示意

21.2.2 滤波方法

井式验潮的滤波属于通过硬件来实现的机械性滤波，即在水中建立验潮井，井上有小孔，井内水位与井外的海水相通，采用小孔滤波的方法滤除海水的波动。这样井外的海水在涌浪的作用下起伏变化，而由于小孔的阻挡作用，使井内的海面几乎不受影响，只随着潮汐而变。

通常小孔面积 S_h 与验潮井的截面积 S_b 成一定比例，在我国为 1∶500。利用小孔减缓海水进入验潮井的速度，产生水位变化时延，以实现对波浪的机械过滤。

桶内波浪的衰减性能为

$$\beta = \frac{\omega\sqrt{A}}{k}, \quad k = 0.6\sqrt{2g}\frac{D_h}{D_b}, \quad \omega = \frac{2\pi}{T} \tag{21-5}$$

式中，β 为衰减系数；ω 为波浪角频率；T 为波周期；A 为波浪振幅；k 为验潮井系数；g 为重力加速度；D_h 为小孔直径；D_b 为圆筒直径。

利用该方法所得的验潮精度主要依赖于验潮井的滤波性能，仪器本身对潮汐测量精度的影响甚微。

21.2.3 特点及应用

井式验潮仪的工艺技术比较成熟，性能也比较稳定，坚固耐用，滤波性能良好，维护方便。但首先必须建设具有一定技术要求（如消浪装置、进水孔设计等）、用于安置验潮仪的专门验潮井或验潮管，一次性投入费用较高。验潮井或验潮管的投入远大于仪器本身，且不机动灵活，对环境要求高（如供电、防风防雨等）。因此，该类设备适用于较为重要的岸边长期验潮站。

21.3 压力式验潮仪

压力式验潮仪是将验潮仪安置于水下固定位置，通过压力传感器感知海水的压力变化，将压力换算成水位，从而推算出海面的起伏变化。

21.3.1 工作原理及构成

压力式验潮仪分为表压型和绝压型。

表压型传感器直接测出海水的静压力，其公式为

$$h = p/d \tag{21-6}$$

式中，h 为水深（cm）；p 为海水静压力（g/cm^2）；d 为海水的密度（g/cm^3），是海水温度、盐度的函数。

绝压型传感器所测压力为海水与大气压的合成压力，其计算公式应为

$$h = (p - p_{at})/d \tag{21-7}$$

式中，h 为水深；p 为检测压力；p_{at} 为检测点检测时的大气压；d 为海水的密度。

早期的压力式验潮仪主要采用机械式压力传感器，如波纹管式、波尔洞管式、液压传感器式、气囊式、应变计式等多种类型。如今压力式验潮仪的传感器主要使用测量准确度较高的压电传感器。

21.3.2 滤波方法

压力式验潮仪采用计算机处理水位信号进行滤波，通过安装在仪器内部的低通滤波器对原始数据进行处理，消除高频的波浪影响部分，保留低频的潮汐影响部分。其测量精度通常可达现场水深的 0.1%。

21.3.3 特点及应用

压力式验潮仪轻便灵活，在使用中无需打井建站，无须以海岸作为依托，不但适用于沿岸、码头，对于远离岸边及较深的海域的验潮同样能胜任，因此，在成本投入和设站时间上都具备较大优势。

但压力式验潮仪也存在缺陷：①水体密度的现场测量较为困难，从而在一定程度上造成了潮位数据的误差。②稳定性不够理想，如使用时间过长，易产生零点漂移现象，一般连续使用不宜超过 3 个月。因此，该类设备比较适宜在短期或临时验潮站使用。

21.4 声学式验潮仪

21.4.1 工作原理及构成

声学式验潮仪应用回声测距原理进行潮位的测量。根据其声学换能器安装在空气中或水中而分为两类。

探头安置在空气中的声学式验潮仪如图 21-6，换能器安放在海面以上固定位置，垂直向下发射声脉冲。声波通过空气到达海面并反射回换能器，通过检测声波发射与海面回波返回到换能器的历时来计算换能器至海面的距离，从而得到海面随时间的变化。潮位计算公式为

$$H = h - \frac{c \cdot \Delta t}{2} \tag{21-8}$$

式中，H 为潮位（m）；h 为换能器在深度基准面以上的高度（m）；Δt 为声脉冲在换能器与瞬时海面之间的往返时间（s）；c 为超声脉冲在空气中的传播速度（m/s），为已知量，是大气压力、温度和湿度的函数。

换能器安置在水中的声学式验潮仪又可分为两类：①将换能器安放在海底，定时垂直向上发射声波，并接收海面的回波以测量安放点的水深。②选取一块地势平坦的海区，将换能器放置于海面固定载体上，通常为船或固定漂浮物，定时向海底发射声波，

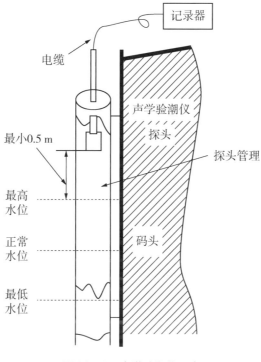

图 21-6 声学验潮仪示意

通过检测海底回波以检测载体所在位置的水深。

21.4.2 滤波方法

首先，声学验潮仪在安装时，换能器界面应尽量保持与水面平行，从而保证所发射的声束与海面垂直。

假设声波往返换能器界面与瞬时水面的时间为 $t(s)$，声速为 $c(m/s)$，H 为换能器界面在深度基准面上的高度，则潮高 H^T 为

$$H^T = h - \frac{ct}{2} \qquad (21-9)$$

其中，

$$c = 331.2\left(1 + \frac{0.97U}{P} + 1.9 \times 10^{-3}\Delta T\right) \qquad (21-10)$$

式中，P 为大气压，ΔT 为温差变化值（℃），U 为相对湿度。

声学验潮设备的滤波采用数字滤波，其精度模型可表达为

$$\Delta H^T = \Delta h - \frac{c\Delta t}{2} - \frac{t\Delta c}{2} + \Delta_{f_w} \qquad (21-11)$$

$$\Delta c = 331.2\left(\frac{0.97\Delta U}{P} - \frac{0.97U}{P^2} + 1.9 \times 10^{-3}\Delta T\right) \qquad (21-12)$$

式中，Δf_w 代表滤波精度。声学验潮的精度约为 1 cm。

21.4.3 特点及应用

气介式声学式验潮仪安装时需通过联测的方法找到大地基准面与验潮仪零点的关系。一般需在海底打桩，将验潮仪安装在桩的顶部，并保证高潮时不淹没。此类仪器的特点在于：由于其安装位置可距海面较近，声波在空气中的行程短，因此精度较高；由于设备安装在水上，因此可通过岸电进行供电，即使在无岸电而采用电池时，更换电池也较方便。但是它的安装使用需以海岸作为依托，不能离岸太远，因此测量水深一般较浅。换能器安置在水中的声学式验潮仪测量精度受到水深和水质的影响，整体而言精度较气介式仪器低。此外，在冬季岸边海水结冰后，声学式验潮仪无法工作。

21.5 遥感反演潮位

21.5.1 工作原理

潮汐遥感测量是指利用卫星的雷达高度计来测量海面的起伏变化。如图 21-7，雷达高度计向海面发射极短的雷达脉冲，测量该脉冲从高度计传输到海面的往返时间。通过必要的改正，便可求出卫星到海面的距离。如卫星轨道为已知，即可得知海面的高度。

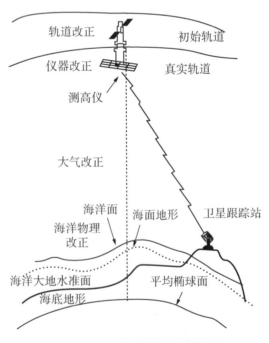

图 21-7 遥感反演潮位原理示意

21.5.2 特点及应用

卫星测高技术可提供全球特别是偏远地区的潮汐资料,其特点是速度快,但精度较低。可检测全球的海洋潮汐,为建立全球海洋潮汐模型提供依据。

21.6 全球导航卫星系统验潮

全球导航卫星系统(global navigation satellite system, GNSS)技术的发展,尤其是高程定位精度的提高,使得借助实时动态定位(real time kinematic, RTK)、后处理差分定位(post processing kinematic, PPK)、连续运行参考系统(continuously operating reference stations, CORS)技术进行船载 GNSS 潮位测量成为可能。

1992 年,国外首次提出 GNSS 验潮概念。1993 年 8 月,Brine F. Shannon 等进行了第一次船载 GNSS 验潮的可行性实验,通过与水尺验潮结果对比证明了该方法的可行性。1995 年 8 月,美国海岸警卫队和 USACE 在墨西哥湾使用载有 GNSS 的浮球计算出潮汐值。1996 年,Terry Mooret 等使用安装了压力和倾斜传感器的浮球进行了浮球 GNSS 验潮试验,利用压力和姿态传感器的实测数据改正浮球姿态,并将获得的验潮结果与水尺验潮结果进行比较,两者的均方差仅为 6.2 mm。国内的 GNSS 验潮发展开始于 20 世纪 90 年代初期。1993 年,周兴华等人将实时差分 GNSS 定位技术引入到我国海洋测绘中,并获得了成功应用。90 年代中期,GNSS 载波相位差分(RTK)技术能够提供厘米级的测高精度,短基线 RTK 技术已经成熟,被广泛应用于工程测量和海平面的测定。

21.6.1 工作原理与系统构成

如图 21-8,GNSS 验潮的工作原理是:在参考基准站安置一台 GPS 接收机,对所有可见 GPS 卫星进行连续观测,并将其观测数据通过无线电传输设备实时发送给观测

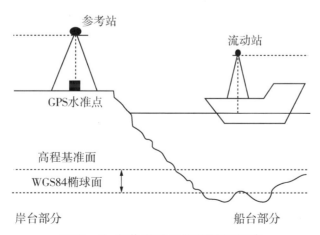

图 21-8 船载 GPS 潮汐测量原理示意

站上的流动站。GPS 接收机在接收 GPS 卫星信号的同时，通过无线电接收设备接收基准站传输的数据，然后根据相对定位的原理，实时计算并显示包括载体高程在内的流动站的三维坐标。高程经基准转换后获得载体的瞬时海图高程。对瞬时海图高程进行姿态改正、动态吃水改正后得到瞬时水面高程。最后对瞬时水面高程进行滤波获得最终的潮位信息。

如图 21 - 9，基于 GNSS 技术的潮位观测体系包含负载平台（通常为测量船）、GNSS 基准站、GNSS 流动站、姿态传感器、压力传感器、数据采集与存储计算机。

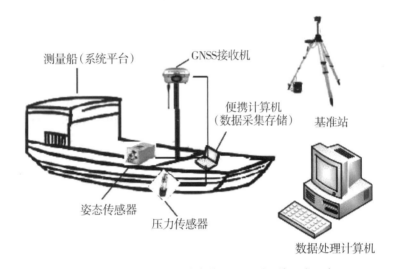

图 21 - 9 基于 GNSS 技术的潮位观测系统组成示意

在该系统中，姿态传感器（MRU）是基于惯性技术的高性能三维运动姿态测量系统，主要由三轴陀螺仪、三轴加速计、三轴电子罗盘等组成。姿态传感器内部三个坐标轴（X、Y、Z）相互正交（图 21 - 10），每个坐标轴上安装陀螺和加速计。利用 MRU 测量载体姿态时，MRU 的三个轴与载体的三个轴平行。当载体姿态发生变化时，由陀螺测量载体的横摇（roll）、纵摇（pitch）和艏摇（heading），加速度计测量载体的 heave 信息。

压力传感器种类多样，在水深测量中应用较多的是压阻式压力传感器。其工作原理是：给传感器输入恒定电流或恒定电压，根据单晶硅材料的压阻效应，当受到外力作用时，硅的电阻率发生变化，从而引起输出电流或电压的变化，以此来计算压力的大小。压阻式压力传感器的结构如图 21 - 11 所示。

21.6.2 滤波方法

可通过测定船体姿态来实现对波浪影响的滤除，或采用低通滤波器、小波去噪等方法实现滤波。

21.6.3 特点及应用

基于 GNSS 进行潮位提取技术已基本成熟，提取的潮位精度也已基本可以满足要

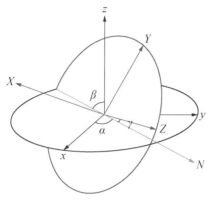
图 21-10　MRU 原理示意

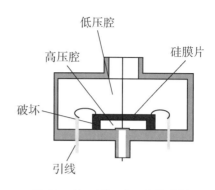
图 21-11　压阻式压力传感器

求，且该系统采集的数据包含有风浪、潮汐、测船动态吃水等信息，具有较高的测量价值。此外，GNSS 潮汐测量不仅可以用来减少传统水深测量所需的地面控制点，还能在走航的同时进行，大大节约人力物力，尤其对自然条件恶劣的地区，能够大幅降低作业难度。因此，GNSS 验潮是一种实用、稳健和经济的测量方法。

但在各种误差修正方面，GNSS 验潮技术尚有欠缺，如多传感器信号传输过程中的时间延迟对潮位精度的影响。此外，船体动态吃水一般是由经验公式根据船速和水深，或者只根据水深计算得到。由于影响船体吃水的因素比较复杂，在特殊水域，仅根据动态吃水模型来计算船体的动态吃水量会产生较大的误差。

第 22 章 悬浮泥沙的观测技术与仪器

悬浮泥沙的观测主要包括悬浮泥沙的含量和级配。其中,悬浮泥沙的含量是指每固定体积水体内含有悬浮泥沙的质量,通常称为含沙量,常用单位为千克每立方米,记为 kg/m^3。悬浮泥沙的级配是指水体中悬浮泥沙颗粒的大小。

现有仪器无法直接测量水体的含沙量,而是通过测量水体的浊度来反映含沙量。水体的浊度主要取决于水体悬移质泥沙浓度,其次是悬沙粒径的大小,同时还与颗粒形状、表面的反射性能、水生生物、水沙颜色和气泡等因素有关。浊度 T 与含沙量 C_w、颗粒比表面积 S_0 的关系如下:

$$T = a(S_0^n \cdot C_w)^b \qquad (22-1)$$

式中,n、a、b 均为经验系数。

根据仪器工作原理,可将悬浮泥沙的观测仪器分为光学式、声学式和遥感反演等方法。

22.1 光学式悬沙测量仪

光线在水体中传播,在介质的作用下会发生吸收和散射,根据散射信号接收角度的不同可分为透射、前向散射(散射角度小于 90°)、90°散射和后向散射(散射角度大于 90°)(图 22-1)。从理论上讲,监测任一角度的散射量均可测量浊度。

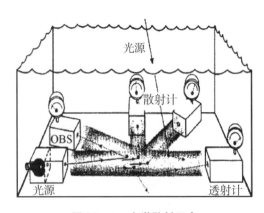

图 22-1 光学散射示意

光学式悬沙观测主要包括光学后向散射、90°散射、激光小角度前向散射以及光学显微拍照等方式。

22.1.1 光学后向散射浊度计

根据散射强度与散射角度特征图（图22-2）可知，散射率随散射角度增大而减小，在后向散射范围内散射率比较稳定，在后向散射接收范围内无机物质的散射强度明显大于气泡和有机物质。因此，可利用光学后向散射原理（optical back scattering, OBS）进行水体内悬浮物的测量。

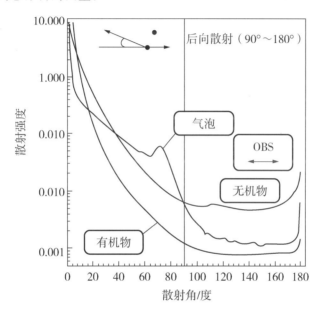

图22-2 散射强度与散射角度特征

22.1.1.1 工作原理及构成

如图22-3，光学后向散射浊度计以光学后向散射原理为基础，通过接收红外辐射光散射量观测悬浮颗粒，测量水体的浊度值，建立水体浊度与实测悬沙含量之间的相关关系，并进行浊度转化，从而得到悬沙含量值。仪器主要监测散射角为140°～160°的红外光散射信号，此区间散射信号稳定。之所以选择红外光线，是由于红外辐射在水体中衰减率较高，太阳中的红外部分完全被水体所衰减，这样仪器发射的光束不会受到强干扰。

仪器由传感器、电子单元、接口部分和电源部分组成，传感器和I/O端口安装在仪器的一端，电池和电路板密封在圆柱形腔体内。红外传感器由一个高效红外发射二极管、四个光敏接收管和一个线性固态温度传感器组成。如图22-4，红外发射二极管在驱动器作用下发射一个圆锥体光束。光束遇到悬浮颗粒后发生散射，红外光敏接收二级管接收140°～160°的散射信号。在空气中光敏接收管的有效接收范围约80cm，但在离接收面30cm范围内较为敏感；在水体中光敏接收管的有效接收范围为25cm。红外接收管接收到的散射信号经A/D转接器将模拟信号转换成数字信号，并由计算机对其进行采集和处理。

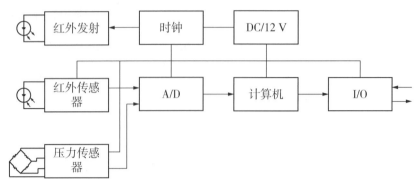

图 22-3 光学后向散射浊度计原理框

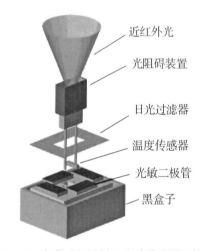

图 22-4 光学后向散射浊度计传感器结构示意

22.1.1.2 特点及应用

光学后向散射浊度计测量水体浊度，其最主要的优点是操作简单，能够快速、实时、连续测量，且基本不受天气条件的制约。在测浊度的同时也能采集到该点的温度、盐度和深度的实时同步数据，大大简化了测量步骤，提高了测量效率，降低了测量成本。

由于仪器测量的浊度值需转化为含沙量，因此，还需要通过采集水样对仪器测量结果进行标定。现场悬浮泥沙的时空变化意味着需对仪器进行多次标定或连续标定。OBS 受测量环境变化的影响比较显著，盐度、泥沙粒径、泥沙颜色和泥沙含量等因素都会对结果产生影响，因此，在条件允许的清况下应尽量避免室内标定，而采用现场标定，并将所得的曲线进行分段拟合，以减少标定误差，得到更准确的结果。

22.1.2 激光原位絮团观测仪

22.1.2.1 工作原理及构成

根据米氏激光散射理论，照射在颗粒上的校直激光束，其大部分能量被散射到特定的角度上。颗粒越小，散射角越大；颗粒越大，散射角越小。激光原位絮团观测仪就是根据这一原理设计的。仪器将不同角度上的散射能量记录下来,通过数学转换成颗粒粒径级配和含沙量。

如图22-5,光线照射到粒子上后,散射光线绕过粒子,通过一个凸透镜聚焦到光敏二极管检测器上。激光能量被保存下来,并转换为粒子的大小分布,同时系统测量到的光透度将用来补偿浓度引起的衍射衰减。光敏二极管检测器上有一定数量的探测环,可测量相应级别的粒子分布。根据每个检测环上接受到的能量换算出该尺寸粒子的浓度,粒子的浓度总和即为悬浮物的总浓度。

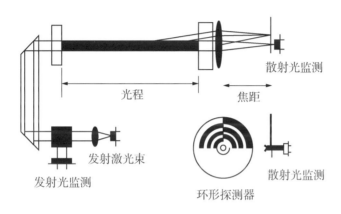

图22-5 激光原位絮团观测仪工作原理示意

除测量悬沙级配之外,还能够采用体积分布转换为重量分布的间接方法测量水体含沙量。需在体积分布$\sum E_i$(粒径区间合计,μL/L)与含沙量之间建立换算关系,并找出一个最佳的体积转换常数(VCC)来进行转换。

如需转换为体积单位 μL/L,含沙量 = $\sum_{i=1}^{32} \frac{E_t}{VCC_1}$ （22-2）

如需转换为质量单位 mg/L,含沙量 = $\rho \sum_{i=1}^{32} \frac{E_t}{VCC_2}$ （22-3）

如需转换为质量单位 kg/m³,含沙量 = $\rho \sum_{i=1}^{32} \frac{E_t}{VCC_3}$ （22-4）

$$VCC = \frac{\sum_{i=1}^{32} E_t \times \rho \times k}{C_i}$$ （22-5）

上述式子中,ρ 为泥沙单位体积质量,C_i 为含沙量(kg/m³)。

22.1.2.2 特点及应用

激光原位絮团观测仪既能够测量悬移质颗粒级配,又能够用于推算水体含沙量,增强测量资料的时效性。与传统的测验分析方法相比,具有时效性好、工作量小、技术含量高等特点。同时还可测量水深、水温、光透度、光的衰减等。

22.1.3 光学悬浮沙粒径谱仪

22.1.3.1 工作原理及构成

光学悬浮沙粒径谱仪由 LED 光源、采样机构构成照明采样系统。采样系统暴露在水中，可自动采集现场水样。为精确测量颗粒直径，采样机构上刻有刻线。控制电路可自动定时控制 LED 光源、动片和 CCD 相机。仪器吊放在水中使用。如图 22-6，当控制电路开启时，动片往复运动一次，LED 光源发光，照亮被测水体中的一薄层，显微光学系统对准该薄层，对其中的颗粒进行光学放大，CCD 相机经显微镜接收被 LED 照亮的含有悬浮颗粒的薄层水，并转换为数字图像。再通过带有水密插头的连接线传送给水上计算机，通过分析图像的大小和数量，获得水体中悬浮颗粒的种类、大小、分布和浓度。

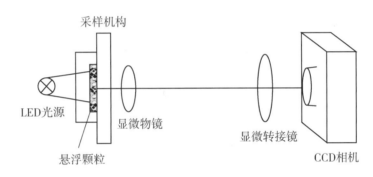

图 22-6 光学悬沙粒径谱仪原理示意

22.1.3.2 应用

光学悬浮沙粒径谱仪除用于现场悬沙测量外，也可以用于现场浮游生物图像的拍摄，对于监测赤潮生物的生长规律，及对赤潮的发生进行预警有着积极的意义。

22.2 声学式悬沙测量仪

利用声学后向散射回波强度间接测量水体悬浮颗粒浓度的研究工作始于 20 世纪 80 年代初，至今已有 30 多年历史。由于其对环境的非干扰性和高时空分辨率等特点，这一技术受到越来越多的关注。特别是 90 年代以来，声学后向散射剖面测量仪与声学多普勒流速剖面仪在水文参数测量中的广泛应用，极大地促进了悬浮颗粒浓度测量技术的发展。

22.2.1 工作原理及构成

声学后向散射（acoustic backscattering profiling sensor，ABS）测量系统的基本原理为：换能器发射的短时声脉冲信号照射水体，遇到水中的悬浮物质发生散射，换能器接收并记录回波信号。回波信号的能量、相位、时间等信息携带了水中散射体的物理特征与时空信息，因此，可以利用接收到的回波信号对不同位置的散射体的物理特征进行反演，如散射体分布模式、尺寸、密集程度等。基于相似的工作原理，ADCP 也能够用于悬浮泥沙的测量。

实验表明，回声强度的大小直接取决于声束在水中的传播、吸收、散射及发射功率，表示为

$$E'_1 = \frac{1}{\beta}(S_L + S_V) - 20\lg D - 2aD \qquad (22-6)$$

式中，E'_1 是换能器接收的信号强度（dBm），β 是与悬沙粒径有关的参数，S_V 是水团单位体积的反散射强度，S_L 是与反射有关的系数，D 是换能器至水层单元的距离（m），a 是声波吸收系数。

水团单位体积的反射强度与悬沙质量浓度之间的关系可表示为

$$S_V = 10\lg\left(\sum_i n_i \sigma_i\right) + 10\lg C - 10\lg C_0 \qquad (22-7)$$

式中，n_i 是第 i 级悬沙的数量，σ_i 是第 i 级悬沙的反散射横断面面积，C 是悬沙质量浓度（mg/L），C_0 是与环境特征有关的常数。在某一特定区域，悬沙具有一定的粒级组成且沉积物来源稳定，n_i 和 σ_i 可看为常数。

22.2.2 应用

实际海洋观测中，风浪、潮汐、海流等会影响悬沙的粒径分布、组成及密度等物理性质，这些都会给测量带来误差。同时，浮游生物、盐度和温度的变化引起的声阻抗变化及海底地形等都会对测量结果产生影响。因此，实际操作中，结合其他仪器或其他测量方法，对悬沙相关物理性质进行测量及对测得的回声强度进行修正，可进一步提高测量精度。

22.3 其他悬浮泥沙观测方法

22.3.1 水样过滤实验

在野外观测时，采集一定体积的水样，通过过滤法（自然过滤或抽滤）获取水样中的悬浮泥沙，称取其质量，计算一定体积水样中的悬浮泥沙质量，从而计算出含沙量（SSC）值。

22.3.2 遥感反演

提取表层水体遥感光谱反射率，并与通过水样过滤方法测定的含沙量以及仪器观测结果立相关关系，从而建立表层水体悬沙含量反演模型，反演更大面积水体的表层含沙量。

22.3.3 其他物理方法

（1）电导率法。有学者通过测量不同悬浮泥沙含量水体的电导率值，初步建立起电导率与含沙量之间的关系，发现混合水体的电导率与含沙量之间存在较好的负线性关系。

（2）γ射线法。γ射线在含沙水溶液中发生康普敦－吴有训效应，其透射强度服从指数衰减规律，衰减的快慢程度与被测水体的含沙量有关。因此，有学者认为可以利用γ射线衰减与水体中泥沙含量的关系推算含沙量。

（3）比热容法。有学者认为可利用改制的比热容测量仪测定不同含沙量水体的比热容，建立含沙量与比热容之间的相互关系，进而通过测量浑水的比热容确定水体含沙量。

（4）振动法。有学者认为可利用振动学原理，根据谐振棒在不同含沙量的泥水中的振动周期来推算含沙量。

第 23 章　海水温度、盐度和深度的观测技术与仪器

温度、盐度和深度是海水的基本物理属性。深度的单位为米（m）；温度采用摄氏温标（℃）表征；海水的绝对盐度不能直接测量，目前国际通用的是 1978 年实用盐标。目前温度、盐度和深度三个要素常集成在同一台仪器上同步进行测量，因此常称为温盐深剖面仪（conductivity-temperature-depth profiler，CTD）。

常用测量方法与海流类似，包括漂流测量法、定点测量法（可分为定点单点测量和定点剖面测量）和走航测量法。除此之外，还有抛弃式剖面测量法，需要专门的测量设备，能够在快速下降的过程中实时测量海水的温度和电导率。

23.1　温度测量

23.1.1　表层水温计

在电子化仪器未出现之前，常使用各种温度计进行水温的测量。表层水温计（图 23-1）用于测量表层海水温度。使用时将水温计投入水中，感温 5 min 后迅速上提并立即读数。从水温计离开水面至读数完毕不应超过 20 s。读数后将筒内水倒净。

23.1.2　深层水温计

深层水温计（图 23-2）用于测量表层以下、水深在 40 m 以内的水层温度，使用方法同表层水温计。

23.1.3　颠倒温度计

颠倒温度计（reversing thermometer）于 1874 年在最高、最低温度计的基础之上研制出来，在温盐深剖面仪未出现之前，被广泛应用于海洋调查中海水温度和相对深度的获取。

颠倒温度计由主温表和辅温表组装在厚壁玻璃套管内而成（图 23-3）。主温表为双端式水银温度表，由贮蓄泡、接受泡和盲枝等部分组成。贮蓄泡和玻璃套管之间充以水银，为避免深水水压影响主温表中水银柱的升降，特留有一定的空间。感温时贮蓄泡向下，盲枝的交叉点（断点）以上的水银柱高度取决于现场温度。将温度表颠倒时，

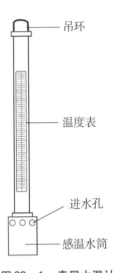
图23-1　表层水温计

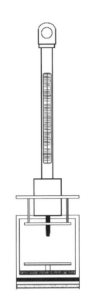
图23-2　深层水温计

水银柱便在断点处断开，从而保留了现场的温度读数。将温度表提出水面后，即可读出所测量的水层的温度。主温计水银柱断裂应灵活，断点位置固定，复正温度计时，接受泡水银应全部回流。辅温表为普通的水银温度表，可用其测量环境的温度，计算出主温表读数的误差而加以订正。

颠倒温度计分为闭端式颠倒温度计和开端式颠倒温度计。闭端（防压）式颠倒温度计套管两端完全封闭，水银柱高度不受水压（或水深）的影响；开端（受压）型颠倒温度计的套管一端封闭，测得结果随外部压力增加而增加。故可利用闭端和开端颠倒温度计的差值计算出仪器沉放的深度。

颠倒温度计使用时需装在颠倒采水器上使用，如南森采水器（Nansen bottle）。南森采水器是用于采集预定深度的水样和固定颠倒温度计的器具，又称颠倒采水器、南森瓶，于1910年由挪威探险家和海洋学家南森（F. Nansen）发明。如图23-4所示，该采水器为圆筒形，总长65 cm，容积约1 L，两端各有活门，由弹簧调节松紧，各用杠杆与同一根连杆连接，使两个活门可同时开启或关闭。采水器配置了两支颠倒温度计。采水器上端装有释放器，包括撞击开关和挡片。采水器下端固定在钢丝绳上，上端利用挡片扣在钢丝绳上，钢丝绳穿过一个重锤的孔。

使用时将钢丝绳将采水器系放入水中，这时两端的活门呈打开状态打开，水可自由出入。如图23-5所示，到达预定深度后，在水面释放重锤，自由下落的重锤将释放器上的撞击开关撞开，这时挡片也被移开，不再扣住钢丝绳，采水器上端脱开绳子倒转180°，这时采水器的重力使两端的活门同时关闭。

若按一定距离在同一根钢丝绳上装设若干个采水器，成串放入水中，则当第一个采水器上端的挡片移开、采水器颠倒后，重锤将继续自由下落，撞在第一个采水器下端固定架的小杠杆上，使其下端配置的第二个重锤沿钢丝绳自由下落，到一定距离后撞在第二个采水器上端的撞击开关上。如此继续，可在一次系放过程中采集不同深度的若干个

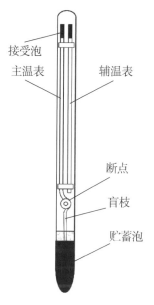

图 23-3　颠倒温度计

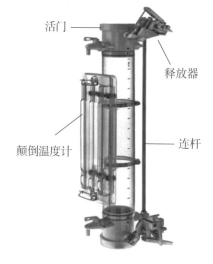

图 23-4　南森采水器及其使用过程

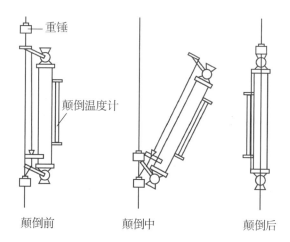

图 23-5　南森采水器使用过程

水样，同时测定各水样所在水层的水温。

南森采水器适用于常规取样和温度调查，结构简单，工作可靠，使用方便。附在采水器上的两支颠倒温度计随同采水器颠倒，记录采水时的温度，通过两支表的读数，还可估算采水时的深度。

23.1.4　自记/直读型测温仪器

颠倒温度计专用于测量海洋或湖泊表层以下各水层的温度，只能针对定点、标准水层进行不连续测量，且数据的读取、图表的绘制等工作繁重费时，数据质量在很大程度上取决于操作者的细心程度和技巧的熟练程度。

随着技术的进步，出现了一些自记或直读型温度计，其感温部件各不相同，如弹性敏感元件、水银温度计、热敏电阻、铂电阻、晶体谐振器等。

如今温度传感器通常采用高精度的铂电阻或热敏电阻。二者的稳定性和精度相当。其中，热敏电阻的阻值较大，灵敏度高，温度传输函数为指数函数，且制作方便，多为柱状或片状。绝大多数 CTD 采用热敏电阻作为温度传感器。铂电阻的优点是性能稳定、温度传输函数为线性，不足之处是相同尺寸的铂电阻阻值比热敏电阻小。

23.2 盐度测量

盐度的基本定义为每 1 千克的水内的溶解物质的克数。1902 年，ICES（The International Council for the Exploration of the Sea）提出盐度的定义为："每 1 千克的水内，将溴和碘化物计算为氯化物，将碳酸盐计算为氧化物，将所有有机化合物计算为完全氧化的状态，溶解物质的克数。"由于盐度和氯度（海洋内的氯的含量，约为 55.3%）相关，加上氯度很易测得，因此有了一条经验公式：$S = 0.03 + 1.805 Cl$。其中氯度的定义为"令海水样本中所有卤素沉淀的所需银的质量"。

联合国教科文组织和其他国际团体设立的专家小组 JPOTS（Joint Panel on Oceanographic Tables and Standards）在 1966 年提出此式应是 $S = 1.806\ 55\ Cl$，同时又推荐海洋学家使用海水的导电性来定义盐度。

1978 年，JPOTS 提出实用盐度标准（Practical Salinity Scale）。1989 年，国际计量委员会（CIPM）通过了 1990 年国际温标。但现时最广泛采用的专业定义仍是 1978 年实用盐度：在 15 ℃ 温度、1 个标准大气压下，海水样品的电导率与相同温度和压力下、质量分数为 $32.435\ 6 \times 10^{-3}$ 的高纯氯化钾溶液的电导率的比值 K_{15}，通过下式确定：

$$S = a_0 + a_1 K_{15}^{\frac{1}{2}} + a_2 K_{15} + a_3 K_{15}^{\frac{3}{2}} + a_4 K_{15}^2 + a_5 K_{15}^{\frac{5}{2}} \tag{23-1}$$

式中，$a_0 = 0.008\ 0$，$a_1 = -0.169\ 2$，$a_2 = 25.385\ 1$，$a_3 = 14.094\ 1$，$a_4 = -7.026\ 1$，$a_5 = 2.708\ 1$。当 $K_{15} = 1.000\ 00$ 时，$S = 35.000\ 0$。

因此，盐度的测量多通过测量海水电导率来计算。电导率则由流经 CTD 的电导池的海水的电阻值，通过欧姆定律求得。电导率传感器普遍采用感应式或电极式。感应式电导率传感器的应用时间较早，具有无极化、响应速度快、坚固、易清洗等优点，但易受电磁干扰，测量精度相对较低。电极式传感器优点为测量精度高、输出信号大、测量电路相对简单、抗干扰能力强，但时间常数较大，清洗复杂，易被污染。还有少量仪器使用光学方法，通过测量水体的光折射率来确定盐度。

23.3 深度测量

传统的深度测量是通过测量压力来反映水深,使用的压力传感器主要是弹簧式或气囊式,后来也发展了波尔洞管式、应变计式等。目前,主要使用测量准确度较高的压电式、硅阻应变式、石英晶振式传感器。其中精度最高、带有温度补偿的是石英晶振压力传感器。

23.4 温盐深剖面仪

温盐深这一专业术语最初出现于 20 世纪 60 年代初。1964 年以后,现场的电子式温盐深装置作为基本的水文调查设备被推广运用。温盐深仪实现了电子化和自动化,可连续测量,具有自容内存或实时电缆传输等特点,配有多种形式的数据处理设备。它的出现是对传统的水文调查设备的革命,为其他水文仪器的现代化展示了前景。根据主要技术特征,其发展大致可分为以下三个阶段。

20 世纪 60 年代,模拟补偿的 STD 阶段。以研究和实现水下探头中用模拟计算的方法提供盐度数据为主。引出了"一级温度补偿""二级温度补偿""压力补偿""全补偿盐桥"等概念。其实质是用各种传感器和电路模拟盐度和电导率、温度、压力之间的关系,把温度和压力对盐度的影响补偿掉,由电导率直接反映盐度。这种模拟补偿法在船用电子计算机尚不普及的年代曾起过重要的作用,并对建立后来的新的盐度标准有着重要的价值。但是,它也存在着许多缺点:①在一台温盐深测量仪中,由于模拟补偿的需要,一般要增加三个温度传感器(两个用于温度补偿,一个用于压力补偿中的温度补偿)和一个压力传感器。②其线路复杂、调整麻烦、测量精度受补偿水平的限制。

20 世纪 70 年代,由 STD 向数字化的 CTD 转变阶段。主要特征之一是将传感器输出的模拟信号数字化。通常不再把测量结果转换为直流模拟量或频率量,而是转换为二进制数码,再被记录在内存中或传输至水上。数字化测量大大提高了测量结果的分辨率,精确度由百分之几提高到千分之几。同时,数码传输几乎无精度损失,抗干扰能力强,有利于水上设备的数字化显示和记录,为计算机和微处理机的运用提供了方便。由于这一时期温度测量精度提高,电导测量技术得到改进,传感器体积更小,电路更简单,调整更简便,且计算机得到了普遍应用,加之 1978 年国际实用盐度标准得以获准和推广,因此,水下传感器只测量海水电导率而不再模拟补偿盐度,这是这一时期温盐深技术的另一主要特征。因此,70 年代末的温盐深产品,多为 CTD 或 SCTD,其中 S 是用计算机根据新盐标的五项式计算而得到的。

70 年代后,微电脑化的 CTD 阶段。70 年代的温盐深系统的水上设备往往是专用的，通用计算机及其外围设备仅用作扩展计算、存贮和记录之用。80 年代初，灵活机动的微处理机开始用于水上设备。现在进一步把微机用于水下探头中，使得温盐深的测量带有智能化的特征。其主要标志有两个方面：①水下探头在完成对传感器的输出信号进行数字化测量时，能根据内存的定标常数进行零点和满量程的校准和修正，提高了测量的精确性，大大简化了复检定标工作。②水下微处理机和通用异步收发器的运用，实现了水上和水下通过电缆进行双向"对话"的功能。早期的电缆传输式温盐深系统只能从水下向水上传送数据和从水上向水下供电。而微电脑化的温盐深系统在不改变原电缆的情况下，还可以从船上设备向水下探头发送各种指令性信息，控制采样速率和改变传感器的组合模式等。因为水上和水下均被微电脑化，所以信息的传送制式得以统一，也不再需要专用的船上装置。

根据使用方式不同，可将温盐深剖面仪分为通用型、专用型和抛弃型。

23.4.1 通用型 CTD

为常用定点、垂线测量时使用。使用时将仪器放入水中，通过控制仪器升降测量不同水层的温盐深。图 23-6 和图 23-7 为典型通用 CTD 结构示意图。

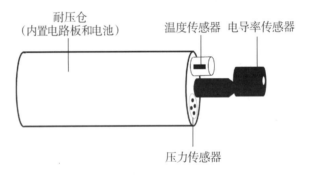

图 23-6 感应式传感器 CTD 结构示意

23.4.2 专用型 CTD

用于水下滑翔机、ROV、拖体、AUV 等水下运动载体，以及船舶上快速测量海水的温、盐、深等参数。除采样频率较高外，对 CTD 的外形也进行了相应改造，以消除这些水下运动载体在航行中特有的动态特性、边界层效应和尾流等影响。

23.4.3 抛弃式 CTD

为飞机上或舰船上使用的抛弃式温盐深测量仪。外壳多为圆柱形的浮标体。测量时，仪器被从飞机或舰船上向海中抛射，下潜过程中记录剖面数据，深度根据探头下降时间求得。

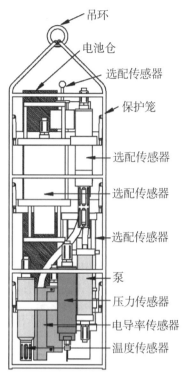

图 23-7 电极式传感器 CTD 结构示意

23.5 Argo 计划与 Argo 浮标

20 世纪 80 年代末,美国的 R. E. DAV IS 和 D. C W EBB 等人研制了自持式拉格朗日环流探测器(autonomous lograngian circulation explorer, ALACE),用 ARGOS 卫星系统通信和定位,不仅大大降低了测量作业成本,而且提高了布放作业的机动性,扩大了应用范围,适用于卫星定位和通信能覆盖的所有海域。为满足海洋科学研究的新需求,ALACE 被应用于垂直剖面参数的循环探测,而不是水平剖面的环流探测,因而演变成为自持式拉格朗日循环剖面探测器(PALACE)或称自持式剖面探测器(autonomous profiling explorer, APEX)。

20 世纪 90 年代中期,美国研制出两种与 ALACE 相关的观测平台。一种是被命名为 SLOCUM 的大洋剖面仪,利用海水温差发电,带有动力定位,使用 GPS 定位和卫星通信,设计工作寿命为 5 年,最大续航力 40 000 km,水平滑翔速度 0.4 m/s。另一种是主要用于水深 200 m 以内的水下海洋环境观测平台,携带 CTD 透射率计、荧光计、高度计等传感器,用 GPS 定位,可根据实际情况决定数据通信方式,可以直接下载数据,或通过双工通信改变其工作方式。同期,美国伍兹霍尔海洋研究所(WHIO)还研制了作业范围在几十公里级、作业深度大于 1 000 m 的自持式深海探测器 ABE(Autonomous

Benthic Explorer),带有 CTD、磁力计、深度计及数字相机以及用于浅海水下环境监测的遥测装置 REMUS(remote environmental monitoring units),依靠声学定位系统作业,自动进出船坞,下载数据,接受新的指令。

1998 年,为快速、准确、大范围地收集全球海洋上层的海水温、盐剖面资料,美国等国家的大气、海洋科学家推出了一项全球海洋观测试,即"Argo 计划"(ARRAY for REAL-TIME GEOSTROPHIC OCEANOGRAPHY,地转海洋学实时观测阵),也即"Argo 全球海洋观测网"。该计划构想用 3～4 年时间(2000—2003 年)在全球大洋中每隔 300 km 布放一个利用卫星跟踪的自沉浮式剖面探测浮标,总计 3 000 个,组成一个庞大的 Argo 全球海洋观测网。这一计划受到了世界各沿海国家的青睐,被誉为"海洋观测手段的一场革命"。

Argo 浮标的设计寿命为 4～5 年,最大测量深度为 2 000 m,每隔 10～14 天自动发送一组剖面实时观测数据,每年可提供多达 10 万个剖面的海水温盐资料,实现了长期、自动、实时和连续地获取大范围、深层海洋资料。这种实时的现场自动观测系统在全球或区域性的大尺度海洋和气候研究中有重要价值,有助于提高气候预报的精度,有效防御全球日益严重的气候灾害(如飓风、龙卷风、台风、冰暴、洪水和干旱等)给人类造成的威胁。

目前,全球 Argo 浮标已达 3 700 多个(图 23-8)。构建全球 Argo 实时海洋观测网的剖面浮标已经展到约 15 种,浮标携带的传感器也由早期的温度、电导率(盐度)和压力等物理海洋环境基本要素,逐渐在生物地球化学领域拓展,加装了溶解氧、生物光学、硝酸盐和 pH 等生物化学要素传感器的剖面浮标也在逐年增多。

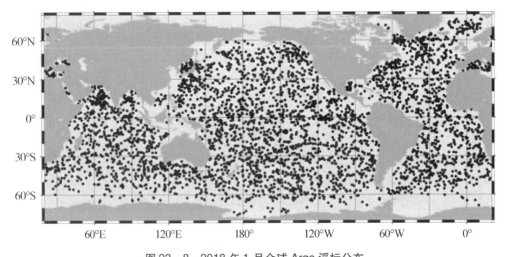

图 23-8　2018 年 1 月全球 Argo 浮标分布

典型的 Argo 浮标结构如图 23-9 所示。传感器位于顶端,油循环系统(闭合回路)使用无缝天然橡胶外部气囊和一个内部储油池(在太平洋内完成 2 000 m 的循环要求油量大于 175 mL)。通过泵将硅油从内部输送到外部气囊来增加漂流体积使浮标上升。

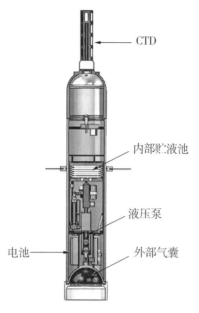

图 23-9　Argo 浮标结构示意

我国在 1995 年就完成了单参数表面漂流浮标的研制，但直到 2000 年才有机会将其应用于国家基础研究。2000 年初开始研究剖面浮标关键技术。2004 年 11 月 8 日试验的 Argo 浮标潜入深度已可达到 1 900 m，在下潜深度、上浮水面、剖面测量、数据处理、卫星传递数据等功能上已经达到国际 Argo 组织的要求。

第 24 章 海洋水下通信技术

海洋观测领域的通信技术是指在海洋观测系统中，为实现各观测平台之间或平台与数据中心之间的信息传递所应用的通信技术。大量观测数据需要通过可靠的通信方法和技术，在确保数据的正确性和可靠性的前提下实现传输。通信技术是连接观测系统各组成要素的桥梁和纽带，是海洋观测系统的重要组成部分。将先进的通信技术应用于海洋观测领域是发展海洋观测技术的重要内容之一。

海洋通讯技术按传输介质不同可分为无线通信和有线通信；按信息载体不同可分为声通信、光通信和无线电通信；按信号传输方式不同，可分为模拟通信技术和数字通信技术；按平台或设备部署的空间位置，分为水上通信和水下通信。本章主要介绍海洋水下通信技术，包括海底光缆通信和海底无线通信，其中海底无线通信又可分为光通信、电磁波通信和声通信等技术。

24.1 海底光缆通信

海底光缆（submarine optical fiber cable）又称海底通信电缆，是用绝缘材料包裹的导线，铺设在海底，用以建立国家和地区之间的电信传输，至今已有 100 多年的历史。

1850 年，盎格鲁－法国电报公司开始在英国和法国之间铺设世界第一条海底电缆，这条电缆穿越英吉利海峡，只能发送莫尔斯电报密码，且品质粗劣，没有其他任何保障。1858 年，赛勒斯由西场（Cyrus West Field）说服英国工业家基金第一次尝试打下一条跨大西洋的电报电缆。1863 年，电缆从孟买连接到阿拉伯半岛。1866 年，英国在美、英两国之间铺设跨大西洋海底电缆（the atlantic cable）并取得成功，首次实现了欧、美大陆之间跨大西洋的电报通讯。1876 年，贝尔发明电话后，海底电缆具备了新的功能，各国开始大规模铺设海底电缆。

20 世纪 50 年代，互联网开始崭露头角，随之而来的是对海底通信质量和数据传输速度的更高要求。1960 年，世界上第一台激光器问世，人们开始利用激光实现在光导纤维中传输信息。七八十年代，互联网在全球发达国家兴起，而海底电缆带宽有限、传输稳定性差等不足开始凸显，具备传输距离长、容量大等特性的光纤被寄予厚望。

1988 年，在美国与英国、法国之间敷设了越洋的海底光缆（TAT－8）系统，全长 6 700 km。这条光缆含有 3 对光纤，每对的传输速率为 280 Mb/s，中继站距离为 67 km。这是第一条跨越大西洋的通信海底光缆，标志着海底光缆时代的到来。1989 年，跨越太平洋、全长 13 200 km 的海底光缆建设成功，从此，海底光缆在跨越海洋的洲际海缆领域取代了同轴电缆，远洋洲际间不再敷设海底电缆。

20 世纪 90 年代，海底光缆已经与卫星通信一并成为当代洲际通信的主要手段。据不完全统计，截至 20 世纪末，全球共建设不同规模的海底光缆系统 170 多个，联通了 130 多个国家。2009 年，初步建成的 North-East Pacific Time-series Undersea Networked Experiments（NEPTUNE-Canada）海底观测网络计划是目前全球最大的海底深海连缆观测网，该系统以 800 km 海底光纤电缆为主干，从温哥华岛西岸出发，穿过大陆架进入深海平原，向外延伸到大洋中脊的扩张中心，最终形成一个回路，用以传输高达 10 kV、60 kW 的能量和每秒百亿字节的大量数据。截至目前，除南极洲之外，海底光缆已经覆盖了世界上其他所有洲。

中国的第一条海底电缆是清朝台湾首任巡抚刘铭传在 1886 年铺设的，1888 年共完成架设两条水线，一条是福州川石岛与台湾沪尾（淡水）之间的 177 nmi 水线，主要供台湾府向清廷通报台湾的天灾、治安、财经，并提供商务通讯使用；另一条为台南安平通往澎湖的 53 nmi 水线。

我国于 1989 年开始投入到全球海底光缆的建设之中。1993 年 12 月，中国—日本（C-J）海底光缆系统在中国登陆，可开通 7 560 条电话电路。1997 年 11 月，我国参与建设的全球海底光缆系统（FLAG）建成并投入运营，这是第一条在我国登陆的洲际光缆系统，分别在英国、埃及、印度、泰国、日本等 12 个国家和地区登陆，全长超过 27 000 km，其中中国段为 622 km。2000 年 9 月 14 日，亚欧海底光缆上海登陆站开通，我国实现与亚欧 33 个国家和地区的联接，标志着我国海底通信水平达到了新的高度。

24.1.1 海底光缆的分类与结构

24.1.1.1 海底光缆系统

海底光缆系统主要用于连接光缆和 Internet，大体上可以分为两大类：一是有中继的中、长距离系统，适合沿海大城市之间的跨洋国际间通信；另一类是无中继短距离通信系统，常用于大陆与近海岛屿、岛屿间短距离的通信系统中。无中继系统采用光放大技术，传输距离可达 450～500 km。

（1）海底光缆系统组成。包括岸上设备和水下设备两大部分。岸上设备将数据、语音、图像等通信业务打包传输，主要包括线路终端设备、同步数字体系（Synchronous Digital Hierarchy，SDH）设备、远供电源、线路监测设备、网络管理设备以及海洋接地装置等。其中，线路终端设备完成再生段端到端通信信号的处理、发送和接收；SDH 设备在环形网络中形成环路，实现自愈保护；远供电源通过远供导体向海底中继馈电，并与海洋接地装置在海水的帮助下实现回流；线路监测设备可以自动监测海底光缆和中继器的状态，若发生故障，会自动警告并定位故障。水下设备负责通信信号的处理、发送和接收，又分为海底光缆、中继器和分支单元三部分。海底光缆拥有比陆地光缆更加坚固的铠装保护；光放大器可延长通信链路的中继距离；水下分支单元实现海底光缆的分支和电源远供的倒换。除此之外，还有一个重要的组成部分是远供电源导体。它的电阻小于 1 Ω/kg，可与海底中继器配合完成电源远供过程。

（2）海底光缆系统技术。包括有中继/无中继技术、光调制技术、前向纠错技术、色散补偿和管理技术、光纤技术、波分复用技术、光正交频分复用技术和偏振复用/相干接收技术等。

24.1.1.2 海底光缆的分类

海底光缆按应用范围可分为海底轻型光缆（LW）、海底轻型保护光缆（LWP）、海底轻型铠装光缆（LwA）、海底单层铠装光缆（SA）和海底双层铠装光缆（DA），其应用范围见表24－1。根据海缆的护层结构，可分为无铠型、轻铠型、单铠型、双铠型和加重型等。按光缆的纤芯分类，除陆缆常用的 G.652 和 G.655 外，还有专用的 G.654，其主要性能指标见表24－2。根据传输系统是否有中继器分为中继型海底光缆和无中继型海底光缆，其中，中继型海底光缆结构内有专供远供系统使用的铜导体，而无中继型海底光缆则无需此铜导体。

表24－1 五种海底光缆的典型适用环境和特点

光缆类型	典型适用环境	特点
LW	1 000～8 000 m 水深，良好稳定性的砂质海底	轻度保护，中心为松套管结构，外裹金属加强钢丝，最外层中密度聚乙烯保护套结构
LWP	1 000～8 000 m 水深，粗糙表面海床，中度磨损或可能被海洋动物撕咬的环境	比 LW 增加金属带和第二次聚乙烯护层，以提高抗磨损和防硫化氢腐蚀能力
LWA	20～1 500 m 水深，岩石地形，中度拖船危害区域，不埋设时可适用于 2 000 m 水深	比 LW 增加轻型铠装钢丝
SA	20～1 500 m 水深，复杂岩石地形，高危险拖船危害区域	比 LW 增加一层重型铠装钢丝
DA	500 m 以下水深，复杂岩石地形，高危险拖船危害和高磨损区域	比 LW 增加两层重型铠装钢丝

表24－2 海底光缆光纤的主要性能指标

光纤类型	衰减/(dB·km^{-1})	色散/(ps·nm^{-1}·km^{-1})	偏振模色散/(ps/$\sqrt{km}$)
G.652	0.20	6～18	0.15
G.654	0.18	6～18	0.15
G.655	0.20	1～6	0.15

24.1.1.3 海底光缆的结构

海底光纤所用的光纤比陆地光缆有更高的要求，其设计的准则是对缆中光纤进行安全、可靠、全面的保护。因此其结构设计具有如下要求：海缆能承受敷设的水深压力（目前最深可达 8 000 m），具有纵向水密性，可承受海缆布放、埋设和打捞维修时的张力，能够抵抗船网、钩锚及水流的冲击，能够克服氢损、潮气等因素引起的光纤传输损耗的波动，并保证在规定的系统寿命期限（通常为 25 年）内，具有较好的传输损耗稳定性。

海底光缆通常采用束管式结构，其结构元素通常包括缆芯、护套、外护层等（图 24-1）。敷设不同深度的海底光缆有不同的技术要求。现在国际上根据敷设深度不同，将海底光缆的结构分为两大类：一类是具有外层铠装结构的光缆，适用于浅海；另一类是没有外层铠装结构的光缆，其加强件置于光缆内部，适用于深海。

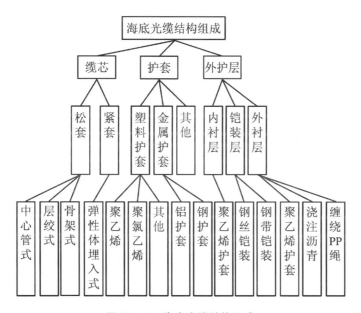

图 24-1 海底光缆结构组成

海底光缆在结构上要求坚固，有很好的机械强度。海缆中的抗压管通常为金属管，常用的金属有铜、不锈钢、铅、铝等。其中，铜具有良好的导电性，在中继系统中还可作为中继供电和故障探测用导体；不锈钢管以其优异的机械性能、极高的性价比已被海底光缆大量使用；由于铝和海水会发生电化学反应而产生氢气，而氢分子会扩散到光纤中，导致氢损，现在海缆中已不使用铝管；从环境保护的角度考虑，已少用铅管。

起绝缘保护作用的护套材料根据需要可选用各种密度的聚乙烯，包括高密度聚乙烯（HDPE）、中密度聚乙烯（MDPE）、吸线性低密度聚乙烯（LLDPE）等。

当光缆敷设在距离海岸较近的地方时，通常对其加铠装保护，以防船锚拖曳和近海挖掘的破坏，通常包括单铠、双铠和岩石铠。单铠光缆用于存在一定危险的区域，铠装层提供足够的抗冲击强度和抗张强度以保护缆芯在不同海况下免受强烈的冲击和磨损；双铠海缆用于需对光缆进行高度保护的区域，典型的是系统的岸端区域和线路中的浅水区，以及具有磨蚀性的海床区域；岩石铠用于岩石地带、有磨损或压碎及拖网鱼船伤害的危险区。在较深水域则不需要过分保护。国外铠装钢丝多选镀锌钢丝，国内多采用耐海水腐蚀的合金镀层钢丝及镀锌钢丝。外被层可以采用聚乙烯护套，也可以是浇灌沥青、缠绕 PP 绳结构等。

此外，光缆结构设计时还须综合考虑光缆的重量、外径、机械强度及密度等。国内外典型的几种海底光缆结构如图24-2和图24-3所示。

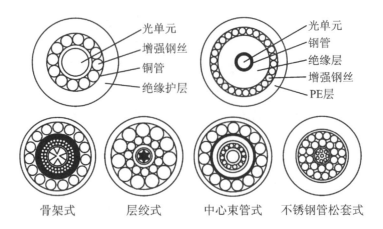

图24-2 典型的浅海光缆截面

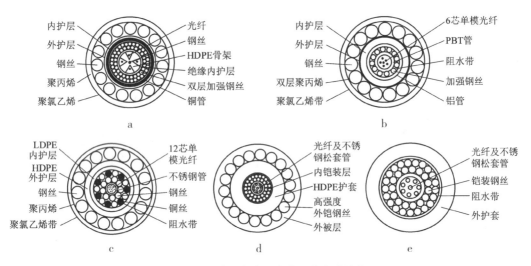

图24-3 我国自主研发的五代光缆结构
a. 4芯单模浅海光缆；b. 6芯单模浅海光缆；c. 12芯单模浅海光缆；d. 8芯单模不锈钢式跨海光缆；
e. 轻型深海光缆

即便防护如此严密，在20世纪80年代末还是发生过深海光缆的聚乙烯绝缘体被鲨鱼咬坏而导致供电故障的事故。因此，在鲨鱼出没的海区，海底光缆之外还需使用钢带绕包两层后，再加一层聚乙烯外护套。

24.1.2 特点及应用

海底光缆通信容量大、可靠性高、传输质量好，能够提供稳定的通信能力和较大的通信带宽，满足实时数据传输的需求。众多的海底光缆构成了联通世界的海底观测网。海底观测网通过岸基高压供电实现长距离电能和信息的输送，支持各种观测设备的灵活对接与自动接驳，摆脱了电池寿命、船时与舱位、天气和数据延迟等多种局限，使数据可以实时传送，也可定时监测地震、海底火山喷发、海啸等突发性灾害事件。通过海底观测网，不仅能够将固定观测平台连通，还可以通过对接移动平台形成完整的水下观测系统。

与陆地光缆相比，海底光缆具有以下优越性：①铺设不需要挖坑道或用支架支撑，因而投资少，建设速度快。②除登陆地段外，光缆多在一定深度的海底，受自然环境的破坏和人类活动的干扰较少。

与人造卫星相比，海底光缆也具备一定优势：①海水可防止外界电磁波的干扰，因此海底光缆的信噪比较低。②海底光缆通信中感受不到时间延迟。③人造卫星的燃料通常在 10～15 年内就会耗尽，但海底光缆的设计寿命为持续工作 25 年。

但海底光缆系统也存在维护困难等特点。此外，由于大量的网络通信需求都被寄望于海底光缆，使其在危机到来时表现得脆弱异常。首先，光缆布设的水域往往是重要的海上运输通道或渔船作业海区，2001 年和 2003 年，上海崇明岛海域就分别发生过因渔船拖网、船只起锚而拉断光缆的事件。其次，一些光缆恰好经过活跃的地震带，地震往往使光纤发生移位或断裂，如地震造成主要光缆通信中断，信息传输速度将会大受影响。

24.2 海底无线通信

海底无线通信即无线信号自一个发射器发出，被多个接收器接收，中间无需经过电缆。与有线通信相比，无线通信最突出的优点就是其灵活性。主要可以分为三大类：水声通信、水下无线电磁波通信和水下光通信，分别具有不同的特性及应用场合。

24.2.1 水声通信

水声通信（underwater acoustic communication）是指利用声波在水下的传播进行信息远距离通信的一种手段。声波在海面附近的传播速度约为 1 520 m/s，比电磁波在真空中的传播速率低 5 个数量级。与电磁波相比较，声波是一种机械振动产生的波，是纵波，在海水中衰减仅为电磁波的千分之一，在海水中通信距离可达数十公里。研究表明，在非常低的频率（200 Hz 以下）下，声波在水下能传播数百公里，即使是 20 kHz 的频率，在海水中的衰减也仅 2～3 db/km。此外，科学家还发现，在海平面下 600～2 000 m 之间存在一个声道窗口，声波可以传输数千公里之外。因此，水声通信是目前最成熟、也是很有发展前景的水下无线通信手段。

24.2.1.1 工作原理

水声通信的工作原理是将语音、文字或图像等信息通过电发送机转换成电信号，再由编码器进行数字化处理，然后通过水声换能器将数字化电信号转换为声信号，声信号通过海水介质传输，将携带的信息传递到接收端的水声换能器，换能器再将声信号转换为电信号，经解码器将数字信息解译后，还原出声音、文字及图片信息。图 24-4 给出了水声通信系统的基本框架。

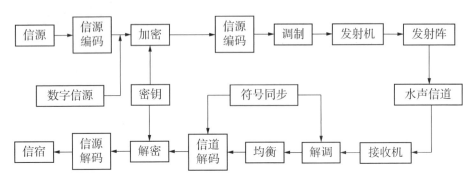

图24-4 水声通信系统基本框架

24.2.1.2 水声通信的特性

水声通信系统的性能受复杂的水声信道的影响较大。水声信道是由海洋及其边界构成的一个非常复杂的介质空间,是一个十分复杂的多径传输的信道,它具有内部结构和独特的上、下表面,能对声波产生许多不同的影响。水声信道影响通信的主要特性如下所述。

(1) 声能量的传播损失。传播损失是由于声能扩展和衰减所引起的损失之和。扩展损失主要是由于波阵面的扩展引起声能的扩散。常见的几何扩展有球面扩展和柱面扩展。球面扩展主要发生在深水通信中,柱面扩展主要发生在浅水通信中。衰减损失包括吸收、散射和声能泄露。

(2) 环境噪声。海洋中有许多噪声源,包括潮汐、湍流、海面波浪、风成噪声、地震、火山活动和海啸产生的噪声、生物噪声、行船及工业噪声等。噪声的性质与噪声源有密切的关系,在不同的时间、深度和频段有不同的噪声源。

(3) 多径效应。由于介质空间的非均匀性,水声信道存在多径现象,即在一定波束宽度内发出的声波可沿几种不同的路径到达接收点。声波在不同路径中传播时,由于不同路径长度的差异,到达该点的声波能量和时间也不同,从而引起信号的衰落,造成波形畸变,并且使信号的持续时间和频带被展宽。由于海水中内部结构(如内波、水团、湍流等)的影响,多径结构通常是时变的。在数字通信系统中,多径效应造成的码间干扰(ISI)是影响水声通信数据传输率的主要因素。

(4) 起伏效应。由于介质在空间分布上不均匀,且是随机时变的,使得声信号在传输过程中也将是随机起伏的。造成起伏的主要原因是海面、非均匀介质的温度微结构和内波。信道的起伏造成信道的脉冲响应具有时变性,这种时变性严重地影响了通信系统的性能。

24.2.1.3 水声通信技术的分类

为了克服上述不利因素,并尽可能地提高带宽利用效率,已出现多种水声通信技术。

(1) 单边带调制技术。世界上第一个水声通信系统是美国海军水声实验室于1945

年研制的水下电话,主要用于潜艇之间的通信。该模拟通信系统使用单边带调制技术,载波频段为 8～11 kHz,工作距离可达几公里。

(2) 频移键控(FSK)。20 世纪 70 年末,美国开始研发基于 FSK 调制技术的水声通信系统,并在技术上逐渐提高。频移键控需要较宽的频带宽度,单位带宽的通信速率低,并要求有较高的信噪比。

(3) 相移键控(PSK)。20 世纪 80 年代初,美国开始研发基于 PSK 调制技术的水声通信系统,发展出非相干通信和相干通信两种方式。相干通信是指接收机事先知道发射机的相位信息和载频频率,而非相干通信是指接收机事先不知道发射机载频及相位信息。相干通信的算法和结构一般比非相干通信复杂,但通信距离较远。采用差分相干的差分调相不需要相干载波,而且在抗频漂、抗多径效应及抗相位慢抖动方面都优于采用非相干解调的绝对调相,但由于参考相位中噪声的影响,抗噪声能力有所下降。目前,正在由非相干通信向相干通信发展。

24.2.1.4 特点及应用

虽然水声通信存在带宽低、易受干扰等不足,但相比于光波在水中的穿透能力有限和电磁波在水中传播的损失巨大,声波作为水下测量的方式,具有得天独厚的优势。作为目前最为成熟的水下无线通信方式,水声通信能够快速、低成本地建立具有自组织和相互协作特性的小范围或应急观测网络,可作为水下光缆通信组网的有益补充。

水声通信的另外一个应用方向是多潜器联合作业。水声通信技术已发展到网络化阶段,将无线电中的网络技术(Ad Hoc)应用到水声通信网络中,可以在海洋中实现全方位、立体化通信(可与 AUV、UUV 等无人设备结合使用)。潜器通过水声通信进行组网,实现协同控制,在水下开展联合作业,可提高海洋调查和目标搜索等作业的效率。

此外,利用声学通信可进行水下定位,即用水声设备确定水下载体或设备的方位和距离。在海洋观测中,能够用于水下设备的定位和失踪后的查询,防止仪器丢失。

24.2.2 水下无线电磁波通信

当导体通过迅速变化的电流时,导体就会向其周围的空间发射电磁波。电磁波可以在真空中传播,也可在介质中传播。水下无线电磁波通信是指以水为传输介质,将不同频率的电磁波作为载波传输数据、语言、文字、图像、指令等信息的通信技术。

24.2.2.1 分类

目前,各国发展的水下无线电磁波通信主要使用甚低频(very low frequency,VLF)、超低频(super low frequency,SLF)和极低频(extremely low frequency,ELF)3 个低频波段。

甚低频通信频率范围为 3～30 kHz,波长为 10～100 km,能够穿透 10～20 m 深的海水。但信号强度很弱,水下目标难以持续接收。

超低频频率范围是 30～300 Hz,波长为 1 000～10 000 km。超低频电磁波可穿透约 100 m 深的海水,信号在海水中的传播衰减比甚低频小一个数量级。超低频水下通信是一种低数据率、单向、高可靠性的通信系统。如果使用先进的接收天线和检测设备,岸上发出的信号可深入水下 400 m,但接收用的拖曳天线也要比接收甚低频信号长。

极低频的频率范围为 3～30 Hz，波长在 10 000～100 000 km。极低频信号在海水中的衰减远比甚低频和超低频低得多，穿透海水的能力比超低频强。此外，极低频对传播条件要求不敏感，受电离层的扰动干扰小，传播稳定可靠，相较于甚低频或超低频，在水中更容易传送。但是极低频每分钟可以传送的数据相对较少。

24.2.2.2 特点及应用

电磁波的工作效率更高，传输速度更快。但由于电磁波是横波，在有电阻的导体中的穿透深度与其频率直接相关，频率越高，衰减越大，穿透深度越小；频率越低，衰减相对越小，穿透深度越大。海水是良性的导体，对平面电磁波传播而言是有耗媒介，趋肤效应较强，对电磁波的传输会造成严重的影响，原本在陆地上传输良好的短波、中波、微波等无线电磁波在水下由于衰减严重，几乎无法传播。因此，水下无线电磁波通信主要用于远距离、小深度的水下通信场景。

24.2.3 水下无线光通信

水下无线光通信是指利用蓝绿波长的光进行的水下无线通信。

1963 年，S. Q. Dimtley 和 S. A. Sullian 等学者在研究光波在海水中传播的特性时，发现海水对 0.45～0.55 μm 的蓝绿光的衰减，相比对其他波段的光波要小得多，说明海水中存在一个对蓝绿光的透光窗口。后又通过试验证实，在垂直入射时，蓝绿光能穿透 2 000 m 深的海水，而衰减只有 5%～10%。1979 年，美国率先提出了利用 0.498 μm 的蓝绿激光对潜通信的设想。

20 世纪 70 年代，水下光通信技术开始受到重视。1977 年，美国开始提出战略激光通信计划，并从 1980 年起，以每 2 年 1 次的频率，共进行了 6 次蓝绿激光对潜通信试验，证实蓝绿激光能够在各种海洋条件下和几乎全天候气象条件的进行高速通信。1983 年底，苏联完成了将蓝色激光束发送到空间轨道反射镜后，再转发到水下弹道潜艇的激光通信试验。2008 年，美国 F. Hanson 等人在实验室中首次实现了传输速率高达 1 Gb/s 的水下光通信。2010 年 2 月，美国伍兹霍尔海洋研究所实现 100 m 范围内，水下光通信速率达到 10～20 Mb/s 的能力。

近年来，来自水下传感器网络和海底探测的需求，极大地促进了短距离高速率的水下光通信技术的发展，已有水下光调制解调器原型机用于深海海底探测。但截至目前，水下光通信技术还不够成熟。

与水声通信及水下无线电磁波通信相比，水下无线光通信具有如下优势。

（1）光波工作频率高（10^{12}～10^{14} Hz），信息承载能力强，可以组建大容量无线通信链路。

（2）数据传输能力强，可提供超过 1 Gb/s 量级的数据速率，能传输语音、图像和数据等信号，这使得水下高分辨率音频和视频传输成为可能。

（3）水下光通信不受海水的盐度、温度、电磁和核辐射等影响，抗干扰、抗截获和抗毁能力强。

（4）光波的波束窄，方向性好。

（5）光波的波长短，收发天线尺寸小，可大幅度减少光通信设备的重量。

（6）对海水的穿透能力强，能实现与水下 300 m 以上深度的通信。

然而也存在一些制约水下光通信性能的因素：①水对光信号的吸收很严重。②水中的悬浮粒子和浮游生物使光产生严重的散射作用。③水中的环境光对光信号存在干扰。

24.3 海洋水下通信的发展趋势

就目前研究进展来看，以无线声、光和光纤等传输介质混合组网实现水下通信，能够充分利用各种通信方式的优势，实现互补，这将是未来的发展方向。

24.3.1 海底光缆通信的发展趋势

自 1988 年世界第一条海底光缆建成至今，海底光缆在技术使用、网络安全和建设规模等方面，都发生了巨大变化。随着光纤光缆制造技术及材料工业的发展，海底光缆的结构设计与工艺制造技术也在不断进步，其技术发展出现新的趋势。

（1）大芯数。近年来海底光缆与陆地光缆一样对大芯数的要求日益增加，从数芯至数百芯，这对海缆的结构和制造工艺也提出了更高的要求。

（2）松结构。由于对超高速宽带传输的需求增长，更需要具有较大有效面积的光纤。在相同的模场直径下，相对于紧包缓冲结构，松套结构光纤在成缆后产生的光纤附加衰减较低。此外，光纤余长的设计将有利于光缆应变的改善，松结构光缆可提供一定的光纤余长，从而减少光缆受拉时光纤受到的应变，因此目前国际海缆有从紧结构向松结构发展的趋势。

（3）轻型化。由于在制作工艺上，低强度钢丝要易于高强度钢丝。因此，过去海底光缆提供机械强度的销装钢丝多采用低强度钢丝。未来，海缆将向更轻型化方向发展。改变海缆的粗笨外形，采用微型结构，选用高强度钢丝，以降低光缆的重量和外径。

海底光缆承载着全球 80% 以上的长途通信业务，在世界通信网络中发挥着越来越重要的作用，未来也仍将是水下通信技术的主流。

24.3.2 海底无线通信的发展趋势

随着世界经济和军事发展的需求，水下无线通信网络的关键技术与装备已成为各海洋大国的主要研究和发展对象，目前主要从水声通信网络的体系结构、节点构造、网络协议等方面开展研究，其中尤以兼具水下监测功能的水下无线通信网络的研究最为普遍。

通过无线信号在 AUV、船只、浮标等观测平台之间建立高速数据通信网，可实现数据的实时传输与潜器的精准导航。水下无线通信网络是通过将大量携带微小型声、磁、海洋生化等多种传感器形成的通信节点部署到指定海域中，并将通信节点与水下潜航器（自主巡航器 AUV、无人潜航器 UUV 等）通过水下无线通信方式自组，形成分布式无线通信网络。网络中的节点相互协作来完成环境监测、数据采集等工作，采集到的数据经过融合等处理后，传送给水下汇聚接收节点或水面基站，再通过射频通信方式或有线通信方式发送给用户。随着节点设备的小型化，组网技术研究是水下无线通信的重要发展方向。

24.3.2.1 水声通信

目前，凭借传输距离远、性能可靠等优点，水声通信仍然牢牢占据着水下无线通信技术的主导地位。未来，水声通信仍然是构建水下无线传感器网络最可靠的通信技术。

但声波仍然存在速度慢、延时高、带宽窄、多径效应明显等缺陷。虽然近年来水声通信技术得到了较快的发展，但仍无法满足远距离、大容量、实时化的传输需要。因此通过克服多径效应等不利因素的手段，达到提高带宽利用效率的目的将是未来水声通信技术的发展方向。

24.3.2.2 水下无线电磁波通信

电磁波在水中的衰减较大，对海水的穿透深度极其有限，且频率越高衰减越快，这使得水下无线射频通信方式在各类小型探测器上的使用变得非常困难。数据传输速率非常低，耗资巨大，并且易遭受敌方攻击或信息干扰，但受水文条件影响甚微，使得水下电磁波通信相当稳定。

水下无线电磁波通信未来的发展趋势：①向极低频通信发展，对超导天线和超导耦合装置的研究将成为热点。②发展顽存机动发射平台，如机载、车载及舰载甚低频通信系统。③提高发射天线辐射效率和等效带宽，使之在增加辐射场强的同时提高传输速率。④作为水下短距离的高速通信手段，其组网协议的适应性设计和通信设备的节能、小型化设计是重要研究方向。⑤应用微弱信号放大和检测技术、抑制和处理内部和外部的噪声干扰，优选调制解调技术（尤其重视已调波在频域上能量高度集中的调制方法）和编译码技术来提高接收机的灵敏度和可靠性。此外，已有些学者在研究超窄带理论与技术，力争获得更高的频带利用率。也有学者正寻求能否突破香农极限的科学依据。

24.3.2.3 水下无线光通信

光波频率更高，其承载信息的能力也更强，更易于实现水下大容量的数据传输，传输率更高。此外，无线光学通信具有不易受海水温度和盐度变化的影响等优点，抗干扰能力强，且光波具有更好的方向性。然而，光束在海水中的传输比在大气中传输所受的影响复杂得多，要受到海水中所含水介质、溶解物质和悬浮物等物质成分的影响，且传输距离较声波短得多。克服环境的影响是将来水下光通信技术的发展方向。

随着水下通信技术需求的不断扩大，在继续完善现有水下无线通信技术的同时，研究开发新的水下通信技术，如水下中微子通信、水下引力波通信、水下量子通信和水下无线中长波通信等，可能成为一种趋势。

24.4 海洋水下通信的安全性

无论是海底光缆还是海底无线通信，都存在一定的安全风险。安全问题对于水下通信来说，是一个不容忽视的重要问题。

24.4.1 海底光缆通信的安全性

开展光缆防窃听技术研究，特别是针对最复杂的海底光缆通信线路，对信息安全传输意义重大且非常紧迫。关于海缆的反窃听包含以下两方面内容。

一是当海缆遭遇窃听时，能够及时发现。主要利用光缆中的通信光纤作为传感媒介，采用光纤干涉技术，探知光纤在非正常外力的作用下受到微扰的参数变化情况，实现光纤遭到窃听时的高灵敏度监测，达到链路防窃听的目的。难题是如何将外界的背景噪声与真正的窃听区分开来。

二是开发防窃听的海底光缆。通常海底光缆采用的是金属结构，防窃听海底光缆采用全非金属结构，可防止电磁、声学等探测，采用高密度护层材料耐屏蔽，调整光缆密度至接近海底泥土密度，可以防止声纳探测。

24.4.2 海底无线通信的安全性

海底无线通信网络近年来在海洋资源勘探与开发以及海洋环境监测等领域获得了广泛应用，促使各海洋大国越来越重视对其关键技术的研究。受自身特性限制和水下通信环境的制约，海底无线通信网络对外部攻击抵抗较差，面临各种威胁和攻击。但现有研究多以节省能耗、延长网络寿命为出发点，一定程度上忽视了对安全问题的研究。因此，研究水下无线通信网络存在的安全弱点，并针对其面临的安全威胁，设计、研发适用于水下无线通信网络的安全技术和安全机制具有重要的意义。

24.4.2.1 海底无线通信网络的安全弱点

由于海底环境和信号本身的复杂性，海底无线通信网络与陆地无线通信网络相比，存在很大不同：

（1）传输速率低，高延迟。现有海底无线通信系统一般基于具有大传播延迟的声学链路，声学信号在水中的传播速度比无线电波在自由空间中的传播速度低 5 个数量级，水声传输延迟约为 0.67 s/km。

（2）误码率高。由于声学信号的带宽窄，所以海底通信链路质量很容易受到多径、衰落和声学信道折射特性的影响，导致声学链路的比特误码率较高，容易失去连通性。

（3）水流会使传感器移动，加之自主巡航器具有机动性，传感器也会随着水流移动，使得自主巡航器与传感器之间以及自主巡航器之间难以完成可靠通信。

（4）功耗大。海底通信系统比陆地通信系统消耗的功率更多，且由于水下硬件的价格不菲，因此海底传感器布置零星疏远，导致海底无线通信网络的传输距离也较远。因此，为保证通信覆盖范围，水下无线通信网络需要更高的发射功率。

根据海底无线通信网络的特性可得出水下无线通信网络的安全弱点：

（1）无线水下信道存在被窃听的可能。

（2）传感器不固定，它们之间的距离会因时间而变化。

（3）海底无线通信比陆地无线通信有更多的功率被消耗，且水下传感器稀疏的布局会让网络寿命因耗尽节点电池的耗能攻击而受到严重威胁。

（4）比特误码率偏高使信息包存在误差，关键安全信息包存在丢失的可能性。

（5）存在攻击者截获传输信息的可能，并可能丢掉或者修改信息包。

（6）水面上的有线链路和快速无线电会让恶意节点有机可乘，形成带外连接，称之为"虫洞"。水下传感器网络的动态拓扑结构会使"虫洞"更加容易产生，同时还会增加"虫洞"的探测难度。（图24-7）

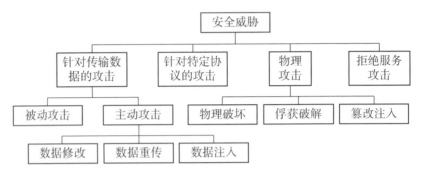

图24-7 水下无线通信网络安全威胁分类

24.4.2.2 海底无线通信网路的安全需求

海底无线通信网络的安全需求与陆地无线通信网络有相似之处，也有不同之处，需要考虑以下安全需求。

（1）身份认证。水声信道具有开放性，攻击者很容易就能够侵入并发送恶意消息，因此接收节点必须要对数据来源的合法性进行认证。

（2）数据机密性。数据机密性是对网络中传输数据进行保护，避免非法用户对数据进行窃取和修改。

（3）数据完整性。数据的完整性是要确保数据未被篡改。

（4）数据有效性。数据有效性是指确保授权用户获得有效的数据，避免受到拒绝服务攻击后影响有时效性要求的水中探测应用，如海啸预测等。

24.4.2.3 尚待解决的安全问题

目前，对水下无线通信网络的安全问题研究主要集中在安全时间同步、安全定位和安全路由等方面。针对不同方面，有以下安全问题需要解决。

（1）针对安全时钟同步。根据延迟和"虫洞"的攻击，需设计出有效和可靠的时间同步方案，占用少量的计算和通信成本资源。根据水下无线通信网络传播延迟高和多变的特点，需要探究一种新的方法用于估算同步节点所要时长。

（2）针对安全定位。需设计出弹性算法，可以在"虫洞"攻击和"女巫"攻击时明确传感器的位置。需要设计出一种安全定位机制，可以解决水下无线通信网络中的节点移动性问题。根据在水下无线通信网络中引入错误定位信息的攻击，需要对加密算法进行有效开发。需要对危害或者恶意锚节点的技术进行识别开发，防止错误检测这些节点。

（3）针对安全路由。需设计出强大而快速的认证和加密机制用于对抗外部入侵者。需要加大对用于应对"污水池"和"虫洞"攻击的新技术的开发力度，同时提高现有的应对技术。原因是"虫洞"攻击能够利用分布式虫洞可视化系统对距离估计信息包的缓冲时间进行控制，得以实现自身的隐藏，而传感器之间方向的误差会影响到"虫洞"弹性邻居节点发现方法。需开发一种包含声誉的系统分析邻居的行为，同时拒绝包括非协作自私节点在内的路由路径。需要开发先进的机制应对"女巫"攻击、确认电子欺骗、选择性转发和呼叫泛红攻击等内部攻击。

附 录

附表1 298.15K 时标准电极电位 (V)

电极反应	$\varphi^{\ominus}$	电极反应	$\varphi^{\ominus}$
$Ag^+ + e = Ag$	0.799 6	$AsO_2^- + 2H_2O + 3e = As + 4OH^-$	-0.68
$Ag^{2+} + e = Ag^+$	1.98	$H_3AsO_4 + 2H^+ + 2e = HAsO_2 + 2H_2O$	0.56
$AgBr + e = Ag + Br^-$	0.071 3	$AsO_4^{3-} + 2H_2O + 2e = AsO_2^- + 4OH^-$	-0.71
$AgBrO_3 + e = Ag + BrO_3^-$	0.546	$AsS_2^- + 3e = As + 2S^{2-}$	-0.75
$AgCl + e = Ag + Cl^-$	0.222	$AsS_4^{3-} + 2e = AsS_2^- + 2S^{2-}$	-0.6
$AgCN + e = Ag + CN^-$	-0.017	$Au^+ + e = Au$	1.692
$Ag_2CO_3 + 2e = 2Ag + CO_3^{2-}$	0.47	$Au^{3+} + 3e = Au$	1.498
$Ag_2C_2O_4 + 2e = 2Ag + C_2O_4^{2-}$	0.465	$Au^{3+} + 2e = Au^+$	1.401
$Ag_2CrO_4 + 2e = 2Ag + CrO_4^{2-}$	0.447	$AuBr_2^- + e = Au + 2Br^-$	0.959
$AgF + e = Ag + F^-$	0.779	$AuBr_4^- + 3e = Au + 4Br^-$	0.854
$Ag_4[Fe(CN)_6] + 4e = 4Ag + [Fe(CN)_6]^{4-}$	0.148	$AuCl_2^- + e = Au + 2Cl^-$	1.15
$AgI + e = Ag + I^-$	-0.152	$AuCl_4^- + 3e = Au + 4Cl^-$	1.002
$AgIO_3 + e = Ag + IO_3^-$	0.354	$AuI + e = Au + I^-$	0.5
$Ag_2MoO_4 + 2e = 2Ag + MoO_4^{2-}$	0.457	$Au(SCN)_4^- + 3e = Au + 4SCN^-$	0.66
$[Ag(NH_3)_2]^+ + e = Ag + 2NH_3$	0.373	$Au(OH)_3 + 3H^+ + 3e = Au + 3H_2O$	1.45
$AgNO_2 + e = Ag + NO_2^-$	0.564	$BF_4^- + 3e = B + 4F^-$	-1.04
$Ag_2O + H_2O + 2e = 2Ag + 2OH^-$	0.342	$H_2BO_3^- + H_2O + 3e = B + 4OH^-$	-1.79
$2AgO + H_2O + 2e = Ag_2O + 2OH^-$	0.607	$B(OH)_3 + 7H^+ + 8e = BH_4^- + 3H_2O$	-0.048 1
$Ag_2S + 2e = 2Ag + S^{2-}$	-0.691	$Ba^{2+} + 2e = Ba$	-2.912
$Ag_2S + 2H^+ + 2e = 2Ag + H_2S$	-0.036 6	$Ba(OH)_2 + 2e = Ba + 2OH^-$	-2.99
$AgSCN + e = Ag + SCN^-$	0.0895	$Be^{2+} + 2e = Be$	-1.847
$Ag_2SeO_4 + 2e = 2Ag + SeO_4^{2-}$	0.363	$Be_2O_3^{2-} + 3H_2O + 4e = 2Be + 6OH^-$	-2.63
$Ag_2SO_4 + 2e = 2Ag + SO_4^{2-}$	0.654	$Bi^+ + e = Bi$	0.5
$Ag_2WO_4 + 2e = 2Ag + WO_4^{2-}$	0.466	$Bi^{3+} + 3e = Bi$	0.308
$Al_3 + 3e = Al$	-1.662	$BiCl_4^- + 3e = Bi + 4Cl^-$	0.16

续附表1

电极反应	$\varphi^\ominus$	电极反应	$\varphi^\ominus$
$AlF_6^{3-} + 3e \rightleftharpoons Al + 6F^-$	-2.069	$BiOCl + 2H^+ + 3e \rightleftharpoons Bi + Cl^- + H_2O$	0.16
$Al(OH)_3 + 3e \rightleftharpoons Al + 3OH^-$	-2.31	$Bi_2O_3 + 3H_2O + 6e \rightleftharpoons 2Bi + 6OH^-$	-0.46
$AlO_2^- + 2H_2O + 3e \rightleftharpoons Al + 4OH^-$	-2.35	$Bi_2O_4 + 4H^+ + 2e \rightleftharpoons 2BiO^+ + 2H_2O$	1.593
$Am^{3+} + 3e \rightleftharpoons Am$	-2.048	$Bi_2O_4 + H_2O + 2e \rightleftharpoons Bi_2O_3 + 2OH^-$	0.56
$Am^{4+} + e \rightleftharpoons Am^{3+}$	2.6	$Br_2(水溶液, aq) + 2e \rightleftharpoons 2Br^-$	1.087
$AmO_2^{2+} + 4H^+ + 3e \rightleftharpoons Am^{3+} + 2H_2O$	1.75	$Br_2(液体) + 2e \rightleftharpoons 2Br^-$	1.066
$As + 3H^+ + 3e \rightleftharpoons AsH_3$	-0.608	$BrO^- + H_2O + 2e \rightleftharpoons Br^- + 2OH^-$	0.761
$As + 3H_2O + 3e \rightleftharpoons AsH_3 + 3OH^-$	-1.37	$BrO_3^- + 6H^+ + 6e \rightleftharpoons Br^- + 3H_2O$	1.423
$As_2O_3 + 6H^+ + 6e \rightleftharpoons 2As + 3H_2O$	0.234	$BrO_3^- + 3H_2O + 6e \rightleftharpoons Br^- + 6OH^-$	0.61
$HAsO_2 + 3H^+ + 3e \rightleftharpoons As + 2H_2O$	0.248	$2BrO_3^- + 12H^+ + 10e \rightleftharpoons Br_2 + 6H_2O$	1.482
$HBrO + H^+ + 2e \rightleftharpoons Br^- + H_2O$	1.331	$Cr^{2+} + 2e \rightleftharpoons Cr$	-0.913
$2HBrO + 2H^+ + 2e \rightleftharpoons Br_2 + 2H_2O$	1.574	$Cr^{3+} + e \rightleftharpoons Cr^{2+}$	-0.407
$CH_3OH + 2H^+ + 2e \rightleftharpoons CH_4 + H_2O$	0.59	$Cr^{3+} + 3e \rightleftharpoons Cr$	-0.744
$HCHO + 2H^+ + 2e \rightleftharpoons CH_3OH$	0.19	$[Cr(CN)_6]^{3-} + e \rightleftharpoons [Cr(CN)_6]^{4-}$	-1.28
$CH_3COOH + 2H^+ + 2e \rightleftharpoons CH_3CHO + H_2O$	-0.12	$Cr(OH)_3 + 3e \rightleftharpoons Cr + 3OH^-$	-1.48
$(CN)_2 + 2H^+ + 2e \rightleftharpoons 2HCN$	0.373	$Cr_2O_7^{2-} + 14H^+ + 6e \rightleftharpoons 2Cr^{3+} + 7H_2O$	1.232
$(CNS)_2 + 2e \rightleftharpoons 2CNS^-$	0.77	$CrO_2^- + 2H_2O + 3e \rightleftharpoons Cr + 4OH^-$	-1.2
$CO_2 + 2H^+ + 2e \rightleftharpoons CO + H_2O$	-0.12	$HCrO_4^- + 7H^+ + 3e \rightleftharpoons Cr^{3+} + 4H_2O$	1.35
$CO_2 + 2H^+ + 2e \rightleftharpoons HCOOH$	-0.199	$CrO_4^{2-} + 4H_2O + 3e \rightleftharpoons Cr(OH)_3 + 5OH^-$	-0.13
$Ca^{2+} + 2e \rightleftharpoons Ca$	-2.868	$Cs^+ + e \rightleftharpoons Cs$	-2.92
$Ca(OH)_2 + 2e \rightleftharpoons Ca + 2OH^-$	-3.02	$Cu^+ + e \rightleftharpoons Cu$	0.521
$Cd^{2+} + 2e \rightleftharpoons Cd$	-0.403	$Cu^{2+} + 2e \rightleftharpoons Cu$	0.342
$Cd^{2+} + 2e \rightleftharpoons Cd(Hg)$	-0.352	$Cu^{2+} + 2e \rightleftharpoons Cu(Hg)$	0.345
$Cd(CN)_4^{2-} + 2e \rightleftharpoons Cd + 4CN^-$	-1.09	$Cu^{2+} + Br^- + e \rightleftharpoons CuBr$	0.66
$CdO + H_2O + 2e \rightleftharpoons Cd + 2OH^-$	-0.783	$Cu^{2+} + Cl^- + e \rightleftharpoons CuCl$	0.57
$CdS + 2e \rightleftharpoons Cd + S^{2-}$	-1.17	$Cu^{2+} + I^- + e \rightleftharpoons CuI$	0.86
$CdSO_4 + 2e \rightleftharpoons Cd + SO_4^{2-}$	-0.246	$Cu^{2+} + 2CN^- + e \rightleftharpoons [Cu(CN)_2]^-$	1.103
$Ce^{3+} + 3e \rightleftharpoons Ce$	-2.336	$CuBr_2^- + e \rightleftharpoons Cu + 2Br^-$	0.05
$Ce^{3+} + 3e \rightleftharpoons Ce(Hg)$	-1.437	$CuCl_2^- + e \rightleftharpoons Cu + 2Cl^-$	0.19
$CeO_2 + 4H^+ + e \rightleftharpoons Ce^{3+} + 2H_2O$	1.4	$CuI_2^- + e \rightleftharpoons Cu + 2I^-$	0
$Cl_2(气体) + 2e \rightleftharpoons 2Cl^-$	1.358	$Cu_2O + H_2O + 2e \rightleftharpoons 2Cu + 2OH^-$	-0.36
$ClO^- + H_2O + 2e \rightleftharpoons Cl^- + 2OH^-$	0.89	$Cu(OH)_2 + 2e \rightleftharpoons Cu + 2OH^-$	-0.222
$HClO + H^+ + 2e \rightleftharpoons Cl^- + H_2O$	1.482	$2Cu(OH)_2 + 2e \rightleftharpoons Cu_2O + 2OH^- + H_2O$	-0.08

续附表1

电极反应	$\varphi^{\ominus}$	电极反应	$\varphi^{\ominus}$
$2HClO + 2H^+ + 2e = Cl_2 + 2H_2O$	1.611	$CuS + 2e = Cu + S^{2-}$	-0.7
$ClO_2^- + 2H_2O + 4e = Cl^- + 4OH^-$	0.76	$CuSCN + e = Cu + SCN^-$	-0.27
$2ClO_3^- + 12H^+ + 10e = Cl_2 + 6H_2O$	1.47	$Dy^{2+} + 2e = Dy$	-2.2
$ClO_3^- + 6H^+ + 6e = Cl^- + 3H_2O$	1.451	$Dy^{3+} + 3e = Dy$	-2.295
$ClO_3^- + 3H_2O + 6e = Cl^- + 6OH^-$	0.62	$Er^{2+} + 2e = Er$	-2
$ClO_4^- + 8H^+ + 8e = Cl^- + 4H_2O$	1.38	$Er^{3+} + 3e = Er$	-2.331
$2ClO_4^- + 16H^+ + 14e = Cl_2 + 8H_2O$	1.39	$Es^{2+} + 2e = Es$	-2.23
$Cm^{3+} + 3e = Cm$	-2.04	$Es^{3+} + 3e = Es$	-1.91
$Co^{2+} + 2e = Co$	-0.28	$Eu^{2+} + 2e = Eu$	-2.812
$[Co(NH_3)_6]^{3+} + e = [Co(NH_3)_6]^{2+}$	0.108	$Eu^{3+} + 3e = Eu$	-1.991
$[Co(NH_3)_6]^{2+} + 2e = Co + 6NH_3$	-0.43	$F_2 + 2H^+ + 2e = 2HF$	3.053
$Co(OH)_2 + 2e = Co + 2OH^-$	-0.73	$F_2O + 2H^+ + 4e = H_2O + 2F^-$	2.153
$Co(OH)_3 + e = Co(OH)_2 + OH^-$	0.17	$Fe^{2+} + 2e = Fe$	-0.447
$Fe^{3+} + 3e = Fe$	-0.037	$Ho^{2+} + 2e = Ho$	-2.1
$[Fe(CN)_6]^{3-} + e = [Fe(CN)_6]^{4-}$	0.358	$Ho^{3+} + 3e = Ho$	-2.33
$[Fe(CN)_6]^{4-} + 2e = Fe + 6CN^-$	-1.5	$I_2 + 2e = 2I^-$	0.5355
$FeF_6^{3-} + e = Fe^{2+} + 6F^-$	0.4	$I_3^- + 2e = 3I^-$	0.536
$Fe(OH)_2 + 2e = Fe + 2OH^-$	-0.877	$2IBr + 2e = I_2 + 2Br^-$	1.02
$Fe(OH)_3 + e = Fe(OH)_2 + OH^-$	-0.56	$ICN + 2e = I^- + CN^-$	0.3
$Fe_3O_4 + 8H^+ + 2e = 3Fe^{2+} + 4H_2O$	1.23	$2HIO + 2H^+ + 2e = I_2 + 2H_2O$	1.439
$Fm^{3+} + 3e = Fm$	-1.89	$HIO + H^+ + 2e = I^- + H_2O$	0.987
$Fr^+ + e = Fr$	-2.9	$IO^- + H_2O + 2e = I^- + 2OH^-$	0.485
$Ga^{3+} + 3e = Ga$	-0.549	$2IO_3^- + 12H^+ + 10e = I_2 + 6H_2O$	1.195
$H_2GaO_3^- + H_2O + 3e = Ga + 4OH^-$	-1.29	$IO_3^- + 6H^+ + 6e = I^- + 3H_2O$	1.085
$Gd^{3+} + 3e = Gd$	-2.279	$IO_3^- + 2H_2O + 4e = IO^- + 4OH^-$	0.15
$Ge^{2+} + 2e = Ge$	0.24	$IO_3^- + 3H_2O + 6e = I^- + 6OH^-$	0.26
$Ge^{4+} + 2e = Ge^{2+}$	0	$2IO_3^- + 6H_2O + 10e = I_2 + 12OH^-$	0.21
$GeO_2 + 2H^+ + 2e = GeO(棕色) + H_2O$	-0.118	$H_5IO_6 + H^+ + 2e = IO_3^- + 3H_2O$	1.601
$GeO_2 + 2H^+ + 2e = GeO(黄色) + H_2O$	-0.273	$In^+ + e = In$	-0.14
$H_2GeO_3 + 4H^+ + 4e = Ge + 3H_2O$	-0.182	$In^{3+} + 3e = In$	-0.338
$2H^+ + 2e = H_2$	0	$In(OH)_3 + 3e = In + 3OH^-$	-0.99
$H_2 + 2e = 2H^-$	-2.25	$Ir^{3+} + 3e = Ir$	1.156
$2H_2O + 2e = H_2 + 2OH^-$	-0.8277	$IrBr_6^{2-} + e = IrBr_6^{3-}$	0.99

续附表1

电极反应	$\varphi^{\ominus}$	电极反应	$\varphi^{\ominus}$
$Hf^{4+} + 4e \rightleftharpoons Hf$	-1.55	$IrCl_6^{2-} + e \rightleftharpoons IrCl_6^{3-}$	0.867
$Hg^{2+} + 2e \rightleftharpoons Hg$	0.851	$K^+ + e \rightleftharpoons K$	-2.931
$Hg_2^{2+} + 2e \rightleftharpoons 2Hg$	0.797	$La^{3+} + 3e \rightleftharpoons La$	-2.379
$2Hg^{2+} + 2e \rightleftharpoons Hg_2^{2+}$	0.92	$La(OH)_3 + 3e \rightleftharpoons La + 3OH^-$	-2.9
$Hg_2Br_2 + 2e \rightleftharpoons 2Hg + 2Br^-$	$0.139\,2$	$Li^+ + e \rightleftharpoons Li$	-3.04
$HgBr_4^{2-} + 2e \rightleftharpoons Hg + 4Br^-$	0.21	$Lr^{3+} + 3e \rightleftharpoons Lr$	-1.96
$Hg_2Cl_2 + 2e \rightleftharpoons 2Hg + 2Cl^-$	$0.268\,1$	$Lu^{3+} + 3e \rightleftharpoons Lu$	-2.28
$2HgCl_2 + 2e \rightleftharpoons Hg_2Cl_2 + 2Cl^-$	0.63	$Md^{2+} + 2e \rightleftharpoons Md$	-2.4
$Hg_2CrO_4 + 2e \rightleftharpoons 2Hg + CrO_4^{2-}$	0.54	$Md^{3+} + 3e \rightleftharpoons Md$	-1.65
$Hg_2I_2 + 2e \rightleftharpoons 2Hg + 2I^-$	$-0.040\,5$	$Mg^{2+} + 2e \rightleftharpoons Mg$	-2.372
$Hg_2O + H_2O + 2e \rightleftharpoons 2Hg + 2OH^-$	0.123	$Mg(OH)_2 + 2e \rightleftharpoons Mg + 2OH^-$	-2.69
$HgO + H_2O + 2e \rightleftharpoons Hg + 2OH^-$	$0.097\,7$	$Mn^{2+} + 2e \rightleftharpoons Mn$	-1.185
$HgS（红色）+ 2e \rightleftharpoons Hg + S^{2-}$	-0.7	$Mn^{3+} + 3e \rightleftharpoons Mn$	1.542
$HgS（黑色）+ 2e \rightleftharpoons Hg + S^{2-}$	-0.67	$MnO_2 + 4H^+ + 2e \rightleftharpoons Mn^{2+} + 2H_2O$	1.224
$Hg_2(SCN)_2 + 2e \rightleftharpoons 2Hg + 2SCN^-$	0.22	$MnO_4^- + 4H^+ + 3e \rightleftharpoons MnO_2 + 2H_2O$	1.679
$Hg_2SO_4 + 2e \rightleftharpoons 2Hg + SO_4^{2-}$	0.613	$MnO_4^- + 8H^+ + 5e \rightleftharpoons Mn^{2+} + 4H_2O$	1.507
$MnO_4^- + 2H_2O + 3e \rightleftharpoons MnO_2 + 4OH^-$	0.595	$H_3PO_3 + 3H^+ + 3e \rightleftharpoons P + 3H_2O$	-0.454
$Mn(OH)_2 + 2e \rightleftharpoons Mn + 2OH^-$	-1.56	$H_3PO_4 + 2H^+ + 2e \rightleftharpoons H_3PO_3 + H_2O$	-0.276
$Mo^{3+} + 3e \rightleftharpoons Mo$	-0.2	$PO_4^{3-} + 2H_2O + 2e \rightleftharpoons HPO_3^{2-} + 3OH^-$	-1.05
$MoO_4^{2-} + 4H_2O + 6e \rightleftharpoons Mo + 8OH^-$	-1.05	$Pa^{3+} + 3e \rightleftharpoons Pa$	-1.34
$N_2 + 2H_2O + 6H^+ + 6e \rightleftharpoons 2NH_4OH$	0.092	$Pa^{4+} + 4e \rightleftharpoons Pa$	-1.49
$2NH_3OH^+ + H^+ + 2e \rightleftharpoons N_2H_5^+ + 2H_2O$	1.42	$Pb^{2+} + 2e \rightleftharpoons Pb$	-0.126
$2NO + H_2O + 2e \rightleftharpoons N_2O + 2OH^-$	0.76	$Pb^{2+} + 2e \rightleftharpoons Pb(Hg)$	-0.121
$2HNO_2 + 4H^+ + 4e \rightleftharpoons N_2O + 3H_2O$	1.297	$PbBr_2 + 2e \rightleftharpoons Pb + 2Br^-$	-0.284
$NO_3^- + 3H^+ + 2e \rightleftharpoons HNO_2 + H_2O$	0.934	$PbCl_2 + 2e \rightleftharpoons Pb + 2Cl^-$	-0.268
$NO_3^- + H_2O + 2e \rightleftharpoons NO_2^- + 2OH^-$	0.01	$PbCO_3 + 2e \rightleftharpoons Pb + CO_3^{2-}$	-0.506
$2NO_3^- + 2H_2O + 2e \rightleftharpoons N_2O_4 + 4OH^-$	-0.85	$PbF_2 + 2e \rightleftharpoons Pb + 2F^-$	-0.344
$Na^+ + e \rightleftharpoons Na$	-2.713	$PbI_2 + 2e \rightleftharpoons Pb + 2I^-$	-0.365
$Nb^{3+} + 3e \rightleftharpoons Nb$	-1.099	$PbO + H_2O + 2e \rightleftharpoons Pb + 2OH^-$	-0.58
$NbO_2 + 4H^+ + 4e \rightleftharpoons Nb + 2H_2O$	-0.69	$PbO + 4H^+ + 2e \rightleftharpoons Pb + H_2O$	0.25
$Nb_2O_5 + 10H^+ + 10e \rightleftharpoons 2Nb + 5H_2O$	-0.644	$PbO_2 + 4H^+ + 2e \rightleftharpoons Pb^{2+} + 2H_2O$	1.455
$Nd^{2+} + 2e \rightleftharpoons Nd$	-2.1	$HPbO_2^- + H_2O + 2e \rightleftharpoons Pb + 3OH^-$	-0.537
$Nd^{3+} + 3e \rightleftharpoons Nd$	-2.323	$PbO_2 + SO_4^{2-} + 4H^+ + 2e \rightleftharpoons PbSO_4 + 2H_2O$	1.691

续附表1

电极反应	$\varphi^{\ominus}$	电极反应	$\varphi^{\ominus}$
$Ni^{2+} + 2e = Ni$	-0.257	$PbSO_4 + 2e = Pb + SO_4^{2-}$	-0.359
$NiCO_3 + 2e = Ni + CO_3^{2-}$	-0.45	$Pd^{2+} + 2e = Pd$	0.915
$Ni(OH)_2 + 2e = Ni + 2OH^-$	-0.72	$PdBr_4^{2-} + 2e = Pd + 4Br^-$	0.6
$NiO_2 + 4H^+ + 2e = Ni^{2+} + 2H_2O$	1.678	$PdO_2 + H_2O + 2e = PdO + 2OH^-$	0.73
$No^{2+} + 2e = No$	-2.5	$Pd(OH)_2 + 2e = Pd + 2OH^-$	0.07
$No^{3+} + 3e = No$	-1.2	$Pm^{2+} + 2e = Pm$	-2.2
$Np^{3+} + 3e = Np$	-1.856	$Pm^{3+} + 3e = Pm$	-2.3
$NpO_2 + H_2O + H^+ + e = Np(OH)_3$	-0.962	$Po^{4+} + 4e = Po$	0.76
$O_2 + 4H^+ + 4e = 2H_2O$	1.229	$Pr^{2+} + 2e = Pr$	-2
$O_2 + 2H_2O + 4e = 4OH^-$	0.401	$Pr^{3+} + 3e = Pr$	-2.353
$O_3 + H_2O + 2e = O_2 + 2OH^-$	1.24	$Pt^{2+} + 2e = Pt$	1.18
$Os^{2+} + 2e = Os$	0.85	$[PtCl_6]^{2-} + 2e = [PtCl_4]^{2-} + 2Cl^-$	0.68
$OsCl_6^{3-} + e = Os^{2+} + 6Cl^-$	0.4	$Pt(OH)_2 + 2e = Pt + 2OH^-$	0.14
$OsO_2 + 2H_2O + 4e = Os + 4OH^-$	-0.15	$PtO_2 + 4H^+ + 4e = Pt + 2H_2O$	1
$OsO_4 + 8H^+ + 8e = Os + 4H_2O$	0.838	$PtS + 2e = Pt + S^{2-}$	-0.83
$OsO_4 + 4H^+ + 4e = OsO_2 + 2H_2O$	1.02	$Pu^{3+} + 3e = Pu$	-2.031
$P + 3H_2O + 3e = PH_3(g) + 3OH^-$	-0.87	$Pu^{5+} + e = Pu^{4+}$	1.099
$H_2PO_2^- + e = P + 2OH^-$	-1.82	$Ra^{2+} + 2e = Ra$	-2.8
$H_3PO_3 + 2H^+ + 2e = H_3PO_2 + H_2O$	-0.499	$Rb^+ + e = Rb$	-2.98
$Re^{3+} + 3e = Re$	0.3	$Sn(OH)_6^{2-} + 2e = HSnO_2^- + 3OH^- + H_2O$	-0.93
$ReO_2 + 4H^+ + 4e = Re + 2H_2O$	0.251	$Sr^{2+} + 2e = Sr$	-2.899
$ReO_4^- + 4H^+ + 3e = ReO_2 + 2H_2O$	0.51	$Sr^{2+} + 2e = Sr(Hg)$	-1.793
$ReO_4^- + 4H_2O + 7e = Re + 8OH^-$	-0.584	$Sr(OH)_2 + 2e = Sr + 2OH^-$	-2.88
$Rh^{2+} + 2e = Rh$	0.6	$Ta^{3+} + 3e = Ta$	-0.6
$Rh^{3+} + 3e = Rh$	0.758	$Tb^{3+} + 3e = Tb$	-2.28
$Ru^{2+} + 2e = Ru$	0.455	$Tc^{2+} + 2e = Tc$	0.4
$RuO_2 + 4H^+ + 2e = Ru^{2+} + 2H_2O$	1.12	$TcO_4^- + 8H^+ + 7e = Tc + 4H_2O$	0.472
$RuO_4 + 6H^+ + 4e = Ru(OH)_2^{2+} + 2H_2O$	1.4	$TcO_4^- + 2H_2O + 3e = TcO_2 + 4OH^-$	-0.311
$S + 2e = S^{2-}$	-0.476	$Te + 2e = Te^{2-}$	-1.143
$S + 2H^+ + 2e = H_2S$	0.142	$Te^{4+} + 4e = Te$	0.568
$S_2O_6^{2-} + 4H^+ + 2e = 2H_2SO_3$	0.564	$Th^{4+} + 4e = Th$	-1.899
$2SO_3^{2-} + 3H_2O + 4e = S_2O_3^{2-} + 6OH^-$	-0.571	$Ti^{2+} + 2e = Ti$	-1.63
$2SO_3^{2-} + 2H_2O + 2e = S_2O_4^{2-} + 4OH^-$	-1.12	$Ti^{3+} + 3e = Ti$	-1.37

续附表1

电极反应	$\varphi^{\ominus}$	电极反应	$\varphi^{\ominus}$
$SO_4^{2-} + H_2O + 2e \rightleftharpoons SO_3^{2-} + 2OH^-$	-0.93	$TiO_2 + 4H^+ + 2e \rightleftharpoons Ti^{2+} + 2H_2O$	-0.502
$Sb + 3H^+ + 3e \rightleftharpoons SbH_3$	-0.51	$TiO^{2+} + 2H^+ + e \rightleftharpoons Ti^{3+} + H_2O$	0.1
$Sb_2O_3 + 6H^+ + 6e \rightleftharpoons 2Sb + 3H_2O$	0.152	$Tl^+ + e \rightleftharpoons Tl$	-0.336
$Sb_2O_5 + 6H^+ + 4e \rightleftharpoons 2SbO^+ + 3H_2O$	0.581	$Tl^{3+} + 3e \rightleftharpoons Tl$	0.741
$SbO_3^- + H_2O + 2e \rightleftharpoons SbO_2^- + 2OH^-$	-0.59	$Tl^{3+} + Cl^- + 2e \rightleftharpoons TlCl$	1.36
$Sc^{3+} + 3e \rightleftharpoons Sc$	-2.077	$TlBr + e \rightleftharpoons Tl + Br^-$	-0.658
$Sc(OH)_3 + 3e \rightleftharpoons Sc + 3OH^-$	-2.6	$TlCl + e \rightleftharpoons Tl + Cl^-$	-0.557
$Se + 2e \rightleftharpoons Se^{2-}$	-0.924	$TlI + e \rightleftharpoons Tl + I^-$	-0.752
$Se + 2H^+ + 2e \rightleftharpoons H_2Se$	-0.399	$Tl_2O_3 + 3H_2O + 4e \rightleftharpoons 2Tl^+ + 6OH^-$	0.02
$H_2SeO_3 + 4H^+ + 4e \rightleftharpoons Se + 3H_2O$	-0.74	$TlOH + e \rightleftharpoons Tl + OH^-$	-0.34
$SeO_3^{2-} + 3H_2O + 4e \rightleftharpoons Se + 6OH^-$	-0.366	$Tl_2SO_4 + 2e \rightleftharpoons 2Tl + SO_4^{2-}$	-0.436
$SeO_4^{2-} + H_2O + 2e \rightleftharpoons SeO_3^{2-} + 2OH^-$	0.05	$Tm^{2+} + 2e \rightleftharpoons Tm$	-2.4
$Si + 4H^+ + 4e \rightleftharpoons SiH_4$（气体）	0.102	$Tm^{3+} + 3e \rightleftharpoons Tm$	-2.319
$Si + 4H_2O + 4e \rightleftharpoons SiH_4 + 4OH^-$	-0.73	$U^{3+} + 3e \rightleftharpoons U$	-1.798
$SiF_6^{2-} + 4e \rightleftharpoons Si + 6F^-$	-1.24	$UO_2 + 4H^+ + 4e \rightleftharpoons U + 2H_2O$	-1.4
$SiO_2 + 4H^+ + 4e \rightleftharpoons Si + 2H_2O$	-0.857	$UO_2^+ + 4H^+ + e \rightleftharpoons U^{4+} + 2H_2O$	0.612
$SiO_3^{2-} + 3H_2O + 4e \rightleftharpoons Si + 6OH^-$	-1.697	$UO_2^{2+} + 4H^+ + 6e \rightleftharpoons U + 2H_2O$	-1.444
$Sm^{2+} + 2e \rightleftharpoons Sm$	-2.68	$V^{2+} + 2e \rightleftharpoons V$	-1.175
$Sm^{3+} + 3e \rightleftharpoons Sm$	-2.304	$VO^{2+} + 2H^+ + e \rightleftharpoons V^{3+} + H_2O$	0.337
$Sn^{2+} + 2e \rightleftharpoons Sn$	-0.138	$VO_2^+ + 2H^+ + e \rightleftharpoons VO^{2+} + H_2O$	0.991
$Sn^{4+} + 2e \rightleftharpoons Sn^{2+}$	0.151	$VO_2^+ + 4H^+ + 2e \rightleftharpoons V^{3+} + 2H_2O$	0.668
$SnCl_4^{2-} + 2e \rightleftharpoons Sn + 4Cl^-$（1mol/L HCl）	-0.19	$V_2O_5 + 10H^+ + 10e \rightleftharpoons 2V + 5H_2O$	-0.242
$W^{3+} + 3e \rightleftharpoons W$	0.1	$Zn^{2+} + 2e \rightleftharpoons Zn$	-0.7618
$WO_3 + 6H^+ + 6e \rightleftharpoons W + 3H_2O$	-0.09	$Zn^{2+} + 2e \rightleftharpoons Zn(Hg)$	-0.7628
$W_2O_5 + 2H^+ + 2e \rightleftharpoons 2WO_2 + H_2O$	-0.031	$Zn(OH)_2 + 2e \rightleftharpoons Zn + 2OH^-$	-1.249
$Y^{3+} + 3e \rightleftharpoons Y$	-2.372	$ZnS + 2e \rightleftharpoons Zn + S^{2-}$	-1.4
$Yb^{2+} + 2e \rightleftharpoons Yb$	-2.76	$ZnSO_4 + 2e \rightleftharpoons Zn(Hg) + SO_4^{2-}$	-0.799
$Yb^{3+} + 3e \rightleftharpoons Yb$	-2.19		

参 考 文 献

[1] 北京大学化学系仪器分析教学组. 仪器分析教程 [M]. 2版. 北京：北京大学出版社, 1997.

[2] 武汉大学. 分析化学（下册）[M]. 北京：高等教育出版社, 2007年.

[3] 朱明华. 仪器分析 [M]. 3版. 北京：高等教育出版社, 2000年.

[4] 方惠群, 于俊生, 史坚. 仪器分析 [M]. 北京：科学出版社, 2002.

[5] 武汉大学化学系. 仪器分析 [M]. 北京：高等教育出版社, 2001.

[6] 夏心泉. 仪器分析 [M]. 北京：中央广播电视大学出版社, 1992.

[7] Skoog D A. Principles of instrumental analysis [M]. 5rd ed. Clen Allen：College Publishing, 1998.

[8] Skoog D A. Modern Optical Methods of Analysis [M]. New York：McGraw Hill, 1975.

[9] 钟洪辉, 张绍衡. 电化学分析法 [M]. 重庆：重庆大学出版社, 1991.

[10] 邓勃. 仪器分析 [M]. 北京：清华大学出版社, 1997.

[11] 邓勃, 何华焜. 原子吸收光谱分析 [M]. 北京：化学工业出版社, 2004.

[12] 宁永成. 有机化合物结构鉴定与有机波谱学 [M]. 北京：清华大学出版社, 1989.

[13] James D I, Jr, Stanley R C. 光谱化学分析 [M]. 张寒琦, 王芬蒂, 施文, 译. 长春：吉林大学出版社, 1996.

[14] 感耦等离子体在原子光谱分析法中的应用 [M]. 陈隆懋, 邵友彬, 译. 北京：人民卫生出版社, 1992.

[15] 傅若农, 顾峻岭. 近代色谱分析 [M]. 北京：国防工业出版社, 1998.

[16] 孙传经. 毛细管色谱法 [M]. 北京：化学工业出版社, 1991.

[17] 朱光文. 我国海洋探测技术五十年发展的回顾与展望（一）[J]. 海洋技术, 1999, 18 (2)：1-16.

[18] 宋大雷, 周相建, 陈朝晖, 等. 海流计发展现状与发展趋势展望 [J]. 船海工程, 2017, 46 (1)：93-100.

[19] 何宜军, 邱仲锋, 张彪, 等. 海浪观测技术 [M]. 北京：科学出版社, 2005.

[20] 左其华. 现场波浪观测技术发展和应用 [J]. 海洋工程, 2008, 26 (2)：124-139.

[21] 周庆伟, 张松, 武贺, 等. 海洋波浪观测技术综述 [J]. 海洋测绘, 2016, 36 (2)：39-44.

[22] 阮锐. 潮汐测量与验潮技术的发展 [J]. 海洋技术, 2001 (3)：68-71.

[23] 彭力雄. 潮汐测量技术方法展望 [C]//中国航海学会学术研讨会学术交流论文集. 中国航海学会航标专业委员会测绘学组, 2006：4.

[24] 李杰. GPS潮汐测量及应用 [D]. 国家海洋局第一海洋研究所, 2009.

[25] 秦海波. 基于GNSS技术的近海岸潮位提取关键技术研究 [D]. 东华理工大

学，2015.

[26] 薛元忠，何青，王元叶. OBS浊度计测量泥沙浓度的方法与实践研究 [J]. 泥沙研究，2004（4）：56-60.

[27] 王俊锋. 现场激光粒度仪分析含沙量原理以及改进方法探讨 [J]. 泥沙研究，2012（3）：70-72.

[28] 王珏，徐骏. OBS-3A在悬移质含沙量测验中的应用研究 [J]. 人民长江，2015，46（18）：56-58，74.

[29] 廉双喜. 发展中的温盐深技术 [J]. 海洋技术，1986（1）：73-76.

[30] 中国人民解放军海洋环境专项办公室. 国内外海洋仪器设备大全 [M]. 北京：国防工业出版社，2015.

[31] 魏澎，华春阳，沈敬忠. 浅谈海底光缆的分类 [J]. 邮电设计技术，2012（1）：63-64.

[32] 张宁，周学军. 我国海底光缆的结构、性能及其发展 [J]. 光纤与电缆及其应用技术，2009（1）：1-4.

[33] 王毅凡，周密，宋志慧. 水下无线通信技术发展研究 [J]. 通信技术，2014，47（6）：589-594.

[34] 王巍，章国强. 水下无线通信网络安全问题研究 [J]. 通信技术，2015，48（4）：458-462.